원소주기율표

[週期律表, Periodic table of the Elements]

범례:
- 1 — 원자번호
- H — 기호
- 수소 — 원소 이름
- 1.0079 — 원자량

족 (Group) 주기 (Period)	1	2	3	4	5	6	7	8	9
1	1 **H** 수소 1.0079								
2	3 **Li** 리튬 6.941	4 **Be** 베릴륨 9.0122							
3	11 **Na** 소듐/나트륨 22.990	12 **Mg** 마그네슘 24.305							
4	19 **K** 포타슘/칼륨 39.098	20 **Ca** 칼슘 40.078	21 **Sc** 스칸듐 44.956	22 **Ti** 티타늄 47.867	23 **V** 바나듐 50.942	24 **Cr** 크롬 51.996	25 **Mn** 망간 54.938	26 **Fe** 철 55.845	27 **Co** 코발트 58.933
5	37 **Rb** 루비듐 85.468	38 **Sr** 스트론튬 87.62	39 **Y** 이트륨 88.906	40 **Zr** 지르코늄 91.224	41 **Nb** 니오븀 92.906	42 **Mo** 몰리브덴 95.96	43 **Tc** 테크네튬 98	44 **Ru** 루테늄 101.07	45 **Rh** 로듐 102.91
6	55 **Cs** 세슘 132.91	56 **Ba** 바륨 137.33		72 **Hf** 하프늄 178.49	73 **Ta** 탄탈럼(탄탈) 180.95	74 **W** 텅스텐 183.84	75 **Re** 레늄 186.21	76 **Os** 오스뮴 190.23	77 **Ir** 이리듐 192.22
7	87 **Fr** 프랑슘 223	88 **Ra** 라듐 226		104 **Rf** 러더포듐 261	105 **Db** 두브늄 262	106 **Sg** 시보귬 266	107 **Bh** 보륨 264	108 **Hs** 하슘 277	109 **Mt** 마이트너륨 276

알칼리금속 (수소 제외) | 알칼리토금속

란탄족:

57 **La** 란타넘(란탄) 138.91	58 **Ce** 세륨 140.12	59 **Pr** 프라세오디뮴 140.91	60 **Nd** 네오디뮴 144.24	61 **Pm** 프로메튬 145	62 **Sm** 사마륨 150.36

악티늄족:

89 **Ac** 악티늄 227	90 **Th** 토륨 232.04	91 **Pa** 프로탁티늄 231.04	92 **U** 우라늄 238.03	93 **Np** 넵투늄 237	94 **Pu** 플루토늄 244

10	11	12	13	14	15	16	17	18

비금속
- 기체
- 액체
- 고체

금속
- 액체
- 고체

								2 **He** 헬륨 4.0026
			5 **B** 붕소 10.811	6 **C** 탄소 12.011	7 **N** 질소 14.007	8 **O** 산소 15.999	9 **F** 플루오르 18.998	10 **Ne** 네온 20.180
			13 **Al** 알루미늄 26.982	14 **Si** 규소 28.086	15 **P** 인 30.974	16 **S** 황 32.065	17 **Cl** 염소 35.453	18 **Ar** 아르곤 39.948
28 **Ni** 니켈 58.693	29 **Cu** 구리 63.546	30 **Zn** 아연 65.38	31 **Ga** 갈륨 69.723	32 **Ge** 게르마늄 72.64	33 **As** 비소 74.922	34 **Se** 셀레늄 78.96	35 **Br** 브로민(브롬) 79.904	36 **Kr** 크립톤 83.798
46 **Pd** 팔라듐 106.42	47 **Ag** 은 107.87	48 **Cd** 카드뮴 112.41	49 **In** 인듐 114.82	50 **Sn** 주석 118.71	51 **Sb** 안티모니 121.76	52 **Te** 텔루륨 127.60	53 **I** 아이오딘(요오드) 126.90	54 **Xe** 제논/크세논 131.29
78 **Pt** 백금 195.08	79 **Au** 금 196.97	80 **Hg** 수은 200.59	81 **Tl** 탈륨 201.38	82 **Pb** 납 207.2	83 **Bi** 비스무트 208.98	84 **Po** 폴로늄 209	85 **At** 아스타틴 210	86 **Rn** 라돈 222
110 **Ds** 다름슈타튬 281	111 **Rg** 뢴트게늄 280	112 **Cn** 코페르니슘 285	113 **Uut** 우눈트륨 284	114 **Fl** 플레로븀 289	115 **Uup** 우눈펜튬 288	116 **Lv** 리버모륨 293	117 **Uus** 우눈셉튬 294	118 **Uuo** 우누녹튬 294

불활성기체

63 **Eu** 유로퓸 152.96	64 **Gd** 가돌리늄 157.25	65 **Tb** 터븀/테르븀 158.93	66 **Dy** 디스프로슘 162.50	67 **Ho** 홀뮴 164.93	68 **Er** 어븀/에르븀 167.26	69 **Tm** 툴륨 168.93	70 **Yb** 이터븀/이테르븀 173.05	71 **Lu** 루테튬 174.97
95 **Am** 아메리슘 243	96 **Cm** 퀴륨 247	97 **Bk** 버클륨 247	98 **Cf** 칼리포늄 251	99 **Es** 아인슈타이늄 252	100 **Fm** 페르뮴 257	101 **Md** 멘델레븀 258	102 **No** 노벨륨 259	103 **Lr** 로렌슘 262

기출문제만 분석하고 파악해도 반드시 합격한다!

기분파

위험물기능사
필기

㈜에듀웨이 R&D연구소 지음

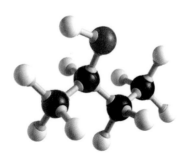

EDUWAY
에듀웨이

a qualifying examination professional publishers

(주)에듀웨이는 자격시험 전문출판사입니다.
에듀웨이는 독자 여러분의 자격시험 취득을 위한 고품격 수험서 발간에 노력하고 있습니다.

머리말에 **부쳐**

기출문제만

분석하고

파악해도

반드시 합격한다!

위험물 취급은 위험물 안전 관리법 규정에 의거 위험물의 제조 및 저장하는 취급소에서 각 류별 위험물 규모에 따라 위험물과 시설물을 점검하고, 일반 작업자를 지시 감독하며 재해 발생 시 응급조치와 안전관리 업무를 수행합니다.

위험물기능사 자격증 취득으로 위험물 제조, 저장, 취급 전문 업체, 도료제조, 고무제조, 금속제련, 유기합성물제조, 염료제조, 화장품제조, 인쇄잉크제조 등 지정 수량 이상의 위험물 취급업체 및 위험물 안전관리 대행기관에 종사 또는 승진에 필수적이며 독극물취급, 소방설비, 열관리, 보일러 환경분야로 전직할 수 있습니다.

이 책은 위험물기능사 시험에 대비하여 최근 개정법령을 반영하고 최근의 출제기준 및 기출문제를 완벽 분석하여 수험생들이 쉽게 합격할 수 있도록 만들었습니다.

【이 책의 특징】
1. 최근 10년간의 기출문제를 분석하여 핵심이론을 재구성하였습니다.
2. 핵심이론을 공부하고 바로 기출문제를 풀며 실력을 향상시키도록 구성하였습니다.
3. 섹션 도입부에 최근 출제유형에 따른 출제 포인트를 마련하여 수험생들에게 학습 방향을 제시하여 효율적인 학습이 가능하게 하였습니다.
4. 모의고사 문제를 통해 수험생 스스로 최종 자가진단을 할 수 있게 하였습니다.
5. 최근 개정된 법령을 반영하였습니다.

이 책으로 공부하신 여러분 모두에게 합격의 영광이 있기를 기원하며 책을 출판하는 데 있어 도와주신 ㈜에듀웨이 임직원, 편집 담당자, 디자인 실장님에게 지면을 빌어 감사드립니다.

㈜에듀웨이 R&D연구소(위험물부문) 드림

출제기준표
Examination Question's Standard

- **시 행 처** | 한국산업인력공단
- **자격종목** | 위험물기능사
- **직무내용** | 위험물제조소 등에서 위험물을 저장·취급하고, 각 설비에 대한 점검과 재해 발생 시 응급조치 등의 안전관리 업무를 수행
- **필기검정방법** | 객관식(전과목 혼합, 60문항) – 1시간
- **필기과목명** | 위험물의 성질 및 안전관리
- **실기검정방법** | 필답형(1시간 30분)
- **합격기준(필기·실기)** | 100점을 만점으로 하여 60점 이상

주요항목	세부항목	세세항목
1 화재 및 소화	1. 물질의 화학적 성질	1. 물질의 상태 및 성질 2. 화학의 기초법칙 3. 유기·무기화합물의 특성
	2. 화재 및 소화이론의 이해	1. 연소이론의 이해 2. 화재분류 및 특성 3. 폭발 종류 및 특성 4. 소화이론의 이해
	3. 소화약제 및 소방시설의 기초	1. 화재예방의 기초 2. 화재발생 시 조치방법 3. 소화약제의 종류 4. 소화약제별 소화원리 5. 소화기 원리 및 사용법 6. 소화, 경보, 피난설비의 종류 7. 소화설비의 적응 및 사용
2 제1~6류 위험물 취급	1. 성상 및 특성	1. 제1~6류 위험물의 종류 2. 제1~6류 위험물의 성상 3. 제1~6류 위험물의 위험성·유해성
	2. 저장 및 취급방법의 이해	1. 제1~6류 위험물의 저장방법 2. 제1~6류 위험물의 취급방법
	3. 소화방법	1. 제1~6류 위험물의 소화원리 2. 제1~6류 위험물의 화재예방 및 진압대책
3 위험물 운송·운반	1. 위험물 운송·운반기준	1. 위험물 운송·운반 자격 및 업무 2. 위험물 용기기준, 적재방법 3. 위험물 운송·운반 방법 4. 위험물 운송·운반 안전조치 및 준수사항 5. 위험물 운송·운반 차량 위험성 경고 표지

주요항목	세부항목	세세항목
4 위험물 제조소 등의 유지 관리	1. 위험물 제조소의 기준	1. 제조소의 위치·구조·설비·특례기준
	2. 위험물 저장소의 위치, 구조, 설비기준	1. 옥내저장소 2. 옥외탱크저장소 3. 옥내탱크저장소 4. 지하탱크저장소 5. 간이탱크저장소 6. 이동탱크저장소 7. 옥외저장소 8. 암반탱크저장소
	3. 위험물 취급소의 위치, 구조, 설비기준	1. 주유취급소 2. 판매취급소 3. 이송취급소 4. 일반취급소
	4 제조소등의 소방시설 점검	1. 소화난이도 등급 2. 소화설비 적응성 3. 소요단위 및 능력단위 산정 4. 옥내소화전설비 점검 5. 옥외소화전설비 점검 6. 스프링클러설비 점검 7. 물분무소화설비 점검 8. 포소화설비 점검 9. 불활성가스 소화설비 점검 10. 할로겐화물소화설비 점검 11. 분말소화설비 점검 12. 수동식소화기설비 점검 13. 경보설비 점검 14. 피난설비 점검
5 위험물 저장·취급	1. 위험물 저장·취급기준	1. 위험물 저장·취급의 공통기준 2. 위험물 유별 저장·취급의 공통기준 3. 제조소등에서의 저장·취급기준
6 위험물안전관리 감독 및 행정처리	1. 위험물시설 유지관리감독	1. 위험물시설 유지관리 감독 2. 예방규정 작성 및 운영 3. 정기검사 및 정기점검 4. 자체소방대 운영 및 관리
	2. 위험물안전관리법상 행정사항	1. 제조소등의 허가 및 완공검사 2. 탱크안전 성능검사 3. 제조소등의 지위승계 및 용도폐지 4. 제조소등의 사용정지, 허가취소 5. 과징금, 벌금, 과태료, 행정명령

필기응시절차

License Acquisition Process

01
시험일정
확인

검정 시행일정은 큐넷 홈페이지를 참고하거나 에듀웨이 카페에 공지합니다.(아래 QR코드로 검색가능)

원서접수기간, 필기시험일 등.. 큐넷 홈페이지에서 해당 종목의 시험일정을 확인합니다.

일반인은 1년에 4번 볼 수 있어요. 그리고 필기합격 후 2년동안 필기시험 면제가 됩니다.

02
원서접수현황
살펴보기

공단 홈페이지(**www.q-net.or.kr**)에서

1 '로그인 대화상자가 나타나면 아이디/비밀번호를 입력합니다.

※회원가입 : 만약 q-net에 가입되지 않았으면 회원가입을 합니다.
(이때 반명함판 크기의 사진(200kb 미만)을 반드시 등록합니다.)

2 원서접수를 클릭합니다.

3 우측 메뉴에서 원서접수 현황을 선택합니다. 그리고 자격선택, 지역, 시행일자, 응시유형, 세부유형을 선택하고 조회버튼을 누르면 아래에 해당시험에 대한 시행장소 및 응시정원이 나옵니다.

※여기서 반드시 현재접수 가능인원을 확인해야 합니다. 만약 원하는 시험장소에 '0'으로 되어있다면 접수할 수 없으며 다른 시험장소에 접수해야 합니다.

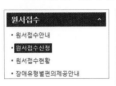

03
원서접수

4 시험장소 및 정원을 확인·결정한 후 오른쪽 메뉴에서 '원서접수신청'을 선택합니다. 원서접수신청 페이지가 나타나면 현재 접수할 수 있는 횟차가 나타나며 해당 횟차의 [접수하기]를 클릭합니다.

5 응시종목명을 선택합니다.

마지막 수험표 확인은 필수!

6 자격 선택 후 종목선택-응시유형-추가입력-장소선택-결제 순서대로 사용자의 신청에 따라 해당되는 부분을 선택(또는 입력)합니다.

※**응시료**
• 필기 14,500원 / 실기 17,200원

7 마지막으로 [진행중인 접수내역]의 내용을 꼼꼼히 확인한 후 시험장에 지참해야 할 수험표를 출력합니다.

04
필기시험
응시

필기시험 당일 유의사항

1 신분증은 반드시 지참해야 하며, 필기구도 지참합니다(선택).
2 대부분의 시험장에 주차장 시설이 없으므로 가급적 대중교통을 이용합니다.
3 고사장에 시험 20분 전부터 입실이 가능합니다(지각 시 시험응시 불가).
4 CBT 방식(컴퓨터 시험 – 마우스로 정답을 클릭)으로 시행합니다.
5 공학용 계산기 지참 시 감독관이 리셋 후 사용 가능합니다.
6 문제풀이용 연습지는 해당 시험장에서 제공하므로 시험 전 감독관에 요청합니다.
    (연습지는 시험 종료 후 가지고 나갈 수 없습니다)

05
합격자 발표 및
실기시험 접수

• 합격자 발표 : 인터넷, ARS, 접수지사에서 게시 공고
• 실기시험 접수 : 필기시험 합격자에 한하여
  실기시험 접수기간에 Q-net 홈페이지에서 접수

※ 기타 사항은 큐넷 홈페이지(**www.q-net.or.kr**)를 방문하거나 또는 전화 **1644-8000**에 문의하시기 바랍니다.

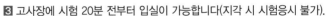

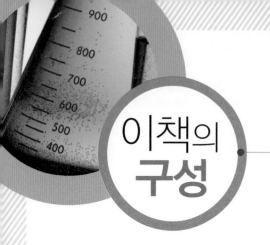

이책의 구성

SECTION 01 연소 및 발화

이 섹션에서는 표면연소, 분해연소, 증발연소, 자기연소 등의 의미와 종류에 대해서는 꾸준히 출제되고 있다. 주요 가연물의 인화점과 발화점은 필히 외워두도록 한다. 가연물과 점화원, 정전기, 연소범위의 속도, 자연발화 등에서 골고루 출제되고 있다. 특별히 어려운 내용은 없으므로 이 단원에서 확실히 점수를 획득할 수 있도록 한다.

01 연소의 개요

▣ 정의
가연물이 점화원에 의해 공기 중의 산소와 반응하여 열과 빛을 수반하는 산화현상을 말한다.

▣ 연소의 3요소
가연물, 산소공급원, 점화원

▣ 고온체의 색과 온도

색	온도	색	온도
담암적색	522℃	황적색	1,100℃
암적색	700℃	백적색(백색)	1,300℃
적 색	850℃	휘백색	1,500℃ 이상
휘적색 (주황색)	950℃		

02 가연물 및 점화원

▣ 가연물이 되기 쉬운 조건
① 산소와의 친화력이 클 것
② 발열량이 클 것
③ 표면적이 넓을 것(기체 > 액체 > 고체)
④ 열전도율이 적은 것(기체 > 고체)
⑤ 활성화에너지가 작을 것
⑥ 연쇄반응을 일으킬 수 있을 것(연소의 4요소)

▣ 가연물이 될 수 없는 물질
① 더 이상 산소와 화학반응을 일으키지 않는 물질 : 물, 이산화탄소, 산화알루미늄, 산화규소, 오산화인, 삼산화황, 삼산화크롬, 산화안티몬 등

② 흡열반응 물질 : 질소, 질소산화물
③ 주기율표상 0족 물질 : 헬륨, 네온, 아르곤, 크립톤, 크세논, 라돈

▣ 점화원
① 전기불꽃, 마찰열, 충돌, 정전기, 고열 등
② 점화에너지의 크기는 최소한 가연물의 활성화 에너지의 크기보다 커야 한다.
③ 화학적으로 반응성이 큰 가연물일수록 점화에너지가 작아도 된다.
④ 점화원의 종류

분류	종류
화학적 에너지	연소열, 자연발열, 분해열, 용해열
전기적 에너지	저항열, 유도열, 유전열, 아크열, 정전기열, 낙뢰에 의한 열
기계적 에너지	마찰열, 압축열, 마찰 스파크
원자력 에너지	핵분열, 핵융합

▶ 전기불꽃 에너지
$$E = \frac{1}{2}QV = \frac{1}{2}CV^2 \ (E : 전기열, \ V : 방전전압, \ C : 전기용량)$$

▣ 정전기
(1) 정전기 발생에 영향을 주는 요인
① 물체의 특성 : 대전서열에서 먼 위치에 있을수록 정전기의 발생 증가
② 접촉면적 및 압력 : 접촉면적이 클수록, 접촉압력이 증가할수록 정전기의 발생 증가
③ 물질의 표면상태 : 표면이 수분이나 기름 등으로 오염될수록 발생 증가하며, 표면이 원활할수록 감소

출제포인트
각 섹션별로 기출문제를 분석 · 흐름을 파악하여 학습 방향을 제시하고, 중점적으로 학습해야 할 내용을 기술하여 수험생들이 학습의 강약을 조절할 수 있도록 하였습니다.

핵심이론요약
10년간 기출문제를 분석하여 쓸데없는 법규는 과감히 삭제, 시험에 출제되는 부분만 중점으로 정리하여 필요 이상의 책 분량을 줄였습니다.

08 동·식물유류

▣ 정의
동물의 지육 등 또는 식물의 종자나 과육으로부터 추출한 것으로서 1기압에서 인화점이 섭씨 250도 미만인 것을 말한다(동식물유는 정제는 용기기준과 수납 · 저장기준에 따라 수납하여 저장 · 보관되고 용기의 외부에 동물유류인 품명과, 수량 및 화기엄금의 표시가 있는 경우 제외).
① 건성유는 공기 중 산소와 결합하기 쉬우며, 자연발화의 위험이 있다.
② 상온에서 인화의 위험은 없다.

▶ 요오드값에 따른 분류

구분	요오드값	종류	요오드값
건성유	130 이상	아마인유	175~195
		들기름	160~170
		동유	145~176
반건성유	100~130	채종유	97~107
		면실유	88~121
		참기름	105~116
		콩기름	124~139
		옥수수유	88~147
불건성유	100 이하	피마자유	81~91
		올리브유	75~90
		낙화생유	84~102
		야자유	7~10

＊요오드값 : 유지 100g에 흡수되는 요오드의 g 수

기출문제 | 기출문제로 출제유형을 파악한다!

[13-01]
1 제4류 위험물의 공통적인 성질이 아닌 것은?
① 대부분 물보다 가볍고 물에 녹기 어렵다.
② 공기와 혼합된 증기는 연소의 우려가

기출문제

섹션 마지막에 이론과 연계된 10년간 기출문제를 수록하여 최근 출제유형을 파악할 수 있도록 하였습니다. 문제 상단에는 해당 문제의 출제년도를 표기하여 최근 출제 유형 및 빈도를 가늠할 수 있도록 하였습니다.

[13-01]
1 제4류 위험물의 공통적인 성질이 아닌 것은?
① 대부분 물보다 가볍고 물에 녹기 어렵다.
② 공기와 혼합된 증기는 연소의 우려가 있다.
③ 인화되기 쉽다.
④ 증기는 공기보다 가볍다.

증기는 공기보다 무겁다.

[09-01]
2 제4류 위험물의 일반적인 화재 예방방법이나 진압대책과 관련한 설명 중 틀린 것은?
① 인화점이 높은 석유류일수록 물성인 가스를 봉입하여 혼합기체의 형성을 억제하여야 한다.
② 메탄알코올의 화재에는 내알코올 포를 사용하여 소화하는 것이 효과적이다.
③ 물에 의한 냉각소화보다는 이산화탄소, 분말, 포에 의한 질식소화를 시도하는 것이 좋다.
④ 중유탱크 화재의 경우 boil over 현상이 일어나 위험한 상황이 발생할 수 있다.

인화점이 낮은 석유류에는 불연성인 가스를 봉입하여 혼합기체의 형성을 억제하여야 한다.

3 제4류 위험물에 대한 설명 중 틀린 것은?
① 이황화탄소는 물보다 무겁다.
② 아세톤은 물에 녹지 않는다.
③ 물보다 증기는 공기보다 무겁다.
④ 디에틸에테르의 연소범위 하한은 약 1.9%이다.

[13-02]
4 제4류 위험물의 일반적 성질에 대한 설명이 아닌 것은?
① 발생증기가 가연성이며 공기보다 무거운 물질이 많다.
② 정전기에 의해서도 인화할 수 있다.
③ 상온에서 액체이다.
④ 전기도체이다.

제4류 위험물은 전기의 부도체이다.

[07-01]
5 제4류 위험물의 일반적인 성질에 대한 설명 중 틀린 것은?
① 대부분 유기화합물이다.
② 액체 상태이다.
③ 대부분 물보다 가볍다.
④ 대부분 물에 녹기 쉽다.

정답 1 ② 2 ① 3 ③ 4 ④ 5 ④

최근 공개기출문제

최근 3년간 공개기출문제를 수록하고, 자세한 해설도 첨부하였습니다.

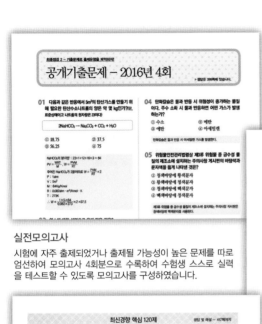

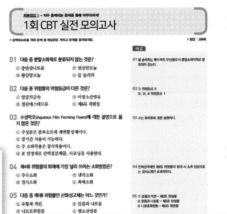

실전모의고사

시험에 자주 출제되었거나 출제될 가능성이 높은 문제를 따로 엄선하여 모의고사 4회분으로 수록하여 수험생 스스로 실력을 테스트할 수 있도록 모의고사를 구성하였습니다.

최신경향 핵심 120제

에듀웨이 연구소에서 기출 및 모의고사에서 3000여 문제 중 2023~2024년 최신출제경향에 맞추어 120문제를 선별하였습니다.

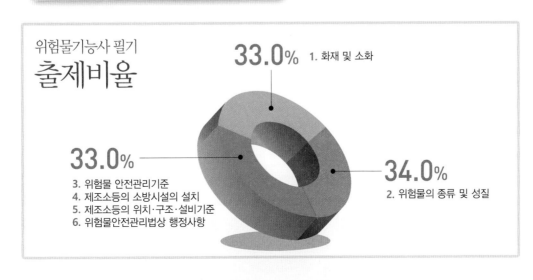

위험물기능사 필기 출제비율

33.0% 1. 화재 및 소화

34.0% 2. 위험물의 종류 및 성질

33.0%
3. 위험물 안전관리기준
4. 제조소등의 소방시설의 설치
5. 제조소등의 위치·구조·설비기준
6. 위험물안전관리법상 행정사항

CBT 수검요령
computer-based testing

글자 크기 및 화면 배치 조정 ──
시험을 보기 편한 글자 크기로 변경할 수 있으며, 한 화면에 문제 배열 방식을 2문제/2단/1문제로 조정할 수 있습니다.

정답 체크
문제의 번호에 정답을 클릭하거나 [답안 표기란]의 각 문제 번호에 정답을 클릭합니다.

수시로 현재 [안 푼 문제 수]와 [남은 시간]를 확인하여 시간 분배합니다. 또한 답안 제출 전에 [수험번호], [수험자명], [안 푼 문제 수]를 다시 한번 더 확인합니다.

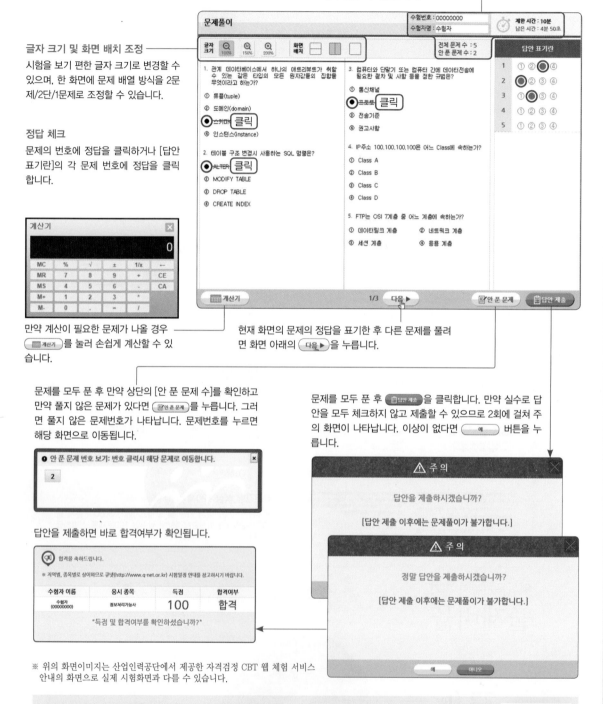

만약 계산이 필요한 문제가 나올 경우 ──
계산기를 눌러 손쉽게 계산할 수 있습니다.

현재 화면의 문제의 정답을 표기한 후 다른 문제를 풀려면 화면 아래의 다음▶을 누릅니다.

문제를 모두 푼 후 만약 상단의 [안 푼 문제 수]를 확인하고 만약 풀지 않은 문제가 있다면 안푼문제를 누릅니다. 그러면 풀지 않은 문제번호가 나타납니다. 문제번호를 누르면 해당 화면으로 이동됩니다.

❶ 안 푼 문제 번호 보기: 번호 클릭시 해당 문제로 이동합니다.   ✕

2

답안을 제출하면 바로 합격여부가 확인됩니다.

✓ 합격을 축하드립니다.
※ 지역별, 종목별로 상이하므로 큐넷(http://www.q-net.or.kr) 시험일정 안내를 참고하시기 바랍니다.

수험자 이름	응시 종목	득점	합격여부
수험자 (00000000)	정보처리기능사	100	합격

"득점 및 합격여부를 확인하셨습니까?"

문제를 모두 푼 후 답안제출을 클릭합니다. 만약 실수로 답안을 모두 체크하지 않고 제출할 수 있으므로 2회에 걸쳐 주의 화면이 나타납니다. 이상이 없다면 예 버튼을 누릅니다.

⚠ 주 의   ✕

답안을 제출하시겠습니까?

[답안 제출 이후에는 문제풀이가 불가합니다.]

⚠ 주 의   ✕

정말 답안을 제출하시겠습니까?

[답안 제출 이후에는 문제풀이가 불가합니다.]

예   아니오

※ 위의 화면이미지는 산업인력공단에서 제공한 자격검정 CBT 웹 체험 서비스 안내의 화면으로 실제 시험화면과 다를 수 있습니다.

자격검정 CBT 웹 체험 서비스 안내
스마트폰의 인터넷 어플에서 검색사이트(네이버, 다음 등)를 입력하고 검색창 옆에 📷(또는 🎤)을 클릭하고 QR 바코드 아이콘(⬤)을 선택합니다. 그러면 QR코드 인식창이 나타나며, 스마트폰 화면 정중앙에 좌측의 QR 바코드를 맞추면 해당 페이지로 자동으로 이동합니다.

Con tents

▣ 출제기준표
▣ 시험안내 및 출제비율
▣ 이 책의 구성

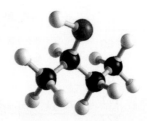

Craftsman Hazardous material

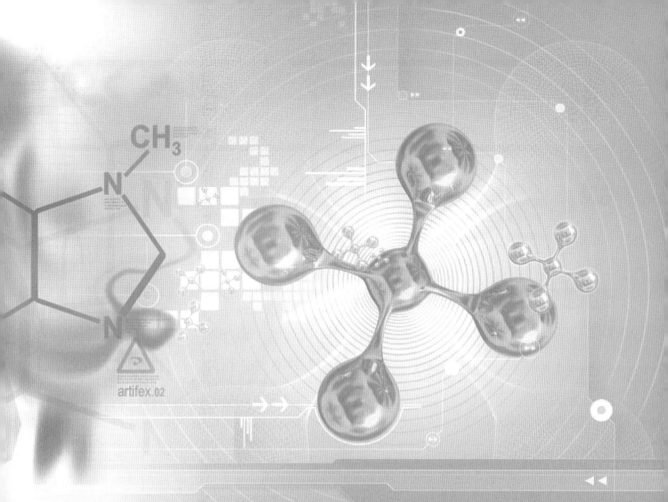

화재 및 소화

연소 및 발화 | 화재 및 소화이론의 이해 | 소화약제 및 소화기 | 물질의 화학적 성질

SECTION
01

연소 및 발화

Craftsman Hazardous Material

출제 포인트

이 섹션에서는 표면연소, 분해연소, 증발연소, 자기연소 등의 의미와 종류에 대해서는 꾸준히 출제되고 있다. 주요 가연물의 인화점과 발화점은 필히 외워두도록 한다. 가연물과 점화원, 정전기, 연소범위와 속도, 자연발화 등에서 골고루 출제되고 있다. 특별히 어려운 내용은 없으므로 이 단원에서 확실히 점수를 확보할 수 있도록 한다.

01 연소의 개요

1 정의

가연물이 점화원에 의해 공기 중의 산소와 반응하여 열과 빛을 수반하는 산화현상을 말한다.

2 연소의 3요소

가연물, 산소공급원, 점화원

3 고온체의 색과 온도

색	온도	색	온도
담암적색	522℃	황적색	1,100℃
암적색	700℃	백색(백적색)	1,300℃
적색	850℃	휘백색	1,500℃ 이상
휘적색 (주황색)	950℃		

02 가연물 및 점화원

1 가연물이 되기 쉬운 조건

① 산소와의 친화력이 클 것
② 발열량이 클 것
③ 표면적이 넓을 것(기체 〉 액체 〉 고체)
④ 열전도율이 적을 것(기체 〈 액체 〈 고체)
⑤ 활성화에너지가 작을 것
⑥ 연쇄반응을 일으킬 수 있을 것(연소의 4요소)

2 가연물이 될 수 없는 물질

① 더 이상 산소와 화학반응을 일으키지 않는 물질 : 물, 이산화탄소, 산화알루미늄, 산화규소, 오산화인, 삼산화황, 삼산화크롬, 산화안티몬 등

② 흡열반응 물질 : 질소, 질소산화물
③ 주기율표상 0족 물질 : 헬륨, 네온, 아르곤, 크립톤, 크세논, 라돈

3 점화원

① 전기불꽃, 마찰열, 불꽃, 정전기, 고열 등
② 점화에너지의 크기는 최소한 가연물의 활성화 에너지의 크기보다 커야 한다.
③ 화학적으로 반응성이 큰 가연물일수록 점화에너지가 작아도 된다.
④ 점화원의 종류

분류	종류
화학적 에너지	연소열, 자연발열, 분해열, 용해열
전기적 에너지	저항열, 유도열, 유전열, 아크열, 정전기열, 낙뢰에 의한 열
기계적 에너지	마찰열, 압축열, 마찰 스파크
원자력 에너지	핵분열, 핵융합

▶ 전기불꽃 에너지식
$E = \frac{1}{2}QV = \frac{1}{2}CV^2$ (Q : 전기량, V : 방전전압, C : 전기용량)

4 정전기

(1) 정전기 발생에 영향을 주는 요인

① 물체의 특성 : 대전서열에서 먼 위치에 있을수록 정전기의 발생 증가
② 접촉면적 및 압력 : 접촉면적이 클수록, 접촉압력이 증가할수록 정전기의 발생 증가
③ 물질의 표면상태 : 표면이 수분이나 기름 등으로 오염될수록 발생 증가하며, 표면이 원활할수록 감소

④ 분리속도 : 전하의 완화시간이 길수록, 분리속도가 빠를수록 정전기의 발생 증가

⑤ 접촉의 이력 : 처음 접촉과 분리가 일어날 때 정전기 발생이 최대이며, 접촉과 분리가 반복됨에 따라 감소

(2) 인화성 액체의 정전기 발생 요인

① 유속이 빠를 때 → 최대유속 제한

② 배관 내 유체의 점도가 클 때

③ 심한 와류가 생성될 때

④ 비전도성 부유물질이 많을 때

⑤ 흐름의 낙차가 클 때

⑥ 필터를 통과할 때

(3) 정전기 발생 방지 방법

① 발생을 줄이는 방법

- 물질 간의 마찰 감소
- 전도성 재료 사용
- 유속 제한
- 제전재 사용

② 정전기 축적 방지

- 접지
- 실내공기 이온화
- 실내 습도를 상대습도 70% 이상으로 유지

03 연소의 형태

1 고체의 연소

(1) 표면연소

① 열분해에 의해 가연성가스를 발생하지 않고 그 자체가 연소하는 형태

② 목탄, 코크스, 금속분, 마그네슘 등

(2) 분해연소

① 열분해에 의한 가연성가스가 공기와 혼합하여 연소하는 형태

② 목재, 종이, 석탄, 섬유, 플라스틱 등

(3) 증발연소

① 물질의 표면에서 증발한 가연성가스와 공기 중의 산소가 화합하여 연소하는 형태

② 파라핀(양초), 나프탈렌, 유황 등

(4) 자기연소

① 공기 중의 산소가 아닌 그 자체의 산소에 의해서 연소하는 형태

② 질산에스테르류, 셀룰로이드류, 니트로화합물류, 히드라진유 등

2 기체의 연소

확산연소, 예혼합연소, 폭발연소

3 액체의 연소

액면연소, 등화연소, 분무연소, 증발연소(석유, 가솔린, 알코올)

04 인화점 및 발화점

1 인화점

① 액체 표면의 근처에서 불이 붙는 데 충분한 농도의 증기를 발생하는 최저온도

② 가연성 물질을 공기 중에서 가열할 때 가연성 증기가 연소범위 하한에 도달하는 최저온도

③ 주요 가연물의 인화점

물질명	인화점	물질명	인화점
이소펜탄	-51℃	에탄올	13℃
디에틸에테르	-45℃	에틸벤젠	15℃
아세트알데히드	-38℃	피리딘	20℃
산화프로필렌	-37℃	클로로벤젠	32℃
이황화탄소	-30℃	테레핀유	35℃
아세톤, 트리메틸알루미늄	-18℃	클로로아세톤	35℃
		초산	40℃
벤젠	-11℃	등유	30~60℃
메틸에틸케톤	-1℃	경유	50~70℃
톨루엔	4.5℃	니트로벤젠	88℃
메틸알코올	11℃	중유	60~150℃

※ 특수인화물＜제1석유류＜알코올류＜제2석유류＜제3석유류＜제4석유류＜동식물유류

2 발화점(착화점, 발화온도, 착화온도)

(1) 의미

외부에서 점화하지 않더라도 발화하는 최저온도

(2) 발화점이 낮아지는 요건

① 산소와의 친화력이 클 때

② 산소의 농도가 높을 때

③ 발열량이 클 때

④ 압력이 높을 때

⑤ 화학적 활성도가 클 때

⑥ 열전도율이 낮을 때

⑦ 습도가 낮을 때

⑧ 활성화에너지가 적을 때
(3) 발화점이 달라지는 요인
  ① 가연성가스와 공기의 조성비
  ② 발화를 일으키는 공간의 형태와 크기
  ③ 가열속도와 가열시간
  ④ 발화원의 재질과 가열 방식
(4) 주요 가연물의 발화점

물질명	발화점	물질명	발화점
황린	34℃	가솔린, 피크르산, 트리니트로톨루엔	300℃
이황화탄소, 삼황화린	100℃		
오황화린	142℃	에틸알코올	423℃
디에틸에테르	180℃	아세트산	427℃
아세트알데히드	185℃	산화프로필렌	449℃
유황	232.2℃	메틸알코올	464℃
등유	250℃	톨루엔	480℃
적린	260℃	아세톤	538℃

05 연소범위 및 연소속도

1 연소범위(폭발범위)
  ① 가연물이 기체상태에서 공기와 혼합하여 연소가 일어나는 범위(연소하한값부터 연소상한값까지)
  ② 연소하한이 낮을수록, 연소상한이 높을수록 위험
  ③ 연소범위가 넓을수록 폭발 위험이 큼
  ④ 온도가 높아지면 연소범위가 넓어짐
  ⑤ 압력이 높아지면 하한값은 크게 변하지 않지만 상한값은 커진다.

2 주요 물질의 연소범위

기체 또는 증기	연소범위 (vol%)	기체 또는 증기	연소범위 (vol%)
아세틸렌	2.5~82	암모니아	15.7~27.4
수소	4.1~75	아세톤	2~13
일산화탄소	12.5~75	메탄	5.0~15
에틸에테르	1.7~48	에탄	3.0~12.5
에틸렌	3.0~33.5	프로판	2.1~9.5
메틸알코올	7~37	휘발유	1.4~7.6
에틸알코올	3.5~20	톨루엔	1.3~6.7

기체 또는 증기	연소범위 (vol%)	기체 또는 증기	연소범위 (vol%)
시안화수소	12.8~27		

3 연소속도에 영향을 미치는 요인
  ① 가연물의 온도
  ② 가연물질과 접촉하는 속도
  ③ 산화반응을 일으키는 속도
  ④ 촉매
  ⑤ 압력

4 연소의 확대
  ① 전도 : 고체의 열 전달 방법으로 접촉하고 있는 물체를 통해 열을 전달. 금속류의 열전도도가 높다.
  ② 대류 : 액체·기체의 열 전달 방법으로 열을 포함하고 있는 물질이 직접 이동해서 열을 전달
  ③ 복사 : 태양열처럼 매개물질 없이 열을 전달하는 방식으로 가장 빠른 열 전달 방법

06 자연발화

1 자연발화의 형태

구분	종류
분해열에 의한 발화	셀룰로이드, 니트로셀룰로오스
산화열에 의한 발화	석탄, 건성유
발효열에 의한 발화	퇴비, 먼지
흡착열에 의한 발화	목탄, 활성탄
중합열에 의한 발화	시안화수소, 산화에프틸렌

2 자연발화의 발생 조건
  ① 주위의 온도가 높을 것
  ② 습도가 높을 것
  ③ 표면적이 넓을 것
  ④ 발열량이 클 것
  ⑤ 열전도율이 작을 것

3 자연발화에 영향을 주는 요인
  ① 열의 축적 : 열의 축적이 쉬울수록 자연발화하기 쉽다.
  ② 열의 전도율 : 열의 전도율이 작을수록 자연발화

하기 쉽다.

③ 퇴적 방법 : 열축적이 용이하게 적재되어 있으면 자연발화하기 쉽다.

④ 통풍 : 통풍이 잘 되지 않으면 열축적이 용이하여 자연발화하기 쉽다.

⑤ 발열량 : 발열량이 클수록 자연발화하기 쉽다.

⑥ 습도 : 습도가 높으면 자연발화하기 쉽다.

4 자연발화 방지법

① 통풍(공기유통)이 잘 되게 한다.

② 저장실의 온도를 낮춘다.

③ 습도를 낮게 유지한다.

④ 열의 축적을 방지한다.

⑤ 정촉매 작용을 하는 물질을 피한다.

> ▶ 정촉매 : 반응속도를 빠르게 하는 물질
> 부촉매 : 반응속도를 느리게 하는 물질

5 준 자연발화

① 가연물이 공기 또는 물과 반응하여 급격히 발열, 발화하는 현상

② 연소반응속도가 **빠름**

③ 종류

- 황린(P_4) : 공기와 반응하여 발화
- 금속칼륨(K), 금속나트륨(Na) : 물 또는 습기와 접촉 시 급격히 발화
- 알킬알루미늄 : 공기 또는 물과 반응하여 발화

기출문제 | 기출문제로 출제유형을 파악한다!

[09-02]

1 다음 중 연소의 3요소를 모두 갖춘 것은?

① 휘발유 + 공기 + 수소
② 적린 + 수소 + 성냥불
③ 성냥불 + 황 + 산소
④ 알코올 + 수소 + 산소

> 연소의 3요소 : 가연물, 산소공급원, 점화원

[11-05]

2 정전기의 발생요인에 대한 설명으로 틀린 것은?

① 접촉면적이 클수록 정전기의 발생량은 많아진다.
② 분리속도가 **빠를수록** 정전기의 발생량은 많아진다.
③ 대전서열에서 먼 위치에 있을수록 정전기의 발생량은 많아진다.
④ 접촉과 분리가 반복됨에 따라 정전기의 발생량은 증가한다.

> 정전기는 처음 접촉과 분리가 일어날 때 발생이 최대가 되며, 접촉과 분리가 반복됨에 따라 감소한다.

[12-02, 07-05]

3 다음 중 연소반응이 일어날 수 있는 가능성이 가장 큰 물질은?

① 산소와 친화력이 작고, 활성화 에너지가 작은 물질
② 산소와 친화력이 크고, 활성화 에너지가 큰 물질
③ 산소와 친화력이 작고, 활성화 에너지가 큰 물질
④ 산소와 친화력이 크고, 활성화 에너지가 작은 물질

[13-02, 07-02]

4 고온체의 색깔이 휘적색일 경우의 온도는 약 몇 ℃ 정도인가?

① 500
② 950
③ 1,300
④ 1,500

[11-02]

5 다음 중 가연물이 될 수 없는 것은?

① 질소
② 나트륨
③ 니트로셀룰로오스
④ 나프탈렌

정답▶ 1 ③ 2 ④ 3 ④ 4 ② 5 ①

[09-05, 08-02]

6 질소가 가연물이 될 수 없는 이유를 가장 옳게 설명한 것은?

① 산소와 산화반응을 하지 않기 때문이다.
② 산소와 산화반응을 하지만 흡열반응을 하기 때문이다.
③ 산소와 환원반응을 하지 않기 때문이다.
④ 산소와 환원반응을 하지만 발열반응을 하기 때문이다.

[11-04, 09-04, 08-05]

7 가연물이 되기 쉬운 조건이 아닌 것은?

① 산소와 친화력이 클 것
② 열전도율이 클 것
③ 발열량이 클 것
④ 활성화에너지가 작을 것

[12-02]

8 비전도성 인화성 액체가 관이나 탱크 내에서 움직일 때 정전기가 발생하기 쉬운 조건으로 가장 거리가 먼 것은?

① 흐름의 낙차가 클 때
② 느린 유속으로 흐를 때
③ 심한 와류가 생성될 때
④ 필터를 통과할 때

빠른 유속으로 흐를 때 정전기가 발생하기 쉽다.

[09-01]

9 고체의 연소형태에 해당하지 않는 것은?

① 증발연소
② 확산연소
③ 분해연소
④ 표면연소

고체의 연소형태 : 표면연소, 분해연소, 증발연소, 자기연소
확산연소는 기체의 연소 형태에 해당한다.

[12-01]

10 액체연료의 연소형태가 아닌 것은?

① 확산연소
② 증발연소
③ 액면연소
④ 분무연소

액체의 연소형태 : 액면연소, 등화연소, 분무연소, 증발연소

[11-02]

11 가연성 액체의 연소형태를 옳게 설명한 것은?

① 연소범위의 하한보다 낮은 범위에서라도 점화원이 있으면 연소한다.
② 가연성 증기의 농도가 높으면 높을수록 연소가 쉽다.
③ 가연성 액체의 증발연소는 액면에서 발생하는 증기가 공기와 혼합하여 타기 시작한다.
④ 증발성이 낮은 액체일수록 연소가 쉽고, 연소속도는 빠르다.

[12-01]

12 연소 위험성이 큰 휘발유 등은 배관을 통하여 이송할 경우 안전을 위하여 유속을 느리게 해주는 것이 바람직하다. 이는 배관 내에서 발생할 수 있는 어떤 에너지를 억제하기 위함인가?

① 유도에너지
② 분해에너지
③ 정전기에너지
④ 아크에너지

[08-05]

13 물질의 일반적인 연소형태에 대한 설명으로 틀린 것은?

① 파라핀의 연소는 표면연소이다.
② 산소공급원을 가진 물질이 연소하는 것을 자기연소라고 한다.
③ 목재의 연소는 분해연소이다.
④ 공기가 접촉하는 표면에서 연소가 일어나는 것을 표면연소라고 한다.

파라핀의 연소는 증발연소이다.

[10-01]

14 전기불꽃에 의한 에너지식을 옳게 나타낸 것은?
(단, E는 전기불꽃 에너지, C는 전기용량, Q는 전기량, V는 방전전압이다)

① $E = \frac{1}{2}QV$
② $E = \frac{1}{2}QV^2$
③ $E = \frac{1}{2}CV$
④ $E = \frac{1}{2}VQ^2$

전기불꽃의 에너지식
$E = \frac{1}{2}QV = \frac{1}{2}CV^2$

정답 ▶ 6 ② 7 ② 8 ② 9 ② 10 ① 11 ③ 12 ③ 13 ① 14 ①

[11-02]

15 일반 건축물화재에서 내장재로 사용한 폴리스티렌 폼(Polystyrene Foam)이 화재 중 연소를 했다면 이 플라스틱의 연소형태는?

① 증발연소　　　　　② 자기연소
③ 분해연소　　　　　④ 표면연소

[13-04, 10-01, 08-01]

16 주된 연소형태가 표면연소인 것을 옳게 나타낸 것은?

① 중유, 알코올　　　② 코크스, 숯
③ 목재, 종이　　　　④ 석탄, 플라스틱

[10-02, 07-01]

17 금속분, 나트륨, 코크스 같은 물질이 공기 중에서 점화원을 제공받아 연소할 때의 주된 연소형태는?

① 표면연소　　　　　② 확산연소
③ 분해연소　　　　　④ 증발연소

[12-02]

18 연료의 일반적인 연소형태에 관한 설명 중 틀린 것은?

① 목재와 같은 고체연료는 연소 초기에는 불꽃을 내면서 연소하나 후기에는 점점 불꽃이 없어져 무염(無炎)연소 형태로 연소한다.
② 알코올과 같은 액체연료는 증발에 의해 생긴 증기가 공기 중에서 연소하는 증발연소의 형태로 연소한다.
③ 기체연료는 액체연료, 고체연료와 다르게 비정상적인 연소인 폭발현상이 나타나지 않는다.
④ 석탄과 같은 고체연료는 열분해하여 발생한 가연성 기체가 공기 중에서 연소하는 분해연소 형태로 연소한다.

액체연료와 고체연료는 폭발을 일으키지 않는 반면에 기체연료는 안정된 정상연소를 하거나 폭발을 일으키는 비정상연소를 한다.

[13-01]

19 니트로화합물과 같은 가연성물질이 자체 내에 산소를 함유하고 있어 공기 중의 산소를 필요로 하지 않고 자체의 산소에 의해서 연소되는 현상은?

① 자기연소　　　　　② 등심연소
③ 훈소연소　　　　　④ 분해연소

[09-05]

20 다음 중 주된 연소형태가 분해연소인 것은?

① 목탄　　　　　　　② 나트륨
③ 석탄　　　　　　　④ 에테르

[14-02, 08-02]

21 다음 중 증발연소를 하는 물질이 아닌 것은?

① 황　　　　　　　　② 석탄
③ 파라핀　　　　　　④ 나프탈렌

석탄은 분해연소를 한다.

[07-02]

22 다음 물질 중 증발연소를 하는 것은?

① 목탄　　　　　　　② 나무
③ 양초　　　　　　　④ 니트로셀룰로오스

[12-01]

23 분자 내의 니트로기와 같이 쉽게 산소를 유리할 수 있는 기를 가지고 있는 화합물의 연소형태는?

① 표면연소　　　　　② 분해연소
③ 증발연소　　　　　④ 자기연소

자기연소
• 공기 중의 산소가 아닌 그 자체의 산소에 의해서 연소하는 형태
• 종류 : 질산에스테르류, 셀룰로이드류, 니트로화합물류, 히드라진유 등

[09-02]

24 다음 ( ) 안에 알맞은 용어는?

( )이란 불을 끌어당기는 온도라는 뜻으로 액체 표면의 근처에서 불이 붙는 데 충분한 농도의 증기를 발생하는 최저 온도를 말한다.

① 연소점　② 발화점　③ 인화점　④ 착화점

25 [10-01] 다음 물질 중 인화점이 가장 낮은 것은?

① CH_3COCH_3　　　　② $C_2H_5OC_2H_5$
③ $CH_3(CH_2)_3OH$　　　④ CH_3OH

> ① 아세톤 : −18℃　　　② 에틸에테르 : −45℃
> ③ 부탄올 : 37℃　　　　④ 메탄올 : 11℃

26 [11-05, 09-04] 다음 중 인화점이 가장 낮은 것은?

① 산화프로필렌　　　　② 벤젠
③ 디에틸에테르　　　　④ 이황화탄소

27 [14-04, 08-05] 인화점에 대한 설명으로 가장 옳은 것은?

① 가연성 물질을 산소 중에서 가열할 때 점화원 없이 연소하기 위한 최저온도
② 가연성 물질이 산소 없이 연소하기 위한 최저 온도
③ 가연성 물질을 공기 중에서 가열할 때 가연성 증기가 연소범위 하한에 도달하는 최저온도
④ 가연성 물질이 공기 중 가압하에서 연소하기 위한 최저온도

28 [13-02] 다음 위험물 중 인화점이 가장 낮은 것은?

① 아세톤　　　　　　② 이황화탄소
③ 클로로벤젠　　　　④ 디에틸에테르

29 [12-05] 연소의 종류와 가연물을 틀리게 연결한 것은?

① 증발연소 – 가솔린, 알코올
② 표면연소 – 코크스, 목탄
③ 분해연소 – 목재, 종이
④ 자기연소 – 에테르, 나프탈렌

> ④ 에테르, 나프탈렌은 증발연소를 한다.

30 [12-01] 다음 중 인화점이 가장 낮은 것은?

① 이소펜탄　　　　　② 아세톤
③ 디에틸에테르　　　④ 이황화탄소

31 [13-02, 09-02] 인화점이 낮은 것부터 높은 순서로 나열된 것은?

① 톨루엔 – 아세톤 – 벤젠
② 아세톤 – 톨루엔 – 벤젠
③ 톨루엔 – 벤젠 – 아세톤
④ 아세톤 – 벤젠 – 톨루엔

32 [08-05] 다음 중 인화점이 가장 낮은 것은?

① 톨루엔　　　　　　② 테레핀유
③ 에틸렌글리콜　　　④ 아닐린

33 [08-01] 다음 물질 중 인화점이 가장 낮은 것은?

① 경유　　　　　　　② 아세톤
③ 톨루엔　　　　　　④ 메틸알코올

34 [08-02] 다음 위험물 중 인화점이 가장 낮은 것은?

① 메틸에틸케톤　　　② 에탄올
③ 초산　　　　　　　④ 클로로벤젠

35 [13-02] 다음 중 인화점이 가장 높은 것은?

① 니트로벤젠　　　　② 클로로벤젠
③ 톨루엔　　　　　　④ 에틸벤젠

36 [10-05] 다음 중 인화점이 가장 높은 물질은?

① 이황화탄소　　　　② 디에틸에테르
③ 아세트알데히드　　④ 산화프로필렌

37 [07-05] 다음 물질 중 인화점이 가장 높은 것은?

① 톨루엔　　　　　　② 클로로아세톤
③ 트리메틸알루미늄　④ 아세톤

[07-02]
38 다음 중 인화점이 가장 높은 물질은?

① 이황화탄소
② 디에틸에테르
③ 아세트알데히드
④ 산화프로필렌

[10-02]
39 다음 중 인화점이 가장 높은 것은?

① 등유
② 벤젠
③ 아세톤
④ 아세트알데히드

[12-04]
40 인화점이 100℃보다 낮은 물질은?

① 아닐린
② 에틸렌글리콜
③ 글리세린
④ 실린더유

[08-04]
41 어떤 물질을 비이커에 넣고 알코올 램프로 가열하였더니 어느 순간 비이커 안에 있는 물질에 불이 붙었다. 이때 온도를 무엇이라고 하는가?

① 인화점
② 발화점
③ 연소점
④ 확산점

[12-05]
42 다음 중 발화점이 낮아지는 경우는?

① 화학적 활성도가 낮을 때
② 발열량이 클 때
③ 산소와 친화력이 나쁠 때
④ CO_2와 친화력이 높을 때

[10-01, 08-01]
43 착화온도가 낮아지는 경우가 아닌 것은?

① 압력이 높을 때
② 습도가 높을 때
③ 발열량이 클 때
④ 산소와 친화력이 좋을 때

[08-04]
44 착화온도가 낮아지는 원인과 가장 관계가 있는 것은?

① 발열량이 적을 때
② 압력이 높을 때
③ 습도가 높을 때
④ 산소와의 결합력이 나쁠 때

[12-01]
45 물질의 발화온도가 낮아지는 경우는?

① 발열량이 작을 때
② 산소의 농도가 작을 때
③ 화학적 활성도가 클 때
④ 산소와 친화력이 작을 때

[08-02]
46 위험물의 착화점이 낮아지는 경우가 아닌 것은?

① 압력이 클 때
② 발열량이 클 때
③ 산소농도가 작을 때
④ 산소와 친화력이 좋을 때

[13-04]
47 다음 중 발화점이 달라지는 요인으로 가장 거리가 먼 것은?

① 가연성가스와 공기의 조성비
② 발화를 일으키는 공간의 형태와 크기
③ 가열속도와 가열시간
④ 가열도구의 내구연한

[12-04, 09-05]
48 다음 위험물 중 착화온도가 가장 낮은 것은?

① 이황화탄소
② 디에틸에테르
③ 아세톤
④ 아세트알데히드

[10-01, 08-01]
49 다음 위험물 중 발화점이 가장 낮은 것은?

① 황
② 삼황화린
③ 황린
④ 아세톤

[09-02]
50 다음 중 발화점이 가장 낮은 물질은?

① 메틸알코올   ② 등유
③ 아세트산   ④ 아세톤

[07-01]
51 다음 중 착화온도가 가장 낮은 것은?

① 등유   ② 가솔린
③ 아세톤   ④ 톨루엔

[08-02]
52 다음 위험물 중 발화점이 가장 낮은 것은?

① 가솔린   ② 이황화탄소
③ 에테르   ④ 황린

[09-01]
53 다음 중 착화온도가 가장 낮은 것은?

① 피크르산   ② 적린
③ 에틸알코올   ④ 트리니트로톨루엔

[12-01]
54 착화점이 232℃에 가장 가까운 위험물은?

① 삼황화린   ② 오황화린
③ 적린   ④ 유황

> ① 삼황화린 – 100℃   ② 오황화린 – 142℃
> ③ 적린 – 260℃   ④ 유황 – 232.2℃

[11-04]
55 연소범위에 대한 설명으로 옳지 않은 것은?

① 연소범위는 연소하한값부터 연소상한값까지이다.
② 연소범위의 단위는 공기 또는 산소에 대한 가스의 %농도이다.
③ 연소하한이 낮을수록 위험이 크다.
④ 온도가 높아지면 연소범위가 좁아진다.

> ④ 온도가 높아지면 연소범위가 넓어진다.

[12-04]
56 위험물의 화재위험에 관한 제반조건을 설명한 것으로 옳은 것은?

① 인화점이 높을수록, 연소범위가 넓을수록 위험하다.
② 인화점이 낮을수록, 연소범위가 좁을수록 위험하다.
③ 인화점이 높을수록, 연소범위가 좁을수록 위험하다.
④ 인화점이 낮을수록, 연소범위가 넓을수록 위험하다.

[08-05]
57 다음 중 자연발화의 형태가 아닌 것은?

① 산화열에 의한 발화
② 분해열에 의한 발화
③ 흡착열에 의한 발화
④ 잠열에 의한 발화

[11-02]
58 가솔린의 연소범위에 가장 가까운 것은?

① 1.4~7.6%   ② 2.0~23.0%
③ 1.8~36.5%   ④ 1.0~50.0%

[13-04]
59 다음 중 폭발범위가 가장 넓은 물질은?

① 메탄   ② 톨루엔
③ 에틸알코올   ④ 에틸에테르

[13-02]
60 다음 중 연소속도와 의미가 가장 가까운 것은?

① 기화열의 발생속도   ② 환원속도
③ 착화속도   ④ 산화속도

[13-01]

61 열의 이동 원리 중 복사에 관한 예로 적당하지 않은 것은?

① 그늘이 시원한 이유
② 더러운 눈이 빨리 녹는 현상
③ 보온병 내부를 거울벽으로 만드는 것
④ 해풍과 육풍이 일어나는 원리

④는 대류의 예에 해당한다.

[11-04, 10-05]

62 산화열에 의한 발열이 자연발화의 주된 요인으로 작용하는 것은?

① 건성유   ② 퇴비
③ 목탄   ④ 셀룰로이드

[11-01, 07-01, 07-05]

63 자연발화가 잘 일어나는 경우와 가장 거리가 먼 것은?

① 주변의 온도가 높을 것
② 습도가 높을 것
③ 표면적이 넓을 것
④ 열전도율이 클 것

[08-02]

64 자연발화에 대한 다음 설명 중 틀린 것은?

① 열전도가 낮을 때 잘 일어난다.
② 공기와의 접촉면적이 큰 경우에 잘 일어난다.
③ 수분이 높을수록 발생을 방지할 수 있다.
④ 열의 축적을 막을수록 발생을 방지할 수 있다.

③ 습도를 낮게 해야 자연발화를 방지할 수 있다.

[07-02]

65 다음 중 자연발화의 위험성이 가장 낮은 것은?

① 표면적이 넓은 것
② 열전도율이 큰 것
③ 주위온도가 높은 것
④ 다습한 환경인 것

[13-04]

66 자연발화를 방지하기 위한 방법으로 옳지 않은 것은?

① 습도를 가능한 한 높게 유지한다.
② 열 축적을 방지한다.
③ 저장실의 온도를 낮춘다.
④ 정촉매 작용을 하는 물질을 피한다.

[12-01]

67 자연발화의 방지법이 아닌 것은?

① 습도를 높게 유지할 것
② 저장실의 온도를 낮출 것
③ 퇴적 및 수납 시 열축적이 없을 것
④ 통풍을 잘 시킬 것

[08-01]

68 위험물의 자연발화를 방지하는 방법으로 적당하지 않은 것은?

① 통풍을 잘 시킬 것
② 저장실의 온도를 낮출 것
③ 습도가 높은 곳에서 저장할 것
④ 정촉매 작용을 하는 물과는 접촉을 피할 것

[08-05]

69 자연발화의 방지대책으로 틀린 것은?

① 통풍을 잘되게 한다.
② 저장실의 온도를 낮게 한다.
③ 습도를 낮게 유지한다.
④ 열을 축적시킨다.

[09-05]

70 화재 예방 시 자연발화를 방지하기 위한 일반적인 방법으로 옳지 않은 것은?

① 통풍을 막는다.
② 저장실의 온도를 낮춘다.
③ 습도가 높은 장소를 피한다.
④ 열의 축적을 막는다.

정답 ▶ **61** ④ **62** ① **63** ④ **64** ③ **65** ② **66** ① **67** ① **68** ③ **69** ④ **70** ①

화재 및 소화이론의 이해

출제 포인트

이 섹션에서는 분진폭발에 관한 문제의 출제 빈도가 상당히 높다. 폭발성 분진, 분진의 위험이 없는 물질, 폭발성 증가요인에 대해서는 반드시 암기하도록 한다. 화재의 분류에 관한 문제도 빠짐없이 출제되며 화재의 급수와 종류, 색상 및 소화방법까지 연관해서 학습하도록 한다. 플래시 오버, 보일 오버 등 화재 시의 특수현상에 대한 개념도 확실히 해두도록 한다.

01 폭발의 정의

가연성 기체 또는 액체 열의 발생속도가 일산(逸散)속도를 상회하는 현상

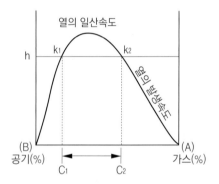

$C_1 \sim C_2$: 폭발범위(연소범위)
$K_1 \sim K_2$: 착화온도

02 폭발의 종류

1 분진폭발 – 물리적 폭발

① 가연성고체의 미세한 분출이 일정 농도 이상 공기 중에 분산되어 있을 때 점화원에 의하여 연소, 폭발되는 현상
② 탄광의 갱도, 유황 분쇄기, 합금 분쇄 공장 등에서 주로 발생
③ 폭발성 분진
  • 탄소제품 : 석탄, 목탄, 코크스, 활성탄
  • 비료 : 생선가루, 혈분 등
  • 식료품 : 전분, 설탕, 밀가루, 분유, 곡분, 건조효모 등
  • 금속류 : Al, Mg, Zn, Fe, Ni, Si, Ti, V, Zr(지르코늄)

  • 목질류 : 목분, 코르크분, 리그닌분, 종이가루 등
  • 합성 약품류 : 염료중간체, 각종 플라스틱, 합성세제, 고무류 등
  • 농산가공품류 : 후추가루, 제충분, 담배가루 등
④ 분진의 위험이 없는 물질 : 모래, 시멘트, 석회분말, 가성소다 등
⑤ 분진폭발의 대형화 요인
  • 공기 중 산소의 농도가 증가할 경우
  • 밀폐공간 내 고온·고압 상태가 유지될 경우
  • 밀폐공간 내 인화성 가스·증기가 존재할 경우
  • 분진 자체가 폭발성 물질일 경우
⑥ 폭발성 증가 요인
  • 발열량, 연소열, 열팽창률이 클수록
  • 입도가 작을수록(분진의 표면적이 커질수록)
  • 분산성·부유성이 클수록
  • 분진 중에 수분이 적을수록

▶ 알루미늄과 마그네슘은 수분 접촉 시 수소가 발생하여 폭발성이 증가한다.

2 분해폭발

산화에틸렌(C_2H_4O), 아세틸렌(C_2H_2), 히드라진(N_2H_4) 같은 분해성 가스와 디아조화합물 같은 자기분해성 고체류가 분해하면서 폭발

3 중합폭발

시안화수소(HCN), 산화에틸렌(C_2H_4O), 염화비닐 등

4 산화폭발

① 가연성 가스가 공기 중에 누설되거나 인화성 액체 저장탱크에 공기가 혼합되어 폭발성 혼합가스를 형성함으로써 점화원에 의해 착화되어 폭발하는 현상
② LPG-공기, LNG-공기 등

03 폭연과 폭굉

1 폭연(爆燃)과 폭굉(爆轟) 비교

구분	폭연(Deflagration)	폭굉(Detonation)
전파속도	• 음속보다 느리게 이동 • 0.1~10m/s	• 음속보다 빠르게 이동 • 1,000~3,500m/s
폭발압력	초기압력의 10배 이하	초기압력의 10배 이상
화재파급 효과	크다	작다
충격파 발생 유무	발생하지 않음	발생함

2 폭굉유도거리(DID)가 짧아지는 조건

① 정상 연소속도가 큰 혼합가스일수록
② 압력이 높을수록
③ 관속에 이물질이 있을 경우
④ 관지름이 작을수록
⑤ 점화원의 에너지가 클수록

04 화재의 분류 및 현상

1 화재의 분류

급수	종류	색상	소화방법	적용대상물
A급	일반화재	백색	냉각소화	종이, 목재, 섬유
B급	유류 및 가스화재	황색	질식소화	제4류 위험물, 유지
C급	전기화재	청색	질식소화	발전기, 변압기
D급	금속화재	무색	피복에 의한 질식소화	철분, 마그네슘, 금속분

2 일반화재의 주요 성상

① 발화기 → 성장기 → (플래시오버) → 최성기 → 감쇠기 순서
② 목조건축물 : 고온단기형(진행시간 30~40분, 최고온도 1,100~1,300℃)
③ 내화건축물 : 저온장기형(진행시간 2~3시간, 최고온도 800~900℃)

3 화재 시 특수현상

(1) 플래시 오버(Flash Over)
건축물 화재 시 성장기에서 최성기로 진행될 때 실내온도가 급격히 상승하기 시작하면서 화염이 실내 전체로 급격히 확대되는 연소현상

(2) 보일 오버(Boil Over)
① 고온층이 형성된 유류화재의 탱크 밑면에 물이 고여 있는 경우, 화재의 진행에 따라 바닥의 물이 급격히 증발하여 불붙은 기름을 분출시키는 위험현상
② 탱크바닥에 물 또는 물과 기름의 에멀전 층이 있는 경우 발생

(3) 슬롭 오버(Slop Over)
① 유류화재 발생 시 유류의 액표면 온도가 물의 비점 이상으로 상승할 때 소화용수가 연소유의 뜨거운 액표면에 유입되면서 탱크 외부로 유류를 분출시키는 현상
② 유류화재 시 물이나 포소화약제를 방사할 경우 발생

(4) 프로스 오버(Froth Over)
탱크 속의 물이 점성의 뜨거운 기름표면 아래에서 끓을 때 화재를 수반하지 않고 기름이 넘쳐 흐르는 현상

(5) BLEVE(Boiling Liquid Expanding Vapor Explosion) 현상
① 비등상태의 액화가스가 기화하여 팽창하고 폭발하는 현상
② 영향을 주는 인자 : 저장물질의 종류와 형태, 저장용기의 재질, 내용물의 인화성 및 독성 여부, 주위온도와 압력상태

(6) Fire Ball
BLEVE 현상으로 분출된 액화가스의 증기가 공기와 혼합하여 공 모양의 대형 화염이 상승하는 현상

(7) Back Draft
건물 화재 시 화재 감쇠기에 창문 등을 갑작스럽게 열 경우 공기가 유입되어 급격한 연소를 초래하는 현상

4 화재 시 피난 동선

① 가급적 단순형태가 좋다. (지그재그 형태 ×)
② 수평동선과 수직동선으로 구분한다.
③ 2개 이상의 방향으로 피난할 수 있어야 한다.
④ 가급적 상호 반대방향으로 다수의 출구와 연결되는 것이 좋다.

05 소화의 종류

물리적 소화			화학적 소화
질식소화	냉각소화	제거소화	억제소화

1 질식소화
공기 중 산소 농도를 15% 이하로 낮추어 소화하는 방법이다.
① 공기차단법 : 밀폐성 고체나 마른 모래, 거품 이용
② 희석법 : 비가연성 기체를 분사

2 냉각소화
① 가연물의 온도를 낮추어 연소의 진행을 억제하는 소화를 말한다.
② 물에 의한 냉각소화(주수소화)의 위험성
  • 유류화재 시 화재면(연소면)이 확대될 우려가 있다.
  • 금속화재 시 물과 반응하여 수소를 발생시킨다.

3 제거소화
연소반응 진행으로부터 가연물을 제거하는 소화 방법이다.
① 격리
  • 바람을 불어 촛불을 끄는 행위
  • 산불화재 시 벌목 행위
  • 가스화재 시 밸브를 잠그는 행위
② 소멸 : 유전화재에서 질소폭탄으로 화염을 소멸시키는 방법
③ 희석 : 다량의 이산화탄소 기체를 분사하여 기체 가연물을 연소범위 이하로 낮추는 방법

4 억제소화(화학적 소화, 부촉매 소화)
연쇄반응을 차단하는 소화 방법

기출문제 | 기출문제로 출제유형을 파악한다!

[06-02]
1 그림에서 C_1와 C_2 사이를 무엇이라고 하는가?

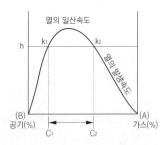

① 안전범위
② 발열량
③ 흡열량
④ 폭발범위

[16-02, 11-01]
2 폭발의 종류에 따른 물질이 잘못 짝지어진 것은?
① 분해폭발 : 아세틸렌, 산화에틸렌
② 분진폭발 : 금속분, 밀가루
③ 중합폭발 : 시안화수소, 염화비닐
④ 산화폭발 : 히드라진, 과산화수소

[12-04]
3 가연성고체의 미세한 분출이 일정 농도 이상 공기 중에 분산되어 있을 때 점화원에 의하여 연소 폭발되는 현상은?
① 분진폭발
② 산화폭발
③ 분해폭발
④ 중합폭발

[13-01, 10-02]
4 다음 물질 중 분진폭발의 위험성이 가장 낮은 것은?
① 밀가루
② 알루미늄분말
③ 모래
④ 석탄

[07-02]
5 분진폭발이 대형화되는 경우가 아닌 것은?
① 밀폐된 공간 내 고온, 고압 상태가 유지될 때
② 밀폐된 공간 내 인화성 가스가 존재할 때
③ 분진 자체가 폭발성 물질인 경우
④ 공기 중 질소의 농도가 증가된 경우

공기 중 산소의 농도가 증가된 경우 분진폭발이 대형화된다.

정답 ▶ 1 ④ 2 ④ 3 ① 4 ③ 5 ④

[12-01]

6 다음 중 분진폭발의 원인물질로 작용할 위험성이 가장 낮은 것은?

① 마그네슘 분말   ② 밀가루
③ 담배 분말   ④ 시멘트 분말

[11-02, 07-05]

7 분진폭발의 위험이 가장 낮은 것은?

① 아연분   ② 시멘트
③ 밀가루   ④ 커피

[08-04]

8 다음 중 분진폭발의 위험이 가장 낮은 것은?

① 아연분   ② 석회분
③ 알루미늄분   ④ 밀가루

[08-01]

9 다음 중 분진폭발의 위험성이 없는 것은?

① 밀가루   ② 아연분
③ 설탕   ④ 염화아세틸

[08-02]

10 다음 물질 중 분진폭발의 위험이 없는 것은?

① 황   ② 알루미늄분
③ 과산화수소   ④ 마그네슘분

[12-05]

11 공정 및 장치에서 분진폭발을 예방하기 위한 조치로서 가장 거리가 먼 것은?

① 플랜트는 공정별로 분류하고 폭발의 파급을 피할 수 있도록 분진취급 공정을 습식으로 한다.
② 분진이 물과 반응하는 경우는 물 대신 휘발성이 적은 유류를 사용하는 것이 좋다.
③ 배관의 연결부위나 기계가동에 의해 분진이 누출될 염려가 있는 곳은 흡인이나 밀폐를 철저히 한다.
④ 가연성분진을 취급하는 장치류는 밀폐하지 말고 분진이 외부로 누출되도록 한다.

> 가연성 분진을 취급하는 장치류는 밀폐하고 분진이 외부로 누출되지 않게 한다.

[09-04]

12 황가루가 공기 중에 떠 있을 때의 주된 위험성에 해당하는 것은?

① 수증기 발생   ② 감전
③ 분진폭발   ④ 흡열반응

[09-01]

13 화염의 전파속도가 음속보다 빠르며, 연소 시 충격파가 발생하여 파괴효과가 증대되는 현상을 무엇이라 하는가?

① 폭연   ② 폭압
③ 폭굉   ④ 폭명

[14-02, 11-04, 09-04]

14 폭발 시 연소파의 전파속도 범위에 가장 가까운 것은?

① $0.1 \sim 10 m/s$ ② $100 \sim 1,000 m/s$
③ $2,000 \sim 3,500 m/s$ ④ $5,000 \sim 10,000 m/s$

[10-05]

15 일반적으로 폭굉파의 전파속도는 어느 정도인가?

① $0.1 \sim 10 m/s$ ② $100 \sim 350 m/s$
③ $1,000 \sim 3,500 m/s$ ④ $10,000 \sim 35,000 m/s$

[16-04, 11-05, 10-04, 06-02]

16 폭굉유도거리(DID)가 짧아지는 경우는?

① 정상 연소속도가 작은 혼합가스일수록 짧아진다.
② 압력이 높을수록 짧아진다.
③ 관지름이 넓을수록 짧아진다.
④ 점화원의 에너지가 약할수록 짧아진다.

[08-02]

17 다음 중 화재의 급수에 따른 화재 종류와 표시 색상이 옳게 연결된 것은?

① A급 - 일반화재, 황색
② B급 - 일반화재, 황색
③ C급 - 전기화재, 청색
④ D급 - 금속화재, 청색

[11-02]
18 폭핑 유도거리(DID)가 짧아지는 조건이 아닌 것은?

① 관경이 클수록 짧아진다.
② 압력이 높을수록 짧아진다.
③ 점화원의 에너지가 클수록 짧아진다.
④ 관속에 이물질이 있을 경우 짧아진다.

[13-04]
19 가연물에 따른 화재의 종류 및 표시색의 연결이 옳은 것은?

① 폴리에틸렌 – 유류화재 – 백색
② 석탄 – 일반화재 – 청색
③ 시너 – 유류화재 – 청색
④ 나무 – 일반화재 – 백색

[13-01, 10-05]
20 유류화재의 급수와 표시색상으로 옳은 것은?

① A급, 백색 ② B급, 백색
③ A급, 황색 ④ B급, 황색

[11-02]
21 유류화재에 해당하는 표시 색상은?

① 백색 ② 황색
③ 청색 ④ 흑색

[08-01]
22 다음 중 화재의 종류와 분류를 옳게 나타낸 것은?

① A급화재 – 유류화재
② B급화재 – 전기화재
③ C급화재 – 목재화재
④ D급화재 – 금속화재

[10-02, 09-01]
23 다음 중 B급 화재에 속하는 것은?

① 일반화재 ② 유류화재
③ 전기화재 ④ 금속화재

[07-05]
24 다음 중 B급 화재에 해당하는 것은?

① 섬유 및 목재 화재 ② 반고체유지 화재
③ 금속분 화재 ④ 전기화재

[08-05]
25 화재의 종류와 급수의 분류가 잘못 연결된 것은?

① 일반화재 – A급 화재
② 유류화재 – B급 화재
③ 전기화재 – C급 화재
④ 가스화재 – D급 화재

[07-01]
26 화재의 종류에 따른 분류 중 유류화재에 해당하는 것은?

① A급 ② B급
③ C급 ④ D급

[09-05]
27 다음 중 B급 화재로 볼 수 있는 것은?

① 목재, 종이 등의 화재
② 휘발유, 알코올 등의 화재
③ 누전, 과부하 등의 화재
④ 마그네슘, 알루미늄 등의 화재

[11-01, 11-04]
28 B급 화재의 표시색상은?

① 청색 ② 무색
③ 황색 ④ 백색

[07-02]
29 유류화재에 해당하는 표시 색상은?

① 백색 ② 황색
③ 청색 ④ 흑색

[09-04]
30 다음 중 전기화재의 표시색상은?

① 백색 ② 황색
③ 무색 ④ 청색

[08-04]

31 우리나라에서 C급 화재에 부여된 표시 색상은?

① 황색   ② 백색
③ 청색   ④ 무색

[12-05]

32 화재종류 중 금속화재에 해당하는 것은?

① A급   ② B급
③ C급   ④ D급

[12-01]

33 어떤 소화기에 "ABC"라고 표시되어 있다. 다음 중 사용할 수 없는 화재는?

① 금속화재   ② 유류화재
③ 전기화재   ④ 일반화재

[12-04]

34 공장 창고에 보관되었던 톨루엔이 유출되어 미상의 점화원에 의해 착화되어 화재가 발생하였다면 이 화재의 분류로 옳은 것은?

① A급 화재   ② B급 화재
③ C급 화재   ④ D급 화재

> 톨루엔은 제1석유류이므로 B급 화재에 해당한다.

[11-05]

35 제2류 위험물 중 지정수량이 500kg인 물질에 의한 화재는?

① A급 화재   ② B급 화재
③ C급 화재   ④ D급 화재

> 제2류 위험물 중 지정수량이 500kg인 물질은 철분, 금속분, 마그네슘이다. 금속화재는 D급 화재에 해당한다.

[12-02]

36 금속화재에 대한 설명으로 틀린 것은?

① 마그네슘과 같은 가연성 금속의 화재를 말한다.
② 주수소화 시 물과 반응하여 가연성 가스를 발생하는 경우가 있다.
③ 화재 시 금속화재용 분말소화약제를 사용할 수 있다.
④ D급 화재라고 하며 표시하는 색상은 청색이다.

[11-05]

37 목조건축물의 일반적인 화재현상에 가장 가까운 것은?

① 저온단시간형 ② 저온장시간형
③ 고온단시간형 ④ 고온장시간형

> • 목조건축물 – 고온(1,100℃) 단시간(30~40분)형
> • 내화건축물 – 저온(800~900℃) 장시간(2~3시간 이상)형

[11-01]

38 고온층(Hot Zone)이 형성된 유류화재의 탱크 밑면에 물이 고여 있는 경우, 화재의 진행에 따라 바닥의 물이 급격히 증발하여 불붙은 기름을 분출시키는 위험현상을 무엇이라 하는가?

① 화이어볼(Fire Ball)
② 플래시오버(Flash Over)
③ 슬롭오버(Slop Over)
④ 보일오버(Boil Over)

[11-04]

39 건축물 화재 시 성장기에서 최성기로 진행될 때 실내온도가 급격히 상승하기 시작하면서 화염이 실내 전체로 급격히 확대되는 연소현상은?

① 슬롭오버(Slop Over)
② 플래시오버(Flash Over)
③ 보일오버(Boil Over)
④ 프로스오버(Froth Over)

[15-02, 12-01]

40 플래시오버(Flash Over)에 관한 설명이 아닌 것은?

① 실내화재에서 발생하는 현상
② 순발적인 연소확대 현상
③ 발생시점은 초기에서 성장기로 넘어가는 분기점
④ 화재로 인하여 온도가 급격히 상승하여 화재가 순간적으로 실내 전체에 확산되어 연소되는 현상

41 보일 오버(Boil Over) 현상과 가장 거리가 먼 것은?

① 기름이 열의 공급을 받지 아니하고 온도가 상승하는 현상

② 기름의 표면부에서 조용히 연소하다 탱크 내의 기름이 갑자기 분출하는 현상

③ 탱크바닥에 물 또는 물과 기름의 에멀전 층이 있는 경우 발생하는 현상

④ 열유층이 탱크 아래로 이동하여 발생하는 현상

[09-02]

42 화재가 발생한 후 실내온도는 급격히 상승하고 축적된 가연성 가스가 착화하면 실내 전체가 화염에 휩싸이는 화재 현상은?

① 보일오버　　　② 슬롭오버
③ 플래시오버　　④ 파이어볼

[07-02]

43 탱크화재 현상 중 BLEVE(Boiling Liquid Expanding Vapor Explosion)에 대한 설명으로 옳은 것은?

① 기름탱크에서의 수증기 폭발현상이다.

② 비등상태의 액화가스가 기화하여 팽창하고 폭발하는 현상이다.

③ 화재 시 기름 속의 수분이 급격히 증발하여 기름 거품이 되고 팽창해서 기름탱크에서 밖으로 내뿜어져 나오는 현상이다.

④ 고점도의 기름 속에 수증기를 포함한 볼 형태의 물방울이 형성되어 탱크 밖으로 넘치는 현상이다.

[11-05]

44 피난동선의 특징이 아닌 것은?

① 가급적 지그재그의 복잡한 형태가 좋다.

② 수평동선과 수직동선으로 구분한다.

③ 2개 이상의 방향으로 피난할 수 있어야 한다.

④ 가급적 상호 반대방향으로 다수의 출구와 연결되는 것이 좋다.

[13-04, 10-02, 10-04, 10-05]

45 가연물이 연소할 때 공기 중의 산소농도를 떨어뜨려 연소를 중단시키는 소화방법은?

① 제거소화

② 질식소화

③ 냉각소화

④ 억제소화

[07-02]

46 소화 효과에 대한 설명으로 옳지 않은 것은?

① 산소공급 차단에 의한 소화는 제거효과이다.

② 물에 의한 소화는 냉각효과가 대표적이다.

③ 가스화재 시 가연성가스 공급 차단에 의한 소화는 제거효과이다.

④ 소화약제의 증발잠열을 이용한 소화는 냉각효과이다.

산소공급 차단에 의한 소화는 질식효과이다.

[09-01]

47 건조사와 같은 고체로 가연물을 덮는 것은 어떤 소화에 해당하는가?

① 제거소화

② 질식소화

③ 냉각소화

④ 억제소화

[12-01]

48 소화작용에 대한 설명 중 옳지 않은 것은?

① 가연물의 온도를 낮추는 소화는 냉각작용이다.

② 물의 주된 소화작용 중 하나는 냉각작용이다.

③ 연소에 필요한 산소의 공급원을 차단하는 소화는 제거작용이다.

④ 가스화재 시 밸브를 차단하는 것은 제거작용이다.

산소의 공급원을 차단하는 소화는 질식작용이다.

49 소화에 대한 설명 중 틀린 것은? [08-05]

① 소화작용을 기준으로 크게 물리적 소화와 화학적 소화로 나눌 수 있다.
② 주수소화의 주된 소화효과는 냉각효과이다.
③ 공기 차단에 의한 소화는 제거소화이다.
④ 불연성가스에 의한 소화는 질식소화이다.

> 공기 차단에 의한 소화는 질식소화이다.

50 연소 중인 가연물의 온도를 떨어뜨려 연소반응을 정지시키는 소화의 방법은? [09-04]

① 냉각소화   ② 질식소화
③ 제거소화   ④ 억제소화

51 촛불의 화염을 입김으로 불어 끄는 소화방법은? [10-04]

① 냉각소화   ② 촉매소화
③ 제거소화   ④ 억제소화

52 제거소화의 예가 아닌 것은? [11-05]

① 가스화재 시 가스 공급을 차단하기 위해 밸브를 닫아 소화시킨다.
② 유전화재 시 폭약을 사용하여 폭풍에 의하여 가연성 증기를 날려보내 소화시킨다.
③ 연소하는 가연물을 밀폐시켜 공기 공급을 차단하여 소화한다.
④ 촛불 소화 시 입으로 바람을 불어서 소화시킨다.

> 공기 공급을 차단하는 것은 질식소화에 해당한다.

53 불에 대한 제거소화 방법의 적용이 잘못된 것은? [08-02]

① 유전의 화재 시 다량의 물을 이용하였다.
② 가스화재 시 밸브 및 코크를 잠궜다.
③ 산불화재 시 벌목을 하였다.
④ 촛불을 바람으로 불어 가연성 증기를 날려 보냈다.

> 유전화재 시에는 폭약을 사용하여 가연성 증기를 날려 보내 소화시킨다.

54 다음 중 화학적 소화에 해당하는 것은? [13-04]

① 냉각소화   ② 질식소화
③ 제거소화   ④ 억제소화

55 소화작용에 대한 설명으로 옳지 않은 것은? [10-01, 06-02]

① 냉각소화 : 물을 뿌려서 온도를 저하시키는 방법
② 질식소화 : 불연성 포말로 연소물을 덮어씌우는 방법
③ 제거소화 : 가연물을 제거하여 소화시키는 방법
④ 희석소화 : 산·알칼리를 중화시켜 연쇄반응을 억제시키는 방법

> ④는 억제소화에 대한 설명이다.

▶ 위험도
폭발 상한과 폭발 하한의 차이를 폭발 하한으로 나눈 값
위험도 $HL = \dfrac{UL - LL}{LL}$ (UL : 폭발상한, LL : 폭발하한)

정답 49 ③ 50 ① 51 ③ 52 ③ 53 ① 54 ④ 55 ④

소화약제 및 소화기

출제 포인트

이 섹션에서는 분말소화약제의 출제 빈도가 가장 높다. 주성분, 화학식, 적응화재 및 열분해 반응식까지 통째로 암기하도록 한다. 할로겐화합물 소화약제, 포소화약제, 이산화탄소 소화약제 및 소화기 사용방법, 소화기 외부표시사항 등 다양하게 출제되고 있으며, 출제 비중이 높은 만큼 충분히 학습할 수 있도록 한다.

01 소화약제의 종류 및 특성

분류	종류
수계 소화약제	① 물 소화약제 ② 포 소화약제 ③ 강화액 소화약제 ④ 산-알칼리 소화약제
가스계 소화약제	① 이산화탄소 소화약제 ② 할로겐화합물 소화약제 ③ 청정 소화약제 ④ 분말 소화약제

다음은 출제빈도가 높은 순서대로 정리하였다.

1 분말소화약제

(1) 주성분 및 색상

구분	주성분	화학식	분말색	적응화재
제1종	탄산수소나트륨	$NaHCO_3$	백색	B, C급
제2종	탄산수소칼륨	$KHCO_3$	담회색	B, C급
제3종	제1인산암모늄	$NH_4H_2PO_4$	담홍색	A, B, C급
제4종	탄산수소칼륨과 요소의 반응생성물	$KHCO_3$ $+ (NH_2)_2CO$	회색	B, C급

(2) 열분해 반응식

구분	열분해 반응식
제1종 분말	$2NaHCO_3 \rightarrow Na_2CO_3 + CO_2 + H_2O$
제2종 분말	$2KHCO_3 \rightarrow K_2CO_3 + CO_2 + H_2O$
제3종 분말	$NH_4H_2PO_4 \rightarrow HPO_3 + NH_3 + H_2O$
제4종 분말	$2KHCO_3 + (NH_2)_2CO \rightarrow$ $K_2CO_3 + 2NH_3 + 2CO_2$

(3) 소화 효과

① 제1종~제2종 분말 : 질식, 냉각, 부촉매작용
② 제3종 분말 : 질식, 냉각, 부촉매작용, 방진작용

(4) 특성

① 소화 성능이 우수하다.
② 온도 변화에 무관하다.
③ 가격이 저렴하다.
④ 별도의 추진가스가 필요하다.
⑤ 제1종 분말소화약제는 비누화 반응을 일으켜 질식소화 효과와 재발화 억제 효과를 나타낸다.
⑥ 차고 또는 주차장에 설치하는 소화약제는 제3종 분말로 한다.

▶ **분말의 방습을 위한 표면처리제** : 금속비누(스테아르산 아연, 스테아르산납, 스테아르산알루미늄 등), 실리콘수지

(5) 사용 제한 장소

① 정밀한 전기·전자 장비가 설치되어 있는 장소(컴퓨터실, 전화 교환실 등)
② 자체적으로 산소를 함유하고 있는 자기반응성 물질
③ 가연성 금속(Na, K, Mg, Al, Ti, Zr 등)
④ 소화약제가 도달할 수 없는 일반 가연물의 심부 화재

▶ **소화약제에 따른 주된 소화효과**

분말소화약제	질식소화, 냉각소화, 부촉매소화, 방진작용
포소화약제	질식소화, 냉각소화
이산화탄소 소화약제	질식소화, 냉각소화, 일반화재 시 피복소화
할로겐화합물 소화약제	질식소화, 냉각소화, 화학억제소화(부촉매소화)
물 소화약제	질식소화, 냉각소화, 유화소화, 희석소화
강화액 소화약제	냉각소화, 질식소화, 부촉매소화, 유화소화
산-알칼리 소화약제	질식소화, 냉각소화

2 할로겐화합물 소화약제

(1) 종류

Halon 번호	명칭	분자식	소화기	적응 화재
1301	일취화삼불화메탄	CF_3Br	MTB	
1211	일취화일염화이불화메탄	CF_2ClBr	BCF	ABC급
2402	이취화사불화에탄	$C_2F_4Br_2$	FB	
1011	일염화일취화메탄	CH_2ClBr	CB	
104	사염화탄소	CCl_4	CTC	BC급

① Halon 1301
- 저장 용기에 액체상으로 충전한다.
- 비점이 낮아서 기화가 용이하다.
- 공기보다 무겁다(비중 : 1.5).
- 할로겐화합물 소화약제 중 소화효과가 가장 좋고 독성이 가장 낮다.

② Halon 1011
- 무색 투명한 불연성 액체이다.
- 부식성이 강하다.
- 물에 녹지 않으며, 알코올과 에테르에는 녹는다.

③ Halon 104
- 무색 투명한 불연성 액체이다.
- 방사 시 포스겐가스($COCl_2$) 발생으로 인해 현재 법적으로 사용 금지
- 물에 녹지 않으며, 알코올과 에테르에는 녹는다.
- 전기 절연성이 우수하다.

> ▶ Halon 번호의 숫자는 탄소(C), 불소(F), 염소(Cl), 브롬(Br)의 개수를 나타낸다.
>
>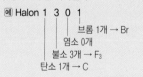
> 예) Halon 1 3 0 1
> ├─ 브롬 1개 → Br
> ├─ 염소 0개
> ├─ 불소 3개 → F₃
> └─ 탄소 1개 → C

(2) 특성
① 오존층 파괴와 지구온난화 원인 물질

> ▶ 오존파괴지수
> - Halon 1301 – 10
> - Halon 2402 – 6
> - Halon 1211 – 3

② 소화능력이 우수하고 전기절연능력이 있음
③ 주된 소화효과는 억제효과이다.

④ 소화능력 순서 : 1301 〉 1211 〉 2402 〉 1011 〉 104

> ▶ 저장용기의 충전비
> ① 할론 1301 : 0.9 이상 1.6 이하
> ② 할론 1211 : 0.7 이상 1.4 이하
> ③ 할론 2402
> - 가압식 : 0.51 이상 0.67 미만
> - 축압식 : 0.67 이상 2.75 이하

3 포소화약제
거품(Foam)을 발생시켜 질식소화에 사용되는 약제

(1) 화학포 소화약제
① 종류

종류	설명	비고
황산알루미늄 ($Al_2(SO_4)_3$)	혼합 시 이산화탄소를 발생하여 거품 생성	내약제
탄산수소나트륨 ($NaHCO_3$)		외약제
기포안정제	가수분해단백질, 사포닌, 계면활성제, 젤라틴, 카제인	

② 화학반응식

> $$6NaHCO_3 + Al_2(SO_4)_3 \cdot 18H_2O \rightarrow$$
> 탄산수소나트륨 물
> $$6CO_2 + 3Na_2SO_4 + 2Al(OH)_3 + 18H_2O$$
> 이산화탄소 황산나트륨 수산화알루미늄 물

(2) 기계포 소화약제(공기포 소화약제)

종류	설명
단백포 소화약제	• 유류화재의 소화용으로 개발 • 내화성 및 내유성 우수 • 유동성과 보관성의 문제점 • 동결방지제(부동제) : 에틸렌글리콜 내약제
합성계면활성제포 소화약제	• 고압가스, 액화가스, 위험물저장소에 적용 • 다양한 발포배율이 가능
수성막포 소화약제	• 주성분 : 플루오르계 계면활성제 • 유류화재의 표면에 유화층을 형성하여 소화 • 유류화재 시 분말소화약제와 사용하면 효과적
불화단백포 소화약제	• 단백포의 우수한 내유성과 내화성 + 불소계 계면활성제포의 유동성 • 착화율이 낮고 가격이 비쌈
내알코올포 소화약제	수용성 액체, 알코올류 소화에 효과적

> **포소화약제의 조건**
> ① 포의 안정성이 좋을 것
> ② 독성이 적을 것
> ③ 부착성이 있을 것
> ④ 유동성이 좋을 것
> ⑤ 유류의 표면에 잘 분산될 것

④ 이산화탄소 소화약제

① 소화효과 : 질식소화, 냉각소화, 일반화재 시 피복소화
② 적응화재 : 유류화재(B급), 전기화재(C급), 밀폐상태에서 일반화재(A급)
③ 소화작업 후 2차오염이 없고 장기간 보관이 가능하다.
④ 이산화탄소의 소화농도(Vol%) = %CO_2
$$= \frac{21 - \%O_2}{21} \times 100$$
⑤ 줄·톰슨 효과에 의해 드라이아이스 생성 - 질식소화, 냉각소화
⑥ 충전비 : 1.5 이상
⑦ 수분함량이 0.05% 초과 시 수분이 동결되어 관이 막힘

> **이산화탄소의 특성**
> ① 무색, 무취의 불연성 기체
> ② 비전도성
> ③ 냉각, 압축에 의해 액화가 용이
> ④ 과량 존재 시 질식할 수 있다.
> ⑤ 더 이상 산소와 반응하지 않는다.

⑤ 물 소화약제

(1) 소화효과
냉각소화, 질식소화, 유화소화, 희석소화

(2) 물 소화약제의 특징
① 물의 우수한 냉각작용(기화열로 가연물을 냉각)으로 A급 화재에 가장 널리 사용된다.
② 장기간 보관이 가능하고 사용 방법이 간단하다.
③ 표면장력이 커 심부화재에는 효과적이지 않다.
④ C급화재(전기화재)와 금수성 화재에는 적응성이 없다.
⑤ 유류화재 시에는 화재면이 확대되기 때문에 위험하다.

(3) 첨가제
① 침투제 : 물의 표면장력을 감소시켜서 물의 침투성을 증가시키기 위한 것으로 합성계면활성제 등을 사용한다.
② 부동액 : 에틸렌글리콜, 프로필렌글리콜, 디에틸렌글리콜, 글리세린, 염화나트륨, 염화칼슘 등이 사용되는데, 에틸렌글리콜이 가장 많이 사용
③ 유화제 : 유화층의 형성을 쉽게 하기 위해서 유류화재의 소화 효과를 높이기 위한 약제이다.
④ 증점제 : 물의 점도를 증가시키기 위한 것으로 CMC, DAP 등이 있다.
⑤ 밀도개질제 : 물의 밀도를 보충하는 것으로 탄산칼륨(K_2CO_3) 등을 사용한다.

⑥ 강화액 소화약제

① 물 소화약제의 동결현상을 극복하기 위해 탄산칼륨(K_2CO_3), 황산암모늄(($NH_4)_2SO_4$), 인산암모늄(($NH_4)_2PO_4$) 및 침투제 등을 첨가한 강한 알칼리성 소화약제
② 수소이온지수(pH) : 12 이상, 응고점 : 약 $-30 \sim -26$℃
③ 동절기 또는 한랭지에서도 사용 가능
④ 물보다 표면장력이 작아 신속한 침투작용을 통해 심부화재에 효과적이다.
⑤ 소화효과
  • 일반화재 : 봉상주수를 통한 냉각소화, 질식소화
  • 유류화재, 전기화재 : 분무상 주수 시 냉각소화, 질식소화, 부촉매소화, 유화소화

> **주수방법**
> ① 봉상주수 : 가늘고 긴 봉 모양의 물줄기를 형성하면서 방사
> ② 분무상주수 : 물이 안개나 구름 모양을 형성하면서 방사
> ※ 봉상주수보다 분무상주수가 더 효과적이다.

⑦ 산-알칼리 소화약제

① 소화효과 : 질식소화, 냉각소화
② 산(황산)과 알칼리(중탄산나트륨) 두 가지 약제를 혼합하여 사용
③ 탄산수소나트륨과 황산 반응 시 생성물질 : 황산나트륨, 물, 탄산가스
④ 화학반응식

$$H_2SO_4 + 2NaHCO_3 \rightarrow Na_2SO_4 + 2H_2O + 2CO_2$$

02 소화기의 분류

1 능력단위에 의한 분류

① 소형소화기 : A-10단위 미만, B-20단위 미만, C-적응

② 대형소화기
- A급소화기 : 10단위 이상
- B급소화기 : 20단위 이상
- C급소화기 : 적응성이 있는 것으로서 다음 표의 충전량 이상인 소화기

종류	소화약제의 충전량
물 또는 화학포소화기	80 ℓ
기계포소화기	20 ℓ
강화액소화기	60 ℓ
할로겐화물소화기	30kg
이산화탄소소화기	50kg
분말소화기	20kg

2 가압방식에 의한 분류

(1) 축압식

① 용기 내부에 소화약제, 압축공기 또는 불연성 가스(질소, 이산화탄소 등)를 축압시켜 그 압력에 의해 약제가 방출

② 지시 압력계의 지침이 적색부분을 지시하면 비정상압력, 녹색부분을 지시하면 정상압력상태(8.1~9.8kg/㎠ 정도로 축압)

(2) 가압식

① 수동펌프식 : 펌프에 의한 가압으로 소화약제 방출

② 화학반응식 : 소화약제의 화학반응으로 생성된 가스의 압력에 의해 소화약제 방사

③ 가스가압식 : 소화기 내부에 설치된 가압가스용기의 가압가스 압력에 의해 소화약제 방출

3 소화약제에 의한 분류

(1) 물 소화기

① 수동펌프식 : 수조의 수동펌프로 물을 상하로 움직여서 수조 내의 물이 공기실에서 가압되어 방출호스 끝의 방사노즐을 통해 방사하는 방식

② 축압식 : 물과 공기를 축압시킨 것을 방사하는 방식

③ 가압식 : 대형소화기에 사용, 본체용기와 별도로 가압용 가스(탄산가스)의 압력을 이용하여 물을 방출하는 방식

(2) 산-알카리 소화기

① 전도식

② 파병식

(3) 강화액 소화기

① 축압식
- 강화액 소화약제(탄산칼륨수용액)를 정량적으로 축압시킨 소화기
- 방출방식 : 봉상 또는 무상
- 경제적인 이유로 많이 사용

② 가스가압식

③ 반응식

(4) 포 소화기(포말 소화기)

① 화학포 소화기

② 기계포 소화기

(5) 분말소화기

① 축압식 : 질소(N_2) 가스로 충전, 압력계 부착

② 가스가압식 : 탄산가스(CO_2)를 압력원으로 사용

(6) 이산화탄소 소화기

① 사용온도 범위 : 30~40℃

② 용기의 내부압력 : 상온에서 약 60kg/㎠

③ 충전비 : 1.5 이상

구분	능력단위	방사시간	방사거리
소형소화기	B-1, C-적응~B-6, C-적응	10~20초	2~6m
대형소화기	B-20, C-적응	30~100초	5~12m

④ 특징
- 소화약제에 의한 오손이 거의 없다.
- 냉각효과가 우수하다.
- 약제 방출 시 소음이 크다.
- 전기절연성이 크기 때문에 전기화재에 유효하다.
- 장시간 저장해도 물성의 변화가 거의 없다.
- 중량이 무겁고 고압가스의 취급이 용이하지 못하다.

(7) 할로겐화합물 소화기

구분	약제량	능력 단위	방사시간	방사거리
할론 1211	0.5kg~1.3kg	B-1, C-적응	약 20~30초	4~6m
할론 2402	0.4kg~1kg	B-1, C-적응~B-2, C-적응	약 15초	3~6m
할론 1301	1kg~2kg	B-1, C-적응~B-2, C-적응	약 14초	1~3m

03 소화기의 설치 · 사용 및 관리

1 설치기준

① 수동식소화기는 각 층별로 설치

② 설치 간격
- 소형 수동식소화기 : 보행거리 20m 이내마다
- 대형 수동식소화기 : 보행거리 30m 이내마다

③ 설치 높이 : 바닥으로부터 1.5m 이하

④ 설치 장소
- 화재 시 반출이 쉬운 곳
- 통행, 피난에 지장이 없는 곳
- 소화제의 동결, 변질 또는 분출의 우려가 없는 곳

⑤ 제조소등에 전기설비(전기배선, 조명기구 등은 제외한다)가 설치된 경우에는 당해 장소의 면적 100㎡마다 소형수동식소화기를 1개 이상 설치한다.

2 소화기 사용 방법

① 적응화재에 따라 사용할 것

② 성능에 따라 방출거리 내에서 사용할 것

③ 바람을 등지고 풍상에서 풍하로 소화할 것

④ 양옆으로 비로 쓸듯이 골고루 방사할 것

⑤ 이산화탄소 소화기는 지하층, 무창층에는 설치 금지 - 질식의 우려

3 소화기의 관리요령

① 화기 취급장소에는 반드시 소화기를 설치한다.

② 소화기는 보기 쉽고 사용하기 편리한 곳에 둔다.

③ 통행에 지장을 주지 않는 곳에 둔다.

④ 습기가 많은 곳이나 직사광선을 피한다.

⑤ 소화기는 바닥으로부터 1.5m 이하의 곳에 비치하고 "소화기" 표식을 보기 쉬운 곳에 게시한다.

4 소화기의 외부 표시사항

① 소화기의 명칭   ② 적응화재 표시

③ 능력단위   ④ 중량표시

⑤ 제조년월   ⑥ 제조업체명

⑦ 사용방법   ⑧ 취급상 주의사항

> ▶ "A-2"
> - A : 화재 종류
> - 2 : 능력단위

기출문제 | 기출문제로 출제유형을 파악한다!

[10-05]

1 분말소화약제의 분류가 옳게 연결된 것은?

① 제1종 분말약제 : $KHCO_3$

② 제2종 분말약제 : $KHCO_3+(NH_2)_2CO$

③ 제3종 분말약제 : $NH_4H_2PO_4$

④ 제4종 분말약제 : $NaHCO_3$

[11-02]

2 종별 분말소화약제의 주성분이 잘못 연결된 것은?

① 제1종 분말 : 탄산수소나트륨

② 제2종 분말 : 탄산수소칼륨

③ 제3종 분말 : 제1인산암모늄

④ 제4종 분말 : 탄산수소나트륨과 요소의 반응생성물

3 [13-02]
분말소화기의 소화약제로 사용되지 않는 것은?

① 탄산수소나트륨 ② 탄산수소칼륨
③ 과산화나트륨 ④ 인산암모늄

4 [08-02]
다음 중 제1종, 제2종, 제3종 분말소화약제의 주성분에 해당하지 않는 것은?

① 탄산수소나트륨 ② 황산마그네슘
③ 탄산수소칼륨 ④ 인산암모늄

5 [08-04]
제1종 분말소화약제의 주성분으로 사용되는 것은?

① $NaHCO_3$ ② $KHCO_3$
③ CCl_4 ④ $NH_4H_2PO_4$

6 [12-01, 09-05, 07-05]
다음 소화약제 중 제3종 분말소화약제의 주성분에 해당하는 것은?

① 탄산수소칼륨
② 인산암모늄
③ 탄산수소나트륨
④ 탄산수소칼륨과 요소의 반응생성물

7 [07-01]
분말소화약제의 주성분이 아닌 것은?

① $NaHCO_3$ ② $KHCO_3$
③ K_2CO_3 ④ $NH_4H_2PO_4$

③ 탄산칼륨(K_2CO_3)은 강화액 소화약제의 주성분으로 사용된다.

8 [10-04, 08-05]
분말소화약제 중 인산염류를 주성분으로 하는 것은 제 몇 종 분말인가?

① 제1종 분말 ② 제2종 분말
③ 제3종 분말 ④ 제4종 분말

9 [13-01, 08-05]
제1종 분말소화약제의 적응 화재 급수는?

① A급 ② BC급
③ AB급 ④ ABC급

10 [07-02]
분말소화설비의 기준에서 분말소화약제 중 제1종 분말에 해당하는 것은?

① 탄산수소칼륨을 주성분으로 한 분말
② 탄산수소나트륨을 주성분으로 한 분말
③ 인산염을 주성분으로 한 분말
④ 탄산수소칼륨과 요소가 혼합된 분말

11 [11-01]
제1종 분말소화약제의 화학식과 색상이 옳게 연결된 것은?

① $NaHCO_3$ – 백색
② $KHCO_3$ – 백색
③ $NaHCO_3$ – 담홍색
④ $KHCO_3$ – 담홍색

12 [08-02]
다음 중 제3종 분말소화약제를 사용할 수 있는 모든 화재의 급수를 옳게 나타낸 것은?

① A급, B급 ② B급, C급
③ A급, C급 ④ A급, B급, C급

13 [12-04, 11-05, 11-04]
A급, B급, C급 화재에 모두 적응이 가능한 소화약제는?

① 제1종 분말소화약제
② 제2종 분말소화약제
③ 제3종 분말소화약제
④ 제4종 분말소화약제

14 [13-04, 11-01]
분말소화약제 중 제1종과 제2종 분말이 각각 열분해될 때 공통적으로 생성되는 물질은?

① N_2, CO_2 ② N_2, O_2
③ H_2O, CO_2 ④ H_2O, N_2

15 [09-01]
탄산수소칼륨과 요소의 반응생성물로 된 것은 제 몇 종 분말소화약제인가?

① 제1종 ② 제2종
③ 제3종 ④ 제4종

정답 ▶ 3 ③ 4 ② 5 ① 6 ② 7 ③ 8 ③ 9 ② 10 ② 11 ① 12 ④ 13 ③ 14 ③ 15 ④

16 탄산수소나트륨을 녹인 물에 진한 황산을 가했을 때 일어나는 현상은?

① 산소가 발생한다.
② 아무런 변화도 일어나지 않는다.
③ 탄산가스가 발생한다.
④ 가연성 수소가스가 발생한다.

[13-02, 09-04]
17 분말소화약제의 식별 색을 옳게 나타낸 것은?

① $KHCO_3$: 백색
② $NH_4H_2PO_4$: 담홍색
③ $NaHCO_3$: 보라색
④ $KHCO_3 + (NH_2)_2CO$: 초록색

[09-02]
18 탄산수소나트륨 분말소화약제에서 분말에 습기가 침투하는 것을 방지하기 위해서 사용하는 물질은?

① 스테아린산아연   ② 수산화나트륨
③ 황산마그네슘   ④ 인산

[08-02]
19 소화약제의 분해반응식에서 다음 ( ) 안에 알맞은 것은?

$$2NaHCO_3 \rightarrow Na_2CO_3 + H_2O + (\quad)$$

① CO ② NH_3 ③ CO_2 ④ H_2

[09-04]
20 제3종 분말소화약제의 소화효과로 가장 거리가 먼 것은?

① 질식효과   ② 냉각효과
③ 제거효과   ④ 부촉매효과

[13-02]
21 소화효과 중 부촉매 효과를 기대할 수 있는 소화약제는?

① 물소화약제   ② 포소화약제
③ 분말소화약제   ④ 이산화탄소 소화약제

[15-01, 11-05]
22 제3종 분말소화약제의 열분해 반응식을 옳게 나타낸 것은?

① $NH_4H_2PO_4 \rightarrow HPO_3 + NH_3 + H_2O$
② $2KNO_3 \rightarrow 2KNO_2 + O_2$
③ $KClO_4 \rightarrow KCl + 2O_2$
④ $2CaHCO_3 \rightarrow 2CaO + H_2CO_3$

[11-01]
23 요리용 기름의 화재 시 비누화 반응을 일으켜 질식효과와 재발화 방지효과를 나타내는 소화약제는?

① $NaHCO_3$ ② $KHCO_3$
③ $BaCl_2$ ④ $NH_4H_2PO_4$

[07-01]
24 다음 화학식의 할론번호가 잘못 연결된 것은?

① CCl_4 - 104   ② CH_2ClBr - 1011
③ CF_3Br - 1301   ④ $C_2F_4Br_2$ - 1202

[12-04]
25 소화약제에 따른 주된 소화효과로 틀린 것은?

① 수성막포소화약제 : 질식효과
② 제2종 분말소화약제 : 탈수탄화효과
③ 이산화탄소 소화약제 : 질식효과
④ 할로겐화합물 소화약제 : 화학억제효과

제2종 분말소화약제 : 질식, 냉각, 부촉매작용

[11-02]
26 식용유 화재 시 제1종 분말소화약제를 이용하여 화재의 제어가 가능하다. 이때의 소화원리에 가장 가까운 것은?

① 촉매효과에 의한 질식소화
② 비누화 반응에 의한 질식소화
③ 요오드화에 의한 냉각소화
④ 가수분해 반응에 의한 냉각소화

[09-05]
27 Halon 1211에 해당하는 물질의 분자식은?

① CBr_2FCl ② CF_2ClBr
③ CCl_2FBr ④ FC_2BrCl

28 분말소화약제에 관한 일반적인 특성에 대한 설명으로 틀린 것은?

[08-04]

① 분말소화약제 자체는 독성이 없다.
② 질식효과에 의한 소화효과가 있다.
③ 이산화탄소와는 달리 별도의 추진가스가 필요하다.
④ 칼륨, 나트륨 등에 대해서는 인산염류 소화기의 효과가 우수하다.

> 칼륨, 나트륨 등에 대해서는 마른 모래, 팽창질석, 팽창진주암 등을 이용한 질식소화가 효과적이다.

29 할로겐 화합물의 소화약제 중 할론 2402의 화학식은?

[11-05, 07-05]

① $C_2Br_4F_2$
② $C_2Cl_4F_2$
③ $C_2Cl_4Br_2$
④ $C_2F_4Br_2$

30 BCF 소화기의 약제를 화학식으로 옳게 나타낸 것은?

[14-05, 12-04, 09-02]

① CCl_4
② CH_2ClBr
③ CF_3Br
④ CF_2ClBr

31 Halon 1301 소화약제에 대한 설명으로 틀린 것은?

[14-02, 08-01]

① 저장 용기에 액체상으로 충전한다.
② 화학식은 CF_3Br이다.
③ 비점이 낮아서 기화가 용이하다.
④ 공기보다 가볍다.

32 다음 중 화재 시 사용하면 독성의 $COCl_2$ 가스를 발생시킬 위험이 가장 높은 소화약제는?

[12-05, 09-02]

① 액화이산화탄소
② 제1종 분말
③ 사염화탄소
④ 공기포

> Halon 104 방사 시 포스겐가스를 발생한다.

33 화학식과 Halon 번호를 옳게 연결한 것은?

[12-01, 06-1]

① CBr_2F_2 - 1202
② $C_2Br_2F_2$ - 2422
③ $CBrClF_2$ - 1102
④ $C_2Br_2F_4$ - 1242

> Halon 번호의 숫자는 탄소(C), 불소(F), 염소(Cl), 브롬(Br)의 개수를 나타낸다.
> ② $C_2Br_2F_2$ - 2202
> ③ $CBrClF_2$ - 1211
> ④ $C_2Br_2F_4$ - 2402

34 다음 중 오존층 파괴지수가 가장 큰 것은?

[13-04]

① Halon 104
② Halon 1211
③ Halon 1301
④ Halon 2402

35 다음 중 할로겐화합물 소화약제의 가장 주된 소화효과에 해당하는 것은?

[12-02]

① 제거효과
② 억제효과
③ 냉각효과
④ 질식효과

36 다음 소화약제 중 오존파괴지수(ODP)가 가장 큰 것은?

[10-05]

① IG-541
② Halon 2402
③ Halon 1211
④ Halon 1301

> ① IG-541 - 0
> ② Halon 2402 - 6
> ③ Halon 1211 - 3
> ④ Halon 1301 - 10

37 소화설비의 주된 소화효과를 옳게 설명한 것은?

[13-02]

① 옥내·옥외소화전설비 : 질식소화
② 스프링클러설비, 물분무소화설비 : 억제소화
③ 포, 분말 소화설비 : 억제소화
④ 할로겐화합물 소화설비 : 억제소화

> ① 옥내·옥외소화전설비 : 냉각소화
> ② 스프링클러설비, 물분무소화설비 : 냉각소화
> ③ 포, 분말 소화설비 : 질식소화

정답 28 ④ 29 ④ 30 ④ 31 ④ 32 ③ 33 ① 34 ③ 35 ② 36 ④ 37 ④

38 할로겐화물소화설비에 있어서 할론 1301 소화약제 저장용기의 충전비는?

[07-01]

① 0.51 이상, 0.67 이하　② 0.67 이상, 2.75 이하
③ 0.7 이상, 1.4 이하　　④ 0.9 이상, 1.6 이하

39 포소화약제의 주된 소화효과에 해당하는 것은?

[09-02, 08-04]

① 부촉매효과　　　　② 질식효과
③ 억제효과　　　　　④ 제거효과

40 화학포소화약제에 사용되는 약제가 아닌 것은?

[14-02 유사, 09-04]

① 황산알루미늄　　　② 과산화수소수
③ 탄산수소나트륨　　④ 사포닌

41 NaHCO₃와 Al₂(SO₄)₃로 되어 있는 소화기는?

[08-01]

① 산-알칼리소화기　　② 드라이케미컬소화기
③ 이산화탄소 소화기　④ 포말소화기

42 화학포소화약제로 사용하여 만들어진 소화기를 사용할 때 다음 중 가장 주된 소화효과에 해당하는 것은?

[09-04]

① 제거소화와 질식소화
② 냉각소화와 제거소화
③ 제거소화와 억제소화
④ 냉각소화와 질식소화

43 다음 중 화학포소화약제의 구성 성분이 아닌 것은?

[08-04]

① 탄산수소나트륨　　② 황산알루미늄
③ 수용성단백질　　　④ 제1인산암모늄

44 화학포를 만들 때 사용되는 기포안정제가 아닌 것은?

[09-01]

① 사포닌　　　　　　② 암분
③ 가수분해 단백질　　④ 계면활성제

45 화학포소화기에서 기포안정제로 사용되는 것은?

[08-02]

① 사포닌　　　　　　② 질산
③ 황산알루미늄　　　④ 질산칼륨

46 화학포소화기에서 화학포를 만들 때 안정제로 사용되는 물질은?

[08-01, 07-01]

① 인산염류　　　　　② 중탄산나트륨
③ 수용성 단백질　　　④ 황산알루미늄

47 다음 소화약제의 반응을 완결시키려 할 때 ( ) 안에 옳은 것은?

[08-01]

$$6NaHCO_3 + Al_2(SO_4)_3 \cdot 18H_2O \rightarrow$$
$$2Al(OH)_3 + 3Na_2SO_4 + (\qquad) + 18H_2O$$

① 6CO　　　　　　　② 6NaOH
③ 2CO₂　　　　　　　④ 6CO₂

48 탄산수소나트륨과 황산알루미늄의 소화약제가 반응을 하여 생성되는 이산화탄소를 이용하여 화재를 진압하는 소화약제는?

[11-02]

① 단백포　　　　　　② 수성막포
③ 화학포　　　　　　④ 내알코올포

49 화학포소화기에서 탄산수소나트륨과 황산알루미늄이 반응하여 생성되는 기체의 주성분은?

[10-05]

① CO　　　　　　　② CO₂
③ N₂　　　　　　　④ Ar

50 화학포 소화약제 중 내약제의 주성분에 해당하는 것은?

[07-05]

① 탄산수소나트륨　　② 수용성단백질
③ 황산알루미늄　　　④ 사포닌

- 외약제 : 탄산수소나트륨(NaHCO₃), 기포안정제
- 내약제 : 황산알루미늄(Al₂(SO₄)₃)

정답 38 ④ 39 ② 40 ② 41 ④ 42 ④ 43 ④ 44 ② 45 ① 46 ③ 47 ④ 48 ③ 49 ② 50 ③

51 [07–01]

화학포 소화약제의 화학 반응식으로 옳은 것은?

① $2NaHCO_3 \rightarrow Na_2CO_3 + H_2O + CO_2$

② $2KHCO_3 \rightarrow K_2CO_3 + H_2O + CO_2$

③ $4KMnO_4 + 6H_2SO_4 \rightarrow 2K_2SO_4 + 4MnSO_4 + 6H_2O + SO_2$

④ $6NaHCO_3 + Al_2(SO_4)_3 \cdot 18H_2O \rightarrow$
$6CO_2 + 2Al(OH)_3 + 3Na_2SO_4 + 18H_2O$

52 [10–04, 08–02]

화학포소화약제의 반응에서 황산알루미늄과 중탄산나트륨의 반응 몰비는?(단, 황산알루미늄 : 중탄산나트륨의 비이다)

① 1:4 　　　　② 1:6

③ 4:1 　　　　④ 6:1

53 [11–05]

소화효과를 증대시키기 위하여 분말소화약제와 병용하여 사용할 수 있는 것은?

① 단백포 　　　　② 알코올형포

③ 합성계면활성포 　　④ 수성막포

54 [13–02]

유류화재 소화 시 분말소화약제를 사용할 경우 소화 후에 재발화 현상이 가끔씩 발생할 수 있다. 다음 중 이러한 현상을 예방하기 위하여 병용하여 사용하면 가장 효과적인 포소화약제는?

① 단백포 소화약제

② 수성막포 소화약제

③ 알코올형포 소화약제

④ 합성계면활성제포 소화약제

55 [11–02]

물과 친화력이 있는 수용성 용매의 화재에 보통의 포소화약제를 사용하면 포가 파괴되기 때문에 소화효과를 잃게 된다. 이와 같은 단점을 보완한 소화약제로 가연성인 수용성 용매의 화재에 유효한 효과를 가지고 있는 것은?

① 알코올형포소화약제

② 단백포소화약제

③ 합성계면활성제포소화약제

④ 수성막포소화약제

56 [11–04, 07–05]

이산화탄소소화기 사용 시 줄·톰슨 효과에 의해서 생성되는 물질은?

① 포스겐 　　　　② 일산화탄소

③ 드라이아이스 　　④ 수성가스

57 [10–04]

다음 소화약제 중 수용성 액체의 화재 시 가장 적합한 것은?

① 단백포소화약제

② 내알코올포소화약제

③ 합성계면활성제포소화약제

④ 수성막포소화약제

58 [09–01]

소화약제에 대한 설명으로 틀린 것은?

① 물은 기화잠열이 크고 구하기 쉽다.

② 화학포소화약제는 물에 탄산칼슘을 보강시킨 소화약제를 말한다.

③ 산·알칼리소화약제에는 황산이 사용된다.

④ 탄산가스는 전기화재에 효과적이다.

59 [10–02]

다음의 위험물 중에서 화재가 발생하였을 때, 내알코올포소화약제를 사용하는 것이 효과가 가장 높은 것은?

① C_6H_6 　　　　② $C_6H_5CH_3$

③ $C_6H_4(CH_3)_2$ 　④ CH_3COOH

> 내알코올포소화약제는 수용성 액체의 소화에 효과적이다.
> ① 벤젠, ② 톨루엔, ③ 크실렌은 비수용성이며, ④ 아세트산은 수용성 액체이다.

60 [10–02]

포소화제의 조건에 해당되지 않는 것은?

① 부착성이 있을 것

② 쉽게 분해하여 증발될 것

③ 바람에 견디는 응집성을 가질 것

④ 유동성이 있을 것

> 포소화제는 부착성이 있어야 한다.

정답 51 ④ 52 ② 53 ④ 54 ② 55 ① 56 ③ 57 ② 58 ② 59 ④ 60 ②

61 다음 중 화재 시 내알코올포소화약제를 사용하는 것이 가장 적합한 위험물은?

① 아세톤　　　　② 휘발유
③ 경유　　　　　④ 등유

> 내알코올포 소화약제는 수용성 액체, 알코올류 소화에 효과적이다.
> 휘발유, 경유, 등유는 비수용성이다.

62 이산화탄소 소화약제의 주된 소화효과 2가지에 가장 가까운 것은?

① 부촉매효과, 제거효과
② 질식효과, 냉각효과
③ 억제효과, 부촉매효과
④ 제거효과, 억제효과

63 줄·톰슨효과에 의하여 드라이아이스를 방출하는 소화기로 질식 및 냉각효과가 있는 것은?

① 산·알칼리소화기
② 강화액소화기
③ 이산화탄소소화기
④ 할로겐화합물소화기

64 이산화탄소 소화약제의 주된 소화 원리는?

① 가연물 제거　　　② 부촉매 작용
③ 산소공급 차단　　④ 점화원 파괴

65 이산화탄소소화기에서 수분의 중량은 일정량 이하이어야 하는데 그 이유를 가장 옳게 설명한 것은?

① 줄·톰슨효과 때문에 수분이 동결되어 관이 막히므로
② 수분이 이산화탄소와 반응하여 폭발하기 때문에
③ 에너지보존법칙 때문에 압력 상승으로 관이 파손되므로
④ 액화탄산가스는 승화성이 있어서 관이 팽창하여 방사압력이 급격히 떨어지므로

66 화재 시 이산화탄소를 방출하여 산소의 농도를 12.5%로 낮추어 소화하려면 공기 중의 이산화탄소의 농도는 약 몇 vol%로 해야 하는가?

① 30.7　　　　② 32.8
③ 40.5　　　　④ 68.0

> $$\%CO_2 = \frac{21-\%O_2}{21} \times 100 = \frac{21-12.5}{21} \times 100 ≒ 40.5$$

67 화재 시 이산화탄소를 사용하여 공기 중 산소 농도를 21vol%에서 13vol%로 낮추려면 공기 중 이산화탄소의 농도는 약 몇 vol%가 되어야 하는가?

① 34.3　　　　② 38.1
③ 42.5　　　　④ 45.8

> $$\%CO_2 = \frac{21-\%O_2}{21} \times 100 = \frac{21-13}{21} \times 100 ≒ 38.1$$

68 이산화탄소의 특성에 대한 설명으로 옳지 않은 것은?

① 전기전도성이 우수하다.
② 냉각, 압축에 의하여 액화된다.
③ 과량 존재 시 질식할 수 있다.
④ 상온, 상압에서 무색, 무취의 불연성 기체이다.

69 물은 냉각소화가 주된 대표적인 소화약제이다. 물의 소화효과를 높이기 위하여 무상 주수를 함으로써 부가적으로 작용하는 소화효과로 이루어진 것은?

① 질식소화작용, 제거소화작용
② 질식소화작용, 유화소화작용
③ 타격소화작용, 유화소화작용
④ 타격소화작용, 피복소화작용

70 물의 소화능력을 향상시키고 동절기 또는 한랭지에서도 사용할 수 있도록 탄산칼륨 등의 알칼리 금속염을 첨가한 소화약제는?

① 강화액　　　　② 할로겐화합물
③ 이산화탄소　　④ 포(Foam)

정답 **61** ① **62** ② **63** ③ **64** ③ **65** ① **66** ③ **67** ② **68** ① **69** ② **70** ①

71 다음 중 물이 소화약제로 이용되는 주된 이유로 가장 적합한 것은?

[09-05]

① 물의 기화열로 가연물을 냉각하기 때문이다.
② 물이 산소를 공급하기 때문이다.
③ 물이 환원성이 있기 때문이다.
④ 물이 가연물을 제거하기 때문이다.

72 유류화재 시 물을 사용한 소화가 오히려 위험할 수 있는 이유를 가장 옳게 설명한 것은?

[08-04, 07-02]

① 화재면이 확대되기 때문이다.
② 유독가스가 발생하기 때문이다.
③ 착화온도가 낮아지기 때문이다.
④ 폭발하기 때문이다.

73 물에 탄산칼륨을 보강시킨 강화액 소화약제에 대한 설명으로 틀린 것은?

[10-05]

① 물보다 점성이 있는 수용액이다.
② 일반적으로 약산성을 나타낸다.
③ 응고점은 약 -30~-26℃이다.
④ 비중은 약 1.3~1.4 정도이다.

> pH 12 이상의 강한 알칼리성이다.

74 산-알칼리 소화기에 있어서 탄산수소나트륨과 황산의 반응 시 생성되는 물질을 모두 옳게 나타낸 것은?

[10-01, 07-05]

① 황산나트륨, 탄산가스, 질소
② 염화나트륨, 탄산가스, 질소
③ 황산나트륨, 탄산가스, 물
④ 염화나트륨, 탄산가스, 물

75 산-알칼리 소화기는 탄산수소나트륨과 황산의 화학반응을 이용한 소화기이다. 이때 탄산수소나트륨과 황산이 반응하여 나오는 물질이 아닌 것은?

[08-04]

① Na_2SO_4
② Na_2O_2
③ CO_2
④ H_2O

76 강화액소화기에 대한 설명이 아닌 것은?

[13-01]

① 알칼리 금속염류가 포함된 고농도의 수용액이다.
② A급 화재에 적응성이 있다.
③ 어는점이 낮아서 동절기에도 사용이 가능하다.
④ 물의 표면장력을 강화시킨 것으로 심부화재에 효과적이다.

> 물은 표면장력이 크기 때문에 심부화재에는 적합하지 않다. 강화액은 첨가물질을 이용하여 물보다 표면장력이 작아 심부화재에 효과적이다.

77 탄산칼륨을 물에 용해시킨 강화액 소화약제의 pH에 가장 가까운 것은?

[08-02]

① 1
② 4
③ 7
④ 12

78 산-알칼리 소화기에서 소화약을 방출하는데 방사 압력원으로 이용되는 것은?

[09-02, 07-02]

① 공기
② 질소
③ 아르곤
④ 탄산가스

79 축압식소화기의 압력계의 지침이 녹색을 가리키고 있다. 이 소화기의 상태는?

[05-04]

① 과충전된 상태
② 압력이 미달된 상태
③ 정상상태
④ 이상고온 상태

80 다음 중 소화약제가 아닌 것은?

[10-01]

① CF_3Br
② $NaHCO_3$
③ $Al_2(SO_4)_3$
④ $KClO_4$

> ① Halon 1301 - 할로겐화합물 소화약제
> ② 탄산수소나트륨 - 분말소화약제
> ③ 황산알루미늄 - 포소화약제
> ④ 과염소산칼륨은 제1류 위험물에 해당한다.

81 다음 중 소화약제로 사용할 수 없는 물질은?

① 이산화탄소　　　② 제1인산암모늄
③ 황산알루미늄　　④ 브롬산암모늄

브롬산암모늄(NH_4BrO_3)은 제1류 위험물에 해당한다.

[09-01]
82 소화기에 대한 설명 중 틀린 것은?

① 화학포, 기계포 소화기는 포소화기에 속한다.
② 탄산가스소화기는 질식 및 냉각소화 작용이 있다.
③ 분말소화기는 가압가스가 필요 없다.
④ 화학포소화기에는 탄산수소나트륨과 황산알루미늄이 사용된다.

분말소화기는 가스압(주로 N_2 또는 CO_2의 압력)으로 분출시켜 소화한다.

[12-04]
83 이산화탄소소화기의 특징에 대한 설명으로 틀린 것은?

① 소화약제에 의한 오손이 거의 없다.
② 약제 방출 시 소음이 없다.
③ 전기화재에 유효하다.
④ 장시간 저장해도 물성의 변화가 거의 없다.

이산화탄소소화기는 약제 방출 시 소음이 크다.

[13-04]
84 이산화탄소소화기의 장점으로 옳은 것은?

① 전기설비화재에 유용하다.
② 마그네슘과 같은 금속분 화재 시 유용하다.
③ 자기반응성 물질의 화재 시 유용하다.
④ 알칼리금속 과산화물 화재 시 유용하다.

[11-04, 08-04, 07-01, 06-03]
85 대형수동식소화기의 설치기준은 방호대상물의 각 부분으로부터 하나의 대형수동식소화기까지의 보행거리가 몇 m 이하가 되도록 설치하여야 하는가?

① 10　　　　　② 20
③ 30　　　　　④ 40

[13-05, 09-02]
86 위험물제조소등에 전기배선, 조명기구 등은 제외한 전기설비가 설치되어 있는 경우에는 당해 장소의 면적 몇 m^2마다 소형수동식소화기를 1개 이상 설치하여야 하는가?

① 100　　② 150　　③ 200　　④ 300

[14-02, 11-01]
87 [보기]에서 소화기의 사용방법을 옳게 설명한 것을 모두 나열한 것은?

---
① 적응화재에만 사용할 것
② 불과 최대한 멀리 떨어져서 사용할 것
③ 바람을 마주보고 풍하에서 풍상 방향으로 사용할 것
④ 양옆으로 비로 쓸듯이 골고루 사용할 것
---

① ①, ②　　　　　② ①, ③
③ ①, ④　　　　　④ ①, ③, ④

[13-01, 10-04, 08-04]
88 소화기의 사용방법으로 잘못된 것은?

① 적응화재에 따라 사용할 것
② 성능에 따라 방출거리 내에서 사용할 것
③ 바람을 마주보며 소화할 것
④ 양옆으로 비로 쓸듯이 방사할 것

③ 바람을 등지고 풍상에서 풍하로 소화할 것

[12-05, 09-05, 08-05, 08-02, 07-02]
89 소화기에 "A-2"로 표시되어 있었다면 숫자 "2"가 의미하는 것은 무엇인가?

① 소화기의 제조번호
② 소화기의 소요단위
③ 소화기의 능력단위
④ 소화기의 사용순위

SECTION 04 물질의 화학적 성질

출제 포인트

이 섹션에서는 위험물기능사 시험준비에 있어 필수적으로 알아야 할 일반화학의 기본 개념을 다룬다. 분자량에 대해서는 기본적으로 알고 있어야 하니 반드시 이해하도록 하고 산화제와 환원제에 대한 개념도 정립하도록 한다. 특히 이상기체 방정식에 대해서는 기출문제를 반복적으로 풀어보면서 다양한 유형의 문제를 연습하도록 한다.

01 화학반응식

① 화학반응이 일어날 때 반응하는 물질과 생성되는 물질을 화학식과 기호를 사용하여 나타낸 식을 말한다.

② 물질의 상태를 나타내기 위해 고체, 액체, 기체를 ( ) 안에 표시하기도 한다.

> ▶$HCl(aq) + NaOH(aq) \rightarrow NaCl(aq) + H_2O(l)$
>   염화수소   수산화나트륨   염화나트륨   물
> - 고체 : (s) solid
> - 액체 : (l) liquid
> - 기체 : (g) gas
> - 수용액 : (aq) aqua solution

③ 기체가 발생하는 경우 '↑', 앙금이 발생하는 경우 '↓' 기호를 사용한다.

④ 열분해반응을 나타내기 위해 화살표 아래에 삼각형 표시(⚺)를 하기도 한다.

1 화학반응식 읽는 법

> - 계수 : 화학식 앞에 붙는 숫자를 계수라 하는데, 화학반응에 참여하는 분자의 상대적 수를 의미한다(1은 보통 생략한다).
>
> 계수의 비 = 분자수의 비 = 몰수의 비 = 기체의 부피비
>
> '반응한다'는 의미   '생성한다'는 의미

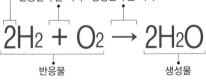

반응물   생성물

(1) 위 화학식의 의미

① 수소 2분자와 산소 1분자가 반응하여 물 2분자가 만들어진다.

② 수소 2몰(4g)과 산소 1몰(32g)이 반응하여 물 2몰(36g)을 생성한다.

> ▶ 몰(mole)이란
> ① 의미 : 화학에서 원자, 분자, 이온 등을 다루는 단위
> ② 1몰 : 아보가드로의 수 6.02×10^{23}개
>   • 1몰의 질량 : 원자량, 분자량 및 이온식량에 g을 붙인 값
>   • 1mol=1g 원자=원자 6.02×10^{23}개(아보가드로수)
>   • 1mol=1g 분자=분자 6.02×10^{23}개(아보가드로수)
>   • 1mol=1g 이온=이온 6.02×10^{23}개(아보가드로수)
> ② 기체의 몰 : 1mol = 22.4L

③ 표준상태(0℃, 1기압)에서 수소 44.8L와 산소 22.4L가 반응하여 수증기 44.8L를 생성한다.

2 원자량과 분자량

(1) 원자량

① 원자질량단위(amu, atomic mass unit)
- 1원자질량단위는 탄소-12원자 1개 질량의 1/12에 해당하는 질량
- $1amu = 1.66 \times 10^{-24}g$

② 주요 원소의 원자량

원소	원자량(amu)	원소	원자량(amu)
수소(H)	1	산소(O)	16
탄소(C)	12	나트륨(Na)	23
질소(N)	14	알루미늄(Al)	27

(2) 분자량

① 분자를 이루고 있는 원자들의 원자량(amu)의 합

② 원소의 원자수를 그 원소의 원자량에 곱하고 모든 원소를 합하여 계산
- H_2O의 분자량 : H의 원자량(1)×2+O의 원자량(16) = 18
- NO_2의 분자량 : N의 원자량(14)+O의 원자량(16)×2 = 46

02 화학반응의 종류

(1) 결합반응

두 가지 이상의 물질이 서로 반응하여 하나의 물질을 생성하는 반응

유형 : A + B → C

예 $2Mg + O_2 → 2MgO$
　　　마그네슘　산소　산화마그네슘

(2) 분해반응

하나의 물질이 두 가지 이상의 물질을 생성하는 반응

유형 : C → A + B

예 $NaHCO_3 → H_2O + CO_2 + Na_2CO_3$
　　탄산수소나트륨　물　이산화탄소　탄산나트륨

➡ 탄산수소나트륨은 열분해하면서 물, 이산화탄소, 탄산나트륨을 생성한다.

(3) 치환반응

화합물의 구성성분 중 일부가 다른 원자나 원자단으로 바뀌는 반응

유형 : A + BC → AC + B

예 $2HCl + Zn → ZnCl_2 + H_2$
　　염산　아연　염화아연　수소

(4) 복분해반응

두 종류의 화합물이 서로 성분의 일부를 바꾸어 두 종류의 새로운 화합물을 생성하는 반응

유형 : AB + CD → AD + CB

예 $Na_2CO_3 + CaCl_2 → 2NaCl + CaCO_3$
　　탄산나트륨　염화칼슘　염화나트륨　탄산칼슘

03 원소주기율표

원소들을 원자번호 순서로 배열하면서 비슷한 화학적·물리적 성질의 원소들을 수직으로 배열되도록 분류한 표를 말한다.(2페이지 참조)

• 주기(Period) : 주기율표 상에서 가로줄을 주기라 하며, 1~7주기가 있다.
• 족(Group) : 주기율표 상에서 세로줄을 족이라 하며, 1~18족이 있다.

주기율표를 통해 각 원소에 관한 원자번호, 원자기호, 원자량 등의 정보와 화학적 성질을 알 수 있다.

04 탄화수소

1 탄소화합물의 분류

(1) 결합에 의한 분류

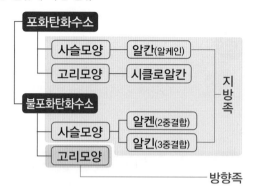

※ 포화탄화수소 : 탄소-탄소의 결합이 단일결합
　 불포화탄화수소 : 탄소-탄소의 결합이 이중 또는 삼중결합

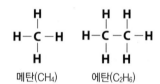

메탄(CH_4)　　에탄(C_2H_6)

알칸(Alkane)의 대표적인 화합물

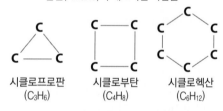

시클로프로판　　시클로부탄　　시클로헥산
(C_3H_6)　　　　(C_4H_8)　　　　(C_6H_{12})

시클로알칸(Cycloalkane)의 대표적인 화합물

알켄(alkene)의 대표적인 화합물인 에틸렌

알킨(Alkyne)인 대표적인 화합물인 아세틸렌

$H-C≡C-H$

(2) 작용기에 의한 분류

작용기	이름	일반식	이름	종류
-OH	하이드록시기	R-OH	알코올	메탄올, 에탄올
-O-	에테르기	R-O-R′	에테르	디메틸에테르, 디에틸에테르
-CHO-	포르밀기	R-CHO	알데히드	포름알데히드, 아세트알데히드
-CO	카르보닐기	R-CO-R′	케톤	아세톤, 에틸메틸케톤
-COOH-	카르복시기	R-COOH	카르복시산	포름산, 아세트산
-COO	에스테르기	R-COO-R′	에스테르	포름산메틸, 아세트산에틸

2 지방족 탄화수소의 유도체

(1) 알코올

① 하이드록시기(-OH)의 수에 따른 분류
- 1가 알코올 : OH기의 수가 1개인 알코올
  - 예 메탄올, 에탄올
- 2가 알코올 : OH기의 수가 2개인 알코올
  - 예 글리콜
- 3가 알코올 : OH기의 수가 3개인 알코올
  - 예 글리세린

② 알킬기(R)의 수에 따른 분류
- 1차 알코올 : 하이드록시기가 결합한 탄소에 결합되어 있는 알킬기(R)의 수가 1개인 알코올
- 2차 알코올 : 하이드록시기가 결합한 탄소에 결합되어 있는 알킬기(R)의 수가 2개인 알코올
- 3차 알코올 : 하이드록시기가 결합한 탄소에 결합되어 있는 알킬기(R)의 수가 3개인 알코올

③ 알코올의 산화반응
- 1차 알코올이 산화되면 알데히드가 된다.
- 알데히드가 산화되면 카르복시산이 된다.
- 2차 알코올이 산화되면 케톤이 된다.

> ▶ 1차 알코올 →(산화) 알데히드 →(산화) 카르복시산
> 2차 알코올 → 케톤

(2) 에테르(R-O-R)

알코올(ROH)에서 히드록시기(-OH)의 수소(H) 원자가 알킬기(-R)로 치환된 형태

(3) 알데히드(R-CHO)

① 1차 알코올을 산화, 카르복시산을 환원시켜 제

조한다.

② 은거울반응, 펠링반응

(4) 케톤(R-CO-R′)

① 알데히드(RCHO)에서 수소(H) 원자가 알킬기(-R)로 치환된 형태

② 2차 알코올을 산화시켜 제조한다.

③ 요오드포름반응

(5) 카르복시산(R-COOH)

① 탄화수소의 수소원자가 카르복시기(-COOH)로 치환된 형태

② 알코올과 에스테르화 반응을 하여 에스테르를 형성한다.

③ 포름산은 분자 내에 포르밀기(-CHO)와 카르복시기(-COOH)를 동시에 가지고 있어서 산성과 환원성을 동시에 나타내며, 은거울반응과 펠링반응을 한다.

(6) 에스테르(R-COO-R′)

① 카르복시산에서 카르복시기(-COOH)의 수소(H) 원자가 알킬기(-R)로 치환된 형태

② 카르복시산과 알코올을 축합반응을 시켜 제조한다.

③ 가수분해반응, 비누화반응

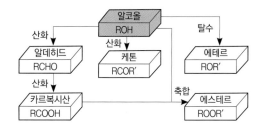

3 방향족 탄화수소

(1) 특성

① 물에 녹지 않으며, 알코올, 에테르에는 잘 녹는다.

② 연소 시 그을음이 생기고 밝은 빛을 낸다.

③ 치환반응이 잘 일어난다.

(2) 종류

① 톨루엔($C_6H_5CH_3$)
- 벤젠의 수소 원자 1개가 메틸기(CH_3-)로 치환된 화합물
- 벤젠의 알킬화반응으로 제조된다.
- 구조식

② 크실렌($C_6H_4(CH_3)_2$)
- 벤젠의 수소 원자 2개가 2개의 메틸기(CH_3-)로 치환된 화합물

③ 나프탈렌($C_{10}H_8$)
- 벤젠 고리가 2개 붙은 모양
- 구조식

④ 안트라센($C_{14}H_{10}$)
- 벤젠 고리가 3개 붙은 모양
- 구조식

(3) 벤젠 유도체

① 페놀류 : 벤젠 고리에 히드록시기(-OH)가 결합하고 있는 물질(페놀, 크레졸, 살리실산)
② 방향족 카르복시산 : 벤젠 고리의 H 원자가 카르복시기(-COOH)로 치환된 구조의 화합물(벤조산, 프탈산)
③ 방향족 니트로화합물 : 벤젠 고리의 H 원자가 니트로기($-NO_2$)로 치환된 화합물(니트로벤젠, 트리니트로톨루엔)
④ 방향족 아민류 : 탄화수소에 아미노기($-NH_2$)가 붙어 있는 화합물(아닐린)

> ▶탄화수소에서 탄소의 수가 증가할수록 나타나는 현상
> ㉠ 연소속도가 늦어진다.
> ㉡ 발화온도 · 연소범위가 낮아진다.
> ㉢ 비중이 작아진다.
> ㉣ 발열량 · 증기비중 · 점도가 커진다.
> ㉤ 인화점 · 비점이 높아진다.

05 산화제와 환원제

1 산화제
① 산화-환원반응에서 상대 물질을 산화시키고 자신은 환원되는 물질
② 종류 : 산소, 오존, 염소, 과산화수소, 질산, 황산, 이산화염소 등

2 환원제
① 산화-환원반응에서 상대 물질을 환원시키고 자신은 산화되는 물질
② 종류 : 수소, 일산화탄소, 황화수소, 탄소, 탄화수소, 아연 등

> ※ 이산화황(SO_2)과 과산화수소(H_2O_2)는 산화제, 환원제 양쪽 모두에 해당된다.

산 화	환 원
• 산소 원자를 얻는다.	• 산소 원자를 잃는다.
• 수소 원자를 잃는다.	• 수소 원자를 얻는다.
• 전자를 잃는다.	• 전자를 얻는다.
• 산화수가 증가한다.	• 산화수가 감소한다.

06 농도

1 용어 정리
① 용질 : 어떤 액체에 녹아드는 물질
② 용매 : 어떤 물질을 녹이는 물질
③ 용액 : 용질과 용매의 혼합액

2 관련식
① 몰농도(M) : 용액 1L에 녹아있는 용질의 몰수

$$M = \frac{10 \times 비중 \times 농도}{분자량}$$

② 몰랄농도(m) : 용매 1kg에 녹아있는 용질의 몰수

$$M = \frac{용질의\ 몰수}{용액의\ 무게(kg)}$$

③ 노말농도(N) : 용액 1L에 녹아있는 용질의 당량수

$$N농도 = \frac{\dfrac{용액의\ 질량(g)}{1g-당량}}{\dfrac{용액의\ 부피(ml)}{1,000ml}}$$

$$당량 = \frac{원자량}{원자가}$$

• 원자량 = 당량 × 원자가

07 기체의 법칙

(1) 보일의 법칙 : 압력-부피의 관계
일정한 온도에서 기체의 부피는 기체에 작용하는 압력에 반비례한다.

$$P_1V_1 = P_2V_2$$

(2) 샤를의 법칙 : 온도-부피의 관계
일정한 압력에서 일정량의 기체 부피는 기체의 절대온도에 비례한다.

$$\frac{V_1}{T_1} = \frac{V_2}{T_2}$$

(3) 아보가드로의 법칙 : 부피-몰의 관계
① 일정한 압력과 온도에서 기체의 부피는 기체의 몰수에 비례한다.
② 0℃, 1기압에서 1몰이 차지하는 부피는 약 22.4L

$$\frac{V_1}{n_1} = \frac{V_2}{n_2}$$

(4) 이상기체방정식
이상기체방정식은 기체의 압력, 부피, 몰수, 온도를 포함하고 있는데, 이들 중 3가지 자료를 알고 있으면 네 번째 성질을 구할 수 있다.

$$PV = \frac{WRT}{M}$$

- P : 압력(atm)
- V : 부피(m^3)
- W : 무게(kg)
- M : 분자량
- R : 기체상수(0.082atmm^3/k-mol·K)
- T : 절대온도(273 + t℃)K

$$V = \frac{WRT}{PM}$$

$$W = \frac{PVM}{RT}$$

$$d = \frac{MP}{RT} \quad \text{(d : 밀도)}$$

08 증기밀도(g/L)

$$증기밀도(\rho) = \frac{분자량(g)}{22.4L}$$

(1) 증기밀도의 예

① 산소(O_2) : $\dfrac{32g}{22.4L}$ = 1.43g/L

② 질소(N_2) : $\dfrac{28g}{22.4L}$ = 1.25g/L

③ 수소(H_2) : $\dfrac{2g}{22.4L}$ = 0.09g/L

④ 벤젠(C_6H_6) : $\dfrac{78g}{22.4L}$ = 3.48g/L

⑤ 가솔린(C_8H_{18}) : $\dfrac{114g}{22.4L}$ = 5.09g/L

⑥ 에틸알코올(C_2H_5OH) : $\dfrac{46g}{22.4L}$ = 2.54g/L

⑦ 디에틸에테르($C_2H_5OC_2H_5$) : $\dfrac{74g}{22.4L}$ = 3.3g/L

09 증기 비중

① 어떤 온도와 압력에서 같은 부피의 공기 무게와 비교한 값
② 증기 비중이 1보다 크면 공기보다 무겁고 1보다 작으면 공기보다 가볍다.

$$증기비중 = \frac{증기\ 분자량}{공기\ 분자량} = \frac{증기\ 분자량}{29}$$

10 열량

1 용어정리

① 1Kal : 물 1kg을 1℃ 올리는 데 필요한 열량
② 1Btu : 물 1Lb을 1℉ 올리는 데 필요한 열량
③ 1Chu : 물 1Lb을 1℃ 올리는 데 필요한 열량
④ 1Kcal = 3.968Btu = 2.205Chu
⑤ 물의 증발잠열(수증기의 응축잠열) : 539cal/g
⑥ 물의 응고잠열(얼음의 융해잠열) : 80cal/g
⑦ 비열 : 1kg의 물질을 1℃ 올리는 데 필요한 열량
(물의 비열 : 1kcal/kg·℃, 얼음의 비열 : 0.5kcal/kg·℃)

2 현열 및 잠열

① 현열 : 물질의 상태 변화없이 온도 변화에만 필요한 열량

$Q = m \times C \times \Delta t$ (m : 질량, C : 비열, Δt : 온도차)

② 잠열 : 물질의 온도 변화없이 상태 변화에만 필요한 열량

$Q = m \times r$ (m : 질량, r : 잠열)

③ 전열량 = 현열 + 잠열

11 이론산소량 및 이론공기량

1 용어 정리

(1) 이론산소량(O_0)

① 중량단위

$$O_0 = 2.67C + 8.0(H - \frac{O}{8}) + S$$

$$= 2.67C + 8.0H + (S - O)(kg/kg)$$

(C, H, O, S : 1kg 중 각 원소별 중량(kg)

$\frac{O}{8}$: 수분으로 존재하여 연소할 수 없는 수소량

② 부피단위

$$O_0 = 1.87C + 5.6(H - \frac{O}{8}) + 0.7S$$

$$= 1.87C + 5.6H - 0.7(O - S)(Nm^3/kg)$$

(2) 이론공기량(A_0)

① 중량단위

$$A_0 = \frac{O_0}{0.23}$$

$$= \frac{1}{0.23}(2.67C + 8H - O + S)(kg/kg)$$

② 부피단위

$$A_0 = \frac{O_0}{0.21}$$

$$= \frac{1}{0.21}(1.87C + 5.6(H - \frac{O}{8}) + 0.7S)(Sm^3/kg)$$

기출문제 | 기출문제로 출제유형을 파악한다!

[12-05]
1 알코올에 관한 설명으로 옳지 않은 것은?

① 1가 알코올은 OH기의 수가 1개인 알코올을 말한다.
② 2차 알코올은 1차 알코올이 산화된 것이다.
③ 2차 알코올이 수소를 잃으면 케톤이 된다.
④ 알데히드가 환원되면 1차 알코올이 된다.

- 1차 알코올이 산화되면 알데히드가 된다.
- 알데히드가 산화되면 카르복시산이 된다.
- 2차 알코올이 산화되면 케톤이 된다.

[10-04]
2 알코올류의 일반 성질이 아닌 것은?

① 분자량이 증가하면 증기비중이 커진다.
② 알코올은 탄화수소의 수소원자를 -OH기로 치환한 구조를 가진다.
③ 탄소수가 적은 알코올을 저급 알코올이라고 한다.

④ 3차 알코올에는 -OH기가 3개 있다.

하이드록시기(-OH)가 결합한 탄소(C)에 결합되어 있는 알킬기(R)의 수가 3개인 알코올을 3차 알코올이라 한다.

[11-04]
3 에테르(ether)의 일반식으로 옳은 것은?

① ROR ② RCHO
③ RCOR ④ RCOOH

에테르는 두 개의 알킬기가 산소원자에 연결된 구조를 갖는 화합물이다.
② 알데히드, ③ 케톤, ④ 카르복시산

[09-2]
4 다음 중 방향족 탄화수소에 해당하는 것은?

① 톨루엔 ② 아세트알데히드
③ 아세톤 ④ 디에틸에테르

정답▶ 1 ② 2 ④ 3 ① 4 ①

[11-02]

5 다음 중 산화반응이 일어날 가능성이 가장 큰 화합물은?

① 아르곤　　　　　　② 질소
③ 일산화탄소　　　　④ 이산화탄소

> 헬륨, 네온, 아르곤, 질소, 이산화탄소는 비활성기체에 속한다.

[13-02]

6 질산이 공기 중에서 분해되어 발생하는 유독한 갈색 증기의 분자량은?

① 16　　　　　　　② 40
③ 46　　　　　　　④ 71

> 질산이 공기 중에서 분해되어 발생하는 NO_2의 분자량을 묻는 문제이다.
> N(14) + O(16×2) = 46

[15-04, 12-04, 10-01]

7 액화 이산화탄소 1kg이 25℃, 2atm에서 방출되어 모두 기체가 되었다. 방출된 기체상의 이산화탄소 부피는 약 몇 L인가?

① 278　　　　　　② 556
③ 1,111　　　　　④ 1,985

> $PV = \dfrac{W}{M} RT$, $V = \dfrac{WRT}{PM}$
> ・P : 2atm, ・W : 1000g, ・M : 44
> ・R : 기체상수(0.082m^3・atm/kg−mol・K)
> ・T : 25℃+273 = 298k
> ∴ $V = \dfrac{1000 \times 0.082 \times 298k}{2 \times 44} = 278L$

[14-05, 11-05]

8 0.99atm, 55℃에서 이산화탄소의 밀도는 약 몇 g/L인가?

① 0.62　　　　　　② 1.62
③ 9.65　　　　　　④ 12.65

> $d = \dfrac{MP}{RT}$
> ・M : 44
> ・P : 0.99atm
> ・R : 0.082atm・m^3 kmol・K
> ・T : (273 + 55)K
> $= \dfrac{44 \times 0.99}{0.082 \times (273+55)} ≒ 1.62g/L$

[15-02, 09-02]

9 다음 반응식과 같이 벤젠 1kg이 연소할 때 발생되는 CO_2의 양은 약 몇 ㎥인가?(단, 27℃, 750mmHg 기준이다)

$$C_6H_6 + 7.5O_2 → 6CO_2 + 3H_2O$$

① 0.72　　　　　　② 1.22
③ 1.92　　　　　　④ 2.42

> C_6H_6의 분자량 : (12×6) + (1×6) = 78
> $PV = \dfrac{WRT}{M}$, $V = \dfrac{WRT}{PM}$
> 주어진 CO_2가 6몰이므로 $V = \dfrac{WRT}{PM} \times 6$
> W : 1kg
> R : 0.082atm・m^3・kmol・K
> T : (273+27℃)K
> P : 750mmHg
> M : 78
> ∴ $V = \dfrac{1 \times 0.082 \times 300}{(750/760) \times 78} \times 6 ≒ 1.92$

[07-02]

10 다음과 같은 반응에서 10m³의 탄산가스를 만들기 위해 필요한 탄산수소나트륨의 양은 약 몇 kg인가? (단, 표준상태이고, 나트륨의 원자량은 23이다)

$$2NaHCO_3 → Na_2CO_3 + CO_2 + H_2O$$

① 18.75　　　　　② 37.5
③ 56.25　　　　　④ 75

> $NaHCO_3$의 분자량 : 23+1+12+16×3 = 84
> $PV = \dfrac{WRT}{M}$, $W = \dfrac{PVM}{RT}$
> 주어진 $NaHCO_3$가 2몰이므로 $W = \dfrac{PVM}{RT} \times 2$
> P : 1atm
> V : 10m³
> M : 84Kg/Kmol
> R : 0.082atm・m^3/Kmol・K
> T : 273K
> ∴ $W = \dfrac{1 \times 10 \times 84}{0.082 \times 273} \times 2 = 75.046$

정답 ▶ **5** ③ **6** ③ **7** ① **8** ② **9** ③ **10** ④

11 1몰의 이황화탄소와 고온의 물이 반응하여 생성되는 유독한 기체물질의 부피는 표준상태에서 얼마인가?

① 22.4L ② 44.8L

③ 67.2L ④ 134.4L

> 이황화탄소는 고온의 물과 반응하여 2몰의 황화수소를 발생한다.
> 표준상태에서 1몰의 기체부피는 22.4L이므로 2몰의 황화수소의 부피는 44.8L이다.

12 수소화나트륨 240g과 충분한 물이 완전 반응하였을 때 발생하는 수소의 부피는?(단, 표준상태를 가정하여 나트륨의 원자량은 23이다)

① 22.4L ② 224L

③ 22.4m³ ④ 224m³

> NaH + H₂O → NaOH + H₂↑
> 수소화나트륨의 분자량은 Na(23) + H(1) = 24g/mol이므로 240g은 =10mol
> 위 반응식에서 NaH : H₂ = 1 : 1이므로 NaH 10mol이 반응하면 H₂도 10mol이 발생한다.
> 1mol은 22.4L이므로 발생하는 수소의 부피는 224L이다.

13 NH₄H₂PO₄이 열분해하여 생성되는 물질 중 암모니아와 수증기의 부피 비율은?

① 1 : 1 ② 1 : 2

③ 2 : 1 ④ 3 : 2

> 제1인산암모늄의 분해반응식
> NH₄H₂PO₄ → NH₃ + H₃PO₄ + H₂O

14 화학포의 소화약제인 탄산수소나트륨 6몰이 반응하여 생성되는 이산화탄소는 표준상태에서 최대 몇 L인가?

① 22.4 ② 44.8

③ 89.6 ④ 134.4

> 6NaHCO₃ + Al₂(SO₄)₃·18H₂O → 3Na₂SO₄ + 2Al(OH)₃ + 6CO₂ + 18H₂O
> 위의 반응식에서 6몰의 탄산수소나트륨이 반응하여 6몰의 이산화탄소를 발생한다.
> 1몰은 22.4L이므로 6×22.4 = 134.4L

15 소화기 속에 압축되어 있는 이산화탄소 1.1kg을 표준상태에서 분사하였다. 이산화탄소의 부피는 몇 m³이 되는가?

① 0.56 ② 5.6

③ 11.2 ④ 24.6

> $PV = \dfrac{W}{M} RT$, $V = \dfrac{WRT}{PM}$
>
> P : 1atm, W : 1.1kg, M : 44Kg/Kmol
> R : 기체상수(0.082m³·atm/Kg-mol·K)
> T : 273 + 0°C = 273k
> $\therefore V = \dfrac{1.1 \times 0.082 \times 273}{1 \times 44} = 0.56m^3$

16 메탄 1g이 완전연소하면 발생되는 이산화탄소는 몇 g인가?

① 1.25 ② 2.75

③ 14 ④ 44

> 메탄의 완전연소식 : CH₄ + 2O₂ → CO₂ + 2H₂O
> CH₄의 분자량 : 16g
> CO₂의 분자량 : 44g
> CH₄ : CO₂ = 16g : 44g = 1g : xg
> x = 2.75

17 이황화탄소 기체는 수소 기체보다 20°C 1기압에서 몇 배 더 무거운가?

① 11 ② 22

③ 32 ④ 38

> 이황화탄소(CS₂)의 분자량 : 76, 수소(H₂)의 분자량 : 2
> $\dfrac{76}{2} = 38$

18 과산화나트륨 78g과 충분한 양의 물이 반응하여 생성되는 기체의 종류와 생성량을 옳게 나타낸 것은?

① 수소, 1g ② 산소, 16g

③ 수소, 2g ④ 산소, 32g

> 과산화나트륨의 물과의 반응식
> 2Na₂O₂ + 2H₂O → 4NaOH + O₂↑
> • Na₂O₂의 분자량 : (23×2) + (16×2) = 78
> • O₂의 분자량 : 32
> (2×78) : 32 = 78 : x ∴ x = 16

정답 ▶ 11 ② 12 ② 13 ① 14 ④ 15 ① 16 ② 17 ④ 18 ②

19 다음은 P_2S_5와 물의 화학반응이다. (　)에 알맞은 숫자를 차례대로 나열한 것은?
[11-01]

$$P_2S_5 + (\quad)H_2O \rightarrow (\quad)H_2S + (\quad)H_3PO_4$$

① 2, 8, 5　　　　　② 2, 5, 8
③ 8, 5, 2　　　　　④ 8, 2, 5

오황화린과 물의 화학반응식
$P_2S_5 + 8H_2O \rightarrow 5H_2S + 2H_3PO_4$

[04-01]
20 다음 중 증기의 밀도가 가장 큰 것은?
① CH_3OH　　　　② C_2H_5OH
③ CH_3COCH_3　　④ $CH_3COOC_5H_{11}$

분자량이 클수록 밀도가 크다.
① CH_3OH : 1.43g/L
② C_2H_5OH : 2.05g/L
③ CH_3COCH_3 : 2.59g/L
④ $CH_3COOC_5H_{11}$: 5.80g/L

[15-02, 11-05, 09-01]
21 할론 1301의 증기 비중은?(단, 불소의 원자량은 19, 브롬의 원자량은 80, 염소의 원자량은 35.5이고 공기의 분자량은 29이다)
① 2.14　　　　　② 4.15
③ 5.14　　　　　④ 6.15

CF_3Br의 증기비중을 묻는 문제이다.
$$증기비중 = \frac{증기분자량}{공기분자량(29)} = \frac{12+(19\times3)+80}{29} \fallingdotseq 5.14$$

[09-01]
22 물의 증발잠열은 약 몇 cal/g인가?
① 329　　　　　② 439
③ 539　　　　　④ 639

· 물의 증발잠열(수증기의 응축잠열) : 539cal/g
· 물의 응고잠열(얼음의 융해잠열) : 80cal/g

[15-02, 11-02]
23 20℃의 물 100kg이 100℃ 수증기로 증발하면 최대 몇 kcal의 열량을 흡수할 수 있는가?
① 540　　　　　② 7,800
③ 62,000　　　　④ 108,000

$Q = mC\Delta t + rm$ (m : 질량, C : 비열, Δt : 온도차　r : 잠열)
물의 기화잠열 : 539kcal/kg
물의 비열 : 1kcal/kg℃
$\therefore Q = 100\times1\times80 + 539\times100 = 61,900$kcal

[15-04, 11-04, 09-02]
24 탄소 80%, 수소 14%, 황 6%인 물질 1kg이 완전연소하기 위해 필요한 이론 공기량은 약 몇 kg인가?(단, 공기 중 산소는 중량 23%이다)
① 3.31　　　　　② 7.05
③ 11.62　　　　④ 14.41

중량 단위의 이론 공기량
$$A^\circ = \frac{O^\circ}{0.23} = \frac{1}{0.23}(2.67C+8H-O+S)(kg/kg)$$
$$= \frac{1}{0.23}(2.67\times0.8+8\times0.14+0.06) \fallingdotseq 14.41$$

[14-04]
25 벤젠 1몰을 충분한 산소가 공급되는 표준상태에서 완전연소 시켰을 때 발생하는 이산화탄소의 양은 몇 L인가?
① 22.4　　　　　② 134.4
③ 168.8　　　　④ 224.0

벤젠의 연소식
$C_6H_6 + 7.5O_2 = 6CO_2 + 3H_2O$
1몰의 벤젠이 완전연소하여 6몰의 이산화탄소가 발생하므로
$22.4L\times6 = 134.4L$

Craftsman Hazardous material

CHAPTER 02

위험물의 종류 및 성질

위험물의 구분 및 지정수량 · 위험등급 | 제1류 위험물(산화성고체) | 제2류 위험물(가연성고체)
제3류 위험물(자연발화성물질 및 금수성물질) | 제4류 위험물(인화성액체)
제5류 위험물(자기반응성물질) | 제6류 위험물(산화성액체)

위험물의 구분 및 지정수량 · 위험등급

Craftsman Hazardous Material

출제 포인트

이 섹션에서는 위험물의 구분문제와 지정수량 · 위험등급 문제를 모두 학습할 수 있도록 했다. 각 류별로 출제되었던 품명들을 분류해서 정리해 두었으니 반드시 암기하도록 한다. 그리고 최근 지정수량 및 배수에 관한 문제가 많이 출제되고 있으니 반드시 점수를 확보할 수 있도록 한다. 위험등급 문제도 꾸준하게 출제되고 있으니 같이 외우도록 한다.

01 위험물의 구분

1 제1류 위험물(산화성고체)

품명		지정수량	위험등급
아염소산염류	아염소산나트륨[NaClO₂], 아염소산칼륨[KClO₂], 아염소산칼슘[Ca(ClO₂)₂]		
염소산염류	염소산칼륨[KClO₃], 염소산나트륨[NaClO₃], 염소산암모늄[NH₄ClO₃]		
과염소산염류	과염소산나트륨[NaClO₄], 과염소산칼륨[KClO₄], 과염소산암모늄 [NH₄ClO₄]	50kg	Ⅰ
무기과산화물	과산화칼륨[K₂O₂], 과산화나트륨[Na₂O₂], 과산화칼슘[CaO₂], 과산화마그네슘[MgO₂], 과산화바륨[BaO₂]		
브롬산염류	브롬산나트륨[NaBrO₃], 브롬산칼륨[KBrO₃], 브롬산암모늄[NH₄BrO₃]		
질산염류	질산칼륨[KNO₃], 질산나트륨[NaNO₃], 질산암모늄[NH₄NO₃]	300kg	Ⅱ
요오드산염류	요오드산칼륨[KIO₃], 요오드산나트륨[NaIO₃], 요오드산아연[Zn(IO₃)₂], 요오드산마그네슘[Mg(IO₃)₂], 요오드산암모늄[NH₄IO₃]		
과망간산염류	과망간칼륨[KMnO₄], 과망간산나트륨[NaMnO₄], 과망간산암모늄[NH₄MnO₄], 과망간산바륨[Ba(MnO₄)₂]	1,000kg	Ⅲ
중크롬산염류	중크롬산칼륨[K₂Cr₂O₇], 중크롬산나트륨[Na₂Cr₂O₇], 중크롬산암모늄[(NH₄)₂Cr₂O₇]		
차아염소산염류	-	50kg	Ⅰ
과요오드산	-		
크롬의 산화물(무수크롬산), 납의 산화물, 요오드의 산화물			
아질산염류	-		
과요오드산염류	-	300kg	Ⅱ
염소화이소시아눌산	-		
퍼옥소이황산염류	-		
퍼옥소붕산염류	-		

* 회색바탕 : 총리령으로 정하는 제1류 위험물

② 제2류 위험물(가연성고체)

품명		지정수량	위험등급
황화린	삼황화린[P_4S_3], 오황화린[P_2S_5], 칠황화린[P_4S_7]	100kg	Ⅱ
적린 · 유황	-		
철분	-	500kg	Ⅲ
금속분	알루미늄분, 크롬분, 몰리브덴분, 티탄분, 지르코늄분, 망간분, 코발트분, 은분, 아연분		
마그네슘	-	500kg	Ⅲ
인화성고체	고형알코올, 메타알데히드, 제삼부틸알코올[$(CH_3)_3COH$]	1,000kg	Ⅲ

*유황 : 순도가 60중량 퍼센트 이상인 것
*철분 : 53마이크로미터의 표준체를 통과하는 것이 50중량 퍼센트 미만인 것은 제외
*금속분 : 150마이크로미터의 체를 통과하는 것이 50중량 퍼센트 미만인 것은 제외
*구리분 · 니켈분은 위험물에서 제외
*마그네슘 : 2밀리미터의 체를 통과하지 아니하는 덩어리 상태, 직경 2밀리미터 이상의 막대 모양 제외

③ 제3류 위험물(자연발화성물질 및 금수성물질)

품명		지정수량	위험등급
칼륨 · 나트륨	-		
알킬알루미늄	트리에틸알루미늄[$(C_2H_5)_3Al$], 트리메틸알루미늄[$(CH_3)_3Al$], 트리이소부틸알루미늄[$(C_4H_9)_3Al$], 디메틸알루미늄클로라이드[$(CH_3)_2AlCl$], 디에틸알루미늄클로라이드[$(C_2H_5)_2AlCl$]	10kg	Ⅰ
알킬리튬	에틸리튬(C_2H_5Li), 메틸리튬(CH_3Li), 부틸리튬(C_4H_9Li), 페닐리튬(C_6H_5Li)		
황린	-	20kg	
알칼리금속 (칼륨, 나트륨 제외)	리튬(Li), 루비듐(Rb), 세슘(Cs), 프랑슘(Fr)	50kg	Ⅱ
알칼리토금속	칼슘(Ca), 스트론튬(Sr), 바륨(Ba), 라듐(Ra)		
유기금속화합물 (알킬알루미늄, 알킬리튬 제외)	사에틸납[$(C_2H_5)_4Pb$], 디메틸주석[$Sn(CH_3)_2$], 디메틸아연[$Zn(CH_3)_2$], 디에틸아연[$Zn(C_2H_5)_2$], 디메틸갈륨[$Ga(CH_3)_2$], 디메틸수은[$Hg(CH_3)_2$], 트리에틸갈륨, 트리에틸인듐		
금속의 수소화물	수소화나트륨(NaH), 수소화알루미늄리튬($LiAlH_4$), 펜타보란(B_5H_9), 수소화알루미늄(AlH_3), 수소화티타늄(TiH_2), 수소화칼륨(KH), 수소화리튬(LiH)	300kg	Ⅲ
금속의 인화물	인화칼슘(Ca_3P_2), 인화알루미늄(AlP), 인화아연(Zn_3P_2)		
칼슘 또는 알루미늄의 탄화물	탄화칼슘(CaC_2), 탄화알루미늄(Al_4C_3), 탄화망간(Mn_3C), 탄화베릴륨(Be_2C)		
염소화규소화합물	클로로실란, 트리클로로실란		

* 회색바탕 : 총리령으로 정하는 제3류 위험물

④ 제4류 위험물(인화성액체)

품명			지정수량	위험등급
특수인화물		디에틸에테르($(C_2H_5)_2O$), 이황화탄소(CS_2), 아세트알데히드(CH_3CHO), 산화프로필렌(OCH_2CHCH_3), 황화디메틸, 이소프로필아민($(CH_3)_2CHNH_2$)	50ℓ	Ⅰ
제1석유류	비수용성 액체	휘발유, 벤젠(C_6H_6), 톨루엔($C_6H_5CH_3$), 콜로디온, 의산프로필($HCOOC_3H_7$), 메틸에틸케톤($CH_3COC_2H_5$), 시클로헥산(C_6H_{12}), 염화아세틸, 부틸알데히드, 초산메틸, 초산에틸($CH_3COOC_2H_5$), 의산에틸($HCOOC_2H_5$),	200ℓ	Ⅱ

품명			지정수량	위험등급
제1석유류	수용성 액체	아세톤(CH_3COCH_3), 피리딘(C_5H_5N), 시안화수소, 아세토니트릴(CH_3CN), 의산메틸($HCOOCH_3$)	400 ℓ	Ⅱ
	알코올류	메틸알코올(CH_3OH), 에틸알코올(C_2H_5OH), 프로필알코올, 이소프로필알코올[$(CH_3)_2CHOH$]		
제2석유류	비수용성액체	등유, 경유, 테레핀유($C_{10}H_{16}$), 스틸렌($C_6H_5CH=CH_2$), 송근유, 장뇌유, 클로로벤젠(C_6H_5Cl), n-부탄올, 디부틸아민, 트리부틸아민, 벤즈알데히드, 크실렌[$C_6H_4(CH_3)_2$]	1,000 ℓ	Ⅲ
	수용성액체	포름산($HCOOH$), 아세트산(CH_3COOH), 에틸셀로솔브($C_2H_5OCH_2CH_2OH$), 아크릴산($CH_2=CHCOOH$), 히드라진(N_2H_4)	2,000 ℓ	
제3석유류	비수용성액체	중유, 크레오소트유, 니트로벤젠($C_6H_5NO_2$), 아닐린($C_6H_5NH_2$), 니트로톨루엔($CH_3C_6H_4NO_2$)	2,000 ℓ	
	수용성액체	에틸렌글리콜[$C_2H_4(OH)_2$], 글리세린[$C_3H_5(OH)_3$]	4,000 ℓ	
제4석유류		윤활유, 가소제, 방청유, 담금질유, 전기절연유, 절삭유, 기어유, 실린더유, 기계유	6,000 ℓ	
동·식물유류		건성유, 반건성유, 불건성유	10,000 ℓ	

*알코올류 : 탄소원자의 수가 1개부터 3개까지인 포화1가 알코올(변성알코올을 포함)
　　　　　알코올 함유량이 60중량퍼센트 미만인 수용액 제외
　　　　　가연성액체량이 60중량퍼센트 미만이고 인화점 및 연소점이 에틸알코올 60중량퍼센트 수용액의 인화점 및 연소점을 초과하는 것 제외

5 제5류 위험물(자기반응성물질)

품명		지정수량	위험등급
유기과산화물	과산화벤조일[$(C_6H_5CO)_2O_2 \cdot COC_6H_5$], 과산화메틸에틸케톤[$(CH_3COC_2H_5)_2O_2$], 아세틸퍼옥사이드[$(CH_3CO)_2O_2$]	10kg	Ⅰ
질산에스테르류	니트로셀룰로오스(질산섬유소)[$(C_6H_7O_2(ONO_2)_3)n$], 니트로글리세린[$C_3H_5(ONO_2)_3$], 질산메틸(CH_3ONO_2), 질산에틸($C_2H_5ONO_2$), 니트로글리콜[$(CH_2ONO_2)_2$], 셀룰로이드, 질산프로필		
히드록실아민·히드록실아민염류		100kg	
니트로화합물	트리니트로톨루엔[$C_6H_2CH_3(NO_2)_3$], 트리니트로페놀[$C_6H_2(NO_2)_3OH$], 테트릴($C_7H_5N_5O_8$)	200kg	Ⅱ
니트로소화합물	파라니트로소벤젠[$C_6H_4(NO)_2$]		
아조화합물	아조벤젠($C_6H_5N=NC_6H_5$)		
히드라진 유도체	디아조디니트로페놀(DDNP)		
금속의 아지화합물·질산구아니딘		200kg	

* 회색바탕 : 총리령으로 정하는 제5류 위험물

6 제6류 위험물(산화성액체)

품명		지정수량	위험등급
과염소산·과산화수소·질산		300kg	Ⅰ
할로겐간화합물	삼불화브롬(BrF_3), 오불화브롬(BrF_5), 오불화요오드(IF_5)		

*과산화수소 : 농도가 36중량퍼센트 이상인 것　*질산 : 비중이 1.49 이상인 것
* 회색바탕 : 총리령으로 정하는 제6류 위험물

> ▶ 복수성상물품의 품명 기준
>
> ① 산화성고체의 성상 및 가연성고체의 성상을 가지는 경우 : 가연성고체
> ② 산화성고체의 성상 및 자기반응성물질의 성상을 가지는 경우 : 자기반응성물질
> ③ 가연성고체의 성상과 자연발화성물질의 성상 및 금수성물질의 성상을 가지는 경우 : 자연발화성물질 및 금수성물질
> ④ 자연발화성물질의 성상, 금수성물질의 성상 및 인화성액체의 성상을 가지는 경우 : 자연발화성물질 및 금수성물질
> ⑤ 인화성액체의 성상 및 자기반응성물질의 성상을 가지는 경우 : 자기반응성물질

02 위험물의 지정수량

1 정의

위험물의 종류별로 위험성을 고려하여 대통령령이 정하는 수량으로서 제조소등의 설치허가 등에 있어서 최저의 기준이 되는 수량을 말한다. 수량이 복수인 품명의 경우 당해 품명이 속하는 유(類)의 품명 가운데 위험성의 정도가 가장 유사한 품명의 지정수량란에 정하는 수량과 같은 수량을 당해 품명의 지정수량으로 한다.

2 지정수량의 배수

$$\text{지정수량의 배수} = \frac{\text{A품명의 저장수량}}{\text{A품명의 지정수량}} + \frac{\text{B품명의 저장수량}}{\text{B품명의 지정수량}} + \cdots$$

03 위험물의 위험등급

위험물의 위험등급은 위험등급 I · 위험등급 II 및 위험등급 III으로 구분하며, 각 위험등급에 해당하는 위험물은 다음과 같다.

1 위험등급 I의 위험물

① 제1류 위험물 중 아염소산염류, 염소산염류, 과염소산염류, 무기과산화물 그 밖에 지정수량이 50kg인 위험물
② 제3류 위험물 중 칼륨, 나트륨, 알킬알루미늄, 알킬리튬, 황린 그 밖에 지정수량이 10kg 또는 20kg인 위험물
③ 제4류 위험물 중 특수인화물
④ 제5류 위험물 중 유기과산화물, 질산에스테르류 그 밖에 지정수량이 10kg인 위험물
⑤ 제6류 위험물

2 위험등급 II의 위험물

① 제1류 위험물 중 브롬산염류, 질산염류, 요오드산염류 그 밖에 지정수량이 300kg인 위험물
② 제2류 위험물 중 황화린, 적린, 유황 그 밖에 지정수량이 100kg인 위험물
③ 제3류 위험물 중 알칼리금속(칼륨 및 나트륨을 제외) 및 알칼리토금속, 유기금속화합물(알킬알루미늄 및 알킬리튬을 제외) 그 밖에 지정수량이 50kg인 위험물
④ 제4류 위험물 중 제1석유류 및 알코올류
⑤ 제5류 위험물 중 위험등급 I에 해당하지 않는 위험물

3 위험등급 III의 위험물

위험등급 I과 위험등급 II에 해당하지 않는 위험물

[09-04, 07-05]
1 산화성고체 위험물에 속하지 않는 것은?

① $KClO_3$ ② $NaClO_4$
③ KNO_3 ④ $HClO_4$

> ① 염소산칼륨 ② 과염소산나트륨
> ③ 질산칼륨 ④ 과염소산 – 산화성액체(제6류 위험물)

[07-02]
2 다음 중 산화성고체 위험물에 속하지 않는 것은?

① Na_2O_2 ② $HClO_4$
③ NH_4ClO_4 ④ $KClO_3$

> ① 과산화나트륨 ② 과염소산 – 산화성액체(제6류 위험물)
> ③ 과염소산암모늄 ④ 염소산칼륨

[08-04]
3 다음의 제1류 위험물 중 과염소산염류에 속하는 것은?

① K_2O_2 ② $NaClO_3$
③ $NaClO_2$ ④ NH_4ClO_4

> **과염소산염류** : 과염소산칼륨($KClO_4$), 과염소산나트륨($NaClO_4$), 과염소산암모늄(NH_4ClO_4)
> ① 과산화칼륨 – 무기과산화물
> ② 염소산나트륨 – 염소산염류
> ③ 아염소산나트륨 – 아염소산염류

[07-02]
4 다음 중 제1류 위험물의 질산염류가 아닌 것은?

① 질산은 ② 질산암모늄
③ 질산섬유소 ④ 칠레초석

> 질산섬유소는 제5류 위험물에 속하는데, 니트로셀룰로오스라고도 한다.

[08-05]
5 다음 물질 중 위험물 유별에 따른 구분이 나머지 셋과 다른 하나는?

① 질산은 ② 질산메틸
③ 무수크롬산 ④ 질산암모늄

> ①, ③, ④ 제1류 위험물 ② 제5류 위험물

[12-05]
6 제1류 위험물에 해당하지 않는 것은?

① 납의 산화물 ② 질산구아니딘
③ 퍼옥소이황산염류 ④ 염소화이소시아눌산

> 질산구아니딘은 제5류 위험물에 속한다.

[11-02]
7 제1류 위험물이 아닌 것은?

① 과요오드산염류 ② 퍼옥소붕산염류
③ 요오드의 산화물 ④ 금속의 아지화합물

> 금속의 아지화합물은 제5류 위험물에 속한다.

[08-02]
8 다음 물질 중 제1류 위험물이 아닌 것은?

① Na_2O_2 ② $NaClO_3$
③ NH_4ClO_4 ④ $HClO_4$

> ① 과산화나트륨 ② 염소산나트륨
> ③ 과염소산암모늄 ④ 과염소산 – 제6류 위험물

[08-01]
9 다음 중 제1류 위험물이 아닌 것은?

① 요오드산염류 ② 무기과산화물
③ 히드록실아민염류 ④ 과망간산염류

> 히드록실아민염류는 제5류 위험물에 속한다.

[07-01]
10 다음 중 산화성고체의 품명이 아닌 것은?

① 고형알코올 ② 아염소산염류
③ 질산염류 ④ 무기과산화물

> 고형알코올은 인화성고체로서 제2류 위험물에 속한다.

[12-02, 08-05]
11 제2류 위험물이 아닌 것은?

① 황화린 ② 적린
③ 황린 ④ 철분

> 황린은 제3류 위험물에 속한다.

정답▶ 1 ④ 2 ② 3 ④ 4 ③ 5 ② 6 ② 7 ④ 8 ④ 9 ③ 10 ① 11 ③

12 [11-02] 제2류 위험물에 속하지 않는 것은?

① 구리분   ② 알루미늄분
③ 크롬분   ④ 몰리브덴분

제2류 위험물의 금속분에 구리분과 니켈분은 제외한다.

13 [11-01] 제2류 위험물에 해당하는 것은?

① 철분   ② 나트륨
③ 과산화칼륨   ④ 질산메틸

② 나트륨 – 제3류 위험물   ③ 과산화칼륨 – 제1류 위험물
④ 질산메틸 – 제5류 위험물

14 [10-02] 다음 중 제2류 위험물이 아닌 것은?

① 황화린   ② 유황
③ 마그네슘   ④ 칼륨

칼륨은 제3류 위험물에 속한다.

15 [08-01] 다음 중 가연성고체 위험물인 제2류 위험물은 어느 것인가?

① 질산염류   ② 마그네슘
③ 나트륨   ④ 칼륨

① 질산염류 – 제1류 위험물   ③ 나트륨 – 제3류 위험물
④ 칼륨 – 제3류 위험물

16 [07-02] 다음 중 제2류 위험물만으로 나열된 것이 아닌 것은?

① 철분, 황화린   ② 마그네슘, 적린
③ 유황, 철분   ④ 아연분, 나트륨

나트륨 – 제3류 위험물

17 [09-01] 마그네슘은 제 몇 류 위험물인가?

① 제1류 위험물   ② 제2류 위험물
③ 제3류 위험물   ④ 제5류 위험물

18 [10-01] 다음 중 일반적으로 알려진 황화린의 3종류에 속하지 않는 것은?

① P_4S_3 ② P_2S_5
③ P_4S_7 ④ P_2S_9

19 [12-01] 분말의 형태로서 150마이크로미터의 체를 통과하는 것이 50중량퍼센트 이상인 것만 위험물로 취급되는 것은?

① Fe   ② Sn
③ Ni   ④ Cu

① 철분 : 53마이크로미터의 표준체를 통과하는 것이 50중량퍼센트 미만인 것은 제외
③, ④ 니켈분, 구리분은 위험물에서 제외된다.

20 [09-04] 위험물안전관리법령상 자연발화성물질 및 금수성물질은 제 몇 류 위험물로 지정되어 있는가?

① 제1류   ② 제2류
③ 제3류   ④ 제4류

21 [13-01] 위험물안전관리법령에서 제3류 위험물에 해당하지 않는 것은?

① 알칼리금속   ② 칼륨
③ 황화린   ④ 황린

황화린은 제2류 위험물에 속한다.

22 [09-02] 자연발화성물질 및 금수성물질에 해당되지 않는 것은?

① 칼륨   ② 황화린
③ 탄화칼슘   ④ 수소화나트륨

23 [12-05] 제3류 위험물에 해당하는 것은?

① NaH   ② Al
③ Mg   ④ P_4S_3

① 수산화나트륨   ② 알루미늄 – 제2류 위험물
③ 마그네슘 – 제2류 위험물   ④ 삼황화린 – 제2류 위험물

[11-02]

24 제3류 위험물이 아닌 것은?

① 마그네슘　　　　② 나트륨
③ 칼륨　　　　　　④ 칼슘

마그네슘은 제2류 위험물에 속한다.

[10-05]

25 제3류 위험물에 해당하는 것은?

① 염소화규소화합물　② 금속의 아지화합물
③ 질산구아니딘　　　④ 할로겐간화합물

② 제5류 화합물, ③ 제5류 화합물, ④ 제6류 위험물

[09-05]

26 다음 중 위험물의 유별 구분이 나머지 셋과 다른 하나는?

① 황린　　　　　　② 부틸리튬
③ 칼슘　　　　　　④ 유황

유황은 제2류 위험물에 속한다.

[08-05]

27 다음 중 제3류 위험물의 품명이 아닌 것은?

① 금속의 수소화물　② 유기금속화합물
③ 황린　　　　　　④ 금속분

금속분은 제2류 위험물에 속한다.

[08-01]

28 다음 중 제3류 위험물이 아닌 것은?

① 적린　　　　　　② 칼슘
③ 탄화알루미늄　　④ 알킬리튬

적린은 제2류 위험물에 속한다.

[07-02]

29 다음 물질 중 제3류 위험물에 속하는 것은?

① CaC_2　　　　　② S
③ P_2S_5　　　　　④ Mg

① 탄화칼슘 – 제3류 위험물　　② 유황 – 제2류 위험물
③ 오황화린 – 제2류 위험물　　④ 마그네슘 – 제2류 위험물

[10-05]

30 위험물의 유별(類別) 구분이 나머지 셋과 다른 하나는?

① 황린　　　　　　② 금속분
③ 황화린　　　　　④ 마그네슘

① 제3류 위험물　　　②, ③, ④ 제2류 위험물

[11-05]

31 위험물안전관리법상 품명이 유기금속 화합물에 속하지 않는 것은?

① 트리에틸갈륨
② 트리에틸알루미늄
③ 트리에틸인듐
④ 디에틸아연

트리에틸알루미늄은 알킬알루미늄에 속한다.

[12-01, 08-01]

32 다음 물질 중 제4류 위험물에 속하지 않는 것은?

① 아세톤　　　　　② 실린더유
③ 과산화벤조일　　④ 클레오소트유

과산화벤조일은 제5류 위험물에 속한다.

[07-01]

33 다음 중 제4류 위험물에 해당되지 않는 것은?

① 휘발유
② 아세톤
③ 아세트알데히드
④ 니트로글리세린

니트로글리세린은 제5류 위험물인 질산에스테르류에 속한다.

[13-01]

34 제4류 위험물로만 나열된 것은?

① 특수인화물, 황산, 질산
② 알코올, 황린, 니트로화합물
③ 동식물유류, 질산, 무기과산화물
④ 제1석유류, 알코올류, 특수인화물

① 황산(비위험물), 질산(제6류)
② 황린(제3류), 니트로화합물(제5류)
③ 질산(제6류), 무기과산화물(제1류)

정답▶ 24 ① 25 ① 26 ④ 27 ④ 28 ① 29 ① 30 ① 31 ② 32 ③ 33 ④ 34 ④

35 [08-04] 다음 위험물 중 품명이 나머지 셋과 다른 하나는?

① 스틸렌　　　　　② 산화프로필렌
③ 황화디메틸　　　④ 이소프로필아민

① 제2석유류　　　　②, ③, ④ 특수인화물

36 [10-04] 다음 제4류 위험물 중 품명이 나머지 셋과 다른 하나는?

① 아세트알데히드　　② 디에틸에테르
③ 니트로벤젠　　　　④ 이황화탄소

①, ②, ④ 특수인화물　　③ 제3석유류

37 [07-05] 다음 위험물 중 품명이 나머지 셋과 다른 것은?

① 산화프로필렌　　② 아세톤
③ 이황화탄소　　　④ 디에틸에테르

①, ③, ④ 특수인화물　　② 제1석유류

38 [09-02] 제4류 위험물 중 특수인화물에 해당하지 않는 것은?

① 이소프로필아민　　② 황화디메틸
③ 메틸에틸케톤　　　④ 아세트알데히드

③ 메틸에틸케톤 – 제1석유류

39 [09-04] 다음 중 특수인화물에 해당하는 것은?

① 헥산　　　　② 아세톤
③ 가솔린　　　④ 이황화탄소

①, ②, ③ 제1석유류

40 [08-05] 다음 중 특수인화물에 해당하는 위험물은?

① 벤젠　　　　　② 염화아세틸
③ 이소프로필아민　④ 아세토니트릴

①, ②, ④ 제1석유류

41 [13-04] 다음 위험물 중 특수인화물이 아닌 것은?

① 메틸에틸케톤 퍼옥사이드
② 산화프로필렌
③ 아세트알데히드
④ 이황화탄소

① 제5류 위험물

42 [08-01] 다음 중 각 석유류의 분류가 잘못된 것은?

① 제1석유류 : 초산에틸, 휘발유
② 제2석유류 : 등유, 경유
③ 제3석유류 : 포름산, 테레핀유
④ 제4석유류 : 기어유, DOA(가소제)

③ 포름산, 테레핀유는 제2석유류에 속한다.

43 [11-01] 품명이 제4석유류인 위험물은?

① 중유　　　　② 기어유
③ 등유　　　　④ 클레오소트유

①, ④ 제3석유류　　③ 제2석유류

44 [13-01] 제4류 위험물 중 제1석유류에 속하는 것은?

① 에틸렌글리콜　　② 글리세린
③ 아세톤　　　　　④ n-부탄올

①, ② 제3석유류　　④ 제2석유류

45 [08-02] 다음 중 제2석유류만으로 짝지어진 것은?

① 시클로헥산 – 피리딘
② 염화아세틸 – 휘발유
③ 시클로헥산 – 중유
④ 아크릴산 – 포름산

• 제1석유류 : 시클로헥산, 피리딘, 염화아세틸, 휘발유
• 제2석유류 : 아크릴산, 포름산
• 제3석유류 : 중유

정답 35 ① 36 ③ 37 ② 38 ③ 39 ④ 40 ③ 41 ① 42 ③ 43 ② 44 ③ 45 ④

46 [09-05] 다음 중 제1석유류에 속하지 않는 위험물은?

① 아세톤
② 시안화수소
③ 클로로벤젠
④ 벤젠

③ 제2석유류

47 [07-05] 다음 제4류 위험물 중 제2석유류로 지정되어 있는 물질이 아닌 것은?

① 포름산
② 디부틸아민
③ 아크릴산
④ 글리세린

④ 제3석유류

48 [09-02] 다음 중 제3석유류로만 나열된 것은?

① 아세트산, 테레핀유
② 글리세린, 아세트산
③ 글리세린, 에틸렌글리콜
④ 아크릴산, 에틸렌글리콜

① 아세트산, 테레핀유 – 제2석유류
④ 아크릴산 – 제2석유류

49 [08-04] 다음 중 제3석유류에 속하는 것은?

① 벤즈알데히드
② 등유
③ 글리세린
④ 염화아세틸

①, ② 제2석유류   ④ 제1석유류

50 [10-05] 품명과 위험물의 연결이 틀린 것은?

① 제1석유류 - 아세톤
② 제2석유류 - 등유
③ 제3석유류 - 경유
④ 제4석유류 - 기어유

경유는 제2석유류에 속한다.

51 [11-04] 글리세린은 제 몇 석유류에 해당하는가?

① 제1석유류
② 제2석유류
③ 제3석유류
④ 제4석유류

52 [08-01] 다음 제4류 위험물의 알코올류에 해당되지 않는 것은?

① 고형알코올
② 메틸알코올
③ 이소프로필알코올
④ 에틸알코올

① 제2류 위험물

53 [11-04] 품명이 나머지 셋과 다른 것은?

① 산화프로필렌
② 아세톤
③ 이황화탄소
④ 디에틸에테르

①, ③, ④ 특수인화물   ② 제1석유류

54 [11-05] 1기압 20℃에서 액체인 미상의 위험물에 대하여 인화점과 발화점을 측정한 결과 인화점이 32.2℃, 발화점이 257℃로 측정되었다. 위험물안전관리법상 이 위험물의 유별과 품명의 지정으로 옳은 것은?

① 제4류 특수인화물
② 제4류 제1석유류
③ 제4류 제2석유류
④ 제4류 제3석유류

인화점이 21℃ 이상 70℃ 미만에 해당하므로 제2석유류에 해당한다.

55 [12-04] 제5류 위험물이 아닌 것은?

① 클로로벤젠
② 과산화벤조일
③ 염산히드라진
④ 아조벤젠

① 제4류 위험물

56 [10-02] 다음 수용액 중 알코올의 함유량이 60중량퍼센트 이상일 때 위험물안전관리법상 제4류 알코올류에 해당하는 물질은?

① 에틸렌글리콜($C_2H_4(OH)_2$)
② 알릴알코올($CH_2=CHCH_2OH$)
③ 부틸알코올(C_4H_9OH)
④ 에틸알코올(CH_3CH_2OH)

위험물안전관리법상 제4류 알코올류는 탄소원자의 수가 1~3개인 포화1가 알코올로서 에틸알코올, 메틸알코올, 프로필알코올, 이소프로필알코올이 이에 속한다.

57 [11-05] 제5류 위험물이 아닌 것은?

① 염화벤조일   ② 아지화나트륨
③ 질산구아니딘   ④ 아세틸퍼옥사이드

① 제4류 위험물

58 [11-04] 위험물의 유별 구분이 나머지 셋과 다른 하나는?

① 니트로글리콜   ② 스틸렌
③ 아조벤젠   ④ 디니트로벤젠

①, ③, ④ 제5류 위험물   ② 제4류 위험물

59 [11-04] 제5류 위험물이 아닌 것은?

① $Pb(N_3)_2$ ② CH_3ONO_2
③ N_2H_4 ④ NH_2OH

③ 히드라진 – 제4류 위험물   ① 디아조화합물
② 질산메틸   ④ 히드록실아민

60 [10-04] 다음 중 제5류 위험물에 해당하지 않는 것은?

① 히드라진   ② 히드록실아민
③ 히드라진 유도체   ④ 히드록실아민염류

히드라진은 제4류 위험물 제2석유류에 속하며, 히드라진 유도체는
제5류 위험물에 속한다.

61 [10-01] 다음 중 제5류 위험물이 아닌 것은?

① 니트로글리세린   ② 니트로톨루엔
③ 니트로글리콜   ④ 트리니트로톨루엔

② 제4류 위험물

62 [09-05] 다음 중 제5류 위험물이 아닌 것은?

① 질산에틸   ② 니트로글리세린
③ 니트로벤젠   ④ 니트로글리콜

③ 제4류 위험물

63 [14-05, 08-05] 다음 중 자기반응성물질인 제5류 위험물에 해당하는 것은?

① $CH_3C_6H_4NO_2$ ② CH_3COCH_3
③ $C_6H_2(NO_2)_3OH$ ④ $C_6H_5NO_2$

① 니트로톨루엔 – 제4류 위험물
② 아세톤 – 제4류 위험물
③ 트리니트로페놀 – 제5류 위험물
④ 니트로벤젠 – 제4류 위험물

64 [08-01] 다음 품명 중 제5류 위험물과 관계가 없는 것은?

① 질산염류   ② 질산에스테르류
③ 유기과산화물   ④ 히드라진 유도체

① 제1류 위험물

65 [07-05] 다음 물질 중 제5류 위험물에 해당하는 것은?

① 초산에틸   ② 질산에틸
③ 의산에틸   ④ 아크릴산에틸

①, ③, ④ 제4류 위험물

66 [10-05] 제5류 위험물에 해당하지 않는 것은?

① 염산히드라진   ② 니트로글리세린
③ 니트로벤젠   ④ 니트로셀룰로오스

③ 제4류 위험물

67 [11-01] 자기반응성물질에 해당하는 물질은?

① 과산화칼륨   ② 벤조일퍼옥사이드
③ 트리에틸알루미늄 ④ 메틸에틸케톤

① 산화성고체, ③ 자연발화성물질, ④ 인화성액체

68 [08-02] 다음 중 질산에스테르류에 속하지 않는 것은?

① 니트로셀룰로오스 ② 질산메틸
③ 트리니트로페놀   ④ 펜트리트

③ 니트로화합물류

69 자기반응성물질로만 나열된 것이 아닌 것은?

① 과산화벤조일, 질산메틸
② 숙신산퍼옥사이드, 디니트로벤젠
③ 아조디카본아미드, 니트로글리콜
④ 아세토니트릴, 트리니트로톨루엔

> ④ 아세토니트릴 – 제4류 위험물

[12-04]

70 위험물안전관리법령상 품명이 질산에스테르류에 속하지 않는 것은?

① 질산에틸   ② 니트로글리세린
③ 니트로톨루엔   ④ 니트로셀룰로오스

> ③ 제4류 위험물 제3석유류

[09-01]

71 질산에스테르류에 속하지 않는 것은?

① 트리니트로톨루엔   ② 질산에틸
③ 니트로글리세린   ④ 니트로셀룰로오스

> 트리니트로톨루엔은 제5류 위험물의 니트로화합물류에 속한다.

[10-05]

72 질산에스테르류에 속하지 않는 것은?

① 니트로셀룰로오스   ② 질산에틸
③ 니트로글리세린   ④ 디니트로페놀

> 디니트로페놀은 제5류 위험물의 니트로화합물류에 속한다.

[13-04]

73 다음 중 질산에스테르류에 속하는 것은?

① 피크린산   ② 니트로벤젠
③ 니트로글리세린   ④ 트리니트로톨루엔

> ①, ④ 니트로화합물류   ② 제3석유류(제4류 위험물)

[12-02]

74 위험물안전관리법령상 품명이 나머지 셋과 다른 하나는?

① 트리니트로톨루엔   ② 니트로글리세린
③ 니트로글리콜   ④ 셀룰로이드

> ① 니트로화합물류   ②, ③, ④ 질산에스테르류

[08-04]

75 다음 중 니트로화합물은 어느 것인가?

① 트리니트로톨루엔
② 니트로글리세린
③ 니트로글리콜
④ 니트로셀룰로오스

> ②, ③, ④ 질산에스테르류
> ※ 니트로화합물 : 트리니트로톨루엔(TNT), 트리니트로페놀(피크린산), 1,2-디니트로벤젠 등

[09-02]

76 위험물안전관리법상 위험물을 분류할 때 니트로화합물에 해당하는 것은?

① 니트로셀룰로오스   ② 히드라진
③ 질산메틸   ④ 피크린산

> ①, ③ 질산에스테르류   ② 제4류 위험물 제2석유류

[12-05]

77 제6류 위험물에 해당하지 않는 것은?

① 농도가 50%인 과산화수소
② 비중이 1.5인 질산
③ 과요오드산
④ 삼불화브롬

> ③ 과요오드산은 제1류 위험물에 속한다.

[13-01]

78 위험물의 유별 구분이 나머지 셋과 다른 하나는?

① 니트로글리콜   ② 벤젠
③ 아조벤젠   ③ 디니트로벤젠

> ② 벤젠은 제4류 위험물에 속한다.
> ①, ③, ③ 제5류 위험물

[13-01]

79 위험물안전관리법령상 제6류 위험물이 아닌 것은?

① H_3PO_4 ② IF_5
③ BrF_5 ④ BrF_3

> ① 인산 – 비위험물, ② 오불화요오드, ③ 오불화브롬, ④ 삼불화브롬은 총리령으로 제6류 위험물로 지정된 할로겐화합물에 속한다.

정답 69 ④   70 ③   71 ①   72 ④   73 ③   74 ①   75 ①   76 ④   77 ③   78 ②   79 ①

[11-02, 08-05]

80 위험물안전관리법에서 정한 제6류 위험물의 성질은?

① 자기반응성물질　　② 금수성물질
③ 산화성액체　　　　④ 인화성액체

[10-05]

81 위험물안전관리법에서 정하는 위험물이 아닌 것은?(단, 지정수량은 고려하지 않는다.)

① CCl_4　　　　　② BrF_3
③ BrF_5　　　　　④ IF_5

> 사염화탄소는 할로겐화합물 소화약제로 사용된다.

[11-04]

82 위험물안전관리법상 제6류 위험물에 해당하는 것은?

① H_3PO_4　　　　② IF_5
③ H_2SO_4　　　　④ HCl

> ① 인산 – 비위험물　　② 오불화요오드
> ③ 황산 – 비위험물　　④ 염산 – 비위험물

[11-04]

83 제6류 위험물에 속하는 것은?

① 염소화이소시아눌산　② 퍼옥소이황산염류
③ 질산구아니딘　　　　④ 할로겐간화합물

> ① 제1류 위험물　② 제1류 위험물　③ 제5류 위험물

[09-01]

84 제6류 위험물에 해당하지 않는 것은?

① 염산　　　　　② 질산
③ 과염소산　　　④ 과산화수소

> 염산은 제6류 위험물에서 제외되어 현재는 위험물로 분류되어 있지 않다.

[10-01]

85 다음 중 제6류 위험물에 해당하는 것은?

① 과산화수소　　② 과산화나트륨
③ 과산화칼륨　　④ 과산화벤조일

> ②, ③ 제1류 위험물　　④ 제5류 위험물

[09-02]

86 위험물안전관리법상 제6류 위험물에 해당하지 않는 것은?

① HNO_3　　　　② H_2SO_4
③ H_2O_2　　　　④ $HClO_4$

> 황산은 제6류 위험물에서 제외되어 현재는 위험물로 분류되어 있지 않다. ① 질산 ③ 과산화수소 ④ 과염소산

[07-01]

87 위험물안전관리법상의 위험물이 아닌 것은?

① 황산　　　　　② 금속분
③ 디아조화합물　④ 히드록실아민

> ② 제2류 위험물　③, ④ 제5류 위험물

[09-02]

88 다음 중 모두 고체로만 이루어진 위험물은?

① 제1류 위험물, 제2류 위험물
② 제2류 위험물, 제3류 위험물
③ 제3류 위험물, 제5류 위험물
④ 제1류 위험물, 제5류 위험물

> 위험물의 종류와 성질
> • 제1류 위험물 – 산화성고체
> • 제2류 위험물 – 가연성고체
> • 제4류 위험물 – 인화성액체
> • 제6류 위험물 – 산화성액체

[12-04]

89 위험물의 유별과 성질을 잘못 연결한 것은?

① 제2류 – 가연성고체
② 제3류 – 자연발화성 및 금수성물질
③ 제5류 – 자기반응성물질
④ 제6류 – 산화성고체

> ④ 제6류 – 산화성액체

[12-01]

90 위험물에 대한 유별 구분이 잘못된 것은?

① 브롬산염류 – 제1류 위험물
② 유황 – 제2류 위험물
③ 금속의 인화물 – 제3류 위험물
④ 무기과산화물 – 제5류 위험물

> ④ 무기과산화물 – 제1류 위험물

정답▶ 80 ③ 81 ① 82 ② 83 ④ 84 ① 85 ① 86 ② 87 ① 88 ① 89 ④ 90 ④

chapter 02

[10-01]
91 다음 중 위험물의 분류가 옳은 것은?

① 유기과산화물 – 제1류 위험물
② 황화린 – 제2류 위험물
③ 금속분 – 제3류 위험물
④ 무기과산화물 – 제5류 위험물

> ① 유기과산화물 – 제5류 위험물
> ③ 금속분 – 제2류 위험물
> ④ 무기과산화물 – 제1류 위험물

[12-05]
92 복수의 성상을 가지는 위험물에 대한 품명지정의 기준상 유별의 연결이 틀린 것은?

① 산화성고체의 성상 및 가연성고체의 성상을 가지는 경우 : 가연성고체
② 산화성고체의 성상 및 자기반응성물질의 성상을 가지는 경우 : 자기반응성물질
③ 가연성고체의 성상 및 자연발화성의 성상 및 금수성물질의 성상을 가지는 경우 : 자연발화성물질 및 금수성물질
④ 인화성액체의 성상 및 자기반응성물질의 성상을 가지는 경우 : 인화성액체

> 인화성액체의 성상 및 자기반응성물질의 성상을 가지는 경우 : 자기반응성물질

[12-05]
93 위험물의 유별에 따른 성질과 해당 품명의 예가 잘못 연결된 것은?

① 제1류 : 산화성고체 – 무기과산화물
② 제2류 : 가연성고체 – 금속분
③ 제3류 : 자연발화성물질 및 금수성물질 – 황화린
④ 제5류 : 자기반응성물질 – 히드록실아민염류

> 황화린은 제2류 위험물 가연성고체에 속한다.

[12-02]
94 위험물안전관리법상 위험물에 해당하는 것은?

① 아황산
② 비중이 1.41인 질산
③ 53마이크로미터의 표준체를 통과하는 것이 50중량% 이상인 철의 분말
④ 농도가 15중량%인 과산화수소

[13-01]
95 위험물안전관리법령상 위험물에 해당하는 것은?

① 황산
② 비중이 1.41인 질산
③ 53마이크로미터의 표준체를 통과하는 것이 50중량% 미만인 철의 분말
④ 농도가 40중량%인 과산화수소

> ① 황산은 제6류 위험물에서 제외되었다.
> ② 질산은 비중이 1.49 이상이어야 제6류 위험물에 해당한다.
> ④ 과산화수소는 농도가 36중량% 이상이어야 제6류 위험물에 해당한다.

[09-04]
96 위험물이 2가지 이상의 성상을 나타내는 복수성상 물품일 경우 유별(類別) 분류기준으로 틀린 것은?

① 산화성고체의 성상 및 가연성고체의 성상을 가지는 경우 : 제1류 위험물
② 산화성고체의 성상 및 자기반응성물질의 성상을 가지는 경우 : 제5류 위험물
③ 자연발화성물질의 성상, 금수성물질의 성상 및 인화성액체의 성상을 가지는 경우 : 제3류 위험물
④ 가연성고체의 성상과 자연발화성물질의 성상 및 금수성물질의 성상을 가지는 경우 : 제3류 위험물

> 산화성고체의 성상 및 가연성고체의 성상을 가지는 경우 : 제2류 위험물

[13-04]
97 과산화벤조일의 지정수량은 얼마인가?

① 10kg   ② 50L
③ 100kg   ④ 1,000L

[07-01]
98 제3류 위험물 중 탄화칼슘의 지정수량은 얼마인가?

① 20kg   ② 50kg
③ 100kg   ④ 300kg

[09-04]
99 염소산칼륨의 지정수량을 옳게 나타낸 것은?

① 10kg   ② 50kg
③ 500kg   ④ 1,000kg

정답 ▶ 91 ② 92 ④ 93 ③ 94 ③ 95 ④ 96 ① 97 ① 98 ④ 99 ②

[08-01]

100 제3류 위험물인 칼륨의 지정수량은?

① 10kg ② 20kg
③ 50kg ④ 100kg

[07-05]

101 KClO₄의 지정수량은 얼마인가?

① 10kg ② 50kg
③ 500kg ④ 1,000kg

과염소산칼륨의 지정수량은 50kg이다.

[07-02]

102 유황의 지정수량은 얼마인가?

① 20kg ② 50kg
③ 100kg ④ 300kg

[12-05]

103 KMnO₄의 지정수량은 몇 kg인가?

① 50 ② 100
③ 300 ④ 1,000

KMnO₄는 과망간칼륨으로 지정수량은 1,000kg이다.

[11-05]

104 HO-CH₂CH₂-OH의 지정수량은 몇 L인가?

① 1,000 ② 2,000
③ 4,000 ④ 6,000

HO-CH₂CH₂-OH는 에틸렌글리콜로 지정수량은 4,000L이다.

[11-02]

105 히드라진의 지정수량은 얼마인가?

① 200kg ② 200L
③ 2,000kg ④ 2,000L

[08-01]

106 제5류 위험물 중 니트로화합물의 지정수량을 옳게 나타낸 것은?

① 10kg ② 100kg
③ 150kg ④ 200kg

[11-01, 07-05]

107 지정수량이 50kg인 것은?

① 칼륨 ② 리튬
③ 나트륨 ④ 알킬알루미늄

①, ③, ④ - 10kg

[13-04]

108 지정수량이 50킬로그램이 아닌 위험물은?

① 염소산나트륨 ② 리튬
③ 과산화나트륨 ④ 나트륨

나트륨의 지정수량은 10kg이다.

[10-04]

109 제4류 위험물의 품명 중 지정수량이 6,000L인 것은?

① 제3석유류 비수용성액체
② 제3석유류 수용성액체
③ 제4석유류
④ 동식물유류

① 2,000L ② 4,000L ④ 10,000L

[11-04]

110 지정수량이 50킬로그램이 아닌 위험물은?

① 염소산나트륨 ② 리튬
③ 과산화나트륨 ④ 디에틸에테르

디에틸에테르의 지정수량은 50L이다.

[08-05]

111 다음 위험물 중 제3석유류에 속하고 지정수량이 2,000L인 것은?

① 아세트산 ② 글리세린
③ 에틸렌글리콜 ④ 니트로벤젠

[09-05]

112 다음 중 위험물안전관리법령에서 정한 지정수량이 50킬로그램이 아닌 위험물은?

① 염소산나트륨 ② 금속리튬
③ 과산화나트륨 ④ 디에틸에테르

디에틸에테르는의 지정수량은 50L이다.

정답 ▶ **100** ① **101** ② **102** ③ **103** ④ **104** ③ **105** ④ **106** ④ **107** ② **108** ④ **109** ③ **110** ④ **111** ④ **112** ④

[13-01]

113 지정수량이 200kg인 물질은?

① 질산   ② 피크린산

③ 질산메틸   ④ 과산화벤조일

> ① 300kg ③, ④ 10kg

[12-02]

114 지정수량이 300kg인 위험물에 해당하는 것은?

① $NaBrO_3$ ② CaO_2

③ $KClO_4$ ④ $NaClO_2$

> ① 브롬산나트륨($NaBrO_3$) – 300kg
> ② 과산화칼슘(CaO_2) – 50kg
> ③ 과염소산칼륨($KClO_4$) – 50kg
> ④ 아염소산나트륨($NaClO_2$) – 50kg

[10-02]

115 다음 중 위험물의 지정수량을 틀리게 나타낸 것은?

① S : 100kg   ② Mg : 100kg

③ K : 10kg   ④ Al : 500kg

> ② Mg : 500kg

[09-02]

116 물에 녹지 않고 알코올에 녹으며 비점이 약 87℃, 분자량 약 91인 무색 투명한 액체로서 제5류 위험물에 해당하는 물질의 지정수량은?

① 10kg   ② 20kg

③ 100kg   ④ 200kg

> 질산에틸의 지정수량을 묻는 문제이다.

[07-02]

117 다음 제1류 위험물의 지정수량이 틀린 것은?

① 아염소산나트륨 : 50kg

② 염소산칼륨 : 50kg

③ 과산화나트륨 : 100kg

④ 브롬산칼륨 : 300kg

> 과산화나트륨의 지정수량은 50kg이다.

[10-04]

118 다음 품명에 따른 지정수량이 틀린 것은?

① 유기과산화물 : 10kg   ② 황린 : 50kg

③ 알칼리금속 : 50kg   ④ 알칼리튬 : 10kg

> ② 황린 : 20kg

[07-02]

119 다음 제3류 위험물의 지정수량이 잘못된 것은?

① $(C_2H_5)_3Al$: 10kg   ② Ca : 50kg

③ LiH : 300kg   ④ AlP : 500kg

> ① 트리에틸알루미늄
> ③ 수소화리튬
> ④ 인화알루미늄의 지정수량은 300kg이다.

[10-05]

120 제5류 위험물 중 지정수량이 잘못된 것은?

① 유기과산화물 : 10kg

② 히드록실아민 : 100kg

③ 질산에스테르류 : 100kg

④ 니크로화합물 : 200kg

> ③ 질산에스테르류의 지정수량은 10kg이다.

[12-01]

121 과산화벤조일과 과염소산의 지정수량의 합은 몇 kg인가?

① 310   ② 350

③ 400   ④ 500

> • 과산화벤조일 : 10kg   • 과염소산 : 300kg

[07-02]

122 $HClO_4$, HNO_3, H_2O_2 각각의 지정수량을 모두 합하면 얼마인가?

① 200kg   ② 500kg

③ 900kg   ④ 1,200kg

> 과염소산, 질산, 과산화수소는 모두 제6류 위험물로 지정수량이 300kg으로 동일하다.

정답▶ 113 ② 114 ① 115 ② 116 ① 117 ③ 118 ② 119 ④ 120 ③ 121 ① 122 ③

[13-02]

123 질산의 수소원자를 알킬기로 치환한 제5류 위험물의 지정수량은?

① 10kg   ② 100kg

③ 200kg   ④ 300kg

질산에스테르류의 지정수량은 10kg이다.

[10-04]

124 위험물의 지정수량이 나머지 셋과 다른 것은?

① 질산에스테르류   ② 니트로화합물

③ 아조화합물   ④ 히드라진유도체

① 10kg ②, ③, ④ 200kg

[10-02]

125 다음 중 지정수량이 나머지 셋과 다른 하나는?

① 마그네슘   ② 금속분

③ 철분   ④ 유황

①, ②, ③ 500kg ④ 100kg

[09-05]

126 다음 중 지정수량이 나머지 셋과 다른 것은?

① C_4H_9Li ② K

③ Na   ④ LiH

①, ②, ③ 10kg ④ 300kg

[09-04]

127 다음 위험물 중 지정수량이 나머지 셋과 다른 것은?

① 적린   ② 유황

③ 황화린   ④ 철분

①, ②, ③ 100kg ④ 500kg

[09-02]

128 다음 중 지정수량이 나머지 셋과 다른 것은?

① 염소산나트륨   ② 과산화칼슘

③ 질산칼륨   ④ 아염소산나트륨

①, ②, ④ 50kg ③ 300kg

[08-02]

129 다음 위험물 품명 중 지정수량이 나머지 셋과 다른 것은?

① 염소산염류   ② 질산염류

③ 무기과산화물   ④ 과염소산염류

①, ③, ④ 50kg ② 300kg

[07-05]

130 다음 중 지정수량이 나머지 셋과 다른 것은?

① 벤즈알데히드   ② 클로로벤젠

③ 니트로벤젠   ④ 트리부틸아민

①, ②, ④ 1,000 ℓ ③ 2,000 ℓ

[13-04]

131 다음 중 위험물안전관리법령에 따른 지정수량이 나머지 셋과 다른 하나는?

① 황린   ② 칼륨

③ 나트륨   ④ 알킬리튬

① 20kg ②, ③, ④ 10kg

[13-02]

132 다음 위험물 품명 중 지정수량이 나머지 셋과 다른 것은?

① 염소산염류   ② 질산염류

③ 무기과산화물   ④ 과염소산염류

①, ③, ④ 50kg ② 300kg

[12-04]

133 위험물의 지정수량이 나머지 셋과 다른 것은?

① $NaClO_4$ ② MgO_2

③ KNO_3 ④ NH_4ClO_3

③ 300kg ①, ②, ④ 50kg

[12-04]

134 제2류 위험물 중 지정수량이 잘못 연결된 것은?

① 유황 - 100kg   ② 철분 - 500kg

③ 금속분 - 500kg   ④ 인화성고체 - 500kg

④ 인화성고체 - 1,000kg

정답   **123** ①   **124** ①   **125** ④   **126** ④   **127** ④   **128** ③   **129** ②   **130** ③   **131** ①   **132** ②   **133** ③   **134** ④

135 다음 중 지정수량이 다른 물질은? [11-04]

① 황화린　　　　　② 적린
③ 철분　　　　　　④ 유황

①, ②, ④ 100kg ③ 500kg

136 지정수량이 나머지 셋과 다른 것은? [11-02]

① 과염소산칼륨　　② 과산화나트륨
③ 유황　　　　　　④ 금속칼슘

①, ②, ④ 50kg ③ 100kg

137 지정수량이 나머지 셋과 다른 하나는? [12-01]

① 칼슘　　　　　　② 나트륨아미드
③ 인화아연　　　　④ 바륨

①, ②, ④ 50kg ③ 300kg

138 위험물의 품명과 지정수량이 잘못 짝지어진 것은? [12-04]

① 황화린 - 100kg　　② 마그네슘 - 500kg
③ 알킬알루미늄 - 10kg　④ 황린 - 10kg

④ 황린 - 20kg

139 다음 중 지정수량이 가장 큰 것은? [12-02]

① 과염소산칼륨　　② 트리니트로톨루엔
③ 황린　　　　　　④ 유황

① 과염소산칼륨 - 50kg　② 트리니트로톨루엔 - 200kg
③ 황린 - 20kg　　　　　④ 유황 - 100kg

140 다음 위험물 중 지정수량이 가장 큰 것은? [12-01]

① 질산에틸　　　　② 과산화수소
③ 트리니트로톨루엔　④ 피크르산

① 질산에틸 - 10kg　　② 과산화수소 - 300kg
③ 트리니트로톨루엔 - 200kg　④ 피크르산 - 200kg

141 다음 중 지정수량이 가장 적은 것은? [10-02]

① 아세톤　　　　　② 디에틸에테르
③ 크레오소트유　　④ 클로로벤젠

① 아세톤 - 400L　　② 디에틸에테르 - 50L
③ 크레오소트유 - 2,000L　④ 클로로벤젠 - 1,000L

142 위험물안전관리법령상 셀룰로이드의 품명과 지정수량을 옳게 연결한 것은? [11-05]

① 니트로화합물 : 200kg
② 니트로화합물 : 10kg
③ 질산에스테르류 : 200kg
④ 질산에스테르류 : 10kg

143 Ca_3P_2 600kg을 저장하려 한다. 지정수량의 배수는 얼마인가? [13-01]

① 2배　　　　　　② 3배
③ 4배　　　　　　④ 5배

인화칼슘의 지정수량 : 300kg

지정수량의 배수 $= \dfrac{\text{저장수량}}{\text{지정수량}} = \dfrac{600kg}{300kg} = 2$

144 고형알코올 2,000kg과 철분 1,000kg의 각각 지정수량 배수의 총합은 얼마인가? [12-05]

① 3　　　② 4　　　③ 5　　　④ 6

고형알코올의 지정수량 : 1,000kg
철분의 지정수량 : 500kg

지정수량의 배수 $= \dfrac{2,000}{1,000} + \dfrac{1,000}{500} = 4$배

145 특수인화물 200L와 제4석유류 12,000L를 저장할 때 각각의 지정수량 배수의 합은 얼마인가? [12-02]

① 3　　　② 4　　　③ 5　　　④ 6

특수인화물의 지정수량 : 50L
제4석유류의 지정수량 : 6,000L

지정수량의 배수 $= \dfrac{200}{50} + \dfrac{12,000}{6,000} = 6$배

[13-04]

146 염소산칼륨 20킬로그램과 아염소산나트륨 10 킬로그램을 과염소산과 함께 저장하는 경우 지정수량 1배로 저장하려면 과염소산은 얼마나 저장할 수 있는가?

① 20킬로그램
② 40킬로그램
③ 80킬로그램
④ 120킬로그램

> **염소산칼륨**의 지정수량 : 50kg
> **아염소산나트륨**의 지정수량 : 50kg
> **과염소산**의 지정수량 : 300kg
>
> **지정수량의 배수 =** $\dfrac{A품명의 저장수량}{A품명의 지정수량} + \dfrac{B품명의 저장수량}{B품명의 지정수량} + \cdots$
>
> $= \dfrac{20}{50} + \dfrac{10}{50} + \dfrac{x}{300} = 1배, \ x = 120$

[09-04]

147 나트륨 20kg과 칼슘 100kg을 저장하고자 할 때 각 위험물의 지정수량 배수의 합은 얼마인가?

① 2
② 4
③ 5
④ 12

> **나트륨**의 지정수량 : 10kg
> **칼슘**의 지정수량 : 50kg
>
> **지정수량의 배수 =** $\dfrac{20kg}{10kg} + \dfrac{100kg}{50kg} = 4배$

[09-02]

148 벤조일퍼옥사이드 10kg, 니트로글리세린 50kg, TNT 400kg을 저장하려 할 때 각 위험물의 지정수량 배수의 총합은?

① 5
② 7
③ 8
④ 10

> **벤조일퍼옥사이드**의 지정수량 : 10kg
> **니트로글리세린**의 지정수량 : 10kg
> TNT의 지정수량 : 200kg
>
> **지정수량의 배수 =** $\dfrac{10}{10} + \dfrac{50}{10} + \dfrac{400}{200} = 8배$

[16-01, 12-02]

149 특수인화물 200L와 제4석유류 12,000L를 저장할 때 각각의 지정수량 배수의 합은 얼마인가?

① 3
② 4
③ 5
④ 6

> **특수인화물**의 지정수량 : 50L
> **제4석유류**의 지정수량 : 6,000L
>
> **지정수량의 배수 =** $\dfrac{200}{50} + \dfrac{12,000}{6,000} = 6배$

[08-02]

150 알킬리튬 10kg, 황린 100kg 및 탄화칼슘 300kg을 저장할 때 각 위험물의 지정수량 배수의 총합은 얼마인가?

① 5
② 7
③ 8
④ 10

> **알킬리튬**의 지정수량 : 10kg
> **황린**의 지정수량 : 20kg
> **탄화칼슘**의 지정수량 : 300kg
>
> **지정수량의 배수 =** $\dfrac{10}{10} + \dfrac{100}{20} + \dfrac{300}{300} = 7배$

[07-01]

151 옥내저장소에 황린 20kg, 적린 100kg, 유황 100kg을 저장하고 있다. 각 물질의 지정수량 배수의 합은 얼마인가?

① 1
② 2
③ 3
④ 4

> **황린**의 지정수량 : 20kg
> **적린**의 지정수량 : 100kg
> **황**의 지정수량 : 100kg
>
> **지정수량의 배수 =** $\dfrac{20kg}{20kg} + \dfrac{100kg}{100kg} + \dfrac{100kg}{100kg} = 3배$

[11-05]

152 위험물 저장소에서 다음과 같이 제4류 위험물을 저장하고 있는 경우 지정수량의 몇 배가 보관되어 있는가?

> • 디에틸에테르 : 50L • 이황화탄소 : 150L
> • 아세톤 : 800L

① 4배
② 5배
③ 6배
④ 8배

> **디에틸에테르**의 지정수량 : 50L
> **이황화탄소**의 지정수량 : 50L
> **아세톤**의 지정수량 : 400L
>
> **지정수량의 배수 =** $\dfrac{50}{50} + \dfrac{150}{50} + \dfrac{800}{400} = 6배$

153 위험물제조소에서 다음과 같이 위험물을 취급하고 있는 경우 각각의 지정수량 배수의 총합은 얼마인가?

- 브롬산나트륨 300kg
- 과산화나트륨 150kg
- 중크롬산나트륨 500kg

① 3.5
② 4.0
③ 4.5
④ 5.0

브롬산나트륨의 지정수량 : 300kg
과산화나트륨의 지정수량 : 50kg
중크롬산나트륨의 지정수량 : 1,000kg

지정수량의 배수 = $\frac{300}{300} + \frac{150}{50} + \frac{500}{1,000}$ = 4.5배

[11-04]

154 아염소산염류 100kg, 질산염류 3,000kg 및 과망간산염류 1,000kg을 같은 장소에 저장하려 한다. 각각의 지정수량 배수의 합은 얼마인가?

① 5배
② 10배
③ 13배
④ 15배

아염소산염류의 지정수량 : 50kg
질산염류의 지정수량 : 300kg
과망간산염류의 지정수량 : 1,000kg

지정수량의 배수 = $\frac{100}{50} + \frac{3,000}{300} + \frac{1,000}{1,000}$ = 13배

[16-01, 11-04]

155 니트로화합물, 니트로소화합물, 질산에스테르류, 히드록실아민을 각각 50킬로그램씩 저장하고 있을 때 지정수량의 배수가 가장 큰 것은?

① 니트로화합물
② 니트로소화합물
③ 질산에스테르류
④ 히드록실아민

니트로화합물의 지정수량 : 200kg
니트로소화합물의 지정수량 : 200kg
질산에스테르류의 지정수량 : 10kg
히드록실아민의 지정수량 : 100kg

지정수량의 배수 = $\frac{저장수량}{지정수량}$

니트로화합물 = $\frac{50}{200}$ = 0.25, 니트로소화합물 = $\frac{50}{200}$ = 0.25,

질산에스테르류 = $\frac{50}{10}$ = 5, 히드록실아민 = $\frac{50}{100}$ = 0.5

[14-05, 11-02]

156 경유 2,000L, 글리세린 2,000L를 같은 장소에 저장하려 한다. 지정수량의 배수의 합은 얼마인가?

① 2.5
② 3.0
③ 3.5
④ 4.0

경유의 지정수량 : 1,000kg
글리세린의 지정수량 : 4,000kg

지정수량의 배수 = $\frac{2,000}{1,000} + \frac{2,000}{4,000}$ = 2.5배

[11-01]

157 벤조일퍼옥사이드, 피크린산, 히드록실아민이 각각 200kg 있을 경우 지정수량의 배수의 합은 얼마인가?

① 22
② 23
③ 24
④ 25

벤조일퍼옥사이드의 지정수량 : 10kg
피크린산의 지정수량 : 200kg
히드록실아민의 지정수량 : 100kg

지정수량의 배수 = $\frac{200}{10} + \frac{200}{200} + \frac{200}{100}$ = 23배

[10-05]

158 유황 500kg, 인화성고체 1,000kg을 저장하려 한다. 각각의 지정수량 배수의 합은 얼마인가?

① 3배
② 4배
③ 5배
④ 6배

유황의 지정수량 : 100kg
인화성고체의 지정수량 : 1,000kg

지정수량의 배수 = $\frac{500}{100} + \frac{1,000}{1,000}$ = 6배

[12-05, 10-02]

159 하나의 위험물저장소에 다음과 같이 2가지 위험물을 저장하고 있다. 지정수량 이상에 해당하는 것은?

① 브롬산칼륨 80kg, 염소산칼륨 40kg
② 질산 100kg, 과산화수소 150kg
③ 질산칼륨 120kg, 중크롬산나트륨 500kg
④ 휘발유 20L, 윤활유 2,000L

지정수량 이상
둘 이상의 위험물을 같은 장소에서 저장 또는 취급하는 경우 저장 또는 취급하는 각 위험물의 수량을 그 위험물의 지정수량으로 각각 나누어 얻은 수의 합계가 1 이상인 경우 당해 위험물은 지정수량 이상의 위험물로 본다.

① $\frac{80}{300} + \frac{40}{50}$
② $\frac{100}{300} + \frac{150}{300}$
③ $\frac{120}{300} + \frac{500}{1,000}$
④ $\frac{20}{200} + \frac{2,000}{6,000}$

[09-04]

160 비중이 0.8인 메틸알코올의 지정수량을 kg으로 환산하면 얼마인가?

① 200   ② 320
③ 460   ④ 500

> 메탄알코올의 지정수량에 비중을 곱해주면 kg으로 환산할 수 있다.
> 400L×0.8 = 320kg

[13-04]

161 위험물안전관리법령에서 정하는 위험등급Ⅰ에 해당하지 않는 것은?

① 제3류 위험물 중 지정수량이 20kg인 위험물
② 제4류 위험물 중 특수인화물
③ 제1류 위험물 중 무기과산화물
④ 제5류 위험물 중 지정수량이 100kg인 위험물

> ④ 제5류 위험물 중 지정수량이 100kg인 위험물은 위험등급Ⅱ에 속한다.

[13-01]

162 위험물안전관리법령상 위험등급이 나머지 셋과 다른 하나는?

① 알코올류   ② 제2석유류
③ 제3석유류   ④ 동식물유류

> ① 위험등급Ⅱ ②, ③, ④ 위험등급Ⅲ

[11-01]

163 위험물안전관리법령상 위험물의 품명별 지정수량의 단위에 관한 설명 중 옳은 것은?

① 액체인 위험물은 지정수량의 단위를 "리터"로 하고, 고체인 위험물은 지정수량의 단위를 "킬로그램"으로 한다.
② 액체만 포함된 유별은 "리터"로 하고, 고체만 포함된 유별은 "킬로그램"으로 하고, 액체와 고체가 포함된 유별은 "리터"로 한다.
③ 산화성인 위험물은 "킬로그램"으로 하고, 가연성인 위험물은 "리터"로 한다.
④ 자기반응성물질과 산화성물질은 액체와 고체의 구분에 관계없이 "킬로그램"으로 한다.

[12-05]

164 제4류 위험물 중 제2석유류의 위험등급 기준은?

① 위험등급Ⅰ의 위험물
② 위험등급Ⅱ의 위험물
③ 위험등급Ⅲ의 위험물
④ 위험등급Ⅳ의 위험물

[12-02]

165 위험등급이 나머지 셋과 다른 것은?

① 알칼리토금속   ② 아염소산염류
③ 질산에스테르류   ④ 제6류 위험물

> ① 위험등급Ⅱ ②, ③, ④ 위험등급Ⅰ

[12-02]

166 위험물의 운반에 관한 기준에 따르면 아세톤의 위험등급은 얼마인가?

① 위험등급Ⅰ   ② 위험등급Ⅱ
③ 위험등급Ⅲ   ④ 위험등급Ⅳ

[11-05]

167 다음 중 위험등급이 다른 하나는?

① 아염소산염류   ② 알킬리튬
③ 질산에스테르류   ④ 질산염류

> ①, ②, ③ 위험등급Ⅰ ④ 위험등급Ⅱ

[11-04]

168 다음 [보기]의 위험물을 위험등급Ⅰ, 위험등급Ⅱ, 위험등급Ⅲ의 순서로 옳게 나열한 것은?

> 황린, 수소화나트륨, 리튬

① 황린, 수소화나트륨, 리튬
② 황린, 리튬, 수소화나트륨
③ 수소화나트륨, 황린, 리튬
④ 수소화나트륨, 리튬, 황린

169 다음 [보기]의 위험물을 위험등급 I, 위험등급 II, 위험등급 III의 순서로 옳게 나열한 것은?

[13–01]

> 황린, 인화칼슘, 리튬

① 황린, 인화칼슘, 리튬
② 황린, 리튬, 인화칼슘
③ 인화칼슘, 황린, 리튬
④ 인화칼슘, 리튬, 황린

[12–01]

170 같은 위험등급의 위험물로만 이루어지지 않은 것은?

① Fe, Sb, Mg
② Zn, Al, S
③ 황화린, 적린, 칼슘
④ 메탄올, 에탄올, 벤젠

> ① 위험등급 III ③, ④ 위험등급 II
> ② Zn(위험등급 III), Al(위험등급 III), S(위험등급 II)

[10–05]

171 가연성고체에 해당하는 물품으로서 위험등급 II에 해당하는 것은?

① P_4S_3, P
② Mg, $(CH_3CHO)_4$
③ P_4, AlP
④ NaH, Zr

[10–04]

172 위험물 운반에 관한 기준 중 위험등급 I에 해당하는 위험물은?

① 황화린
② 피크린산
③ 벤조일퍼옥사이드
④ 질산나트륨

[10–02]

173 다음 중 위험등급이 나머지 셋과 다른 하나는?

① 니트로소화합물
② 유기과산화물
③ 아조화합물
④ 히드록실아민

> ② 위험등급 I ①, ③, ④ 위험등급 II

[09–04]

174 다음 중 위험등급 I의 위험물이 아닌 것은?

① 무기과산화물
② 적린
③ 나트륨
④ 과산화수소

[09–02]

175 위험물의 위험등급을 구분할 때 위험등급 II에 해당하는 것은?

① 적린
② 철분
③ 마그네슘
④ 인화성고체

[09–01]

176 위험물 중 위험등급 I에 속하지 않는 것은?

① 제6류 위험물
② 제5류 위험물 중 니트로화합물
③ 제4류 위험물 중 특수인화물
④ 제3류 위험물 중 나트륨

> 제5류 위험물 중 니트로화합물은 위험등급 II에 속한다.

[08–05]

177 위험등급 I의 위험물에 해당하지 않는 것은?

① 아염소산칼륨
② 황화린
③ 황린
④ 과염소산

> 황화린은 위험등급 II에 속한다.

SECTION
02 제1류 위험물(산화성 고체)

Craftsman Hazardous Material

출제 포인트

이 섹션에서는 제1류 위험물의 일반적인 성질에 대해 묻는 문제가 많이 출제된다. 제1류 위험물의 공통 성질에 대해서는 확실하게 암기하여 잘 대처해야 할 것이다. 무기과산화물의 소화 방법은 자주 출제되며, 각 위험물질별 반응물질도 확실히 구분하도록 한다. 비중과 융점, 분해온도를 알고 있어야 풀 수 있는 문제도 출제되니 철저히 준비할 수 있도록 한다.

01 공통 성질

1 일반적 성질

① 무색 결정 또는 백색 분말로서 상온에서 고체상태이다.
② 자신은 불연성 물질로서 환원성 물질 또는 가연성 물질에 대해 강한 산화성을 가지고 있다.
③ 무기화합물에 속한다.
④ 비중이 1보다 크다.
⑤ 모두 산소를 포함한 강산화제이며, 분해 시 산소를 발생한다.
⑥ 조해성이 있다.

2 위험성

① 산화위험성, 폭발위험성, 유해성
② 가열, 충격, 마찰 등에 의해 분해될 수 있다.
③ 분해하면서 산소를 발생하며, 가연물과 혼합하면 연소 또는 폭발의 위험이 크다.
④ 알칼리금속의 과산화물은 물과 반응하여 산소를 발생하며 발열한다.

3 저장 및 취급

① 가연물과의 접촉 및 혼합을 피한다.
② 분해를 촉진하는 물품의 접근을 피한다.
③ 복사열이 없고 환기가 잘 되는 서늘한 곳에 저장한다.
④ 조해성 물질의 경우 습기를 피하고 용기를 밀폐하여 저장한다.

> ▶ 조해성 : 공기 중에 노출되어 있는 고체가 공기 중의 수분을 흡수하여 녹는 현상

⑤ 알칼리금속의 과산화물은 물과의 접촉을 피해야 한다.

4 소화 방법

① 일반적으로 다량의 물에 의한 냉각소화를 한다.
② 무기과산화물류(알칼리금속의 과산화물) : 주수소화를 해서는 안 되고 마른 모래, 팽창질석, 팽창진주암 등에 의한 질식소화가 효과적이다.
③ 화재 초기 또는 소량 화재일 경우에는 포, 분말, 이산화탄소, 할로겐화합물에 의한 질식소화도 가능하다.
④ 화재 주변의 가연성 물질을 제거한다.

02 아염소산염류

1 아염소산나트륨

분자량	분해온도
90	130~140℃

(1) 일반적 성질
① 무색의 결정성 분말이다.
② 물에 잘 녹는다.
③ 38℃ 이하에서는 삼수화물이고 그 이상에서는 무수염이다.

(2) 위험성
① 산을 가하면 이산화염소(ClO_2)를 발생한다.
② 유황, 인, 금속물 등과 혼합하면 충격에 의해 폭발한다.

(3) 저장 및 취급
직사광선을 피하고 환기가 잘되는 냉암소에 보관한다.

❷ 아염소산칼륨

분자량	분해온도
106	160℃

(1) 일반적 성질
① 백색의 침상결정 또는 결정성 분말이다.
② 조해성 및 부식성이 있다.

(2) 위험성
① 열, 햇빛, 충격에 의해 폭발의 위험이 있다.
② 직사광선 또는 산과 접촉 시 이산화염소(ClO_2)를 발생한다.

03 염소산염류

❶ 염소산칼륨($KClO_3$)

비중	융점	용해도	분해온도	분자량
2.32	368.4℃	7.3	400℃	123

(1) 일반적 성질
① 백색 분말 또는 무색 무취의 결정이다.
② 물보다 무겁다.
③ 온수와 글리세린에는 잘 녹지만 냉수와 알코올에는 잘 녹지 않는다.

(2) 위험성
① 유기물, 황, 암모니아, 염화주석 등의 산화되기 쉬운 물질이나 강산, 중금속염과 접촉 시 연소 또는 폭발의 위험이 있다.
② 적린과 혼합하여 반응하였을 때 오산화인을 발생한다.

(3) 소화 방법
주수소화가 효과적이다.

(4) 화학반응식

> • 완전분해 반응식
> $$2KClO_3 \rightarrow 2KCl + 3O_2 \uparrow$$
> 염소산칼륨　　　염화칼륨　　산소
> • 400℃ 분해반응식
> $$2KClO_3 \rightarrow KClO_4 + KCl + O_2 \uparrow$$
> 염소산칼륨　　　과염소산칼륨　염화칼륨　산소
> • 540~560℃ 분해반응식
> $$KClO_4 \rightarrow KCl + 2O_2 \uparrow$$
> 과염소산칼륨　　염화칼륨　　산소

❷ 염소산나트륨($NaClO_3$)

비중	융점	용해도	분해온도	분자량
2.5	248℃	101	300℃	106

(1) 일반적 성질
① 무색, 무취의 결정이다.
② 물, 알코올, 에테르에 잘 녹으며 조해성이 있다.
③ 섬유, 나무조각, 먼지 등에 침투하기 쉽다.

(2) 위험성
① 산과 반응하여 유독한 이산화염소(ClO_2)를 발생한다.
② 가열하여 분해시키면 산소를 발생한다.

(3) 소화 방법
① 환기가 잘되는 냉암소에 보관한다(철제용기에 보관하지 않는다).
② 조해성이 있으므로 방습에 유의한다.
③ 용기에 밀전(密栓)하여 보관한다.
④ 암모니아 등 가연성 물질과 혼입하지 않는다.

(4) 화학반응식

> • 300℃ 분해반응식
> $$2NaClO_3 \rightarrow 2NaCl + 3O_2 \uparrow$$
> 염소산나트륨　　　염화나트륨　　산소
> • 산과의 반응식
> $$2NaClO_3 + 2HCl \rightarrow$$
> 염소산나트륨　　　염화수소
> $$2NaCl + H_2O_2 + 2ClO_2 \uparrow$$
> 염화나트륨　　과산화수소　이산화염소

❸ 염소산암모늄(NH_4ClO_3)

분자량	분해온도
101	100℃

(1) 일반적 성질
① 무색의 결정이다.
② 조해성이 있다.
③ 화약, 불꽃의 원료로 사용된다.

(2) 위험성
① 폭발성 산화제이다.
② 250℃에서 산소가 발생하기 시작하고, 급격히 가열하면 충격에 의해 폭발한다.

03 과염소산염류

1 과염소산칼륨(KClO₄)

비중	융점	용해도	분해온도	분자량
2.52	610℃	1.8	400℃	139

(1) 일반적 성질
① 무색, 무취의 백색 결정이다.
② 알코올과 에테르에 녹지 않고 물에는 약간 녹는다.
③ 강한 산화제이다.

(2) 위험성
① 진한 황산과 접촉하면 폭발할 위험이 있다.
② 목탄분, 유기물, 인, 유황, 마그네슘분 등을 혼합하면 외부의 충격에 의해 폭발할 위험이 있다.
③ 가열하면 분해하여 산소가 발생한다.

(3) 화학반응식

> • 분해반응식
> $KClO_4 \rightarrow KCl + 2O_2 \uparrow$
> 과염소산칼륨   염화칼륨   산소
> ※ 400℃에서 분해 시작하여 610℃에서 완전분해

2 과염소산나트륨(NaClO₄)

비중	융점	용해도	분해온도	분자량
2.50	482℃	170	400℃	122

(1) 일반적 성질
① 무색, 무취의 결정이다.
② 물, 에틸알코올, 아세톤에 잘 녹고, 에테르에 녹지 않는다.
③ 조해성이 있다.

(2) 화학반응식

> • 분해반응식
> $NaClO_4 \rightarrow NaCl + 2O_2 \uparrow$
> 과염소산나트륨   염화나트륨   산소

3 과염소산암모늄(NH₄ClO₄)

비중	분해온도	분자량
1.87	130℃	118

(1) 일반적 성질
① 무색, 무취의 결정이다.
② 물, 알코올, 아세톤에 녹지만 에테르에는 녹지 않는다.
③ 폭약이나 성냥의 원료로 쓰인다.

(2) 위험성
① 가연성 물질과 혼합하면 위험하다.
② 급격히 가열하면 폭발의 위험이 있다.
③ 건조 시 강한 충격이나 마찰에 의해 폭발의 위험이 있다.
④ 300℃에서 분해·폭발한다.

(3) 화학반응식

> • 분해반응식(130℃)
> $NH_4ClO_4 \rightarrow NH_4Cl + 2O_2 \uparrow$
> 과염소산암모늄   염화암모늄   산소
> • 분해 · 폭발반응식(300℃)
> $2NH_4ClO_4 \rightarrow N_2 \uparrow + Cl_2 \uparrow + 2O_2 \uparrow + 4H_2O$
> 과염소산암모늄   질소   염소   산소   물

04 무기과산화물

1 과산화칼륨(K₂O₂)

비중	융점	분자량
2.9	490℃	110

(1) 일반적 성질
① 무색 또는 오렌지색의 분말이다.
② 물에 쉽게 분해된다.

(2) 위험성
① 물과 반응하여 수산화칼륨과 산소를 발생하며, 발열하면서 위험성이 증가한다.
② 접촉 시 피부를 부식시킬 위험이 있다.
③ 마찰, 충격, 열에 의해 폭발할 수 있다.

(3) 화학반응식

> • 분해반응식
> $2K_2O_2 \rightarrow 2K_2O + O_2 \uparrow$
> 과산화칼륨   산화칼륨   산소
> • 물과의 반응식
> $2K_2O_2 + 2H_2O \rightarrow 4KOH + O_2 \uparrow$
> 과산화칼륨   물   수산화칼륨   산소
> • 탄산가스와의 반응식
> $2K_2O_2 + 2CO_2 \rightarrow 2K_2CO_3 + O_2 \uparrow$
> 과산화칼륨   이산화탄소   탄산칼륨   산소

• 초산과의 반응식

$$K_2O_2 + 2CH_3COOH \rightarrow 2CH_3COOK + H_2O_2$$
과산화칼륨 　 아세트산 　 　 초산칼륨 　 과산화수소

• 염산과의 반응식

$$K_2O_2 + 2HCl \rightarrow 2KCl + H_2O_2$$
과산화칼륨 　 염산 　 염화칼륨 　 과산화수소

2 과산화나트륨(Na_2O_2)

비중	융점	끓는점	분자량
2.8	460℃	657℃	78

(1) 일반적 성질

① 순수한 것은 백색, 보통은 황색분말이다.

② 알코올에 녹지 않는다.

③ 순수한 금속나트륨을 고온으로 건조한 공기 중에서 연소시켜 얻는다.

④ CO 및 CO_2 제거제를 제조할 때 사용한다.

(2) 위험성

① 물과 반응하여 수산화나트륨과 산소를 발생한다.

② 가연성 물질과 접촉하면 발화하기 쉽다.

③ 가열하면 분해되어 산소가 생긴다.

④ 산과 반응하여 과산화수소를 발생한다.

⑤ 수분이 있는 피부에 닿으면 화상의 위험이 있다.

(3) 저장 및 취급

① 서늘하고 환기가 잘되는 곳에 보관한다.

② 물, 강산, 유기물질, 가연성물질, 산화성물질 등과 격리해서 보관한다.

(4) 소화 방법

① 마른 모래, 분말소화제, 소다회, 석회 사용

② 주수소화는 위험

(5) 화학반응식

• 물과의 반응식

$$2Na_2O_2 + 2H_2O \rightarrow 4NaOH + O_2 \uparrow$$
과산화나트륨 　 물 　 수산화나트륨 　 산소

• 탄산가스와의 반응식

$$2Na_2O_2 + 2CO_2 \rightarrow 2Na_2CO_3 + O_2 \uparrow$$
과산화나트륨 　 이산화탄소 　 탄산나트륨 　 산소

• 초산과의 반응식

$$Na_2O_2 + 2CH_3COOH \rightarrow$$
과산화나트륨 　 아세트산

$$2CH_3COONa + H_2O_2$$
초산나트륨 　 과산화수소

3 과산화바륨(BaO_2)

비중	융점	분해온도
4.96	450℃	840℃

(1) 일반적 성질

① 백색의 정방정계 분말이다.

② 알칼리토금속의 과산화물 중 가장 안정하다.

③ 테르밋의 점화제 용도로 사용

(2) 위험성

① 온수와 반응하여 산소를 발생한다.

② 황산과 반응하여 과산화수소를 만든다.

(3) 저장 및 취급

① 직사광선을 피하고, 냉암소에 보관한다.

② 유기물, 산 등의 접촉을 피한다.

(4) 소화 방법

① 마른 모래, 분말소화제가 효과적이다.

② 주수소화는 위험하다.

(5) 화학반응식

• 분해반응식

$$2BaO_2 \rightarrow 2BaO + O_2 \uparrow$$
과산화바륨 　 산화바륨 　 산소

4 과산화마그네슘(MgO_2)

(1) 일반적 성질

① 무색, 무취의 백색 분말이다.

② 물에 녹지 않는다.

③ 산화제, 표백제, 살균제 등으로 사용된다.

(2) 위험성

① 물과 반응하여 수산화마그네슘과 산소를 발생한다.

② 염산과 반응하여 염화마그네슘과 과산화수소를 발생한다.

(3) 화학반응식

• 물과의 반응식

$$2MgO_2 + 2H_2O \rightarrow 2Mg(OH)_2 + O_2 \uparrow$$
과산화마그네슘 　 물 　 수산화마그네슘 　 산소

• 염산과의 반응식

$$MgO_2 + 2HCl \rightarrow MgCl_2 + H_2O_2 \uparrow$$
과산화마그네슘 　 염산 　 염화마그네슘 　 과산화수소

05 브롬산염류

1 브롬산칼륨(KBrO₃)

비중	분해온도	분자량
3.27	370℃	167

(1) 일반적 성질

　① 무색의 결정이다.

　② 물에 잘 녹고 알코올과 에테르에는 녹지 않는다.

(2) 위험성

　① 가연물과 혼합하여 가열하면 폭발한다.

　② 열분해하면서 산소를 방출한다.

(3) 저장 및 취급

　① 용기는 밀봉하고 환기가 잘되는 건조한 냉소에 보관한다.

　② 암모늄화합물과 격리해서 보관한다.

(4) 소화 방법

　주수소화가 효과적이다.

2 브롬산나트륨(NaBrO₃)

비중	분해온도	분자량
3.3	381℃	151

(1) 일반적 성질

　① 무색의 결정 또는 결정성 분말이다.

　② 물에 잘 녹는다.

(2) 위험성

　① 가연물과 혼합하여 가열하면 폭발한다.

　② 열분해하면서 산소를 방출한다.

(3) 저장 및 취급

　① 용기는 밀봉하고 환기가 잘되는 건조한 냉소에 보관한다.

　② 암모늄화합물과 격리해서 보관한다.

(4) 소화 방법

　주수소화가 효과적이다.

06 질산염류

1 질산칼륨(KNO₃)

비중	융점	분해온도
2.1	336℃	400℃

(1) 일반적 성질

　① 무색 또는 흰색 결정이다.

　② 물과 글리세린에는 잘 녹지만 알코올과 에테르에는 녹지 않는다.

　③ 황, 목탄과 혼합하여 흑색화약을 제조한다.

　④ 조해성이 있으며, 흡습성이 없다.

(2) 위험성

　열분해 시 아질산칼륨과 산소를 발생한다.

(3) 저장 및 취급

　가연물이나 유기물과의 접촉을 피하고, 건조하고 환기가 잘되는 곳에 보관한다.

(4) 소화 방법

　주수소화가 효과적이다.

(5) 화학반응식

> · 분해반응식
> $$2KNO_3 \rightarrow 2KNO_2 + O_2 \uparrow$$
> 　질산칼륨　　　아질산칼륨　　산소

2 질산나트륨(NaNO₃)

비중	융점	분해온도
2.26	308℃	380℃

(1) 일반적 성질

　① 무색의 결정이며, 칠레초석이라고도 한다.

　② 물과 글리세린에는 녹지만, 무수알코올에는 녹지 않는다.

(2) 위험성

　유기물과 혼합하면 저온에서도 폭발한다.

(3) 소화 방법

　주수소화가 효과적이다.

(4) 화학반응식

> · 분해반응식
> $$2NaNO_3 \rightarrow 2NaNO_2 + O_2 \uparrow$$
> 　질산나트륨　　　아질산나트륨　　산소

3 질산암모늄(NH₄NO₃)

비중	융점	분해온도
1.73	169.5℃	220℃

(1) 일반적 성질

　① 무색 무취의 결정으로 조해성이 강하다.

　② 물과 알코올에 잘 녹는다.

③ 물에 녹을 때 흡열반응을 일으킨다.

(2) 위험성

  ① 가열, 충격 등이 가해지면 단독으로도 폭발할 수 있다.

  ② 가열 시 산화이질소와 물을 발생한다.

  ③ 황 분말과 혼합하면 가열 또는 충격에 의해 폭발할 위험이 높다.

(3) 소화 방법

  주수소화가 효과적이다.

(4) 화학반응식

> • 분해반응식
> $NH_4NO_3 \rightarrow N_2O + 2H_2O$
>   질산암모늄   아산화질소   물
> • 분해 · 폭발 반응식
> $2NH_4NO_3 \rightarrow 2N_2\uparrow + 4H_2O + O_2\uparrow$
>   질산암모늄   질소   물   산소

07 요오드산염류

(1) 종류

  요오드산칼륨(KIO_3), 요오드산나트륨($NaIO_3$), 요오드산암모늄(NH_4IO_3), 요오드산아연($Zn(IO_3)_2$), 요오드산마그네슘($Mg(IO_3)_2$) 등

(2) 일반적인 성질

  ① 대부분 무색의 결정이며, 물에 녹는다.

  ② 지정수량이 300kg이다.

(3) 위험성

  가연물과 혼합하여 가열하면 폭발한다.

(4) 저장 및 취급

  용기는 밀봉하고 환기가 잘되는 건조한 냉소에 보관한다.

08 과망간산염류

1 과망간산칼륨($KMnO_4$)

비중	분해온도
2.7	240℃

(1) 일반적 성질

  ① 흑자색의 결정으로 물에 녹았을 때는 진한 보라색을 띤다.

② 물, 아세톤에 잘 녹는다.

③ 강한 살균력과 산화력이 있다.

(2) 위험성

  ① 진한 황산과 접촉하면 폭발적으로 반응한다.

  ② 강알칼리와 반응하여 산소를 발생한다.

  ③ 목탄, 황 등의 환원성 물질과 접촉 시 충격에 의해 폭발할 위험성이 있다.

  ④ 가열하면 분해하여 산소를 발생한다.

(3) 저장 및 취급

  ① 갈색 유리병에 넣어 일광을 차단하고 냉암소에 보관한다.

  ② 알코올, 에테르, 글리세린 등 유기물과 접촉을 금한다.

(4) 소화 방법

  ① 다량의 물을 이용한 냉각소화가 효과적이다.

  ② 분말소화약제, 탄산가스 또는 할로겐화물 소화약제는 금지한다.

(5) 화학반응식

> • 분해반응식
> $2KMnO_4 \rightarrow K_2MnO_4 + MnO_2 + O_2\uparrow$
> 과망간산칼륨   망간산칼륨   이산화망간   산소
> • 묽은 황산과의 반응식
> $4KMnO_4 + 6H_2SO_4 \rightarrow$
> 과망간산칼륨   황산
> $2K_2SO_4 + 4MnSO_4 + 6H_2O + 5O_2\uparrow$
> 황산칼륨   황산망간   물   산소
> • 진한 황산과의 반응식
> $2KMnO_4 + H_2SO_4 \rightarrow K_2SO_4 + 2HMnO_4$
> 과망간산칼륨   황산   황산칼륨   과망간산
> • 염산과의 반응식
> $4KMnO_4 + 12HCl \rightarrow$
> 과망간산칼륨   염산
> $4KCl + 4MnCl_2 + 6H_2O + 5O_2\uparrow$
> 염화칼륨   염화망간   물   산소

2 과망간산나트륨($NaMnO_4$)

비중	분해온도	분자량
2.7	170℃	142

(1) 일반적 성질

  ① 적자색의 결정이다.

  ② 물에 잘 녹고 조해성이 있다.

  ③ 가열 시 산소를 발생한다.

(2) 위험성

  강력한 산화제로 폭발성이 있다.

09 중크롬산염류

① 중크롬산칼륨($K_2Cr_2O_7$)

비중	융점	용해도	분해온도	분자량
2.69	398℃	8.89	500℃	294

(1) 일반적 성질
  ① 등적색의 결정
  ② 물에 녹고 알코올, 에테르에는 녹지 않는다.
(2) 저장 및 취급
  ① 가열, 충격, 마찰을 피한다.
  ② 유기물, 가연물과 격리하여 저장한다.
(3) 소화 방법
  ① 주수소화가 효과적이다.
  ② 소화작업 시 폭발 우려가 있으므로 충분한 안전 거리를 확보한다.

② 중크롬산나트륨($Na_2Cr_2O_7 \cdot 2H_2O$)

비중	융점	분해온도	분자량
2.52	356℃	400℃	262

(1) 일반적 성질
  중크롬산칼륨과 동일
(2) 저장 및 취급
  ① 통풍이 잘되는 건조한 냉소에 보관한다.
  ② 산류물질로부터 격리하여 보관한다.
(3) 소화 방법
  ① 주수소화가 효과적이다.
  ② 소화작업 전 환기를 충분히 하고 수거물은 가연물과 격리한다.

③ 중크롬산암모늄($(NH_4)_2Cr_2O_7$)

비중	분해온도	분자량
2.15	185℃	252

(1) 일반적 성질
  ① 적색 또는 등적색의 분말
  ② 물, 알코올에 녹고 아세톤에는 녹지 않는다.
(2) 위험성
  ① 열분해 시 질소가스를 발생한다.
  ② 강산과 반응하여 자연발화한다.
(3) 소화 방법
  주수소화, 마른 모래, 분말소화가 효과적이다.

10 기타

① 무수크롬산(CrO_3)

비중	분해온도
2.7	250℃

(1) 일반적 성질
  ① 크롬의 산화물로 암적자색 침상형 결정
  ② 물에 잘 녹는다.
  ③ 조해성이 있다.
  ④ 강력한 산화작용을 나타낸다.
(2) 위험성
  ① 알코올, 벤젠, 에테르 등과 접촉하면 혼촉발화의 위험이 있다.
  ② 열분해 시 산소를 발생한다.
(3) 저장 및 취급
  ① 건조한 장소에 보관한다.
  ② 유기물, 환원제와 격리하여 보관한다.
(4) 소화 방법
  ① 주수소화를 한다.
  ② 티오황산소다 및 석회 등을 적재한다.
  ③ 흡착제로 마른 모래, 흙 등을 사용한다.

② 산화납(PbO_2)

(1) 일반적 성질
  납의 산화물로 흑갈색의 결정성 분말
(2) 저장 및 취급
  ① 직사광선을 피하고 환기가 잘되는 건조한 냉소에 보관한다.
  ② 가연성 물질, 산류와 격리 보관한다.
(3) 소화 방법
  주수소화가 효과적이다.

[08-05]

1 제1류 위험물의 일반적인 성질이 아닌 것은?

① 강산화제이다.　② 불연성 물질이다.
③ 유기화합물에 속한다.　④ 비중이 1보다 크다.

> 제1류 위험물은 무기화합물에 해당한다.

[13-04]

2 제1류 위험물의 일반적인 성질에 해당하지 않는 것은?

① 고체 상태이다.
② 분해하여 산소를 발생한다.
③ 가연성물질이다.
④ 산화제이다.

> 제1류 위험물은 불연성 물질이며 가연성 물질의 연소를 돕는다.

[09-05]

3 제1류 위험물의 일반적인 공통성질에 대한 설명 중 틀린 것은?

① 대부분 유기물이며 무기물도 포함되어 있다.
② 산화성 고체이다.
③ 가연물과 혼합하면 연소 또는 폭발의 위험이 크다.
④ 가열, 충격, 마찰 등에 의해 분해될 수 있다.

[09-04]

4 제1류 위험물이 위험을 내포하고 있는 이유를 옳게 설명한 것은?

① 산소를 함유하고 있는 강산화제이기 때문에
② 수소를 함유하고 있는 강환원제이기 때문에
③ 염소를 함유하고 있는 독성물질이기 때문에
④ 이산화탄소를 함유하고 있는 질식제이기 때문에

[10-05]

5 제1류 위험물을 취급할 때 주의사항으로서 틀린 것은?

① 환기가 잘되는 서늘한 곳에 저장한다.
② 가열, 충격, 마찰을 피한다.
③ 가연물과의 접촉을 피한다.
④ 밀폐용기는 위험하므로 개방용기를 사용해야 한다.

[12-01]

6 과염소산칼륨과 아염소산나트륨의 공통 성질이 아닌 것은?

① 지정수량이 50kg이다.
② 열분해 시 산소를 방출한다.
③ 강산화성 물질이며 가연성이다.
④ 상온에서 고체의 형태이다.

> 제1류 위험물은 강산화성 물질이며 불연성 물질이다.

[10-02]

7 산화성고체 위험물의 화재예방과 소화방법에 대한 설명 중 틀린 것은?

① 무기과산화물의 화재 시 물에 의한 냉각소화원리를 이용하여 소화한다.
② 통풍이 잘 되는 차가운 곳에 저장한다.
③ 분해촉매, 이물질과의 접촉을 피한다.
④ 조해성 물질은 방습하고 용기는 밀전한다.

> 무기과산화물은 주수소화를 해서는 안 되고 마른 모래, 팽창질석, 팽창진주암 등에 의한 질식소화가 효과적이다.

[10-01]

8 알칼리금속 과산화물에 관한 일반적인 설명으로 옳은 것은?

① 안정한 물질이다.
② 물을 가하면 발열한다.
③ 주로 환원제로 사용된다.
④ 더 이상 분해되지 않는다.

[11-05]

9 서로 접촉하였을 때 발화하기 쉬운 물질을 연결한 것은?

① 무수크롬산과 아세트산
② 금속나트륨과 석유
③ 니트로셀룰로오스와 알코올
④ 과산화수소와 물

> 무수크롬산은 크롬의 산화물로서 알코올, 벤젠, 에테르 등의 인화성 액체와 접촉하면 순간적으로 발화한다.

정답 1 ③ 2 ③ 3 ① 4 ① 5 ④ 6 ③ 7 ① 8 ② 9 ①

[09-02]

10 제1류 위험물에 충분한 에너지를 가하면 공통적으로 발생하는 가스는?

① 염소 ② 질소
③ 수소 ④ 산소

[13-01]

11 제1류 위험물의 저장방법으로 틀린 것은?

① 조해성 물질은 방습에 주의한다.
② 무기과산화물은 물속에 보관한다.
③ 분해를 촉진하는 물품과의 접촉을 피하여 저장한다.
④ 복사열이 없고 환기가 잘되는 서늘한 곳에 저장한다.

> 무기과산화물은 물과의 접촉을 피해야 한다.

[13-02]

12 산화성고체의 저장 및 취급방법으로 틀린 것은?

① 가연물과 접촉 및 혼합을 피한다.
② 분해를 촉진하는 물품의 접근을 피한다.
③ 조해성 물질의 경우 물속에 보관하고, 과열·충격·마찰 등을 피하여야 한다.
④ 알칼리금속의 과산화물은 물과의 접촉을 피하여야 한다.

> 조해성 물질은 습기를 피하고 용기를 밀폐하여 저장한다.

[12-02]

13 아염소산나트륨의 저장 및 취급 시 주의사항으로 가장 거리가 먼 것은?

① 물속에 넣어 냉암소에 저장한다.
② 강산류와의 접촉을 피한다.
③ 취급 시 충격, 마찰을 피한다.
④ 가연성 물질과 접촉을 피한다.

[12-5, 10-4, 08-1]

14 다음 중 산을 가하면 이산화염소를 발생시키는 물질은?

① 아염소산나트륨
② 브롬산나트륨
③ 옥소산칼륨(요오드산칼륨)
④ 중크롬산나트륨

[12-02, 07-05]

15 염소산염류에 대한 설명으로 옳은 것은?

① 염소산칼륨은 환원제이다.
② 염소산나트륨은 조해성이 있다.
③ 염소산암모늄은 위험물이 아니다.
④ 염소산칼륨은 냉수와 알코올에 잘 녹는다.

> ① 염소산칼륨은 산화제이다.
> ③ 염소산암모늄은 제1류 위험물에 속한다.
> ④ 염소산칼륨은 온수와 글리세린에는 잘 녹지만 냉수와 알코올에는 잘 녹지 않는다.

[11-01, 07-05]

16 염소산칼륨에 대한 설명으로 옳은 것은?

① 흑색 분말이다.
② 비중은 4.32이다.
③ 글리세린과 에테르에 잘 녹는다.
④ 가열에 의해 분해하여 산소를 방출한다.

> ① 백색 분말이다.
> ② 비중은 2.32이다.
> ③ 글리세린에는 잘 녹지만 냉수와 알코올에는 잘 녹지 않는다.

[10-01]

17 염소산칼륨의 성질에 대한 설명으로 옳은 것은?

① 가연성 액체이다.
② 강력한 산화제이다.
③ 물보다 가볍다.
④ 열분해하면 수소를 발생한다.

> ① 산화성 고체이다.
> ③ 비중은 2.32로 물보다 무겁다.
> ④ 열분해하면 산소를 방출한다.

[08-04]

18 염소산칼륨의 물리·화학적 위험성에 관한 설명으로 옳은 것은?

① 가연성 물질로 상온에서도 단독으로 연소한다.
② 강력한 환원제로 다른 물질을 환원시킨다.
③ 열에 의해 분해되어 수소를 발생한다.
④ 유기물과 접촉 시 충격이나 열을 가하면 연소 또는 폭발의 위험이 있다.

> ① 염소산칼륨은 불연성 물질이다.
> ② 강력한 산화제이다.
> ③ 열에 의해 분해되어 산소를 발생한다.

정답 **10** ④ **11** ② **12** ③ **13** ① **14** ① **15** ② **16** ④ **17** ② **18** ④

[08-05]
19 KClO₃에 대한 설명으로 옳은 것은?

① 비중은 약 3.74이다.
② 황색이고 향기가 있는 결정이다.
③ 글리세린에 잘 용해된다.
④ 인화점이 약 -17℃인 가연성 물질이다.

> ① 비중은 2.32이다. ② 백색의 분말이다. ④ 불연성 물질이다.

[11-02]
20 적린과 혼합하여 반응하였을 때 오산화인을 발생하는 것은?

① 물
② 황린
③ 에틸알코올
④ 염소산칼륨

> 염소산칼륨은 적린과 혼합하여 반응하면 오산화인을 발생하며 마찰, 충격, 가열에 의해 폭발할 위험이 있다.

[09-04]
21 염소산칼륨의 위험성에 관한 설명 중 옳은 것은?

① 요오드, 알코올류와 접촉하면 심하게 반응한다.
② 인화점이 낮은 가연성 물질이다.
③ 물에 접촉하면 가연성가스를 발생한다.
④ 물을 가하면 발열하고 폭발한다.

> ② 염소산칼륨은 불연성 물질이다.
> ③, ④ 염소산칼륨은 강산, 중금속염 등과 접촉 시 연소 또는 폭발의 위험이 있다.

[13-02]
22 염소산나트륨의 성상에 대한 설명으로 옳지 않은 것은?

① 자신은 불연성 물질이지만 강한 산화제이다.
② 유리를 녹이므로 철제 용기에 저장한다.
③ 열분해하여 산소를 발생한다.
④ 산과 반응하면 유독성의 이산화염소를 발생한다.

> 염소산나트륨은 철제용기를 부식시키므로 저장용기로 적당하지 않다.

[11-04]
23 비중은 약 2.5, 무취이며 알코올, 물에 잘 녹고 조해성이 있으며 산과 반응하여 유독한 ClO₂를 발생하는 위험물은?

① 염소산칼륨
② 과염소산암모늄
③ 염소산나트륨
④ 과염소산칼륨

[12-01]
24 NaClO₃에 대한 설명으로 옳은 것은?

① 물, 알코올에 녹지 않는다.
② 가연성 물질로 무색, 무취의 결정이다.
③ 유리를 부식시키므로 철제용기에 저장한다.
④ 산과 반응하여 유독성의 ClO₂를 발생한다.

> ① 염소산나트륨은 물, 알코올, 에테르에 잘 녹는다.
> ② 불연성 물질로 무색, 무취의 결정이다.
> ③ 철제용기를 부식시키므로 저장용기로 적당하지 않다.

[11-01, 06-01]
25 염소산나트륨의 저장 및 취급 시 주의할 사항으로 틀린 것은?

① 철제 용기에 저장할 수 없다.
② 분해방지를 위해 암모니아를 넣어 저장한다.
③ 조해성이 있으므로 방습에 유의한다.
④ 용기에 밀전(密栓)하여 보관한다.

> ② 저장 시 암모니아 등 가연성 물질과 혼입하지 않는다.

[10-01]
26 염소산칼륨과 염소산나트륨의 공통성질에 대한 설명으로 적합한 것은?

① 물과 작용하여 발열 또는 발화한다.
② 가연물과 혼합 시 가열, 충격에 의해 연소위험이 있다.
③ 독성이 없으나 연소생성물은 유독하다.
④ 상온에서 발화하기 쉽다.

[07-01]
27 염소산나트륨의 저장 및 취급에 관한 설명 중 틀린 것은?

① 가열, 충격, 마찰을 피한다.
② 가연성 물질의 혼입을 방지한다.
③ 공기와의 접촉을 피하기 위하여 물속에 저장한다.
④ 철제 용기의 사용은 피한다.

> 염소산나트륨은 환기가 잘 되는 냉암소에 보관한다.

[10-01]
28 염소산나트륨을 가열하여 분해시킬 때 발생하는 기체는?

① 산소
② 질소
③ 나트륨
④ 수소

> $2NaClO_3 \rightarrow 2NaCl + 3O_2 \uparrow$

정답▶ 19 ③ 20 ④ 21 ① 22 ② 23 ③ 24 ④ 25 ② 26 ② 27 ③ 28 ①

29 [09-04, 07-02] 염소산나트륨의 저장 및 취급에 관한 설명으로 틀린 것은?

① 건조하고 환기가 잘 되는 곳에 저장한다.
② 방습에 유의하여 용기를 밀전시킨다.
③ 유리용기는 부식되므로 철제용기를 사용한다.
④ 금속분류의 혼입을 방지한다.

30 [08-05] 분자량이 약 106.5이며 조해성과 흡습성이 크고 산과 반응하여 유독한 ClO_2를 발생시키는 것은?

① $KClO_4$ ② $NaClO_3$
③ NH_4ClO_4 ④ $AgClO_3$

> 산과 반응하여 이산화염소를 발생하는 것은 염소산나트륨이다.
> ① 과염소산칼륨, ② 염소산나트륨, ③ 과염소산암모늄, ④ 염소산은

31 [03-02] 다음은 과염소산의 일반적인 성질을 설명한 것이다. 옳은 것은?

① 수용액은 완전히 전리된다.
② 염소산 중에서 가장 약한 산이다.
③ 물과 작용하여 액체 수화물을 만든다.
④ 비중이 물보다 가벼운 액체이며 무색, 무취이다.

> 과염소산은 물보다 무거운 무색, 무취의 강한 산화제이다.

32 [13-01] 과염소산칼륨의 일반적인 성질에 대한 설명 중 틀린 것은?

① 강한 산화제이다.
② 불연성 물질이다.
③ 과일향이 나는 보라색 결정이다.
④ 가열하여 완전분해시키면 산소를 발생한다.

> ③ 과염소산칼륨은 무색, 무취의 결정이다.

33 [07-02] 무색, 무취의 결정이고 분자량이 약 138, 비중이 약 2.5이며 융점이 약 610℃인 물질로 에탄올, 에테르에 녹지 않는 것은?

① 과염소산칼륨   ② 과염소산나트륨
③ 염소산나트륨   ④ 염소산칼륨

34 [08-05] 과염소산칼륨의 성질에 관한 설명 중 틀린 것은?

① 무색, 무취의 결정이다.
② 비중은 1보다 크다.
③ 400℃ 이상으로 가열하면 분해하여 산소를 발생한다.
④ 알코올 및 에테르에 잘 녹는다.

> 과염소산칼륨은 에탄올과 에테르에는 녹지 않는다.

35 [08-04] 과염소산칼륨의 성질에 관한 설명 중 틀린 것은?

① 무색, 무취의 결정이다.
② 알코올, 에테르에 잘 녹는다.
③ 진한 황산과 접촉하면 폭발할 위험이 있다.
④ 400℃ 이상으로 가열하면 분해하여 산소가 발생한다.

36 [09-02] 과염소산칼륨에 황린이나 마그네슘분을 혼합하면 위험한 이유를 가장 옳게 설명한 것은?

① 외부의 충격에 의해 폭발할 수 있으므로
② 전지가 형성되어 열이 발생하므로
③ 발화점이 높아지므로
④ 용융하므로

37 [13-04] 과염소산나트륨의 성질이 아닌 것은?

① 황색의 분말로 물과 반응하여 산소를 발생한다.
② 가열하면 분해되어 산소를 방출한다.
③ 융점은 약 482℃이고 물에 잘 녹는다.
④ 비중은 약 2.5로 물보다 무겁다.

> ① 과염소산나트륨은 무색, 무취의 결정이다.

38 [11-04, 07-05] 무색, 무취의 결정이며 분자량이 약 122, 녹는점이 약 482℃이고 산화제, 폭약 등에 사용되는 위험물은?

① 염소산바륨   ② 과염소산나트륨
③ 아염소산나트륨   ④ 과산화바륨

> 정답 ▶ 29 ③ 30 ② 31 ① 32 ③ 33 ① 34 ④ 35 ② 36 ① 37 ① 38 ②

39 과염소산칼륨($KClO_4$) 1몰을 가열하여 완전분해시키면 몇 몰의 산소가 발생하는가?

[07–01]

① 0.5   ② 1
③ 2   ④ 4

> $KClO_4 \rightarrow KCl + 2O_2 \uparrow$

[10–01]

40 다음 물질 중 과염소산칼륨과 혼합했을 때 발화폭발의 위험이 가장 높은 것은?

① 석면   ② 금
③ 유리   ④ 목탄

> 목탄분, 유기물, 인, 유황 등을 혼합하면 외부의 충격에 의해 폭발할 위험이 있다.

[13–01]

41 과염소산나트륨의 성질이 아닌 것은?

① 수용성이다.
② 조해성이 있다.
③ 분해온도는 약 400℃이다.
④ 물보다 가볍다.

> 비중이 2.50으로 물보다 무겁다.

[08–05]

42 과염소산암모늄에 대한 설명으로 옳은 것은?

① 물에 용해되지 않는다.
② 청녹색의 침상결정이다.
③ 130℃에서 분해하기 시작하여 CO_2가스를 방출한다.
④ 아세톤, 알코올에 용해된다.

> ① 물에 잘 녹는다.
> ② 무색 무취의 결정이다.
> ③ 분해 시 CO_2가스는 발생하지 않는다.

[10–05]

43 NH_4ClO_4에 대한 설명 중 틀린 것은?

① 가연성물질과 혼합하면 위험하다.
② 폭약이나 성냥의 원료로 쓰인다.
③ 에테르에 잘 녹으나 아세톤, 알코올에는 녹지 않는다.

④ 비중이 약 1.87이고 분해온도가 130℃ 정도이다.

> 과염소산암모늄은 물, 알코올, 아세톤에 녹지만, 에테르에는 녹지 않는다.

[11–04, 09–04, 08–04, 07–02]

44 다음 중 물과 접촉하면 발열하면서 산소를 방출하는 것은?

① 과산화칼륨   ② 염소산암모늄
③ 염소산칼륨   ④ 과망간산칼륨

> 과산화칼륨은 물과 접촉 시 수산화칼륨과 산소를 발생하며, 발열하면서 위험성이 증가한다.
> 물과의 반응식 : $2K_2O_2 + 2H_2O \rightarrow 4KOH + O_2 \uparrow$

[10–04]

45 과염소산암모늄이 300℃에서 분해되었을 때 주요 생성물이 아닌 것은?

① NO_3 ② Cl_2
③ O_2 ④ N_2

> $2NH_4ClO_4 \rightarrow N_2 + Cl_2 + 2O_2 + 4H_2$

[09–02]

46 분자량이 약 110인 무기과산화물로 물과 접촉하여 발열하는 것은?

① 과산화마그네슘   ② 과산화벤젠
③ 과산화칼슘   ④ 과산화칼륨

[08–02]

47 과산화칼륨에 관한 설명으로 틀린 것은?

① 융점은 약 490℃이다.
② 가연성 물질이며 가열하면 격렬히 연소한다.
③ 비중은 약 2.9로 물보다 무겁다.
④ 물과 접촉하면 수산화칼륨과 산소가 발생한다.

> 과산화칼륨은 불연성 물질이며, 가연물과 혼합 시 폭발할 위험이 있다.

[11–02]

48 물과 반응하여 발열하면서 위험성이 증가하는 것은?

① 과산화칼륨   ② 과망간산나트륨
③ 요오드산칼륨   ④ 과염소산칼륨

[10-01]

49 과산화칼륨에 대한 설명 중 틀린 것은?

① 융점은 약 490℃이다.
② 무색 또는 오렌지색의 분말이다.
③ 물과 반응하여 주로 수소를 발생한다.
④ 물보다 무겁다.

> 물과 반응하여 주로 산소를 발생한다.

[10-02, 07-05]

50 과산화칼륨의 위험성에 대한 설명 중 틀린 것은?

① 가연물과 혼합 시 충격이 가해지면 폭발할 위험이 있다.
② 접촉 시 피부를 부식시킬 위험이 있다.
③ 물과 반응하여 산소를 방출한다.
④ 가연성 물질이므로 화기 접촉에 주의해야 한다.

[13-04, 09-01]

51 다음 중 주수소화를 하면 위험성이 증가하는 것은?

① 과산화칼륨
② 과망간산칼륨
③ 과염소산칼륨
④ 브롬산칼륨

[10-05]

52 과산화리튬의 화재현장에서 주수소화가 불가능한 이유는?

① 수소가 발생하기 때문에
② 산소가 발생하기 때문에
③ 이산화탄소가 발생하기 때문에
④ 일산화탄소가 발생하기 때문에

[11-01, 10-01, 09-01]

53 다음 중 제1류 위험물로서 물과 반응하여 발열하면서 산소를 발생하는 것은?

① 염소산나트륨
② 탄화칼슘
③ 질산암모늄
④ 과산화나트륨

[08-05]

54 과산화나트륨에 대한 설명으로 틀린 것은?

① 수증기와 반응하여 금속나트륨과 수소, 산소를 발생한다.
② 순수한 것은 백색이다.
③ 융점은 약 460℃이다.
④ 아세트산과 반응하여 과산화수소를 발생한다.

> 수증기와 반응하여 수산화나트륨과 산소를 발생한다.

[11-05]

55 과산화나트륨에 대한 설명으로 틀린 것은?

① 알코올에 잘 녹아서 산소와 수소를 발생시킨다.
② 상온에서 물과 격렬하게 반응한다.
③ 비중이 약 2.8이다.
④ 조해성 물질이다.

> 물에는 잘 녹지만 알코올에는 녹지 않는다.

[07-01]

56 과산화나트륨에 대한 설명 중 틀린 것은?

① 순수한 것은 백색이다.
② 상온에서 물과 반응하여 수소가스를 발생한다.
③ 화재 발생 시 주수소화는 위험할 수 있다.
④ CO 및 CO_2 제거제를 제조할 때 사용된다.

> 물과 반응하여 수산화나트륨과 산소를 발생한다.

[08-01]

57 다음 물질 중 화재 발생 시 주수소화를 하면 오히려 위험성이 증가하는 것은?

① 염소산칼륨
② 과산화나트륨
③ 과산화수소
④ 질산나트륨

> 제1류 위험물 중 무기과산화물류(과산화나트륨, 과산화칼륨, 과산화마그네슘, 과산화칼슘, 과산화바륨, 과산화리튬, 과산화베릴륨)은 물과 접촉 시 산소를 발생하므로 마른 모래나 소다재를 이용한 질식소화를 한다.

[10-02, 07-02]

58 다음 물질 중 과산화나트륨과 혼합되었을 때 수산화나트륨과 산소를 발생하는 것은?

① 온수
② 일산화탄소
③ 이산화탄소
④ 초산

정답 ▶ 49 ③ 50 ④ 51 ① 52 ② 53 ④ 54 ① 55 ① 56 ② 57 ② 58 ①

59 과산화나트륨에 의해 화재가 발생하였다. 진화작업 과정이 잘못된 것은?

① 공기호흡기를 착용한다.
② 가능한 한 주수소화를 한다.
③ 건조사나 암분으로 피복소화한다.
④ 가능한 한 과산화나트륨과의 접촉을 피한다.

> 주수소화는 위험하다.

[11–04]
60 주수소화가 적합하지 않은 물질은?

① 과산화벤조일   ② 과산화나트륨
③ 피크린산   ④ 염소산나트륨

[07–05]
61 과산화나트륨의 위험성에 대한 설명 중 틀린 것은?

① 물과 접촉하면 수소를 발생하여 위험하다.
② 가연성 물질과 접촉하면 발화하기 쉽다.
③ 가열하면 분해되어 산소가 생긴다.
④ 수분이 있는 피부에 닿으면 화상의 위험이 있다.

> 물과 반응하여 수산화나트륨과 산소를 발생한다.

[10–02]
62 과산화나트륨의 저장 및 취급 시의 주의사항에 관한 설명 중 틀린 것은?

① 가열·충격을 피한다.
② 유기물질의 혼입을 막는다.
③ 가연물과의 접촉을 피한다.
④ 화재 예방을 위해 물분무소화설비 또는 스프링클러설비가 설치된 곳에 보관한다.

[11–01]
63 일반적으로 [보기]에서 설명하는 성질을 가지고 있는 위험물은?

> • 불안정한 고체화합물로서 분해가 용이하여 산소를 방출한다.
> • 물과 격렬하게 반응하여 발열한다.

① 무기과산화물   ② 과망간산염류
③ 과염소산염류   ④ 중크롬산염류

[11–02]
64 과산화나트륨의 화재 시 물을 사용한 소화가 위험한 이유는?

① 수소와 열을 발생하므로
② 산소와 열을 발생하므로
③ 수소를 발생하고 열을 흡수하므로
④ 산소를 발생하고 열을 흡수하므로

[12–01]
65 물과 접촉하면 위험성이 증가하므로 주수소화를 할 수 없는 물질은?

① $KClO_3$ ② $NaNO_3$
③ Na_2O_2 ④ $(C_6H_5CO)_2O_2$

> 과산화나트륨은 물과 반응하여 수산화나트륨과 산소를 발생한다.

[13–01]
66 제1류 위험물인 과산화나트륨의 보관용기에 화재가 발생하였다. 소화약제로 가장 적당한 것은?

① 포 소화약제   ② 물
③ 마른 모래   ④ 이산화탄소

[10–02]
67 물과 반응하여 조연성 가스를 발생하는 것은?

① 과염소산나트륨   ② 질산나트륨
③ 중크롬산나트륨   ④ 과산화나트륨

> 과산화나트륨은 물과 반응하여 조연성 가스인 산소를 발생한다.

[12–05]
68 물과 접촉하면 열과 산소가 발생하는 것은?

① $NaClO_2$ ② $NaClO_3$
③ $KMnO_4$ ④ Na_2O_2

[10–01]
69 과산화바륨에 대한 설명 중 틀린 것은?

① 약 840℃의 고온에서 분해하여 산소를 발생한다.
② 알칼리금속의 과산화물에 해당된다.
③ 비중은 1보다 크다.
④ 유기물과의 접촉을 피한다.

> 과산화바륨은 알칼리토금속의 과산화물에 해당된다.

정답 ▶ 59 ② 60 ② 61 ① 62 ④ 63 ① 64 ② 65 ③ 66 ③ 67 ④ 68 ④ 69 ②

[12-02]

70 물과 반응하여 가연성 가스를 발생하지 않는 것은?

① 나트륨　　　　　② 과산화나트륨
③ 탄화알루미늄　　④ 트리에틸알루미늄

[11-01]

71 순수한 금속나트륨을 고온으로 건조한 공기 중에서 연소시켜 얻는 위험물질은 무엇인가?

① 아염소산나트륨　　② 염소산나트륨
③ 과산화나트륨　　　④ 과염소산나트륨

[12-02]

72 분자량이 약 169인 백색의 정방정계 분말로서 알칼리토금속의 과산화물 중 매우 안정한 물질이며 테르밋의 점화제 용도로 사용되는 제1류 위험물은?

① 과산화칼슘　　　② 과산화바륨
③ 과산화마그네슘　④ 과산화칼륨

[13-01, 10-04]

73 과산화바륨의 성질에 대한 설명 중 틀린 것은?

① 고온에서 열분해하여 산소를 발생한다.
② 황산과 반응하여 과산화수소를 만든다.
③ 비중은 약 4.96이다.
④ 온수와 접촉하면 수소가스를 발생한다.

> 온수와 반응하여 산소를 발생한다.

[12-04]

74 과산화바륨의 취급에 대한 설명 중 틀린 것은?

① 직사광선을 피하고, 냉암소에 둔다.
② 유기물, 산 등의 접촉을 피한다.
③ 피부와 직접적인 접촉을 피한다.
④ 화재 시 주수소화가 가장 효과적이다.

> 무기과산화물 화재 시 주수소화는 위험하다.

[09-01]

75 질산칼륨을 약 400℃에서 가열하여 열분해시킬 때 주로 생성되는 물질은?

① 질산과 산소　　　② 질산과 칼륨
③ 아질산칼륨과 산소　④ 아질산칼륨과 질소

> $2KNO_3 \rightarrow 2KNO_2 + O_2 \uparrow$
> 질산칼륨　　아질산칼륨　산소

[13-01]

76 질산칼륨의 성질에 해당하는 것은?

① 무색 또는 흰색 결정이다.
② 물과 반응하면 폭발의 위험이 있다.
③ 물에 녹지 않으나 알코올에 잘 녹는다.
④ 황산, 목분과 혼합하면 흑색화약이 된다.

> ② 물과 반응하면 산소를 발생한다.
> ③ 물에는 녹지만 알코올에는 녹지 않는다.
> ④ 황, 목탄과 혼합하여 흑색화약을 제조한다.

[09-05, 07-05]

77 질산칼륨에 대한 설명 중 틀린 것은?

① 물에 녹는다.
② 흑색화약의 원료로 사용된다.
③ 가열하면 분해하여 산소를 방출한다.
④ 단독 폭발 방지를 위해 유기물 중에 보관한다.

> 유기물 중에 보관하면 폭발의 위험이 있다.

[10-01]

78 질산칼륨에 대한 설명으로 옳은 것은?

① 조해성과 흡습성이 강하다.
② 칠레초석이라고도 한다.
③ 물에 녹지 않는다.
④ 흑색화약의 원료이다.

> ① 질산칼륨은 질산나트륨과 달리 흡습성이 없다.
> ② 질산나트륨을 칠레초석이라고 한다.
> ③ 물, 글리세린에는 잘 녹지만 알코올, 에테르에는 녹지 않는다.

[08-02]

79 질산칼륨의 성질에 대한 설명 중 틀린 것은?

① 물에 잘 녹는다.
② 화약에서 산소공급제로 사용된다.
③ 열분해하면 산소를 방출한다.
④ 강력한 환원제이다.

> 질산칼륨은 강력한 산화제이다.

chapter **02**

정답 ▶ 70 ② 71 ③ 72 ② 73 ④ 74 ④ 75 ③ 76 ① 77 ④ 78 ④ 79 ④

[08-05]
80 질산칼륨의 저장 및 취급 시 주의사항에 대한 설명 중 틀린 것은?

① 공기와의 접촉을 피하기 위하여 석유 속에 보관한다.
② 직사광선을 차단하고 가열, 충격, 마찰을 피한다.
③ 목탄분, 유황 등과 격리하여 보관한다.
④ 강산류와의 접촉을 피한다.

> 가연물이나 유기물과의 접촉을 피하고, 건조하고 환기가 잘되는 곳에 보관한다.

[13-04]
81 질산나트륨의 성상으로 옳은 것은?

① 황색 결정이다.
② 물에 잘 녹는다.
③ 흑색화약의 원료
④ 상온에서 자연분해

> ① 무색의 결정이다.
> ③ 흑색화약의 원료로 사용되는 것은 질산칼륨이다.
> ④ 380℃에서 분해한다.

[09-05]
82 질산나트륨의 성상에 대한 설명 중 틀린 것은?

① 조해성이 있다.
② 강력한 환원제이며 물보다 가볍다.
③ 열분해하여 산소를 방출한다.
④ 가연물과 혼합하면 충격에 의해 발화할 수 있다.

> 강력한 산화제이며 비중 2.26으로 물보다 무겁다.

[07-01]
83 질산나트륨에 대한 설명 중 잘못된 것은?

① 조해성이 있다.
② 칠레초석이라고도 부른다.
③ 무수알코올에 잘 녹는다.
④ 일정 온도 이상 가열하면 분해되어 산소를 방출한다.

> 물과 글리세린에는 잘 녹지만, 무수알코올에는 녹지 않는다.

[07-01]
84 다음 중 질산암모늄에 대한 설명으로 틀린 것은?

① 무색의 결정이다.
② 조해성이 강하다.
③ 물에 녹을 때 발열반응을 일으킨다.
④ 가열, 충격 등이 가해지면 단독으로도 폭발할 수 있다.

> 질산암모늄은 물에 녹을 때 흡열반응을 일으킨다.

[10-01]
85 질산암모늄에 대한 설명으로 틀린 것은?

① 열분해하여 산화이질소가 발생한다.
② 폭약 제조 시 산소공급제로 사용된다.
③ 물에 녹을 때 많은 열을 발생한다.
④ 무취의 결정이다.

> 질산암모늄은 무색·무취의 결정으로 물과 알코올에 잘 녹는데, 물에 용해 시 흡열반응을 일으킨다.

[13-02]
86 질산암모늄의 일반적인 성질에 대한 설명으로 옳은 것은?

① 조해성이 없다.
② 무색, 무취의 액체이다.
③ 물에 녹을 때에는 발열한다.
④ 급격한 가열에 의한 폭발의 위험이 있다.

> ① 질산암모늄은 조해성을 가진 물질이다.
> ② 무색, 무취의 산화성 고체이다.
> ③ 물에 녹을 때에는 흡열한다.

[11-01]
87 질산암모늄의 일반적 성질에 대한 설명 중 옳은 것은?

① 조해성을 가진 물질이다.
② 물에 대한 용해도 값이 매우 작다.
③ 가열 시 분해하여 수소를 발생한다.
④ 과일향의 냄새가 나는 백색 결정체이다.

> ② 물에 대한 용해도 값이 크다.
> ③ 가열 시 산화이질소와 물을 발생한다.
> ④ 질산암모늄은 무색, 무취의 결정이다.

정답▶ 80 ① 81 ② 82 ② 83 ③ 84 ③ 85 ③ 86 ④ 87 ①

[10-05]

88 질산암모늄의 위험성에 대한 설명에 해당하는 것은?

① 폭발기와 산화기가 결합되어 있어 100℃에서 분해 폭발한다.
② 인화성 액체로 정전기에 주의하여야 한다.
③ 400℃에서 분해되기 시작하여 540℃에서 급격히 분해 폭발할 위험성이 있다.
④ 단독으로도 급격한 가열, 충격으로 분해하여 폭발의 위험이 있다.

①, ③ 질산암모늄의 분해온도는 220℃이다.
② 질산암모늄은 산화성 고체에 해당한다.

[14-05, 09-02]

89 다음 중 황 분말과 혼합했을 때 가열 또는 충격에 의해서 폭발할 위험이 가장 높은 것은?

① 질산암모늄　　② 물
③ 이산화탄소　　④ 마른 모래

질산암모늄은 황 분말과 혼합하면 가열 또는 충격에 의해 폭발할 위험이 높다.

[08-05]

90 브롬산칼륨과 요오드산아연의 공통적인 성질에 해당하는 것은?

① 갈색의 결정이고 물에 잘 녹는다.
② 융점이 600℃ 이상이다.
③ 열분해하면 산소를 방출한다.
④ 비중이 5보다 크고 알코올에 잘 녹는다.

① 모두 무색의 결정이고 브롬산칼륨은 물에 잘 녹는다.
② 융점이 600℃ 이하이다.
④ 비중이 5보다 작고 알코올에 녹지 않는다.

[11-04]

91 과망간산칼륨의 성질에 대한 설명 중 옳은 것은?

① 강력한 산화제이다.
② 물에 녹아서 연한 분홍색을 나타낸다.
③ 물에는 용해하나 에탄올에 불용이다.
④ 묽은 황산과는 반응을 하지 않지만 진한 황산과 접촉하면 서서히 반응한다.

② 물에 녹아서 진한 보라색을 나타낸다.
③ 물, 에탄올, 아세톤에 잘 녹는다.
④ 진한 황산과 접촉하면 폭발적으로 반응한다.

[14-04, 08-02]

92 과망간산칼륨의 위험성에 대한 설명 중 틀린 것은?

① 진한 황산과 접촉하면 폭발적으로 반응한다.
② 알코올, 에테르, 글리세린 등 유기물과 접촉을 금한다.
③ 가열하면 약 60℃에서 분해하여 수소를 방출한다.
④ 목탄, 황과 접촉 시 충격에 의해 폭발할 위험성이 있다.

과망간산칼륨은 가열하면 분해하여 산소를 발생한다.

[02-04]

93 브롬산칼륨과 요오드산아연의 공통성질은?

① 두 물질 모두 물에 잘 녹는다.
② 모두 분해온도가 500℃ 이상이다.
③ 가연물과 혼합하여 가열하면 폭발한다.
④ 두 물질 모두 백색의 결정으로 알코올에 잘 녹는다.

[12-04]

94 과망간산칼륨의 일반적인 성질에 관한 설명 중 틀린 것은?

① 강한 살균력과 산화력이 있다.
② 금속성 광택이 있는 무색의 결정이다.
③ 가열분해시키면 산소를 방출한다.
④ 비중은 약 2.7이다.

과망간산칼륨은 흑자색의 결정이다.

[11-02]
95 과망간산칼륨에 대한 설명으로 옳은 것은?

① 물에 잘 녹는 흑자색의 결정이다.
② 에탄올, 아세톤에 녹지 않는다.
③ 물에 녹았을 때는 진한 노란색을 띤다.
④ 강알칼리와 반응하여 수소를 방출하며 폭발한다.

> ② 물, 에탄올, 아세톤에 잘 녹는다.
> ③ 물에 녹았을 때는 진한 보라색을 띤다.
> ④ 강알칼리와 반응하여 산소를 발생한다.

[11-01]
96 $KMnO_4$와 반응하여 위험성을 가지는 물질이 아닌 것은?

① H_2SO_4
② H_2O
③ CH_3OH
④ $C_2H_5OC_2H_5$

> 과망간산칼륨은 진한 황산과 접촉하면 폭발적으로 반응하며, 알코올 및 에테르와의 접촉을 피해야 한다.

[08-01]
97 과망간산칼륨의 취급 시 주의사항에 대한 설명 중 틀린 것은?

① 알코올, 에테르 등과의 접촉을 피한다.
② 일광을 차단하고 냉암소에 보관한다.
③ 목탄, 황 등과는 격리하여 저장한다.
④ 유리와의 반응성 때문에 유리 용기의 사용을 피한다.

> 저장 시에는 갈색 유리병에 넣어 냉암소에 보관한다.

[09-05]
98 과망간산칼륨에 대한 설명으로 틀린 것은?

① 분자식은 $KMnO_4$이며 분자량은 약 158이다.
② 수용액은 보라색이며 산화력이 강하다.
③ 가열하면 분해하여 산소를 방출한다.
④ 에탄올과 아세톤에는 불용이므로 보호액으로 사용한다.

> 에탄올 및 아세톤과의 접촉을 피하도록 한다.

[11-05]
99 중크롬산칼륨의 화재예방 및 진압대책에 관한 설명 중 틀린 것은?

① 가열, 충격, 마찰을 피한다.
② 유기물, 가연물과 격리하여 저장한다.
③ 화재 시 물과 반응하여 폭발하므로 주수소화를 금한다.
④ 소화작업 시 폭발 우려가 있으므로 충분한 안전거리를 확보한다.

> 화재 시 주수소화가 효과적이다.

[08-01]
100 중크롬산암모늄의 색상에 가장 가까운 것은?

① 청색
② 담황색
③ 등적색
④ 백색

> 적색 또는 등적색(오렌지색)의 분말이다.

[08-01]
101 무수크롬산에 관한 설명으로 틀린 것은?

① 물에 잘 녹는다.
② 강력한 산화작용을 나타낸다.
③ 알코올, 벤젠 등과 접촉하면 혼촉발화의 위험이 있다.
④ 상온에서 분해하여 산소를 방출하므로 냉장 보관한다.

> 무수크롬산은 200~250℃에서 분해한다.

SECTION 03 제2류 위험물(가연성고체)

출제 포인트

이 섹션에서는 적린과 제3류 위험물인 황린을 비교해서 묻는 문제가 가장 많이 출제되고 있다. 황화린은 분량이 많지 않으니 삼황화린, 오황화린, 칠황화린에 대해 잘 정리하도록 한다. 금속분에서는 알루미늄분과 아연분의 출제 빈도가 높으니 철저히 대비하도록 한다. 또한 제2류 위험물의 일반적인 성질과 소화 방법에 대해서도 확실히 정리하도록 한다.

01 공통 성질

1 일반적 성질

① 대부분 비중이 1보다 크고 물에 녹지 않는다.
② 산소와의 결합이 용이하고 잘 연소한다.
③ 대부분 산화되기 쉽다.
④ 대부분 무기화합물이다.
⑤ 연소속도가 빠르다.
⑥ 비교적 저온에서 착화한다.
⑦ 산소를 함유하고 있지 않은 강력한 환원성 물질이다.

2 위험성

① 강산화성 물질과의 혼합 시 충격 등에 의하여 폭발할 가능성이 있다.
② 금속분, 철분은 밀폐된 공간 내에서 분진폭발의 위험이 있다.
③ 금속분, 철분, 마그네슘은 물, 습기, 산과 접촉하여 수소를 발생하고 발열한다.

3 저장 및 취급

① 점화원으로부터 멀리하고 가열을 피할 것
② 금속분, 철분, 마그네슘은 물, 습기, 산과의 접촉을 피할 것
③ 용기 파손으로 인한 위험물의 누설에 주의할 것
④ 강산화성 물질(제1류·제6류 위험물)과의 혼합을 피할 것
⑤ 저장용기는 밀봉하고 통풍이 잘 되는 냉암소에 보관한다.

4 소화 방법

① 황화린, 철분, 금속분 : 마른 모래, 분말, 이산화탄소 등을 이용한 질식소화가 효과적이다.
② 적린, 유황 : 다량의 물에 의한 냉각소화가 효과적이다.

02 황화린

1 삼황화린(P_4S_3)

비중	착화점	융점	비점
2.03	100℃	172.5℃	407℃

(1) 일반적 성질
① 황색 결정으로 조해성이 없다.
② 질산, 알칼리, 이황화탄소에 녹지만, 염산, 황산, 염소에는 녹지 않는다.
③ 차가운 물에서는 녹지 않고 뜨거운 물에서 분해된다.

(2) 위험성
① 연소 시 오산화인과 이산화황(SO_2)이 생성된다.
② 과산화물, 과망간산염, 황린, 금속분과 혼합하면 자연발화할 수 있다.

(3) 화학반응식

> • 연소반응식
> $$P_4S_3 + 8O_2 \rightarrow 2P_2O_5 + 3SO_2 \uparrow$$
> 삼황화린　　산소　　오산화인　이산화황

② 오황화린(P_2S_5)

비중	착화점	융점	비점
2.09	142℃	290℃	514℃

(1) 일반적 성질

　① 담황색 결정으로 조해성, 흡습성이 있다.

　② 알코올 및 이황화탄소에 잘 녹는다.

(2) 위험성

　물 또는 알칼리와 분해하여 황화수소(H_2S)와 인산을 발생하며, 황화수소를 연소시키면 이산화황이 발생한다.

(3) 화학반응식

> **• 물과의 분해반응식**
>
> $P_2S_5 + 8H_2O \rightarrow 5H_2S + 2H_3PO_4 \uparrow$
> 오황화린　　물　　황화수소　　　인산

③ 칠황화린(P_4S_7)

비중	착화점	융점	비점
2.19	310℃	523℃	514℃

(1) 일반적 성질

　① 담황색 결정으로 조해성이 있다.

　② 이황화탄소에 약간 녹는다.

(2) 위험성

　냉수에서는 서서히 분해되며, 온수에서는 급격히 분해되어 황화수소와 인산을 발생한다.

03 적린(P)

비중	착화점	융점	승화온도	비점
2.2	260℃	600℃	400℃	514℃

(1) 일반적 성질

　① 암적색의 분말이다.

　② 황린과 동소체이며, 비금속 원소이다.

　③ 브롬화인에 녹으며, 물, 이황화탄소, 알칼리, 에테르, 암모니아에 녹지 않는다.

　④ 황린에 비해 안정적이기 때문에 공기 중에 방치해도 자연발화하지 않는다.

(2) 위험성

　① 연소 시 오산화인을 발생한다.

　② 산화제인 염소산칼륨과 혼합하면 마찰, 충격,

가열에 의해 폭발할 위험이 높다.

　③ 강알칼리와 반응하여 유독성의 포스핀가스를 발생한다.

(3) 소화 방법

　다량의 주수소화가 효과적이다.

(4) 화학반응식

> **• 연소반응식**
>
> $4P + 5O_2 \rightarrow 2P_2O_5$
> 적린　　　산소　　　오산화인

▶ 황린과 적린의 비교

구분	황 린	적 린
분류	제3류 위험물	제2류 위험물
외관	백색 또는 담황색의 고체	암적색의 분말
안정성	불안정하다.	안정하다.
착화온도	50℃	260℃
자연발화 유무	자연발화한다.	자연발화하지 않는다.
화학적 활성	화학적 활성이 크다.	화학적 활성이 작다.

04 황(유황)(S)

구분	비중	착화점	융점	비점
사방황	2.07	232.2℃	113℃	-
단사황	1.96	-	119℃	445℃
고무상황	-	360℃	-	-

(1) 일반적 성질

　① 황색의 결정 또는 분말이다.

　② 위험물의 기준 : 순도 60중량퍼센트 이상

　③ 물, 알코올에 녹지 않는다.

　④ 연소 형태 : 증발연소 → 푸른색 불꽃을 내면서 아황산가스 발생

　⑤ 사방황, 단사황은 이황화탄소에 잘 녹지만 고무상황은 이황화탄소에 녹지 않는다.

(2) 위험성

　① 전기의 부도체로 마찰에 의한 정전기가 발생할 수 있으니 주의한다.

　② 미분이 공기 중에 떠 있을 때 산소와 결합하여 분진폭발의 위험이 있다.

　③ 가연물, 산화제와의 혼합물은 가열, 충격, 마찰

등에 의해 발화할 수도 있다.

(3) 소화 방법
① 다량의 주수소화가 효과적이다.
② 소량일 때는 모래에 의한 질식소화를 한다.

(4) 화학반응식

> • 연소반응식
> $$S + O_2 \rightarrow SO_2$$
> 황　　산소　　아황산가스

05 마그네슘(Mg)

비중	융점	비점
1.74	650℃	1,102℃

(1) 일반적 성질
① 은백색의 광택이 있는 금속분말로 알칼리토금속에 속한다.
② 열전도율 및 전기전도도가 큰 금속이다(알루미늄보다는 낮다).

(2) 위험성
① 온수 또는 강산(염산, 황산)과 반응하여 수소가스를 발생한다.
② 미분상태의 경우 공기 중 습기와 반응하여 자연발화할 수 있다.
③ 염소, 브롬, 요오드, 플루오르 등의 할로겐원소와 접촉 시 자연발화한다.
④ 산이나 염류에 침식당한다.

(3) 소화 방법
① 마른 모래, 금속화재용 분말소화약제가 효과적이다.
② 이산화탄소를 이용한 질식소화는 위험하다.

(4) 화학반응식

> • 연소반응식
> $$2Mg + O_2 \rightarrow 2MgO$$
> 마그네슘　산소　　산화마그네슘
> • 온수와의 반응식
> $$Mg + 2H_2O \rightarrow Mg(OH)_2 + H_2 \uparrow$$
> 마그네슘　　물　　　수산화마그네슘　　수소
> • 탄산가스와의 반응식
> $$2Mg + CO_2 \rightarrow 2MgO + C$$
> 마그네슘　이산화탄소　산화마그네슘　탄소
> • 산과의 반응식
> $$Mg + 2HCl \rightarrow MgCl_2 + H_2 \uparrow$$
> 마그네슘　염산　　염화마그네슘　수소

06 금속분

구분	비중	융점	비점
알루미늄분	2.7	660℃	2,000℃
아연분	7.14	419℃	907℃

1 알루미늄분

(1) 일반적 성질
① 은백색의 광택이 있는 금속이다.
② 열전도율 및 전기전도도가 크며, 전성·연성이 풍부하다.
③ 공기 중에서 쉽게 산화하지만, 표면에 산화알루미늄(Al_2O_3)의 치밀한 산화피막이 형성되어 내부를 보호하므로 부식성이 적다.
④ 염산, 황산, 묽은 질산에 침식당하기 쉬우며, 진한 질산에는 잘 견딘다.

(2) 위험성
① 끓는 물, 산, 알칼리수용액(수산화나트륨 수용액 등)과 반응하여 수소를 발생한다.
② 산화제와 혼합하면 가열, 충격, 마찰로 인해 발화할 수 있다.
③ 할로겐 원소와 접촉하면 발화할 수 있다.

(3) 저장 및 취급
습기가 없고 환기가 잘되는 장소에 보관한다.

(4) 소화 방법
① 마른 모래, 분말, 이산화탄소 등을 이용한 질식소화가 효과적이다.
② 주수소화는 수소가스를 발생하므로 위험하다.

2 아연분

(1) 일반적 성질
① 은백색의 분말
② 공기 중에서 연소되기 쉽지만, 표면에 산화피막이 형성되어 내부를 보호한다.

(2) 위험성
① 산, 알칼리와 반응하여 수소를 발생한다.

(3) 저장 및 취급
환기가 잘 되는 건조한 냉소에 보관한다.

[09–04]

1 제2류 위험물에 대한 설명 중 틀린 것은?

① 아연분은 염산과 반응하여 수소를 발생한다.
② 적린은 연소하여 P_2O_5를 생성한다.
③ P_2S_5은 물에 녹아 주로 이산화황을 발생한다.
④ 제2류 위험물은 가연성고체이다.

> 오황화인은 습기를 빨아들이면 황화수소를 발생하고 이것이 공기와 혼합하면 폭발한다.

[08–04]

2 다음 중 제2류 위험물의 공통적인 성질은?

① 가연성고체이다.
② 물에 용해된다.
③ 융점이 상온 이하로 낮다.
④ 유기화합물이다.

> ② 제2류 위험물은 대부분 물에 잘 녹지 않는다.
> ③ 융점이 높은 편이다.
> ④ 대부분 무기화합물이다.

[13–04]

3 가연성고체 위험물의 일반적 성질로서 틀린 것은?

① 비교적 저온에서 착화한다.
② 산화제와의 접촉·가열은 위험하다.
③ 연소속도가 빠르다.
④ 산소를 포함하고 있다.

> 가연성고체는 산소를 함유하고 있지 않은 환원성 물질이다.

[12–02]

4 제2류 위험물에 대한 설명 중 틀린 것은?

① 유황은 물에 녹지 않는다.
② 오황화린은 CS_2에 녹는다.
③ 삼황화린은 가연성 물질이다.
④ 칠황화린은 더운물에 분해되어 이산화황을 발생한다.

> 칠황화린은 더운물에서 급격히 분해하여 황화수소와 인산을 발생한다.

[07–05]

5 제2류 위험물의 일반적 성질에 대한 설명으로 가장 거리가 먼 것은?

① 대부분 비중이 1보다 크다.
② 대부분 연소하기 쉽다.
③ 대부분 산화되기 쉽다.
④ 대부분 물에 잘 녹는다.

> 제2류 위험물은 대부분 물에 녹지 않는다.

[08–01]

6 제2류 위험물의 일반적 성질에 대한 설명 중 틀린 것은?

① 대표적인 성질은 가연성고체이다.
② 대부분이 무기화합물이다.
③ 대부분이 강력한 환원제이다.
④ 모두 물에 의해 냉각소화가 가능하다.

> 금속분, 철분, 마그네슘 등은 물과 접촉하면 수소가스를 발생하고 발열한다.

[08–02]

7 가연성고체 위험물의 저장 및 취급법으로 옳지 않은 것은?

① 환원성 물질이므로 산화제와 혼합하여 저장할 것
② 점화원으로부터 멀리하고 가열을 피할 것
③ 금속분은 물과의 접촉을 피할 것
④ 용기 파손으로 인한 위험물의 누설에 주의할 것

> 가연성고체는 강산화제와의 혼합을 피해야 한다.

[12–04]

8 제2류 위험물과 산화제를 혼합하면 위험한 이유로 가장 적합한 것은?

① 제2류 위험물이 가연성액체이기 때문에
② 제2류 위험물이 환원제로 작용하기 때문에
③ 제2류 위험물은 자연발화의 위험이 있기 때문에
④ 제2류 위험물은 물 또는 습기를 잘 머금고 있기 때문에

> 제2류 위험물은 환원제로 작용하여 산화제와 혼합하면 마찰 또는 충격으로 폭발의 위험이 있다.

정답 1 ③ 2 ① 3 ④ 4 ④ 5 ④ 6 ④ 7 ① 8 ②

9 [11-05]
제2류 위험물의 화재 발생 시 소화방법 또는 주의할 점으로 적합하지 않은 것은?

① 마그네슘의 경우 이산화탄소를 이용한 질식소화는 위험하다.
② 황은 비산에 주의하여 분무주수로 냉각소화한다.
③ 적린의 경우 물을 이용한 냉각소화는 위험하다.
④ 인화성고체는 이산화탄소로 질식소화할 수 있다.

> 적린의 경우 다량의 물을 이용한 냉각소화를 한다.

10 [11-05]
제2류 위험물에 대한 설명 중 틀린 것은?

① 삼황화린은 약 100℃에서 발화한다.
② 적린은 공기 중에 방치하면 상온에서 자연발화한다.
③ 마그네슘은 과열수증기와 접촉하면 격렬하게 반응하여 수소를 발생한다.
④ 은(Ag)분은 고농도의 과산화수소와 접촉하면 폭발 위험이 있다.

> 적린은 공기 중에서 자연발화하지 않는다.

11 [11-02]
제2류 위험물의 취급상 주의사항에 대한 설명으로 옳지 않은 것은?

① 적린은 공기 중에 방치하면 자연발화한다.
② 유황은 정전기가 발생하지 않도록 주의해야 한다.
③ 마그네슘의 화재 시 물, 이산화탄소소화약제 등은 사용할 수 없다.
④ 삼황화린은 100℃ 이상 가열하면 발화할 위험이 있다.

12 [10-05]
제2류 위험물의 화재예방 및 진압대책으로 적합하지 않은 것은?

① 강산화제와의 혼합을 피한다.
② 적린과 유황은 물에 의한 냉각소화가 가능하다.
③ 금속분은 산과의 접촉을 피한다.
④ 인화성고체를 제외한 위험물제조소에는 "화기엄금" 주의사항 게시판을 설치한다.

> 인화성고체를 제외한 위험물제조소에는 "화기주의" 주의사항 게시판을 설치한다.

13 [07-01]
위험물의 화재 시 소화방법에 대한 다음 설명 중 옳은 것은?

① 아연분은 주수소화가 적당하다.
② 마그네슘은 봉상주수소화가 적당하다.
③ 알루미늄은 건조사로 피복하여 소화하는 것이 좋다.
④ 황화린은 산화제로 피복하여 소화하는 것이 좋다.

14 [14-02, 08-02]
다음 위험물의 화재 시 주수소화가 가능한 것은?

① 철분   ② 마그네슘
③ 나트륨   ④ 황

15 [12-04]
금속분의 화재 시 주수해서는 안 되는 이유로 가장 옳은 것은?

① 산소가 발생하기 때문에
② 수소가 발생하기 때문에
③ 질소가 발생하기 때문에
④ 유독가스가 발생하기 때문에

16 [10-04]
제2류 위험물의 화재 발생 시 소화방법 또는 주의할 점으로 적합하지 않은 것은?

① 마그네슘의 경우 이산화탄소를 이용한 질식소화는 위험하다.
② 황은 비산에 주의하여 분무주수로 냉각소화한다.
③ 적린의 경우 물을 이용한 냉각소화는 위험하다.
④ 인화성고체는 이산화탄소를 질식소화할 수 있다.

17 [09-01]
제2류 위험물의 화재예방 및 진압대책이 틀린 것은?

① 산화제와 접촉을 금지한다.
② 화기 및 고온체와의 접촉을 피한다.
③ 저장용기의 파손과 누출에 주의한다.
④ 금속분은 냉각소화하고 그 외는 마른 모래를 이용하여 소화한다.

> 금속분은 마른 모래에 의한 질식소화를 한다.

18 [07-02] 분진폭발 시 소화방법으로 틀린 것은?

① 금속분에 대하여는 물을 사용하지 말아야 한다.
② 분진폭발 시 직사주수에 의하여 순간적으로 소화하여야 한다.
③ 분진폭발은 보통 단 한번으로 끝나지 않을 수 있으므로 제2차, 3차의 폭발에 대비하여야 한다.
④ 이산화탄소와 할로겐화합물의 소화약제는 금속분에 대하여 적절하지 않다.

19 [13-01] 위험물에 대한 설명으로 옳은 것은?

① 적린은 암적색의 분말로서 조해성이 있는 자연발화성물질이다.
② 황화린은 황색의 액체이며 상온에서 자연분해하여 이산화황과 오산화인을 발생한다.
③ 유황은 미황색의 고체 또는 분말이며 많은 이성질체를 갖고 있는 전기 도체이다.
④ 황린은 가연성 물질이며 마늘 냄새가 나는 맹독성 물질이다.

> ① 적린은 암적색의 분말로 조해성이 있는 가연성고체이다.
> ② 황화린은 상온에서 자연분해되지 않는다.
> ③ 유황은 황색의 결정 또는 미황색의 분말이며 전기부도체이다.

20 [07-01] 다음 중 위험물안전관리법에 따른 인화성고체의 정의를 올바르게 표현한 것은?

① 고형알코올 그 밖에 1기압에서 인화점이 섭씨 40도 미만인 고체
② 고형알코올 그 밖에 1기압 및 섭씨 0도에서 고체상태인 것
③ 고형알코올 그 밖에 섭씨 25도 이상 40도 이하에서 고체상태인 것
④ 1기압에서 발화점이 섭씨 50도 이상인 고체

21 [07-02] 삼황화린은 다음 중 어느 물질에 녹는가?

① 물   ② 염산
③ 질산   ④ 황산

> 삼황화린은 질산, 알칼리, 이황화탄소에 녹지만, 물, 염산, 황산, 염소에는 녹지 않는다.

22 [12-05] 위험물의 저장방법에 대한 설명으로 옳은 것은?

① 황화린은 알코올 또는 과산화물 속에 저장하여 보관한다.
② 마그네슘은 건조하면 분진폭발의 위험성이 있으므로 물에 습윤하여 저장한다.
③ 적린은 화재예방을 위해 할로겐 원소와 혼합하여 저장한다.
④ 수소화리튬은 저장용기에 아르곤과 같은 불활성 기체를 봉입한다.

> ① 황화린은 알코올 및 과산화물과의 접촉을 피해야 한다.
> ② 마그네슘은 습기와 반응하여 자연발화할 수 있다.
> ③ 할로겐 원소와의 접촉을 금한다.

23 [11-02] 다음 중 삼황화린이 가장 잘 녹는 물질은?

① 차가운 물   ② 이황화탄소
③ 염산   ④ 황산

24 [13-04, 09-05, 07-02] 오황화린이 물과 반응하여 발생하는 유독한 가스는?

① 황화수소   ② 이산화황
③ 이산화탄소   ④ 이산화질소

> 오황화린은 물과 반응하여 황화수소와 인산을 발생한다.

25 [07-05] 오황화린이 물과 반응해서 발생하는 가스는?

① CS_2 ② H_2S ③ P_4 ④ HCl

26 [07-01] 물에 분해되어 H_2S 가스를 생성하는 물질은?

① 황린   ② 적린
③ 황   ④ 오황화린

27 [11-02] 오황화린이 물과 반응하였을 때 생성된 가스를 연소시키면 발생하는 독성이 있는 가스는?

① 이산화질소   ② 포스핀
③ 염화수소   ④ 이산화황

28 삼황화린과 오황화린의 공통점이 아닌 것은?

[13-02]

① 물과 접촉하여 인화수소가 발생한다.
② 가연성고체이다.
③ 분자식이 P와 S로 이루어져 있다.
④ 연소 시 오산화인과 이산화황이 생성된다.

[11-01]

29 황화린에 대한 설명 중 옳지 않은 것은?

① 삼황화린은 황색 결정으로 공기 중 약 100℃에서 발화할 수 있다.
② 오황화린은 담황색 결정으로 조해성이 있다.
③ 오황화린은 물과 접촉하여 황화수소를 발생할 위험이 있다.
④ 삼황화린은 차가운 물에도 잘 녹으므로 주의해야 한다.

> 삼황화린은 뜨거운 물에서 분해된다.

[08-02]

30 황화린에 대한 설명 중 옳지 않은 것은?

① 삼황화린은 황색 결정으로 공기 중 약 100℃에서 발화할 수 있다.
② 오황화린은 담황색 결정으로 조해성이 있다.
③ 오황화린의 화재 시에는 물에 의한 냉각소화가 가장 좋다.
④ 삼황화린은 통풍이 잘되는 냉암소에 저장한다.

> 황화린 화재 시에는 마른 모래, 분말, 이산화탄소를 이용한 질식소화가 효과적이다.

[07-01]

31 칠황화린에 관한 설명 중 틀린 것은?

① 담황색의 결정이다.
② 융점이 약 310℃이고, 비중은 약 2.19이다.
③ 온수와 반응해서 산소와 수소가스를 발생한다.
④ 조해성이 있다.

> 온수와 반응해서 황화수소와 인산을 발생한다.
>
> ※ 황화린의 일반적 성질
> ① 연소 시 오산화인과 이산화황이 생성된다.
> ② 알코올 및 과산화물과의 접촉을 피해야 한다.
> ③ 화재 시 마른 모래, 분말, 이산화탄소 등을 이용한 질식소화가 효과적이다.

[08-01]

32 제2류 위험물인 황화린에 대한 설명 중 틀린 것은?

① 지정수량이 100kg이다.
② 삼황화린은 CS_2에 용해된다.
③ 오황화린은 공기 중의 습기를 흡수하여 황화수소를 발생한다.
④ 칠황화린은 습기를 흡수하여 인화수소 가스를 주로 발생한다.

> 온수에서 급격히 분해되어 황화수소와 인산을 발생한다.

[13-01]

33 적린의 성질에 대한 설명 중 틀린 것은?

① 물이나 이황화탄소에 녹지 않는다.
② 발화온도는 약 260℃ 정도이다.
③ 연소할 때 인화수소 가스가 발생한다.
④ 산화제가 섞여 있으면 마찰에 의해 착화하기 쉽다.

> 연소할 때 오산화인을 발생한다.

[12-05]

34 적린에 관한 설명 중 틀린 것은?

① 물에 잘 녹는다.
② 화재 시 물로 냉각소화를 할 수 있다.
③ 황린에 비해 안정하다.
④ 황린과 동소체이다.

> 브롬화인에 녹으며, 물, 이황화탄소, 알칼리, 에테르, 암모니아에 녹지 않는다.

[12-02]

35 위험물의 저장 및 취급방법에 대한 설명으로 틀린 것은?

① 적린은 화기와 멀리하고 가열, 충격이 가해지지 않도록 한다.
② 황린은 자연발화성이 있으므로 물속에 저장한다.
③ 마그네슘은 산화제와 혼합되지 않도록 취급한다.
④ 알루미늄분은 분진폭발의 위험이 있으므로 분무 주수하여 저장한다.

> 습기가 없고 환기가 잘되는 장소에 보관한다.

정답 28 ① 29 ④ 30 ③ 31 ③ 32 ④ 33 ③ 34 ① 35 ④

36 적린의 성질에 대한 설명으로 틀린 것은?
[08-05]

① 비금속 원소이다.
② 암적색의 분말이다.
③ 승화온도가 약 260℃이다.
④ 이황화탄소에 녹지 않는다.

> 적린의 승화온도는 400℃이다.

37 적린에 대한 설명 중 틀린 것은?
[07-05]

① 암적색의 분말이다.
② 착화점 약 260℃, 융점 약 590℃, 비중 약 2.2이다.
③ 연소하면 오산화인이 발생한다.
④ 독성이 강하고 치사량이 0.05g이다.

> ④ 적린은 독성이 없으며, 지문은 황린에 대한 설명이다.

38 적린의 성질에 대한 설명 중 틀린 것은?
[08-01]

① 황린과 성분원소가 같다.
② 발화온도가 황린보다 낮다.
③ 물, 이황화탄소에 녹지 않는다.
④ 브롬화인에 녹는다.

> 적린의 발화온도는 황린이 낮다.

39 적린의 위험성에 대한 설명으로 옳은 것은?
[11-04]

① 물과 반응하여 발화 및 폭발한다.
② 공기 중에 방치하면 자연발화한다.
③ 염소산칼륨과 혼합하면 마찰에 의한 발화의 위험이 있다.
④ 황린보다 불안정하다.

> ① 적린은 물과 반응하지 않는다.
> ② 공기 또는 습기 중에서 위험성이 적다.
> ④ 황린보다 안정적이다.

40 유황은 순도가 몇 중량퍼센트 이상이어야 위험물에 해당하는가?
[10-04]

① 40
② 50
③ 60
④ 70

41 적린은 다음 중 어떤 물질과 혼합 시 마찰, 충격, 가열에 의해 폭발할 위험이 가장 높은가?
[10-04]

① 염소산칼륨
② 이산화탄소
③ 공기
④ 물

> 적린은 산화제인 염소산칼륨과 혼합하면 마찰, 충격, 가열에 의해 폭발할 위험이 높다.

42 적린의 성질 및 취급방법에 대한 설명으로 틀린 것은?
[09-01]

① 화재발생 시 냉각소화가 가능하다.
② 공기 중에 방치하면 자연발화한다.
③ 산화제와 격리하여 저장한다.
④ 비금속 원소이다.

> 적린은 황린에 비해 안정적이기 때문에 공기 중에 방치해도 자연발화하지 않는다.

43 제2류 위험물인 유황의 대표적인 연소형태는?
[13-02]

① 표면연소
② 분해연소
③ 증발연소
④ 자기연소

> 유황은 연소 시 푸른색 불꽃을 내면서 아황산가스를 발생하는 증발연소를 한다.

44 황의 성질로 옳은 것은?
[13-02]

① 전기 양도체이다.
② 물에는 매우 잘 녹는다.
③ 이산화탄소와 반응한다.
④ 미분은 분진폭발의 위험성이 있다.

> ① 전기 부도체이다.
> ② 물에 녹지 않는다.
> ③ 이산화탄소와 반응하지 않는다.

45 연소 시 아황산가스를 발생하는 것은?
[11-02]

① 황
② 적린
③ 황린
④ 인화칼슘

정답 36 ③ 37 ④ 38 ② 39 ③ 40 ③ 41 ① 42 ② 43 ③ 44 ④ 45 ①

[07–01]

46 황의 성질에 대한 설명으로 틀린 것은?

① 전기의 불량도체이다.
② 물에 잘 녹는다.
③ 연소 시 유해한 가스를 발생한다.
④ 연소하기 쉬운 가연성고체이다.

> 황은 물에 녹지 않는다.

[10–05]

47 황의 화재예방 및 소화방법에 대한 설명 중 틀린 것은?

① 산화제와 혼합하여 저장한다.
② 정전기가 축적되는 것을 방지한다.
③ 화재 시 분무 주수하여 소화할 수 있다.
④ 화재 시 유독가스가 발생하므로 보호장구를 착용하고 소화한다.

> 제2류 위험물은 가연성고체로서 산화제와 혼합하여 저장하는 것은 위험하다.

[08–01]

48 물에 의한 냉각소화가 가능한 것은?

① 유황   ② 인화칼슘
③ 황화린   ④ 칼슘

[09–01]

49 황(사방황)의 성질을 옳게 설명한 것은?

① 황색 고체로서 물에 녹는다.
② 이황화탄소에 녹는다.
③ 전기 양도체이다.
④ 연소 시 붉은색 불꽃을 내며 탄다.

> ① 사방황은 물에 녹지 않으며, 이황화탄소에 잘 녹는다.
> ③ 전기부도체이다.
> ④ 연소 시 푸른색 불꽃을 내며 탄다.

[07–05]

50 결정성 황의 성질에 대한 설명 중 틀린 것은?

① 물에 녹지 않으나 이황화탄소에 녹는다.
② 공기 중에서 연소하여 아황산가스를 발생한다.
③ 전도성 물질이므로 정전기 발생에 유의하여야 한다.
④ 분진폭발의 위험성에 주의하여야 한다.

> 황은 전기부도체이다.

[10–01]

51 황의 성상에 관한 설명으로 틀린 것은?

① 연소할 때 발생하는 가스는 냄새를 갖고 있으나 인체에 무해하다.
② 미분이 공기 중에 떠 있을 때 분진폭발의 우려가 있다.
③ 용융된 황을 물에서 급냉하면 고무상황을 얻을 수 있다.
④ 연소할 때 아황산가스를 발생한다.

> 황은 연소 시 유독가스인 아황산가스를 발생한다.

[08–04]

52 황의 특성 및 위험성에 대한 설명 중 틀린 것은?

① 산화력이 강하므로 되도록 산화성 물질과 혼합하여 저장한다.
② 전기의 부도체이므로 전기 절연체로 쓰인다.
③ 공기 중 연소 시 유해가스를 발생한다.
④ 분말상태인 경우 분진폭발의 위험성이 있다.

> 황을 산화성 물질과 혼합하면 발화의 위험이 있다. 황은 연소 시 유독가스인 아황산가스를 발생한다.

[05–05]

53 다음은 유황의 동소체를 나열한 것이다. 이들 중 이황화탄소(CS_2)에 녹는 것들로 짝지어 놓은 것은?

① 사방황	② 단사황	③ 고무상황

① ①, ②   ② ①, ③
③ ②, ③   ④ ①, ②, ③

> 단사황과 사방황이 이황화탄소에 녹는다.

[09–02]

54 물에 의한 냉각소화가 가능한 것은?

① 유황   ② 철분
③ 부틸리튬   ④ 마그네슘

정답 ▶ 46 ② 47 ① 48 ① 49 ② 50 ③ 51 ① 52 ① 53 ① 54 ①

55 위험물의 성질에 대한 설명 중 틀린 것은?
[09-05]

① 황린은 공기 중에서 산화할 수 있다.
② 적린은 $KClO_3$와 혼합하면 위험하다.
③ 황은 물에 매우 잘 녹는다.
④ 황은 가연성고체이다.

56 마그네슘과 혼합했을 때 발화의 위험이 있기 때문에 접촉을 피해야 하는 것은?
[10-05, 08-01]

① 건조사　　　　　② 팽창질석
③ 팽창진주암　　　④ 염소 가스

57 마그네슘분의 성질에 대한 설명 중 틀린 것은?
[08-04]

① 산이나 염류에 침식당한다.
② 염산과 작용하여 산소를 발생한다.
③ 연소할 때 열이 발생한다.
④ 미분상태의 경우 공기 중 습기와 반응하여 자연발화할 수 있다.

마그네슘분은 염산과 반응하여 수소가스를 발생한다.

58 마그네슘이 염산과 반응할 때 발생하는 기체는?
[11-05]

① 수소　　　　　　② 산소
③ 이산화탄소　　　④ 염소

59 마그네슘분의 일반적인 성질에 대한 설명 중 틀린 것은?
[11-02]

① 은백색의 광택이 있는 금속분말이다.
② 더운 물과 반응하여 산소를 발생한다.
③ 열전도율 및 전기전도도가 큰 금속이다.
④ 황산과 반응하여 수소가스를 발생한다.

온수 또는 강산(염산, 황산)과 반응하여 수소가스를 발생한다.

60 마그네슘분에 대한 설명으로 옳은 것은?
[09-01]

① 물보다 가벼운 금속이다.
② 분진폭발이 없는 물질이다.
③ 황산과 반응하면 수소가스를 발생한다.
④ 소화방법으로 직접적인 주수소화가 가장 좋다.

61 마그네슘에 대한 설명으로 옳은 것은?
[09-05]

① 수소와 반응성이 매우 높아 접촉하면 폭발한다.
② 브롬과 혼합하여 보관하면 안전하다.
③ 화재 시 CO_2 소화약제의 사용이 가장 효과적이다.
④ 무기과산화물과 혼합한 것은 마찰에 의해 발화할 수 있다.

62 제2류 위험물인 마그네슘의 위험성에 관한 설명 중 틀린 것은?
[13-04]

① 더운 물과 작용시키면 산소가스를 발생한다.
② 이산화탄소 중에서도 연소한다.
③ 습기와 반응하여 열이 축적되면 자연발화의 위험이 있다.
④ 공기 중에 부유하면 분진폭발의 위험이 있다.

63 다음 중 위험물 화재 시 주수소화가 오히려 위험한 것은?
[10-01]

① 과염소산칼륨　　② 적린
③ 황　　　　　　　④ 마그네슘분

64 다음 위험물의 화재 시 물에 의한 소화방법이 가장 부적합한 것은?
[13-02]

① 황린　　　　　　② 적린
③ 마그네슘분　　　④ 황분

제2류 위험물은 주수에 의한 냉각소화를 하지만, 철분·마그네슘·금속분은 건조사에 의한 피복소화를 한다.

65 알루미늄분의 위험성에 대한 설명 중 틀린 것은?
[11-02]

① 뜨거운 물과 접촉 시 격렬하게 반응한다.
② 산화제와 혼합하면 가열, 충격 등으로 발화할 수 있다.
③ 연소 시 수산화알루미늄과 수소를 발생한다.
④ 염산과 반응하여 수소를 발생한다.

연소 시 산화알루미늄을 발생한다.
$4Al + 3O_2 \rightarrow 2Al_2O_3$

정답 **55** ③ **56** ④ **57** ② **58** ① **59** ② **60** ③ **61** ④ **62** ① **63** ④ **64** ③ **65** ③

[12-05]

66 화재 시 물을 이용한 냉각소화를 할 경우 오히려 위험성이 증가하는 물질은?

① 질산에틸　　　② 마그네슘
③ 적린　　　　　④ 황

[07-05]

67 제2류 위험물인 마그네슘분의 성질에 관한 설명 중 틀린 것은?

① 뜨거운 물과 반응하여 수소를 발생한다.
② 강산과 반응하여 수소가스를 발생시킨다.
③ 알칼리토금속에 속하는 은백색의 경금속이다.
④ 공기 중 연소 시 가스로 소화한다.

[11-04]

68 알루미늄분에 대한 설명으로 옳지 않은 것은?

① 알칼리수용액에서 수소를 발생한다.
② 산과 반응하여 수소를 발생한다.
③ 물보다 무겁다.
④ 할로겐 원소와는 반응하지 않는다.

> 할로겐 원소와 접촉하면 발화할 수 있다.

[10-05]

69 알루미늄분의 성질에 대한 설명 중 틀린 것은?

① 염산과 반응하여 수소를 발생한다.
② 끓는 물과 반응하면 수소화알루미늄이 생성된다.
③ 산화제와 혼합시키면 착화의 위험이 있다.
④ 은백색의 광택이 있고 물보다 무거운 금속이다.

> 끓는 물과 반응하면 수소를 발생한다.

[10-02]

70 알루미늄분의 위험성에 대한 설명 중 틀린 것은?

① 산화제와 혼합 시 가열, 충격, 마찰에 의하여 발화할 수 있다.
② 할로겐 원소와 접촉하면 발화하는 경우도 있다.
③ 분진 폭발의 위험성이 있으므로 분진에 기름을 묻혀 보관한다.
④ 습기를 흡수하여 자연 발화의 위험이 있다.

> 알루미늄분은 습기가 없고 환기가 잘되는 장소에 보관한다.

[09-05]

71 알루미늄의 성질에 대한 설명 중 틀린 것은?

① 묽은 질산보다는 진한 질산에 훨씬 잘 녹는다.
② 열전도율, 전기전도도가 크다.
③ 할로겐 원소와의 접촉은 위험하다.
④ 실온의 공기 중에서 표면에 치밀한 산화피막이 형성되어 내부를 보호하므로 부식성이 적다.

> 진한 질산에는 침식에 잘 견디며, 묽은 질산에 침식당하기 쉽다.

[16-04, 09-02]

72 알루미늄분의 성질에 대한 설명으로 옳은 것은?

① 금속 중에서 연소열량이 가장 작다.
② 끓는 물과 반응해서 수소를 발생한다.
③ 수산화나트륨 수용액과 반응해서 산소를 발생한다.
④ 안전한 저장을 위해 할로겐 원소와 혼합한다.

> ① 알루미늄의 연소열량은 높은 편이다.
> ③ 수산화나트륨 수용액 등의 알칼리수용액과 반응하여 수소를 발생한다.
> ④ 할로겐 원소와 접촉하면 발화할 수 있다.

[08-02]

73 알루미늄 분말의 저장방법 중 옳은 것은?

① 에틸알코올 수용액에 넣어 보관한다.
② 밀폐 용기에 넣어 건조한 곳에 저장한다.
③ 폴리에틸렌병에 넣어 수분이 많은 곳에 보관한다.
④ 염산 수용액에 넣어 보관한다.

[08-05]

74 알루미늄 분말이 NaOH 수용액과 반응하였을 때 발생하는 것은?

① CO_2　　　　② Na_2O
③ H_2　　　　　④ Al_2O_3

> 알루미늄 분말은 수산화나트륨 수용액 등의 알칼리수용액과 반응하여 수소를 발생한다.

[08-04]

75 다음 위험물 중 산, 알칼리 수용액에 모두 반응해 수소를 발생하는 양쪽성 원소는?

① Pt　　　　　② Au
③ Al　　　　　④ Na

정답 66 ② 67 ④ 68 ④ 69 ② 70 ③ 71 ① 72 ② 73 ② 74 ③ 75 ③

76 알루미늄분의 성질에 대한 설명 중 틀린 것은?

① 대부분의 산과 반응하여 수소를 발생한다.
② 끓는 물과의 반응은 비교적 안전하다.
③ 산화제와 혼합시키면 착화의 위험이 있다.
④ 은백색의 광택이 있고 물보다 무거운 금속이다.

> 알루미늄분은 끓는 물과 반응하여 수소를 발생한다.

[07-02]

77 알루미늄분의 성질에 대한 설명 중 옳은 것은?

① 금속 중에서 연소열량이 매우 작다.
② 끓는 물과 반응하여 수소를 발생한다.
③ 알칼리 수용액과 반응해서 산소를 발생한다.
④ 할로겐 원소와 혼합은 안전하다.

[12-05]

78 금속분의 연소 시 주수소화하면 위험한 원인으로 옳은 것은?

① 물에 녹아 산이 된다.
② 물과 작용하여 유독가스를 발생한다.
③ 물과 작용하여 수소가스를 발생한다.
④ 물과 작용하여 산소가스를 발생한다.

[08-04]

79 철과 아연분이 염산과 반응하여 공통적으로 발생하는 기체는?

① 산소　　　　　　② 질소
③ 수소　　　　　　④ 메탄

[10-04]

80 아연분이 염산과 반응할 때 발생하는 가연성 기체는?

① 아황산가스　　　② 산소
③ 수소　　　　　　④ 일산화탄소

[10-04]

81 위험물의 화재 시 소화방법에 대한 다음 설명 중 옳은 것은?

① 아연분은 주수소화가 적당하다.
② 마그네슘은 봉상주수소화가 적당하다.
③ 알루미늄은 건조사로 피복하여 소화하는 것이 좋다.
④ 황화린은 산화제로 피복하여 소화하는 것이 좋다.

> 황화린, 철분, 금속분, 마그네슘은 화재 시 마른 모래, 분말, 이산화탄소 등을 이용한 질식소화가 효과적이다.

SECTION 04 제3류 위험물(자연발화성물질 및 금수성물질)

출제 포인트

이 섹션에서는 칼륨과 나트륨의 일반적인 성질과 저장 방법에 대해 묻는 문제가 자주 출제된다. 황린에 대해서는 제2류 위험물인 적린과 비교해서 정리하도록 한다. 또한 인화칼슘과 탄화칼슘은 물과 반응 시 발생가스에 대한 출제 빈도가 높다. 나머지 부분도 꾸준하게 출제되고 있으니 소홀히 하지 않도록 한다.

01 공통 성질

1 일반적 성질

① 자연발화성물질 : 공기 또는 물과 접촉하여 연소하거나 가연성 가스 발생
② 금수성물질 : 물과 접촉하여 발열하며 가연성가스를 발생
③ 예외적으로 황린은 물에 녹지 않으므로 물속에 저장한다.
④ 황린, 칼륨, 나트륨, 알킬알루미늄은 연소하고 나머지는 연소하지 않는다.
⑤ 대부분 불연성 물질이다.

2 위험성

① 산화제와의 혼합 시 충격 등에 의해 폭발할 위험이 있다.
② 물과 접촉하면 가연성 가스를 발생한다(황린 제외).
③ 금속화합물은 화재 시 유독가스를 발생한다.

3 저장 및 취급

① 저장용기는 밀봉하여 공기, 물과의 접촉을 방지해야 한다.
② 황린은 물속에 저장한다.
③ 칼륨, 나트륨 및 알칼리금속은 석유류에 저장한다.
④ 자연발화성물질은 고온체와의 접근을 피한다.

4 소화 방법

① 건조사, 팽창질석, 팽창진주암을 이용한 피복소화, 분말소화기를 이용한 질식소화가 효과적이다.

② 금수성물질 : 탄산수소염류 등을 이용한 분말소화약제 및 금수성 위험물에 적응성이 있는 분말소화약제를 이용한다.
③ 자연발화성만 가진 위험물(황린)의 소화에는 물 또는 강화액 포소화제가 효과적이다.

02 칼륨 및 나트륨(K, Na)

구분	비중	융점	비점	불꽃반응
칼륨	0.857	63.5℃	762℃	보라색
나트륨	0.97	97.8℃	880℃	노란색

(1) 일반적 성질

① 은백색 광택의 무른 경금속이다.
② 공기 중에서 수분과 반응하여 수소를 발생한다.
③ 물과 반응하여 수산화물과 수소를 만든다.
④ 알코올과 반응하여 수소를 발생하고 알콕시화물이 된다.

(2) 위험성

이산화탄소 및 사염화탄소와 폭발반응을 일으킨다.

(3) 저장 및 취급

① 공기 중 수분 또는 산소와의 접촉을 막기 위하여 석유나 경유, 등유 속에 저장한다.
② 물과의 접촉을 피한다.
③ 피부에 닿지 않도록 한다.
④ 가급적 소량으로 나누어 저장한다.

(4) 소화 방법

마른 모래 또는 금속화재용 분말소화약제를 이용하여 소화한다.

(5) 화학반응식

- 연소반응식
$$4K + O_2 \rightarrow 2K_2O$$
칼륨   산소   산화칼륨

- 물과의 반응식
$$2K + 2H_2O \rightarrow 2KOH + H_2\uparrow + 92.8kcal$$
칼륨   물   수산화칼륨   수소

- 알코올과의 반응식
$$2K + 2C_2H_5OH \rightarrow 2C_2H_5OK + H_2\uparrow$$
칼륨   에틸알코올   칼륨에틸라이드   수소

- 이산화탄소와의 반응식(폭발반응)
$$4K + 3CO_2 \rightarrow 2K_2CO_3 + C$$
칼륨   이산화탄소   탄산칼륨   탄소

- 사염화탄소와의 반응식(폭발반응)
$$4K + CCl_4 \rightarrow 4KCl + C$$
칼륨   사염화탄소   염화칼륨   탄소

※ 나트륨의 반응식은 칼륨과 동일

▶ 불꽃반응색
- 칼륨 – 보라색   · 나트륨 – 노란색
- 리튬 – 빨간색   · 구리 – 청록색

03 알킬알루미늄

(1) 일반적 성질
알루미늄에 알킬기(R)가 결합한 유기금속화합물이다.

(2) 위험성
공기 또는 물과 접촉하여 자연발화한다(C_1~C_4).

(3) 저장 및 취급
① 용기는 완전 밀봉하고, 용기 상부는 불연성 가스(질소, 아르곤, 이산화탄소 등)로 봉입한다.
② 벤젠(C_6H_6), 핵산, 톨루엔 등의 희석제를 넣어 준다.
③ 요오드(I_2), 염소(Cl_2) 등의 할로겐 원소와의 접촉을 피한다.

(4) 소화 방법
마른 모래, 팽창질석, 팽창진주암에 의한 소화가 가장 효과적이다.

(5) 종류
① 트리에틸알루미늄(($C_2H_5)_3Al$)
- 무색의 투명한 액체이다.
- 물과 반응하여 에탄을 발생한다.

- 200℃ 이상으로 가열 시 가연성가스인 에틸렌이 발생한다.
- 산, 할로겐(염소, 브롬, 요오드 등), 알코올과 접촉하면 심하게 반응한다.
- 공기와 접촉하면 자연발화한다.
- 화학반응식

- 연소반응식
$$2(C_2H_5)_3Al + 21O_2 \rightarrow$$
트리에틸알루미늄   산소
$$12CO_2 + Al_2O_3 + 15H_2O + 1,470.4kcal$$
탄산가스   산화알루미늄   물

- 물과의 반응식
$$(C_2H_5)_3Al + 3H_2O \rightarrow Al(OH)_3 + 3C_2H_6\uparrow$$
트리에틸알루미늄   물   수산화알루미늄   에탄

- 메탄올과의 반응식
$$(C_2H_5)_3Al + 3CH_3OH \rightarrow$$
트리에틸알루미늄   메탄올
$$Al(CH_3O)_3 + 3C_2H_6\uparrow$$

② 트리메틸알루미늄(($CH_3)_3Al$)
- 무색의 가연성 액체이다.
- 물과 반응하여 메탄을 발생한다.
- 저장 시 할로겐과의 접촉을 피하고 불연성 가스로 밀봉한다.

04 황린

비중	증기비중	착화점	융점	비점	분자량
1.82	4.3	50℃	44℃	280℃	124

(1) 일반적 성질
① 담황색 또는 백색의 고체로 백린이라고도 한다.
② 이황화탄소, 벤젠에는 녹지만, 물에는 녹지 않는다.

(2) 위험성
① 발화점이 낮고 화학적 활성이 커서 공기 중에서 자연발화할 수 있다.
② 자체 증기도 유독하다.
③ 연소하면서 마늘 냄새 같은 특이한 악취가 나며 오산화인(P_2O_5)이라는 백색 연기를 낸다.
④ 수산화칼륨(KOH) 수용액과 반응하여 유독한 포스핀 가스가 발생한다.
⑤ 공기를 차단한 상태에서 260℃ 정도로 가열하면 적린이 된다.

(3) 저장 및 취급

① 물속에 보관한다.

② 보호액을 pH 9로 유지 : 인화수소(PH₃)의 생성 방지

③ 직사광선을 피하고 온도 상승을 방지한다.

④ 산화제 및 화기의 접촉을 피한다.

⑤ 피부에 닿지 않도록 주의한다.

⑥ 독성이 강하므로 공기호흡기를 꼭 착용한다.

(4) 소화 방법

마른 모래, 주수소화

(5) 화학반응식

> • 연소반응식
> $P_4 + 5O_2 \rightarrow 2P_2O_5$
> 황린   산소   오산화인

05 알칼리금속 및 알칼리토금속

1 알칼리금속

구분	비중	융점	비점
리튬	0.534	179℃	1,336℃
루비듐	1.53	39.31℃	688℃
세슘	1.873	28.44℃	671℃
프랑슘	–	27℃	677℃

(1) 리튬(Li)

① 은백색의 무른 금속으로 금속 중 가장 가볍다.

② 물, 산, 알코올과 반응하여 수소를 발생한다.

③ 직사광선을 피하고 환기가 잘되는 건조한 냉소에 저장한다.

④ 소화 방법 : 마른 모래를 이용한 피복소화

⑤ 화학반응식

> • 물과의 반응식
> $2Li + 2H_2O \rightarrow 2LiOH + H_2 \uparrow$
> 리튬   물   수산화리튬   수소

(2) 루비듐(Rb)

① 은백색의 무른 금속이다.

② 물과 반응하여 폭발하듯이 불꽃을 내며, 대량의 수소를 발생한다.

③ 저장 : 공기나 물과 접촉하지 못하도록 석유 속에 보관한다.

(3) 세슘(Cs)

① 알칼리금속 중 반응성이 가장 크고 가장 연한 금속

② 물과 맹렬하게 반응하여 수소를 발생한다.

(4) 프랑슘(Fr)

① 알칼리 금속 중에서 가장 무거운 방사선 원소

2 알칼리토금속

구분	비중	융점	비점
칼슘	1.55	842℃	1,484℃
스트론튬	2.6	777℃	1,377℃
바륨	3.51	727℃	1,845℃
라듐	5.0	700℃	1,737℃

(1) 칼슘(Ca)

① 은백색의 무른 경금속이다.

② 물, 산, 알코올과 반응하여 수소를 발생한다.

③ 화학반응식

> • 물과의 반응식
> $Ca + 2H_2O \rightarrow Ca(OH)_2 + H_2 \uparrow$
> 칼슘   물   수산화칼슘   수소

(2) 스트론튬(Sr)

① 화학반응성이 아주 강한 은회백색의 금속으로 칼슘보다 무르다.

② 공기 중에서 산소와 반응하여 산화스트론튬으로 되면서 변색한다.

③ 물과 반응하여 수소를 발생한다.

(3) 바륨(Ba)

① 은백색의 무른 금속이다.

② 알칼리토금속 중 반응성이 가장 크다.

③ 공기 중에서 산소와 반응하여 산화바륨을 생성한다.

④ 물과 반응하여 수소를 발생한다.

(4) 라듐(Ra)

① 밝은 곳에서는 흰색을 내며, 어두운 곳에서는 푸른빛(형광)을 낸다.

② 우라늄이 핵분열하여 붕괴되는 과정에서 생겨난다.

06 금속의 수소화물

금속이나 준금속 원자에 1개 이상의 수소원자가 결합하고 있는 화합물

1 수소화칼륨(KH)

비중	융점
1.43	400℃

① 회백색의 결정성 분말이다.
② 물과 반응하여 수산화칼륨과 수소를 발생한다.
③ 고온에서 암모니아와 반응하여 칼륨아미드와 수소를 발생한다.
④ 화학반응식

> • 물과의 반응식
> $KH + H_2O \rightarrow KOH + H_2 \uparrow$
> 수소화칼륨　물　　수산화칼륨　수소
> • 암모니아와의 반응식
> $KH + NH_3 \rightarrow KNH_2 + H_2 \uparrow$
> 수소화칼륨　암모니아　칼륨아미드　수소

2 수소화나트륨(NaH)

비중	분해온도	융점	분자량
1.36	425℃	800℃	24

① 회백색의 미분말이다.
② 고온·고압에서 수소가 액체 나트륨과 반응하여 생성
③ 물과 반응하여 수산화나트륨과 수소를 발생한다.
④ 화학반응식

> • 물과의 반응식
> $NaH + H_2O \rightarrow NaOH + H_2 \uparrow$
> 수소화나트륨　물　　수산화나트륨　수소

3 수소화리튬(LiH)

비중	분해온도	융점	분자량
0.82	400℃	680℃	7.9

① 회색의 고체결정이다.
② 물과 반응하여 수산화리튬과 수소를 발생한다.
③ 알칼리금속 수소화물 중 가장 안정하다.
④ 알코올에 녹지 않는다.

⑤ 대용량의 용기에 저장할 때는 아르곤 등의 불활성 기체를 봉입한다.

4 수소화칼슘(CaH₂)

비중	분해온도	융점	분자량
1.9	600℃	815℃	42

① 회색의 분말이다.
② 물과 반응하여 수산화칼슘과 수소를 발생한다.
③ 화학반응식

> • 물과의 반응식
> $CaH_2 + 2H_2O \rightarrow Ca(OH)_2 + 2H_2 \uparrow$
> 수소화칼슘　물　　수산화칼슘　수소

5 수소화알루미늄리튬(LiAlH₄)

비중	분해온도	분자량
0.92	125℃	37.9

① 회색의 결정성 분말이다.
② 물과 알코올에 녹는다.
③ 물, 산과 반응하여 수소를 발생한다.

6 수소화알루미늄(AlH₃)

비중	융점
1.48	150℃

① 백색 또는 회색의 분말이다.
② 습기, 물, 산과 격렬히 반응하여 수소를 발생하며, 자연발화한다.

7 수소화티타늄(TiH₂)

① 흙색의 금속분말이다.
② 650℃ 이상에서 수소를 발생한다.

8 펜타보란(B₅H₉)

융점	비점
-46.8℃	60.1℃

① 무색의 인화성 액체이다.
② 탄화수소, 벤젠에 녹는다.
③ 공기와 혼합하여 폭발할 수 있다.
④ 150℃ 이상에서 분해하여 수소를 발생한다.

07 금속의 인화물

인과 금속원소로 이루어진 화합물

1 인화칼슘(Ca_3P_2)

비중	융점
2.51	1,600℃

① 적갈색의 결정성 분말이다.
② 물과 반응하여 유독 가연성 가스인 포스핀(인화수소, PH_3)과 수산화칼슘을 발생한다.
③ 소화 방법 : 마른 모래에 의한 피복소화가 효과적이다.
④ 화학반응식

> • 물과의 반응식
> $$Ca_3P_2 + 6H_2O \rightarrow 2PH_3\uparrow + 3Ca(OH)_2$$
> 인화칼슘　　물　　　　포스핀　　　　수산화칼슘

2 인화알루미늄(AIP)

비중	융점
2.4~2.8	1,000℃

① 짙은 회색 또는 황색의 결정이다.
② 물, 산, 알칼리와 반응하여 포스핀가스를 발생한다.
③ 연소 시 오산화인을 발생한다.
④ 화학반응식

> • 물과의 반응식
> $$AIP + 3H_2O \rightarrow Al(OH)_3 + PH_3\uparrow$$
> 인화알루미늄　물　　　수산화알루미늄　포스핀

3 인화아연(Zn_3P_2)

비중	융점
4.5	420℃

① 암회색의 결정성 분말이다.
② 알코올, 에테르에 녹지 않는다.
③ 물과 반응하여 포스핀가스(PH_3)를 발생한다.
④ 산과 반응하여 맹독성인 포스겐가스($COCl_2$)를 발생한다.

08 칼슘 또는 알루미늄의 탄화물

1 탄화칼슘(CaC_2)

비중	융점	비점
2.2	2,160℃	2,300℃

(1) 일반적 성질
　① 백색 입방체의 결정이다.
　② 시판품은 회색 또는 회흑색의 불규칙한 괴상이며, 순수한 것은 정방정계의 무색 투명한 결정이다.

(2) 위험성
　① 물과 반응하여 수산화칼슘(소석회)과 아세틸렌가스를 발생한다.
　② 고온에서 질소와 반응하여 칼슘시안아미드(석회질소)가 생성된다.

(3) 저장 및 취급
　① 환기가 잘되고 습기가 없는 냉소에 보관한다.
　② 밀폐용기에 보관하는 것이 가장 좋으며, 장기간 보관할 때는 불연성 가스(질소가스, 아르곤가스 등)를 충전한다.
　③ 화기로부터 격리하여 저장한다.
　④ 구리, 구리합금 및 구리염류와 격리하여 저장한다.

(4) 소화 방법
　① 마른 모래, 분말소화약제 사용
　② 주수소화는 금지한다.

(5) 화학반응식

> • 물과의 반응식
> $$CaC_2 + 2H_2O \rightarrow$$
> 탄화칼슘　　　물
> $$Ca(OH)_2 + C_2H_2\uparrow + 27.8kcal$$
> 수산화칼슘　　　아세틸렌
>
> • 700℃에서 질소와의 반응
> $$CaC_2 + N_2 \rightarrow CaCN_2 + C + 74.6kcal$$
> 탄화칼슘　　질소　칼슘시안아미드　탄소

② 탄화알루미늄(Al_4C_3)

비중	분해온도
2.36	1,400℃

(1) 일반적 성질
　① 무색 또는 황색의 결정 또는 분말이다.
　② 물과 반응하여 수산화알루미늄과 메탄(3몰)을
　　발생한다.
(2) 저장 및 취급
　직사광선을 피하고 건조한 장소에 보관한다.
(3) 화학반응식

> • 물과의 반응식
> Al_4C_3 + $12H_2O$ →
> 　탄화알루미늄　　물
> $4Al(OH)_3$ + $3CH_4$↑ + 360kcal
> 　수산화알루미늄　　메탄

③ 탄화망간(Mn_3C)

물과 반응하면 메탄과 수소가 발생한다.

> • 물과의 반응식
> Mn_3C + $6H_2O$ → $3Mn(OH)_2$ + CH_4↑ + H_2↑
> 　탄화망간　물　　　수산화망간　메탄　수소

④ 탄화베릴륨(Be_2C)

물과 반응하면 수산화베릴륨과 메탄이 발생한다.

> • 물과의 반응식
> Be_2C + $4H_2O$ → $2Be(OH)_2$ + CH_4↑
> 　탄화베릴륨　물　　수산화베릴륨　메탄

⑤ 탄화마그네슘(Mg_2C_3)

물과 반응하면 수산화마그네슘과 프로핀이 발생한다.

> • 물과의 반응식
> Mg_2C_3 + $4H_2O$ → $2Mg(OH)_2$ + C_3H_4↑
> 　탄화마그네슘　물　　수산화마그네슘　프로핀

▶ 물과의 반응 시 생성 가스

탄화물	가스명
• 탄화칼슘 • 탄화칼륨 • 탄화나트륨 • 탄화리튬	아세틸렌가스(C_2H_2)
• 탄화알루미늄 • 탄화베릴륨 • 탄화망간	메탄(CH_4)

09 염소화규소화합물

① 트리클로로실란($SiHCl_3$)
　① 무색의 유동성 액체이다.
　② 이황화탄소, 사염화탄소에 녹는다.

② 클로로실란(SiH_4Cl)
　① 무색의 휘발성 액체이다.
　② 물에 녹지 않는다.
　③ 산화성 물질과 격렬하게 반응한다.

chapter 02

[09-01]

1 제3류 위험물에 대한 설명으로 옳은 것은?

① 대부분 물과 접촉하면 안정하게 된다.
② 일반적으로 불연성 물질이고 강산화제이다.
③ 대부분 산과 접촉하면 흡열반응을 한다.
④ 물에 저장하는 위험물도 있다.

> ① 황린을 제외한 모든 제3류 위험물은 물과 접촉하면 가연성 가스를 발생한다.
> ② 제3류 위험물은 자연발화성물질이다.
> ③ 대부분 산과 접촉하면 발열반응을 한다.
> ④ 제3류 위험물 중 황린은 예외적으로 물속에 저장한다.

[09-05]

2 제3류 위험물의 위험성에 대한 설명으로 틀린 것은?

① 칼륨은 피부에 접촉하면 화상을 입을 위험이 있다.
② 수소화나트륨은 물과 반응하여 수소를 발생한다.
③ 트리에틸알루미늄은 자연발화하므로 물속에 넣어 밀봉 저장한다.
④ 황린은 독성 물질이고 증기는 공기보다 무겁다.

> 황린을 제외한 모든 제3류 위험물은 물과의 접촉을 피해야 한다.

[07-01]

3 칼륨에 관한 설명 중 옳지 않은 것은?

① 석유 속에 저장한다.
② 은백색 광택이 있는 무른 경금속이다.
③ 물과 반응하여 수소를 발생한다.
④ 에탄올과 반응하면 주로 수산화칼륨이 생성된다.

> 칼륨은 알코올과 반응하면 수소를 발생한다.

[07-02]

4 다음 중 두 가지 물질을 섞었을 때 수소가 발생하는 것은?

① 칼륨과 에탄올
② 과산화마그네슘과 염화수소
③ 과산화칼륨과 탄산가스
④ 오황화린과 물

> 칼륨은 알코올과 반응하여 수소를 발생한다.

[11-05]

5 위험물에 대한 설명으로 옳은 것은?

① 칼륨은 수은과 격렬하게 반응하며 가열하면 청색의 불꽃을 내며 연소하고 열과 전기의 부도체이다.
② 나트륨은 액체 암모니아와 반응하여 수소를 발생하고 공기 중 연소 시 황색 불꽃을 발생한다.
③ 칼슘은 보호액인 물속에 저장하고 알코올과 반응하여 수소를 발생한다.
④ 리튬은 고온의 물과 격렬하게 반응해서 산소를 발생한다.

> ① 칼륨은 물과 격렬하게 반응하며 가열하면 보라색의 불꽃을 내며 연소하고 열과 전기의 양도체이다.
> ③ 칼슘은 보호액인 경유 속에 저장하고 물과 반응하여 수소를 발생한다.
> ④ 리튬은 고온의 물과 격렬하게 반응해서 적색 불꽃을 내며 연소한다.

[07-01]

6 다음 중 비중이 가장 작은 금속은?

① 마그네슘   ② 알루미늄
③ 칼륨   ④ 리튬

> ① 마그네슘 : 1.74   ② 알루미늄 : 2.7
> ③ 칼륨 : 0.857   ④ 리튬 : 0.534

[07-05]

7 다음 중 위험물의 저장방법에 대한 설명으로 옳은 것은?

① 황화린은 가열을 금지하고, 알코올 또는 과산화물 속에 저장하여 보관한다.
② 마그네슘은 건조하면 분진폭발의 위험성이 있으므로 물에 습윤하여 저장한다.
③ 적린은 화재예방을 위해 할로겐 원소와 혼합하여 저장한다.
④ 수소화리튬은 대용량의 저장 용기에는 아르곤과 같은 불활성 기체를 봉입한다.

> ① 황린은 알코올 및 과산화물과의 접촉을 피해야 한다.
> ② 마그네슘은 공기 중 습기와 반응하여 자연발화할 수 있다.
> ③ 적린은 할로겐 원소와의 접촉을 피해야 한다.

정답 1 ④ 2 ③ 3 ④ 4 ① 5 ② 6 ④ 7 ④

[08–04]
8 다음과 같은 성상을 갖는 물질은?

- 은백색 광택의 무른 경금속으로 포타슘이라고도 부른다.
- 공기 중에서 수분과 반응하여 수소가 발생한다.
- 융점이 약 63.5℃이고, 비중은 약 0.86이다.

① 칼륨   ② 나트륨
③ 부틸리듐   ④ 트리메틸알루미늄

[12–02, 11–04, 09–04]
9 칼륨의 저장 시 사용하는 보호물질로 다음 중 가장 적합한 것은?

① 에탄올   ② 사염화탄소
③ 등유   ④ 이산화탄소

> 칼륨은 석유, 경유, 등유 등에 저장한다.

[12–04]
10 제3류 위험물인 칼륨의 성질이 아닌 것은?

① 물과 반응하여 수산화물과 수소를 만든다.
② 원자가전자가 2개로 쉽게 2가의 양이온이 되어 반응한다.
③ 원자량은 약 39이다.
④ 은백색 광택을 가지는 연하고 가벼운 고체로 칼로 쉽게 잘라진다.

> 칼륨, 나트륨, 리튬 등의 알칼리금속은 원자가전자가 1개이며, 이온화에너지가 매우 작아 +1가의 양이온이 되기 쉽다. 원자가전자가 2개로 쉽게 2가의 양이온이 되어 반응하는 것은 알칼리토금속이다.

[09–02]
11 칼륨의 저장 시 사용하는 보호물질로 가장 적당한 것은?

① 에탄올   ② 이황화탄소
③ 석유   ④ 이산화탄소

[09–05, 08–04]
12 다음 중 나트륨 또는 칼륨을 석유 속에 보관하는 이유로 가장 적합한 것은?

① 석유에서 질소를 발생하므로
② 기화를 방지하기 위하여
③ 공기 중 질소와 반응하여 폭발하므로
④ 공기 중 수분 또는 산소와의 접촉을 막기 위하여

[07–05]
13 금속나트륨과 금속칼륨의 공통적인 성질에 대한 설명으로 옳은 것은?

① 불연성 고체이다.
② 물과 반응해서 산소를 발생한다.
③ 은백색의 매우 단단한 금속이다.
④ 물보다 가벼운 금속이다.

> 금속칼륨과 금속나트륨은 모두 은백색 광택의 무른 경금속으로 물과 반응하여 수소를 발생한다.

[08–04]
14 칼륨에 물을 가했을 때 일어나는 반응은?

① 발열반응   ② 에스테르화반응
③ 흡열반응   ④ 부가반응

[09–02]
15 금속칼륨과 금속나트륨의 공통성질이 아닌 것은?

① 비중이 1 보다 작다.
② 용융점이 100℃보다 낮다.
③ 열전도도가 크다.
④ 강하고 단단한 금속이다.

> 금속칼륨과 금속나트륨은 무른 경금속이다.

[08–05]
16 금속칼륨의 저장 및 취급상 주의사항에 대한 설명으로 틀린 것은?

① 물과의 접촉을 피한다.
② 피부에 닿지 않도록 한다.
③ 알코올 속에 저장한다.
④ 가급적 소량으로 나누어 저장한다.

> 금속칼륨은 석유나 경유, 등유 속에 저장하며, 알코올과 반응하여 수소를 발생한다.

[10–04]
17 칼륨의 취급상 주의해야 할 내용을 옳게 설명한 것은?

① 석유와 접촉을 피해야 한다.
② 수분과 접촉을 피해야 한다.
③ 화재 발생 시 마른 모래와 접촉을 피해야 한다.
④ 이산화탄소 분위기에서 보관하여야 한다.

정답   8 ①   9 ③   10 ②   11 ③   12 ④   13 ④   14 ①   15 ④   16 ③   17 ②

[13-04]

18 금속칼륨의 보호액으로서 적당하지 않은 것은?

① 등유
② 유동파라핀
③ 경유
④ 에탄올

[11-02]

19 금속칼륨에 화재가 발생했을 때 사용할 수 없는 소화약제는?

① 이산화탄소
② 건조사
③ 팽창질석
④ 팽창진주암

[13-01, 06-02]

20 금속칼륨에 대한 초기 소화약제로서 적합한 것은?

① 물
② 마른 모래
③ CCl_4
④ CO_2

> 마른 모래 또는 금속화재용 분말소화약제를 사용한다.

[07-05]

21 화재 시 주수에 의해 오히려 위험성이 증대되는 것은?

① 황린
② 적린
③ 칼륨
④ 니트로셀룰로오스

[08-02]

22 다음 중 화재가 발생하였을 때 물로 소화하면 위험한 것은?

① KNO_3
② $NAClO_3$
③ $KClO_3$
④ K

[10-05]

23 금속나트륨을 페놀프탈레인 용액이 몇 방울 섞인 물 속에 넣었다. 이때 일어나는 현상을 잘못 설명한 것은?

① 물이 붉은색으로 변한다.
② 물이 산성으로 변하게 된다.
③ 물과 반응하여 수소를 발생한다.
④ 물과 격렬하게 반응하면서 발열한다.

> 금속나트륨은 물과 격렬하게 반응하여 수소를 발생한다. 반응 후 남은 용액은 강한 염기성을 나타내기 때문에 물은 붉은색으로 변하게 된다.

[11-01]

24 금속염을 불꽃반응 실험을 한 결과 보라색의 불꽃이 나타났다. 이 금속염에 포함된 금속은 무엇인가?

① Cu
② K
③ Na
④ Li

> 불꽃반응색
> • 칼륨 – 보라색　　　• 나트륨 – 노란색
> • 리튬 – 빨간색　　　• 구리 – 청록색

[10-05]

25 금속나트륨의 일반적인 성질에 대한 설명 중 틀린 것은?

① 비중은 약 0.97이다.
② 화학적으로 활성이 크다.
③ 은백색의 가벼운 금속이다.
④ 알코올과 반응하여 질소를 발생한다.

> 알코올과 반응하여 수소를 발생한다.

[12-01]

26 금속나트륨에 관한 설명으로 옳은 것은?

① 물보다 무겁다.
② 융점이 100℃보다 높다.
③ 물과 격렬히 반응하여 산소를 발생하고 발열한다.
④ 등유는 반응이 일어나지 않아 저장액으로 이용된다.

> ① 비중이 0.97로 물보다 가볍다.
> ② 융점이 97.8℃이다.
> ③ 물과 격렬히 반응하여 수소를 발생하고 발열한다.

[12-05]

27 금속나트륨, 금속칼륨 등을 보호액 속에 저장하는 이유를 가장 옳게 설명한 것은?

① 온도를 낮추기 위하여
② 승화하는 것을 막기 위하여
③ 공기와의 접촉을 막기 위하여
④ 운반 시 충격을 적게 하기 위하여

> 공기 중 수분 또는 산소와의 접촉을 막기 위하여 석유나 경유, 등유 속에 저장한다.

정답 18 ④　19 ①　20 ②　21 ③　22 ④　23 ②　24 ②　25 ④　26 ④　27 ③

[11-02]
28 물과 반응하여 수소를 발생하는 물질로 불꽃 반응 시 노란색을 나타내는 것은?

① 칼륨
② 과산화칼륨
③ 과산화나트륨
④ 나트륨

[07-02]
29 금속나트륨을 보호액 속에 저장하는 가장 큰 이유는?

① 탈수를 막기 위해서
② 화기를 피하기 위해서
③ 습기와의 접촉을 막기 위해서
④ 산소발생을 막기 위해서

[10-01, 07-01]
30 금속나트륨의 저장방법으로 옳은 것은?

① 에탄올 속에 넣어 저장한다.
② 물속에 넣어 저장한다.
③ 젖은 모래 속에 넣어 저장한다.
④ 경유 속에 넣어 저장한다.

> 금속나트륨은 석유나 경유, 등유 속에 넣어 저장한다.

[12-04]
31 금속나트륨의 올바른 취급으로 가장 거리가 먼 것은?

① 보호액 속에서 노출되지 않도록 주의한다.
② 수분 또는 습기와 접촉되지 않도록 주의한다.
③ 용기에서 꺼낼 때는 손을 깨끗이 닦고 만져야 한다.
④ 다량 연소하면 소화가 어려우므로 가급적 소량으로 나누어 저장한다.

> 금속나트륨 취급 시에는 피부에 닿지 않도록 해야 한다.

[09-02]
32 위험물의 성질에 대한 설명으로 틀린 것은?

① 인화칼슘은 물과 반응하여 유독한 가스를 발생한다.
② 금속나트륨은 물과 반응하여 산소를 발생시키고 발열한다.
③ 칼륨은 물과 반응하여 수소 가스를 발생한다.
④ 탄화칼슘은 물과 작용하여 발열하고 아세틸렌가스를 발생한다.

[08-05]
33 알칼리금속의 성질에 대한 설명 중 틀린 것은?

① 칼륨은 물보다 가볍고 공기 중에서 산화되어 금속광택을 잃는다.
② 나트륨은 매우 단단한 금속이므로 다른 금속에 비해 몰 용해열이 큰 편이다.
③ 리튬은 고온으로 가열하면 적색 불꽃을 내며 연소한다.
④ 루비듐은 물과 반응하여 수소를 발생한다.

> 나트륨은 은백색 광택의 무른 경금속이다.

[12-02]
34 위험물의 성질에 대한 설명으로 틀린 것은?

① 인화칼슘은 물과 반응하여 유독한 가스를 발생한다.
② 금속나트륨은 물과 반응하여 산소를 발생시키고 발열한다.
③ 아세트알데히드는 연소하여 이산화탄소와 물을 발생한다.
④ 질산에틸은 물에 녹지 않고 인화되기 쉽다.

> 금속나트륨은 물과 격렬히 반응하여 수소를 발생하고 발열한다.

[11-01]
35 다음 ( ) 안에 적합한 숫자를 차례대로 나열한 것은?

> 자연발화성물질 중 알킬알루미늄 등은 운반용기의 내용적의 ( )% 이하의 수납률로 수납하되, 50℃의 온도에서 ( )% 이상의 공간용적을 유지하도록 할 것

① 90, 5
② 90, 10
③ 95, 5
④ 95, 10

[12-02]
36 알킬알루미늄을 저장하는 용기에 봉입하는 가스로 다음 중 가장 적합한 것은?

① 포스겐
② 인화수소
③ 질소가스
④ 아황산가스

> 용기의 상부를 질소, 이산화탄소 등의 불연성가스로 밀봉한다.

[11–04]

37 알킬알루미늄의 저장 및 취급방법으로 옳은 것은?

① 용기는 완전 밀봉하고 CH_4, C_3H_8 등을 봉입한다.
② C_6H_6 등의 희석제를 넣어 준다.
③ 용기의 마개에 다수의 미세한 구멍을 뚫는다.
④ 통기구가 달린 용기를 사용하여 압력상승을 방지한다.

> 알킬알루미늄 저장 시 용기는 완전히 밀봉하고 불연성 가스(질소, 이산화탄소 등)로 봉입하고, 벤젠(C_6H_6), 헥산, 톨루엔 등의 희석제를 넣어준다. 메탄(CH_4), 프로판(C_3H_8)은 가연성 가스이므로 봉입해서는 안 된다.

[10–01, 10–02]

38 트리에틸알루미늄이 물과 접촉하면 폭발적으로 반응한다. 이때 발생되는 기체는?

① 메탄　　　　　　② 에탄
③ 아세틸렌　　　　④ 수소

> 트리에틸알루미늄((C_2H_5)$_3$Al)은 물과 반응하여 에탄을 발생한다.

[10–01]

39 트리에틸알루미늄의 안전관리에 관한 설명 중 틀린 것은?

① 물과의 접촉을 피한다.
② 냉암소에 저장한다.
③ 화재발생 시 팽창질석을 사용한다.
④ I_2 또는 Cl_2 가스의 분위기에서 저장한다.

> 트리에틸알루미늄 저장 시 할로겐과의 접촉을 피하고 불연성 가스로 밀봉하여 냉암소에 보관한다.

[12–05]

40 트리에틸알루미늄의 화재 시 사용할 수 있는 소화약제(설비)가 아닌 것은?

① 마른 모래　　　　② 팽창질석
③ 팽창진주암　　　　④ 이산화탄소

[09–01]

41 (C_2H_5)$_3$Al이 공기 중에 노출되어 연소할 때 발생하는 물질은?

① Al_2O_3　　　　　② CH_4
③ $Al(OH)_3$　　　　④ C_2H_5

> 트리에틸알루미늄은 연소 시 탄산가스와 산화알루미늄을 발생한다.

[13–01]

42 물과 접촉하면 위험성이 증가하므로 주수소화를 할 수 없는 물질은?

① $C_6H_2CH_3(NO_2)_3$　　② $NaNO_3$
③ $(C_2H_5)_3Al$　　　　④ $(C_6H_5CO)_2O_2$

> 금수성물질은 물과 접촉하면 발열반응을 일으키므로 주수소화를 하면 안 된다.
> ① 트리니트로톨루엔 – 자기반응성물질
> ② 질산나트륨 – 산화성고체
> ③ 트리에틸알루미늄
> ④ 과산화벤조일 – 자기반응성물질

[07–01]

43 트리에틸알루미늄(TEA)에 대한 설명으로 옳은 것은?

① 상온에서 고체이다.
② 자연발화의 위험성이 있다.
③ 저장 시 밀봉하고 아세틸렌가스를 충전한다.
④ 물과 접촉하면 폭발적으로 반응하여 산소와 수소를 발생한다.

> ① 무색의 투명한 액체이다.
> ③ 저장 시 밀봉하고 질소, 아르곤, 이산화탄소 등의 불연성가스를 충전한다.
> ④ 물과 접촉하면 폭발적으로 반응하여 수산화알루미늄과 에탄을 발생한다.

[12–01]

44 다음에서 설명하고 있는 위험물은?

> • 지정수량은 20kg이고 백색 또는 담황색 고체이다.
> • 비중은 약 1.82이고, 융점은 약 44℃이다.
> • 비점은 약 280℃이고, 증기비중은 약 4.30이다.

① 적린　　　　　　② 황린
③ 유황　　　　　　④ 마그네슘

[11–05]

45 황린에 대한 설명으로 틀린 것은?

① 환원력이 강하다.
② 담황색 또는 백색의 고체이다.
③ 벤젠에는 불용이나 물에 잘 녹는다.
④ 마늘 냄새와 같은 자극적인 냄새가 난다.

> 벤젠에는 녹고 물에는 녹지 않는다.

정답 ▶ 37 ② 38 ② 39 ④ 40 ④ 41 ① 42 ③ 43 ② 44 ② 45 ③

[09-04]
46 황린에 대한 설명 중 옳은 것은?

① 공기 중에서 안정한 물질이다.
② 물, 이황화탄소, 벤젠에 잘 녹는다.
③ KOH 수용액과 반응하여 유독한 포스핀 가스가 발생한다.
④ 담황색 또는 백색의 액체로 일광에 노출하면 색이 짙어지면서 적린으로 변한다.

> 황린은 담황색 또는 백색의 고체이며, 공기를 차단하고 약 260℃로 가열하면 적린이 된다.

[10-04, 07-02]
47 다음 중 황린의 성질에 대한 설명으로 옳은 것은?

① 분자량은 약 108이다.
② 융점은 약 120℃이다.
③ 비점은 약 150℃이다.
④ 비중은 약 1.8이다.

[12-05]
48 황린에 대한 설명으로 옳지 않은 것은?

① 연소하면 악취가 있는 것은 검은색 연기를 낸다.
② 공기 중에서 자연발화할 수 있다.
③ 수중에 저장하여야 한다.
④ 자체 증기도 유독하다.

> 황린은 연소하면서 마늘 냄새 같은 특이한 악취가 나며 오산화인이라는 백색 연기를 낸다.

[10-01]
49 황린의 취급에 관한 설명으로 옳은 것은?

① 보호액의 pH를 측정한다.
② 1기압, 25℃의 공기 중에 보관한다.
③ 주수에 의한 소화는 절대 금한다.
④ 취급 시 보호구는 착용하지 않는다.

> ② 황린은 물속에 보관한다.
> ③ 고압의 주수소화를 금한다.
> ④ 독성이 강하므로 공기호흡기를 꼭 착용한다.

[12-04]
50 적린과 동소체 관계에 있는 위험물은?

① 오황화린
② 인화알루미늄
③ 인화칼슘
④ 황린

[08-02]
51 다음 중 황린이 완전연소할 때 발생하는 가스는?

① PH$_3$
② SO$_2$
③ CO$_2$
④ P$_2$O$_5$

> 황린은 연소하면서 오산화인을 발생한다.
> ① 포스핀, ② 이산화황, ③ 이산화탄소

[11-05, 08-05, 07-05]
52 다음 화학물질 중 저장 시 물을 이용하여 저장하는 위험물은?

① 황린
② 탄화칼슘
③ 나트륨
④ 생석회

[13-01, 08-02]
53 황린의 저장 및 취급에 있어서 주의할 사항 중 옳지 않은 것은?

① 독성이 있으므로 취급에 주의할 것
② 물과의 접촉을 피할 것
③ 산화제와의 접촉을 피할 것
④ 화기의 접근을 피할 것

[11-01]
54 황린의 저장 및 취급에 관한 주의사항으로 틀린 것은?

① 발화점이 낮으므로 화기에 주의한다.
② 백색 또는 담황색의 고체이며 물에 녹지 않는다.
③ 물과의 접촉을 피한다.
④ 자연발화성이므로 주의한다.

[11-01]
55 알칼리금속의 화재 시 소화약제로 가장 적합한 것은?

① 물
② 마른 모래
③ 이산화탄소
④ 할로겐화합물

[08-04]
56 수소화리튬이 물과 반응할 때 생성되는 것은?

① LiOH과 H$_2$
② LiOH과 O$_2$
③ Li과 H$_2$
④ Li과 O$_2$

> 수소화리튬은 물과 반응하여 수산화리튬과 수소를 발생한다.

정답 46 ③ 47 ④ 48 ① 49 ① 50 ④ 51 ④ 52 ① 53 ② 54 ③ 55 ② 56 ①

[13-01]

57 수소화나트륨의 소화약제로 적당치 않은 것은?

① 물 ② 건조사
③ 팽창질석 ④ 팽창진주암

수소화나트륨은 회백색의 미분말로 물과 격렬하게 반응하여 수소를 발생한다. 금수성물질 소화에는 마른 모래, 팽창질석, 팽창진주암, 분말소화약제가 효과적이다.

[10-04]

58 금속리튬이 물과 반응하였을 때 생성되는 물질은?

① 수산화리튬과 수소 ② 수산화리튬과 산소
③ 수소화리튬과 물 ④ 산화리튬과 물

물과의 반응식
$2Li + 2H_2O \rightarrow 2LiOH + H_2 \uparrow$

[10-02]

59 다음 중 수소화나트륨의 소화약제로 적당하지 않은 것은?

① 물 ② 건조사
③ 팽창질석 ④ 탄산수소염류

[12-01]

60 수소화칼슘이 물과 반응하였을 때의 생성물은?

① 칼슘과 수소 ② 수산화칼슘과 수소
③ 칼슘과 산소 ④ 수산화칼슘과 산소

수소화칼슘은 물과 반응하여 수산화칼슘과 수소를 발생한다.

[08-02]

61 다음 물질 중 물과 반응 시 독성이 강한 가연성 가스가 생성되는 적갈색 고체 위험물은?

① 탄산나트륨 ② 탄산칼슘
③ 인화칼슘 ④ 수산화칼륨

[09-04]

62 물과 반응하여 포스핀 가스를 발생하는 것은?

① Ca_3P_2 ② CaC_2
③ LiH ④ P_4

인화칼슘은 물과 반응하여 포스핀 가스를 발생한다.

[11-01]

63 적갈색의 고체 위험물은?

① 칼슘 ② 탄화칼슘
③ 금속나트륨 ④ 인화칼슘

① 칼슘 – 은백색 ② 탄화칼슘 – 흑회색
③ 금속나트륨 – 은백색

[11-01]

64 위험물의 화재예방 및 진압대책에 대한 설명 중 틀린 것은?

① 트리에틸알루미늄은 사염화탄소, 이산화탄소와 반응하여 발열하므로 화재 시 이들 소화약제는 사용할 수 없다.
② K, Na은 등유, 경유 등의 산소가 함유되지 않은 석유류에 저장하여 물과의 접촉을 막는다.
③ 수소화리튬의 화재에는 소화약제로 Halon 1211, Halon 1301이 사용되며 특수방호복 및 공기호흡기를 착용하고 소화한다.
④ 탄화알루미늄은 물과 반응하여 가연성의 메탄가스를 발생하고 발열하므로 물과의 접촉을 금한다.

수소화리튬의 화재 시에는 마른 모래, 팽창질석, 팽창진주암, 분말소화약제가 효과적이다.

[10-04]

65 다음 2가지 물질이 반응하였을 때 포스핀을 발생시키는 것은?

① 사염화탄소+물 ② 황산+물
③ 오황화린+물 ④ 인화칼슘+물

[13-02, 08-05]

66 인화칼슘이 물과 반응하였을 때 발생하는 가스에 대한 설명으로 옳은 것은?

① 폭발성인 수소를 발생한다.
② 유독한 인화수소를 발생한다.
③ 조연성인 산소를 발생한다.
④ 가연성인 아세틸렌을 발생한다.

인화칼슘은 물과 반응하여 포스핀 가스(인화수소)를 발생한다.

정답 **57** ① **58** ① **59** ① **60** ② **61** ③ **62** ① **63** ④ **64** ③ **65** ④ **66** ②

67 인화칼슘이 물과 반응했을 때 발생하는 가스는?

① PH_3 ② H_2 ③ CO_2 ④ N_2

인화칼슘은 물과 반응하여 포스핀(PH_3)이라는 독성물질을 발생한다.

[10-02]

68 인화칼슘이 물과 반응할 경우에 대한 설명 중 틀린 것은?

① PH_3가 발생한다.
② 발생 가스는 불연성이다.
③ $Ca(OH)_2$가 생성된다.
④ 발생 가스는 독성이 강하다.

인화칼슘은 물과 반응하여 가연성 가스인 포스핀을 발생한다.

[07-02]

69 인화칼슘이 포스핀가스와 수산화칼슘을 발생하는 경우에 해당하는 것은?

① 가열에 의한 열분해   ② 수분의 접촉
③ 햇빛에 노출   ④ 충격 및 마찰

[10-02]

70 다음 위험물의 화재 시 소화방법으로 물을 사용하는 것이 적합하지 않은 것은?

① $NaClO_3$ ② P_4
③ Ca_3P_2 ④ S

[13-01]

71 위험물의 화재별 소화방법으로 옳지 않은 것은?

① 황린 – 분무주수에 의한 냉각소화
② 인화칼슘 – 분무주수에 의한 냉각소화
③ 톨루엔 – 포에 의한 질식소화
④ 질산메틸 – 주수에 의한 냉각소화

인화칼슘 – 마른 모래에 의한 피복소화

[11-04]

72 탄화칼슘이 물과 반응했을 때 생성되는 것은?

① 산화칼슘 + 아세틸렌
② 수산화칼슘 + 아세틸렌
③ 산화칼슘 + 메탄
④ 수산화칼슘 + 메탄

[13-04]

73 위험물과 그 위험물이 물과 반응하여 발생하는 가스를 잘못 연결한 것은?

① 탄화알루미늄 – 메탄
② 탄화칼슘 – 아세틸렌
③ 인화칼슘 – 에탄
④ 수소화칼슘 – 수소

인화칼슘은 물과 반응하여 수산화칼슘과 포스핀을 발생한다.

[12-01]

74 물과 반응하여 아세틸렌을 발생하는 것은?

① NaH ② Al_4C_3
③ CaC_2 ④ $(C_2H_5)_3Al$

탄화칼슘은 물과 반응하여 수산화칼슘과 아세틸렌을 발생한다.

[08-01]

75 탄화칼슘은 물과 반응 시 위험성이 증가하는 물질이다. 주수소화 시 물과 반응하면 어떤 가스가 발생하는가?

① 수소   ② 메탄
③ 에탄   ④ 아세틸렌

[11-02, 10-04]

76 탄화칼슘을 물과 반응시키면 무슨 가스가 발생하는가?

① 에탄   ② 에틸렌
③ 메탄   ④ 아세틸렌

탄화칼슘은 물과 반응하여 수산화칼슘과 아세틸렌을 발생한다.

[12-02]

77 서로 반응할 때 수소가 발생하지 않는 것은?

① 리튬 + 염산   ② 탄화칼슘 + 물
③ 수소화칼슘 + 물   ④ 루비듐 + 물

[08-02]

78 위험물에 물이 접촉하여 주로 발생되는 가스의 연결이 틀린 것은?

① 나트륨 – 수소   ② 탄화칼슘 – 포스핀
③ 칼륨 – 수소   ④ 인화석회 – 인화수소

정답 ▶ 67 ① 68 ② 69 ② 70 ③ 71 ② 72 ② 73 ③ 74 ③ 75 ④ 76 ④ 77 ② 78 ②

[13-04]

79 탄화칼슘에 대한 설명으로 옳은 것은?

① 분자식은 CaC이다.
② 물과의 반응 생성물에는 수산화칼슘이 포함된다.
③ 순수한 것은 흑회색의 불규칙한 덩어리이다.
④ 고온에서도 질소와는 반응하지 않는다.

> ① 분자식은 CaC_2이다.
> ② 물과 반응하여 수산화칼슘과 아세틸렌을 발생한다.
> ③ 순수한 것은 무색이다.
> ④ 고온에서 질소와 반응하여 칼슘시안아미드(석회질소)가 생성된다.

[10-05]

80 탄화칼슘의 성질에 대하여 옳게 설명한 것은?

① 공기 중에서 아르곤과 반응하여 불연성 기체를 발생한다.
② 공기 중에서 질소와 반응하여 유독한 기체를 낸다.
③ 물과 반응하면 탄소가 생성된다.
④ 물과 반응하여 아세틸렌가스가 생성된다.

> ① 아르곤은 불연성가스로서 탄화칼슘을 보관하는 데 사용된다.
> ② 고온에서 질소와 반응하여 칼슘시안아미드(석회질소)가 생성된다.
> ③ 물과 반응하면 수산화칼슘과 아세틸렌을 발생한다.

[12-05]

81 탄화칼슘에 대한 설명으로 틀린 것은?

① 시판품은 흑회색이며 불규칙한 형태의 고체이다.
② 물과 작용하여 산화칼슘과 아세틸렌을 만든다.
③ 고온에서 질소와 반응하여 칼슘시안아미드(석회질소)가 생성된다.
④ 비중은 약 2.2이다.

> 물과 작용하여 수산화칼슘과 아세틸렌을 만든다.

[09-01]

82 탄화칼슘의 성질에 대한 설명 중 틀린 것은?

① 질소 중에서 고온으로 가열하면 석회질소가 된다.
② 융점은 약 300℃이다.
③ 비중은 약 2.2이다.
④ 물질의 상태는 고체이다.

[09-04]

83 다음 중 물과 작용하여 분자량이 26인 가연성 가스를 발생시키고 발생한 가스가 구리와 작용하면 폭발성 물질을 생성하는 것은?

① 칼슘
② 인화석회
③ 탄화칼슘
④ 금속나트륨

> 탄화칼슘은 물과 반응하여 아세틸렌가스를 발생시키고, 아세틸렌은 구리와 반응하여 폭발성 금속인 아세틸라이드를 생성한다.

[09-05]

84 탄화칼슘의 성질에 대한 설명으로 틀린 것은?

① 물보다 무겁다.
② 시판품은 회색 또는 회흑색의 고체이다.
③ 물과 반응해서 수산화칼슘과 아세틸렌이 생성된다.
④ 질소와 저온에서 작용하며 흡열반응을 한다.

> 고온에서 질소와 반응하여 칼슘시안아미드(석회질소)가 생성된다.

[13-01]

85 탄화칼슘을 습한 공기 중에 보관하면 위험한 이유로 가장 옳은 것은?

① 아세틸렌과 공기가 혼합된 폭발성 가스가 생성될 수 있으므로
② 에틸렌과 공기 중 질소가 혼합된 폭발성 가스가 생성될 수 있으므로
③ 분진폭발의 위험성이 증가하기 때문에
④ 포스핀과 같은 독성 가스가 발생하기 때문에

[07-01]

86 다음 위험물의 화재 발생 시 주수에 의한 소화가 오히려 더 위험한 것은?

① 염소산칼륨
② 과염소산나트륨
③ 질산암모늄
④ 탄화칼슘

[12-02, 09-01, 08-01]

87 다음 중 탄화칼슘을 대량으로 저장하는 용기에 봉입하는 가스로 가장 적합한 것은?

① 포스겐
② 인화수소
③ 질소가스
④ 아황산가스

> 탄화칼슘을 장기간 보관할 때는 질소가스, 아르곤가스 등의 불연성 가스를 봉입한다.

정답 79 ② 80 ④ 81 ② 82 ② 83 ③ 84 ④ 85 ① 86 ④ 87 ③

[08-02]

88 탄화칼슘의 안전한 저장 및 취급 방법으로 가장 거리가 먼 것은?

① 습기와의 접촉을 피한다.
② 석유 속에 저장해 둔다.
③ 장기 저장할 때는 질소가스를 충전한다.
④ 화기로부터 격리하여 저장한다.

> 탄화칼슘은 환기가 잘되고 습기가 없는 냉소에 보관하며, 화기 및 구리로부터 격리하여 저장한다.

[12-01]

89 CaC_2의 저장 장소로서 적합한 곳은?

① 가스가 발생하므로 밀전을 하지 않고 공기 중에 보관한다.
② HCl 수용액 속에 저장한다.
③ CCl_4 분위기의 수분이 많은 장소에 보관한다.
④ 건조하고 환기가 잘 되는 장소에 보관한다.

[10-01]

90 탄화칼슘 취급 시 주의해야 할 사항으로 옳은 것은?

① 산화성 물질과 혼합하여 저장할 것
② 물의 접촉을 피할 것
③ 은, 구리 등의 금속용기에 저장할 것
④ 화재발생 시 이산화탄소소화약제를 사용할 것

[11-05]

91 탄화알루미늄을 저장하는 저장고에 스프링클러 소화설비를 하면 되지 않는 이유는?

① 물과 반응 시 메탄가스를 발생하기 때문에
② 물과 반응 시 수소가스를 발생하기 때문에
③ 물과 반응 시 에탄가스를 발생하기 때문에
④ 물과 반응 시 프로판가스를 발생하기 때문에

[09-05]

92 다음 중 물과 반응하여 메탄을 발생시키는 것은?

① 탄화알루미늄   ② 금속칼슘
③ 금속리튬   ④ 수소화나트륨

> 탄화알루미늄, 탄화망간, 탄화베릴륨은 물과 반응하여 메탄을 발생한다.

[10-01]

93 탄화알루미늄이 물과 반응하여 생기는 현상이 아닌 것은?

① 산소 발생   ② 수산화알루미늄 생성
③ 열 발생   ④ 메탄가스 발생

> 탄화알루미늄은 물과 반응하여 수산화알루미늄과 메탄가스를 발생한다.

[13-02]

94 탄화알루미늄 1몰을 물과 반응시킬 때 발생하는 가연성가스의 종류와 양은?

① 에탄, 4몰   ② 에탄, 3몰
③ 메탄, 4몰   ④ 메탄, 3몰

> $Al_4C_3 + 12H_2O \rightarrow 4Al(OH)_3 + 3CH_4 \uparrow$
> 탄화알루미늄 물   수산화알루미늄   메탄

[09-01, 08-04]

95 탄화알루미늄이 물과 반응하면 폭발의 위험이 있는 것은 어떤 가스가 발생하기 때문인가?

① 수소   ② 메탄
③ 아세틸렌   ④ 암모니아

[13-01]

96 물과 작용하여 메탄과 수소를 발생시키는 것은?

① Al_4C_3 ② Mn_3C
③ Na_2C_2 ④ MgC_2

> ① 탄화알루미늄 : 수산화알루미늄 + 메탄
> ③, ④ 탄화나트륨과 탄화마그네슘은 물과 반응하여 아세틸렌가스를 발생한다.

[11-02]

97 화재 발생 시 물을 이용한 소화를 하면 오히려 위험성이 증대되는 것은?

① 황린   ② 적린
③ 탄화알루미늄   ④ 니트로셀룰로오스

[14-02]

98 알킬리튬에 대한 설명으로 틀린 것은?

① 제3류 위험물이고 지정수량은 10kg이다.
② 가연성의 액체이다
③ 이산화탄소와는 격렬하게 반응한다.
④ 소화방법으로는 물로 주수는 불가하며 할로겐화합물 소화약제를 사용하여야 한다.

정답 ▶ 88 ② 89 ④ 90 ② 91 ① 92 ① 93 ① 94 ④ 95 ② 96 ② 97 ③ 98 ④

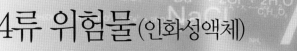
SECTION
05

제4류 위험물(인화성액체)

출제
포인트

이 섹션에서는 특수인화물, 제1, 2, 3, 4석유류, 알코올류, 동식물유류 모두 출제 빈도가 높다. 제4류 위험물의 일반적인 성질, 저장 방법, 소화 방법 모두 철저히 준비하도록 한다. 각 품명의 정의, 수용성 · 비수용성 구분, 인화점에서부터 동식물유류의 요오드값까지 모두 숙지하도록 한다. 이 섹션은 출제 빈도가 높은 만큼 비중을 두고 학습하도록 한다.

01 공통 성질

1 일반적 성질

① 대부분 물보다 가볍고 물에 녹기 어렵다(이황화탄소는 물보다 무겁고, 알코올은 물에 잘 녹는다).

② 발생증기가 가연성이며, 증기비중은 공기보다 무거운 것이 대부분이다.

③ 대부분 유기화합물이다.

④ 상온에서 액체이다.

⑤ 전기의 부도체로서 정전기의 축적이 용이하다.

⑥ 인화점이 낮은 석유류에는 불연성 가스를 봉입하여 혼합기체의 형성을 억제하여야 한다.

▶ 인화성액체란
액체(제3석유류, 제4석유류 및 동식물유류에 있어서는 1기압과 섭씨 20도에서 액상인 것에 한함)로서 인화의 위험성이 있는 것을 말한다.

2 위험성

① 공기와 혼합된 증기는 연소의 우려가 있다.

② 정전기의 방전불꽃에 의해서도 인화될 수 있다.

③ 증기가 공기보다 무거우면 예측하지 못하는 곳에서 화재가 발생할 위험이 있다.

④ 액체는 화재가 확대될 위험이 있다.

3 저장 및 취급

① 인화점 이하로 유지한 상태로 저장 및 취급한다.

② 저장용기는 밀전 밀봉하고, 액체나 증기가 누출되지 않도록 한다.

③ 통풍이 잘되는 냉암소에 보관한다.

④ 화기나 점화원으로부터 멀리 떨어져서 보관한다.

4 소화 방법

① 주수소화는 화재면 확대의 위험이 있기 때문에 적당하지 않다.

② 이산화탄소, 할로겐화물, 분말, 포, 무상의 강화액 등의 소화가 효과적이다.

02 특수인화물

1 정의

이황화탄소, 디에틸에테르 그 밖에 1기압에서 발화점이 섭씨 100℃ 이하인 것 또는 인화점이 -20℃ 이하이고, 비점이 40℃ 이하인 것을 말한다.

2 디에틸에테르($C_2H_5OC_2H_5$, $C_4H_{10}O$, 에틸에테르, 에테르)

비중	비점	인화점	착화점	연소범위
0.72(증기 : 2.55)	34.6℃	-45℃	180℃	1.9~48%

(1) 일반적 성질

① 무색 투명한 유동성의 액체이다.

② 진한 황산과 에틸알코올의 혼합물을 140℃로 가열하여 제조한다.

③ 에탄올 두 분자에서 물이 빠지면서 축합반응이 일어나 생성된다.

④ 물에는 약간 녹고, 알코올에 잘 녹는다.

⑤ 휘발성이 매우 높고, 마취성을 가진다.

⑥ 전기의 부도체로서 정전기를 발생한다.

▶ 인화점 및 착화점이란
• 인화점 : 점화원에 의해 연소되는 최저온도
• 착화점 : 점화원 없이 스스로 자체연소가 시작되는 최저온도

(2) 위험성

① 공기와 장시간 접촉하면 폭발성의 과산화물이 생성된다.

② 강산화제와 혼합 시 폭발의 위험이 있다.

(3) 저장 및 취급

① 통풍, 환기가 잘 되는 곳에 저장한다.

② 용기는 밀봉하여 보관하며, 2% 이상의 공간용적을 확보한다.

③ 저장 시 정전기 방지를 위해 소량의 염화칼슘을 넣어 준다.

④ 대량으로 저장 시 불활성가스를 봉입해야 한다.

⑤ 과산화물 생성 방지를 위해 갈색병에 보관한다.

⑥ 동식물성 섬유로 여과 시 정전기로 인해 발화할 수 있다.

▶ 과산화물 방지 및 제거
- 과산화물 생성 방지 : 저장용기에 40mesh의 구리망을 넣어둔다.
- 과산화물 검출 시약 : 10% 옥화칼륨(KI) 수용액(과산화물 검출 시 황색으로 변한다)
- 과산화물 제거 시약 : 황산제1철 또는 환원철

(4) 소화 방법

이산화탄소에 의한 질식소화가 효과적이다.

(5) 구조식

$$H-\underset{\underset{H}{|}}{\overset{\overset{H}{|}}{C}}-\underset{\underset{H}{|}}{\overset{\overset{H}{|}}{C}}-O-\underset{\underset{H}{|}}{\overset{\overset{H}{|}}{C}}-\underset{\underset{H}{|}}{\overset{\overset{H}{|}}{C}}-H$$

3 이황화탄소(CS_2)

비중	비점	인화점	착화점	연소범위
1.26	46.25℃	-30℃	100℃	1~44%

(1) 일반적 성질

① 무색 투명의 불쾌한 냄새가 나는 휘발성 액체이며, 햇볕을 쬐면 황색으로 변한다.

② 물에 녹지 않고 물보다 무거워 물속에 저장한다(가연성 증기 발생 방지 목적).

③ 벤젠, 알코올, 에테르에 녹는다.

④ 증기는 공기보다 무겁고 유독하여 신경에 장애를 줄 수 있다.

⑤ 제4류 위험물 중 착화점이 가장 낮다.

⑥ 생고무, 황, 수지 등을 용해시킨다.

⑦ 연소범위의 하한이 낮고 연소범위가 넓다.

(2) 위험성

① 연소 시 유독성 가스인 이산화황(SO_2)과 이산화탄소를 발생한다.

② 고온의 물과 반응하여 황화수소를 발생한다.

(3) 저장 및 취급

① 용기나 탱크에 저장 시 물속에 보관한다.

② 용기는 밀봉하고 통풍이 잘 되는 곳에 보관한다.

(4) 소화 방법

이산화탄소, 분말소화약제 등을 이용한 질식소화가 효과적이다.

(5) 화학반응식

- 연소반응식

$$CS_2 + 3O_2 \rightarrow CO_2\uparrow + 2SO_2\uparrow$$
이황화탄소　산소　　이산화탄소　　이산화황

- 물과의 반응식

$$CS_2 + 2H_2O \rightarrow CO_2\uparrow + 2H_2S\uparrow$$
이황화탄소　물　　이산화탄소　　황화수소

4 아세트알데히드(CH_3CHO)

비중	비점	인화점	착화점	연소범위
0.78	21℃	-38℃	185℃	4.1~57%

(1) 일반적 성질

① 휘발성이 강한 무색 투명한 액체이며, 자극적인 냄새가 난다.

② 물, 알코올, 에테르에 잘 녹는다.

③ 액체는 물보다 가볍고, 증기는 공기보다 무겁다.

④ 강산화제와의 접촉을 피한다.

⑤ 환원성이 강하여 은거울 반응, 펠링용액의 환원반응을 한다.

⑥ 구리, 은, 마그네슘, 수은과 접촉 시 중합반응을 일으킨다.

(2) 위험성

산화성 물질과 혼합 시 폭발할 수 있다.

(3) 저장 및 취급

① 적재 시 일광의 직사를 피하기 위하여 차광성 있는 피복으로 가려야 한다.

② 폭발 방지를 위하여 불활성의 기체(질소, 이산화탄소)를 봉입하는 장치를 설치한다.

(4) 아세트알데히드 생성 조건

① 에틸알코올 산화 시

② 아세트산 환원 시

③ 황산제이수은을 촉매로 아세틸렌과 물의 반응 시

(5) 화학반응식

- 연소반응식
$$CH_3CHO + 2.5O_2 \rightarrow 2CO_2 \uparrow + 2H_2O$$
아세트알데히드   산소   이산화탄소   물

- 산화반응식
$$CH_3CHO + 0.5O_2 \rightarrow CH_3COOH$$
아세트알데히드   산소   아세트산

- 환원반응식
$$CH_3CHO + H_2 \rightarrow C_2H_5OH$$
아세트알데히드   수소   에탄올

(6) 구조식

5 산화프로필렌(OCH_2CHCH_3)

비중	비점	인화점	착화점	연소범위
0.83	34℃	-37℃	449℃	2.5~38.5%

(1) 일반적 성질

① 무색 투명한 액체로 에테르향을 가진다.

② 물, 알코올, 에테르, 벤젠에 잘 녹는다.

(2) 위험성

① 액체가 피부에 닿으면 동상과 같은 증상이 나타난다.

② 구리, 마그네슘, 은, 수은 등과 접촉 시 중합반응을 일으켜 폭발성의 아세틸라이드를 생성한다.

(3) 저장 및 취급

① 저장 시 구리, 은, 마그네슘, 수은으로 된 용기는 사용하지 않는다.

② 폭발 방지를 위해 불활성기체(질소, 이산화탄소)를 봉입한다.

③ 증기압이 높아 상온에서 위험한 농도까지 도달할 수 있다.

(4) 구조식

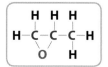

---

03 제1석유류

1 정의

아세톤, 휘발유 그 밖에 1기압에서 인화점이 섭씨 21도 미만인 것을 말한다.

2 아세톤(CH_3COCH_3)

비중	비점	인화점	착화점	연소범위
0.79	56.5℃	-18℃	538℃	2.6~12.8%

(1) 일반적 성질

① 무색 투명한 휘발성 액체이다.

② 액체는 물보다 가볍고, 증기는 공기보다 무겁다.

③ 물, 알코올, 에테르에 잘 녹는다.

④ 요오드포름반응을 한다.

(2) 위험성

① 겨울철에도 인화의 위험성이 있다.

② 피부에 닿으면 탈지작용이 있다.

③ 공기에 장시간 접촉하면 과산화물이 생성되어 황색으로 변한다.

(3) 구조식

H O H
H-C-C-C-H
H   H

3 휘발유(가솔린)

비중	증기비중	인화점	착화점	연소범위
0.65~0.80	3~4	-43~-20℃	300℃	1.4~7.6%

(1) 일반적 성질

① 주성분은 알칸 또는 알켄계 탄화수소이다.

② 물보다 가볍고 물에 녹지 않는다.

③ 전기의 불량도체로서 정전기 축적이 용이하다.

④ 원유의 성질·상태·처리방법에 따라 탄화수소의 혼합비율이 다르다.

⑤ 증기는 공기보다 무거워 낮은 곳에 체류하기 쉽다.

(2) 저장 및 취급

직사광선을 피해 통풍이 잘 되는 곳에 저장한다.

(3) 소화 방법

포소화약제, 분말소화약제에 의한 소화가 효과적이다.

4 벤젠(C_6H_6)

비중	비점	융점	인화점	착화점	연소범위
0.879 (증기 : 2.77)	80℃	5.5℃	-11℃	562℃	1.4~7.1%

(1) 일반적 성질

① 무색 투명한 휘발성 액체이다.

② 물에 녹지 않고 알코올, 아세톤, 에테르에 녹는다.

③ 증기는 공기보다 무거워 낮은 곳에 체류하므로 환기에 주의한다.

④ 불포화결합을 이루고 있으나 첨가반응보다는 치환반응이 많다.

(2) 위험성

증기는 유독하여 흡입하면 위험하다.

(3) 첨가반응

① 금속 Ni 촉매 조건에서 300℃로 가열하면 수소 첨가반응으로 시클로헥산(C_6H_{12})이 생성된다.

② 일광하에서 염소 첨가반응으로 벤젠헥사클로라이드($C_6H_6Cl_6$)가 생성된다.

③ 아세틸렌(C_2H_2)을 중합반응하면 벤젠이 된다.

5 톨루엔($C_6H_5CH_3$)

비중	비점	인화점	착화점	연소범위
0.871(증기 : 3.14)	110.6℃	4℃	552℃	1.4~6.7%

(1) 일반적 성질

① 무색 투명한 액체이다.

② 진한 질산과 진한 황산으로 니트로화하면 트리니트톨루엔이 된다.

③ 물에 녹지 않는다.

④ 벤젠보다 독성이 약하다.

⑤ 증기비중이 공기보다 무거워 낮은 곳에 체류한다.

(2) 위험성

유체 마찰 등으로 정전기가 생겨 인화하기도 한다.

(3) 소화 방법

소화분말, 포에 의한 질식소화가 효과적이다.

(4) 구조식

6 피리딘(C_5H_5N)

비중	비점	인화점	착화점	연소범위
0.98(증기 : 2.73)	115℃	20℃	482℃	1.8~12.4%

(1) 일반적 성질

① 무색 또는 담황색의 액체이다.

② 물, 알코올, 에테르에 잘 녹는다.

(2) 위험성

① 산화성 물질과 혼합 시 폭발할 우려가 있다.

② 공기보다 무겁고 증기폭발의 가능성이 있다.

(3) 저장 및 취급

차고 건조하고 통풍이 잘되는 곳에 저장한다.

(4) 구조식

7 메틸에틸케톤($CH_3COC_2H_5$)

비중	인화점	착화점	연소범위
0.8	-1℃	516℃	1.8~11.5%

(1) 일반적 성질

① 냄새가 있는 휘발성 무색 액체이다.

② 연소범위는 1.8~11.5%이다.

(2) 위험성

① 탈지작용이 있으므로 피부 접촉을 금해야 한다.

② 인화점이 0℃보다 낮으므로 주의하여야 한다.

(3) 구조식

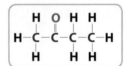

8 시클로헥산(C_6H_{12})

비중	비점	인화점	착화점	연소범위
0.8	-	-17℃	268℃	1.3~8.4%

(1) 일반적 성질

① 고리형 분자구조를 가진 지방족 탄화수소화합물이다.

② 비수용성 위험물이다.

9 초산에틸(CH₃COOC₂H₅)

비중	인화점	착화점	연소범위
0.9	-4.4℃	427℃	2.2~11.4%

(1) 일반적 성질

① 무색 투명의 휘발성 액체로 인화성이 강하다.

② 물보다 가볍고 증기는 공기보다 무겁다.

04 제2석유류

1 정의

등유, 경유 그 밖에 1기압에서 인화점이 섭씨 21도 이상 70도 미만인 것을 말한다(다만, 도료류 그 밖의 물품에 있어서 가연성 액체량이 40중량퍼센트 이하이면서 인화점이 40℃ 이상인 동시에 연소점이 60℃ 이상인 것은 제외).

구분	비중	비점	인화점	착화점	연소범위
등유 (케로신)	0.79~0.85 (증기비중 : 4.5)	–	40~70℃	220℃	1.1~6%
경유	0.83~0.88 (증기비중 : 4.5)	–	50~70℃	200℃	1~6%
포름산	1.218	100.5℃	69℃	601℃	–
아세트산	1.05	118.3℃	40℃	427℃	5.4~16%
테레핀유	0.86	153~175℃	35℃	240℃	0.8%
스틸렌	0.807	146℃	32℃	490℃	1.1~6.1%
클로로벤젠	1.11	132℃	28℃	593℃	1.3~7.1%

2 등유(케로신)

① 무색 또는 담황색의 액체이다.

② 물보다 가볍고 증기는 공기보다 무겁다.

③ 전기의 부도체이다.

3 아세트산(CH₃COOH)

① 무색 투명한 액체로 초산이라고도 한다.

② 물, 알코올, 에테르에 녹는다.

③ 겨울철에는 고화될 수 있다.

④ 피부에 접촉 시 수포가 발생한다.

⑤ 구조식

4 포름산(HCOOH)

① 개미산 또는 메탄산이라고도 한다.

② 독성이 있고 물, 알코올, 에테르에 녹는다.

③ 구조식

5 크실렌(C₆H₄(CH₃)₂)

① 무색 투명한 액체로 방향족 탄화수소의 하나이다.

② 3종의 이성질체가 있다.

③ 물에는 녹지 않고, 알코올, 에테르, 벤젠 등에 녹는다.

▶ 이성질체의 종류

구분	인화점	착화점	비중	구조식
o-크실렌	30℃	464℃	0.88	
m-크실렌	25℃	528℃	0.86	
p-크실렌	25℃	528℃	0.86	

05 제3석유류

1 정의

중유, 클레오소트유, 그 밖에 1기압에서 인화점이 70℃ 이상 200℃ 미만인 것을 말한다(다만, 도료류 그 밖의 물품은 가연성 액체량이 40중량퍼센트 이하인 것은 제외).

구분	비중	비점	융점	인화점	착화점
클레오 소트유	1.05	194~ 400℃	–	74℃	336℃
니트로 벤젠	1.2	211℃	–	88℃	482℃
아닐린	1.002	184℃	-6℃	75℃	538℃
에틸렌글 리콜	1.113	197℃	-12℃	111℃	413℃
글리세린	1.26	290℃	17℃	160℃	393℃

② 클레오소트유

① 황색 또는 암록색의 액체이다.
② 물보다 무겁고 물에 녹지 않는다.
③ 물에는 녹지 않고, 알코올, 에테르, 벤젠에 녹는다.

③ 니트로벤젠($C_6H_5NO_2$)

① 연한 노란색의 기름 모양의 액체이다.
② 벤젠에 진한 질산과 진한 황산을 첨가해 니트로
화해서 만든다.
③ 구조식

④ 아닐린($C_6H_5NH_2$)

① 특유의 냄새를 가진 무색의 기름 모양의 액체이다.
② 알칼리금속 및 알칼리토금속과 반응하여 수소와
아닐리드를 발생한다.
③ 물에는 약간 녹고 에탄올, 에테르, 벤젠 등의 유기
용매에는 잘 녹는다.
④ 산화성 물질과의 혼합 시 폭발할 우려가 있다.
⑤ 인화점보다 높은 상태에서 공기와 혼합하여 폭발
성 가스를 생성한다.
⑥ 화학반응식

> • 아닐린의 제법
> $2C_6H_5NO_2 + 3Sn + 12HCl \rightarrow$
> 　니트로벤젠　　주석　　염산
> $2C_6H_5NH_2 + 3SnCl_4 + 4H_2O$
> 　아닐린　　염화주석　　물

⑦ 구조식

⑤ 에틸렌글리콜(CH_2OHCH_2OH, $C_2H_4(OH)_2$)

① 단맛이 나는 무색 액체로 2가 알코올이다.
② 물, 알코올에 잘 녹는다.
③ 분자량은 약 62이고 비중은 1.1이다.
④ 부동액의 원료로 사용된다.
⑤ 구조식

```
    H  H
    |  |
H - C - C - H
    |  |
    OH OH
```

⑥ 글리세린($CH_2OHCHOHCH_2OH$, $C_3H_5(OH)_3$)

① 무색·무취의 흡습성이 강한 액체로 단맛이 있다.
② 3가 알코올이다.
③ 화장품, 세척제 등의 원료로 사용된다.
④ 구조식

```
    H   H   H
    |   |   |
H - C - C - C - H
    |   |   |
    OH  OH  OH
```

06 제4석유류

① 정의

기어유, 실린더유, 그 밖에 1기압에서 인화점이 200℃
이상 250℃ 미만의 것을 말한다(다만, 도료류 그 밖의 물
품은 가연성 액체량이 40중량퍼센트 이하인 것은 제외).

(1) 종류
① 윤활유 : 기계유, 실린더유, 스핀들유, 터빈유,
기어유, 엔진오일, 콤프레셔 오일 등
② 가소제 : DOZ, DBS, DOS, TCP, TOP, DOP,
DNP, DINP 등
(2) 일반적 성질
① 상온에서 인화의 위험은 없다.
② 가연성 물질 및 강산화제와 격리해서 저장한다.
(3) 소화 방법
① 소규모 화재 : 물분무가 효과적
② 대규모 화재 : 포소화약제에 의한 질식소화가
효과적

07 알코올류

1 정의

1분자를 구성하는 탄소원자의 수가 1개부터 3개까지인 포화1가 알코올(변성알코올 포함)로서 다음의 것은 제외

① 1분자를 구성하는 탄소원자의 수가 1개 내지 3개의 포화1가 알코올의 함유량이 60중량퍼센트 미만인 수용액

② 가연성 액체량이 60중량퍼센트 미만이고 인화점 및 연소점(태그개방식인화점측정기에 의한 연소점)이 에틸알코올 60중량퍼센트 수용액의 인화점 및 연소점을 초과하는 것

구분	비중	비점	인화점	착화점	연소범위
메틸 알코올	0.79 (증기 : 1.1)	65℃	11℃	464℃	6.0~36%
에틸 알코올	0.79 (증기 : 1.59)	79℃	13℃	423℃	4.3~19%

2 메틸알코올(CH_3OH)

(1) 일반적 성질

① 무색 투명한 휘발성이 강한 1가 알코올로서 메탄올이라고도 한다.

② 일산화탄소와 수소를 고온, 고압에서 합성시켜 제조하며, 수용성이 가장 크다.

③ 산화하면 포름알데히드를 거쳐 의산(포름산)이 된다.

④ 연소범위를 더 좁게 하기 위하여 질소, 이산화탄소, 아르곤 등을 첨가한다.

(2) 위험성

① 독성이 있다.

② 산화성 물질과 혼합 시 폭발할 우려가 있다.

③ 소량만 마셔도 시신경을 마비시킨다.

(3) 화학반응식

> • 연소반응식
> $$2CH_3OH + 3O_2 \rightarrow 2CO_2 + 4H_2O$$
> 메틸알코올　　산소　　이산화탄소　　물
>
> • 산화 · 환원반응식
> 　　　　산화(H_2 제거)　　산화(O 추가)
> $$CH_3OH \rightleftharpoons HCHO \rightleftharpoons HCOOH$$
> 메틸알코올　　환원　포름알데히드　환원　　포름산
> 산화 · 환원반응 : 어떠한 물질이 수소를 잃거나 산소를 받아들이는 반응

(4) 구조식

3 에틸알코올(C_2H_5OH)

(1) 일반적 성질

① 무색 투명한 휘발성이 강한 1가 알코올로서 에탄올이라고도 한다.

② 독성이 없으며, 술의 원료로 사용된다.

③ 산화하면 아세트알데히드를 거쳐 아세트산이 된다.

(2) 화학반응식

> • 연소반응식
> $$C_2H_5OH + 3O_2 \rightarrow 2CO_2 + 3H_2O$$
> 에틸알코올　　　산소　　　이산화탄소　　　물
>
> • 요오드포름반응식
> $$C_2H_5OH + 6KOH + 4I_2 \rightarrow$$
> 에틸알코올　　　　수산화칼륨　　요오드
> $$CHI_3 + 5KI + HCOOK + 5H_2O$$
> 요오드포름　요오드화칼륨　　의산칼륨　　　물
>
> • 산화 · 환원반응식
> 　　　　산화(H_2제거)　　　산화(O추가)
> $$C_2H_5OH \rightleftharpoons CH_3CHO \rightleftharpoons CH_3COOH$$
> 에틸알코올　환원　아세트알데히드　환원　　아세트산

(3) 구조식

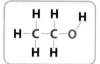

> ▶ 메탄올과 에탄올의 비교
> • 발화점 : 메탄올 〉에탄올
> • 인화점 : 메탄올 〈 에탄올
> • 증기비중 : 메탄올 〈 에탄올
> • 비점 : 메탄올 〈 에탄올

4 이소프로필알코올($(CH_3)_2CHOH$)

① 무색 투명한 액체이다.

② 프로판올의 이성질체인 지방족 포화알코올이다.

③ 물, 에테르, 아세톤에 잘 녹는다.

④ 탈수하면 프로필렌이 된다.

⑤ 탈수소하면 아세톤이 된다.

⑥ 소독약, 방부제 등의 원료로 사용된다.

08 동·식물유류

1 정의

동물의 지육 등 또는 식물의 종자나 과육으로부터 추출한 것으로서 1기압에서 인화점이 섭씨 250도 미만인 것을 말한다. (단, 총리령으로 정하는 용기기준과 수납·저장기준에 따라 수납되어 저장·보관되고 용기의 외부에 물품의 통칭명, 수량 및 화기엄금의 표시가 있는 경우 제외)

① 건성유는 공기 중 산소와 결합하기 쉬우며, 자연발화의 위험이 있다.
② 상온에서 인화의 위험은 없다.

▶ 요오드값에 따른 분류

구분	요오드값	종류	요오드값
건성유	130 이상	아마인유	175~195
		동유	160~170
		들깨기름	200
반건성유	100~130	채종유	105~120
		면실유	103~116
		참기름	105~115
		콩기름	124~132
불건성유	100 이하	올리브유	79~95
		피마자유	82~90
		동백유	79~90
		낙화생유	84~102
		야자유	50~60

※요오드값 : 유지 100g에 흡수되는 요오드의 g 수

기출문제 | 기출문제로 출제유형을 파악한다!

[13–01]

1 제4류 위험물의 공통적인 성질이 아닌 것은?

① 대부분 물보다 가볍고 물에 녹기 어렵다.
② 공기와 혼합된 증기는 연소의 우려가 있다.
③ 인화되기 쉽다.
④ 증기는 공기보다 가볍다.

> 증기는 공기보다 무겁다.

[09–02]

2 제4류 위험물의 일반적인 화재 예방방법이나 진압대책과 관련한 설명 중 틀린 것은?

① 인화점이 높은 석유류일수록 불연성 가스를 봉입하여 혼합기체의 형성을 억제하여야 한다.
② 메틸알코올의 화재에는 내알코올 포를 사용하여 소화하는 것이 효과적이다.
③ 물에 의한 냉각소화보다는 이산화탄소, 분말, 포에 의한 질식소화를 시도하는 것이 좋다.
④ 중유탱크 화재의 경우 boil over 현상이 일어나 위험한 상황이 발생할 수 있다.

> 인화점이 낮은 석유류에는 불연성 가스를 봉입하여 혼합기체의 형성을 억제하여야 한다.

[09–01]

3 제4류 위험물에 대한 설명 중 틀린 것은?

① 이황화탄소는 물보다 무겁다.
② 아세톤은 물에 녹지 않는다.
③ 톨루엔 증기는 공기보다 무겁다.
④ 디에틸에테르의 연소범위 하한은 약 1.9%이다.

[12–05]

4 제4류 위험물의 성질에 대한 설명이 아닌 것은?

① 발생증기가 가연성이며 공기보다 무거운 물질이 많다.
② 정전기에 의하여도 인화할 수 있다.
③ 상온에서 액체이다.
④ 전기도체이다.

> 제4류 위험물은 전기의 부도체이다.

[07–01]

5 제4류 위험물의 일반적인 성질에 대한 설명 중 틀린 것은?

① 대부분 유기화합물이다.
② 액체 상태이다.
③ 대부분 물보다 가볍다.
④ 대부분 물에 녹기 쉽다.

정답 ▶ 1 ④ 2 ① 3 ② 4 ④ 5 ④

6 [11-04] 제4류 위험물의 일반적 성질이 아닌 것은?

① 대부분 유기화합물이다.
② 전기의 양도체로서 정전기 축적이 용이하다.
③ 발생증기는 가연성이며 증기비중은 공기보다 무거운 것이 대부분이다.
④ 모두 인화성 액체이다.

> 제4류 위험물은 전기의 부도체로서 정전기의 축적이 용이하다.

7 [10-04, 07-02] 인화성액체 위험물의 저장 및 취급 시 화재 예방상 주의사항에 대한 설명 중 틀린 것은?

① 증기가 대기 중에 누출된 경우 인화의 위험성이 크므로 증기의 누출을 예방할 것
② 액체가 누출된 경우 확대되지 않도록 주의할 것
③ 전기 전도성이 좋을수록 정전기 발생에 유의할 것
④ 다량 저장·취급 시에는 배관을 통해 입·출고할 것

8 [12-05] 위험물에 대한 설명으로 옳은 것은?

① 이황화탄소는 연소 시 유독성 황화수소가스를 발생한다.
② 디에틸에테르는 물에 잘 녹지 않지만 유지 등을 잘 녹이는 용제이다.
③ 등유는 가솔린보다 인화점이 높으나, 인화점은 0℃ 미만이므로 인화의 위험성은 매우 높다.
④ 경유는 등유와 비슷한 성질을 가지지만 증기비중이 공기보다 가볍다는 차이점이 있다.

> ① 이황화탄소는 연소 시 아황산가스를 발생한다.
> ③ 등유의 인화점은 40~70℃이다.
> ④ 경유와 등유의 증기비중은 4.5로 공기보다 무겁다.

9 [08-04] 제4류 위험물의 성질에 대한 설명이 아닌 것은?

① 물보다 무거운 것이 많으며, 대부분 물에 용해된다.
② 상온에서 액체로 존재한다.
③ 가연성 물질이다.
④ 증기는 대부분 공기보다 무겁다.

> 대부분 물보다 가볍고 물에 녹기 어렵다.

10 [08-02] 인화성액체의 증기가 공기보다 무거운 것은 다음 중 어떤 위험성과 가장 관계가 있는가?

① 인화점이 낮다.
② 발화점이 낮다.
③ 물에 의한 소화가 어렵다.
④ 예측하지 못한 장소에서 화재가 발생할 수 있다.

11 [08-02] 제1석유류의 일반적인 성질로 틀린 것은?

① 물보다 가볍다.
② 가연성이다.
③ 증기는 공기보다 가볍다.
④ 인화점이 21℃ 미만이다.

12 [07-01] 일반적으로 제4류 위험물 화재에 직접 물로 소화하는 것은 적당하지 않다. 그 이유에 대한 설명으로 가장 옳은 것은?

① 인화점이 낮아진다.
② 화재면의 확대 위험성이 있다.
③ 가연성 가스를 발생한다.
④ 중화반응을 일으킨다.

13 [12-04] 휘발유, 등유, 경유 등의 제4류 위험물에 화재가 발생하였을 때 소화방법으로 가장 옳은 것은?

① 포소화설비로 질식소화시킨다.
② 다량의 물을 위험물에 직접 주수하여 소화한다.
③ 강산화성 소화제를 사용하여 중화시켜 소화한다.
④ 염소산칼륨 또는 염화나트륨이 주성분인 소화약제로 표면을 덮어 소화한다.

14 [10-02] 인화성액체 위험물에 대한 소화방법에 대한 설명으로 틀린 것은?

① 탄산수소염류소화기는 적응성이 있다.
② 포소화기는 적응성이 있다.
③ 이산화탄소 소화기에 의한 질식소화가 효과적이다.
④ 물통 또는 수조를 이용한 냉각소화가 효과적이다.

정답 ▶ 6 ② 7 ③ 8 ② 9 ① 10 ④ 11 ③ 12 ② 13 ① 14 ④

[08-04]

15 위험물안전관리법에서 정의하는 제2석유류의 인화점 범위에 해당하는 것은?(단, 1기압이다)

① -20℃ 이하

② 20℃ 미만

③ 21℃ 이상, 70℃ 미만

④ 70℃ 이상, 200℃ 미만

[08-02]

16 법령에서 정의하는 제2석유류의 1기압에서의 인화점 범위를 옳게 나타낸 것은?

① 21℃ 이상, 70℃ 미만

② 70℃ 이상, 200℃ 미만

③ 200℃ 이상, 300℃ 미만

④ 300℃ 이상, 400℃ 미만

[12-04, 08-02]

17 위험물안전관리법상 제3석유류의 액체상태의 판단 기준은?

① 1기압과 섭씨 20도에서 액상인 것

② 1기압과 섭씨 25도에서 액상인 것

③ 기압에 무관하게 섭씨 20도에서 액상인 것

④ 기압에 무관하게 섭씨 25도에서 액상인 것

> **인화성 액체** : 제3석유류, 제4석유류 및 동식물유류에 있어서는 1기압과 섭씨 20도에서 액상인 것

[07-01]

18 다음 물질 중 소화제로 쓸 수 없는 것은?

① HCN   ② CF_3Br

③ CO_2 ④ 마른 모래

> 시안화수소는 제4류 위험물에 속한다.

[08-04]

19 다음 위험물 중 끓는점이 가장 높은 것은?

① 벤젠   ② 에테르

③ 메탄올   ④ 아세트알데히드

> ① 벤젠 : 80℃   ② 에테르 : 35℃
> ③ 메탄올 : 65℃   ④ 아세트알데히드 : 21℃

[12-04]

20 위험물의 성질에 관한 설명 중 옳은 것은?

① 벤젠과 톨루엔 중 인화온도가 낮은 것은 톨루엔이다.

② 디에틸에테르는 휘발성이 높으며 마취성이 있다.

③ 에틸알코올은 물이 조금이라도 섞이면 불연성 액체가 된다.

④ 휘발유는 전기양도체이므로 정전기 발생이 위험하다.

> ① 벤젠(-11℃)이 톨루엔(4℃)보다 인화온도가 낮다.
> ③ 에틸알코올은 수용성 액체이다.
> ④ 휘발유는 전기부도체이므로 정전기 발생에 주의한다.

[07-05]

21 다음 물질 중에서 비점이 가장 높은 것은?

① C_6H_6

② $C_6H_6CH_3$

③ $C_6H_5CHCH_2$

④ $CH_3-CH_2-CH_2-CH_2-CH_3$

> ① 벤젠 : 80℃   ② 톨루엔 : 110℃
> ③ 스틸렌 : 146℃   ④ 펜탄 : 36℃

[12-05, 10-04]

22 위험물안전관리법령상 특수인화물의 정의에 대해 다음 ( ) 안에 알맞은 수치를 차례대로 옳게 나열한 것은?

> "특수인화물"이라 함은 이황화탄소, 디에틸에테르 그 밖에 1기압에서 발화점이 섭씨 ( )도 이하인 것 또는 인화점이 섭씨 영하 ( )도 이하이고 비점이 섭씨 40도 이하인 것을 말한다.

① 100, 20   ② 25, 0

③ 100, 0   ④ 25, 20

[08-02]

23 다음 제4류 위험물 중 특수인화물에 해당하고 물에 잘 녹지 않으며 비중이 0.71, 비점이 약 34℃인 위험물은?

① 아세트알데히드

② 산화프로필렌

③ 디에틸에테르

④ 니트로벤젠

정답 ▶ **15** ③ **16** ① **17** ① **18** ① **19** ① **20** ② **21** ③ **22** ① **23** ③

[11-01]

24 다음 중 물에 가장 잘 용해되는 위험물은?

① 벤즈알데히드   ② 이소프로필알코올

③ 휘발유   ④ 에테르

> 이소프로필알코올은 물, 에테르에 잘 녹는다.

[11-02]

25 위험물안전관리법령에서 정의하는 "특수인화물"에 대한 설명으로 올바른 것은?

① 1기압에서 발화점이 150℃ 이상인 것

② 1기압에서 인화점이 40℃ 미만인 고체물질인 것

③ 1기압에서 인화점이 -20℃ 이하이고, 비점이 40℃ 이하인 것

④ 1기압에서 인화점이 21℃ 이상 70℃ 미만인 가연성 물질인 것

[13-02]

26 디에틸에테르에 관한 설명 중 틀린 것은?

① 비전도성이므로 정전기를 발생하지 않는다.

② 무색 투명한 유동성의 액체이다.

③ 휘발성이 매우 높고, 마취성을 가진다.

④ 공기와 장시간 접촉하면 폭발성의 과산화물이 생성된다.

> 전기부도체로서 정전기를 발생한다.

[09-01]

27 디에틸에테르의 성질이 아닌 것은?

① 유동성   ② 마취성

③ 인화성   ④ 비휘발성

> 디에틸에테르는 휘발성이 높은 물질이다.

[07-02]

28 디에틸에테르에 대한 설명 중 잘못된 것은?

① 강산화제와 혼합 시 안전하게 사용할 수 있다.

② 대량으로 저장 시 불활성가스를 봉입해야 한다.

③ 정전기 발생 방지를 위해 주의를 기울여야 한다.

④ 통풍, 환기가 잘 되는 곳에 저장한다.

> 강산화제와 혼합 시 폭발의 위험이 있다.

[13-04, 10-01]

29 다음 중 분자량이 약 74, 비중이 약 0.71인 물질로서 에탄올 두 분자에서 물이 빠지면서 축합반응이 일어나 생성되는 물질은?

① $C_2H_5OC_2H_5$ ② C_2H_5OH

③ C_6H_5Cl ④ CS_2

> 에탄올의 축합반응으로 디에틸에테르가 생성된다.
> ① 디에틸에테르   ② 에탄올
> ③ 염화벤젠   ④ 이황화탄소

[07-01]

30 디에틸에테르의 성질 중 맞는 것은?

① 착화점이 약 350℃이다.

② 공기와 장시간 접촉 시 과산화물이 생성된다.

③ 정전기에 대한 위험성은 없다.

④ 상온에서 고체이다.

> ① 착화점이 약 180℃이다.
> ③ 전기의 부도체로서 정전기를 발생한다.
> ④ 상온에서 액체이다.

[08-01]

31 에테르가 공기와 장시간 접촉 시 생성되는 것으로 불안정한 폭발성 물질에 해당하는 것은?

① 수산화물   ② 과산화물

③ 질소화합물   ④ 황화합물

[11-04]

32 디에틸에테르의 저장 시 소량의 염화칼슘을 넣어주는 목적은?

① 정전기 발생 방지

② 과산화물 생성 방지

③ 저장용기의 부식 방지

④ 동결 방지

[08-04]

33 이황화탄소에 대한 설명 중 틀린 것은?

① 이황화탄소의 증기는 공기보다 무겁다.

② 액체상태이고 물보다 무겁다.

③ 증기는 유독하여 신경에 장애를 줄 수 있다.

④ 비점이 물의 비점과 같다.

> 이황화탄소의 비점(끓는점)은 46℃로 물보다 낮다.

정답   **24** ②   **25** ③   **26** ①   **27** ④   **28** ①   **29** ①   **30** ②   **31** ②   **32** ①   **33** ④

[11–05]
34 디에틸에테르의 안전관리에 관한 설명 중 틀린 것은?

① 증기는 마취성이 있으므로 증기 흡입에 주의하여야 한다.
② 폭발성의 과산화물 생성을 요오드화칼륨 수용액으로 확인한다.
③ 물에 잘 녹으므로 대규모 화재 시 집중 주수하여 소화한다.
④ 정전기 불꽃에 의한 발화에 주의하여야 한다.

화재 시 이산화탄소에 의한 질식소화가 효과적이다.

[13–01]
35 디에틸에테르의 보관·취급에 관한 설명으로 틀린 것은?

① 용기는 밀봉하여 보관한다.
② 환기가 잘 되는 곳에 보관한다.
③ 정전기가 발생하지 않도록 취급한다.
④ 저장용기에 빈 공간이 없게 가득 채워 보관한다.

저장용기는 2% 이상의 공간용적을 확보한다.

[09–01]
36 디에틸에테르와 벤젠의 공통성질에 대한 설명으로 옳은 것은?

① 증기비중은 1보다 크다.
② 인화점은 -10℃보다 높다.
③ 착화온도는 200℃보다 낮다.
④ 연소범위는 상한이 60%보다 크다.

구 분	증기비중	인화점	착화온도	연소범위
디에틸에테르	2.55	-45℃	180℃	1.9~48%
벤젠	2.69	-30℃	562℃	1.4~7.1%

[12–05, 07–05]
37 이황화탄소의 성질에 대한 설명 중 틀린 것은?

① 연소할 때 황화수소를 발생한다.
② 증기비중은 약 2.6이다.
③ 보호액으로 물을 사용한다.
④ 인화점이 약 -30℃이다.

연소할 때 아황산가스를 발생한다.

[07–01]
38 다음 물질 중 저장 시 물속에 보관하는 것은?

① Na
② Fe분
③ CS_2
④ LiH

[08–02]
39 이황화탄소의 성질에 대한 설명 중 틀린 것은?

① 이황화탄소의 증기는 공기보다 무겁다.
② 순수한 것은 강한 자극성 냄새가 나고 적색 액체이다.
③ 벤젠, 에테르에 녹는다.
④ 생고무를 용해시킨다.

이황화탄소는 불쾌한 냄새가 나는 무색의 액체이며, 햇볕을 쐬면 황색으로 변한다.

[12–04]
40 이황화탄소에 대한 설명으로 틀린 것은?

① 순수한 것은 황색을 띠고 냄새가 없다.
② 증기는 유독하며 신경계통에 장애를 준다.
③ 물에 녹지 않는다.
④ 연소 시 유독성의 가스를 발생한다.

물보다 무겁고 불쾌한 냄새가 나는 무채색 또는 노란색 액체이다.

[12–05]
41 다음 중 무색 투명한 휘발성 액체로서 물에 녹지 않고 무거워서 물속에 보관하는 위험물은?

① 경유
② 황린
③ 유황
④ 이황화탄소

[10–01]
42 아세트알데히드의 일반적 성질에 대한 설명 중 틀린 것은?

① 은거울 반응을 한다.
② 물에 잘 녹는다.
③ 구리, 마그네슘의 합금과 반응한다.
④ 무색·무취의 액체이다.

아세트알데히드는 무색의 액체이며, 자극적인 냄새가 난다.

[07-05]
43 제4류 위험물 중 착화온도가 가장 낮은 것은?

① 이황화탄소　　　② 디에틸에테르
③ 아세톤　　　　　④ 아세트알데히드

> ① 이황화탄소 : 100℃　② 디에틸에테르 : 180℃
> ③ 아세톤 : 538℃　　　④ 아세트알데히드 : 185℃

[11-01]
44 이황화탄소를 화재예방상 물속에 저장하는 이유는?

① 불순물을 물에 용해시키기 위해
② 가연성 증기의 발생을 억제하기 위해
③ 상온에서 수소가스를 발생시키기 때문에
④ 공기와 접촉하면 즉시 폭발하기 때문에

[12-02]
45 다음 중 발화점이 가장 낮은 것은?

① 이황화탄소　　　② 산화프로필렌
③ 휘발유　　　　　④ 메탄올

> ① 이황화탄소 : 100℃　② 산화프로필렌 : 465℃
> ③ 휘발유 : 300℃　　　④ 메탄올 : 464℃

[08-05]
46 이황화탄소가 완전연소했을 때 발생하는 물질은?

① CO_2, O_2　　　② CO_2, SO_2
③ CO, S　　　　　④ CO_2, H_2O

> $CS_2 + 3O_2 \rightarrow CO_2\uparrow + 2SO_2\uparrow$

[08-02]
47 비스코스레이온 원료로서, 비중이 약 1.3, 인화점이 약 −30℃이고, 연소 시 유독한 아황산가스를 발생시키는 위험물은?

① 황린　　　　　　② 이황화탄소
③ 테레핀유　　　　④ 장뇌유

[08-01]
48 다음 중 가연성 증기의 증발을 방지하기 위하여 물속에 저장하는 것은?

① K_2O_2　　　　　② CS_2
③ C_2H_5OH　　　④ CH_3COCH_3

[07-01]
49 다음 중 물보다 무거운 위험물은?

① 이황화탄소　　　② 휘발유
③ 톨루엔　　　　　④ 메틸에틸케톤

> 비중
> ① 이황화탄소 : 1.26　② 휘발유 : 0.65∼0.80
> ③ 톨루엔 : 0.87　　　④ 메틸에틸케톤 : 0.81

[11-05]
50 다음 중 물에 가장 잘 녹는 물질은?

① 아닐린　　　　　② 벤젠
③ 아세트알데히드　④ 이황화탄소

> 아닐린은 물에 약간 녹고, 벤젠과 이황화탄소는 물에 녹지 않는다.

[13-04]
51 아세트알데히드와 아세톤의 공통 성질에 대한 설명 중 틀린 것은?

① 증기는 공기보다 무겁다.
② 무색 액체로서 인화점이 낮다.
③ 물에 잘 녹는다.
④ 특수인화물로 반응성이 크다.

> 아세톤은 제1석유류에 속한다.

[09-02]
52 아세트알데히드의 저장·취급 시 주의사항으로 틀린 것은?

① 강산화제와의 접촉을 피한다.
② 취급설비에는 구리합금의 사용을 피한다.
③ 수용성이기 때문에 화재 시 물로 희석 소화가 가능하다.
④ 옥외저장탱크에 저장 시 조연성 가스를 주입한다.

> 옥외저장탱크에 저장 시 불활성의 기체를 주입한다.

[12-04]
53 옥외탱크저장에 연소성 혼합기체의 생성에 의한 폭발을 방지하기 위하여 불활성의 기체를 봉입하는 장치를 설치하여야 하는 위험물질은?

① $CH_3COC_2H_5$　　② C_5H_5N
③ CH_3CHO　　　　④ C_6H_5Cl

chapter 02

54 [08-04] 다음 위험물 중에서 물에 가장 잘 녹는 것은?

① 디에틸에테르　　　② 가솔린
③ 톨루엔　　　　　　④ 아세트알데히드

> 디에틸에테르는 물에 약간 녹고, 가솔린, 톨루엔은 물에 녹지 않는다.

55 [12-02] 산화프로필렌의 성상에 대한 설명 중 틀린 것은?

① 청색의 휘발성이 강한 액체이다.
② 인화점이 낮은 인화성 액체이다.
③ 물에 잘 녹는다.
④ 에테르향의 냄새를 가진다.

> 산화프로필렌은 무색 투명한 액체이다.

56 [11-02] 적재 시 일광의 직사를 피하기 위하여 차광성 있는 피복으로 가려야 하는 위험물은?

① 아세트알데히드　　② 아세톤
③ 에틸알코올　　　　④ 아세트산

57 [12-04] 위험물 보관 방법에 대한 설명 중 틀린 것은?

① 염소산나트륨 : 철제 용기의 사용을 피한다.
② 산화프로필렌 : 저장 시 구리용기에 질소 등 불활성기체를 충전한다.
③ 트리에틸알루미늄 : 용기는 밀봉하고 질소 등 불활성기체를 충전한다.
④ 황화린 : 냉암소에 저장한다.

> 산화프로필렌은 구리, 마그네슘, 은, 수은으로 된 용기는 피한다.

58 [11-04] 산화프로필렌에 대한 설명 중 틀린 것은?

① 연소범위는 가솔린보다 넓다.
② 물에는 잘 녹지만 알코올, 벤젠에는 녹지 않는다.
③ 비중은 1보다 작고, 증기비중은 1보다 크다.
④ 증기압이 높으므로 상온에서 위험한 농도까지 도달할 수 있다.

> 물, 알코올, 에테르, 벤젠에 잘 용해된다.

59 [09-01] 증기압이 높고 액체가 피부에 닿으면 동상과 같은 증상을 나타내며 Cu, Ag, Hg 등과 반응하여 폭발성 화합물을 만드는 것은?

① 메탄올　　　　　　② 가솔린
③ 톨루엔　　　　　　④ 산화프로필렌

60 [08-05] 산화프로필렌을 용기에 저장할 때 인화폭발의 위험을 막기 위하여 충전시키는 가스로 다음 중 가장 적합한 것은?

① N_2　　　　　　② H_2
③ O_2　　　　　　④ CO

> 용기에 저장 시 질소, 이산화탄소 등의 불활성기체를 봉입한다.

61 [11-01, 08-05] 특수인화물의 일반적인 성질에 대한 설명으로 가장 거리가 먼 것은?

① 비점이 높다.　　　② 인화점이 낮다.
③ 연소 하한값이 낮다.　④ 증기압이 높다.

> 특수인화물은 비점이 낮은 편이다.

62 [08-02] 분자식을 C_3H_6O로 나타내는 것은?

① 에틸알코올　　　　② 에틸에테르
③ 아세톤　　　　　　④ 아세트산

> ① 에틸알코올 : C_2H_5OH
> ② 에틸에테르 : $(C_2H_5)_2O$
> ④ 아세트산 : CH_3COOH

63 [12-04] 아세톤의 성질에 관한 설명으로 옳은 것은?

① 비중은 1.02이다.
② 물에 불용이고, 에테르에 잘 녹는다.
③ 증기 자체는 무해하나, 피부에 닿으면 탈지작용이 있다.
④ 인화점이 0℃보다 낮다.

> ① 비중은 0.79이다.
> ② 물, 알코올, 에테르에 잘 녹는다.
> ③ 증기는 물보다 무거우며, 유해하다.

[09-05]

64 아세톤의 성질에 대한 설명 중 틀린 것은?

① 무색의 액체로서 인화성이 있다.
② 증기는 공기보다 무겁다.
③ 물에 잘 녹는다.
④ 무취이며 휘발성이 없다.

> 아세톤은 무색의 휘발성 액체이다.

[10-01]

65 아세톤에 관한 설명 중 틀린 것은?

① 무색 휘발성이 강한 액체이다.
② 조해성이 있으며 물과 반응 시 발열한다.
③ 겨울철에도 인화의 위험성이 있다.
④ 증기는 공기보다 무거우며 액체는 물보다 가볍다.

> 아세톤은 무색 투명한 휘발성 액체로서 물에 잘 녹으며, 조해성은 없다.

[10-02]

66 아세톤의 물리·화학적 특성과 화재 예방 방법에 대한 설명으로 틀린 것은?

① 물에 잘 녹는다.
② 증기가 공기보다 가벼우므로 확산에 주의한다.
③ 화재 발생 시 물분무에 의한 소화가 가능하다.
④ 휘발성이 있는 가연성 액체이다.

[10-05]

67 다음 아세톤의 완전 연소 반응식에서 ( ) 안에 알맞은 계수를 차례대로 옳게 나타낸 것은?

$$CH_3COCH_3 + (\quad)O_2 \rightarrow (\quad)CO_2 + 3H_2O$$

① 3, 4   ② 4, 3
③ 6, 3   ④ 3, 6

> $CH_3COCH_3 + 4O_2 \rightarrow 3CO_2 + 3H_2O$

[07-05]

68 연소범위가 1.4~7.6%로 낮은 농도의 혼합증기에서 점화원에 의하여 연소가 일어나는 제4류 위험물은?

① 가솔린   ② 에테르
③ 이황화탄소   ④ 아세톤

[13-01]

69 휘발유에 대한 설명으로 옳지 않은 것은?

① 지정수량은 200리터이다.
② 전기의 불량도체로서 정전기 축적이 용이하다.
③ 원유의 성질 상태 처리방법에 따라 탄화수소의 혼합비율이 다르다.
④ 발화점은 -43~-20℃ 정도이다.

> 휘발유의 발화점은 300℃이다.

[08-05]

70 가솔린의 연소범위는 약 몇 vol% 인가?

① 1.4~7.6   ② 8.3~11.4
③ 12.5~19.7   ④ 22.3~32.8

[12-02]

71 휘발유에 대한 설명으로 옳지 않은 것은?

① 전기양도체이므로 정전기 발생에 주의해야 한다.
② 빈 드럼통이라도 가연성 가스가 남아 있을 수 있으므로 취급에 주의해야 한다.
③ 취급 저장 시 환기를 잘 시켜야 한다.
④ 직사광선을 피해 통풍이 잘 되는 곳에 저장한다.

> 휘발유는 전기의 부도체로 정전기 발생에 주의해야 한다.

[10-05]

72 휘발유에 대한 설명으로 틀린 것은?

① 위험등급은 Ⅰ등급이다.
② 증기는 공기보다 무거워 낮은 곳에 체류하기 쉽다.
③ 내장용기가 없는 외장플라스틱용기에 적재할 수 있는 최대용적은 20리터이다.
④ 이동탱크저장소로 운송하는 경우 위험물운송자는 위험물안전카드를 휴대하여야 한다.

> 휘발유의 위험등급은 Ⅱ등급이다.

[12-01]

73 휘발유의 소화방법으로 옳지 않은 것은?

① 분말소화약제를 사용한다.
② 포소화약제를 사용한다.
③ 물통 또는 수조로 주수소화한다.
④ 이산화탄소에 의한 질식소화를 한다.

정답 ▶ 64 ④ 65 ② 66 ② 67 ② 68 ① 69 ④ 70 ① 71 ① 72 ① 73 ③

74 가솔린에 대한 설명으로 옳은 것은?

① 연소범위는 15~75vol%이다.
② 용기는 따뜻한 곳에 환기가 잘 되게 보관한다.
③ 전도성이므로 감전에 주의한다.
④ 화재 소화 시 포소화약제에 의한 소화를 한다.

> ① 가솔린의 연소범위는 1.4~7.6%이다.
> ② 직사광선을 피해 통풍이 잘 되는 곳에 보관한다.
> ③ 전기의 불량도체로서 정전기 축적이 용이하다.

[09-01]
75 휘발유의 일반적인 성상에 대한 설명으로 틀린 것은?

① 물에 녹지 않는다.
② 전기전도성이 뛰어나다.
③ 물보다 가볍다.
④ 주성분은 알칸 또는 알켄계 탄화수소이다.

[07-02]
76 휘발유의 성질 및 취급 시의 주의사항에 관한 설명 중 틀린 것은?

① 증기가 모여 있지 않도록 통풍을 잘 시킨다.
② 인화점이 상온이므로 상온 이상에서는 화기 접근을 금지시켜야 한다.
③ 정전기 발생에 주의해야 한다.
④ 강산화제 등과 혼촉 시 발화할 위험이 있다.

> 휘발유의 인화점 : -43~-20℃

[11-04]
77 연소범위가 약 1.4~7.6%인 제4류 위험물은?

① 가솔린
② 에테르
③ 이황화탄소
④ 아세톤

> 연소범위
> ② 에테르 : 1.9~48%   ③ 이황화탄소 : 1.2~44%
> ④ 아세톤 : 2.6~12.8%

[09-01]
78 다음 중 물에 녹지 않는 인화성액체는?

① 벤젠
② 아세톤
③ 메틸알코올
④ 아세트알데히드

[09-01]
79 가솔린의 위험성에 대한 설명 중 틀린 것은?

① 인화점이 낮아 인화하기 쉽다.
② 증기는 공기보다 가벼우며 쉽게 착화한다.
③ 사에틸납이 혼합된 가솔린은 유독하다.
④ 정전기 발생에 주의하여야 한다.

> 가솔린의 증기는 공기보다 무거우며, 착화점은 300℃이다.

[10-04]
80 다음 중 휘발유에 화재가 발생하였을 경우 소화방법으로 가장 적합한 것은?

① 물을 이용하여 제거소화한다.
② 이산화탄소를 이용하여 질식소화한다.
③ 강산화제를 이용하여 촉매소화한다.
④ 산소를 이용하여 희석소화한다.

[08-05]
81 다음 중 증기의 밀도가 가장 큰 것은?

① 디에틸에테르
② 벤젠
③ 가솔린(옥탄 100%)
④ 에틸알코올

> ① 디에틸에테르 – 3.3g/ℓ   ② 벤젠 – 3.48g/ℓ
> ③ 가솔린 – 5.09g/ℓ   ④ 에틸알코올 – 2.54g/ℓ

[13-04, 08-01]
82 다음 물질 중 물보다 비중이 작은 것으로만 이루어진 것은?

① 에테르, 이황화탄소
② 벤젠, 글리세린
③ 가솔린, 메탄올
④ 글리세린, 아닐린

> ① 에테르 : 0.72, 이황화탄소 : 1.26
> ② 벤젠 : 0.879, 글리세린 : 1.26
> ③ 가솔린 : 0.65~0.80, 메탄올 : 0.79
> ④ 아닐린 : 1.002

[13-04, 07-01]
83 벤젠에 관한 설명 중 틀린 것은?

① 인화점은 약 -11℃ 정도이다.
② 이황화탄소보다 착화온도가 높다.
③ 벤젠 증기는 마취성은 있으나 독성은 없다.
④ 취급할 때 정전기 발생을 조심해야 한다.

> 벤젠은 독성이 있다.

정답 74 ④ 75 ② 76 ② 77 ① 78 ① 79 ② 80 ② 81 ③ 82 ③ 83 ③

84 벤젠, 톨루엔의 공통된 성상이 아닌 것은?
[11-05]

① 비수용성의 무색 액체이다.
② 인화점은 0℃ 이하이다.
③ 액체의 비중은 1보다 작다.
④ 증기의 비중은 1보다 크다.

> 인화점
> • 벤젠 : -11℃　　　　• 톨루엔 : 4℃

85 벤젠의 저장 및 취급 시 주의사항에 대한 설명으로 틀린 것은?
[13-01, 10-02]

① 정전기 발생에 주의한다.
② 피부에 닿지 않도록 주의한다.
③ 증기는 공기보다 가벼워 높은 곳에 체류하므로 환기에 주의한다.
④ 통풍이 잘되는 서늘하고 어두운 곳에 저장한다.

> 벤젠의 증기는 공기보다 무거워 낮은 곳에 체류하므로 환기에 주의한다.

86 벤젠의 성질에 대한 설명 중 틀린 것은?
[10-01]

① 무색의 액체로서 휘발성이 있다.
② 불을 붙이면 그을음을 내며 탄다.
③ 증기는 공기보다 무겁다.
④ 물에 잘 녹는다.

87 톨루엔의 위험성에 대한 설명으로 틀린 것은?
[11-02]

① 증기비중은 약 0.87이므로 높은 곳에 체류하기 쉽다.
② 독성이 있으나 벤젠보다는 약하다.
③ 약 4℃의 인화점을 갖는다.
④ 유체 마찰 등으로 정전기가 생겨 인화하기도 한다.

> 톨루엔의 증기비중은 3.14로 공기보다 무거워 낮은 곳에 체류한다.

88 다음 위험물 중 물에 대한 용해도가 가장 낮은 것은?
[10-01]

① 아크릴산　　　　② 아세트알데히드
③ 벤젠　　　　　　④ 글리세린

89 벤젠의 위험성에 대한 설명으로 틀린 것은?
[11-04, 09-02]

① 휘발성이 있다.
② 인화점이 0℃보다 낮다.
③ 증기는 유독하여 흡입하면 위험하다.
④ 이황화탄소보다 착화온도가 낮다.

> 착화온도
> • 벤젠 : 562℃　　　• 이황화탄소 : 100℃

90 다음 중 벤젠 증기의 비중에 가장 가까운 값은?
[09-04]

① 0.7　　　　　　② 0.9
③ 2.7　　　　　　④ 3.9

91 다음 위험물 중 끓는점이 가장 높은 것은?
[10-04]

① 벤젠
② 디에틸에테르
③ 메탄올
④ 아세트알데히드

> ① 벤젠 : 80℃　　　　② 디에틸에테르 : 34.5℃
> ③ 메탄올 : 65℃　　　④ 아세트알데히드 : 21℃

92 물에 대한 용해도가 가장 낮은 것은?
[12-05]

① 아크릴산
② 아세트알데히드
③ 벤젠
④ 글리세린

> 벤젠은 비수용성의 제1석유류에 해당한다.

93 다음은 각 위험물의 인화점을 나타낸 것이다. 인화점을 틀리게 나타낸 것은?
[08-04]

① CH_3COCH_3 : -18℃
② C_6H_6 : -11℃
③ CS_2 : -30℃
④ C_5H_5N : -20℃

> 피리딘의 인화점은 20℃이다.

정답 ▶ 84 ② 85 ③ 86 ④ 87 ① 88 ③ 89 ④ 90 ③ 91 ① 92 ③ 93 ④

94 위험물의 성질에 관한 다음 설명 중 틀린 것은?

① 초산메틸은 유기화합물이다.
② 피리딘은 물에 녹지 않는다.
③ 초산에틸은 무색 투명한 액체이다.
④ 이소프로필알코올은 물에 녹는다.

피리딘은 물, 알코올, 에테르에 잘 녹는다.

[11-05]

95 톨루엔의 화재 시 가장 적합한 소화방법은?

① 산·알칼리 소화기에 의한 소화
② 포에 의한 소화
③ 다량의 강화액에 의한 소화
④ 다량의 주수에 의한 냉각소화

톨루엔 소화방법 : 소화분말, 탄산가스, 포에 의한 질식소화를 한다.

[11-01]

96 $C_6H_5CH_3$의 일반적 성질이 아닌 것은?

① 벤젠보다 독성이 매우 강하다.
② 진한 질산과 진한 황산으로 니트로화하면 TNT가 된다.
③ 비중은 약 0.86이다.
④ 물에 녹지 않는다.

[08-04]

97 메틸에틸케톤에 대한 설명 중 틀린 것은?

① 냄새가 있는 휘발성 무색의 액체이다.
② 연소범위는 약 12~46%이다.
③ 탈지작용이 있으므로 피부 접촉을 금해야 한다.
④ 인화점이 0℃보다 낮으므로 주의하여야 한다.

연소범위는 1.8~11.5%이다.

[08-01]

98 등유의 성질에 대한 설명 중 틀린 것은?

① 증기는 공기보다 가볍다.
② 인화점이 상온보다 높다.
③ 전기에 대해 불량도체이다.
④ 물보다 가볍다.

등유의 증기비중은 4~5로 공기보다 무겁다.

[10-05]

99 시클로헥산에 관한 설명으로 거리가 먼 것은?

① 고리형 분자구조를 가진 방향족 탄화수소화합물이다.
② 화학식은 C_6H_{12}이다.
③ 비수용성 위험물이다.
④ 제4류 제1석유류에 속한다.

고리형 분자구조를 가진 지방족 탄화수소화합물이다.

[10-02]

100 다음 중 증기비중이 가장 큰 것은?

① 벤젠   ② 등유
③ 메틸알코올   ④ 에테르

① 벤젠 : 2.69   ② 등유 : 4~5
③ 메틸알코올 : 1.1   ④ 에테르 : 2.55

[10-01]

101 등유에 대한 설명으로 틀린 것은?

① 휘발유보다 착화온도가 높다.
② 증기는 공기보다 무겁다.
③ 인화점은 상온(25℃)보다 높다.
④ 물보다 가볍고 비수용성이다.

등유(250℃)보다 휘발유(300℃)의 착화온도가 더 높다.

[09-01]

102 다음 중 증기비중이 가장 큰 것은?

① 벤젠   ② 등유
③ 메틸알코올   ④ 에테르

증기비중
① 벤젠 : 2.69   ② 등유 : 4~5
③ 메틸알코올 : 1.1   ④ 에테르 : 2.55

[11-02]

103 경유에 관한 설명으로 옳은 것은?

① 증기비중은 1 이하이다.
② 제3석유류에 속한다.
③ 착화온도는 가솔린보다 낮다.
④ 무색의 액체로서 원유 증류 시 가장 먼저 유출되는 유분이다.

가솔린의 증기는 공기보다 무거우며, 착화점은 300℃이다.

[12-01]

104 경유에 대한 설명으로 틀린 것은?

① 품명은 제3석유류이다.
② 디젤기관의 연료로 사용할 수 있다.
③ 원유의 증류 시 등유와 중유 사이에서 유출된다.
④ K, Na의 보호액으로 사용할 수 있다.

> 경유는 제2석유류이다.

[07-05]

105 경유의 성질에 대한 설명 중 틀린 것은?

① 물에 녹기 어렵다.
② 비중은 1 이하이다.
③ 인화점과 착화점은 중유보다 높다.
④ 보통 시판되는 것은 담갈색의 액체이다.

> 경유의 인화점은 50~70℃로 중유(60~150℃)보다 낮다.

[09-01]

106 아세트산의 일반적 성질에 대한 설명 중 틀린 것은?

① 무색 투명한 액체이다.
② 수용성이다.
③ 증기비중은 등유보다 크다.
④ 겨울철에 고화될 수 있다.

> 아세트산의 증기비중은 2.07로 등유(4~5)보다 작다.

[09-04]

107 포름산에 대한 설명으로 옳은 것은?

① 환원성이 있다.
② 초산 또는 빙초산이라고도 한다.
③ 독성은 거의 없고 물에 녹지 않는다.
④ 비중은 약 0.6이다.

> ② 포름산은 개미산 또는 메탄산이라고도 한다.
> ③ 독성이 있고 물에 녹는다.
> ④ 비중은 1.220이다.

[07-01]

108 메틸알코올의 연소범위는 약 몇 Vol%인가?

① 0.1~2 　　　　② 2.1~5
③ 6.0~36 　　　　④ 40.1~62

[13-01]

109 아닐린에 대한 설명으로 옳은 것은?

① 특유의 냄새를 가진 기름상 액체이다.
② 인화점이 0℃ 이하이어서 상온에서 인화의 위험이 높다.
③ 황산과 같은 강산화제와 접촉하면 중화되어 안정하게 된다.
④ 증기는 공기와 혼합하여 인화, 폭발의 위험은 없는 안정한 상태가 된다.

> ② 아닐린의 인화점은 70℃이다.
> ③ 산화성 물질과의 혼합 시 폭발 우려가 있다.
> ④ 인화점보다 높은 상태에서 공기와 혼합하여 폭발성 가스 생성

[14-04, 08-01]

110 에틸렌글리콜의 성질로 옳지 않은 것은?

① 갈색의 액체로 방향성이 있고 쓴맛이 난다.
② 물, 알코올 등에 잘 녹는다.
③ 분자량은 약 62이고 비중은 1.1이다.
④ 부동액의 원료로 사용된다.

> 무색의 액체로 단맛이 난다.

[13-04]

111 1기압 20℃에서 액상이며 인화점이 200℃ 이상인 물질은?

① 벤젠 　　　　　② 톨루엔
③ 글리세린 　　　④ 실린더유

> 제4류 위험물 중 제4석유류는 인화점이 200℃ 이상 250℃ 미만이며, 기어유, 실린더유 등이 있다.

[12-02]

112 메틸알코올의 연소범위를 더 좁게 하기 위하여 첨가하는 물질이 아닌 것은?

① 질소 　　　　　② 산소
③ 이산화탄소 　　④ 아르곤

[07-01]

113 다음 알코올류 중 분자량이 약 32이고, 인화점이 약 11℃이며 시신경을 마비시키는 위험성이 있는 물질은?

① 메틸알코올 　　　② 에틸알코올
③ 아밀알코올 　　　④ n-부틸알코올

정답 ▶ 104 ① 　105 ③ 　106 ③ 　107 ① 　108 ③ 　109 ① 　110 ① 　111 ④ 　112 ② 　113 ①

114 메틸알코올은 몇 가 알코올인가?

① 1가   ② 2가

③ 3가   ④ 4가

[12-01]

115 메탄올과 에탄올의 공통점에 대한 설명으로 틀린 것은?

① 증기 비중이 같다.

② 무색 투명한 액체이다.

③ 비중이 1보다 작다.

④ 물에 잘 녹는다.

메탄올의 증기비중(1.1)은 에탄올(1.6)보다 낮다.

[13-04]

116 메탄올에 관한 설명으로 옳지 않은 것은?

① 인화점은 약 11℃이다.

② 술의 원료로 사용된다.

③ 휘발성이 강하다.

④ 최종산화물은 의산(포름산)이다.

술의 원료로 사용되는 것은 에탄올이다.

[10-01]

117 촉매 존재하에서 일산화탄소와 수소를 고온, 고압에서 합성시켜 제조하는 물질로 산화하면 포름알데히드가 되는 것은?

① 메탄올   ② 벤젠

③ 휘발유   ④ 등유

메탄올은 산화하면 포름알데히드를 거쳐 포름산이다.

[13-02]

118 에틸알코올에 관한 설명 중 옳은 것은?

① 인화점은 0℃ 이하이다.

② 비점은 물보다 낮다.

③ 증기밀도는 메틸알코올보다 작다.

④ 수용성이므로 이산화탄소소화기는 효과가 없다.

① 인화점은 13℃이다.
③ 증기밀도는 1.6으로 에틸알코올이 크다.
④ 수용성이므로 이산화탄소소화기가 효과적이다.

[13-02]

119 에틸알코올의 증기비중은 약 얼마인가?

① 0.72   ② 0.91

③ 1.13   ④ 1.59

[09-01]

120 이소프로필알코올에 대한 설명으로 옳지 않은 것은?

① 탈수하면 프로필렌이 된다.

② 탈수소하면 아세톤이 된다.

③ 물에 녹지 않는다.

④ 무색투명한 액체이다.

이소프로필알코올은 물에 잘 녹는다.

[12-02]

121 메탄올과 비교한 에탄올의 성질에 대한 설명 중 틀린 것은?

① 인화점이 낮다.

② 발화점이 낮다.

③ 증기비중이 크다.

④ 비점이 높다.

메탄올이 인화점이 더 낮다.

[12-04]

122 다음은 위험물안전관리법령에서 정의한 동식물유류에 관한 내용이다. (   )에 알맞은 수치는?

> 동물의 지육 등 또는 식물의 종자나 과육으로부터 추출한 것으로서 1기압에서 인화점이 섭씨 (   )도 미만인 것을 말한다.

① 21   ② 200

③ 250   ④ 300

[10-05]

123 다음 중 공기에서 산화되어 액 표면에 피막을 만드는 경향이 가장 큰 것은?

① 올리브유   ② 낙화생유

③ 야자유   ④ 동유

공기 중에서 쉽게 산화되어 표면에 피막을 만드는 경향이 강한 것은 건성유인데, 건성유에는 아마인유와 동유 등이 있다.

정답 114 ① 115 ① 116 ② 117 ① 118 ② 119 ④ 120 ③ 121 ① 122 ③ 123 ④

[12-01]

124 동·식물유류에 대한 설명으로 틀린 것은?

① 아마인유는 건성유이다.
② 불포화결합이 적을수록 자연발화의 위험이 커진다.
③ 요오드값이 100 이하인 것을 불건성유라 한다.
④ 건성유는 공기 중 산화중합으로 생긴 고체가 도막을 형성할 수 있다.

> 불포화결합이 많을수록 자연발화의 위험이 커진다.

[07-02]

125 아마인유에 대한 설명 중 틀린 것은?

① 건성유이다.
② 공기 중 산소와 결합하기 쉽다.
③ 요오드가가 올리브유보다 작다.
④ 자연발화의 위험이 있다.

> 아마인유는 요오드가가 175~195인 건성유이며, 올리브유는 요오드가가 79~95인 불건성유이다.

[09-04]

126 요오드값에 관한 설명 중 틀린 것은?

① 기름 100g에 흡수되는 요오드의 g수를 말한다.
② 요오드값은 유지에 함유된 지방산의 불포화 정도를 나타낸다.
③ 불포화결합이 많이 포함되어 있는 것이 건성유이다.
④ 불포화 정도가 클수록 반응성이 작다.

> 불포화 정도가 클수록 반응성이 크다.

[07-05]

127 다음 중 요오드값이 130 이상인 것은?

① 야자유   ② 올리브유
③ 아마인유   ④ 채종유

요오드값에 따른 분류

구분	요오드값	종류
건성유	130 이상	아마인유, 동유, 들깨기름 등
반건성유	100~130	채종유, 면실유, 참기름, 콩기름 등
불건성유	100 이하	올리브유, 피마자유, 동백유, 낙화생유, 야자유

[08-04]

128 다음 중 요오드 값이 가장 낮은 것은?

① 해바라기유   ② 오동유
③ 아마인유   ④ 낙화생유

> ①, ②, ③은 요오드값이 130 이상의 건성유이며, ④는 100 이하의 불건성유이다.

[12-05, 08-02]

129 클레오소트유에 대한 설명으로 틀린 것은?

① 제3석유류에 속한다.
② 무취이고 증기는 독성이 없다.
③ 상온에서 액체이다.
④ 물보다 무겁고 물에 녹지 않는다.

> 클레오소트유는 황색 또는 암록색의 액체로 특유의 냄새를 지니고 있다.

제5류 위험물(자기반응성물질)

출제
포인트

이 섹션에서는 제5류 위험물의 일반적인 성질과 위험성, 화재예방 및 소화 방법에 대해 묻는 문제가 자주 출제된다. 질산에스테르류와 니트로화합물의 품명을 구분하는 문제도 자주 출제된다. 또한 히드라진 유도체와 제4류 위험물인 히드라진도 구분해서 정리해두도록 한다. 이 섹션은 최근에 출제빈도가 높아지므로 철저히 학습하도록 한다.

01 공통 성질

1 일반적 성질

① 유기화합물로 가연성 물질이다.
② 대부분 물질 자체에 산소를 함유하고 있다(아조화합물, 디아조화합물, 히드라진유도체 등은 제외).
③ 자기연소를 일으키며 연소 속도가 빠르다.
④ 비중이 1보다 크다.

2 위험성

① 강산화제 또는 강산류와 접촉 시 위험성이 증가한다.
② 오래 저장할수록 자연발화의 위험이 있다.

3 저장 및 취급

① 용기의 파손 및 균열에 주의한다.
② 저장 시 가열, 충격, 마찰을 피한다.
③ 점화원 및 분해를 촉진시키는 물질로부터 멀리한다.
④ 통풍이 잘되는 냉암소에 저장한다.
⑤ 화재 시 소화에 어려움이 있으므로 가급적 소분하여(작게 나누어서) 저장한다.
⑥ 위험물제조소에는 "화기엄금" 주의사항 게시판을 설치한다.
⑦ 운반용기 외부에 "화기엄금" 및 "충격주의"를 표시한다.
⑧ 피부 접촉 시 비누액이나 물로 씻는다.

4 소화 방법

다량의 냉각주수소화가 효과적이다.

02 질산에스테르류

구분	종류
질산에스테르류	질산메틸, 질산에틸, 니트로글리세린, 니트로셀룰로스, 니트로글리콜, 셀룰로이드
니트로화합물류	트리니트로톨루엔, 트리니트로페놀(피크린산)

1 질산메틸(CH_3ONO_2)

비중	증기비중	비점	분자량
1.22	2.65	66℃	77

(1) 일반적 성질
① 무색 투명한 액체이다.
② 물에 녹지 않으며 알코올과 에테르에 녹는다.

(2) 위험성
폭발성이 크고 폭약이나 로켓용 액체연료로 사용된다.

(3) 저장 및 취급
저장 시 열이나 충격을 피한다.

(4) 소화 방법
물을 주수하여 냉각소화한다.

2 질산에틸($C_2H_5ONO_2$)

비중	증기비중	비점	분자량	인화점	끓는점
1.11	3.14	88℃	91	10℃	88℃

(1) 일반적 성질
① 무색 투명한 액체이다.
② 물에 녹지 않으며 알코올과 에테르에 녹는다.
③ 방향성을 가지고 있다.

(2) 위험성

인화점이 낮아 상온에서 인화되기 쉽다.

(3) 저장 및 취급

통풍이 잘되는 찬 곳에 저장한다.

3 니트로글리세린($C_3H_5(ONO_2)_3$)

비중	비점	착화점
1.6	160℃	210℃

(1) 일반적 성질

① 무색 또는 담황색의 액체이다.

② 물에는 녹지 않고, 알코올, 벤젠 등에 녹는다.

③ 규조토에 흡수시킨 것을 다이너마이트라고 한다.

(2) 위험성

① 충격, 마찰에 매우 예민하고 폭발을 일으키기 쉽다.

② 겨울철에 동결의 우려가 있다.

(3) 저장 및 취급

직사광선을 피하고 환기가 잘 되는 냉암소에 보관한다.

(4) 화학반응식

• 분해반응식

$$4C_3H_5(ONO_2)_3 \rightarrow$$
니트로글리세린

$$12CO_2\uparrow + 6N_2\uparrow + O_2\uparrow + 10H_2O\uparrow$$
이산화탄소　　질소　　산소　　수증기

4 니트로셀룰로오스

비중	분해온도	발화온도
1.5	130℃	180℃

(1) 일반적 성질

① 무색 또는 백색의 고체이며, 햇빛에 의해 황갈색으로 변한다.

② 셀룰로오스를 진한 황산과 진한 질산의 혼산으로 반응시켜 제조한다.

③ 물에는 녹지 않고, 알코올, 벤젠 등에 녹는다.

④ 질화도(질산기의 수)에 따라 강면약과 약면약으로 나눌 수 있다.

⑤ 화약의 원료로 사용된다.

⑥ 물과 혼합하면 위험성이 감소한다.

(2) 위험성

① 질화도가 클수록 폭발성, 위험성이 증가한다.

② 열분해하여 자연발화한다.

(3) 저장 및 취급

운반 시 또는 저장 시 물 또는 알코올 등을 첨가하여 습윤시켜야 한다.

(4) 소화 방법

다량의 물에 의한 소화가 효과적이다.

(5) 화학반응식

• 분해반응식

$$2C_{24}H_{29}O_9(ONO_2)_{11} \rightarrow 24CO_2\uparrow + 24CO\uparrow$$
니트로셀룰로오스　　　　　　　이산화탄소　　　일산화탄소

$$+ 12H_2O + 17H_2\uparrow + 11N_2\uparrow$$
물　　수소　　질소

5 셀룰로이드

비중	분해온도	발화온도
1.32~1.35	100℃	170~190℃

(1) 일반적 성질

① 순수한 것은 무색 투명한 고체이다.

② 질소가 함유된 유기물이다.

③ 물에는 녹지 않고 알코올, 아세톤에 녹는다.

(2) 위험성

장시간 방치된 것은 햇빛, 고온 등에 의해 분해가 촉진되어 자연발화의 위험이 있다.

(3) 저장 및 취급

통풍이 잘되고 온도가 낮은 곳에 저장한다.

6 니트로글리콜($C_2H_4N_2O_6$)

(1) 일반적 성질

① 무색, 기름상의 액체이다.

② 물에는 녹지 않고 알코올, 에테르에 잘 녹는다.

③ 니트로글리세린보다 휘발성이 강하다.

④ 낮은 온도에서도 잘 얼지 않는 다이너마이트를 제조하기 위해 니트로글리세린의 일부를 대체하여 첨가한다.

(2) 위험성

① 증기는 맹독성이 강하다.

② 마찰과 충격에 민감하다.

③ 다량 흡수하면 협심증 발작을 일으킬 수 있다.

④ 가열하면 폭발할 위험이 높다.

03 유기과산화물

(1) 저장 및 취급

① 인화성 액체류와 접촉을 피하여 저장한다.

② 직사광선을 피하고 냉암소에 저장한다.

③ 불꽃, 불티 등의 화기 및 열원으로부터 멀리한다.

④ 산화제나 환원제와 접촉하지 않도록 주의한다.

④ 필요한 경우 물질의 특성에 맞는 적당한 희석제를 첨가하여 저장한다.

(2) 소화 방법

주수소화가 가장 효과적이다.

(3) 유기과산화물에서 제외되는 혼합물의 기준

① 과산화벤조일의 함유량이 35.5중량퍼센트 미만인 것으로서 전분가루, 황산칼슘2수화물 또는 인산1수소칼슘2수화물과의 혼합물

② 비스(4클로로벤조일)퍼옥사이드의 함유량이 30중량퍼센트 미만인 것으로서 불활성고체와의 혼합물

③ 과산화지크밀의 함유량이 40중량퍼센트 미만인 것으로서 불활성고체와의 혼합물

④ 1·4비스(2-터셔리부틸퍼옥시이소프로필)벤젠의 함유량이 40중량퍼센트 미만인 것으로서 불활성고체와의 혼합물

⑤ 시크로헥사놀퍼옥사이드의 함유량이 30중량퍼센트 미만인 것으로서 불활성고체와의 혼합물

1 과산화벤조일(벤조일퍼옥사이드, $(C_6H_5CO)_2O_2$)

비중	융점	발화점
1.33	103~105℃	125℃

(1) 일반적 성질

① 무색·무취의 결정 또는 백색 분말이다.

② 물에는 녹지 않고, 알코올에 약간 녹으며, 에테르에 잘 녹는다.

③ 상온에서 안정하다.

(2) 위험성

① 산화제이므로 유기물, 환원성 물질과의 접촉을 피한다.

② 진한 황산, 질산 등에 의하여 분해폭발의 위험이 있다.

③ 건조상태에서는 마찰·충격으로 폭발의 위험이 있다.

④ 가열하면 약 100℃에서 흰 연기를 내면서 분해한다.

(3) 저장 및 취급

① 직사일광을 피하고 찬 곳에 저장한다.

② 건조 방지를 위해 물 등의 희석제(프탈산디메틸, 프탈산디부틸 등)를 사용하여 폭발의 위험성을 낮출 수 있다.

(4) 소화 방법

소량일 때는 마른 모래, 분말, 탄산가스가 효과적이며, 대량일 때는 주수소화가 효과적이다.

(5) 구조식

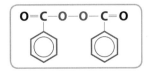

2 과산화에틸메틸에틸케톤(메틸에틸케톤퍼옥사이드, $(CH_3COC_2H_5)_2O_2$)

융점	발화점	분해온도
-20℃	205℃	40℃

(1) 일반적 성질

① 무색·기름 형태의 액체이다.

② 상온 이하의 온도에서도 안정하다.

(2) 위험성

① 30℃ 이상에서 무명, 탈지면 등과 접촉하면 발화의 위험이 있다.

② 대량 연소 시 폭발할 위험이 있다.

04 니트로화합물

1 트리니트로톨루엔($C_6H_2CH_3(NO_2)_3$, TNT)

비중	융점	비점	인화점	착화점
1.66	81℃	240℃	167℃	300℃

(1) 일반적 성질

① 담황색의 결정이며, 직사광선에 노출되면 다갈색으로 변한다.

② 물에 녹지 않으며 알코올, 아세톤, 벤젠, 에테르에 잘 녹는다.

③ 자연분해의 위험성이 적어 장기간 저장이 가능하다.

④ 운반 시 10%의 물을 넣어 운반하면 안전하다.

⑤ 금속과는 반응하지 않는다.

⑥ 폭약의 원료로 사용된다.

⑦ 폭약류의 폭력을 비교할 때 기준 폭약으로 활용된다.

⑧ 피크르산에 비하여 충격·마찰에 둔감하다.

(2) 위험성

폭발 시 유독기체인 일산화탄소를 발생한다.

(3) 화학반응식

- 분해반응식

$$2C_6H_2CH_3(NO_2)_3 \rightarrow$$
트리니트로톨루엔

$$\underset{\text{탄소}}{2C} + \underset{\text{질소}}{3N_2\uparrow} + \underset{\text{수소}}{5H_2\uparrow} + \underset{\text{일산화탄소}}{12CO\uparrow}$$

❷ 트리니트로페놀($C_6H_2OH(NO_2)_3$)

비중	융점	비점	착화점
1.8	122.5℃	255℃	300℃

(1) 일반적 성질

① 순수한 것은 무색이며 공업용은 휘황색의 침상 결정으로 피크린산 또는 피크르산이라고도 한다.

② 페놀(C_6H_5OH)의 수소원자(H)를 니트로기(-NO_2)로 치환한 것이다.

③ 찬물에는 미량 녹고, 알코올, 에테르, 벤젠, 온수에 잘 녹는다.

(2) 위험성

① 분해 시 일산화탄소, 이산화탄소, 질소, 수소, 탄소 등 다량의 가스를 발생한다.

② 쓴맛이 있으며, 독성이 있다.

③ 구리, 납, 철 등의 중금속과 반응하여 피크린산염을 생성한다.

④ 단독으로는 충격, 마찰 등에 비교적 안정하지만, 금속염, 요오드, 가솔린, 알코올, 황 등과의 혼합물은 충격, 마찰 등에 의하여 폭발한다.

(3) 소화 방법

주수소화가 효과적이다.

(4) 화학반응식

- 분해반응식

$$2C_6H_2OH(NO_2)_3 \rightarrow$$
트리니트로페놀

$$\underset{\text{일산화탄소}}{6CO\uparrow} + \underset{\text{이산화탄소}}{4CO_2\uparrow} + \underset{\text{질소}}{3N_2\uparrow} + \underset{\text{수소}}{3H_2\uparrow} + \underset{\text{탄소}}{2C}$$

※ 니트로 화합물의 작용기 : 니트로기(-NO_2)

❸ 디니트로톨루엔

(1) 일반적 성질

① 백색의 결정이다.

② 물에는 녹지 않고 알코올, 에테르, 벤젠에 녹는다.

③ 비중 : 1.5

④ 폭발 감도가 매우 둔하여 폭굉하기 어렵다.

⑤ 폭발력이 적어 폭약으로 사용할 수 없다.

⑥ 질산암모늄 폭약의 예감제로 사용된다.

[12–05]

1 제5류 위험물의 일반적인 성질에 대한 설명 중 틀린 것은?

① 자기연소를 일으키며 연소 속도가 **빠르다.**
② 무기물이므로 폭발의 위험이 있다.
③ 운반용기 외부에 "화기엄금" 및 "충격주의" 주의사항 표시를 하여야 한다.
④ 강산화제 또는 강산류와 접촉 시 위험성이 증가한다.

> 제5류 위험물은 유기화합물이다.

[08–02]

2 제5류 위험물의 일반적인 성질에 대한 설명으로 가장 거리가 먼 것은?

① 가연성 물질이다.
② 대부분 유기 화합물이다.
③ 점화원의 접근은 위험하다.
④ 대부분 오래 저장할수록 안정하게 된다.

> 제5류 위험물은 오래 저장할수록 자연발화의 위험이 있다.

[11–05, 09–05]

3 제5류 위험물에 대한 설명으로 옳지 않은 것은?

① 대표적인 성질은 자기반응성물질이다.
② 피크린산은 니트로화합물이다.
③ 모두 산소를 포함하고 있다.
④ 니트로화합물은 니트로기가 많을수록 폭발력이 커진다.

> 제5류 위험물은 대부분 물질 자체에 산소를 함유하고 있지만, 아조화합물, 디아조화합물, 히드라진유도체 등은 산소를 포함하고 있지 않다.

[10–01]

4 제5류 위험물의 화재 예방상 주의사항으로 가장 거리가 먼 것은?

① 점화원의 접근을 피한다.
② 통풍이 양호한 찬 곳에 저장한다.
③ 소화설비는 질식효과가 있는 것으로 준비한다.
④ 가급적 소분하여 저장한다.

> 화재 시 다량의 냉각주수소화를 한다.

[09–04]

5 제5류 위험물의 위험성에 대한 설명으로 옳은 것은?

① 유기질소화합물에는 자연발화의 위험성을 갖는 것도 있다.
② 연소 시 주로 열을 흡수하는 성질이 있다.
③ 니트로화합물은 니트로기가 적을수록 분해가 용이하고, 분해발열량도 크다.
④ 연소 시 발생하는 연소가스가 없으나 폭발력이 매우 강하다.

> ② 연소 시에는 주로 열을 발산한다.
> ③ 니트로화합물은 니트로기가 많을수록 분해가 용이하다.
> ④ 연소 시에는 가스를 발생한다.

[14–05, 11–04]

6 제5류 위험물의 공통된 취급 방법이 아닌 것은?

① 용기의 파손 및 균열에 주의한다.
② 저장 시 가열, 충격, 마찰을 피한다.
③ 운반용기 외부에 주의사항으로 "자연발화주의"를 표기한다.
④ 점화원 및 분해를 촉진시키는 물질로부터 멀리한다.

> 운반용기 외부에 "화기엄금" 및 "충격주의" 주의사항 표시를 하여야 한다.

[11–01]

7 제5류 위험물에 대한 설명으로 틀린 것은?

① 대부분 물질 자체에 산소를 함유하고 있다.
② 대표적 성질이 자기반응성물질이다.
③ 가열, 충격, 마찰로 위험성이 증가하므로 주의한다.
④ 불연성이지만 가연물과 혼합은 위험하므로 주의한다.

> 제5류 위험물은 가연성 물질이다.

[09–01]

8 일반적 성질이 산소공급원이 되는 위험물로 내부연소를 하는 것은?

① 제1류 위험물
② 제2류 위험물
③ 제5류 위험물
④ 제6류 위험물

정답▶ 1 ② 2 ④ 3 ③ 4 ③ 5 ① 6 ③ 7 ④ 8 ③

13 자기반응성물질의 화재예방에 대한 설명으로 옳지 않은 것은?

① 가열 및 충격을 피한다.
② 할로겐화합물 소화기를 구비한다.
③ 가급적 소분하여 저장한다.
④ 차고 어두운 곳에 저장하여야 한다.

[08-04]

9 제5류 위험물의 연소에 관한 설명 중 틀린 것은?

① 연소 속도가 빠르다.
② CO_2 소화기에 의한 소화가 적응성이 있다.
③ 가열, 충격, 마찰 등에 의해 발화할 위험이 있는 물질이 있다.
④ 연소 시 유독성 가스가 발생할 수 있다.

[14-02, 08-02]

14 제5류 위험물의 화재 시 소화방법에 대한 설명으로 옳은 것은?

① 가연성 물질로서 연소속도가 빠르므로 질식소화가 효과적이다.
② 할로겐화합물 소화기가 적응성이 있다.
③ CO_2 및 분말소화기가 적응성이 있다.
④ 다량의 주수에 의한 냉각소화가 효과적이다.

[07-02]

10 제5류 위험물에 대한 설명으로 옳지 않은 것은?

① 자기반응성물질이다.
② 피크린산은 니트로화합물이다.
③ 모두 산소를 포함하고 있다.
④ 니트로화합물은 니트로기가 많을수록 폭발력이 커진다.

> 아조화합물, 디아조화합물, 히드라진유도체 등은 산소를 포함하고 있지 않다.

[12-04]

15 자기반응성물질의 화재 예방법으로 가장 거리가 먼 것은?

① 마찰을 피한다.
② 불꽃의 접근을 피한다.
③ 고온체로 건조시켜 보관한다.
④ 운반용기 외부에 "화기엄금" 및 "충격주의"를 표시한다.

> 제5류 위험물은 작게 나누어 통풍이 잘되는 냉암소에 저장한다.

[09-01]

11 일반적인 제5류 위험물 취급 시 주의사항으로 가장 거리가 먼 것은?

① 화기의 접근을 피한다.
② 물과 격리하여 저장한다.
③ 마찰과 충격을 피한다.
④ 통풍이 잘되는 냉암소에 저장한다.

> 강산화제 또는 강산류와 접촉을 피해 저장한다.

[10-01]

16 다음 위험물에 대한 설명 중 옳은 것은?

① 벤조일퍼옥사이드는 건조할수록 안전도가 높다.
② 테트릴은 충격과 마찰에 민감하다.
③ 트리니트로페놀은 공기 중 분해하므로 장기간 저장이 불가능하다.
④ 디니트로톨루엔은 액체상의 물질이다.

> ① 벤조일퍼옥사이드는 건조상태에서 마찰·충격으로 인한 폭발의 위험이 있다.
> ③ 트리니트로페놀은 단독으로는 충격, 마찰 등에 비교적 안정하기 때문에 장기간 저장할 수 있다.
> ④ 디니트로톨루엔은 고체상의 물질이다.

[09-01]

12 제5류 위험물의 일반적인 화재 예방 및 소화방법에 대한 설명으로 옳지 않은 것은?

① 불꽃, 고온체의 접근을 피한다.
② 할로겐화합물소화기는 소화에 적응성이 없으므로 사용해서는 안 된다.
③ 위험물제조소에는 "화기엄금" 주의사항 게시판을 설치한다.
④ 화재 발생 시 팽창질식에 의한 질식소화를 한다.

> 제5류 위험물 화재 시에는 다량의 냉각주수소화를 한다.

정답 ▶ 9 ② 10 ③ 11 ② 12 ④ 13 ② 14 ④ 15 ③ 16 ②

[09-05]

17 다음 중 자기반응성물질이면서 산소공급원의 역할을 하는 것은?

① 황화린
② 탄화칼슘
③ 이황화탄소
④ 트리니트로톨루엔

① 가연성고체
② 자연발화성 및 금수성물질
③ 인화성액체

[12-04]

18 상온에서 액상인 것으로만 나열된 것은?

① 니트로셀룰로오스, 니트로글리세린
② 질산에틸, 니트로글리세린
③ 질산에틸, 피크린산
④ 니트로셀룰로오스, 셀룰로이드

① 니트로셀룰로오스(고체), 니트로글리세린(액체)
③ 질산에틸(액체), 피크린산(고체)
④ 니트로셀룰로오스(고체), 셀룰로이드(고체)

[07-01]

19 질산메틸의 성질에 대한 설명으로 틀린 것은?

① 비점은 약 66℃이다.
② 증기는 공기보다 가볍다.
③ 무색 투명한 액체이다.
④ 자기반응성물질이다.

질산메틸은 증기비중이 2.65로 공기보다 무겁다.

[12-04]

20 CH_3ONO_2의 소화방법으로 옳은 것은?

① 물을 주수하여 냉각소화한다.
② 이산화탄소소화기로 질식소화를 한다.
③ 할로겐화합물소화기로 질식소화를 한다.
④ 건조사로 냉각소화한다.

[10-04, 07-02]

21 질산에틸의 성질에 대한 설명 중 틀린 것은?

① 비점은 약 88℃이다.
② 무색의 액체이다.
③ 증기는 공기보다 무겁다.
④ 물에 잘 녹는다.

질산에틸은 물에 녹지 않고 알코올과 에테르에 녹는다.

[13-01]

22 다음 위험물 중 상온에서 액체인 것은?

① 질산에틸
② 트리니트로톨루엔
③ 셀룰로이드
④ 피크린산

질산에틸은 무색 투명한 액체이며 ②, ③, ④는 모두 상온에서 고체이다.

[09-02]

23 다량의 주수에 의한 냉각소화가 효과적인 위험물은?

① CH_3ONO_2
② Al_4C_3
③ Na_2O_2
④ Mg

① 제5류 위험물인 질산메틸은 물에 녹지 않으며 화재 시 주수소화 가능
② 제3류 위험물인 탄화알루미늄은 물과 반응하면 가연성가스인 메탄 발생
③ 제1류 위험물인 과산화나트륨은 물과 반응하면 산소 발생
④ 제2류 위험물인 마그네슘은 물과 반응하면 수소가 발생하기 때문에 화재 발생 시 건조사에 의한 피복소화를 한다.

[10-02, 07-01]

24 질산에틸의 분자량은?

① 76
② 82
③ 91
④ 105

[08-05]

25 질산에틸의 성질에 대한 설명 중 틀린 것은?

① 물에 녹지 않는다.
② 상온에서 인화하기 어렵다.
③ 증기는 공기보다 무겁다.
④ 무색 투명한 액체이다.

질산에틸은 인화점이 낮아 상온에서 인화되기 쉽다.

[11-04]

26 질산에틸에 관한 설명으로 옳은 것은?

① 인화점이 낮아 인화되기 쉽다.
② 증기는 공기보다 가볍다.
③ 물에 잘 녹는다.
④ 비점은 약 28℃ 정도이다.

② 증기비중은 3.14로 공기보다 무겁다.
③ 물에는 녹지 않으며 알코올과 에테르에 녹는다.
④ 비점은 약 88℃ 정도이다.

정답 ▶ 17 ④ 18 ② 19 ② 20 ① 21 ④ 22 ① 23 ① 24 ③ 25 ② 26 ①

[08-01]

27 질산에틸에 대한 설명 중 틀린 것은?

① 물에 녹지 않는다.
② 냄새가 나는 무색의 액체이다.
③ 비중은 약 1.1, 끓는점은 약 88℃이다.
④ 인화점이 상온 이상이므로 인화의 위험이 적다.

인화점이 10℃로 인화하기 쉽다.

[08-04]

28 질산에틸의 성질 및 취급방법에 대한 설명으로 틀린 것은?

① 통풍이 잘되는 찬 곳에 저장한다.
② 물에 녹지 않으나 알코올에 녹는 무색 액체이다.
③ 인화점이 30℃이므로 여름에 특히 조심해야 한다.
④ 액체는 물보다 무겁고 증기도 공기보다 무겁다.

질산에틸의 인화점은 10℃이다.

[12-05]

29 질산에틸과 아세톤의 공통적인 성질 및 취급 방법으로 옳은 것은?

① 휘발성이 낮기 때문에 마개 없는 병에 보관하여도 무방하다.
② 점성이 커서 다른 용기에 옮길 때 가열하여 더운 상태에서 옮긴다.
③ 통풍이 잘되는 곳에 보관하고 불꽃 등의 화기를 피하여야 한다.
④ 인화점이 높으나 증기압이 낮으므로 햇빛에 노출된 곳에 저장이 가능하다.

① 아세톤은 휘발성이 높은 제1석유류이다.
②, ④ 두 물질 모두 인화점이 낮기 때문에 통풍이 잘되는 곳에 보관해야 한다.

[07-05]

30 니트로글리세린에 대한 설명 중 틀린 것은?

① 무색 또는 담황색의 액체이다.
② 충격, 마찰에 비교적 둔감하나 동결품은 예민하다.
③ 비중은 약 1.6, 비점은 약 160℃이다.
④ 알코올, 벤젠 등에 녹는다.

니트로글리세린은 충격, 마찰에 매우 예민하다.

[11-04]

31 니트로글리세린에 대한 설명으로 가장 거리가 먼 것은?

① 규조토에 흡수시킨 것을 다이너마이트라고 한다.
② 충격, 마찰에 매우 둔감하나 동결품은 민감해진다.
③ 비중은 약 1.6이다.
④ 알코올, 벤젠 등에 녹는다.

[11-01]

32 순수한 것은 무색, 투명한 기름상의 액체이고 공업용은 담황색인 위험물로 충격, 마찰에는 매우 예민하고 겨울철에는 동결할 우려가 있는 것은?

① 펜트리트
② 트리니트로벤젠
③ 니트로글리세린
④ 질산메틸

[10-02]

33 니트로글리세린에 대한 설명으로 옳은 것은?

① 품명은 니트로화합물이다.
② 물, 알코올, 벤젠에 잘 녹는다.
③ 가열, 마찰, 충격에 민감하다.
④ 상온에서 청색의 결정성 고체이다.

① 품명은 질산에스테르류이다.
② 니트로글리세린은 물에는 녹지 않고, 알코올, 벤젠 등에 녹는다.
④ 니트로글리세린은 무색 또는 담황색의 액체이다.

[09-04]

34 니트로글리세린에 대한 설명으로 옳은 것은?

① 물에 매우 잘 녹는다.
② 공기 중에서 점화하면 연소나 폭발의 위험은 없다.
③ 충격에 대하여 민감하여 폭발을 일으키기 쉽다.
④ 제5류 위험물의 니트로화합물에 속한다.

[12-04]

35 니트로셀룰로오스에 관한 설명으로 옳은 것은?

① 용제에는 전혀 녹지 않는다.
② 질화도가 클수록 위험성이 증가한다.
③ 물과 작용하여 수소를 발생한다.
④ 화재 발생 시 질식소화가 가장 적합하다.

정답 ▶ **27** ④ **28** ③ **29** ③ **30** ② **31** ② **32** ③ **33** ③ **34** ③ **35** ②

36 니트로셀룰로오스에 대한 설명으로 옳은 것은?

① 물에 녹지 않으며 물보다 무겁다.
② 수분과 접촉하는 것은 위험하다.
③ 질화도와 폭발 위험성은 무관하다.
④ 질화도가 높을수록 폭발 위험성이 낮다.

> 니트로셀룰로오스는 비중이 약 1.5로 물보다 무겁고, 물에 잘 녹지 않는다.

[10–05]

37 니트로셀룰로오스에 관한 설명으로 옳은 것은?

① 섬유소를 진한 염산과 석유의 혼합액으로 처리하여 제조한다.
② 직사광선 및 산의 존재하에 자연발화의 위험이 있다.
③ 습윤상태로 보관하면 매우 위험하다.
④ 황갈색의 액체상태이다.

> ① 셀룰로오스(섬유소)를 진한 염산과 진한 황산의 혼산으로 반응시켜 제조한다.
> ③ 물과 알코올을 습윤시켜 저장한다.
> ④ 니트로셀룰로오스는 무색 또는 백색의 고체이며, 햇빛에 의해 황갈색으로 변한다.

[10–01]

38 니트로셀룰로오스에 대한 설명으로 옳은 것은?

① 용제에는 전혀 녹지 않는다.
② 질화도가 클수록 위험성이 증가한다.
③ 물과 작용하여 수소를 발생한다.
④ 화재발생 시 질식소화가 가장 적합하다.

[08–05]

39 니트로셀룰로오스의 안전한 저장을 위해 사용되는 물질은?

① 페놀 ② 황산
③ 에탄올 ④ 아닐린

[07–05]

40 다음 중 안전을 위해 운반 시 물 또는 알코올을 첨가하여 습윤하는 위험물은?

① 질산에틸 ② 니트로셀룰로오스
③ 니트로글리세린 ④ 피크린산

[09–02]

41 니트로셀룰로오스에 대한 설명 중 틀린 것은?

① 천연 셀룰로오스를 염기와 반응시켜 만든다.
② 질화도가 클수록 위험성이 크다.
③ 질화도에 따라 크게 강면약과 약면약으로 구분할 수 있다.
④ 약 130℃에서 분해한다.

> 셀룰로오스를 진한 황산과 진한 질산의 혼산으로 반응시켜 제조한다.

[09–05]

42 다음 중 제5류 위험물로서 화약류 제조에 사용되는 것은?

① 중크롬산나트륨 ② 클로로벤젠
③ 과산화수소 ④ 니트로셀룰로오스

[09–01]

43 니트로셀룰로오스에 대한 설명 중 틀린 것은?

① 약 130℃에서 서서히 분해된다.
② 셀룰로오스를 진한 질산과 진한 황산의 혼산으로 반응시켜 제조한다.
③ 수분과의 접촉을 피하기 위해 석유 속에 저장한다.
④ 발화점은 약 160~170℃이다.

> 저장 시 물과 알코올을 습윤시킨다.

[12–01]

44 니트로셀룰로오스에 대한 설명으로 틀린 것은?

① 다이너마이트의 원료로 사용된다.
② 물과 혼합하면 위험성이 감소된다.
③ 셀룰로오스에 진한 질산과 진한 황산을 작용시켜 만든다.
④ 품명이 니트로화합물이다.

[12–05]

45 니트로셀룰로오스의 저장·취급으로 옳은 것은?

① 건조한 상태로 보관하여야 한다.
② 물 또는 알코올 등을 첨가하여 습윤시켜야 한다.
③ 물기에 접촉하면 위험하므로 제습제를 첨가하여야 한다.
④ 알코올에 접촉하면 자연발화의 위험이 있으므로 주의하여야 한다.

정답 ▶ 36 ① 37 ② 38 ② 39 ③ 40 ② 41 ① 42 ④ 43 ③ 44 ④ 45 ②

[10-01]

46 다이너마이트의 원료로 사용되며 건조한 상태에서는 타격, 마찰에 의하여 폭발의 위험이 있으므로 운반 시 물 또는 알코올을 첨가하여 습윤시키는 위험물은?

① 벤조일퍼옥사이드
② 트리니트로톨루엔
③ 니트로셀룰로오스
④ 디니트로나프탈렌

[08-01]

47 니트로셀룰로오스의 위험성에 대하여 옳게 설명한 것은?

① 물과 혼합하면 위험성이 감소된다.
② 공기 중에서 산화되지만 자연발화의 위험은 없다.
③ 건조할수록 발화의 위험성이 낮다.
④ 알코올과 반응하여 발화한다.

[13-04, 07-02]

48 다음 중 니트로셀룰로오스 화재 시 가장 적합한 소화방법은?

① 할로겐화합물 소화기를 사용한다.
② 분말 소화기를 사용한다.
③ 이산화탄소 소화기를 사용한다.
④ 다량의 물을 사용한다.

[09-04]

49 질산기의 수에 따라서 강면약과 약면약으로 나눌 수 있는 위험물로서 함수알코올로 습면하여 저장 및 취급하는 것은?

① 니트로글리세린
② 니트로셀룰로오스
③ 트리니트로톨루엔
④ 질산에틸

[08-04]

50 질화면을 강질화면과 약질화면으로 구분할 때 어떤 차이를 기준으로 하는가?

① 분자의 크기에 의한 차이
② 질소 함유량에 의한 차이
③ 질화할 때의 온도에 의한 차이
④ 입자의 모양에 의한 차이

[07-01]

51 니트로셀룰로오스의 저장 및 취급에 관한 설명 중 틀린 것은?

① 타격, 마찰 등을 피한다.
② 일광이 잘 쪼이는 곳에 저장한다.
③ 열원을 멀리하고 냉암소에 저장한다.
④ 알코올로 습면해서 저장한다.

> 햇빛에 의해 자연발화할 수 있으므로 저장 시에는 물 또는 알코올 등을 첨가하여 습윤시켜야 한다.

[07-02]

52 니트로셀룰로오스에 대한 설명 중 틀린 것은?

① 천연 셀룰로오스를 염기와 반응시켜 만든다.
② 함유하는 질소량이 많을수록 위험성이 크다.
③ 질화도에 따라 크게 강면약과 약면약으로 구분할 수 있다.
④ 약 130℃에서 분해하기 시작한다.

> 셀룰로오스를 진한 황산과 진한 질산의 혼산으로 반응시켜 제조한다.

[08-04]

53 니트로셀룰로오스의 저장·취급방법으로 틀린 것은?

① 직사광선을 피해 저장한다.
② 되도록 장기간 보관하여 안정화된 후에 사용한다.
③ 유기과산화물류, 강산화제와의 접촉을 피한다.
④ 건조상태에 이르면 위험하므로 습한 상태를 유지한다.

> 자연발화의 위험이 있으므로 장기간 보관하는 것은 좋지 않다.

[10-02]

54 다음 물질이 혼합되어 있을 때 위험성이 가장 낮은 것은?

① 삼산화크롬 – 아닐린
② 염소산칼륨 – 목탄분
③ 니트로셀룰로오스 – 물
④ 과망간산칼륨 – 글리세린

> 니트로셀룰로오스는 운반 시 또는 저장 시 물 또는 알코올 등을 첨가하여 습윤시킨다.

정답 ▶ 46 ③ 47 ① 48 ④ 49 ② 50 ② 51 ② 52 ① 53 ② 54 ③

[09-01]

55 유기과산화물에 대한 설명으로 옳은 것은?

① 제1류 위험물이다.
② 화재발생 시 질식소화가 가장 효과적이다.
③ 산화제 또는 환원제와 같이 보관하여 화재에 대비한다.
④ 지정수량은 10kg이다.

> ① 유기과산화물은 제5류 위험물이다.
> ② 화재 시 주수소화가 가장 효과적이다.
> ③ 산화제나 환원제와 접촉하지 않도록 주의한다.

[07-02]

56 유기과산화물을 저장할 때 일반적인 주의사항에 대한 설명으로 틀린 것은?

① 인화성 액체류와 접촉을 피하여 저장한다.
② 다른 산화제와 격리하여 저장한다.
③ 습기 방지를 위해 건조한 상태로 저장한다.
④ 필요한 경우 물질의 특성에 맞는 적당한 희석제를 첨가하여 저장한다.

> 건조한 상태에서는 마찰이나 충격에 의해 폭발할 수 있다.

[13-02]

57 유기과산화물의 화재 예방상 주의사항으로 틀린 것은?

① 직사광선을 피하고 냉암소에 저장한다.
② 불꽃, 불티 등의 화기 및 열원으로부터 멀리 한다.
③ 산화제와 접촉하지 않도록 주의한다.
④ 대형화재 시 분말소화기를 이용한 질식소화가 유효하다.

> 화재 시 주수소화가 가장 효과적이다.

[12-01]

58 유기과산화물의 화재 예방상 주의사항으로 틀린 것은?

① 열원으로부터 멀리한다.
② 직사광선을 피해야 한다.
③ 용기의 파손에 의해서 누출되면 위험하므로 정기적으로 점검하여야 한다.
④ 산화제와 격리하고 환원제와 접촉시켜야 한다.

> 산화제나 환원제와 접촉시키지 않도록 해야 한다.

[13-04]

59 셀룰로이드에 관한 설명 중 틀린 것은?

① 물에 잘 녹으며, 자연발화의 위험이 있다.
② 지정수량은 10kg이다.
③ 탄력성이 있는 고체의 형태이다.
④ 장시간 방치된 것은 햇빛, 고온 등에 의해 분해가 촉진된다.

> 셀룰로이드는 물에는 녹지 않는다.

[12-05]

60 셀룰로이드에 대한 설명으로 옳은 것은?

① 질소가 함유된 유기물이다.
② 질소가 함유된 무기물이다.
③ 유기의 염화물이다.
④ 무기의 염화물이다.

[08-01]

61 벤조일퍼옥사이드의 일반적인 성질에 대한 설명 중 틀린 것은?

① 상온에서 안정하다.
② 물에 잘 녹는다.
③ 강한 산화성 물질이다.
④ 가열, 충격, 마찰에 의해 폭발의 위험이 있다.

> 물에는 녹지 않고, 알코올에 약간 녹으며, 에테르에 잘 녹는다.

[12-02]

62 제5류 위험물 중 유기과산화물을 함유한 것으로서 위험물에서 제외되는 것의 기준이 아닌 것은?

① 과산화벤조일의 함유량이 35.5중량퍼센트 미만인 것으로서 전분가루, 황산칼슘2수화물 또는 인산1수소칼슘2수화물과의 혼합물
② 비스(4클로로벤조일)퍼옥사이드의 함유량이 30중량퍼센트 미만인 것으로서 불활성고체와의 혼합물
③ 1·4비스(2-터셔리부틸퍼옥시이소프필)벤젠의 함유량이 40중량퍼센트 미만인 것으로서 불활성고체와의 혼합물
④ 시크로헥사놀퍼옥사이드의 함유량이 40중량퍼센트 미만인 것으로서 불활성고체와의 혼합물

> 시크로헥사놀퍼옥사이드의 함유량이 30중량퍼센트 미만인 것으로서 불활성고체와의 혼합물

정답 ▶ 55 ④ 56 ③ 57 ④ 58 ④ 59 ① 60 ① 61 ② 62 ④

[09-05]

63 벤조일퍼옥사이드에 대한 설명 중 틀린 것은?

① 물과 반응하여 가연성 가스가 발생하므로 주수 소화는 위험하다.
② 상온에서 고체이다.
③ 진한 황산과 접촉하면 분해폭발의 위험이 있다.
④ 발화점은 약 125℃이고 비중은 약 1.33이다.

> 화재 시 소량일 때는 마른 모래, 분말, 탄산가스가 효과적이며, 대량일 때는 주수소화가 효과적이다.

[07-05]

64 벤조일퍼옥사이드에 관한 설명 중 틀린 것은?

① 물과 반응하여 가연성 가스가 발생하므로 주수 소화는 위험하다.
② 무색·무취의 결정 또는 백색 분말이다.
③ 진한 황산, 질산 등에 의하여 분해폭발의 위험이 있다.
④ 발화점은 약 125℃이고 비중은 약 1.33이다.

[09-01]

65 벤조일퍼옥사이드의 성질 및 저장에 관한 설명으로 틀린 것은?

① 직사일광을 피하고 찬 곳에 저장한다.
② 산화제이므로 유기물, 환원성 물질과 접촉을 피한다.
③ 발화점이 상온 이하이므로 냉장보관해야 한다.
④ 건조방지를 위해 물 등의 희석제를 사용한다.

> 발화점이 125℃이며, 직사일광을 피하고 찬 곳에 저장한다.

[08-05]

66 벤조일퍼옥사이드의 성질에 대한 설명으로 옳은 것은?

① 건조 상태의 것은 마찰, 충격에 의한 폭발의 위험이 있다.
② 유기물과 접촉하면 화재 및 폭발의 위험성이 감소한다.
③ 수분을 함유하면 폭발이 더욱 용이하다.
④ 강력한 환원제이다.

> ② 유기물, 환원성 물질과의 접촉을 피한다.
> ③ 수분을 함유하면 폭발의 위험성이 감소한다.
> ④ 강력한 산화제이다.

[09-02]

67 과산화벤조일 취급 시 주의사항에 대한 설명 중 틀린 것은?

① 수분을 포함하고 있으면 폭발하기 쉽다.
② 가열, 충격, 마찰을 피해야 한다.
③ 저장용기는 차고 어두운 곳에 보관한다.
④ 희석제를 첨가하여 폭발성을 낮출 수 있다.

> 건조상태에서 마찰·충격으로 인한 폭발의 위험이 있다.

[10-04]

68 과산화벤조일(Benzoyl Peroxide)에 대한 설명 중 옳지 않은 것은?

① 지정수량은 10kg이다.
② 저장 시 희석제로 폭발의 위험성을 낮출 수 있다.
③ 알코올에는 녹지 않으나 물에 잘 녹는다.
④ 건조상태에서는 마찰·충격으로 폭발의 위험이 있다.

> 과산화벤조일은 물에는 녹지 않고, 알코올에 약간 녹으며, 에테르에 잘 녹는다.

[12-02]

69 벤조일퍼옥사이드의 위험성에 대한 설명으로 틀린 것은?

① 상온에서 분해되며 수분이 흡수되면 폭발성을 가지므로 건조된 상태로 보관·운반한다.
② 강산에 의해 분해 폭발의 위험이 있다.
③ 충격, 마찰 등에 의해 분해되어 폭발할 위험이 있다.
④ 가연성 물질과 접촉하면 발화의 위험이 높다.

[10-04]

70 트리니트로톨루엔에 대한 설명으로 옳지 않은 것은?

① 제5류 위험물 중 니트로화합물에 속한다.
② 피크린산에 비해 충격, 마찰에 둔감하다.
③ 금속과의 반응성이 매우 커서 폴리에틸렌수지에 저장한다.
④ 일광을 쪼이면 갈색으로 변한다.

> 트리니트로톨루엔은 금속과는 반응하지 않는다.

71 메틸에틸케톤퍼옥사이드의 위험성에 대한 설명
으로 옳은 것은?

[08-01]

① 상온 이하의 온도에서도 매우 불안정하다.
② 20℃에서 분해하여 50℃에서 가스를 심하게 발
생한다.
③ 30℃ 이상에서 무명, 탈지면 등과 접촉하면 발화
의 위험이 있다.
④ 대량 연소 시에 폭발할 위험은 없다.

① 상온 이하의 온도에서 안정하다.
② 메틸에틸케톤퍼옥사이드의 분해온도는 40℃이다.
④ 대량 연소 시 폭발할 위험이 있다.

72 트리니트로톨루엔의 설명으로 옳지 않은 것은?

[12-05]

① 일광을 쪼이면 갈색으로 변한다.
② 녹는점은 약 81℃이다.
③ 아세톤에 잘 녹는다.
④ 비중은 약 1.8인 액체이다.

트리니트로톨루엔의 비중은 약 1.66인 고체이다.

73 트리니트로톨루엔에 관한 설명으로 옳은 것은?

[10-05]

① 불연성이지만 조연성 물질이다.
② 폭약류의 폭력을 비교할 때 기준 폭약으로 활
용된다.
③ 인화점이 30℃보다 높으므로 여름철에 주의해
야 한다.
④ 분해연소하면서 다량의 고체를 발생한다.

① 제5류 위험물은 가연성 물질이다.
③ 트리니트로톨루엔의 인화점이 167℃로 여름철에 주의할 필
요가 없다.
④ 분해연소하면서 검은 연기를 발생한다.

74 트리니트로톨루엔에 대한 설명으로 가장 거리가
먼 것은?

[12-04]

① 물에 녹지 않으나 알코올에는 녹는다.
② 직사광선에 노출되면 다갈색으로 변한다.
③ 공기 중에 노출되면 쉽게 가수분해한다.
④ 이성질체가 존재한다.

트리니트로톨루엔은 물과 반응하지 않는다.

75 트리니트로톨루엔의 성상으로 틀린 것은?

[09-01]

① 물에 잘 녹는다.
② 담황색의 결정이다.
③ 폭약으로 사용된다.
④ 착화점은 약 300℃이다.

트리니트로톨루엔은 물에 녹지 않으며 알코올, 아세톤, 벤젠, 에테
르에 잘 녹는다.

76 트리니트로톨루엔에 대한 설명 중 틀린 것은?

[08-02]

① 피크르산에 비하여 충격·마찰에 둔감하다.
② 발화점은 약 300℃이다.
③ 자연분해의 위험성이 매우 높아 장기간 저장이
불가능하다.
④ 운반 시 10%의 물을 넣어 운반하면 안전하다.

트리니트로톨루엔은 자연분해의 위험성이 적어 장기간 저장이 가
능하다.

77 트리니트로페놀에 대한 설명으로 옳은 것은?

[10-02]

① 폭발속도가 100m/s 미만이다.
② 분해하여 다량의 가스를 발생한다.
③ 표면연소를 한다.
④ 상온에서 자연발화한다.

① 폭발속도는 약 7,100m/s이다.
② 분해 시 일산화탄소, 이산화탄소, 질소, 수소, 탄소 등 다량의 가
스를 발생한다.
③ 분해연소를 한다.
④ 상온에서 자연발화하지 않는다.

78 다음에서 설명하는 제5류 위험물에 해당하는 것
은?

[08-01]

- 담황색의 고체이다.
- 강한 폭발력을 가지고 있고, 에테르에 잘 녹는다.
- 융점은 약 81℃이다.

① 질산메틸
② 트리니트로톨루엔
③ 니트로글리세린
④ 질산에틸

79 [08-04] TNT의 성질에 대한 설명 중 틀린 것은?

① 담황색의 결정이다.
② 폭약으로 사용된다.
③ 자연분해의 위험성이 적어 장기간 저장이 가능하다.
④ 조해성과 흡습성이 매우 크다.

80 [11-02] 제5류 위험물인 트리니트로톨루엔 분해 시 주 생성물에 해당하지 않는 것은?

① CO
② N_2
③ NH_3
④ H_2

> 트리니트로톨루엔 분해반응식
> $2C_6H_2CH_3(NO_2)_3 \rightarrow 2C + 3N_2\uparrow + 5H_2\uparrow + 12CO\uparrow$

81 [09-01] TNT가 폭발했을 때 발생하는 유독기체는?

① N_2
② CO_2
③ H_2
④ CO

82 [11-01, 07-02] 트리니트로페놀에 대한 설명으로 옳은 것은?

① 발화 방지를 위해 휘발유에 저장한다.
② 구리용기에 넣어 보관한다.
③ 무색 투명한 액체이다.
④ 알코올, 벤젠 등에 녹는다.

> ① 휘발유와의 혼합은 충격, 마찰에 의한 폭발의 우려가 있다.
> ② 구리와 반응하여 피크린산염을 생성한다.
> ③ 순수한 것은 무색의 결정이다.

83 [08-05] 다음 물질 중 품명이 니트로화합물로 분류되는 것은?

① 니트로셀룰로오스
② 니트로벤젠
③ 니트로글리세린
④ 트리니트로톨루엔

> ① 니트로셀룰로오스 – 질산에스테르류
> ② 니트로벤젠 – 제3석유류
> ③ 니트로글리세린 – 질산에스테르류

84 [13-01] 트리니트로톨루엔의 작용기에 해당하는 것은?

① -NO
② $-NO_2$
③ $-NO_3$
④ $-NO_4$

> 니트로화합물의 작용기는 니트로기(-NO_2)이다.

85 [08-05] 분자량은 227, 발화점이 약 300℃, 비점이 약 240℃이며 햇빛에 의해 다갈색으로 변하고 물에 녹지 않으나 벤젠에는 녹는 물질은?

① 니트로글리세린
② 니트로셀룰로오스
③ 트리니트로톨루엔
④ 트리니트로페놀

86 [08-02, 07-01] $C_6H_2CH_3(NO_2)_3$을 녹이는 용제가 아닌 것은?

① 물
② 벤젠
③ 에테르
④ 아세톤

> 트리니트로톨루엔은 벤젠, 에테르, 아세톤 등에는 녹지만, 물에는 녹지 않는다.

87 [13-01] 트리니트로페놀의 성상에 대한 설명 중 틀린 것은?

① 융점은 약 61℃이고 비점은 약 120℃이다.
② 쓴맛이 있으며 독성이 있다.
③ 단독으로는 마찰, 충격에 비교적 안정하다.
④ 알코올, 에테르, 벤젠에 녹는다.

> 융점은 122.5℃이고 비점은 255℃이다.

88 [14-01, 10-05] 제5류 위험물에 관한 내용으로 틀린 것은?

① $C_2H_5ONO_2$: 상온에서 액체이다.
② $C_6H_2OH(NO_2)_3$: 공기 중 자연분해가 매우 잘 된다.
③ $C_6H_3(NO_2)_2CH_3$: 담황색의 결정이다.
④ $C_3H_5(ONO_2)_3$: 혼산 중에 글리세린을 반응시켜 제조한다.

> 피크린산은 단독으로는 비교적 안정하여 자연분해를 하지 않는 물질이다.

정답 ▶ 79 ④ 80 ③ 81 ④ 82 ④ 83 ④ 84 ② 85 ③ 86 ① 87 ① 88 ②

[09-02, 06-02]

89 트리니트로페놀의 성상 및 위험성에 관한 설명 중 옳은 것은?

① 운반 시 에탄올을 첨가하면 안전하다.
② 강한 쓴맛이 있고 공업용은 휘황색의 침상결정이다.
③ 폭발성 물질이므로 철로 만든 용기에 저장한다.
④ 물, 아세톤, 벤젠 등에는 녹지 않는다.

> ① 알코올과 혼합하면 충격에 의한 폭발의 위험이 있다.
> ③ 철과 반응하여 피크린산염을 생성하므로 위험하다.
> ④ 온수, 아세톤, 벤젠 등에는 잘 녹는다.

[08-05]

90 순수한 것은 무색이지만 공업용은 휘황색의 침상결정으로 마찰, 충격에 비교해 둔감하며 공기 중에서 자연 분해하지 않기 때문에 장기간 저장할 수 있고 쓴맛과 독성이 있는 것은?

① 피크르산
② 니트로글리콜
③ 니트로셀룰로오스
④ 니트로글리세린

[08-04]

91 피크르산의 위험성과 소화방법에 대한 설명으로 틀린 것은?

① 피크르산의 금속염은 위험하다.
② 운반 시 건조한 것보다는 물에 젖게 하는 것이 안전하다.
③ 알코올과 혼합된 것은 충격에 의한 폭발 위험이 있다.
④ 화재 시에는 질식소화가 효과적이다.

> 화재 시에는 주수소화가 효과적이다.

[09-01]

92 피크르산의 성질에 대한 설명 중 틀린 것은?

① 황색의 액체이다.
② 쓴맛이 있으며 독성이 있다.
③ 납과 반응하여 예민하고 폭발 위험이 있는 물질을 형성한다.
④ 에테르, 알코올에 녹는다.

> 순수한 것은 무색이며 공업용은 휘황색의 침상 결정이다.

[08-04]

93 피크르산(Picric Acid)의 성질에 대한 설명 중 틀린 것은?

① 착화온도는 약 300℃이고 비중은 약 1.8이다.
② 페놀을 원료로 제조할 수 있다.
③ 찬물에는 잘 녹지 않으나 온수, 에테르에는 잘 녹는다.
④ 단독으로도 충격·마찰에 매우 민감하여 폭발한다.

> 단독으로는 충격, 마찰 등에 비교적 안정하지만, 금속염, 요오드, 가솔린, 알코올, 황 등과의 혼합물은 충격, 마찰 등에 의하여 폭발한다.

[13-04, 07-05]

94 피크린산 제조에 사용되는 물질과 가장 관계가 있는 것은?

① C_6H_6
② $C_6H_6CH_3$
③ $C_3H_5(OH)_3$
④ C_6H_5OH

> 피크린산[$C_6H_2(NO_2)_3OH$]은 페놀(C_6H_5OH)의 수소원자(H)와 NO_2가 치환된 것이다.

[06-05]

95 피크르산은 페놀의 어느 원소와 NO_2가 치환된 것인가?

① O   ② H
③ C   ④ OH

[08-02]

96 다음 물질 중 상온에서 고체인 것은?

① 질산메틸
② 질산에틸
③ 니트로글리세린
④ 디니트로톨루엔

> 디니트로톨루엔은 황색의 결정이다.

97 다음 중 피크린산과 반응하여 피크린산염을 형성하는 것은?

[09-04]

① 물
② 수소
③ 구리
④ 산소

피크린산은 구리, 납, 철 등의 중금속과 반응하여 피크린산염을 생성한다.

98 피크린산에 대한 설명 중 옳지 않은 것은?

[07-01]

① 푸른색이고 맛을 느낄 수가 없다.
② 독성이 있다.
③ 벤젠에 녹는다.
④ 단독으로는 충격, 마찰 등에 비교적 안정하다.

순수한 것은 무색, 공업용은 휘황색이며, 쓴맛이 있다.

99 $C_6H_2(NO_2)_3OH$와 $C_2H_5NO_3$의 공통성질에 해당하는 것은?

[13-02]

① 니트로화합물이다.
② 인화성과 폭발성이 있는 액체이다.
③ 무색의 방향성 액체이다.
④ 에탄올에 녹는다.

① 트리니트로페놀에 대한 설명이다.
② 질산에틸에 대한 설명이다.
③ 질산에틸에 대한 설명이다.

100 제5류 위험물의 화재예방 및 진압대책에 대한 설명 중 틀린 것은?

[10-05]

① 벤조일퍼옥사이드의 저장 시 저장용기에 희석제를 넣으면 폭발위험성을 낮출 수 있다.
② 건조 상태의 니트로셀룰로오스는 위험하므로 운반 시에는 물, 알코올 등으로 습윤시킨다.
③ 디니트로톨루엔은 폭발감도가 매우 민감하고 폭발력이 크므로 가열, 충격 등에 주의하여 조심스럽게 취급해야 한다.
④ 트리니트로톨루엔은 폭발 시 다량의 가스가 발생하므로 공기호흡기 등의 보호장구를 착용하고 소화한다.

디니트로톨루엔은 폭발 감도가 매우 둔하다.

101 메틸에틸케톤퍼옥사이드의 위험성에 대한 설명으로 옳은 것은?

[08-01]

① 상온 이하의 온도에서도 매우 불안정하다.
② 20℃에서 분해하여 50℃에서 가스를 심하게 발생한다.
③ 30℃ 이상에서 무명, 탈지면 등과 접촉하면 발화의 위험이 있다.
④ 대량 연소 시에 폭발할 위험은 없다.

① 상온 이하의 온도에서 안정하다.
② 메틸에틸케톤퍼옥사이드의 분해온도는 40℃이다.
④ 대량 연소 시 폭발할 위험이 있다.

제6류 위험물(산화성액체)

출제 포인트

과염소산, 과산화수소, 질산에서 골고루 출제되고 있으며, 제6류 위험물의 공통적인 성질을 묻는 문제의 비중이 높으니 이에 대한 대비를 철저히 하도록 한다. 과산화수소와 질산의 위험물 기준은 필히 암기하도록 한다. 제6류 위험물의 종류가 많지 않으니 반드시 외워두도록 한다.

01 공통 성질

1 일반적 성질

① 비중이 1보다 커서 물보다 무거우며 물에 잘 녹는다.

② 산소를 많이 포함하고 있으며, 다른 물질의 연소를 돕는 조연성 물질이다.

③ 불연성 물질이며, 무기화합물이다.

④ 모든 산화성액체는 지정수량이300kg, 위험등급은 I이다.

⑤ 상온에서 액체이다.

2 위험성

물과 접촉하면 발열반응을 한다.

3 저장 및 취급

① 저장용기는 내산성으로 하고 화기 및 직사광선을 피해 저장한다.

② 물, 가연물, 유기물과의 접촉을 피한다.

③ 과산화수소는 뚜껑에 작은 구멍을 뚫은 갈색 용기에 보관한다.

4 소화 방법

① 마른 모래, 이산화탄소를 이용한 질식소화가 효과적이다.

② 옥내소화전설비를 사용하여 소화한다.

③ 유독성 가스의 발생에 대비하여 보호장구와 공기호흡기를 착용한다.

02 질산(HNO₃)

비중	용해열	융점	비점	분자량
1.49	7.8kcal/mol	-42℃	86℃	63

(1) 일반적 성질

① 흡습성이 강한 무색의 액체이며, 햇볕을 쪼이면 분해되어 황갈색으로 변하므로 갈색 병에 넣어 보관한다.

② 부식성이 강한 산성이지만 백금, 금, 이리듐 및 로듐은 부식시키지 못한다.

(2) 위험성

① 물과 반응하여 발열한다.

② 가열 또는 빛에 의해 분해되며 이산화질소가 발생하여 황색 또는 갈색을 띤다.

③ 분해 시 이산화질소와 산소를 발생한다.

④ 톱밥, 종이, 섬유, 솜뭉치 등의 유기물질과 혼합하면 발화의 위험이 있다.

⑤ 가열된 질산은 황린과 반응하여 인산을 발생한다.

⑥ 질산은 황과 반응하여 황산을 발생한다.

⑦ 묽은 질산은 칼슘과 반응하여 질산칼슘과 수소를 발생한다.

⑧ 단백질과 크산토프로테인 반응을 일으켜 노란색으로 변한다.

⑨ 환원성 물질(탄화수소, 황화수소, 이황화수소 등)과 반응하여 발화, 폭발한다.

(3) 화학반응식

> • 분해반응식
>
> $$4HNO_3 \rightarrow 2H_2O + 4NO_2\uparrow + O_2\uparrow$$
> 질산   물   이산화질소   산소

▶ 용어 정리
- 발연질산 : 공기 중에서 갈색 연기를 내는 물질로 진한 질산보다 산화력이 강하다.
- 왕수 : 염산과 질산을 3 : 1의 비율로 제조한 것
- 부동태화 : 진한 질산이 알루미늄, 철, 코발트, 니켈, 크롬 등의 표면에 수산화물의 얇은 막을 만들어 다른 산에 의해 부식되지 않게 한다.

03 과산화수소(H_2O_2)

비중	비점	착화점
1.465	-0.89℃	80.2℃

(1) 일반적 성질
① 점성이 있는 무색 액체이며, 양이 많을 경우 청색을 보인다.
② 위험물 기준 : 농도가 36중량퍼센트 이상인 것
③ 물, 알코올, 에테르에 잘 녹고, 석유, 벤젠에는 녹지 않는다.
④ 금속 미립자 및 알칼리성 용액에 의하여 분해된다.
⑤ 분해방지 안정제로 인산(H_3PO_4), 요산($C_5H_4N_4O_3$)이 사용된다.
⑥ 강산화제이지만 환원제로도 사용된다.
⑦ 과산화수소 3% 용액을 옥시돌 또는 옥시풀이라 하며, 표백제 또는 살균제로 사용된다.

(2) 위험성
① 열, 햇빛에 의해서 분해가 촉진된다.
② 이산화망간(MnO_2) 촉매하에서 분해가 촉진될 때 산소를 발생하여 표백작용 및 소독작용을 한다.
③ 60wt% 이상의 고농도에서 단독으로 분해폭발한다.

(3) 저장 및 취급
① 뚜껑에 작은 구멍을 뚫은 갈색 용기에 보관한다.
② 농도가 클수록 위험성이 높아지므로 인산, 요산 등의 분해방지 안정제를 넣어 분해를 억제시킨다.
③ 농도가 진한 것은 피부와 접촉하면 수종을 일으킨다.
④ 햇빛에 의해 분해되므로 햇빛을 차단하여 보관한다.

04 과염소산($HClO_4$)

비중	융점	비점
1.76	-112℃	39℃

(1) 일반적 성질
① 무색·무취의 휘발성 및 흡습성이 강한 액체이다.
② 물과 반응하여 발열하며 고체수화물을 만든다.

▶ 과염소산의 고체수화물
- $HClO_4 \cdot H_2O$
- $HClO_4 \cdot 2H_2O$
- $HClO_4 \cdot 2.5H_2O$
- $HClO_4 \cdot 3H_2O$
- $HClO_4 \cdot 3.5H_2O$

(2) 위험성
① 가열하면 분해될 위험이 있다.
② 철, 아연, 구리와 격렬하게 반응한다.
③ 종이, 나무 등과 접촉하면 연소한다.
④ 부식성이 있어 피부에 닿으면 위험하다.

(3) 저장 및 취급
① 직사광선을 피하고, 통풍이 잘 되는 장소에 보관한다.
② 물과의 접촉을 피하고 강산화제, 환원제, 알코올류, 시안화합물, 염화바륨, 알칼리와 격리 보관한다.

(4) 소화 방법
마른 모래 등을 이용한 소화를 하며, 석회, 소다회 등의 알칼리성 중화제를 준비한다.

05 할로겐간화합물

(1) 삼불화브롬(BrF_3)
부식성이 있는 무색의 액체이다.

(2) 오불화브롬(BrF_5)
① 부식성이 있는 무색의 액체이다.
② 물과 접촉하면 폭발의 위험이 있다.
③ 산과 반응하여 부식성 가스를 발생한다.

(3) 오불화요오드(IF_5)
① 무색 또는 노란색의 액체이다.
② 물과 격렬하게 반응하여 불산을 만든다.

[09-01]

1 제6류 위험물의 공통적 성질이 아닌 것은?

① 산화성액체이다.
② 지정수량이 300kg이다.
③ 무기화합물이다.
④ 물보다 가볍다.

[09-02]

2 제6류 위험물의 일반적 성질에 대한 설명 중 틀린 것은?

① 물에 잘 녹는다.　② 산화제이다.
③ 물보다 무겁다.　④ 쉽게 연소한다.

[08-04]

3 제6류 위험물의 공통된 특성으로 옳지 않은 것은?

① 산화성액체이다.
② 무기화합물이며 물보다 무겁다.
③ 불연성 물질이다.
④ 물에 녹지 않는다.

[08-02]

4 제6류 위험물의 일반적인 성질에 대한 설명으로 옳은 것은?

① 강한 환원성 액체이다.
② 물과 접촉하면 흡열반응을 한다.
③ 가연성 액체이다.
④ 과산화수소를 제외하고 강산이다.

> 제6류 위험물은 산화성액체이며 물과 접촉하면 발열반응을 한다. 제6류 위험물 자체는 불연성이지만 가연물과의 접촉을 피해야 한다.

[08-01]

5 제6류 위험물의 일반적인 성질에 대한 설명 중 틀린 것은?

① 연소가 되기 쉬운 가연성 물질이다.
② 산화성액체이다.
③ 일반적으로 물과 접촉하면 발열한다.
④ 산소를 함유하고 있다.

[07-05]

6 제6류 위험물의 일반적인 성질로 옳은 것은?

① 다른 물질을 산화시키고 산소를 함유하고 있다.
② 물보다 가볍고 물과 반응하기 어렵다.
③ 연소하기 쉬운 가연성 물질이다.
④ 가열하여도 분해되지 않는다.

[07-02]

7 제6류 위험물의 공통된 성질에 해당하는 것은?

① 물에 잘 녹지 않는다.
② 물보다 무겁다.
③ 유기 화합물이다.
④ 가연성이므로 다른 위험물과 혼합 시 주의하여야 한다.

[07-01]

8 제6류 위험물의 공통적인 성질 중 틀린 것은?

① 산소를 함유하고 있다.
② 산화성액체이다.
③ 대부분 물보다 가볍다.
④ 물에 녹는다.

[12-01]

9 제6류 위험물에 대한 설명으로 틀린 것은?

① 위험등급 I에 속한다.
② 자신이 산화되는 산화성 물질이다.
③ 지정수량이 300kg이다.
④ 오불화브롬은 제6류 위험물이다.

> 제6류 위험물은 다른 물질을 산화시키는 산화성액체이다.

[13-02]

10 위험물안전관리법령에 따른 제6류 위험물의 특성에 대한 설명 중 틀린 것은?

① 과염소산은 유기물과 접촉 시 발화의 위험이 있다.
② 과염소산은 불안정하며 강력한 산화성 물질이다.
③ 과산화수소는 알코올, 에테르에 녹지 않는다.
④ 질산은 부식성이 강하고 햇빛에 의해 분해된다.

> 과산화수소는 물, 알코올, 에테르에 잘 녹고, 벤젠, 석유에는 녹지 않는다.

정답 1 ④ 2 ④ 3 ④ 4 ④ 5 ① 6 ① 7 ② 8 ③ 9 ② 10 ③

11 제6류 위험물에 대한 설명으로 옳은 것은?

① 과염소산은 독성은 없지만 폭발의 위험이 있으므로 밀폐하여 보관한다.
② 과산화수소는 농도가 3% 이상일 때 단독으로 폭발하므로 취급에 주의한다.
③ 질산은 자연발화의 위험이 높으므로 저온보관한다.
④ 할로겐간화합물의 지정수량은 300kg이다.

> ① 과염소산은 독성이 있으며, 환기가 잘되는 곳에서 밀폐 보관한다.
> ② 60wt% 이상의 고농도에서 단독으로 분해폭발한다.
> ③ 햇볕을 쪼이면 분해되어 황갈색으로 변하므로 갈색병에 넣어 보관한다.

12 제6류 위험물의 위험성에 대한 설명으로 틀린 것은?

[12-04]

① 질산을 가열할 때 발생하는 적갈색 증기는 무해하지만 가연성이며 폭발성이 강하다.
② 고농도의 과산화수소는 충격, 마찰에 의해서 단독으로도 분해 폭발할 수 있다.
③ 과염소산은 유기물과 접촉 시 발화 또는 폭발할 위험이 있다.
④ 과산화수소는 햇빛에 의해서 분해되며, 촉매(MnO₂)하에서 분해가 촉진된다.

> 가열 또는 빛에 의해 분해되며 유해한 이산화질소가 발생한다.

13 제6류 위험물의 위험성에 대한 설명으로 적합하지 않은 것은?

[10-05]

① 질산은 햇빛에 의해 분해되어 NO₂를 발생한다.
② 과염소산은 산화력이 강하여 유기물과 접촉 시 연소 또는 폭발한다.
③ 질산은 물과 접촉하면 발열한다.
④ 과염소산은 물과 접촉하면 흡열한다.

> 과염소산은 물과 접촉하면 발열한다.

14 다음 위험물에 대한 설명 중 틀린 것은?

[08-02]

① NaClO₃은 조해성, 흡수성이 있다.
② H₂O₂은 알칼리 용액에서 안정화되어 분해가 어

렵다.
③ NaNO₃의 분해온도는 약 380℃이다.
④ KClO₃은 화약류 제조에 쓰인다.

> 과산화수소는 알칼리성 용액에 의하여 분해된다.

15 다음 중 산화성액체 위험물의 화재 예방상 가장 주의해야 할 점은?

[12-02]

① 0℃ 이하로 냉각시킨다.
② 공기와의 접촉을 피한다.
③ 가연물과의 접촉을 피한다.
④ 금속용기에 저장한다.

16 제6류 위험물의 화재예방 및 진압대책으로 적합하지 않은 것은?

[13-04, 10-02]

① 가연물과의 접촉을 피한다.
② 과산화수소를 장기 보존할 때는 유리용기를 사용하여 밀전한다.
③ 옥내소화전설비를 사용하여 소화할 수 있다.
④ 물분무소화설비를 사용하여 소화할 수 있다.

> 뚜껑에 작은 구멍을 뚫은 갈색 용기에 보관한다.

17 제6류 위험물의 화재예방 및 진압 대책으로 옳은 것은?

[11-05]

① 과산화수소는 화재 시 주수소화를 절대 금한다.
② 질산은 소량의 화재 시 다량의 물로 희석한다.
③ 과염소산은 폭발 방지를 위해 철제용기에 저장한다.
④ 제6류 위험물의 화재에는 건조사만 사용하여 진압할 수 있다.

18 [보기]의 위험물 중 비중이 물보다 큰 것은 모두 몇 개인가?

[11-02]

과염소산, 과산화수소, 질산

① 0   ② 1   ③ 2   ④ 3

> 제6류 위험물은 모두 물보다 비중이 크다.

정답 ▶ **11** ④ **12** ① **13** ④ **14** ② **15** ③ **16** ② **17** ② **18** ④

19 제6류 위험물로서 분자량이 약 63인 것은?

① 과염소산　　　　② 질산
③ 과산화수소　　　④ 삼불화브롬

[09-01]
20 질산이 직사일광에 노출될 때 어떻게 되는가?

① 분해되지는 않으나 붉은색으로 변한다.
② 분해되지는 않으나 녹색으로 변한다.
③ 분해되어 질소를 발생한다.
④ 분해되어 이산화질소를 발생한다.

[10-02]
21 질산 분해 시 발생하는 갈색의 유독한 기체는?

① N_2O　　　　② NO
③ NO_2　　　　④ N_2O_3

[13-02]
22 질산이 공기 중에서 분해되어 발생하는 유독한 갈색증기의 분자량은?

① 16　　　　② 40
③ 46　　　　④ 71

질산은 공기 중에서 분해되어 유독한 이산화질소를 발생한다. 이산화질소(NO_2)의 분자량은 46이다.

[09-04, 08-01]
23 위험물안전관리법에서 규정하는 질산은 그 비중이 최소 얼마 이상인 것을 말하는가?

① 1.29　　　　② 1.39
③ 1.49　　　　④ 1.59

제6류 위험물로 분류되는 질산은 그 비중이 1.49 이상인 것에 한한다.

[10-01]
24 질산에 대한 설명 중 틀린 것은?

① 환원성 물질과 혼합하면 발화할 수 있다.
② 분자량은 약 63이다.
③ 위험물안전관리법령상 비중이 1.82 이상이 되어야 위험물로 취급된다.
④ 분해하면 인체에 해로운 가스가 발생한다.

[07-01]
25 질산의 비중과 과산화수소의 농도를 기준으로 할 때 제6류 위험물로 볼 수 없는 것은?

① 비중이 1.2인 질산
② 비중이 1.5인 질산
③ 농도가 36 중량 퍼센트인 과산화수소
④ 농도가 40 중량 퍼센트인 과산화수소

• 질산 : 비중이 1.49 이상인 것
• 과산화수소 : 농도가 36중량퍼센트 이상인 것

[09-04]
26 질산에 대한 설명으로 옳은 것은?

① 산화력은 없고 강한 환원력이 있다.
② 자체 연소성이 있다.
③ 구리와 반응을 한다.
④ 조연성과 부식성이 없다.

① 질산은 산화성액체이다.
② 질산 자체는 불연성이나 가연성물질 및 물과 반응하여 발화할 수 있다.
③ 질산은 구리와 반응하여 적갈색의 이산화질소 기체를 만든다.
④ 다른 물질의 연소를 돕는 조연성 물질이며, 부식성이 강한 산성이다.

[07-02]
27 질산의 성질에 대한 설명 중 틀린 것은?

① 분해하면 산소를 발생한다.
② 분자량은 약 63이다.
③ 물과 반응하여 발열한다.
④ 금, 백금 등을 부식시킨다.

질산은 부식성이 강하지만 금과 백금을 부식시키지는 못한다. 금과 백금은 왕수로 부식이 가능하다.

[10-04]
28 질산의 성상에 대한 설명으로 옳은 것은?

① 흡습성이 강하고 부식성이 있는 무색의 액체이다.
② 햇빛에 의해 분해하여 암모니아가 생성되어 흰색을 띤다.
③ Au, Pt와 잘 반응하여 질산염과 질소가 생성된다.
④ 비휘발성이고 정전기에 의한 발화에 주의해야 한다.

② 햇빛에 의해 분해하여 이산화질소가 생성된다.
③ 금과 백금은 왕수와 잘 반응한다.
④ 질산은 휘발성이다.

정답▶ 19 ② 20 ④ 21 ③ 22 ③ 23 ③ 24 ③ 25 ① 26 ③ 27 ④ 28 ①

[09–01]

29 질산의 성질에 대한 설명으로 틀린 것은?

① 연소성이 있다.
② 물과 혼합하면 발열한다.
③ 부식성이 있다.
④ 강한 산화제이다.

질산은 연소성이 없다.

[07–01]

30 질산의 성질에 대한 설명으로 옳은 것은?

① 금, 백금을 잘 부식시킨다.
② 푸른색의 액체이다.
③ 톱밥 등과 섞이면 안정화된다.
④ 물과 반응하여 발열한다.

질산은 톱밥 등의 유기물질과 반응하면 발화의 위험이 있다.

[11–04]

31 질산에 대한 설명으로 옳은 것은?

① 산화력은 없고 강한 환원력이 있다.
② 자체 연소성이 있다.
③ 크산토프로테인 반응을 한다.
④ 조연성과 부식성이 없다.

질산은 단백질과 크산토프로테인 반응을 일으켜 노란색으로 변한다.

[08–05]

32 질산에 대한 설명 중 틀린 것은?

① 불연성이지만 산화력을 가지고 있다.
② 순수한 것은 갈색의 액체이나 보관 중 청색으로 변한다.
③ 부식성이 강하다.
④ 물과 접촉하면 발열한다.

질산은 무색의 액체이며, 햇볕을 쪼이면 분해되어 황갈색으로 변한다.

[08–01]

33 질산의 위험성에 관한 설명으로 옳은 것은?

① 피부에 닿아도 위험하지 않다.
② 공기 중에서 단독으로 자연발화한다.
③ 인화점이 낮고 발화하기 쉽다.
④ 환원성 물질과 혼합 시 위험하다.

[08–04]

34 질산의 성상에 대한 설명 중 틀린 것은?

① 톱밥, 솜뭉치 등과 혼합하면 발화의 위험이 있다.
② 부식성이 강한 산성이다.
③ 백금, 금을 부식시키지 못한다.
④ 햇빛에 의해 분해하여 유독한 일산화탄소를 만든다.

[14–04, 11–05]

35 HNO_3에 대한 설명으로 틀린 것은?

① Al, Fe은 진한 질산에서 부동태를 생성해 녹지 않는다.
② 질산과 염산을 3 : 1 비율로 제조한 것을 왕수라고 한다.
③ 부식성이 강하고 흡습성이 있다.
④ 직사광선에서 분해하여 NO_2를 발생한다.

염산과 질산을 3 : 1 비율로 제조한 것을 왕수라고 한다.

[09–02]

36 질산의 위험성에 대한 설명으로 틀린 것은?

① 햇빛에 의해 분해된다.
② 금속을 부식시킨다.
③ 물을 가하면 발열한다.
④ 충격에 의해 쉽게 연소와 폭발을 한다.

질산은 환원성 물질(탄화수소, 황화수소, 이황화수소 등)과 반응하여 발화, 폭발한다.

[12–02]

37 공기 중에서 갈색 연기를 내는 물질은?

① 중크롬산암모늄   ② 톨루엔
③ 벤젠   ④ 발연질산

[12–01]

38 무색 또는 옅은 청색의 액체로 농도가 36wt% 이상인 것을 위험물로 간주하는 것은?

① 과산화수소   ② 과염소산
③ 질산   ④ 초산

과산화수소는 제6류 위험물로서 농도가 36중량퍼센트 이상인 것을 위험물의 기준으로 삼는다.

정답 ▶ **29** ① **30** ④ **31** ③ **32** ② **33** ④ **34** ④ **35** ② **36** ④ **37** ④ **38** ①

39 질산과 과염소산의 공통 성질에 대한 설명 중 틀린 것은?

① 산소를 포함한다.　　② 산화제이다.
③ 물보다 무겁다.　　④ 쉽게 연소한다.

[07-05]
40 다음 질산의 위험성에 대한 설명 중 가장 옳은 것은?

① 산화성 물질과의 접촉을 피하고 환원성 물질과 혼합하여 안정화시킨다.
② 물과 격렬하게 반응하여 흡열반응을 한다.
③ 불연성이지만 산화력이 강하다.
④ 부식성이 매우 강해 금, 백금 등도 부식시킨다.

> ① 질산은 산화성액체로 환원성 물질과 혼합하면 발화한다.
> ② 물과 반응하여 발열반응을 한다.
> ④ 금, 백금은 부식시키지 못한다.

[10-02]
41 다음 중 알루미늄을 침식시키지 못하고 부동태화하는 것은?

① 묽은 염산　　② 진한 질산
③ 황산　　④ 묽은질산

[12-05]
42 과산화수소에 대한 설명으로 틀린 것은?

① 불연성 물질이다.
② 농도가 약 3wt%이면 단독으로 분해폭발한다.
③ 산화성 물질이다.
④ 점성이 있는 액체로 물에 용해된다.

> 과산화수소는 60wt% 이상의 고농도에서 단독으로 분해폭발한다.

[12-02]
43 과산화수소에 대한 설명으로 틀린 것은?

① 불연성이다.
② 물보다 무겁다.
③ 산화성액체이다.
④ 지정수량은 300L이다.

> 과산화수소의 지정수량은 300kg이다.

[09-04]
44 위험물안전관리법령에서 농도를 기준으로 위험물을 정의하고 있는 것은?

① 아세톤　　② 마그네슘
③ 질산　　④ 과산화수소

> 과산화수소는 농도가 36중량퍼센트 이상인 것을 말한다.

[10-04]
45 다음 중 과산화수소에 대한 설명이 틀린 것은?

① 열에 의해 분해한다.
② 농도가 높을수록 안정하다.
③ 인산, 요산과 같은 분해방지 안정제를 사용한다.
④ 강력한 산화제이다.

> 농도가 높을수록 불안정하다.

[10-02]
46 과산화수소가 이산화망간 촉매하에서 분해가 촉진될 때 발생하는 가스는?

① 수소　　② 산소
③ 아세틸렌　　④ 질소

[10-01]
47 과산화수소에 대한 설명으로 옳은 것은?

① 강산화제이지만 환원제로도 사용한다.
② 알코올, 에테르에는 용해되지 않는다.
③ 20~30% 용액을 옥시돌(Oxydol)이라고도 한다.
④ 알칼리성 용액에서는 분해가 안 된다.

> ② 물, 알코올, 에테르에 잘 녹고 벤젠, 석유에는 녹지 않는다.
> ③ 과산화수소 3% 용액을 옥시돌 또는 옥시풀이라 하며, 표백제 또는 살균제로 사용된다.
> ④ 알칼리성 용액에 의하여 분해된다.

[08-05]
48 과산화수소의 성질에 대한 설명 중 틀린 것은?

① 열, 햇빛에 의해서 분해가 촉진된다.
② 불연성 물질이다.
③ 물, 석유, 벤젠에 잘 녹는다.
④ 농도가 진한 것은 피부에 닿으면 수종을 일으킨다.

> 물, 알코올, 에테르에 잘 녹고, 석유와 벤젠에는 녹지 않는다.

[08-04]

49 과산화수소가 이산화망간 촉매하에서 분해가 촉진될 때 발생하는 가스는?

① 수소　　　　　② 산소
③ 아세틸렌　　　④ 질소

[07-02]

50 과산화수소 분해방지 안정제로 사용할 수 있는 물질은?

① Ag　　　　　② HBr
③ MnO₂　　　　④ H₃PO₄

인산, 요산 등을 분해방지 안정제로 사용한다.

[07-02]

51 과산화수소의 성질에 대한 설명 중 틀린 것은?

① 알코올에 용해된다.
② MnO₂ 첨가 시 분해가 촉진된다.
③ 농도 약 30%에서는 단독으로 폭발할 위험이 있다.
④ 분해 시 산소가 발생한다.

[11-04]

52 [보기]에서 설명하는 물질은 무엇인가?

> · 살균제 및 소독제로도 사용된다.
> · 분해할 때 발생하는 발생기 산소(O)는 난분해성 유기물질을 산화시킬 수 있다.

① HClO₄　　　　② CH₃OH
③ H₂O₂　　　　④ H₂SO₄

① 과염소산, ② 메틸알코올, ④ 황산

[09-01]

53 과산화수소의 위험성에 대한 설명 중 틀린 것은?

① 오래 저장하면 자연발화의 위험이 있다.
② 햇빛에 의해 분해되므로 햇빛을 차단하여 보관한다.
③ 고농도의 것은 분해 위험이 있으므로 인산 등을 넣어 분해를 억제시킨다.
④ 농도가 진한 것은 피부와 접촉하면 수종을 일으킨다.

[11-01]

54 과산화수소가 녹지 않는 것은?

① 물　　　　　② 벤젠
③ 에테르　　　④ 알코올

과산화수소는 물, 알코올, 에테르에 잘 녹고, 석유, 벤젠에는 녹지 않는다.

[11-05]

55 다음 중 과산화수소의 저장용기로 가장 적합한 것은?

① 뚜껑에 작은 구멍을 뚫은 갈색 용기
② 뚜껑을 밀전한 투명 용기
③ 구리로 만든 용기
④ 요오드화칼륨을 첨가한 종이 용기

[11-01, 09-02]

56 과산화수소의 저장 및 취급 방법으로 옳지 않은 것은?

① 갈색 용기를 사용한다.
② 직사광선을 피하고 냉암소에 보관한다.
③ 농도가 클수록 위험성이 높아지므로 분해방지 안정제를 넣어 분해를 억제시킨다.
④ 장기간 보관 시 철분을 넣어 유리용기에 보관한다.

분해방지 안정제로는 인산이나 요산이 사용된다.

[07-01]

57 과산화수소의 저장 방법에 대한 설명으로 옳은 것은?

① 분해 방지를 위해 되도록이면 고농도로 보관한다.
② 투명유리병에 넣어 햇빛이 잘 드는 곳에 보관한다.
③ 인산, 요산 등의 분해 안정제를 사용한다.
④ 금속 보관 용기를 사용하여 밀전한다.

정답 ▶ 49 ② 50 ④ 51 ③ 52 ③ 53 ① 54 ② 55 ① 56 ④ 57 ③

58 다음 물질을 과산화수소에 혼합했을 때 위험성이 가장 낮은 것은?

① 산화제이수은　　② 물
③ 이산화망간　　　④ 탄소분말

[13-04]
59 과산화수소와 산화프로필렌의 공통점으로 옳은 것은?

① 특수인화물이다.
② 분해 시 질소를 발생한다.
③ 끓는점이 100℃ 이하이다.
④ 수용액 상태에서도 자연발화 위험이 있다.

> 과산화수소의 끓는점은 80.2℃이며, 산화프로필렌의 끓는점은 34℃이다.
> ① 과산화수소는 산화성액체이다.
> ② 과산화수소는 분해 시 산소를 발생한다.
> ④ 과산화수소는 자연발화하지 않는다.

[11-01]
60 과산화수소, 질산, 과염소산의 공통적인 특징이 아닌 것은?

① 산화성액체이다.
② pH 1 미만의 강한 산성 물질이다.
③ 불연성 물질이다.
④ 물보다 무겁다.

> 과산화수소는 약산성 물질이다.

[10-02]
61 다음 중 6류 위험물인 과염소산의 분자식은?

① $HClO_4$　　　② $KClO_4$
③ $KClO_2$　　　④ $HClO_2$

> ② 과염소산칼륨, ③ 아염소산칼륨, ④ 아염소산

[08-02]
62 과염소산의 성질에 대한 설명으로 옳은 것은?

① 무색의 산화성 물질이다.
② 점화원에 의해 쉽게 단독으로 연소한다.
③ 흡습성이 강한 고체이다.
④ 증기는 공기보다 가볍다.

> 과염소산은 무색·무취의 휘발성 및 흡습성이 강한 액체이다.

[10-01]
63 무색의 액체로 융점이 −112℃이고 물과 접촉하면 심하게 발열하는 제6류 위험물은?

① 과산화수소　　② 과염소산
③ 질산　　　　　④ 오불화요오드

[08-04]
64 과염소산에 대한 설명 중 틀린 것은?

① 비중은 물보다 크다.
② 부식성이 있어서 피부에 닿으면 위험하다.
③ 가열하면 분해될 위험이 있다.
④ 비휘발성 액체이고 에탄올에 저장하면 안전하다.

> 과염소산은 휘발성 액체이고 환기가 잘되는 곳에 저장한다. 알코올과 접촉 시 폭발의 위험이 있다.

[08-01]
65 과염소산의 성질에 대한 설명 중 옳은 것은?

① 흡습성이 강한 고체이다.
② 순수한 것은 분해의 위험이 있다.
③ 물보다 가볍다.
④ 환원력이 매우 강하다.

> ① 흡습성이 강한 액체이다.
> ③ 비중이 1.76으로 물보다 무겁다.
> ④ 산화력이 매우 강하다.

[10-04]
66 과염소산에 대한 설명으로 틀린 것은?

① 가열하면 쉽게 발화한다.
② 강한 산화력을 갖고 있다.
③ 무색의 액체이다.
④ 물과 접촉하면 발열한다.

> 가열하면 분해될 위험이 있다.

[12-02]
67 과염소산에 대한 설명 중 틀린 것은?

① 산화제로 이용된다.
② 휘발성이 강한 가연성 물질이다.
③ 철, 아연, 구리와 격렬하게 반응한다.
④ 증기 비중이 약 3.5 이다.

> 휘발성이 강한 불연성 물질이다.

[09-01]

68 과염소산이 물과 접촉한 경우 일어나는 반응은?

① 중합반응　　　　② 연소반응
③ 흡열반응　　　　④ 발열반응

[09-05]

69 과염소산의 성질에 대한 설명이 아닌 것은?

① 가연성 물질이다.
② 산화성이 있다.
③ 물과 반응하여 발열한다.
④ Fe와 반응하여 산화물을 만든다.

[12-01]

70 과염소산의 저장 및 취급방법으로 틀린 것은?

① 종이, 나무부스러기 등과의 접촉을 피한다.
② 직사광선을 피하고, 통풍이 잘되는 냉암소에 보관한다.
③ 금속분과의 접촉을 피한다.
④ 분해방지제로 NH_3 또는 $BaCl_2$를 사용한다.

> **과염소산의 저장 및 취급**
> ① 직사광선을 피하고, 통풍이 잘 되는 장소에 보관한다.
> ② 물과의 접촉을 피하고 강산화제, 환원제, 알코올류, 시안화합물, 염화바륨, 알칼리와 격리 보관한다.

[09-01]

71 과염소산에 화재가 발생했을 때 조치 방법으로 적합하지 않은 것은?

① 환원성 물질로 중화한다.
② 물과 반응하여 발열하므로 주의한다.
③ 마른 모래로 소화한다.
④ 인산염류 분말로 소화한다.

> 환원성 물질과의 접촉을 피해야 한다.

[09-04]

72 위험물에 관한 설명 중 틀린 것은?

① 할로겐간화합물은 제6류 위험물이다.
② 할로겐간화합물의 지정수량은 200kg이다.
③ 과염소산은 불연성이나 산화성이 강하다.
④ 과염소산은 산소를 함유하고 있으며 물보다 무겁다.

> 할로겐간화합물의 지정수량은 300kg이다.

위험물 판정시험 및 판정기준

1 위험물별 시험의 종류 및 항목

위험물 분류	시험종류	시험항목
제1류 산화성고체	산화성 시험	• 연소시험 • 대량연소시험
	충격민감성 시험	• 낙구식타격감도시험 • 철관시험
제2류 가연성고체	착화성 시험	• 작은불꽃착화시험
	인화성 시험	• 인화점측정시험
제3류 자연발화성 및 금수성물질	자연발화성 시험	• 자연발화성 시험
	금수성 시험	• 물과의 반응성시험
제4류 인화성액체	인화성 시험	• 인화점측정시험 • 연소점측정시험 • 발화점측정시험 • 비점측정시험
제5류 자기반응성 물질	폭발성 시험	• 열분석 시험
	가열분해성 시험	• 압력용기 시험
제6류 산화성액체	산화성 시험	• 연소시험

2 인화성액체의 인화점측정시험

(1) 종류
① 태그(Tag)밀폐식 인화점 측정기에 의한 인화점 측정
② 세타밀폐식 인화점 측정기에 의한 인화점 측정
③ 클리브랜드개방식 인화점 측정기에 의한 인화점 측정

(2) 판정기준
태그(Tag)밀폐식 인화점 측정기에 의한 인화점 측정결과에 따라 다음과 같이 판정한다.
① 측정결과가 0℃ 미만인 경우에는 당해 측정결과를 인화점으로 한다.
② 측정결과가 0℃ 이상 80℃ 이하인 경우에는 동점도 측정을 하여 동점도가 $10mm^2/s$ 미만인 경우에는 당해 측정결과를 인화점으로 하고, 동점도가 $10mm^2/s$ 이상인 경우에는 세타밀폐식 인화점 측정기로 다시 측정한다.
③ 측정결과가 80℃를 초과하는 경우에는 클리브랜드개방식 인화점 측정기로 다시 측정한다.

3 금수성물질 판단기준
물과의 반응성시험 결과 다음에 해당하는 경우 금수성물질에 해당하는 것으로 한다.
① 자연발화하는 경우
② 착화하는 경우
③ 가연성 성분을 함유한 가스의 발생량이 200ℓ 이상인 경우

4 자기반응성물질의 가열분해성 판단기준
① 구멍의 직경이 0.69mm인 오리피스판을 이용하여 파열판이 파열되는 물질 : 지정수량 200kg
② 구멍의 직경이 19mm인 오리피스판을 이용하여 파열판이 파열되는 물질 : 지정수량 100kg
③ 구멍의 직경이 9mm인 오리피스판을 이용하여 파열판이 파열되는 물질 : 지정수량 10kg

5 산화성액체의 연소시험 판단기준
시험물품과 목분과의 혼합물의 연소시간이 표준물질과 목분과의 혼합물의 연소시간 이하인 경우 산화성액체에 해당

[13-05]
1 위험물안전관리법령상 제5류 위험물의 판정을 위한 시험의 종류로 옳은 것은?

① 폭발성 시험, 가열분해성 시험
② 폭발성 시험, 충격민감성 시험
③ 가열분해성 시험, 착화의 위험성 시험
④ 충격민감성 시험, 착화의 위험성 시험

[12-01]
2 위험물안전관리에 관한 세부기준에서 정한 위험물의 유별에 따른 위험성 시험방법을 옳게 연결한 것은?

① 제1류 - 가열분해성 시험
② 제2류 - 작은 불꽃 착화시험
③ 제5류 - 충격민감성 시험
④ 제6류 - 낙구타격감도시험

[09-04]
3 위험물안전관리법령상 제5류 자기반응성물질로 분류함에 있어 폭발성에 의한 위험도를 판단하기 위한 시험방법은?

① 열분석시험   ② 철관파열시험
③ 낙구시험   ④ 연소속도측정시험

[11-01]
4 위험물안전관리법령상 인화성액체의 인화점 시험 방법이 아닌 것은?

① 태그(Tag)밀폐식 인화점 측정기에 의한 인화점 측정
② 세타밀폐식 인화점 측정기에 의한 인화점 측정
③ 클리브랜드개방식 인화점 측정기에 의한 인화점 측정
④ 펜스키-마르텐식 인화점 측정기에 의한 인화점 측정

[10-02]
5 위험물안전관리법상 제4류 인화성액체의 판정을 위한 인화점 시험방법에 관한 설명으로 틀린 것은?

① 택밀폐식인화점측정기에 의한 시험을 실시하여 측정결과가 0℃ 미만인 경우에는 당해 측정결과를 인화점으로 한다.
② 택밀폐식인화점측정기에 의한 시험을 실시하여 측정결과가 0℃ 이상 80℃ 이하인 경우에는 동점도를 측정하여 동점도가 $10mm^2/s$ 미만인 경우에는 당해 측정결과를 인화점으로 한다.
③ 택밀폐식인화점측정기에 의한 시험을 실시하여 측정결과가 0℃ 이상 80℃ 이하인 경우에는 동점도를 측정하여 동점도가 $10mm^2/s$ 이상인 경우에는 세타밀폐식인화점측정기에 의한 시험을 한다.
④ 택밀폐식인화점측정기에 의한 시험을 실시하여 측정 결과가 80℃를 초과하는 경우에는 클리브랜드밀폐식 인화점측정기에 의한 시험을 한다.

> 택밀폐식인화점측정기에 의한 시험을 실시하여 측정 결과가 80℃를 초과하는 경우에는 클리브랜드개방식 인화점측정기로 다시 측정한다.

Craftsman Hazardous material

CHAPTER

03

위험물 안전관리기준

위험물의 저장기준 및 취급기준 | 위험물의 운반기준 및 운송기준

위험물의 저장기준 및 취급기준

출제
포인트
이 섹션에서는 위험물의 저장 및 취급 공통기준과 위험물의 저장기준 위주로 공부하도록 한다. 취급기준은 출제 비중이 그다지 높지 않으니 기출문제 위주로 내용을 파악하도록 한다. 위험물의 유별 저장 및 취급기준은 구분해서 외우도록 한다.

01 위험물의 저장 및 취급

1 위험물안전관리법의 적용제외

항공기·선박·철도 및 궤도에 의한 위험물의 저장·취급 및 운반에 있어서는 위험물안전관리법을 적용하지 아니한다.

2 지정수량 미만인 위험물의 저장 · 취급

지정수량 미만인 위험물의 저장 또는 취급에 관한 기술상의 기준은 특별시·광역시 및 도의 조례로 정한다.

3 위험물의 저장 및 취급의 제한

① 지정수량 이상의 위험물을 저장소가 아닌 장소에서 저장하거나 제조소등이 아닌 장소에서 취급하여서는 안 된다.

② 제조소등이 아닌 장소에서 지정수량 이상의 위험물을 취급할 수 있는 경우
- 시·도의 조례가 정하는 바에 따라 관할소방서장의 승인을 받아 지정수량 이상의 위험물을 90일 이내의 기간 동안 임시로 저장 또는 취급하는 경우
- 군부대가 지정수량 이상의 위험물을 군사목적으로 임시로 저장 또는 취급하는 경우

4 지정수량 이상의 위험물

둘 이상의 위험물을 같은 장소에서 저장 또는 취급하는 경우에 있어서 당해 장소에서 저장 또는 취급하는 각 위험물의 수량을 그 위험물의 지정수량으로 각각 나누어 얻은 수의 합계가 1 이상인 경우 당해 위험물은 지정수량 이상의 위험물로 본다.

5 위험물의 유별 저장 · 취급의 공통기준

구분	기준
제1류 위험물	• 가연물과의 접촉 · 혼합이나 분해를 촉진하는 물품과의 접근 또는 과열 · 충격 · 마찰 등을 피해야 한다. • 알칼리금속의 과산화물 및 이를 함유한 것에 있어서는 물과의 접촉을 피해야 한다.
제2류 위험물	• 산화제와의 접촉 · 혼합이나 불티 · 불꽃 · 고온체와의 접근 또는 과열을 피해야 한다. • 철분 · 금속분 · 마그네슘 및 이를 함유한 것에 있어서는 물이나 산과의 접촉을 피해야 한다. • 인화성 고체에 있어서는 함부로 증기를 발생시키지 아니해야 한다.
제3류 위험물	• 자연발화성물질에 있어서는 불티 · 불꽃 또는 고온체와의 접근 · 과열 또는 공기와의 접촉을 피해야 한다. • 금수성물질에 있어서는 물과의 접촉을 피해야 한다.
제4류 위험물	• 불티 · 불꽃 · 고온체와의 접근 또는 과열을 피하고, 함부로 증기를 발생시키지 아니해야 한다.
제5류 위험물	• 불티 · 불꽃 · 고온체와의 접근이나 과열 · 충격 또는 마찰을 피해야 한다.
제6류 위험물	• 가연물과의 접촉 · 혼합이나 분해를 촉진하는 물품과의 접근 또는 과열을 피해야 한다.

02 저장 기준

1 동일한 저장소에 저장 가능한 경우
(옥내 및 옥외저장소, 1m 이상의 간격을 둘 것)

① 제1류 위험물(알칼리금속의 과산화물 또는 이를 함유한 것 제외)과 제5류 위험물

② 제1류 위험물과 제6류 위험물

③ 제1류 위험물과 제3류 위험물 중 자연발화성물질 (황린 또는 이를 함유한 것)

④ 제2류 위험물 중 인화성고체와 제4류 위험물

⑤ 제3류 위험물 중 알킬알루미늄등과 제4류 위험물 (알킬알루미늄 또는 알킬리튬을 함유한 것)

⑥ 제4류 위험물 중 유기과산화물 또는 이를 함유하는 것과 제5류 위험물 중 유기과산화물 또는 이를 함유한 것

2 옥내저장소에서 위험물을 저장하는 경우
용기 제한 높이

① 기계에 의하여 하역하는 구조로 된 용기만을 겹쳐 쌓는 경우 : 6m

② 제4류 위험물 중 제3석유류, 제4석유류 및 동식물유류를 수납하는 용기만을 겹쳐 쌓는 경우 : 4m

③ 그 밖의 경우 : 3m

3 알킬알루미늄등, 아세트알데히드등 및
디에틸에테르등의 저장기준

① 옥외저장탱크 또는 옥내저장탱크 중 압력탱크에 있어서는 알킬알루미늄등의 취출에 의하여 당해 탱크 내의 압력이 상용압력 이하로 저하하지 않도록, 압력탱크 외의 탱크에 있어서는 알킬알루미늄등의 취출이나 온도의 저하에 의한 공기의 혼입을 방지할 수 있도록 불활성의 기체를 봉입한다.

② 옥외저장탱크·옥내저장탱크 또는 이동저장탱크에 새롭게 알킬알루미늄등을 주입하는 때에는 미리 당해 탱크 안의 공기를 불활성기체와 치환한다.

③ 이동저장탱크에 알킬알루미늄등을 저장하는 경우에는 20kPa 이하의 압력으로 불활성의 기체를 봉입한다.

④ 옥외저장탱크·옥내저장탱크 또는 지하저장탱크 중 압력탱크에 있어서는 아세트알데히드등의 취출에 의하여 당해 탱크 내의 압력이 상용압력 이하로 저하하지 아니하도록, 압력탱크 외의 탱크에 있어서는 아세트알데히드등의 취출이나 온도의 저하에 의한 공기의 혼입을 방지할 수 있도록 불활성기체를 봉입한다.

⑤ 옥외저장탱크·옥내저장탱크·지하저장탱크 또는 이동저장탱크에 새롭게 아세트알데히드등을 주입하는 때에는 미리 당해 탱크 안의 공기를 불활성기체와 치환하여 둔다.

⑥ 이동저장탱크에 아세트알데히드등을 저장하는 경우에는 항상 불활성의 기체를 봉입한다.

⑦ 옥외저장탱크·옥내저장탱크 또는 지하저장탱크 중 압력탱크 외의 탱크에 저장하는 디에틸에테르등 또는 아세트알데히드등의 온도는 산화프로필렌과 이를 함유한 것 또는 디에틸에테르등에 있어서는 30℃ 이하로, 아세트알데히드 또는 이를 함유한 것에 있어서는 15℃ 이하로 각각 유지한다.

⑧ 옥외저장탱크·옥내저장탱크 또는 지하저장탱크 중 압력탱크에 저장하는 아세트알데히드등 또는 디에틸에테르등의 온도는 40℃ 이하로 유지한다.

⑨ 보냉장치가 있는 이동저장탱크에 저장하는 아세트알데히드등 또는 디에틸에테르등의 온도는 당해 위험물의 비점 이하로 유지한다.

⑩ 보냉장치가 없는 이동저장탱크에 저장하는 아세트알데히드등 또는 디에틸에테르등의 온도는 40℃ 이하로 유지한다.

4 기타 중요 저장기준

① 제3류 위험물 중 황린 그 밖에 물속에 저장하는 물품과 금수성물질은 동일한 저장소에서 저장하지 말아야 한다.

② 옥내저장소에서 동일 품명의 위험물이더라도 자연발화할 우려가 있는 위험물 또는 재해가 현저하게 증대할 우려가 있는 위험물을 다량 저장하는 경우에는 지정수량의 10배 이하마다 구분하여 상호간 0.3m 이상의 간격을 두어 저장해야 한다(화약류에 해당하는 위험물 또는 기계에 의하여 하역하는 구조로 된 용기에 수납한 위험물 제외)

③ 옥내저장소에서는 용기에 수납하여 저장하는 위험물의 온도가 55℃를 넘지 아니하도록 필요한 조치를 강구해야 한다.

④ 컨테이너식 이동탱크저장소 외의 이동탱크저장소에 있어서는 위험물을 저장한 상태로 이동저장

탱크를 옮겨 싣지 않는다.
⑤ 옥외저장소에서 위험물을 수납한 용기를 선반에 저장하는 경우에는 6m를 초과하여 저장하지 않아야 한다.

03 취급 기준

1 위험물의 취급 중 제조에 관한 기준
① **증류공정** : 위험물을 취급하는 설비의 내부압력의 변동 등에 의해 액체 또는 증기가 새지 않도록 할 것
② **추출공정** : 추출관의 내부압력이 비정상으로 상승하지 않도록 할 것
③ **건조공정** : 위험물의 온도가 국부적으로 상승하지 아니하는 방법으로 가열 또는 건조할 것
④ **분쇄공정** : 위험물의 분말이 현저하게 부유하고 있거나 위험물의 분말이 현저하게 기계·기구 등에 부착하고 있는 상태로 그 기계·기구를 취급하지 말 것

2 위험물의 취급 중 소비에 관한 기준
① 분사도장작업은 방화상 유효한 격벽 등으로 구획된 안전한 장소에서 실시할 것
② 담금질 또는 열처리작업은 위험물이 위험한 온도에 이르지 아니하도록 하여 실시할 것
③ 버너를 사용하는 경우에는 버너의 역화를 방지하고 위험물이 넘치지 아니하도록 할 것

3 주유취급소에서의 위험물의 취급기준
(1) **주유취급소에서의 취급기준**
(항공기주유취급소·선박주유취급소 및 철도주유취급소 제외)
① 자동차 등에 주유할 때에는 고정주유설비를 사용하여 직접 주유할 것
② 자동차 등에 인화점 40℃ 미만의 위험물을 주유할 때에는 자동차 등의 원동기를 정지시킬 것

> ▶ 예외 : 연료탱크에 위험물을 주유하는 동안 방출되는 가연성 증기를 회수하는 설비가 부착된 고정주유설비에 의한 주유

③ 고정주유설비 또는 고정급유설비에 접속하는 탱크에 위험물을 주입할 때에는 당해 탱크에 접속된 고정주유설비 또는 고정급유설비의 사용

을 중지하고, 자동차 등을 당해 탱크의 주입구에 접근시키지 말 것
④ 고정주유설비 또는 고정급유설비에는 당해 주유설비에 접속한 전용탱크 또는 간이탱크의 배관 외의 것을 통해 위험물을 공급하지 말 것
⑤ 자동차 등에 주유할 때에는 고정주유설비 또는 고정주유설비에 접속된 탱크의 주입구로부터 4m 이내의 부분에, 이동저장탱크로부터 전용탱크에 위험물을 주입할 때에는 전용탱크의 주입구로부터 3m 이내의 부분 및 전용탱크 통기관의 선단으로부터 수평거리 1.5m 이내의 부분에 있어서는 다른 자동차 등의 주차를 금지하고 자동차 등의 점검·정비 또는 세정을 하지 아니할 것
⑥ 점포, 휴게음식점 또는 전시장의 업무는 건축물의 1층에서 행할 것

> ▶ 예외 : 용이하게 주유취급소의 부지 외부로 피난이 가능한 부분에서 업무를 행하는 경우

⑦ 주유원 간이대기실 내에서는 화기를 사용하지 아니할 것

> ▶ 전기자동차 충전설비 사용 시 준수해야 할 기준
> • 충전기기와 전기자동차를 연결할 때에는 연장코드를 사용하지 아니할 것
> • 전기자동차의 전지·인터페이스 등이 충전기기의 규격에 적합한지 확인한 후 충전을 시작할 것
> • 충전 중에는 자동차 등을 작동시키지 아니할 것

(2) **항공기주유취급소에서의 취급기준**
① 항공기에 주유하는 때에는 고정주유설비, 주유배관의 선단부에 접속한 호스기기, 주유호스차 또는 주유탱크차를 사용하여 직접 주유할 것
② 고정주유설비에는 당해 주유설비에 접속한 전용탱크 또는 위험물을 저장 또는 취급하는 탱크의 배관 외의 것을 통해 위험물을 주입하지 말 것
③ 주유호스차 또는 주유탱크차에 의하여 주유하는 때에는 주유호스의 선단을 항공기의 연료탱크의 급유구에 긴밀히 결합할 것

> ▶ 예외 : 주유탱크차에서 주유호스 선단부에 수동개폐장치를 설치한 주유노즐에 의하여 주유하는 경우

④ 주유호스차 또는 주유탱크차에서 주유하는 때에는 주유호스차의 호스기기 또는 주유탱크차의 주유설비를 접지하고 항공기와 전기적인 접속을 할 것

(3) 철도주유취급소에서의 취급기준
- 철도(궤도)에 의해 운행하는 차량에 주유하는 때에는 고정주유설비 또는 주유배관의 선단부에 접속한 호스기기를 사용하여 직접 주유할 것
- 철도 또는 궤도에 의하여 운행하는 차량에 주유하는 때에는 콘크리트 등으로 포장된 부분에서 주유할 것

(4) 선박주유취급소에서의 취급기준
① 선박에 주유하는 때에는 고정주유설비 또는 주유배관의 선단부에 접속한 호스기기를 사용하여 직접 주유할 것
② 선박에 주유하는 때에는 선박이 이동하지 아니하도록 계류시킬 것

(5) 고객이 직접 주유하는 주유취급소에서의 기준
① 셀프용고정주유설비 및 셀프용고정급유설비 외의 고정주유설비 또는 고정급유설비를 사용하여 고객에 의한 주유 또는 용기에 옮겨 담는 작업을 행하지 아니할 것
② 감시대에서 고객이 주유하거나 용기에 옮겨 담는 작업을 직시하는 등 적절한 감시를 할 것
③ 고객에 의한 주유 또는 용기에 옮겨 담는 작업을 개시할 때에는 안전상 지장이 없음을 확인한 후 제어장치에 의하여 호스기기에 대한 위험물의 공급을 개시할 것
④ 고객에 의한 주유 또는 용기에 옮겨 담는 작업을 종료한 때에는 제어장치에 의하여 호스기기에 대한 위험물의 공급을 정지할 것
⑤ 비상시 그 밖에 안전상 지장이 발생한 경우에는 제어장치에 의하여 호스기기에 위험물의 공급을 일제히 정지하고, 주유취급소 내의 모든 고정주유설비 및 고정급유설비에 의한 위험물 취급을 중단할 것

⑥ 감시대의 방송설비를 이용하여 고객에 의한 주유 또는 용기에 옮겨 담는 작업에 대한 필요한 지시를 할 것
⑦ 감시대에서 근무하는 감시원은 안전관리자 또는 위험물안전관리에 관한 전문지식이 있는 자일 것

4 판매취급소에서의 위험물의 취급기준
① 다음의 경우 외에는 위험물을 배합하거나 옮겨 담는 작업을 하지 아니할 것

> ▶ 도료류, 제1류 위험물 중 염소산염류 및 염소산염류만을 함유한 것, 유황 또는 인화점이 38℃ 이상인 제4류 위험물을 배합실에서 배합하는 경우

② 위험물은 운반용기에 수납한 채로 판매할 것
③ 판매취급소에서 위험물을 판매할 때에는 위험물이 넘치거나 비산하는 계량기(액용되를 포함)를 사용하지 아니할 것

5 이송취급소에서의 취급기준
① 위험물의 이송은 위험물을 이송하기 위한 배관·펌프 및 그에 부속한 설비의 안전을 확인한 후에 개시할 것
② 위험물을 이송하기 위한 배관·펌프 및 이에 부속한 설비의 안전을 확인하기 위한 순찰을 행하고, 위험물을 이송하는 중에는 이송하는 위험물의 압력 및 유량을 항상 감시할 것
③ 이송취급소를 설치한 지역의 지진을 감지하거나 지진의 정보를 얻은 경우에는 국민안전처장관이 정하여 고시하는 바에 따라 재해의 발생 또는 확대를 방지하기 위한 조치를 강구할 것

6 이동탱크저장소에서의 취급기준
(컨테이너식 이동탱크저장소 제외)
① 이동저장탱크로부터 위험물을 저장 또는 취급하는 탱크에 액체의 위험물을 주입할 경우에는 그 탱크의 주입구에 이동저장탱크의 주입호스를 견고하게 결합할 것

> ▶ 예외 : 주입호스의 선단부에 수동개폐장치를 한 주입노즐(수동개폐장치를 개방상태로 고정하는 장치를 한 것은 제외)을 사용하여 지정수량 미만의 양의 위험물을 저장 또는 취급하는 탱크에 인화점이 40℃ 이상인 위험물을 주입 시

② 이동저장탱크로부터 액체위험물을 용기에 옮겨 담지 아니할 것

> ▶ 예외 : 주입호스의 선단부에 수동개폐장치를 한 주입노즐을 사용하여 운반용기에 인화점 40℃ 이상의 제4류 위험물을 옮겨 담는 경우

③ 이동저장탱크로부터 위험물을 저장 또는 취급하는 탱크에 인화점이 40℃ 미만인 위험물을 주입할 때에는 이동탱크저장소의 원동기를 정지시킬 것

④ 이동저장탱크로부터 직접 위험물을 자동차(건설기계 중 덤프트럭 및 콘크리트믹서트럭 포함)의 연료탱크에 주입하지 말 것

> ▶ 예외 : 인화점 40℃ 이상의 위험물을 주입하는 경우

⑤ 휘발유·벤젠 그 밖에 정전기에 의한 재해발생의 우려가 있는 액체의 위험물을 이동저장탱크에 주입하거나 이동저장탱크로부터 배출하는 때에는 도선으로 이동저장탱크와 접지전극 등과의 사이를 긴밀히 연결하여 당해 이동저장탱크를 접지할 것

⑥ 휘발유·벤젠·그 밖에 정전기에 의한 재해발생의 우려가 있는 액체의 위험물을 이동저장탱크의 상부로 주입하는 때에는 주입관을 사용하되, 당해 주입관의 선단을 이동저장탱크의 밑바닥에 밀착할 것

7 알킬알루미늄등 및 아세트알데히드등의 취급기준

① 알킬알루미늄등의 제조소 또는 일반취급소에 있어서 알킬알루미늄등을 취급하는 설비에는 불활성의 기체를 봉입할 것

② 알킬알루미늄등의 이동탱크저장소에 있어서 이동저장탱크로부터 알킬알루미늄등을 꺼낼 때에는 동시에 200kPa 이하의 압력으로 불활성의 기체를 봉입할 것

③ 아세트알데히드등의 제조소 또는 일반취급소에 있어서 아세트알데히드등을 취급하는 설비에는 연소성 혼합기체의 생성에 의한 폭발의 위험이 생겼을 경우에 불활성의 기체 또는 수증기를 봉입할 것

> ▶ 예외 : 옥외에 있는 탱크 또는 옥내에 있는 탱크로서 그 용량이 지정수량의 5분의 1 미만의 것

④ 아세트알데히드등의 이동탱크저장소에 있어서 이동저장탱크로부터 아세트알데히드등을 꺼낼 때에는 동시에 100kPa 이하의 압력으로 불활성의 기체를 봉입할 것

[13-01]

1 위험물안전관리법령상의 규제에 관한 설명 중 틀린 것은?

① 지정수량 미만의 위험물의 저장·취급 및 운반은 시·도 조례에 의하여 규제한다.
② 항공기에 의한 위험물의 저장·취급 및 운반은 위험물안전관리법의 규제대상이 아니다.
③ 궤도에 의한 위험물의 저장·취급 및 운반은 위험물안전관리법의 규제대상이 아니다.
④ 선박법의 선박에 의한 위험물의 저장·취급 및 운반은 위험물안전관리법의 규제대상이 아니다.

> 지정수량 미만인 위험물의 저장 또는 취급에 대해서만 시·도 조례에 의하여 규제한다.

[13-05]

2 위험물안전관리법의 적용 제외와 관련된 내용으로 ( ) 안에 알맞은 것을 모두 나타낸 것은?

> 위험물안전관리법은 ( )에 의한 위험물의 저장·취급 및 운반에 있어서는 이를 적용하지 아니한다.

① 항공기·선박(선박법 제1조의2 제1항에 따른 선박을 말한다)·철도 및 궤도
② 항공기·선박(선박법 제1조의2 제1항에 따른 선박을 말한다)·철도
③ 항공기·철도 및 궤도
④ 철도 및 궤도

[09-01]

3 지정수량 이상의 위험물을 소방서장의 승인을 받아 제조소등이 아닌 장소에서 임시로 저장 또는 취급할 수 있는 기간은 얼마 이내인가?(단, 군부대가 군사 목적으로 임시로 저장 또는 취급하는 경우는 제외한다)

① 30일   ② 60일
③ 90일   ④ 180일

[07-05]

4 옥외저장탱크 중 압력탱크에 저장하는 디에틸에테르등의 저장온도는 몇 ℃ 이하이어야 하는가?

① 60   ② 40
③ 30   ④ 15

> 옥외저장탱크·옥내저장탱크 또는 지하저장탱크 중 압력탱크에 저장하는 아세트알데히드등 또는 디에틸에테르등의 온도는 40℃ 이하로 유지할 것

[10-04]

5 위험물 적재 방법 중 위험물을 수납한 운반용기를 겹쳐 쌓는 경우 높이는 몇 m 이하로 하여야 하는가?

① 2   ② 3
③ 4   ④ 6

[13-02]

6 위험물안전관리법령에 대한 설명 중 옳지 않은 것은?

① 군부대가 지정수량 이상의 위험물을 군사목적으로 임시로 저장 또는 취급하는 경우는 제조소등이 아닌 장소에서 지정수량 이상의 위험물을 취급할 수 있다.
② 철도 및 궤도에 의한 위험물의 저장·취급 및 운반에 있어서는 위험물안전관리법령을 적용하지 아니한다.
③ 지정수량 미만인 위험물의 저장 또는 취급에 관한 기술상의 기준은 국가화재안전기준으로 정한다.
④ 업무상 과실로 제조소등에서 위험물을 유출, 방출 또는 확산시켜 사람의 생명, 신체 또는 재산에 대하여 위험을 발생시킨 자는 7년 이하의 금고 또는 2천만원 이하의 벌금에 처한다.

> 지정수량 미만인 위험물의 저장 또는 취급에 관한 기술상의 기준은 특별시·광역시 및 도의 조례로 정한다.

[09-04]

7 위험물의 저장·취급에 관한 법적 규제를 설명하는 것으로 옳은 것은?

① 지정수량 이상 위험물의 저장은 제조소, 저장소 또는 취급소에서 하여야 한다.
② 지정수량 이상 위험물의 취급은 제조소, 저장소 또는 취급소에서 하여야 한다.
③ 제조소 또는 취급소에는 지정수량 미만의 위험물은 저장할 수 없다.
④ 지정수량 이상 위험물의 저장·취급기준은 모두 중요기준이므로 위반 시에는 벌칙이 따른다.

> 위험물의 저장 및 취급
> • 지정수량 이상의 위험물을 저장소가 아닌 장소에서 저장하여서는 안된다.
> • 지정수량 이상의 위험물을 제조소등이 아닌 장소에서 취급하여서는 안된다.
> ※ 제조소등 : 제조소, 저장소, 취급소를 일컫는다.

[10-02]

8 이동저장탱크에 알킬알루미늄을 저장하는 경우에 불활성 기체를 봉입하는데 이때의 압력은 몇 kPa 이하이어야 하는가?

① 10   ② 20
③ 30   ④ 40

> 이동저장탱크에 알킬알루미늄등을 저장하는 경우에는 20kPa 이하의 압력으로 불활성의 기체를 봉입하여 둘 것

[12-05]

9 다음 ( ) 안에 들어갈 알맞은 단어는?

> 보냉장치가 있는 이동저장탱크에 저장하는 아세트알데히드등 또는 디에틸에테르등의 온도는 당해 위험물의 ( ) 이하로 유지하여야 한다.

① 비점
② 인화점
③ 융해점
④ 발화점

[11-02]

10 제조소등에 있어서 위험물을 저장하는 기준으로 잘못된 것은?

① 황린은 제3류 위험물이므로 물기가 없는 건조한 장소에 저장하여야 한다.

② 덩어리 상태의 유황과 화약류에 해당하는 위험물은 위험물용기에 수납하지 않고 저장할 수 있다.

③ 옥내저장소에서는 용기에 수납하여 저장하는 위험물의 온도가 55℃를 넘지 아니하도록 필요한 조치를 강구하여야 한다.

④ 이동저장탱크에는 저장 또는 취급하는 위험물의 유별·품명·최대수량 및 적재중량을 표시하고 잘 보일 수 있도록 관리하여야 한다.

황린은 예외적으로 물속에 보관한다.

[13-02]

11 주유취급소에서 자동차 등에 위험물을 주유할 때에 자동차 등의 원동기를 정지시켜야 하는 위험물의 인화점 기준은?(단, 연료탱크에 위험물을 주유하는 동안 방출되는 가연성 증기를 회수하는 설비가 부착되지 않은 고정주유설비에 의하여 주유하는 경우이다)

① 20℃ 미만　　　　② 30℃ 미만

③ 40℃ 미만　　　　④ 50℃ 미만

[14-04]

12 위험물을 유별로 정리하여 상호 1m 이상의 간격을 유지하는 경우에도 동일한 옥내저장소에 저장할 수 없는 것은?

① 제1류 위험물(알칼리금속의 과산화물 또는 이를 함유한 것을 제외한다)과 제5류 위험물

② 제1류 위험물과 제6류 위험물

③ 제1류 위험물과 제3류 위험물 중 황린

④ 인화성 고체를 제외한 제2류 위험물과 제4류 위험물

제2류 위험물 중 인화성 고체와 제4류 위험물은 1m 이상의 간격을 두고 동일한 옥내저장소 또는 옥외저장소에 저장할 수 있다.

SECTION 02 위험물의 운반기준 및 운송기준

Craftsman Hazardous Material

출제 포인트

이 섹션에서는 운반기준 및 운송기준 모두 출제비중이 높다. 운반용기의 재질과 운반용기의 표시사항이 자주 출제되고 있으며, 특히 유별을 달리하는 위험물의 혼재기준은 가장 많이 출제가 되는 내용이니 혼재 가능한 위험물별로 확실하게 외워두도록 한다. 운반용기의 최대용적과 중량에 관한 표의 내용을 모두 암기하는 것은 어려우니 기출문제 위주로 암기하도록 한다.

01 운반 기준

위험물의 운반은 그 용기·적재방법 및 운반방법에 관해 법에서 정한 중요기준과 세부기준에 따라 행하여야 한다.

1 운반용기의 재질

강판·알루미늄판·양철판·유리·금속판·종이·플라스틱·섬유판·고무류·합성섬유·삼·짚·나무

2 운반용기의 구조(기계 하역 구조)

① 운반용기는 부식 등의 열화에 대하여 적절히 보호될 것

② 운반용기는 수납하는 위험물의 내압 및 취급 시와 운반 시의 하중에 의하여 당해 용기에 생기는 응력에 대하여 안전할 것

③ 운반용기의 부속설비에는 수납하는 위험물이 당해 부속설비로부터 누설되지 아니하도록 하는 조치가 강구되어 있을 것

④ 용기본체가 틀로 둘러싸인 운반용기의 요건
- 용기본체는 항상 틀내에 보호되어 있을 것
- 용기본체는 틀과의 접촉에 의하여 손상을 입을 우려가 없을 것
- 운반용기는 용기본체 또는 틀의 신축 등에 의하여 손상이 생기지 아니할 것

⑤ 하부에 배출구가 있는 운반용기의 요건
- 배출구에는 개폐위치에 고정할 수 있는 밸브가 설치되어 있을 것
- 배출을 위한 배관 및 밸브에는 외부로부터의 충격에 의한 손상을 방지하기 위한 조치가 강구되어 있을 것
- 폐지판 등에 의하여 배출구를 이중으로 밀폐할 수 있는 구조일 것. 다만, 고체의 위험물을 수납하는 운반용기에 있어서는 그러하지 아니하다.

3 운반용기의 최대용적 또는 중량(기계 하역 구조)

① 고체 위험물

운반 용기				수납 위험물의 종류									
내장 용기		외장 용기		제1류			제2류		제3류			제5류	
용기의 종류	최대용적 또는 중량	용기의 종류	최대용적 또는 중량	I	II	III	II	III	I	II	III	I	II
유리용기 또는 플라스틱 용기	10 ℓ	나무상자 또는 플라스틱상자 (필요에 따라 불활성의 완충재를 채울 것)	125kg	○	○	○	○	○	○	○	○	○	○
			225kg		○	○		○		○	○		○
		파이버판상자 (필요에 따라 불활성의 완충재를 채울 것)	40kg	○	○	○	○	○	○	○	○	○	○
			55kg		○	○		○		○	○		○

① 고체 위험물

운반 용기				수납 위험물의 종류									
내장 용기		외장 용기		제1류			제2류		제3류			제5류	
용기의 종류	최대용적 또는 중량	용기의 종류	최대용적 또는 중량	I	II	III	II	III	I	II	III	I	II
금속제용기	30 ℓ	나무상자 또는 플라스틱상자	125kg	○	○	○	○	○	○	○	○	○	○
			225kg		○	○		○		○	○		○
		파이버판상자	40kg	○	○	○	○	○	○	○	○	○	○
			55kg		○	○		○		○	○		○
플라스틱필름포대 또는 종이포대	5kg	나무상자 또는 플라스틱상자	50kg	○	○	○	○	○					○
	50kg		50kg	○	○	○	○	○					○
	125kg		125kg		○	○		○					
	225kg		225kg					○					
	5kg	파이버판상자	40kg	○	○	○	○	○					○
	40kg		40kg	○	○	○	○	○					○
	55kg		55kg					○					
		금속제용기(드럼 제외)	60 ℓ		○	○		○	○	○	○		○
		플라스틱용기(드럼 제외)	10 ℓ		○	○		○					
			30 ℓ										○
		금속제드럼	250 ℓ	○	○	○	○	○	○	○	○		○
		플라스틱드럼 또는 파이버드럼(방수성이 있는 것)	60 ℓ		○	○		○	○	○	○		○
			250 ℓ		○	○		○		○	○		○
		합성수지포대(방수성이 있는 것), 플라스틱필름포대, 섬유포대(방수성이 있는 것) 또는 종이포대(여러겹으로서 방수성이 있는 것)	50kg		○	○		○		○			○

[비고]
1. "○"표시는 수납위험물의 종류별 각란에 정한 위험물에 대하여 당해 각란에 정한 운반용기가 적응성이 있음을 표시한다.
2. 내장용기는 외장용기에 수납하여야 하는 용기로서 위험물을 직접 수납하기 위한 것을 말한다.
3. 내장용기의 용기의 종류란이 공란인 것은 외장용기에 위험물을 직접 수납하거나 유리용기, 플라스틱용기, 금속제용기, 폴리에틸렌포대 또는 종이포대를 내장용기로 할 수 있음을 표시한다.

② 액체 위험물

운반 용기				수납 위험물의 종류								
내장 용기		외장 용기		제3류			제4류			제5류		제6류
용기의 종류	최대용적 또는 중량	용기의 종류	최대용적 또는 중량	I	II	III	I	II	III	I	II	I
유리용기	5 ℓ	나무 또는 플라스틱상자 (불활성의 완충재를 채울 것)	75kg	○	○	○	○	○	○	○	○	○
	10 ℓ		125kg		○	○		○	○		○	
			225kg						○			
	5 ℓ	파이버판상자 (불활성의 완충재를 채울 것)	40kg	○	○	○	○	○	○	○	○	○
	10 ℓ		55kg						○			
플라스틱용기	10 ℓ	나무 또는 플라스틱상자 (필요에 따라 불활성의 완충재를 채울 것)	75kg	○	○	○	○	○	○	○	○	
			125kg		○	○		○	○		○	
			225kg						○			
		파이버판상자 (필요에 따라 불활성의 완충재를 채울 것)	40kg	○	○	○	○	○	○	○	○	
			55kg						○			
금속제용기	30 ℓ	나무 또는 플라스틱상자	125kg	○	○	○	○	○	○	○	○	○
			225kg						○			
		파이버판상자	40kg	○	○	○	○	○	○	○	○	○
			55kg		○	○		○	○		○	

운반 용기				수납 위험물의 종류								
내장 용기		외장 용기		제3류			제4류			제5류		제6류
용기의 종류	최대용적 또는 중량	용기의 종류	최대용적 또는 중량	I	II	III	I	II	III	I	II	I
		금속제용기(금속제드럼 제외)	60ℓ		○	○		○	○		○	
		플라스틱용기(플라스틱드럼 제외)	10ℓ		○	○		○	○		○	
			20ℓ					○	○			
			30ℓ						○		○	
		금속제드럼(뚜껑고정식)	250ℓ	○	○	○	○	○	○	○	○	○
		금속제드럼(뚜껑탈착식)	250ℓ					○	○			
		플라스틱 또는 파이버드럼 (플라스틱 내 용기부착의 것)	250ℓ		○	○			○		○	

[비고]
내장용기의 용기의 종류란이 공란인 것은 외장용기에 위험물을 직접 수납하거나 유리용기, 플라스틱용기 또는 금속제용기를 내장용기로 할 수 있음을 표시한다.

4 적재 방법

덩어리 상태의 유황을 운반하기 위하여 적재하는 경우 또는 위험물을 동일구내에 있는 제조소등의 상호간에 운반하기 위하여 적재하는 경우에는 수납하지 않고 적재할 수 있다.

(1) 수납 · 적재 기준

① 위험물이 온도변화 등에 의하여 누설되지 아니하도록 운반용기를 밀봉하여 수납할 것(온도변화 등에 의한 위험물로부터의 가스의 발생으로 운반용기 안의 압력이 상승할 우려가 있는 경우 가스의 배출구를 설치한 운반용기에 수납 가능)

② 수납하는 위험물과 위험한 반응을 일으키지 아니하는 등 당해 위험물의 성질에 적합한 재질의 운반용기에 수납할 것

③ 고체위험물은 운반용기 내용적의 95% 이하의 수납률로 수납할 것

④ 액체위험물은 운반용기 내용적의 98% 이하의 수납률로 수납하되, 55℃에서 누설되지 아니하도록 충분한 공간용적을 유지하도록 할 것

⑤ 하나의 외장용기에는 다른 종류의 위험물을 수납하지 아니할 것

> ▶ 제3류 위험물의 수납 기준
> ① 자연발화성물질에 있어서는 불활성 기체를 봉입하여 밀봉하는 등 공기와 접하지 아니하도록 할 것
> ② 자연발화성물질 외의 물품에 있어서는 파라핀 · 경유 · 등유 등의 보호액으로 채워 밀봉하거나 불활성 기체를 봉입하여 밀봉하는 등 수분과 접하지 아니하도록 할 것
> ③ 자연발화성물질 중 알킬알루미늄등은 운반용기의 내용적의 90% 이하의 수납률로 수납하되, 50℃의 온도에서 5% 이상의 공간용적을 유지하도록 할 것

(2) 기계에 의하여 하역하는 구조로 된 운반용기에 대한 수납 기준

① 부식, 손상 등 이상이 없는 운반용기일 것

> ▶ 운반용기 시험 및 점검
> ① 2년 6개월 이내에 실시한 기밀시험(액체의 위험물 또는 10kPa 이상의 압력을 가하여 수납 또는 배출하는 고체의 위험물을 수납하는 운반용기에 한한다)
> ② 2년 6개월 이내에 실시한 운반용기의 외부의 점검 · 부속설비의 기능점검 및 5년 이내의 사이에 실시한 운반용기의 내부의 점검

② 복수의 폐쇄장치가 연속하여 설치되어 있는 운반용기에 위험물을 수납하는 경우에는 용기본체에 가까운 폐쇄장치를 먼저 폐쇄할 것

③ 휘발유, 벤젠 그 밖의 정전기에 의한 재해가 발생할 우려가 있는 액체의 위험물을 운반용기에 수납 또는 배출할 때에는 당해 재해의 발생을 방지하기 위한 조치를 강구할 것

④ 온도변화 등에 의하여 액상이 되는 고체의 위험물은 액상으로 되었을 때 당해 위험물이 새지 아니하는 운반 용기에 수납할 것

⑤ 액체위험물을 수납하는 경우에는 55℃의 온도에서의 증기압이 130kPa 이하가 되도록 수납할 것

⑥ 경질플라스틱제의 운반용기 또는 플라스틱 내 용기 부착의 운반용기에 액체위험물을 수납하는 경우에는 당해 운반용기는 제조된 때로부터 5년 이내의 것으로 할 것

(3) 위험물의 적재

위험물이 전락(轉落)하거나 위험물을 수납한 운반용기가 전도·낙하 또는 파손되지 않도록 적재

(4) 운반용기

수납구가 위로 향하도록 적재

(5) 위험물의 성질에 따른 기준

① 제1류 위험물, 제3류 위험물 중 자연발화성물질, 제4류 위험물 중 특수인화물, 제5류 위험물 또는 제6류 위험 물은 **차광성이 있는 피복**으로 가릴 것

② 제1류 위험물 중 알칼리금속의 과산화물 또는 이를 함유한 것, 제2류 위험물 중 철분·금속분·마그네슘 또는 이들 중 어느 하나 이상을 함유한 것 또는 제3류 위험물 중 금수성물질은 **방수성이 있는 피복**으로 덮을 것

③ 제5류 위험물 중 55℃ 이하의 온도에서 분해될 우려가 있는 것은 보냉 컨테이너에 수납하는 등 적정한 온도 관리를 할 것

④ 액체위험물 또는 위험등급Ⅱ의 고체위험물을 기계에 의하여 하역하는 구조로 된 운반용기에 수납하여 적재 하는 경우에는 당해 용기에 대한 충격 등을 방지하기 위한 조치를 강구할 것(위험등급Ⅱ의 고체위험물을 플렉서블 (flexible)의 운반용기, 파이버판제의 운반용기 및 목제의 운반용기 외의 운반용기에 수납하여 적재하는 경우 제외)

⑤ 혼재가 금지된 위험물이나 고압가스는 함께 적재하지 아니할 것

⑥ 위험물을 수납한 운반용기를 겹쳐 쌓는 경우에는 그 높이를 3m 이하로 하고, 용기의 상부에 걸리는 하중은 당해 용기 위에 당해 용기와 동종의 용기를 겹쳐 쌓아 3m의 높이로 하였을 때에 걸리는 하중 이하로 할 것

▶ **운반용기의 외부에 표시해야 하는 사항**
① 위험물의 품명 · 위험등급 · 화학명 및 수용성('수용성' 표시는 제4류 위험물로서 수용성인 것에 한한다)
② 위험물의 수량
③ 수납하는 위험물에 따라 다음의 규정에 의한 주의사항

제1류 위험물	• 알칼리금속의 과산화물 또는 이를 함유한 것 : 화기 · 충격주의, 물기엄금, 가연물접촉주의 • 기타 : 화기 · 충격주의, 가연물접촉주의
제2류 위험물	• 철분 · 금속분 · 마그네슘 또는 이들 중 어느 하나 이상을 함유한 것 : 화기주의, 물기엄금 • 인화성고체 : 화기엄금 • 기타 : 화기주의
제3류 위험물	• 자연발화성물질 : 화기엄금, 공기접촉엄금 • 금수성물질 : 물기엄금
제4류 위험물	화기엄금
제5류 위험물	화기엄금, 충격주의
제6류 위험물	가연물접촉주의

▶ **운반용기의 외부에 표시해야 하는 사항**(기계에 의하여 하역하는 구조)
① 운반용기의 제조년월 및 제조자의 명칭
② 겹쳐쌓기시험하중
③ 운반용기의 종류에 따라 다음의 규정에 의한 중량
　• 플렉서블 외의 운반용기 : 최대총중량(최대수용중량의 위험물을 수납하였을 경우의 운반용기의 전중량)
　• 플렉서블 운반용기 : 최대수용중량

▶ **위험물과 혼재 가능한 고압가스**
• 내용적이 120ℓ 미만의 용기에 충전 한 불활성가스
• 내용적이 120ℓ 미만의 용기에 충전 한 액화석유가스 또는 압축천연가스 (제4류 위험물과 혼재하는 경우에 한함)

5 운반 방법

(1) 주의사항

① 위험물 또는 위험물을 수납한 운반용기가 현저하게 마찰 또는 동요를 일으키지 아니하도록 운반할 것

② 지정수량 이상의 위험물을 차량으로 운반하는 경우

- 다른 차량에 바꾸어 싣거나 휴식·고장 등으로 차량을 일시 정차시킬 때에는 안전한 장소를 택하고 운반하는 위험물의 안전을 확보할 것
- 해당 위험물에 적응성이 있는 소형수동식소화기를 해당 위험물의 소요단위에 상응하는 능력단위 이상을 갖출 것

③ 위험물 운반도중 위험물이 현저하게 새는 등 재난발생의 우려가 있는 경우 응급조치를 강구하는 동시에 가까운 소방관서 그 밖의 관계기관에 통보할 것

(2) 지정수량 이상의 위험물을 차량으로 운반하는 경우 차량에 설치할 표지 기준

① 한 변의 길이가 0.3m 이상, 다른 한 변의 길이가 0.6m 이상인 직사각형의 판으로 할 것

② 바탕은 흑색으로 하고, 황색의 반사도료 그 밖의 반사성이 있는 재료로 "위험물"이라고 표시할 것

③ 표지는 차량의 전면 및 후면의 보기 쉬운 곳에 내걸 것

▶ 유별을 달리하는 위험물의 혼재기준

위험물의 구분	제1류	제2류	제3류	제4류	제5류	제6류
제1류		×	×	×	×	○
제2류	×		×	○	○	×
제3류	×	×		○	×	×
제4류	×	○	○		○	×
제5류	×	○	×	○		×
제6류	○	×	×	×	×	

비고
1. "×"표시는 혼재할 수 없음을 표시한다.
2. "○"표시는 혼재할 수 있음을 표시한다.
3. 이 표는 지정수량의 1/10 이하의 위험물에서는 적용하지 않는다.

02 운송기준

1 위험물운송자

(1) 자격

① 이동탱크저장소에 의하여 위험물을 운송하는 자(운송책임자 및 이동탱크저장소운전자)

② 위험물을 취급할 수 있는 국가기술자격자

③ 안전교육을 받은 자

(2) 위험물 운송

① 대통령령이 정하는 위험물의 운송에 있어서는 운송책임자의 감독 또는 지원을 받아 이를 운송하여야 한다.

▶ 운송책임자의 감독 · 지원을 받아 운송해야 하는 위험물
① 알킬알루미늄
② 알킬리튬
③ 알킬알루미늄 또는 알킬리튬 물질을 함유하는 위험물

② 위험물운송자는 이동탱크저장소에 의하여 위험물을 운송하는 때에는 해당 국가기술자격증 또는 교육수료증을 지녀야 하며, 총리령이 정하는 기준을 준수하는 등 당해 위험물의 안전확보를 위하여 세심한 주의를 기울여야 한다.

(3) 안전교육

안전관리자·탱크시험자·위험물운송자 등 위험물의 안전관리와 관련된 업무를 수행하는 자로서 대통령령이 정하는 자는 해당 업무에 관한 능력의 습득 또는 향상을 위하여 국민안전처장관이 실시하는 교육을 받아야 한다.

(4) 위험물 운송 시 준수사항

① 운송 개시 전에 이동저장탱크의 배출밸브 등의 밸브와 폐쇄장치, 맨홀 및 주입구의 뚜껑, 소화기 등의 점검을 충분히 실시할 것

② 장거리(고속국도 : 340km 이상, 그 밖의 도로 : 200km 이상)에 걸치는 운송을 하는 때에는 2명 이상의 운전자로 할 것

> ▶ 예외로 할 수 있는 경우
> ① 운송책임자를 동승시킨 경우
> ② 운송하는 위험물이 제2류·제3류 위험물(칼슘 또는 알루미늄의 탄화물과 이것만을 함유한 것) 또는 제4류 위험물(특수인화물 제외)인 경우
> ③ 운송 도중에 2시간 이내마다 20분 이상씩 휴식하는 경우

③ 이동탱크저장소를 휴식·고장 등으로 일시 정차시킬 때에는 안전한 장소를 택하고 이동탱크저장소의 안전을 위한 감시를 할 수 있는 위치에 있는 등 운송하는 위험물의 안전확보에 주의할 것

④ 이동저장탱크로부터 위험물이 현저하게 새는 등 재해발생의 우려가 있는 경우에는 재난을 방지하기 위한 응급조치를 강구하는 동시에 소방관서 그 밖의 관계기관에 통보할 것

⑤ 위험물(제4류 위험물에 있어서는 특수인화물 및 제1석유류)을 운송하게 하는 자는 위험물안전카드를 위험물운송자로 하여금 휴대하게 할 것

⑥ 위험물안전카드를 휴대하고 당해 카드에 기재된 내용에 따를 것(재난 그 밖의 불가피한 이유가 있는 경우에는 기재된 내용에 따르지 아니할 수 있다)

2 위험물 운송책임자

운송책임자의 범위, 감독 또는 지원의 방법 등에 관한 구체적인 기준은 총리령으로 정한다.

(1) 위험물 운송책임자의 자격

① 위험물의 취급에 관한 국가기술자격을 취득하고 관련 업무에 1년 이상 종사한 경력이 있는 자

② 위험물의 운송에 관한 안전교육을 수료하고 관련 업무에 2년 이상 종사한 경력이 있는 자

(2) 운송책임자의 감독 또는 지원 방법

① 운송책임자가 이동탱크저장소에 동승하여 운송 중인 위험물의 안전확보에 관하여 운전자에게 필요한 감독 또는 지원을 하는 방법(운전자가 운반책임자의 자격이 있는 경우 운송책임자의 자격이 없는 자가 동승 가능)

② 운송의 감독 또는 지원을 위하여 마련한 별도의 사무실에 운송책임자가 대기하면서 다음의 사항을 이행하는 방법
  • 운송경로를 미리 파악하고 관할소방관서 또는 관련업체(비상대응에 관한 협력을 얻을 수 있는 업체)에 대한 연락체계를 갖추는 것
  • 이동탱크저장소의 운전자에 대하여 수시로 안전확보 상황을 확인하는 것
  • 비상시의 응급처치에 관하여 조언을 하는 것
  • 그 밖에 위험물의 운송 중 안전확보에 관하여 필요한 정보를 제공하고 감독 또는 지원하는 것

[11-02]

1 위험물안전관리법에서 정한 위험물의 운반에 관한 다음 내용 중 ( ) 안에 들어갈 용어가 아닌 것은?

> 위험물의 운반은 ( ), ( ) 및 ( )에 관해 법에서 정한 중요기준과 세부기준을 따라 행하여야 한다.

① 용기
② 적재방법
③ 운반방법
④ 검사방법

[09-02]

2 위험물의 운반에 관한 기준에서 규정한 운반용기의 재질에 해당하지 않는 것은?

① 금속판
② 양철판
③ 짚
④ 도자기

> 운반용기의 재질은 강판·알루미늄판·양철판·유리·금속판·종이·플라스틱·섬유판·고무류·합성섬유·삼·짚 또는 나무로 한다.

[10-02, 08-01, 06-04]

3 아염소산염류의 운반용기 중 적응성 있는 내장용기의 종류와 최대 용적이나 중량을 옳게 나타낸 것은?
(단, 외장용기의 종류는 나무상자 또는 플라스틱상자이고, 외장용기의 최대 중량은 125kg으로 한다)

① 금속제 용기 : 20L
② 종이 포대 : 55kg
③ 플라스틱 필름 포대 : 60kg
④ 유리 용기 : 10L

> 지문의 조건을 충족하는 내장용기는 '유리용기 또는 플라스틱용기(10L)'와 '금속제용기(30L)이다.

[09-02]

4 위험물의 운반에 관한 기준에 따라 다음의 (㉠)과 (㉡)에 적합한 것은?

> 액체위험물은 운반용기의 내용적의 (㉠) 이하의 수납률로 수납하되 (㉡)의 온도에서 누설되지 않도록 충분한 공간용적을 두어야 한다.

① ㉠ 98% ㉡ 40℃
② ㉠ 98% ㉡ 55℃
③ ㉠ 95% ㉡ 40℃
④ ㉠ 95% ㉡ 55℃

[11-04]

5 액체 위험물의 운반용기 중 금속제 내장용기의 최대 용적은 몇 L인가?

① 5
② 10
③ 20
④ 30

> 금속제 내장용기의 최대용적은 고체·액체 위험물 모두 30L이다.

[08-01]

6 위험물의 운반용기 및 적재방법에 대한 기준으로 틀린 것은?

① 운반용기의 재질은 나무도 가능하다.
② 고체위험물은 운반용기 내용적의 90% 이하의 수납률로 수납한다.
③ 액체위험물은 운반용기 내용적의 98% 이하의 수납률로 수납하되 55℃의 온도에서 누설되지 아니하도록 충분한 공간용적을 유지한다.
④ 알킬알루미늄은 운반용기 내용적의 90% 이하의 수납률로 수납하되 50℃의 온도에서 5% 이상의 공간용적을 유지하도록 한다.

> 고체위험물은 운반용기 내용적의 95% 이하의 수납률로 수납한다.

[11-02]

7 위험물안전관리법령의 위험물 운반에 관한 기준에서 고체위험물은 운반용기 내용적의 몇 % 이하의 수납률로 수납하여야 하는가?

① 80
② 85
③ 90
④ 95

[13-02]

8 위험물안전관리법령에 따른 위험물의 적재 방법에 대한 설명으로 옳지 않은 것은?

① 원칙적으로는 운반용기를 밀봉하여 수납할 것
② 고체위험물은 용기 내용적의 95% 이하의 수납률로 수납할 것
③ 액체위험물은 용기 내용적의 99% 이상의 수납률로 수납할 것
④ 하나의 외장 용기에는 다른 종류의 위험물을 수납하지 않을 것

> 액체위험물은 운반용기 내용적의 98% 이하의 수납률로 수납할 것

정답 ▶ 1 ④ 2 ④ 3 ④ 4 ② 5 ④ 6 ② 7 ④ 8 ③

9 액체위험물의 수납률은 운반용기 내용적의 얼마 이하이어야 하는가?

① 85%　　　　　　② 90%

③ 95%　　　　　　④ 98%

[07-05]

[12-02]

10 위험물의 운반에 관한 기준에서 적재방법 기준으로 틀린 것은?

① 고체 위험물은 운반용기의 내용적 95% 이하의 수납률로 수납할 것

② 액체 위험물은 운반용기의 내용적 98% 이하의 수납률로 수납할 것

③ 알킬알루미늄은 운반용기 내용적의 95% 이하의 수납률로 수납하되, 50℃의 온도에서 5% 이상의 공간용적을 유지할 것

④ 제3류 위험물 중 자연발화성물질에 있어서는 불활성 기체를 봉입하여 밀봉하는 등 공기와 접하지 아니하도록 할 것

> 자연발화성물질 중 알킬알루미늄등은 운반용기의 내용적의 90% 이하의 수납률로 수납하되, 50℃의 온도에서 5% 이상의 공간용적을 유지하도록 할 것

[10-05]

11 위험물을 운반용기에 수납하여 적재할 때 차광성이 있는 피복으로 가려야 하는 위험물이 아닌 것은?

① 제1류 위험물　　　② 제2류 위험물

③ 제5류 위험물　　　④ 제6류 위험물

> 제2류 위험물 중 철분·금속분·마그네슘 또는 이들 중 어느 하나 이상을 함유한 것은 방수성이 있는 피복으로 가려야 한다.

[10-04]

12 위험물의 운반에 관한 기준에서 다음 ( )에 알맞은 온도는 몇 ℃인가?

> 적재하는 제5류 위험물 중 ( )℃ 이하의 온도에서 분해될 우려가 있는 것은 보냉 컨테이너에 수납하는 등 적정한 온도관리를 유지하여야 한다.

① 40　　　　　　② 50

③ 55　　　　　　④ 60

[11-05]

13 위험물의 운반기준에 있어서 차량 등에 적재하는 위험물의 성질에 따라 강구하여야 하는 조치로 적합하지 않은 것은?

① 제5류 위험물 또는 제6류 위험물은 방수성이 있는 피복으로 덮는다.

② 제2류 위험물 중 철분·금속분·마그네슘은 방수성이 있는 피복으로 덮는다.

③ 제1류 위험물 중 알칼리금속의 과산화물 또는 이를 함유한 것은 차광성과 방수성이 모두 있는 피복으로 덮는다.

④ 제5류 위험물 중 55℃ 이하의 온도에서 분해될 우려가 있는 것은 보냉 컨테이너에 수납하는 등의 방법으로 적정한 온도관리를 한다.

> 제5류 위험물 또는 제6류 위험물은 차광성이 있는 피복으로 덮는다.

[13-04]

14 위험물을 운반용기에 수납하여 적재할 때 차광성이 있는 피복으로 가려야 하는 위험물이 아닌 것은?

① 제1류 위험물　　　② 제2류 위험물

③ 제5류 위험물　　　④ 제6류 위험물

[08-05]

15 다음 중 방수성이 있는 피복으로 덮어야 하는 위험물로만 구성된 것은?

① 과염소산염류, 삼산화크롬, 황린

② 무기과산화물, 과산화수소, 마그네슘

③ 철분, 금속분, 마그네슘

④ 염소산염류, 과산화수소, 금속분

[11-04]

16 수납하는 위험물에 따라 위험물의 운반용기 외부에 표시하는 주의사항이 잘못된 것은?

① 제1류 위험물 중 알칼리금속의 과산화물 : 화기·충격주의, 물기엄금, 가연물 접촉주의

② 제4류 위험물 : 화기엄금

③ 제3류 위험물 중 자연발화성 물질 : 화기엄금, 공기접촉엄금

④ 제2류 위험물 중 철분 : 화기엄금

> ④ 제2류 위험물 중 철분 : 화기주의, 물기엄금

[10-04]

17 제4류 위험물 운반용기의 외부에 표시해야 하는 사항이 아닌 것은?

① 규정에 의한 주의사항
② 위험물의 품명 및 위험등급
③ 위험물의 관리자 및 지정수량
④ 위험물의 화학명

[07-05]

18 위험물 적재 시 운반용기의 외부에 표시해야 하는 사항이 아닌 것은?

① 수납하는 위험물의 주의사항
② 위험물의 품명 및 위험등급
③ 위험물의 관리자 및 지정수량
④ 위험물의 화학명 및 수용성

[07-02]

19 위험물 운반용기의 외부에 표시하여야 하는 사항에 해당하지 않는 것은?

① 위험물에 따라 규정된 주의사항
② 위험물의 지정수량
③ 위험물의 수량
④ 위험물의 품명

[11-05]

20 제6류 위험물을 수납한 용기에 표시하여야 하는 주의사항은?

① 가연물접촉주의   ② 화기엄금
③ 화기·충격주의   ④ 물기엄금

[12-01]

21 위험물안전관리법령의 규정에 따라 다음과 같이 예방조치를 하여야 하는 위험물은?

> • 운반용기의 외부에 "화기엄금" 및 "충격주의"를 표시한다.
> • 적재하는 경우 차광성 있는 피복으로 가린다.
> • 55℃ 이하에서 분해될 우려가 있는 경우 보냉 컨테이너에 수납하여 적정한 온도관리를 한다.

① 제1류   ② 제2류
③ 제3류   ④ 제5류

[08-04]

22 제2류 위험물 중 철분 운반용기 외부에 표시하여야 하는 주의사항을 옳게 나타낸 것은?

① 화기주의 및 물기엄금
② 화기엄금 및 물기엄금
③ 화기주의 및 물기주의
④ 화기엄금 및 물기주의

[10-04]

23 제6류 위험물 운반용기의 외부에 표시하여야 하는 주의사항은?

① 충격주의   ② 가연물접촉주의
③ 화기엄금   ④ 화기주의

[10-02]

24 제5류 위험물의 운반용기의 외부에 표시하여야 하는 주의사항은?

① 물기주의 및 화기주의
② 물기엄금 및 화기엄금
③ 화기주의 및 충격엄금
④ 화기엄금 및 충격주의

[13-02]

25 위험물안전관리법령에 따라 기계에 의하여 하역하는 구조로 된 운반용기의 외부에 행하는 표시내용에 해당하지 않는 것은?(단, 국제해상위험물규칙에 정한 기준 또는 국민안전처장관이 정하여 고시하는 기준에 적합한 표시를 한 경우는 제외한다)

① 운반용기의 제조년월
② 제조자의 명칭
③ 겹쳐쌓기시험하중
④ 용기의 유효기간

[12-04, 09-05]

26 위험물안전관리법령상 위험물의 운반에 관한 기준에 따르면 지정수량 얼마 이하의 위험물에 대하여는 "유별을 달리하는 위험물의 혼재기준"을 적용하지 아니하여도 되는가?

① 1/2   ② 1/3
③ 1/5   ④ 1/10

정답 ▶ **17** ③ **18** ③ **19** ② **20** ① **21** ④ **22** ① **23** ② **24** ④ **25** ④ **26** ④

[11-02]
27 제5류 위험물의 화재의 예방과 진압대책으로 옳지 않은 것은?

① 서로 1m 이상의 간격을 두고 유별로 정리한 경우라도 제3류 위험물과는 동일한 옥내저장소에 저장할 수 없다.
② 위험물제조소의 주의사항 게시판에는 주의사항으로 "화기엄금"만 표기하면 된다.
③ 이산화탄소소화기와 할로겐화합물소화기는 모두 적응성이 없다.
④ 운반용기의 외부에는 주의사항으로 "화기엄금"만 표시하면 된다.

> 운반용기의 외부에는 주의사항으로 화기엄금 외에 충격주의 표시도 해야 한다.

[10-01]
28 과산화수소의 운반용기 외부에 표시하여야 하는 주의사항은?

① 화기주의　　　　② 충격주의
③ 물기엄금　　　　④ 가연물접촉주의

> 과산화수소는 제6류 위험물이므로 가연물접촉주의 표시를 해야 한다.

[09-04]
29 제4류 위험물 운반용기 외부에 표시하여야 하는 주의사항은?

① 화기·충격주의　　② 화기엄금
③ 물기엄금　　　　④ 화기주의

[12-05]
30 제2류 위험물을 수납하는 운반용기의 외부에 표시하여야 하는 주의사항으로 옳은 것은?

① 제2류 위험물 중 철분·금속분·마그네슘 또는 이들 중 어느 하나 이상을 함유한 것에 있어서는 "화기주의" 및 "물기주의", 인화성고체에 있어서는 "화기엄금", 그 밖의 것에 있어서는 "화기주의"
② 제2류 위험물 중 철분·금속분·마그네슘 또는 이들 중 어느 하나 이상을 함유한 것에 있어서는 "화기주의" 및 "물기엄금", 인화성고체에 있어서는 "화기주의", 그 밖의 것에 있어서는 "화기엄금"

③ 제2류 위험물 중 철분·금속·마그네슘 또는 이들 중 어느 하나 이상을 함유한 것에 있어서는 "화기주의" 및 "물기엄금", 인화성고체에 있어서는 "화기엄금", 그 밖의 것에 있어서는 "화기주의"
④ 제2류 위험물 중 철분·금속분·마그네슘 또는 이들 중 어느 하나 이상을 함유한 것에 있어서는 "화기엄금" 및 "물기엄금", 인화성고체에 있어서는 "화기엄금", 그 밖의 것에 있어서는 "화기주의"

[11-05, 10-04, 08-04]
31 다음 중 함께 운반차량에 적재할 수 있는 유별을 옳게 연결한 것은?(단, 지정수량 이상을 적재한 경우이다)

① 제1류 - 제2류　　② 제1류 - 제3류
③ 제1류 - 제4류　　④ 제1류 - 제6류

[11-05]
32 위험물의 운반에 관한 기준에서 다음 위험물 중 혼재 가능한 것끼리 연결된 것은?

① 제1류 - 제6류　　② 제2류 - 제3류
③ 제3류 - 제5류　　④ 제5류 - 제1류

[08-05]
33 유별을 달리하는 위험물에서 다음 중 혼재할 수 없는 것은?(단, 지정수량의 1/5 이상이다)

① 제2류와 제4류　　② 제1류와 제6류
③ 제3류와 제4류　　④ 제1류와 제5류

[13-04]
34 위험물의 운반 및 적재 시 혼재가 불가능한 것으로 연결된 것은?(단, 지정수량의 1/5 이상이다)

① 제1류와 제6류　　② 제4류와 제3류
③ 제2류와 제3류　　④ 제5류와 제4류

[09-04]
35 다음 중 제4류 위험물과 혼재할 수 없는 위험물은?(단, 지정수량의 10배 위험물인 경우이다)

① 제1류 위험물　　② 제2류 위험물
③ 제3류 위험물　　④ 제4류 위험물

정답 ▶ **27** ④ **28** ④ **29** ② **30** ③ **31** ④ **32** ① **33** ④ **34** ③ **35** ①

[12-01]

36 지정수량 10배의 위험물을 운반할 때 혼재가 가능한 것은?

① 제1류 위험물과 제2류 위험물
② 제1류 위험물과 제4류 위험물
③ 제4류 위험물과 제5류 위험물
④ 제5류 위험물과 제3류 위험물

[09-01]

37 지정수량의 1/10을 초과하는 위험물을 혼재할 수 없는 경우는?

① 제1류 위험물과 제6류 위험물
② 제2류 위험물과 제4류 위험물
③ 제4류 위험물과 제5류 위험물
④ 제5류 위험물과 제3류 위험물

[09-02]

38 제6류 위험물과 혼재가 가능한 위험물은?(단, 지정수량의 10배를 초과하는 경우이다)

① 제1류 위험물
② 제2류 위험물
③ 제3류 위험물
④ 제5류 위험물

[10-05]

39 지정수량의 10배의 위험물을 운반할 경우 제5류 위험물과 혼재 가능한 위험물에 해당하는 것은?

① 제1류 위험물
② 제2류 위험물
③ 제3류 위험물
④ 제6류 위험물

[11-02]

40 위험물안전관리법의 규정상 운반차량에 혼재해서 적재할 수 없는 것은?(단, 지정수량의 10배인 경우이다)

① 염소화규소화합물 - 특수인화물
② 고형알코올 - 니트로화합물
③ 염소산염류 - 질산
④ 질산구아니딘 - 황린

> ① 염소화규소화합물(제3류 위험물) - 특수인화물(제4류 위험물)
> ② 고형알코올(제2류 위험물) - 니트로화합물(제5류 위험물)
> ③ 염소산염류(제1류 위험물) - 질산(제6류 위험물)
> ④ 질산구아니딘(제5류 위험물) - 황린(제3류 위험물)

[12-04]

41 위험물의 운반 시 혼재가 가능한 것은?(단, 지정수량 10배의 위험물인 경우이다)

① 제1류 위험물과 제2류 위험물
② 제2류 위험물과 제3류 위험물
③ 제4류 위험물과 제5류 위험물
④ 제5류 위험물과 제6류 위험물

[13-01]

42 위험물 운반 시 동일한 트럭에 제1류 위험물과 함께 적재할 수 있는 유별은?(단, 지정수량의 5배 이상인 경우이다)

① 제3류
② 제4류
③ 제6류
④ 없음

[11-02]

43 지정수량 10배의 벤조일퍼옥사이드 운송 시 혼재할 수 있는 위험물류로 옳은 것은?

① 제1류
② 제2류
③ 제3류
④ 제6류

> 벤조일퍼옥사이드는 제5류 위험물로 제2류 및 제4류 위험물과 혼재할 수 있다.

[10-02]

44 다음 중 에틸렌글리콜과 혼재할 수 없는 위험물은?
(단, 지정수량의 10배일 경우이다)

① 유황
② 과망간산나트륨
③ 알루미늄분
④ 트리니트로톨루엔

> 에틸렌글리콜은 제4류 위험물로 제1류 및 제6류 위험물과 혼재할 수 없다.
> ① 제2류 위험물
> ② 제1류 위험물
> ③ 제2류 위험물
> ④ 제5류 위험물

[13-01, 12-05, 11-02, 11-05, 09-04]

45 운송책임자의 감독, 지원을 받아 운송하여야 하는 위험물에 해당하는 것은?

① 칼륨, 나트륨
② 알킬알루미늄, 알킬리튬
③ 제1석유류, 제2석유류
④ 니트로글리세린, 트리니트로톨루엔

정답 ▶ 36 ③ 37 ④ 38 ① 39 ② 40 ④ 41 ③ 42 ③ 43 ② 44 ② 45 ②

운전자가 휴식없이 운송해도 규정위반이 아니다.

④ 운송책임자의 감독 또는 지원의 방법에는 동승하는 방법과 별도의 사무실에서 대기하면서 규정된 사항을 이행하는 방법이 있다.

> 장거리에 걸치는 운송을 하는 때에는 2명 이상의 운전자로 하거나 운송 도중에 2시간 이내마다 20분 이상 휴식을 가져야 한다.

[14-02 유사, 09-02]

46 운송책임자의 감독·지원을 받아 운송하여야 하는 것으로 대통령령이 정하는 위험물에 해당하는 것은?

① 알킬리튬 ② 디에틸에테르
③ 과산화나트륨 ④ 과염소산

[13-02]

47 이동탱크저장소에 의한 위험물의 운송에 있어서 운송책임자의 감독 또는 지원을 받아야 하는 위험물은?

① 금속분 ② 알킬알루미늄
③ 아세트알데히드 ④ 히드록실아민

[13-01, 10-05]

48 위험물안전관리법령에 의한 위험물 운송에 관한 규정으로 틀린 것은?

① 이동탱크저장소에 의하여 위험물을 운송하는 자는 당해 위험물을 취급할 수 있는 국가기술자격자 또는 안전교육을 받은 자이어야 한다.
② 안전관리자·탱크시험자·위험물운송자 등 위험물의 안전관리와 관련 업무를 수행하는 자는 시·도지사가 실시하는 안전교육을 받아야 한다.
③ 운송책임자의 범위, 감독 또는 지원의 방법 등에 관한 구체적인 기준은 총리령으로 정한다.
④ 위험물운송자는 총리령이 정하는 기준을 준수하는 등 당해 위험물의 안전확보를 위해 세심한 주의를 기울여야 한다.

> 안전관리자·탱크시험자·위험물운송자 등 위험물의 안전관리와 관련된 업무를 수행하는 자로서 대통령령이 정하는 자는 해당 업무에 관한 능력의 습득 또는 향상을 위하여 국민안전처장관이 실시하는 교육을 받아야 한다(위험물안전관리법 제28조 제1항).

[14-05, 12-02, 10-04]

49 위험물안전관리법령에 따른 위험물의 운송에 관한 설명 중 틀린 것은?

① 알킬리튬과 알킬알루미늄 또는 이 중 어느 하나 이상을 함유한 것은 운송책임자의 감독·지원을 받아야 한다.
② 이동탱크저장소에 의하여 위험물을 운송할 때의 운송책임자에는 법정의 교육을 이수하고 관련 업무에 2년 이상 경력이 있는 자도 포함된다.
③ 서울에서 부산까지 금속의 인화물 300kg을 1명의

[12-04, 10-02]

50 이동탱크저장소에 의한 위험물의 운송 시 준수하여야 하는 기준에서 다음 중 어떤 위험물을 운송할 때 위험물운송자는 위험물안전카드를 휴대하여야 하는가?

① 특수인화물 및 제1석유류
② 알코올류 및 제2석유류
③ 제3석유류 및 동식물류
④ 제4석유류

> 제4류 위험물 중에서는 특수인화물 및 제1석유류를 운송할 때 위험물안전카드를 휴대하여야 한다.

[14-01, 09-05]

51 위험물 운송책임자의 감독 또는 지원의 방법으로 운송의 감독 또는 지원을 위하여 마련한 별도의 사무실에 운송책임자가 대기하면서 이행하는 사항에 해당하지 않는 것은?

① 운송 후에 운송경로를 파악하여 관할 경찰관서에 신고하는 것
② 이동탱크저장소의 운전자에 대하여 수시로 안전확보 상황을 확인하는 것
③ 비상시의 응급처치에 관하여 조언을 하는 것
④ 위험물의 운송 중 안전확보에 관하여 필요한 정보를 제공하고 감독 또는 지원하는 것

> 운송경로를 미리 파악해서 관할소방관서 또는 관련업체에 대한 연락체계를 갖추어야 한다.

[14-04]

52 위험물안전관리법령에 따라 위험물 운반을 위해 적재하는 경우 제4류 위험물과 혼재가 가능한 액화석유가스 또는 압축천연가스의 용기 내용적은 몇 L 미만인가?

① 120 ② 150
③ 180 ④ 200

> **위험물과 혼재 가능한 고압가스**
> • 내용적이 120ℓ 미만의 용기에 충전한 불활성가스
> • 내용적이 120ℓ 미만의 용기에 충전한 액화석유가스 또는 압축천연가스(제4류 위험물과 혼재하는 경우에 한함)

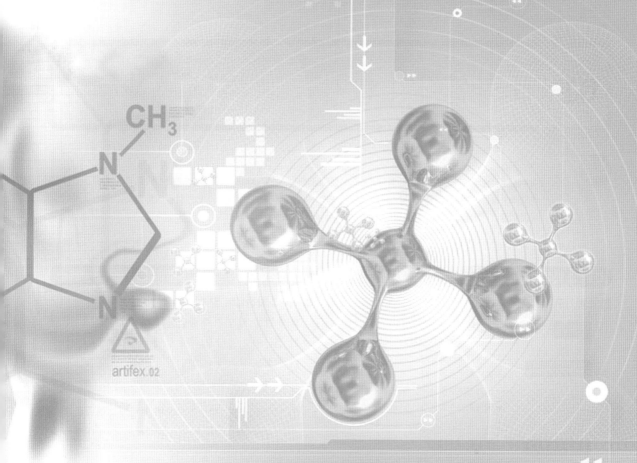

제조소등 소방시설의 설치

소화설비의 설치 | 경보설비 및 피난설비의 설치

SECTION 01 소화설비의 설치

출제 포인트

이 섹션에서는 소화난이도등급과 소화설비의 적응성, 소요단위 · 능력단위에 대한 출제비중이 상당히 높다. 특히 소화설비의 적응성은 표 전체를 통째로 암기할 수 있도록 한다. 다양하게 출제되고 있으니 만반의 준비를 하도록 한다. 소화설비의 기준에서도 골고루 출제되고 있으니 기본적인 내용은 숙지하도록 한다.

01 소화설비의 종류

1 소화기구

소화기

자동소화장치
→ 주방용 자동소화장치
→ 캐비닛형 자동소화장치
→ 가스자동소화장치
→ 분말자동소화장치
→ 고체에어로졸자동소화장치
→ 자동확산소화장치

간이소화용구
→ 에어로졸식 소화용구
→ 투척용 소화용구
→ 소화약제 외의 것을 이용한 간이소화용구

2 옥내소화전설비(호스릴옥내소화전설비 포함)

3 스프링클러 관련 설비

스프링클러설비 · 간이스프링클러설비(캐비닛형 간이스프링클러설비 포함) 및 화재조기진압용 스프링클러설비

4 물분무등소화설비

① 물분무 소화설비
② 미분무 소화설비
③ 포 소화설비
④ 불활성가스소화설비(이산화탄소소화설비, 질소소화설비)
⑤ 할로겐화합물 소화설비
⑥ 청정소화약제 소화설비
⑦ 분말 소화설비
⑧ 강화액 소화설비

5 옥외소화전설비

02 소화설비 설치의 구분

1 옥내소화전설비 및 이동식물분무등소화설비

화재 발생 시 연기가 충만할 우려가 없는 장소 등 쉽게 접근이 가능하고 화재 등에 의한 피해를 받을 우려가 적은 장소에 한하여 설치한다.

2 옥외소화전설비

① 건축물의 1층 및 2층 부분만을 방사능력범위로 하고 건축물의 지하층 및 3층 이상의 층에 대하여 다른 소화설비를 설치한다.
② 옥외소화전설비를 옥외 공작물에 대한 소화설비로 하는 경우에도 유효방수거리 등을 고려한 방사능력범위에 따라 설치한다.

3 제4류 위험물을 저장 또는 취급하는 탱크에 포소화설비를 설치하는 경우에는 고정식포소화설비를 설치한다.

▶ 종형탱크에 설치 시 고정식포방출구방식으로 하고 보조포소화전 및 연결송액구를 함께 설치할 것

4 소화난이도등급 Ⅰ 의 제조소 또는 일반취급소에 옥내 · 외소화전설비, 스프링클러설비 또는 물분무등소화설비를 설치 시 당해 제조소 또는 일반취급소의 취급탱크(인화점 21℃ 미만의 위험물을 취급하는 것에 한함)의 펌프설비, 주입구 또는 토출구가 옥내 · 외소화전설비, 스프링클러설비 또는 물분무등소화설비의 방사능력범위 내에 포함되도록 한다.

이 경우 당해 취급탱크의 펌프설비, 주입구 또는 토출구에 접속하는 배관의 내경이 200mm 이상인 경우에는 당해 펌프설비, 주입구 또는 토출구에 대하

여 적응성 있는 소화설비는 이동식 외의 물분무등소화설비에 한한다.

⑤ 포소화설비 중 포모니터노즐방식은 옥외의 공작물(펌프설비 등을 포함한다) 또는 옥외에서 저장 또는 취급하는 위험물을 방호대상물로 한다.

03 옥내소화전설비의 기준

1 설치기준

① 개폐밸브 및 호스접속구 설치 위치 : 바닥면으로부터 높이 1.5m 이하
② 호스접속구까지의 수평거리 : 25m 이하
③ 수원의 수량 : 설치개수(5개 이상인 경우 5개)에 7.8m³를 곱한 양 이상
④ 방수압력 : 350kPa 이상
⑤ 방수량 : 1분당 260ℓ 이상
⑥ 비상전원 용량 : 45분 이상

2 옥내소화전함의 설치 장소

① 불연재료로 제작한 곳
② 점검이 편리한 곳
③ 화재 발생 시 연기가 충만할 우려가 없는 장소
④ 접근이 가능하고 화재 등에 의한 피해를 받을 우려가 적은 장소

3 가압송수장치의 시동표시등

① 색상 : 적색
② 위치 : 옥내소화전함의 내부 또는 그 직근의 장소
③ 설치 예외
  • 시동표시등 점멸에 의해 가압송수장치의 시동을 알리는 것이 가능한 경우
  • 자체소방대를 둔 제조소등으로서 가압송수장치의 기동장치를 기동용 수압개폐장치로 사용하는 경우

4 옥내소화전설비의 설치에 관한 표시

① 옥내소화전함 표면에 "소화전"이라고 표시
② 적색표시등 : 옥내소화전함의 상부의 벽면에 설치

▶ 부착면과 15° 이상의 각도가 되는 방향으로 10m 떨어진 곳에서 용이하게 식별이 가능할 것

5 물올림장치의 설치기준

① 수원의 수위가 펌프(수평회전식에 한함)보다 낮은 위치에 있는 가압송수장치에 설치
② 전용 물올림탱크 설치
③ 탱크 용량 : 가압송수장치를 유효하게 작동할 수 있는 양
④ 감수경보장치 및 물올림탱크에 물을 자동으로 보급하기 위한 장치가 설치되어 있을 것

6 배관의 설치기준

① 전용배관을 사용할 것
② 주배관 중 입상관은 관의 직경이 50mm 이상인 것으로 할 것
③ 가압송수장치의 토출측 직근부분의 배관에는 체크밸브 및 개폐밸브를 설치할 것
④ 개폐밸브에는 그 개폐방향을, 체크밸브에는 그 흐름방향을 표시할 것
⑤ 배관용탄소강관(KS D 3507), 압력배관용탄소강관(KS D 3562) 또는 이와 동등 이상의 강도, 내식성 및 내열성을 갖는 관을 사용할 것
⑥ 가압송수장치의 체절압력의 1.5배 이상의 수압을 견딜 수 있는 것으로 할 것
⑦ 펌프를 이용한 가압송수장치의 흡수관은 펌프마다 전용으로 설치할 것
⑧ 흡수관에는 여과장치를 설치할 것

▶ 수원의 수위가 펌프보다 낮은 위치에 있는 경우 후드밸브를, 그 외의 경우에는 개폐밸브

7 가압송수장치의 설치기준

(1) 고가수조를 이용한 가압송수장치
  옥상 등 최상층부의 높은 위치에 수조를 설치하고 고가수조의 바닥면에서부터 최상층부분의 방수구까지의 높이를 낙차로 환산하여 필요한 법정방수압력을 확보하는 낙차이용 송수방식이다.
  ① 필요 낙차(수조의 하단으로부터 호스접속구까지의 수직거리)

$$H = h_1 + h_2 + 35m$$

  • H : 필요낙차(단위 : m)
  • h_1 : 소방용 호스의 마찰손실수두
  • h_2 : 배관의 마찰손실수두

② 수위계, 배수관, 오버플로우용 배수관, 보급수관 및 맨홀을 설치할 것

(2) 압력수조를 이용한 가압송수장치

압력수조를 수원 및 가압원으로 하며, 압력탱크의 2/3는 급수펌프에 의하여 상시 물이 공급되고 수조 내 상부의 1/3에 해당되는 부분은 공기압축기에 의하여 압축공기가 공급됨으로써 이 압축공기의 압력으로 방수구의 법정방수압력을 확보하는 가압송수방식으로 이 설비에는 반드시 급수펌프와 공기압축기가 부설되며, 주로 초대형 건물이나 대규모의 공장 등에 적용한다.

① 압력수조의 압력

$$P = P_1 + P_2 + P_3 + 0.35 \text{MPa}$$

- P : 필요한 압력(단위 : MPa)
- P_1 : 소방용호스의 마찰손실수두압
- P_2 : 배관의 마찰손실수두압
- P_3 : 낙차의 환산수두압

② 압력수조의 수량 : 당해 압력수조 체적의 2/3 이하

③ 압력수조에 압력계, 수위계, 배수관, 보급수관, 통기관 및 맨홀을 설치할 것

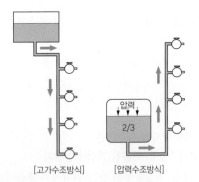

[고가수조방식]　　[압력수조방식]

04 옥외소화전설비의 기준

1 설치기준

① 수원의 수량 : 설치개수(4개 이상인 경우 4개)에 13.5m^3를 곱한 양 이상

② 방수압력 : 350kPa 이상

③ 방수량 : 1분당 450ℓ 이상

④ 개폐밸브 및 호스접속구 설치 위치 : 바닥면으로부터 높이 1.5m 이하

⑤ 호스접속구까지의 거리 : 40m

⑥ 옥외소화전설비는 습식으로 하고 동결방지조치를 할 것

⑦ 비상전원 용량 : 45분 이상

⑧ 건축물의 1층 및 2층 부분만을 방사능력범위로 하고 건축물의 지하층 및 3층 이상의 층에 대하여 다른 소화설비를 설치

⑨ 옥외소화전설비를 옥외 공작물에 대한 소화설비로 하는 경우에도 유효방수거리 등을 고려한 방사능력범위에 따라 설치

2 옥외소화전함 설치

① 불연재료로 제작

② 옥외소화전으로부터의 거리 : 5m 이하

③ 화재 발생 시 쉽게 접근 가능하고 화재 등의 피해를 받을 우려가 적은 장소에 설치

05 스프링클러설비의 기준

1 설치기준

① 스프링클러헤드까지의 수평거리 : 1.7m
※ 살수밀도의 기준을 충족하는 경우 : 2.6m

② 방사구역 : 150m^2 이상
※ 바닥면적이 150m^2 미만인 경우에는 해당 면적

③ 수원의 수량
- 개방형 : 설치개수×2.4m^3 이상
- 폐쇄형 : 30개(30개 미만인 경우 해당 개수)×2.4m^3 이상

④ 방사압력 : 100kPa
※ 살수밀도의 기준을 충족하는 경우 : 50kPa

⑤ 방수량 : 1분당 80ℓ
※ 살수밀도의 기준을 충족하는 경우 : 56ℓ

⑥ 비상전원 용량 : 45분 이상

2 스프링클러헤드 설치

① 헤드의 반사판과 부착면과의 거리 : 0.3m 이하

② 반사판으로부터의 거리 : 하방 0.45m, 수평 0.3m
※ 가연성물질을 수납하는 부분에 설치하는 경우 : 하방 0.9m, 수평 0.4m

③ 개구부에 설치하는 경우 : 개구부 상단으로부터 높이 0.15m 이내의 벽면에 설치

④ 헤드의 축심이 부착면에 대해 직각이 되도록 설치

⑤ 부착장소의 평상시의 최고주위온도에 따라 다음 표에 정한 표시온도를 갖는 것을 설치할 것

부착장소의 최고주위온도(단위 : ℃)	표시온도(단위 : ℃)
28 미만	58 미만
28 이상 39 미만	58 이상 79 미만
39 이상 64 미만	79 이상 121 미만
64 이상 106 미만	121 이상 162 미만
106 이상	162 이상

3 제어밸브 설치

① 설치 장소
- 개방형 : 방수구역마다
- 폐쇄형 : 방화대상물의 층마다

② 설치 위치 : 바닥면으로부터 0.8m 이상 1.5m 이하의 높이

4 자동경보장치 설치

① 설치 장소
- 발신부 : 각층 또는 방수구역마다 설치
- 수신부 : 수위실 기타 상시 사람이 있는 장소

5 스프링클러설비의 장단점

장점	단점
• 화재의 초기 진압에 효율 • 사용 약제를 취득 용이 • 자동으로 화재 감지 및 소화 • 조작이 쉽고 안전 • 화재 진압 후 복구 용이	• 초기 시설비가 많이 듦 • 시공 복잡 • 분말이나 가스계 소화 설비보다 물로 인한 피해가 큼

06 물분무소화설비의 기준

1 설치기준

① 방사구역 : 150m² 이상(표면적이 150m² 미만인 경우 해당 면적)

② 수원의 수량 : 표면적 1m²당 1분당 20ℓ의 비율로 계산한 양으로 30분간 방사할 수 있는 양 이상

③ 방사압력 : 350kPa 이상

④ 물분무소화설비에 2 이상의 방사구역을 두는 경우에는 화재를 유효하게 소화할 수 있도록 인접하는 방사구역이 상호 중복되도록 할 것

⑤ 고압의 전기설비가 있는 장소에는 당해 전기설비와 분무헤드 및 배관과 사이에 전기절연을 위하여 필요한 공간을 보유할 것

⑥ 물분무소화설비에는 각 층 또는 방사구역마다 제어밸브, 스트레이너 및 일제개방밸브 또는 수동식개방밸브를 설치할 것

⑦ 스트레이너 및 일제개방밸브 또는 수동식개방밸브는 제어밸브의 하류측 부근에 스트레이너, 일제개방밸브 또는 수동식개방밸브의 순으로 설치할 것

07 포소화설비의 기준

1 포헤드 설치

① 방호대상물의 표면적 9m²당 1개 이상의 헤드를 설치하고, 방호대상물의 표면적 1m²당의 방사량이 6.5ℓ/min 이상의 비율로 계산한 양의 포수용액을 표준방사량으로 방사할 수 있도록 설치할 것

② 방사구역 : 100m² 이상(방호대상물의 표면적이 100m² 미만인 경우에는 당해 표면적)

2 보조포소화전 설치

① 상호간의 거리 : 보행거리 75m 이하

② 방사압력 : 0.35MPa 이상

③ 방사량 : 400ℓ/min

3 포모니터노즐 설치

① 방사량 : 1,900ℓ/min 이상

② 수평방사거리 : 30m 이상

4 포소화약제의 혼합장치

(1) 펌프 프로포셔너 방식(Pump Proportioner Type)

펌프의 토출관과 흡입관 사이의 배관 도중에 설치한 흡입기에 펌프에서 토출된 물의 일부를 보내고, 농도 조절밸브에서 조정된 포소화약제의 필요양을 포소화약제 탱크에서 펌프 흡입측으로 보내어 이를 혼합하는 방식

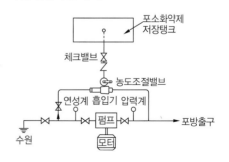

(2) 프레셔 프로포셔너 방식(Pressure Proportioner Type)

펌프와 발포기의 중간에 설치된 벤투리관의 벤투리작용과 펌프가압수의 포소화약제 저장탱크에 대한 압력에 의하여 포소화약제를 흡입·혼합하는 방식

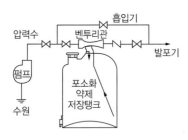

(3) 라인 프로포셔너 방식(Line Proportioner Type)

펌프와 발포기의 중간에 설치된 벤투리관의 벤투리작용에 의하여 포소화약제를 흡입·혼합하는 방식

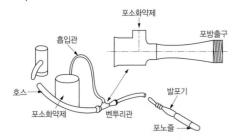

(4) 프레셔 사이드 프로포셔너 방식
(Pressure Side Proportioner Type)

펌프의 토출관에 압입기를 설치하여 포소화약제 압입용 펌프로 포소화약제를 압입시켜 혼합하는 방식

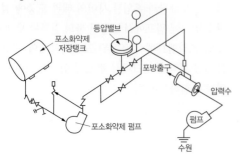

5 고정식 포소화설비의 포방출구

(1) 포방출구의 구분

① I형
- 고정지붕구조의 탱크에 **상부포주입법**을 이용

> ▶ 상부포주입법 : 고정포방출구를 탱크옆판의 상부에 설치하여 액표면상에 포를 방출하는 방법

- 방출된 포가 액면 아래로 몰입되거나 액면을 뒤섞지 않고 액면상을 덮을 수 있는 통계단 또는 미끄럼판 등의 설비 및 탱크 내의 위험물증기가 외부로 역류되는 것을 저지할 수 있는 구조·기구를 갖는 포방출구

② II형
- 고정지붕구조 또는 부상덮개부착고정지붕구조의 탱크에 상부포주입법을 이용

> ▶ 옥외저장탱크의 액상에 금속제의 플로팅, 팬 등의 덮개를 부착한 고정지붕구조의 것

- 방출된 포가 탱크옆판의 내면을 따라 흘러내려 가면서 액면 아래로 몰입되거나 액면을 뒤섞지 않고 액면상을 덮을 수 있는 반사판 및 탱크 내의 위험물증기가 외부로 역류되는 것을 저지할 수 있는 구조·기구를 갖는 포방출구

③ 특형
- 부상지붕구조의 탱크에 상부포주입법을 이용
- 부상지붕의 부상부분상에 높이 0.9m 이상의 금속제의 칸막이(방출된 포의 유출을 막을 수 있고 충분한 배수능력을 갖는 배수구를 설치한 것에 한정)를 탱크옆판의 내측으로부터 1.2m 이상 이격하여 설치하고 탱크옆판과 칸막이에 의하여 형성된 환상부분에 포를 주입하는 것이 가능한 구조의 반사판을 갖는 포방출구

④ III형
- 고정지붕구조의 탱크에 저부포주입법을 이용

> ▶ 저부포주입법 : 탱크의 액면하에 설치된 포방출구로부터 포를 탱크 내에 주입하는 방법

- 송포관으로부터 포를 방출하는 포방출구

> ▶ 송포관 : 발포기 또는 포발생기에 의하여 발생된 포를 보내는 배관을 말한다. 당해 배관으로 탱크내의 위험물이 역류되는 것을 저지할 수 있는 구조·기구를 갖는 것에 한함

⑤ IV형
- 고정지붕구조의 탱크에 저부포주입법을 이용
- 평상시에는 탱크의 액면하의 저부에 설치된 격납통(포 방출이 용이하도록 이탈되는 캡 포함)에 수납되어 있는 특수호스 등이 송포관의 말단에 접속

되어 있다가 포를 보내는 것에 의하여 특수호스 등이 전개되어 그 선단이 액면까지 도달한 후 포를 방출하는 포방출구

(2) 포방출구 설치

포방출구는 다음 표에 의하여 탱크의 직경, 구조 및 포방출구의 종류에 따른 수 이상의 개수를 탱크 옆판의 외주에 균등한 간격으로 설치할 것

탱크의 구조 및 포방출구의 종류 탱크직경	포방출구의 개수			
	고정지붕구조		부상덮개 부착 고정 지붕구조	부상지붕 구조
	Ⅰ형 또는 Ⅱ형	Ⅲ형 또는 Ⅳ형	Ⅱ형	특형
13m 미만	2	1	2	2
13m 이상 19m 미만			3	3
19m 이상 24m 미만			4	4
24m 이상 35m 미만		2	5	5
35m 이상 42m 미만	3	3	6	6
42m 이상 46m 미만	4	4	7	7
46m 이상 53m 미만	6	6	8	8
53m 이상 60m 미만	8	8	10	10
60m 이상 67m 미만	※	10		
67m 이상 73m 미만		12		12
73m 이상 79m 미만		14		
79m 이상 85m 미만		16		14
85m 이상 90m 미만		18		
90m 이상 95m 미만		20		16
95m 이상 99m 미만		22		
99m 이상		24		18

※ 왼쪽란에 해당하는 직경의 탱크에는 Ⅰ형 또는 Ⅱ형의 포방출 구를 8개 설치하는 것 외에, 오른쪽란에 표시한 직경에 따른 포방출구의 수에서 8을 뺀 수의 Ⅲ형 또는 Ⅳ형의 포방출구를 폭 30m의 환상부분을 제외한 중심부의 액표면에 방출할 수 있도록 추가로 설치할 것

주) Ⅲ형의 포방출구를 이용하는 것은 온도 20℃의 물 100g에 용해 되는 양이 1g 미만인 위험물(비수용성)이면서 저장온도가 50℃ 이하 또는 동점도(動粘度)가 100cSt 이하인 위험물을 저장 또 는 취급하는 탱크에 한하여 설치 가능하다.

08 불활성가스소화설비의 기준

1 소화약제 저장용기 설치기준

① 방호구역 외의 장소에 설치할 것
② 온도가 40℃ 이하이고 온도 변화가 적은 장소에 설치할 것
③ 직사일광 및 빗물이 침투할 우려가 적은 장소에 설치할 것
④ 저장용기에는 안전장치를 설치할 것
⑤ 저장용기의 외면에 소화약제의 종류와 양, 제조년 도 및 제조자를 표시할 것
⑥ 충전비
  • 고압식 : 1.5 이상 1.9 이하
  • 저압식 : 1.1 이상 1.4 이하
⑦ 저압식저장용기 내의 설치사항(이산화탄소)
  • 액면계 및 압력계
  • 압력경보장치 : 2.3MPa 이상 1.9MPa 이하의 압 력에서 작동
  • 자동냉동기 : 용기내부의 온도를 영하 18~20℃ 를 유지
  • 파괴판 및 방출밸브

2 기동용가스용기 설치기준

① 25MPa 이상의 압력에 견딜 수 있는 것일 것
② 내용적 : 1ℓ 이상
③ 이산화탄소의 양 : 0.6kg 이상
④ 충전비 : 1.5 이상
⑤ 안전장치 및 용기밸브를 설치할 것

3 비상전원 용량

1시간 이상 작동할 것

4 이동식불활성가스소화설비 설치기준

① 노즐 방사량 : 20℃에서 90kg/min 이상
② 저장용기의 용기밸브 또는 방출밸브 : 호스 설치 장소에서 수동으로 개폐할 수 있을 것
③ 저장용기 : 호스를 설치하는 장소마다 설치
④ 적색등 설치 : 저장용기 직근의 보기 쉬운 장소 "이동식불활성가스소화설비"라고 표시
⑤ 화재 시 연기가 현저하게 충만할 우려가 있는 장 소 외의 장소에 설치할 것
⑥ 호스접속구까지의 수평거리 : 15m 이하
⑦ 이동식 불활성가스소화설비에 사용하는 소화약 제는 이산화탄소로 할 것

5 분사헤드 설치기준

① 방사압력

㉠ 이산화탄소

- 고압식(소화약제가 상온으로 용기에 저장) : 2.1MPa 이상
- 저압식(소화약제가 영하 18℃ 이하의 온도로 용기에 저장) : 1.05MPa 이상

㉡ 질소(IG-100), 질소와 아르곤의 용량비가 50대50인 혼합물(IG-55) 또는 질소와 아르곤과 이산화탄소의 용량비가 52대40대8인 혼합물(IG-541)을 방사하는 분사헤드는 1.9MPa 이상일 것

② 이산화탄소 소화약제 방사시간

- 전역방출방식 : 60초 이내
- 국소방출방식 : 30초 이내

09 분말소화설비의 기준

1 분말소화설비의 분사헤드

① 방사압력 : 0.1MPa 이상

② 방사시간 : 30초 이내

2 가압용 또는 축압용 가스

① 가압용 가스

- 질소 : 소화약제 1kg당 온도 35℃에서 0MPa의 상태로 환산한 체적 40ℓ 이상
- 이산화탄소 : 소화약제 1kg당 20g에 배관의 청소에 필요한 양을 더한 양 이상

② 축압용 가스

- 질소 : 소화약제 1kg당 온도 35℃에서 0MPa의 상태로 환산한 체적 10ℓ에 배관의 청소에 필요한 양을 더한 양 이상
- 이산화탄소 : 소화약제 1kg당 20g에 배관의 청소에 필요한 양을 더한 양 이상

3 클리닝장치

배관에는 잔류소화약제를 처리하기 위한 클리닝장치를 설치할 것

4 저장용기 충전비

소화약제의 종별	충전비의 범위
제1종 분말	0.85 이상 1.45 이하
제2종 분말 또는 제3종 분말	1.05 이상 1.75 이하
제4종 분말	1.50 이상 2.50 이하

5 이동식분말소화설비의 소화약제 방사량

소화약제의 종류	소화약제의 양(단위 : kg)
제1종 분말	45 〈50〉
제2종 분말 또는 제3종 분말	27 〈30〉
제4종 분말	18 〈20〉

*오른쪽란에 기재된 '〈 〉' 속의 수치는 전체 소화약제의 양임

10 소화난이도등급에 따른 소화설비

1 소화난이도등급Ⅰ의 제조소등 및 소화설비

① 소화난이도등급Ⅰ에 해당하는 제조소등

제조소등의 구분	제조소등의 규모, 저장 또는 취급하는 위험물의 품명 및 최대수량 등
제조소 일반 취급소	• 연면적 1,000m² 이상인 것 • 지정수량의 100배 이상인 것(고인화점위험물만을 100℃ 미만의 온도에서 취급하는 것 및 제48조의 위험물(화약류에 해당하는 위험물)을 취급하는 것은 제외) • 지반면으로부터 6m 이상의 높이에 위험물 취급설비가 있는 것 (고인화점위험물만을 100℃ 미만의 온도에서 취급하는 것은 제외) • 일반취급소로 사용되는 부분 외의 부분을 갖는 건축물에 설치된 것(내화구조로 개구부 없이 구획된 것 및 고인화점위험물만을 100℃ 미만의 온도에서 취급하는 것은 제외)
주유취급소	면적의 합이 500m²를 초과하는 것

제조소등의 구분	제조소등의 규모, 저장 또는 취급하는 위험물의 품명 및 최대수량 등
옥내저장소	• 지정수량의 150배 이상인 것(고인화점위험물만을 저장 및 제48조의 위험물을 저장하는 것은 제외) • 연면적 150m²를 초과하는 것(150m² 이내마다 불연재료로 개구부 없이 구획된 것 및 인화성고체 외의 제2류 위험물 또는 인화점 70℃ 이상의 제4류 위험물만을 저장하는 것은 제외) • 처마높이가 6m 이상인 단층건물의 것 • 옥내저장소로 사용되는 부분 외의 부분이 있는 건축물에 설치된 것(내화구조로 개구부 없이 구획된 것 및 인화성고체 외의 제2류 위험물 또는 인화점 70℃ 이상의 제4류 위험물만을 저장은 제외)
옥외탱크저장소	• 액표면적이 40m² 이상인 것(제6류 위험물을 저장하는 것 및 고인화점위험물만을 100℃ 미만의 온도에서 저장하는 것은 제외) • 지반면으로부터 탱크 옆판의 상단까지 높이가 6m 이상인 것(제6류 위험물을 저장하는 것 및 고인화점위험물만을 100℃ 미만의 온도에서 저장하는 것은 제외)
옥외탱크저장소	• 지중탱크 또는 해상탱크로서 지정수량의 100배 이상인 것(제6류 위험물을 저장하는 것 및 고인화점위험물만을 100℃ 미만의 온도에서 저장하는 것은 제외) • 고체위험물을 저장하는 것으로서 지정수량의 100배 이상인 것
옥내탱크저장소	• 액표면적이 40m² 이상인 것(제6류 위험물을 저장하는 것 및 고인화점위험물만을 100℃ 미만의 온도에서 저장하는 것은 제외) • 바닥면으로부터 탱크 옆판의 상단까지 높이가 6m 이상인 것(제6류 위험물을 저장하는 것 및 고인화점위험물만을 100℃ 미만의 온도에서 저장하는 것은 제외) • 탱크전용실이 단층건물 외의 건축물에 있는 것으로서 인화점 38℃ 이상 70℃ 미만의 위험물을 지정수량의 5배 이상 저장하는 것(내화구조로 개구부 없이 구획된 것은 제외)
옥외저장소	• 덩어리 상태의 유황을 저장하는 것으로서 경계표시 내부의 면적(2 이상의 경계표시가 있는 경우에는 각 경계표시의 내부의 면적을 합한 면적)이 100m² 이상인 것 • 인화성고체, 제1석유류 또는 알코올류를 저장하는 것으로서 지정수량의 100배 이상인 것
암반탱크저장소	• 액표면적이 40m² 이상인 것(제6류 위험물을 저장하는 것 및 고인화점위험물만을 100℃ 미만의 온도에서 저장하는 것은 제외) • 고체위험물만을 저장하는 것으로서 지정수량의 100배 이상인 것
이송 취급소	모든 대상

※제조소등의 구분별로 오른쪽란에 정한 제조소등의 규모, 저장 또는 취급하는 위험물의 수량 및 최대수량 등의 어느 하나에 해당하는 제조소등은 소화난이도등급 I 에 해당하는 것으로 한다.

② 소화난이도등급 I 의 제조소등에 설치해야 하는 소화설비

제조소등의 구분		소화설비
제조소 및 일반취급소		옥내소화전설비, 옥외소화전설비, 스프링클러설비 또는 물분무등소화설비(화재 발생 시 연기가 충만할 우려가 있는 장소에는 스프링클러설비 또는 이동식 외의 물분무등소화설비에 한함)
주유취급소		스프링클러설비(건축물에 한정), 소형수동식소화기등(능력단위의 수치가 건축물 그 밖의 공작물 및 위험물의 소요단위의 수치에 이르도록 설치할 것)
옥내 저장소	처마높이가 6m 이상인 단층건물 또는 다른 용도의 부분이 있는 건축물에 설치한 옥내저장소	스프링클러설비 또는 이동식 외의 물분무등소화설비
	그 밖의 것	옥외소화전설비, 스프링클러설비, 이동식 외의 물분무등소화설비 또는 이동식 포소화설비(포소화전을 옥외에 설치하는 것에 한함)

제조소등의 구분			소화설비
옥외 탱크 저장소	지중탱크 또는 해상탱크 외의 것	유황만을 저장·취급하는 것	물분무소화설비
		인화점 70℃ 이상의 제4류 위험물만을 저장·취급하는 것	물분무소화설비 또는 고정식 포소화설비
		그 밖의 것	고정식 포소화설비(포소화설비가 적응성이 없는 경우에는 분말소화설비)
	지중탱크		고정식 포소화설비, 이동식 이외의 불활성가스소화설비 또는 이동식 이외의 할로겐화합물소화설비
	해상탱크		고정식 포소화설비, 물분무포소화설비, 이동식 이외의 불활성가스소화설비 또는 이동식 이외의 할로겐화합물소화설비
옥내 탱크 저장소	유황만을 저장·취급하는 것		물분무소화설비
	인화점 70℃ 이상의 제4류 위험물만을 저장·취급하는 것		물분무소화설비, 고정식 포소화설비, 이동식 이외의 불활성가스소화설비, 이동식 이외의 할로겐화합물소화설비 또는 이동식 이외의 분말소화설비
	그 밖의 것		고정식 포소화설비, 이동식 이외의 불활성가스소화설비, 이동식 이외의 할로겐화합물소화설비 또는 이동식 이외의 분말소화설비
옥외저장소 및 이송취급소			옥내소화전설비, 옥외소화전설비, 스프링클러설비 또는 물분무등소화설비(화재발생시 연기가 충만할 우려가 있는 장소에는 스프링클러설비 또는 이동식 이외의 물분무등소화설비에 한함)
암반 탱크 저장소	유황만을 저장·취급하는 것		물분무소화설비
	인화점 70℃ 이상의 제4류 위험물만을 저장·취급하는 것		물분무소화설비 또는 고정식 포소화설비
	그 밖의 것		고정식 포소화설비(포소화설비가 적응성이 없는 경우에는 분말소화설비)

[비고]
1. 위 표 오른쪽란의 소화설비를 설치함에 있어서는 당해 소화설비의 방사범위가 당해 제조소, 일반취급소, 옥내저장소, 옥외탱크저장소, 옥내탱크저장소, 옥외저장소, 암반탱크저장소(암반탱크에 관계되는 부분을 제외한다) 또는 이송취급소(이송기지 내에 한함)의 건축물, 그 밖의 공작물 및 위험물을 포함하도록 해야 한다. 다만, 고인화점위험물만을 100℃ 미만의 온도에서 취급하는 제조소 또는 일반취급소의 경우에는 당해 제조소 또는 일반취급소의 건축물 및 그 밖의 공작물만 포함하도록 할 수 있다.
2. 고인화점위험물만을 100℃ 미만의 온도에서 취급하는 제조소 또는 일반취급소의 위험물에 대해서는 대형수동식소화기 1개 이상과 당해 위험물의 소요단위에 해당하는 능력단위의 소형수동식소화기를 설치해야 한다. 다만, 당해 제조소 또는 일반취급소에 옥내·외소화전설비, 스프링클러설비 또는 물분무등소화설비를 설치한 경우에는 당해 소화설비의 방사능력범위 내에는 대형수동식소화기를 설치하지 아니할 수 있다.
3. 가연성증기 또는 가연성미분이 체류할 우려가 있는 건축물 또는 실내에는 대형수동식소화기 1개 이상과 당해 건축물, 그 밖의 공작물 및 위험물의 소요단위에 해당하는 능력단위의 소형수동식소화기 등을 추가로 설치해야 한다.
4. 제4류 위험물을 저장 또는 취급하는 옥외탱크저장소 또는 옥내탱크저장소에는 소형수동식소화기 등을 2개 이상 설치해야 한다.
5. 제조소, 옥내탱크저장소, 이송취급소, 또는 일반취급소의 작업공정상 소화설비의 방사능력범위 내에 당해 제조소등에서 저장 또는 취급하는 위험물의 전부가 포함되지 않는 경우에는 당해 위험물에 대하여 대형수동식소화기 1개 이상과 당해 위험물의 소요단위에 해당하는 능력단위의 소형수동식소화기 등을 추가로 설치해야 한다.

2 소화난이도등급Ⅱ의 제조소등 및 소화설비

① 소화난이도등급Ⅱ에 해당하는 제조소등

제조소등의 구분	제조소등의 규모, 저장 또는 취급하는 위험물의 품명 및 최대수량 등
제조소 일반취급소	• 연면적 600m² 이상인 것 • 지정수량의 10배 이상인 것(고인화점위험물만을 100℃ 미만의 온도에서 취급하는 것 및 제48조의 위험물을 취급하는 것은 제외) • 별표 16 Ⅱ·Ⅲ·Ⅳ·Ⅴ·Ⅷ·Ⅸ 또는 Ⅹ의 일반취급소로서 소화난이도등급Ⅰ의 제조소등에 해당하지 않는 것(고인화점위험물만을 100℃ 미만의 온도에서 취급하는 것은 제외)
옥내저장소	• 단층건물 이외의 것 • 별표 5 Ⅱ 또는 Ⅳ제1호의 옥내저장소 • 지정수량의 10배 이상인 것(고인화점위험물만을 저장하는 것 및 제48조의 위험물을 저장하는 것은 제외) • 연면적 150m² 초과인 것 • 별표 5 Ⅲ의 옥내저장소로서 소화난이도등급Ⅰ의 제조소등에 해당하지 않는 것
옥외탱크저장소 옥내탱크저장소	소화난이도등급Ⅰ의 제조소등 외의 것(고인화점위험물만을 100℃ 미만의 온도로 저장하는 것 및 제6류 위험물만을 저장하는 것은 제외)
옥외저장소	• 덩어리 상태의 유황을 저장하는 것으로서 경계표시 내부의 면적(2 이상의 경계표시가 있는 경우에는 각 경계표시의 내부의 면적을 합한 면적)이 5m² 이상 100m² 미만인 것 • 별표 11 Ⅲ의 위험물을 저장하는 것으로서 지정수량의 10배 이상 100배 미만인 것 • 지정수량의 100배 이상인 것(덩어리 상태의 유황 또는 고인화점위험물을 저장하는 것은 제외)
주유취급소	옥내주유취급소로서 소화난이도등급Ⅰ의 제조소등에 해당하지 아니하는 것
판매취급소	제2종 판매취급소

[비고] 제조소등의 구분별로 오른쪽란에 정한 제조소등의 규모, 저장 또는 취급하는 위험물의 수량 및 최대수량 등의 어느 하나에 해당하는 제조소등은 소화난이도등급Ⅱ에 해당하는 것으로 한다.

② 소화난이도등급Ⅱ의 제조소등에 설치해야 하는 소화설비

제조소등의 구분	소화설비
제조소·옥내저장소·옥외저장소·주유취급소· 판매취급소·일반취급소	방사능력범위 내에 당해 건축물, 그 밖의 공작물 및 위험물이 포함되도록 대형수동식소화기를 설치하고, 당해 위험물의 소요단위의 1/5 이상에 해당되는 능력단위의 소형수동식소화기등을 설치할 것
옥외탱크저장소·옥내탱크저장소	대형수동식소화기 및 소형수동식소화기등을 각각 1개 이상 설치할 것

[비고]
1. 옥내소화전설비, 옥외소화전설비, 스프링클러설비 또는 물분무등소화설비를 설치한 경우에는 당해 소화설비의 방사능력범위 내의 부분에 대해서는 대형수동식소화기를 설치하지 아니할 수 있다.
2. 소형수동식소화기등이란 제4호의 규정에 의한 소형수동식소화기 또는 기타 소화설비를 말한다.

3 소화난이도등급Ⅲ의 제조소등 및 소화설비

① 소화난이도등급Ⅲ에 해당하는 제조소등

제조소등의 구분	제조소등의 규모, 저장 또는 취급하는 위험물의 품명 및 최대수량 등
제조소 일반취급소	• 제48조의 위험물*을 취급하는 것 • 제48조의 위험물 외의 것을 취급하는 것으로서 소화난이도등급Ⅰ 또는 소화난이도등급Ⅱ의 제조소등에 해당하지 않는 것
옥내저장소	• 제48조의 위험물을 취급하는 것 • 제48조의 위험물 외의 것을 취급하는 것으로서 소화난이도등급Ⅰ 또는 소화난이도등급Ⅱ의 제조소등에 해당하지 않는 것
지하탱크저장소 간이탱크저장소 이동탱크저장소	모든 대상
옥외저장소	• 덩어리 상태의 유황을 저장하는 것으로서 경계표시 내부의 면적(2 이상의 경계표시가 있는 경우 각 경계표시의 내부의 면적을 합한 면적)이 5m² 미만인 것 • 덩어리 상태의 유황 외의 것을 저장하는 것으로서 소화난이도등급Ⅰ 또는 소화난이도등급Ⅱ의 제조소등에 해당하지 않는 것
주유취급소	옥내주유취급소 외의 것으로서 소화난이도등급Ⅰ의 제조소등에 해당하지 아니하는 것
제1종 판매취급소	모든 대상

[비고] 제조소등의 구분별로 오른쪽란에 정한 제조소등의 규모, 저장 또는 취급하는 위험물의 수량 및 최대수량 등의 어느 하나에 해당하는 제조소등은 소화난이도등급Ⅲ에 해당하는 것으로 한다.
* 제48조의 위험물 : 염소산염류·과염소산염류·질산염류·유황·철분·금속분·마그네슘·질산에스테르류·니트로화합물 등 화약류에 해당하는 위험물

② 소화난이도등급Ⅲ의 제조소등에 설치해야 하는 소화설비

제조소등의 구분	소화설비	설치기준	
지하탱크저장소	소형수동식소화기등	능력단위의 수치가 3 이상	2개 이상
이동탱크저장소	자동차용소화기	• 무상의 강화액 8ℓ 이상 • 이산화탄소 3.2kg 이상 • 일브롬화일염화이플루오르화메탄(CF_2ClBr) 2ℓ 이상 • 일브롬화삼플루오르화메탄(CF_3Br) 2ℓ 이상 • 이브롬화사플루화메탄($C_2F_4BR_2$) 1ℓ 이상 • 소화분말 3.5kg 이상	2개 이상
	마른 모래 및 팽창질석 또는 팽창진주암	• 마른모래 150ℓ 이상 • 팽창질석 또는 팽창진주암 640ℓ 이상	
그 밖의 제조소등	소형수동식소화기등	• 능력단위의 수치가 건축물 그 밖의 공작물 및 위험물의 소요단위의 수치에 이르도록 설치할 것 • 다만, 옥내소화전설비, 옥외소화전설비, 스프링클러설비, 물분무등소화설비 또는 대형수동식소화기를 설치한 경우에는 당해 소화설비의 방사능력범위 내의 부분에 대하여는 수동식소화기 등을 그 능력단위의 수치가 당해 소요단위의 수치의 1/5 이상이 되도록 하는 것으로 족함	

[비고] 알킬알루미늄등을 저장 또는 취급하는 이동탱크저장소에 있어서는 자동차용소화기를 설치하는 외에 마른모래나 팽창질석 또는 팽창진주암을 추가로 설치해야 한다.

11 위험물의 성질에 따른 소화설비의 적용성

소화설비의 구분		대상물 구분											
		건축물 및 그 밖의 공작물	전기설비	제1류 위험물 알칼리금속의 산화물 등	제1류 위험물 그 밖의 것	제2류 위험물 철분·금속분·마그네슘 등	제2류 위험물 인화성고체	제2류 위험물 그 밖의 것	제3류 위험물 금수성 물품	제3류 위험물 그 밖의 것	제4류 위험물	제5류 위험물	제6류 위험물
옥내소화전 또는 옥외소화전설비		○			○		○	○		○		○	○
스프링클러설비		○			○		○	○		○	△	○	○
물분무등 소화설비물	물분무소화설비	○	○		○		○	○		○		○	○
	포소화설비	○			○		○	○		○		○	○
	불활성가스소화설비		○				○						
	할로겐화합물소화설비		○				○						
	분말 소화설비 — 인산염류 등	○	○		○		○	○					○
	분말 소화설비 — 탄산수소염류 등		○			○	○		○				
	분말 소화설비 — 그 밖의 것			○		○							
대형·소형 수동식 소화기	봉상수(棒狀水)소화기	○			○			○		○		○	○
	무상수(霧狀水)소화기	○	○		○			○		○		○	○
	봉상강화액소화기	○			○			○		○		○	○
	무상강화액소화기	○	○		○		○	○		○		○	○
	포소화기	○			○		○	○		○		○	○
	이산화탄소소화기		○				○						△
	할로겐화합물소화기		○				○						
	분말 소화기 — 인산염류 소화기	○	○		○		○	○					○
	분말 소화기 — 탄산수소염류 소화기		○			○	○		○				
	분말 소화기 — 그 밖의 것			○		○							
기타	물통 또는 수조	○			○			○		○		○	○
	건조사			○	○	○	○	○	○	○	○	○	○
	팽창질석 또는 팽창진주암			○	○	○	○	○	○	○	○	○	○

* 인산염류 등 : 인산염류, 황산염류 그 밖에 방염성이 있는 약제
* 탄산수소염류 등 : 탄산수소염류 및 탄산수소염류와 요소의 반응생성물
* 알칼리금속과 산화물 등 : 알칼리금속의 과산화물 및 알칼리금속의 과산화물을 함유한 것
* 철분·금속분·마그네슘 등 : 철분·금속분·마그네슘과 철분·금속분 또는 마그네슘을 함유한 것
* '○'표시 : 당해 소방대상물 및 위험물에 대하여 소화설비가 적응성이 있음을 표시
* '△'표시 : 제4류 위험물을 저장 또는 취급하는 장소의 살수기준면적에 따라 스프링클러설비의 살수밀도가 다음 표에 정하는 기준 이상인 경우에는 당해 스프링클러설비가 제4류 위험물에 대하여 적응성이 있음을, 제6류 위험물을 저장 또는 취급하는 장소로서 폭발의 위험이 없는 장소에 한하여 이산화탄소소화기가 제6류 위험물에 대하여 적응성이 있음을 각각 표시한다.

살수기준면적(m²)	방사밀도(ℓ/m²분)		비고
	인화점 38℃ 미만	인화점 38℃ 이상	
279 미만	16.3 이상	12.2 이상	살수기준면적은 내화구조의 벽 및 바닥으로 구획된 하나의 실의 바닥면적을 말하고, 하나의
279 이상 372 미만	15.5 이상	11.8 이상	실의 바닥면적이 465m² 이상인 경우의 살수기준면적은 465m²로 한다. 다만, 위험물의 취급을
372 이상 456 미만	13.9 이상	9.8 이상	주된 작업내용으로 하지 아니하고 소량의 위험물을 취급하는 설비 또는 부분이 넓게 분산되
465 이상	12.2 이상	8.1 이상	어 있는 경우에는 방사밀도는 8.2 ℓ/m²분 이상, 살수기준 면적은 279m² 이상으로 할 수 있다.

12 소요단위 및 능력단위

1 소화설비의 소요단위

(1) 정의

소화설비의 설치대상이 되는 건축물 그 밖의 공작물의 규모 또는 위험물의 양의 기준단위

(2) 소요단위의 계산방법

① 제조소 또는 취급소의 건축물

㉠ 외벽이 내화구조인 것 : 연면적 100m²를 1소요단위로 함

㉡ 외벽이 내화구조가 아닌 것 : 연면적 50m²를 1소요단위로 함

② 저장소의 건축물

㉠ 외벽이 내화구조인 것 : 연면적 150m²를 1소요단위로 함

㉡ 외벽이 내화구조가 아닌 것 : 연면적 75m²를 1소요단위로 함

③ 제조소등의 옥외에 설치된 공작물

외벽이 내화구조인 것으로 간주하고 공작물의 최대수평투영면적을 연면적으로 간주하여 ㉠ 및 ㉡의 규정에 의하여 소요단위를 산정할 것

④ 위험물 : 지정수량의 10배를 1소요단위로 함

$$소요단위 = \frac{저장수량}{지정수량 \times 10}$$

2 소화설비의 능력단위

① 정의 : 소요단위에 대응하는 소화설비의 소화능력의 기준단위

② 수동식소화기의 능력단위 : 수동식소화기의 형식승인 및 검정기술기준에 의하여 형식승인을 받은 수치

③ 기타 소화설비의 능력단위

소화설비	용량	능력단위
소화전용(轉用)물통	8L	0.3
수조(소화전용물통 3개 포함)	80L	1.5
수조(소화전용물통 6개 포함)	190L	2.5
마른 모래(삽 1개 포함)	50L	0.5
팽창질석 또는 팽창진주암(삽 1개 포함)	160L	1.0

[10-05, 08-01, 08-04]

1 위험물안전관리법령상 소화설비의 구분에서 "물분무등소화설비"의 종류가 아닌 것은?

① 스프링클러설비
② 할로겐화합물소화설비
③ 이산화탄소소화설비
④ 분말소화설비

[10-02]

2 다음 중 위험물안전관리법에 따른 소화설비의 구분에서 "물분무등소화설비"에 속하지 않는 것은?

① 이산화탄소소화설비 ② 포소화설비
③ 스프링클러설비 ④ 분말소화설비

[11-02]

3 위험물안전관리법령의 소화설비의 적응성에서 소화설비의 종류가 아닌 것은?

① 물분무소화설비 ② 방화설비
③ 옥내소화전설비 ④ 물통

[12-01]

4 위험물안전관리법상 소화설비에 해당하지 않는 것은?

① 옥외소화전설비
② 스프링클러설비
③ 할로겐화합물 소화설비
④ 연결살수설비

> 연결살수설비는 소방활동설비에 해당한다.

[10-02]

5 옥내소화전의 개폐밸브 및 호스접속구는 바닥면으로부터 몇 미터 이하의 높이에 설치하여야 하는가?

① 0.5 ② 1
③ 1.5 ④ 1.8

[13-01]

6 위험물안전관리법령상 옥내소화전설비의 비상전원은 몇 분 이상 작동할 수 있어야 하는가?

① 45분 ② 30분 ③ 20분 ④ 10분

[14-05, 09-05]

7 옥내소화전설비의 설치기준에서 옥내소화전은 제조소등의 건축물의 층마다 당해 층의 각 부분에서 하나의 호스접속구까지의 수평거리가 몇 m 이하가 되도록 설치하여야 하는가?

① 5 ② 10 ③ 15 ④ 25

[10-01]

8 옥내소화전설비의 기준에서 "시동표시등"을 옥내소화전함의 내부에 설치할 경우 그 색상으로 옳은 것은?

① 적색 ② 황색
③ 백색 ④ 녹색

[13-01]

9 위험물안전관리법령에 따라 옥내소화전설비를 설치할 때 배관의 설치기준에 대한 설명으로 옳지 않은 것은?

① 배관용 탄소 강관(KS D 3507)을 사용할 수 있다.
② 주 배관의 입상관 구경은 최소 60mm 이상으로 한다.
③ 펌프를 이용한 가압송수장치의 흡수관은 펌프마다 전용으로 설치한다.
④ 원칙적으로 급수배관은 생활용수배관과 같이 사용할 수 없으며 전용배관으로만 사용한다.

> 주 배관의 입상관 구경은 최소 50mm 이상으로 한다.

[11-01]

10 압력수조를 이용한 옥내소화전설비의 가압송수장치에서 압력수조의 최소압력(MPa)은?(단, 소방용호스의 마찰손실 수두압은 3MPa, 배관의 마찰손실 수두압은 1MPa, 낙차의 환산수두압은 1.35MPa이다)

① 5.35 ② 5.70
③ 6.00 ④ 6.35

> 압력수조의 압력
> $P = P_1 + P_2 + P_3 + 0.35MPa$
> $= 3 + 1 + 1.35 + 0.35$
> $= 5.7MPa$

정답 ▶ 1 ① 2 ③ 3 ② 4 ④ 5 ③ 6 ① 7 ④ 8 ① 9 ② 10 ②

11 위험물제조소등에 설치하는 옥내소화전설비의 설치기준으로 옳은 것은?

① 옥내소화전은 건축물의 층마다 당해 층의 각 부분에서 하나의 호스접속구까지의 수평거리가 25미터 이하가 되도록 설치하여야 한다.

② 당해 층의 모든 옥내소화전(5개 이상의 경우는 5개)을 동시에 사용할 경우 각 노즐선단에서의 방수량은 130L/min 이상이어야 한다.

③ 당해 층의 모든 옥내소화전(5개 이상인 경우는 5개)을 동시에 사용할 경우 각 노즐선단에서의 방수압력은 250kPa 이상이어야 한다.

④ 수원의 수량은 옥내소화전이 가장 많이 설치된 층의 옥내소화전 설치개수(5개 이상인 경우는 5개)에 2.63m³를 곱한 양 이상이 되도록 설치하여야 한다.

> ② 당해 층의 모든 옥내소화전(5개 이상인 경우는 5개)을 동시에 사용할 경우 각 노즐선단에서의 방수량은 260L/min 이상이어야 한다.
> ③ 당해 층의 모든 옥내소화전(5개 이상인 경우는 5개)을 동시에 사용할 경우 각 노즐선단에서의 방수압력은 350kPa 이상이어야 한다.
> ④ 수원의 수량은 옥내소화전이 가장 많이 설치된 층의 옥내소화전 설치개수(5개 이상인 경우 5개)에 7.8m²를 곱한 양 이상이 되도록 설치하여야 한다.

12 위험물제조소에 옥외소화전이 5개가 설치되어 있다. 이 경우 확보하여야 하는 수원의 법정 최소량은 몇 m³인가?

① 28   ② 35
③ 54   ④ 67.5

> 수원의 수량 = 소화전의 수(최대 4개)×13.5
> = 4×13.5m³ = 54m³

13 위험물안전관리법령에 의하면 옥외소화전이 6개 있을 경우 수원의 수량은 몇 m³ 이상이어야 하는가?

① 48m³ 이상   ② 54m³ 이상
③ 60m³ 이상   ④ 81m³ 이상

> 수원의 수량 = 소화전의 수(최대 4개)× 13.5
> = 4×13.5m³ = 54m³

14 위험물안전관리법령에서 규정하고 있는 옥내소화전설비의 설치기준에 관한 내용 중 옳은 것은?

① 제조소등 건축물의 층마다 당해 층의 각 부분에서 하나의 호스접속구까지의 수평거리가 25m 이하가 되도록 설치한다.

② 수원의 수량은 옥내소화전이 가장 많이 설치된 층의 옥내소화전 설치개수(설치개수가 5개 이상인 경우는 5개)에 18.6m³를 곱한 양 이상이 되도록 설치한다.

③ 옥내소화전설비는 각 층을 기준으로 하여 당해 층의 모든 옥내소화전(설치개수가 5개 이상인 경우는 5개의 옥내소화전)을 동시에 사용할 경우에 각 노즐선단의 방수압력이 170kPa 이상의 성능이 되도록 한다.

④ 옥내소화전설비는 각 층을 기준으로 하여 당해 층의 모든 옥내소화전(설치개수가 5개 이상인 경우는 5개의 옥내소화전)을 동시에 사용할 경우에 각 노즐선단의 방수량이 1분당 130L 이상의 성능이 되도록 한다.

> ② 수원의 수량은 옥내소화전이 가장 많이 설치된 층의 옥내소화전 설치개수(설치개수가 5개 이상인 경우는 5개)에 7.8m³를 곱한 양 이상이 되도록 설치한다.
> ③ 옥내소화전설비는 각 층을 기준으로 하여 당해 층의 모든 옥내소화전(설치개수가 5개 이상인 경우는 5개의 옥내소화전)을 동시에 사용할 경우에 각 노즐선단의 방수압력이 350kPa 이상의 성능이 되도록 한다.
> ④ 옥내소화전설비는 각 층을 기준으로 하여 당해 층의 모든 옥내소화전(설치개수가 5개 이상인 경우는 5개의 옥내소화전)을 동시에 사용할 경우에 각 노즐선단의 방수량이 1분당 260L 이상의 성능이 되도록 한다.

15 건축물의 1층 및 2층 부분만을 방사능력범위로 하고 지하층 및 3층 이상의 층에 대하여 다른 소화설비를 설치해야 하는 소화설비는?

① 스프링클러설비   ② 포소화설비
③ 옥외소화전설비   ④ 물분무소화설비

16 옥외소화전설비의 기준에서 옥외소화전함은 옥외소화전으로부터 보행거리 몇 m 이하의 장소에 설치하여야 하는가?

① 1.5   ② 5
③ 7.5   ④ 10

정답▶ **11** ① **12** ③ **13** ③ **14** ① **15** ③ **16** ②

17 다음 ( ) 안에 들어갈 수치를 순서대로 올바르게 나열한 것은?(단, 제4류 위험물에 적응성을 갖기 위한 살수밀도기준을 적용하는 경우를 제외한다)

> 위험물 제조소등에 설치하는 폐쇄형 헤드의 스프링클러설비는 30개의 헤드(헤드 설치수가 30 미만의 경우는 당해 설치 개수)를 동시에 사용할 경우 각 선단의 방사 압력이 ( )kPa 이상이고 방수량이 1분당 ( ) L 이상이어야 한다.

① 100, 80   ② 120, 80
③ 100, 100   ④ 120, 100

[10-04, 07-02]

18 방호대상물의 바닥면적이 150m² 이상인 경우에 개방형 스프링클러헤드를 이용한 스프링클러설비의 방사구역은 얼마 이상으로 하여야 하는가?

① 100m²   ② 150m²
③ 200m²   ④ 400m²

[11-04]

19 위험물안전관리법령상 스프링클러헤드는 부착장소의 평상시 최고주위온도가 28℃ 미만인 경우 몇 ℃의 표시온도를 갖는 것을 설치하여야 하는가?

① 58 미만   ② 58 이상 79 미만
③ 79 이상 121 미만   ④ 121 이상 162 미만

[14-02, 09-02]

20 스프링클러설비의 장점이 아닌 것은?

① 화재의 초기 진압에 효율적이다.
② 사용 약제를 쉽게 구할 수 있다.
③ 자동으로 화재를 감지하고 소화할 수 있다.
④ 다른 소화설비보다 구조가 간단하고 시설비가 적다.

> 스프링클러설비는 다른 소화설비보다 시공이 복잡하고 초기 시설비가 많이 드는 단점이 있다.

[11-01]

21 물분무소화설비의 방사구역은 몇 m² 이상이어야 하는가?(단, 방호대상물의 표면적은 300m²이다)

① 100   ② 150
③ 300   ④ 450

[14-01, 11-02]

22 물분무소화설비의 설치기준으로 적합하지 않은 것은?

① 고압의 전기설비가 있는 장소에는 당해 전기설비와 분무헤드 및 배관과의 사이에 전기절연을 위하여 필요한 공간을 보유한다.
② 스트레이너 및 일제개방밸브는 제어밸브의 하류측 부근에 스트레이너, 일제개방밸브의 순으로 설치한다.
③ 물분무소화설비에 2 이상의 방사구역을 두는 경우에는 화재를 유효하게 소화할 수 있도록 인접하는 방사구역이 상호 중복되도록 한다.
④ 수원의 수위가 수평회전식펌프보다 낮은 위치에 있는 가압송수장치의 물올림장치는 타 설비와 겸용하여 설치한다.

> 수원의 수위가 수평회전식펌프보다 낮은 위치에 있는 가압송수장치의 물올림장치는 전용 물올림탱크를 설치한다.

[11-04, 09-05]

23 고정식의 포소화설비의 기준에서 포헤드방식의 포헤드는 방호대상물의 표면적 몇 m² 당 1개 이상의 헤드를 설치하여야 하는가?

① 3   ② 9
③ 15   ④ 30

[10-04]

24 고정식 포소화설비에 관한 기준에서 방유제 외측에 설치하는 보조포소화전의 상호간의 거리는?

① 보행거리 40m 이하
② 수평거리 40m 이하
③ 보행거리 75m 이하
④ 수평거리 75m 이하

[08-05]

25 포소화약제의 혼합장치에서 펌프의 토출관에 압입기를 설치하여 포소화약제 압입용 펌프로 포소화약제를 압입시켜 혼합하는 방식은?

① 라인 프로포셔너 방식
② 프레셔 프로포셔너 방식
③ 프레셔 사이드 프로포셔너 방식
④ 펌프 프로포셔너 방식

chapter 04

[10-05]

26 그림은 포소화설비의 소화약제 혼합장치이다. 이 혼합 방식의 명칭은?

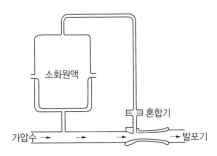

① 라인 프로포셔너
② 펌프 프로포셔너
③ 프레셔 프로포셔너
④ 프레셔 사이드 프로포셔너

[10-01]

27 공기포소화약제의 혼합방식 중 펌프의 토출관과 흡입관 사이의 배관 도중에 설치된 흡입기에 펌프에서 토출된 물의 일부를 보내고 농도조절밸브에서 조정된 포 소화약제의 필요량을 포 소화약제 탱크에서 펌프 흡입측으로 보내어 이를 혼합하는 방식은?

① 프레셔 프로포셔너 방식
② 펌프 프로포셔너 방식
③ 프레셔 사이드 프로포셔너 방식
④ 라인 프로포셔너 방식

[13-05]

28 위험물저장탱크 중 부상지붕구조로 탱크의 직경이 53m 이상 60m 미만인 경우 고정식 포소화설비의 포방출구의 종류 및 수량으로 옳은 것은?

① Ⅰ형 8개 이상
② Ⅱ형 8개 이상
③ Ⅲ형 10개 이상
④ 특형 10개 이상

[10-04]

29 불활성가스소화설비의 소화약제 저장용기 설치 장소로 적합하지 않은 곳은?

① 방호구역 외의 장소
② 온도가 40℃ 이하이고 온도변화가 적은 장소
③ 빗물이 침투할 우려가 적은 장소
④ 직사일광이 잘 들어오는 장소

직사일광 및 빗물이 침투할 우려가 적은 장소

[08-01, 07-05]

30 위험물안전관리에 관한 세부기준에서 이산화탄소소화설비 저장용기의 설치 장소로 옳지 않은 것은?

① 방호구역 내의 장소에 설치해야 한다.
② 온도가 40℃ 이하이고 온도변화가 적은 곳에 설치해야 한다.
③ 직사일광을 피하여 설치해야 한다.
④ 빗물이 침투할 우려가 적은 곳에 설치해야 한다.

방호구역 외의 장소에 설치해야 한다.

[11-05, 09-05]

31 이산화탄소소화설비의 기준에서 저장용기 설치 기준에 관한 내용으로 틀린 것은?

① 방호구역 외의 장소에 설치할 것
② 온도가 50℃ 이하이고 온도 변화가 적은 장소에 설치할 것
③ 직사일광 및 빗물이 침투할 우려가 적은 장소에 설치할 것
④ 저장용기에는 안전장치를 설치할 것

온도가 40℃ 이하이고 온도 변화가 적은 장소에 설치할 것

[11-01]

32 위험물안전관리에 관한 세부기준에 따르면 이산화탄소소화설비 저장용기는 온도가 몇 ℃ 이하인 장소에 설치하여야 하는가?

① 35
② 40
③ 45
④ 50

[08-01]

33 분말소화설비의 기준에서 가압용 가스용기에 사용되는 가스로 옳은 것은?

① N_2, O_2
② CO_2, O_2
③ N_2, CO_2
④ He, O_2

[07-05]

34 분말소화설비의 기준에서 분말소화약제의 가압용 가스로 사용할 수 있는 것은?

① 헬륨
② 네온
③ 아르곤
④ 질소

정답 ▶ 26 ③ 27 ② 28 ④ 29 ④ 30 ① 31 ② 32 ② 33 ③ 34 ④

[11-05]

35 위험물안전관리법령에서 정한 이산화탄소 소화약제의 저장용기 설치기준으로 옳은 것은?

① 저압식 저장용기의 충전비 : 1.0 이상 1.3 이하
② 고압식 저장용기의 충전비 : 1.3 이상 1.7 이하
③ 저압식 저장용기의 충전비 : 1.1 이상 1.4 이하
④ 고압식 저장용기의 충전비 : 1.7 이상 2.1 이하

• 고압식 : 1.5 이상 1.9 이하
• 저압식 : 1.1 이상 1.4이하

[09-04]

36 이산화탄소소화설비의 기준에서 전역방출방식의 분사헤드의 방사압력은 저압식의 것에 있어서는 1.05 MPa 이상이어야 한다고 규정하고 있다. 이때 저압식의 것은 소화약제가 몇 ℃ 이하의 온도로 용기에 저장되어 있는 것을 말하는가?

① -18℃   ② 0℃
③ 10℃   ④ 25℃

[06-04]

37 이산화탄소소화설비기준에서 전역방출방식의 경우 몇 초 이내에 소화약제의 양을 균일하게 방사하여야 하는가?

① 30초 이내   ② 60초 이내
③ 100초 이내   ④ 120초 이내

[07-02]

38 분말소화설비의 기준에서 규정한 전역방출방식 또는 국소방출방식 분말소화설비의 가압용 또는 축압용가스에 해당하는 것은?

① 네온가스   ② 아르곤가스
③ 수소가스   ④ 이산화탄소가스

가압용 또는 축압용 가스는 질소 또는 이산화탄소를 사용한다.

[13-04, 11-01]

39 위험물안전관리법령상 소화난이도 등급 I에 해당하는 제조소의 연면적 기준은?

① 1,000m² 이상   ② 800m² 이상
③ 700m² 이상   ④ 500m² 이상

• 소화난이도등급 I : 1,000m² 이상
• 소화난이도등급 II : 600m² 이상

[09-05]

40 분말소화설비의 약제방출 후 클리닝 장치로 배관 내를 청소하지 않을 때 발생하는 주된 문제점은?

① 배관 내에서 약제가 굳어져 차후에 사용 시 약제 방출에 장애를 초래한다.
② 배관 내 남아있는 약제를 재사용할 수 없다.
③ 가압용 가스가 외부로 누출된다.
④ 선택밸브의 작동이 불능이 된다.

배관에는 잔류소화약제를 처리하기 위한 클리닝장치를 설치해야 한다.

[13-01]

41 연면적이 1,000제곱미터이고 지정수량의 80배의 위험물을 취급하며 지반면으로부터 5미터 높이에 위험물 취급설비가 있는 제조소의 소화난이도등급은?

① 소화난이도등급 I
② 소화난이도등급 II
③ 소화난이도등급 III
④ 제시된 조건으로 판단할 수 없음

• 제조소등의 규모, 저장 또는 취급하는 위험물의 수량 및 최대수량 등의 어느 하나에 해당하는 제조소등은 소화난이도등급 I 에 해당한다.
• 연면적이 1,000제곱미터 이상이면 소화난이도등급 I에 해당한다.

[12-05]

42 벤젠을 저장하는 옥외탱크저장소가 액표면적이 45m²인 경우 소화난이도등급은?

① 소화난이도등급 I
② 소화난이도등급 II
③ 소화난이도등급 III
④ 제시된 조건으로 판단할 수 없음

옥외탱크저장소가 액표면적이 40m² 이상인 것은 소화난이도등급 I 에 해당한다.

[14-02, 09-05]

43 옥내주유취급소는 소화난이도 등급 얼마에 해당하는가?

① 소화난이도등급 I
② 소화난이도등급 II
③ 소화난이도등급 III
④ 소화난이도등급 IV

정답▶ 35 ③ 36 ① 37 ② 38 ④ 39 ① 40 ① 41 ① 42 ① 43 ②

[08-02]
44 이송취급소의 소화난이도 등급에 관한 설명 중 옳은 것은?

① 모든 이송취급소는 소화난이도 등급 I에 해당한다.
② 지정수량 100배 이상을 취급하는 이송취급소만 소화난이도 등급 I에 해당한다.
③ 지정수량 200배 이상을 취급하는 이송취급소만 소화난이도 등급 I에 해당한다.
④ 지정수량 10배 이상의 제4류 위험물을 취급하는 이송취급소만 소화난이도 등급 I에 해당한다.

[13-02]
45 소화난이도등급 I인 옥외탱크저장소에 있어서 제4류 위험물 중 인화점이 섭씨 70도 이상인 것을 저장, 취급하는 경우 어느 소화설비를 설치해야 하는가?(단, 지중탱크 또는 해상탱크 외의 것이다)

① 스프링클러소화설비
② 물분무소화설비
③ 이산화탄소소화설비
④ 분말소화설비

[11-02]
46 소화난이도등급 I의 옥내탱크저장소(인화점 70℃ 이상의 제4류 위험물만을 저장·취급하는 것)에 설치하여야 하는 소화설비가 아닌 것은?

① 고정식 포소화설비
② 이동식 외의 할로겐화합물소화설비
③ 스프링클러설비
④ 물분무소화설비

[13-02]
47 소화난이도등급 I의 옥내탱크저장소에 설치하는 소화설비가 아닌 것은?(단, 인화점이 70℃ 이상인 제4류 위험물만을 저장, 취급하는 장소이다)

① 물분무소화설비, 고정식포소화설비
② 이동식 외의 이산화탄소소화설비, 고정식포소화설비
③ 이동식의 분말소화설비, 스프링클러설비
④ 이동식 외의 할로겐화합물소화설비, 물분무소화설비

[08-05]
48 소화난이도등급 I의 옥내탱크저장소에 유황만을 저장할 경우 설치하여야 하는 소화설비는?

① 물분무소화설비
② 스프링클러설비
③ 포소화설비
④ 이산화탄소소화설비

[11-04]
49 소화난이도등급 II의 옥내탱크저장소에는 대형수동식소화기 및 소형수동식소화기를 각각 몇 개 이상 설치하여야 하는가?

① 4
② 3
③ 2
④ 1

[10-05]
50 소화설비의 설치기준으로 옳은 것은?

① 제4류 위험물을 저장 또는 취급하는 소화난이도등급 I 인 옥외탱크저장소에는 대형수동식소화기 및 소형수동식소화기 등을 각각 1개 이상 설치할 것
② 소화난이도등급 II 인 옥내탱크저장소는 소형수동식소화기 등을 2개 이상 설치할 것
③ 소화난이도등급 III인 지하탱크저장소는 능력단위의 수치가 2 이상인 소형수동식소화기 등을 2개 이상 설치할 것
④ 제조소등에 전기설비(전기배선, 조명기구 등은 제외한다)가 설치된 경우에는 당해 장소의 면적 100m² 마다 소형수동식소화기를 1개 이상 설치할 것

[14-02]
51 국소방출방식의 이산화탄소 소화설비의 분사헤드에서 방출되는 소화약제의 방사 기준은?

① 10초 이내에 균일하게 방사할 수 있을 것
② 15초 이내에 균일하게 방사할 수 있을 것
③ 30초 이내에 균일하게 방사할 수 있을 것
④ 60초 이내에 균일하게 방사할 수 있을 것

> **소화약제 방사시간**
> • 전역방출방식 : 60초 이내
> • 국소방출방식 : 30초 이내

52 [13-02]
위험물제조소등의 소화설비의 기준에 관한 설명으로 옳은 것은?

① 제조소등 중에서 소화난이도등급 Ⅰ, Ⅱ 또는 Ⅲ의 어느 것에도 해당하지 않는 것도 있다.
② 옥외탱크저장소의 소화난이도등급을 판단하는 기준 중 탱크의 높이는 기초를 제외한 탱크 측판의 높이를 말한다.
③ 제조소의 소화난이도등급을 판단하는 기준 중 면적에 관한 기준은 건축물 외에 설치된 것에 대해서는 수평투영면적을 기준으로 한다.
④ 제4류 위험물을 저장·취급하는 제조소등에도 스프링클러소화설비가 적응성이 인정되는 경우가 있으며 이는 수원의 수량을 기준으로 판단한다.

> ② 옥외탱크저장소의 소화난이도등급을 판단하는 기준 중 탱크의 높이는 지반면으로부터 탱크 옆판의 상단까지의 높이를 말한다.
> ③ 제조소등의 옥외에 설치된 공작물은 외벽이 내화구조인 것으로 간주하고 공작물의 최대수평투영면적을 연면적으로 간주한다.
> ④ 제4류 위험물을 저장 또는 취급하는 장소의 살수기준면적에 따라 스프링클러설비의 살수밀도가 기준 이상인 경우 적응성이 인정된다.

53 [14-05, 13-04]
제3류 위험물 중 금수성물질에 적응할 수 있는 소화설비는?

① 포소화설비
② 이산화탄소소화설비
③ 탄산수소염류 분말소화설비
④ 할로겐화합물소화설비

54 [12-04, 09-02]
제3류 위험물 중 금수성물질을 제외한 위험물에 적응성이 있는 소화설비가 아닌 것은?

① 분말소화설비
② 스프링클러설비
③ 팽창질석
④ 포소화설비

55 [08-05]
제5류 위험물에 적응성 있는 소화설비는?

① 분말소화설비　　② 불활성가스소화설비
③ 할로겐화합물소화설비　④ 스프링클러설비

56 [09-05, 08-01, 07-01]
제3류 위험물에서 금수성물질의 화재 시 적응성 있는 소화설비를 옳게 나타낸 것은?

① 탄산수소염류 등 분말소화설비
② 불활성가스소화설비
③ 인산염류 등 분말소화설비
④ 할로겐화합물 소화설비

57 [11-02]
제5류 위험물의 화재에 적응성이 없는 소화설비는?

① 옥외소화전설비
② 스프링클러설비
③ 물분무소화설비
④ 할로겐화합물소화설비

58 [10-02]
위험물안전관리법령상 제4류 위험물과 제6류 위험물에 모두 적응성이 있는 소화설비는?

① 불활성가스소화설비
② 할로겐화합물 소화설비
③ 탄산수소염류 분말소화설비
④ 인산염류 분말소화설비

59 [11-01]
제6류 위험물을 저장 또는 취급하는 장소로서 폭발의 위험이 없는 장소에 한하여 적응성이 있는 소화설비는?

① 건조사　　　　② 포소화기
③ 이산화탄소소화기　④ 할로겐화합물소화기

60 [10-01]
마그네슘을 저장 및 취급하는 장소에 설치해야 할 소화기는?

① 포소화기
② 이산화탄소소화기
③ 할로겐화합물소화기
④ 탄산수소염류분말소화기

정답▶ 52 ① 53 ③ 54 ① 55 ④ 56 ① 57 ④ 58 ④ 59 ③ 60 ④

[08-05]
61 유류나 전기설비 화재에 적합하지 않은 소화기는?

① 이산화탄소소화기　　② 분말소화기

③ 봉상수소화기　　④ 할로겐화합물소화기

[09-05]
62 이산화탄소소화기가 제6류 위험물의 화재에 대하여 적응성이 인정되는 장소의 기준은?

① 습도의 정도
② 밀폐성 유무
③ 폭발위험성의 유무
④ 건축물의 층수

이산화탄소소화기는 폭발의 위험이 없는 장소에 한하여 제6류 위험물에 대하여 적응성이 있다.

[13-04]
63 위험물안전관리법령에 따른 소화설비의 적응성에 관한 다음 내용 중 (　) 안에 적합한 내용은?

"제6류 위험물을 저장 또는 취급하는 장소로서 폭발의 위험이 없는 장소에 한하여 (　　　)가(이) 제6류 위험물에 대하여 적응성이 있다."

① 할로겐화합물 소화기
② 분말소화기 - 탄산수소염류 소화기
③ 분말소화기 - 그 밖의 것
④ 이산화탄소소화기

[12-05]
64 위험물안전관리법령상 탄산수소염류의 분말소화기가 적응성을 갖는 위험물이 아닌 것은?

① 과염소산　　② 철분
③ 톨루엔　　④ 아세톤

[12-04]
65 위험물안전관리법상 할로겐화합물소화기가 적응성이 있는 위험물은?

① 나트륨　　② 질산메틸
③ 이황화탄소　　④ 과산화나트륨

[12-02]
66 철분·마그네슘·금속분에 적응성이 있는 소화설비는?

① 스프링클러설비
② 할로겐화합물소화설비
③ 대형수동식포소화기
④ 건조사

[09-04]
67 위험물안전관리법령상 제3류 위험물 중 금수성 물질에 적응성이 있는 것은?

① 스프링클러설비
② 포소화설비
③ 탄산수소염류 분말소화설비
④ 할로겐화합물소화기

[10-05]
68 철분, 금속분, 마그네슘에 적응성이 있는 소화설비는?

① 불활성가스소화설비
② 할로겐화합물소화설비
③ 포소화설비
④ 탄산수소염류소화설비

[11-01, 09-04]
69 할로겐화합물소화설비가 적응성이 있는 대상물은?

① 제1류 위험물　　② 제3류 위험물
③ 제4류 위험물　　④ 제5류 위험물

[12-01, 08-04]
70 위험물안전관리법상 전기설비에 적응성이 없는 소화설비는?

① 포소화설비　　② 불활성가스소화설비
③ 할로겐화합물소화설비　　④ 물분무소화설비

[11-02]
71 위험물제조소등의 전기설비에 적응성이 있는 소화설비는?

① 봉상수소화기　　② 포소화설비
③ 옥외소화전설비　　④ 물분무소화설비

정답 ▶ 61 ③　62 ③　63 ④　64 ①　65 ③　66 ④　67 ③　68 ④　69 ③　70 ①　71 ④

72 소화설비의 기준에서 불활성가스소화설비가 적응성이 있는 대상물은 다음 중 무엇인가?
[12-01, 07-05]

① 알칼리금속 과산화물
② 철분
③ 인화성고체
④ 금수성 물품

73 알칼리금속 과산화물에 적응성이 있는 소화설비는?
[12-02]

① 할로겐화합물소화설비
② 탄산수소염류분말소화설비
③ 물분무소화설비
④ 스프링클러설비

74 유기과산화물의 화재 시 적응성이 있는 소화설비는?
[11-04]

① 물분무소화설비
② 불활성가스소화설비
③ 할로겐화합물소화설비
④ 분말소화설비

유기과산화물은 제5류 위험물에 해당한다. 제5류 위험물에 적응성이 있는 소화설비는 물분무소화설비이다.

75 옥내소화전설비를 설치하였을 때 그 대상으로 옳지 않은 것은?
[10-02]

① 제2류 위험물 중 인화성고체
② 제3류 위험물 중 금수성 물품
③ 제5류 위험물
④ 제6류 위험물

76 제조소등의 소화설비 설치 시 소요단위 산정에 관한 내용으로 다음 ( ) 안에 알맞은 수치를 차례대로 나열한 것은?
[14-02, 11-05]

제조소 또는 취급소의 건축물은 외벽이 내화구조인 것은 연면적 ( )m²를 1소요단위로 하며, 외벽이 내화구조가 아닌 것은 연면적 ( )m²를 1소요단위로 한다.

① 200, 100
② 150, 100
③ 150, 50
④ 100, 50

77 위험물 취급소의 건축물은 외벽이 내화구조인 경우 연면적 몇 m²를 1 소요단위로 하는가?
[13-04]

① 50
② 100
③ 150
④ 200

78 건축물 외벽이 내화구조이며 연면적 300m²인 위험물 옥내저장소의 건축물에 대하여 소화설비의 소화능력단위는 최소한 몇 단위 이상이 되어야 하는가?
[14-04, 12-01]

① 1단위
② 2단위
③ 3단위
④ 4단위

저장소의 건축물
• 외벽이 내화구조인 것 : 연면적 150m²를 1소요단위
• 외벽이 내화구조가 아닌 것 : 연면적 75m²를 1소요단위

79 위험물시설에 설치하는 소화설비와 관련한 소요단위의 산출방법에 관한 설명 중 옳은 것은?
[10-01]

① 제조소등의 옥외에 설치된 공작물은 외벽이 내화구조인 것으로 간주한다.
② 위험물은 지정수량의 20배를 1소요단위로 한다.
③ 취급소의 건축물은 외벽이 내화구조인 것은 연면적 75m²를 1소요단위로 한다.
④ 제조소의 건축물은 외벽이 내화구조인 것은 연면적 150m²를 1소요단위로 한다.

80 소화설비의 소요단위 산정방법에 대한 설명 중 옳은 것은?
[09-04]

① 위험물은 지정수량의 100배를 1소요단위로 함
② 저장소용 건축물로 외벽이 내화구조인 것은 연면적 100m²를 1소요단위로 함
③ 제조소용 건축물로 외벽이 내화구조가 아닌 것은 연면적 50m²를 1소요단위로 함
④ 저장소용 건축물로 외벽이 내화구조가 아닌 것은 연면적 25m²를 1소요단위로 함

정답 **72** ③ **73** ② **74** ① **75** ② **76** ④ **77** ② **78** ② **79** ① **80** ③

[11-05]

81 위험물은 지정수량의 몇 배를 1소요단위로 하는가?

① 1 　　　　　　② 10

③ 50 　　　　　　④ 100

[08-05]

82 저장소의 건축물 중 외벽이 내화구조인 것은 연면적 몇 m²를 1 소요단위로 하는가?

① 50 　　　　　　② 75

③ 100 　　　　　　④ 150

[12-05]

83 위험물안전관리법령에 따른 건축물 그 밖의 공작물 또는 위험물의 소요단위의 계산방법의 기준으로 옳은 것은?

① 위험물은 지정수량의 100배를 1소요단위로 할 것
② 저장소의 건축물은 외벽에 내화구조인 것은 연면적 100m²를 1소요단위로 할 것
③ 저장소의 건축물은 외벽이 내화구조가 아닌 것은 연면적 50m²를 1소요단위로 할 것
④ 제조소 또는 취급소용으로서 옥외에 있는 공작물인 경우 최대수평투영면적 100m²를 1소요단위로 할 것

> 제조소 또는 취급소용으로서 옥외에 있는 공작물인 경우 외벽이 내화구조인 것으로 간주하고 최대수평투영면적을 연면적으로 간주하기 때문에 100m²를 1소요단위로 한다.

[09-02]

84 다음 소화설비의 설치기준으로 틀린 것은?

① 능력단위는 소요단위에 대응하는 소화설비의 소화능력의 기준단위이다.
② 소요단위는 소화설비의 설치대상이 되는 건축물 그 밖의 공작물의 규모 또는 위험물의 양의 기준단위이다.
③ 취급소의 외벽이 내화구조인 건축물의 연면적 50m²를 1 소요단위로 한다.
④ 저장소의 외벽이 내화구조인 건축물의 연면적 150m²를 1 소요단위로 한다.

[12-01]

85 소화설비의 설치기준에서 유기과산화물 1,000kg은 몇 소요단위에 해당하는가?

① 10 　　　　　　② 20

③ 30 　　　　　　④ 40

> $소요단위 = \dfrac{저장수량}{지정수량 \times 10} = \dfrac{1,000kg}{10 \times 10} = 10단위$

[08-01]

86 소화설비의 설치기준에서 유기과산화물 2,000kg은 몇 소요단위에 해당하는가?

① 10 　　　　　　② 20

③ 30 　　　　　　④ 40

> 위험물은 지정수량의 10배를 1소요단위로 한다.
> 유기과산화물의 지정수량 : 10kg
> $소요단위 = \dfrac{저장수량}{지정수량 \times 10} = \dfrac{2,000kg}{10 \times 10} = 20단위$

[07-01]

87 제3석유류 40,000L를 저장하고 있는 곳에 소화설비를 설치할 때, 소요단위는 몇 단위인가?(단, 비수용성이다)

① 1단위 　　　　　　② 2단위

③ 3단위 　　　　　　④ 4단위

> 제3석유류의 지정수량 : 2,000L
> $소요단위 = \dfrac{저장수량}{지정수량 \times 10} = \dfrac{40,000L}{2,000L \times 10} = 2단위$

[14-05, 12-02]

88 아염소산염류 500kg과 질산염류 3,000kg을 함께 저장하는 경우 위험물의 소요단위는 얼마인가?

① 2 　　　　　　② 4

③ 6 　　　　　　④ 8

> 아염소산염류의 지정수량 : 50kg
> 질산염류의 지정수량 : 300kg
> $소요단위 = \dfrac{500kg}{50kg \times 10} + \dfrac{3,000kg}{300kg \times 10} = 2단위$

[11-04, 09-02]
89 알코올류 20,000L에 대한 소화설비 설치 시 소요단위는?

① 5 ② 10
③ 15 ④ 20

> 알코올의 지정수량 : 400L
> 소요단위 $= \dfrac{20,000L}{400kg \times 10} = 5$단위

[10-05]
90 마른 모래(삽 1개 포함) 50리터의 소화능력단위는?

① 0.1 ② 0.5
③ 1 ④ 1.5

[14-04, 12-01]
91 질산의 비중이 1.5일 때, 1 소요단위는 몇 L인가?

① 150 ② 200
③ 1,500 ④ 2,000

> 위험물의 1 소요단위는 지정수량의 10배이다.
> 질산의 지정수량은 300kg이므로 300kg의 10배인 3,000kg이 질산의 1 소요단위이다.
> 이것을 리터로 환산하기 위해 비중 1.5를 나누어 준다.
> 3,000÷1.5 = 2,000L이다.

[07-02]
92 동·식물유류 400,000L에 대한 소화설비 설치 시 소요단위는 몇 단위인가?

① 2단위 ② 3단위
③ 4단위 ④ 5단위

> 동·식물유류의 지정수량 : 10,000L
> 소요단위 $= \dfrac{400,000L}{10,000L \times 10} = 4$단위

[12-04, 09-02, 08-05]
93 소화전용물통 8리터의 능력단위는 얼마인가?

① 0.1 ② 0.3
③ 0.5 ④ 1.0

[09-04]
94 소화전용물통 3개를 포함한 수조 80L의 능력단위는?

① 0.3 ② 0.5
③ 1.0 ④ 1.5

[11-01]
95 소화설비의 기준에서 용량 160L 팽창질석의 능력단위는?

① 0.5 ② 1.0
③ 1.5 ④ 2.5

[08-02]
96 팽창진주암(삽 1개 포함)의 능력단위 1은 용량이 몇 L인가?

① 70 ② 1000
③ 130 ④ 160

[12-01]
97 팽창질석(삽 1개 포함) 160리터의 소화능력단위는?

① 0.5 ② 1.0
③ 1.5 ④ 2.0

[07-01]
98 마른 모래를 삽과 함께 준비하는 경우 능력단위 3단위에 해당하는 양은?

① 150L ② 240L
③ 300L ④ 480L

> 용량 50L의 능력단위는 0.5이므로 능력단위가 3이면 300L가 된다.

[16-1, 12-02, 09-01]
99 메틸알코올 8,000리터에 대한 소화능력으로 삽을 포함한 마른 모래를 몇 리터 설치하여야 하는가?

① 100 ② 200
③ 300 ④ 400

> 메틸알코올의 소요단위 : $\dfrac{8,000L}{400 \times 10} = 2$단위
> 삽을 포함한 마른 모래의 능력단위 : 0.5, 용량 : 50L
> $\therefore \dfrac{2}{0.5} \times 50 = 200L$

chapter 04

출제
포인트

경보설비의 종류에 대한 출제비중이 높다. 재조소등별로 설치해야 하는 경보설비의 종류에 대해서는 다양하게 출제될 수 있으니 반드시 숙지하도록 한다. 피난설비는 상대적으로 비중도 상대적으로 낮기도 하지만 기존의 기출문제의 틀에서 벗어나지 않을 것으로 보인다.

01 경보설비

1 경보설비의 설치기준
지정수량의 10배 이상의 위험물을 저장 또는 취급하는 제조소등(이동탱크저장소 제외)

2 경보설비의 구분
① 자동화재탐지설비 ② 비상경보설비(비상벨장치 또는 경종 포함) ③ 확성장치(휴대용확성기 포함) ④ 비상방송설비

3 제조소등별로 설치해야 하는 경보설비의 종류

제조소등의 구분	제조소등의 규모, 저장 또는 취급하는 위험물의 종류 및 최대수량 등	경보설비
제조소 및 일반취급소	• 연면적 500m² 이상 • 옥내에서 지정수량의 100배 이상을 취급하는 곳 • 일반취급소로 사용되는 부분 외의 부분이 있는 건축물에 설치된 일반취급소	• 자동화재탐지설비
옥내저장소	• 지정수량의 100배 이상을 저장 또는 취급 • 저장창고의 연면적이 150m² 초과 • 처마높이가 6m 이상인 단층건물 • 옥내저장소로 사용되는 부분 외의 부분이 있는 건축물에 설치된 옥내저장소	
옥내탱크저장소	단층건물 외의 건축물에 설치된 옥내탱크저장소로서 소화난이도등급 I 에 해당	
주유취급소	옥내주유취급소	
기타 제조소등	지정수량의 10배 이상을 저장 또는 취급하는 곳	• 자동화재탐지설비 • 비상경보설비 • 확성장치 • 비상방송설비 중 1종 이상

※ 이송기지 : 비상벨장치 및 확성장치
※ 가연성증기를 발생하는 위험물을 취급하는 펌프실등 : 가연성증기 경보설비

4 자동화재탐지설비의 설치기준
(1) 경계구역
① 건축물 그 밖의 공작물의 2 이상의 층에 걸치지 않도록 할 것

▶ 예외 : 면적이 500m² 이하이면서 경계구역이 두 개의 층에 걸치는 경우이거나 계단 · 경사로 · 승강기의 승강로 그 밖에 이와 유사한 장소에 연기감지기를 설치하는 경우

② 면적
- 원칙적으로 600m^2 이하
- 주요한 출입구에서 그 내부의 전체를 볼 수 있는 경우 : 1,000m^{2}까지 가능

③ 한 변의 길이
- 원칙적으로 50m
- 광전식분리형 감지기를 설치할 경우 : 100m

(2) 감지기

지붕 또는 벽의 옥내에 면한 부분에 유효하게 화재의 발생을 감지할 수 있도록 설치

(3) 비상전원을 설치할 것

(4) 자동신호장치를 갖춘 스프링클러설비 또는 물분무등소화설비를 설치한 제조소등은 자동화재탐지설비를 설치한 것으로 본다.

> ▶ 자동화재탐지설비의 구성
> ㉠ 감지기 : 화재 시 발생하는 열, 연기, 불꽃 또는 연소생성물을 자동적으로 감지하여 수신기에 발신하는 장치
> ㉡ 발신기 : 화재발생 신호를 수신기에 수동으로 발신하는 장치
> ㉢ 수신기 : 감지기나 발신기에서 발하는 화재신호를 직접 수신하거나 중계기를 통하여 수신하여 화재의 발생을 표시 및 경보하여 주는 장치
> ㉣ 중계기 : 감지기·발신기 또는 전기적 접점 등의 작동에 따른 신호를 받아 이를 수신기의 제어반에 전송하는 장치

▶ 자동화재탐지설비 일반점검표

점검항목	점검내용	점검방법	점검항목	점검내용	점검방법
감지기	변형·손상의 유무	육안	주음향장치 지구음향장치	변형·손상의 유무	육안
	감지장해의 유무	육안		기능의 적부	작동확인
	기능의 적부	작동확인	발신기	변형·손상의 유무	육안
중계기	변형·손상의 유무	육안		기능의 적부	작동확인
	표시의 적부	육안	비상전원	변형·손상의 유무	육안
	기능의 적부	작동확인		전환의 적부	작동확인
수신기 (통합조작반)	변형·손상의 유무	육안	배선	변형·손상의 유무	육안
	표시의 적부	육안		접속단자의 풀림·탈락의 유무	육안
	경계구역일람도의 적부	육안			
	기능의 적부	작동확인			

02 피난설비

■ 설치 대상

① 건축물의 2층 이상의 부분을 점포·휴게음식점 또는 전시장의 용도로 사용하는 주유취급소
② 옥내주유취급소

② 설치 기준

① 주유취급소의 부지 밖으로 통하는 출입구와 출입구로 통하는 통로·계단 및 출입구에 유도등 설치
② 옥내주유취급소 사무소 등의 출입구 및 피난구와 피난구로 통하는 통로·계단 및 출입구에 유도등 설치
③ 유도등에 비상전원 설치

1 [12-02]
위험물안전관리법령에서 정한 경보설비가 아닌 것은?

① 자동화재탐지설비　　② 비상조명설비
③ 비상경보설비　　　　④ 비상방송설비

2 [09-02]
위험물제조소등별로 설치하여야 하는 경보설비의 종류에 해당하지 않는 것은?

① 비상방송설비　　　　② 비상조명등설비
③ 자동화재탐지설비　　④ 비상경보설비

3 [10-04]
다음 중 위험물제조소등에 설치하는 경보설비에 해당하는 것은?

① 피난사다리　　　　　② 확성장치
③ 완강기　　　　　　　④ 구조대

4 [16-02, 10-01]
이송취급소에 설치하는 경보설비의 기준에 따라 이송기지에 설치하여야 하는 경보설비로만 이루어진 것은?

① 확성장치, 비상벨장치
② 비상방송설비, 비상경보설비
③ 확성장치, 비상방송설비
④ 비상방송설비, 자동화재탐지설비

5 [13-02]
지정수량의 몇 배 이상의 위험물을 취급하는 제조소에는 화재발생 시 이를 알릴 수 있는 경보설비를 설치하여야 하는가?

① 5　　　　　　　　　② 10
③ 20　　　　　　　　　④ 100

6 [07-05]
제조소등에 있어서 경보설비는 지정수량의 몇 배 이상의 위험물을 저장 또는 취급할 때 설치하여야 하는가?(단, 이동탱크저장소는 제외한다)

① 10　　　　　　　　　② 20
③ 30　　　　　　　　　④ 40

7 [12-01]
위험물제조소등에 경보설비를 설치해야 하는 경우가 아닌 것은?(단, 지정수량의 10배 이상을 저장 또는 취급하는 경우이다)

① 이동탱크저장소
② 단층건물로 처마 높이가 6m인 옥내저장소
③ 단층건물 외의 건축물에 설치된 옥내탱크저장소로서 소화난이도등급 Ⅰ에 해당하는 것
④ 옥내주유취급소

> 이동탱크저장소를 제외한 모든 제조소등에는 경보설비를 설치해야 한다.

8 [11-05]
옥내저장소에서 지정수량의 몇 배 이상을 저장 또는 취급할 때 자동화재탐지설비를 설치하여야 하는가?(단, 원칙적인 경우에 한함)

① 지정수량의 10배 이상을 저장 또는 취급할 때
② 지정수량의 50배 이상을 저장 또는 취급할 때
③ 지정수량의 100배 이상을 저장 또는 취급할 때
④ 지정수량의 150배 이상을 저장 또는 취급할 때

9 [13-01, 10-05, 07-02]
옥내에서 지정수량 100배 이상을 취급하는 일반취급소에 설치하여야 하는 경보설비는?(단, 고인화점 위험물만을 취급하는 경우는 제외한다)

① 비상경보설비
② 자동화재탐지설비
③ 비상방송설비
④ 비상벨설비 및 확성장치

10 [11-04]
지정수량의 100배 이상을 저장 또는 취급하는 옥내저장소에 설치하여야 하는 경보설비는?(단, 고인화점 위험물만을 저장 또는 취급하는 것은 제외한다)

① 비상경보설비
② 자동화재탐지설비
③ 비상방송설비
④ 확성장치

정답 1 ② 2 ② 3 ② 4 ① 5 ② 6 ① 7 ① 8 ③ 9 ② 10 ②

11 위험물제조소의 연면적이 몇 m² 이상이 되면 경보설비 중 자동화재탐지설비를 설치하여야 하는가?

① 400   ② 500

③ 600   ④ 800

[12-05, 08-05]

12 지정수량 10배의 위험물을 저장 또는 취급하는 제조소에 있어서 연면적이 최소 몇 m²이면 자동화재탐지설비를 설치해야 하는가?

① 100   ② 300

③ 500   ④ 1,000

[14-05, 12-04]

13 위험물안전관리법령상 자동화재탐지설비를 설치하지 않고 비상경보설비로 대신할 수 있는 것은?

① 일반취급소로서 연면적 600m²인 것
② 지정수량 20배를 저장하는 옥내저장소로서 처마높이가 8m인 단층건물
③ 단층건물 외에 건축물에 설치된 지정수량 15배의 옥내탱크저장소로서 소화난이도등급 Ⅱ에 속하는 것
④ 지정수량 20배를 저장 취급하는 옥내주유취급소

[12-04]

14 위험물안전관리법령에서 정한 자동화재탐지설비에 대한 기준으로 틀린 것은?(단, 원칙적인 경우에 한한다)

① 경계구역은 건축물 그 밖의 공작물의 2 이상의 층에 걸치지 아니하도록 할 것
② 하나의 경계구역의 면적은 600m² 이하로 할 것
③ 하나의 경계구역의 한 변 길이는 30m 이하로 할 것
④ 자동화재탐지설비에는 비상전원을 설치할 것

> 하나의 경계구역의 한 변의 길이는 50m 이하로 할 것

[11-05, 10-02]

15 위험물제조소등에 설치하여야 하는 자동화재탐지설비의 설치기준에 대한 설명 중 틀린 것은?

① 자동화재탐지설비의 경계구역은 건축물 그 밖의 공작물의 2 이상의 층에 걸치도록 할 것

② 하나의 경계구역에서 그 한 변의 길이는 50m (광전식 분리형 감지기를 설치할 경우에는 100m) 이하로 할 것
③ 자동화재탐지설비의 감지기는 지붕 또는 벽의 옥내에 면한 부분에 유효하게 화재의 발생을 감지할 수 있도록 설치할 것
④ 자동화재탐지설비에는 비상전원을 설치할 것

> 자동화재탐지설비의 경계구역은 건축물 그 밖의 공작물의 2 이상의 층에 걸치지 아니하도록 할 것

[09-04]

16 자동화재탐지설비의 설치기준으로 옳지 않은 것은?

① 경계구역은 건축물의 최소 2개 이상의 층에 걸치도록 할 것
② 하나의 경계구역의 면적은 600m² 이하로 할 것
③ 감지기는 지붕 또는 벽의 옥내에 면한 부분에 유효하게 화재의 발생을 감지할 수 있도록 설치할 것
④ 비상전원을 설치할 것

> 경계구역은 건축물 그 밖의 공작물의 2 이상의 층에 걸치지 아니하도록 할 것

[12-05]

17 제조소 및 일반취급소에 설치하는 자동화재탐지설비의 설치기준으로 틀린 것은?

① 하나의 경계구역은 600m² 이하로 하고, 한 변의 길이는 50m 이하로 한다.
② 주요한 출입구에서 내부 전체를 볼 수 있는 경우 경계 구역은 1,000m² 이하로 할 수 있다.
③ 하나의 경계구역이 300m² 이하이면 2개 층을 하나의 경계구역으로 할 수 있다.
④ 비상전원을 설치하여야 한다.

> 하나의 경계구역의 면적이 500m² 이하이면 2개 층을 하나의 경계구역으로 할 수 있다.

chapter 04

[11-01]

18 위험물제조소등에 자동화재탐지설비를 설치하는 경우, 당해 건축물 그 밖의 공작물의 주요한 출입구에서 그 내부의 전체를 볼 수 있는 경우에 하나의 경계구역의 면적은 최대 몇 m²까지 할 수 있는가?

① 300
② 600
③ 1,000
④ 1,200

[13-01, 09-05, 08-01]

19 위험물안전관리법령에 따른 자동화재탐지설비의 설치기준에서 하나의 경계구역의 면적은 얼마 이하로 하여야 하는가?(단, 해당 건축물 그 밖의 공작물의 주요한 출입구에서 그 내부의 전체를 볼 수 없는 경우이다)

① 500m²
② 600m²
③ 800m²
④ 1,000m²

[10-04]

20 다음 중 화재 시 발생하는 열, 연기, 불꽃 또는 연소생성물을 자동적으로 감지하여 수신기에 발신하는 장치는?

① 중계기
② 감지기
③ 송신기
④ 발신기

[12-05]

21 「자동화재탐지설비 일반점검표」의 점검내용이 "변형·손상의 유무, 표시의 적부, 경계구역일람도의 적부, 기능의 적부"인 점검항목은?

① 감지기
② 중계기
③ 수신기
④ 발신기

[10-01]

22 위험물안전관리법령상 피난설비에 해당하는 것은?

① 자동화재탐지설비
② 비상방송설비
③ 자동식 사이렌설비
④ 유도등

①, ②, ③은 모두 경보설비에 해당한다.

[09-01]

23 피난설비를 설치하여야 하는 위험물제조소등에 해당하는 것은?

① 건축물의 2층 부분을 자동차 정비소로 사용하는 주유취급소
② 건축물의 2층 부분을 전시장으로 사용하는 주유취급소
③ 건축물의 2층 부분을 주유사무소로 사용하는 주유취급소
④ 건축물의 2층 부분을 관계자의 주거시설로 사용하는 주유취급소

[12-02, 10-02]

24 위험물안전관리법령에 따라 다음 ( ) 안에 알맞은 용어는?

> 주유취급소 중 건축물의 2층 이상의 부분을 점포·휴게음식점 또는 전시장의 용도로 사용하는 것에 있어서는 당해 건축물의 2층 이상으로부터 직접 주유취급소의 부지 밖으로 통하는 출입구와 당해 출입구로 통하는 통로·계단 및 출입구에 ( )을(를) 설치하여야 한다.

① 피난사다리
② 경보기
③ 유도등
④ CCTV

[09-02]

25 옥내주유취급소에 있어서는 당해 사무소 등의 출입구 및 피난구와 당해 피난구로 통하는 통로·계단 및 출입구에 무엇을 설치해야 하는가?

① 화재감지기
② 스프링클러
③ 자동화재탐지설비
④ 유도등

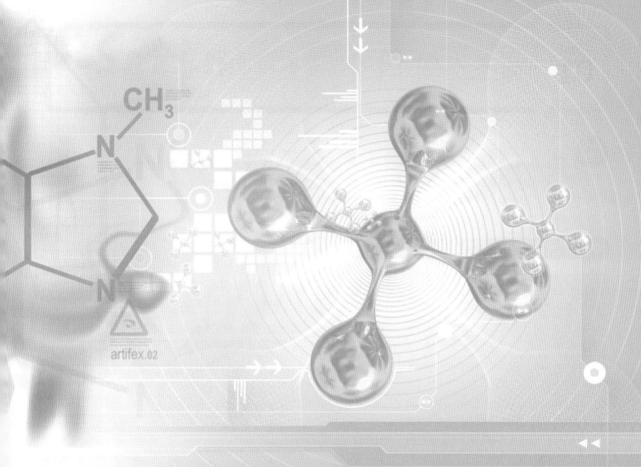

CHAPTER 05

제조소등의 위치·구조·설비기준

제조소 | 옥내저장소 | 옥외저장소 | 옥외탱크저장소 | 옥내탱크저장소 | 지하탱크저장소 | 간이탱크저장소
이동탱크저장소 | 암반탱크저장소 | 주유취급소 | 판매취급소 | 이송취급소 | 일반취급소 | 탱크의 용량 계산

제조소의 위치·구조·설비기준

01 안전거리

구분	안전거리
7,000V 초과 35,000V 이하의 특고압가공전선	3m 이상
35,000V를 초과하는 특고압가공전선	5m 이상
주거용 건물	10m 이상
고압가스, 액화석유가스, 도시가스 저장 · 취급 시설	20m 이상
학교 · 병원 · 극장(300명 이상 수용), 아동복지시설, 노인복지시설, 장애인복지시설, 한부모가족복지시설, 어린이집, 성매매피해자등을 위한 지원시설, 정신보건시설, 보호시설, 그 밖의 20명 이상의 인원을 수용할 수 있는 시설	30m 이상
유형문화재와 기념물 중 지정문화재	50m 이상

※ 옥내저장소, 옥외저장소, 옥외탱크저장소, 일반취급소도 같이 적용함

02 보유공지

취급하는 위험물의 최대수량	공지의 너비
지정수량의 10배 이하	3m 이상
지정수량의 10배 초과	5m 이상

03 표지 및 게시판 설치

1 표지

보기 쉬운 곳에 "위험물 제조소"라는 표시를 한 표지 설치

① 길이 : 0.3×0.6m 이상(게시판과 동일)

② 색상(게시판과 동일) : 바탕-백색, 문자-흑색

2 게시판에 표시할 내용

① 위험물의 유별·품명, 저장최대수량, 취급최대수량, 지정수량의 배수, 안전관리자의 성명 또는 직명

② 위험물의 종류에 따른 표시내용

위험물의 종류	내용	색상
• 제1류 위험물 중 알칼리금속의 과산화물 • 제3류 위험물 중 금수성물질	"물기엄금"	청색바탕에 백색문자
• 제2류 위험물 (인화성고체 제외)	"화기주의"	적색바탕에 백색문자
• 제2류 위험물 중 인화성고체 • 제3류 위험물 중 자연발화성물질 • 제4류 위험물 • 제5류 위험물	"화기엄금"	

04 건축물의 구조

① 지하층이 없도록 하여야 한다.

② 벽·기둥·바닥·보·서까래 및 계단을 불연재료로 한다.

③ 연소의 우려가 있는 외벽은 출입구 외의 개구부가 없는 내화구조로 하여야 한다.

> ▶ 연소의 우려가 있는 외벽
> 다음에 정한 선을 기산점으로 하여 3m(2층 이상의 층에 대해서는 5m) 이내에 있는 제조소등의 외벽을 말한다.
> ① 제조소등이 설치된 부지의 경계선
> ② 제조소등에 인접한 도로의 중심선
> ③ 제조소등의 외벽과 동일부지 내의 다른 건축물의 외벽 간의 중심선

④ 지붕은 폭발력이 위로 방출될 정도의 가벼운 불연재료로 덮어야 한다. 다만, 위험물을 취급하는 건축물이 다음의 하나에 해당하는 경우에는 그 지붕을 내화구조로 할 수 있다.
  ㉠ 제2류 위험물(분상의 것과 인화성고체 제외)
  ㉡ 제4류 위험물 중 제4석유류·동식물유류
  ㉢ 제6류 위험물을 취급하는 건축물
  ㉣ 다음의 기준에 적합한 밀폐형 구조의 건축물
    • 내부의 과압(過壓) 또는 부압(負壓)에 견딜 수 있는 철근콘크리트조일 것
    • 외부화재에 90분 이상 견딜 수 있는 구조일 것
⑤ 출입구와 비상구에는 갑종방화문 또는 을종방화문을 설치하되, 연소의 우려가 있는 외벽에 설치하는 출입구에는 수시로 열 수 있는 자동폐쇄식의 갑종방화문을 설치하여야 한다.
⑥ 위험물을 취급하는 건축물의 창 및 출입구에 유리를 이용하는 경우에는 망입유리로 하여야 한다.
⑦ 액체의 위험물을 취급하는 건축물의 바닥은 위험물이 스며들지 못하는 재료를 사용하고, 적당한 경사를 두어 그 최저부에 집유설비를 하여야 한다.

05 채광·조명 및 환기설비

❶ 채광설비
① 불연재료로 할 것
② 연소의 우려가 없는 장소에 설치하되 채광면적을 최소로 할 것

❷ 조명설비
① 가연성가스 등이 체류할 우려가 있는 장소의 조명 등은 방폭등으로 할 것
② 전선은 내화·내열전선으로 할 것
③ 점멸스위치는 출입구 바깥부분에 설치할 것(스위치의 스파크로 인한 화재·폭발의 우려가 없을 경우 제외)

❸ 환기설비
① 급기구는 당해 급기구가 설치된 실의 바닥면적 150m²마다 1개 이상으로 하되, 급기구의 크기는 800cm² 이상으로 할 것. 다만 바닥면적이 150m² 미만인 경우에는 다음의 크기로 해야 한다.

바닥면적	급기구의 면적
60m² 미만	150cm² 이상
60m² 이상 90m² 미만	300cm² 이상
90m² 이상 120m² 미만	450cm² 이상
120m² 이상 150m² 미만	600cm² 이상

② 환기는 자연배기방식으로 할 것
③ 급기구는 낮은 곳에 설치하고 가는 눈의 구리망 등으로 인화방지망을 설치할 것
④ 환기구는 지붕 위 또는 지상 2m 이상의 높이에 회전식 고정벤티레이터 또는 루푸팬방식으로 설치할 것

06 배출설비
가연성의 증기 또는 미분이 체류할 우려가 있는 건축물에 설치한다.

❶ 배출 방식
① 국소방식
② 전역방식으로 할 수 있는 경우
  • 위험물취급설비가 배관이음 등으로만 된 경우
  • 건축물의 구조·작업장소의 분포 등의 조건에 의하여 전역방식이 유효한 경우
③ 배풍기·배출닥트·후드 등을 이용하여 강제로 배출

❷ 배출 능력
① 국소방식 : 1시간당 배출장소 용적의 20배 이상
② 전역방식 : 바닥면적 1m²당 18m³ 이상

❸ 급기구·배기구·배풍기
① 급기구
  • 높은 곳에 설치
  • 가는 눈의 구리망 등으로 인화방지망 설치
② 배출구
  • 설치 장소 : 지상 2m 이상의 연소 우려가 없는 곳
  • 배출닥트가 관통하는 벽부분의 바로 가까이에 화재 시 자동으로 폐쇄되는 방화댐퍼 설치
③ 배풍기
  • 강제배기방식
  • 설치 장소 : 옥내닥트의 내압이 대기압 이상이 되지 아니하는 곳

07 옥외설비의 바닥

옥외에서 액체위험물을 취급하는 설비의 바닥은 다음 기준에 의해야 한다.

① 바닥의 둘레에 높이 0.15m 이상의 턱을 설치하는 등 위험물이 외부로 흘러나가지 아니하도록 할 것
② 바닥은 콘크리트 등 위험물이 스며들지 아니하는 재료로 하고, 제1호의 턱이 있는 쪽이 낮게 경사지게 할 것
③ 바닥의 최저부에 집유설비를 할 것
④ 위험물(온도 20℃의 물 100g에 용해되는 양이 1g 미만인 것)을 취급하는 설비에 있어서는 당해 위험물이 직접 배수구에 흘러들어가지 아니하도록 집유설비에 유분리장치를 설치할 것

08 압력계 및 안전장치

위험물을 가압하는 설비 또는 그 취급하는 위험물의 압력이 상승할 우려가 있는 설비에는 압력계 및 다음에 해당하는 안전장치를 설치하여야 한다.

① 자동적으로 압력의 상승을 정지시키는 장치
② 감압측에 안전밸브를 부착한 감압밸브
③ 안전밸브를 병용하는 경보장치
④ 파괴판 : 위험물의 성질에 따라 안전밸브의 작동이 곤란한 가압설비에 한해 설치

09 정전기 제거설비 및 피뢰설비

1 정전기 제거설비
① 접지에 의한 방법
② 공기 중의 상대습도를 70% 이상으로 하는 방법
③ 공기를 이온화하는 방법

2 피뢰설비
지정수량의 10배 이상의 위험물을 취급하는 제조소에는 피뢰침을 설치하여야 한다(제6류 위험물을 취급하는 제조소 제외).

> ▶ 용어 정리
> • 피뢰침 : 전격(電擊)에 의한 피해를 방지하기 위한 설비
> • 방유제 : 화재 확대 방지를 위해 위험물 저장탱크의 주위에 설치하는 둑

10 위험물취급탱크

1 옥외 위험물취급탱크
액체위험물(이황화탄소 제외)을 취급하는 것의 주위에는 다음의 기준에 의하여 방유제를 설치할 것

① 하나의 취급탱크 주위에 설치하는 경우 : 탱크용량의 50% 이상
② 2 이상의 취급탱크 주위에 하나의 방유제를 설치하는 경우 : (최대용량 탱크의 50%) + (나머지 탱크용량 합계의 10%) 이상

2 옥내 위험물취급탱크
① 위험물취급탱크의 주위에는 방유턱을 설치하는 등 위험물이 누설된 경우에 그 유출을 방지하기 위한 조치를 할 것
② 이 경우 탱크에 수납하는 위험물의 양(하나의 방유턱 안에 2 이상의 탱크가 있는 경우는 당해 탱크 중 실제로 수납하는 위험물의 양이 최대인 탱크의 양)을 전부 수용할 수 있도록 할 것

11 배관

1 재질 및 압력
① 배관의 재질 : 강관 그 밖에 이와 유사한 금속성
② 최대상용압력의 1.5배 이상의 압력으로 수압시험을 실시하여 누설 그 밖의 이상이 없는 것으로 하여야 한다.

2 지상에 설치하는 경우
① 지진·풍압·지반침하 및 온도변화에 안전한 구조의 지지물에 설치
② 지면에 닿지 아니하도록 설치
③ 배관의 외면에 부식방지를 위한 도장을 할 것(불변 강관 또는 부식의 우려가 없는 재질은 예외)

3 지하에 매설하는 경우
① 금속성 배관의 외면에는 부식방지를 위하여 도복장·코팅 또는 전기방식 등의 필요한 조치를 할 것
② 접합부분에 위험물의 누설 여부를 점검할 수 있는 점검구를 설치할 것(용접에 의한 접합부 또는 위험물의 누설의 우려가 없다고 인정되는 방법에 의하여 접합된 부분 제외)

③ 지면에 미치는 중량이 당해 배관에 미치지 아니하도록 보호할 것

12 위험물의 성질에 따른 제조소의 특례

1 알킬알루미늄등을 취급하는 제조소의 특례

① 알킬알루미늄등을 취급하는 설비의 주위에는 누설범위를 국한하기 위한 설비와 누설된 알킬알루미늄등을 안전한 장소에 설치된 저장실에 유입시킬 수 있는 설비를 갖출 것

② 알킬알루미늄등을 취급하는 설비에는 불활성기체를 봉입하는 장치를 갖출 것

2 아세트알데히드등을 취급하는 제조소의 특례

① 아세트알데히드등을 취급하는 설비는 은·수은·동·마그네슘 또는 이들을 성분으로 하는 합금으로 만들지 아니할 것

② 아세트알데히드등을 취급하는 설비에는 연소성 혼합기체의 생성에 의한 폭발을 방지하기 위한 불활성기체 또는 수증기를 봉입하는 장치를 갖출 것

③ 아세트알데히드등을 취급하는 탱크(옥외에 있는 탱크 또는 옥내에 있는 탱크로서 그 용량이 지정수량의 5분의 1 미만의 것은 제외)에는 냉각장치 또는 보냉장치 및 연소성 혼합기체의 생성에 의한 폭발을 방지하기 위한 불활성기체를 봉입하는 장치를 갖출 것. 다만, 지하에 있는 탱크가 아세트알데히드등의 온도를 저온으로 유지할 수 있는 구조인 경우에는 냉각장치 및 보냉장치를 갖추지 아니할 수 있다.

④ 위 ③의 규정에 의한 냉각장치 또는 보냉장치는 2 이상 설치하여 하나의 냉각장치 또는 보냉장치가 고장난 때에도 일정 온도를 유지할 수 있도록 하고, 다음의 기준에 적합한 비상전원을 갖출 것

• 상용전력원이 고장인 경우에 자동으로 비상전원으로 전환되어 가동되도록 할 것

• 비상전원의 용량은 냉각장치 또는 보냉장치를 유효하게 작동할 수 있는 정도일 것

• 아세트알데히드등을 취급하는 탱크를 지하에 매설하는 경우에는 탱크를 탱크전용실에 설치할 것

3 히드록실아민등을 취급하는 제조소의 특례

① 지정수량 이상의 히드록실아민등을 취급하는 제조소의 위치는 건축물의 벽 또는 이에 상당하는 공작물의 외측으로부터 당해 제조소의 외벽 또는 이에 상당하는 공작물의 외측까지의 사이에 다음 식에 의하여 요구되는 거리 이상의 안전거리를 둘 것

$$D = \frac{51.1 \times N}{3}$$

• D : 거리(m)
• N : 당해 제조소에서 취급하는 히드록실아민등의 지정수량의 배수

② 제조소의 주위에는 다음에 정하는 기준에 적합한 담 도는 토제(土堤)를 설치할 것

• 담 또는 토제는 당해 제조소의 외벽 또는 이에 상당하는 공작물의 외측으로부터 2m 이상 떨어진 장소에 설치할 것

• 담 또는 토제의 높이는 당해 제조소에 있어서 히드록실아민등을 취급하는 부분의 높이 이상으로 할 것

• 담은 두께 15㎝ 이상의 철근콘크리트조·철골철근콘크리트조 또는 두께 20㎝ 이상의 보강콘크리트블록조로 할 것

• 토제의 경사면의 경사도는 60도 미만으로 할 것

③ 히드록실아민등을 취급하는 설비에는 히드록실아민등의 온도 및 농도의 상승에 의한 위험한 반응을 방지하기 위한 조치를 강구할 것

④ 히드록실아민등을 취급하는 설비에는 철이온 등의 혼입에 의한 위험한 반응을 방지하기 위한 조치를 강구할 것

> ▶ 용어 정리
> • 알킬알루미늄등 : 제3류 위험물 중 알킬알루미늄·알킬리튬 또는 이 중 어느 하나 이상을 함유하는 것
> • 아세트알데히드등 : 제4류 위험물 중 특수인화물의 아세트알데히드·산화프로필렌 또는 이 중 어느 하나 이상을 함유하는 것
> • 히드록실아민등 : 제5류 위험물 중 히드록실아민·히드록실아민염류 또는 이 중 어느 하나 이상을 함유하는 것

▶ 제조소 일반점검표

점검항목	점검내용	점검방법
안전거리	보호대상물 신설여부	육안 및 실측
	방화상 유효한 담의 손상유무	육안
보유공지	허가외 물건 존치여부	육안
	방화상 유효한 격벽의 손상유무	육안
건축물		
벽·기둥·보·지붕	균열·손상 등의 유무	육안
방화문	변형·손상 등의 유무 및 폐쇄기능의 적부	육안
바닥	체유·체수의 유무	육안
	균열·손상·패임 등의 유무	육안
계단	변형·손상 등의 유무 및 고정상황의 적부	육안
환기·배출설비 등	변형·손상의 유무 및 고정상태의 적부	육안
	인화방지망의 손상 및 막힘 유무	육안
	방화댐퍼의 손상 유무 및 기능의 적부	육안 및 작동확인
	팬의 작동상황의 적부	작동확인
	가연성증기경보장치의 작동상황	작동확인
옥외설비의 방유턱·유출방지조치 지반면	균열·손상 등의 유무	육안
	체유·체수 토사 등의 퇴적유무	육안
집유설비 배수구 유분리장치	균열·손상 등의 유무	육안
	체유·체수·토사 등의 퇴적유무	육안
위험물의비산방지장치 등		
유출방지설비 등 (이중배관 등)	체유 등의 유무	육안
	변형·균열·손상의 유무	육안
	도장상황 및 부식의 유무	육안
	고정상황의 적부	육안
역류방지설비 (되돌림관 등)	기능의 적부	육안 및 작동확인
	변형·균열·손상의 유무	육안
	도장상황 및 부식의 유무	육안
	고정상황의 적부	육안
비상방지설비	체유 등의 유무	육안
	변형·균열·손상의 유무	육안
	기능의 적부	육안 및 작동확인
	고정상황의 적부	육안
가열·냉각·건조설비		
기초·지주 등	침하의 유무	육안
	볼트 등의 풀림의 유무	육안 및 시험
	도장상황 및 부식의 유무	육안
	변형·균열·손상의 유무	육안
본체부	누설의 유무	육안 및 가스검지
	변형·균열·손상의 유무	육안
	도장상황 및 부식의 유무	육안 및 두께측정
	볼트 등의 풀림의 유무	육안 및 시험
	보냉재의 손상 탈락의 유무	육안
접지	단선의 유무	육안
	부착부분의 탈락의 유무	육안
	접지저항치의 적부	저항측정

점검항목	점검내용	점검방법
안전장치	부식 손상의 유무	육안
	고정상황의 적부	육안
	기능의 적부	작동확인
계측장치	손상의 유무	육안
	부착부의 풀림의 유무	육안
	작동 지시사항의 적부	육안
송풍장치	손상의 유무	육안
	부착부의 풀림의 유무	육안
	이상진동 소음 발열 등의 유무	작동확인
살수장치	부식·변형·손상의 유무	육안
	살수상황의 적부	육안
	고정상태의 적부	육안
교반장치	손상의 유무	육안
	고정상황의 적부	육안
	이상진동 소음 발열 등의 유무	작동확인
	누유의 유무	육안
	안전장치의 작동의 적부	육안 및 작동확인
위험물취급설비		
기초·지주 등	침하의 유무	육안
	볼트 등의 풀림의 유무	육안 및 시험
	도장상황 및 부식의 유무	육안
	변형·균열·손상의 유무	육안
본체부	누설의 유무	육안 및 가스검지
	변형·균열·손상의 유무	육안
	도장상황 및 부식의 유무	육안 및 두께측정
	볼트 등의 풀림의 유무	육안 및 시험
	보냉재의 손상·탈락의 유무	육안
접지	단선의 유무	육안
	부착부분의 탈락의 유무	육안
	접지저항치의 적부	저항측정
안전장치	부식·손상의 유무	육안
	고정상황의 적부	육안
	기능의 적부	작동확인
계측장치	손상의 유무	육안
	부착부의 풀림의 유무	육안
	작동·지시사항의 적부	육안
송풍장치	손상의 유무	육안
	부착부의 풀림의 유무	육안
	이상진동·소음·발열 등의 유무	작동확인
구동장치	고정상태의 적부	육안
	이상진동·소음·발열 등의 유무	작동확인
	회전부 등의 급유상태의 적부	육안
교반장치	손상의 유무	육안
	고정상황의 적부	육안
	이상진동·소음·발열 등의 유무	작동확인
	누유의 유무	육안
	안전장치의 작동의 적부	육안 및 작동확인

점검항목	점검내용	점검방법
취급 탱크		
기초·지주·전용실 등	변형·균열·손상의 유무	육안
	침하의 유무	육안
	고정상태의 적부	육안
본체	변형·균열·손상의 유무	육안
	누설의 유무	육안
	도장상황 및 부식의 유무	육안 및 두께측정
	고정상태의 적부	육안
	보냉재의 손상·탈락 등의 유무	육안
노즐·맨홀 등	누설의 유무	육안
	변형·손상의 유무	육안
	부착부의 손상의 유무	육안
	도장상황 및 부식의 유무	육안 및 두께측정
방유제·방유턱	변형·균열·손상의 유무	육안
	배수관의 손상의 유무	육안
	배수관의 개폐상황의 적부	육안
	배수구의 균열·손상의 유무	육안
	배수구내의 체유·체수·토사 등의 퇴적의 유무	육안
	수용량의 적부	측정
접지	단선의 유무	육안
	부착부분의 탈락의 유무	육안
	접지저항치의 적부	저항측정
누유검사관	변형·손상·토사등의 퇴적의 유무	육안
교반장치	누유의 유무	육안
	이상진동·소음·발열 등의 유무	작동확인
	고정상태의 적부	육안
통기관	인화방지망의 손상·막힘의 유무	육안
	밸브의 작동상황	작동확인
	관내의 장애물의 유무	육안
	도장상황 및 부식의 유무	육안
안전장치	작동의 적부	육안 및 작동확인
	부식·손상의 유무	육안
계량장치	손상의 유무	육안
	부착부의 고정상태	육안
	작동의 적부	육안
주입구	폐쇄시의 누설의 유무	육안
	변형·손상의 유무	육안
	접지전극손상의 유무	육안
	접지저항치의 적부	접지저항측정
주입구의 비트	균열·손상의 유무	육안
	체유·체수·토사 등의 퇴적의 유무	육안
배관 · 밸브 등		
배관 (플랜지 밸브 포함)	누설의 유무 (지하매설배관은 누설점검실시)	육안 및 누설점검
	변형·손상의 유무	육안
	도장상황 및 부식의 유무	육안
	지반면과 이격상태	육안
배관의 비트	균열·손상의 유무	육안
	체유·체수·토사 등의 퇴적의 유무	육안

점검항목	점검내용	점검방법
전기방식 설비	단자함의 손상·토사 등의 퇴적의 유무	육안
	단자의 탈락의 유무	육안
	방식전류(전위)의 적부	전위측정
펌프설비 등		
전동기	손상의 유무	육안
	고정상태의 적부	육안
	회전부 등의 급유상태	육안
	이상진동·소음·발열 등의 유무	작동확인
펌프	누설의 유무	육안
	변형·손상의 유무	육안
	도장상태 및 부식의 유무	육안
	고정상태의 적부	육안
	회전부 등의 급유상태	육안
	유량 및 유압의 적부	육안
	이상진동·소음·발열 등의 유무	작동확인
접지	단선의 유무	육안
	부착부분의 탈락의 유무	육안
	접지저항치의 적부	저항측정
전기설비		
배전반·차단기·배선 등	변형·손상의 유무	육안
	고정상태의 적부	육안
	기능의 적부	육안 및 작동확인
	배선접합부의 탈락의 유무	육안
접지	단선의 유무	육안
	부착부분의 탈락의 유무	육안
	접지저항치의 적부	저항측정
제어장치 등	제어계기의 손상의 유무	육안
	제어반의 고정상태의 적부	육안
	제어계(온도·압력·유량 등)의 기능의 적부	작동확인 및 시험
	감시설비의 기능의 적부	작동확인
	경보설비의 기능의 적부	작동확인
피뢰설비	돌침부의 경사·손상·부착상태	육안
	피뢰도선의 단선 및 벽체 등과 접촉의 유무	육안
	접지저항치의 적부	저항치측정
표지·게시판	손상의 유무	육안
	기재사항의 적부	육안
소화설비		
소화기	위치·설치수·압력의 적부	육안
그 밖의 소화설비	소화설비 점검표에 의할 것	
경보설비		
자동화재탐지설비	자동화재탐지설비 점검표에 의할 것	
그 밖의 소화설비	손상의 유무	육안
	기능의 적부	작동확인

[12–02, 07–05]

1 제3류 위험물을 취급하는 제조소는 300명 이상을 수용할 수 있는 극장으로부터 몇 m 이상의 안전거리를 유지하여야 하는가?

① 5　　　　② 10
③ 30　　　④ 70

[10–01]

2 위험물제조소를 설치하고자 하는 경우, 제조소와 초등학교 사이에는 몇 미터 이상의 안전거리를 두어야 하는가?

① 50　　　② 40
③ 30　　　④ 20

[13–02]

3 위험물 옥외탱크저장소와 병원과는 안전거리를 얼마 이상 두어야 하는가?

① 10m　　② 20m
③ 30m　　④ 50m

[11–01]

4 위험물제조소등에서 위험물안전관리법상 안전거리 규제 대상이 아닌 것은?

① 제6류 위험물을 취급하는 제조소를 제외한 모든 제조소
② 주유취급소
③ 옥외저장소
④ 옥외탱크저장소

> 옥내탱크저장소, 지하탱크저장소, 간이탱크저장소, 이동탱크저장소, 암반탱크저장소, 주유취급소, 판매취급소, 이송취급소는 안전거리 규제의 대상이 아니다.

[11–01]

5 주택, 학교 등의 보호대상물과의 사이에 안전거리를 두지 않아도 되는 위험물시설은?

① 옥내저장소　　② 옥내탱크저장소
③ 옥외저장소　　④ 일반취급소

> 옥내탱크저장소는 안전거리와 보유공지에 대한 기준을 두고 있지 않다.

[09–05]

6 위험물안전관리법령에서 다음의 위험물시설 중 안전거리에 관한 기준이 없는 것은?

① 옥내저장소
② 옥내탱크저장소
③ 충전하는 일반취급소
④ 지하에 매설된 이송취급소 배관

[13–04]

7 위험물제조소에서 지정수량 이상의 위험물을 취급하는 건축물(시설)에는 원칙상 최소 몇 미터 이상의 보유공지를 확보하여야 하는가?(단, 최대수량은 지정수량의 10배이다)

① 1m 이상　　② 3m 이상
③ 5m 이상　　④ 7m 이상

[07–02]

8 "위험물제조소"라는 표시를 한 표지는 백색바탕에 어떤 색상의 문자를 사용해야 하는가?

① 황색　　　② 적색
③ 흑색　　　④ 청색

[08–04]

9 위험물 제조소에서 게시판에 기재할 사항이 아닌 것은?

① 저장 최대수량 또는 취급 최대수량
② 위험물의 성분·함량
③ 위험물의 유별·품명
④ 안전관리자의 성명 또는 직명

[08–05]

10 위험물 제조소에 설치하는 표지 및 게시판에 관한 설명으로 옳은 것은?

① 표지나 게시판은 잘 보이게만 설치한다면 그 크기는 제한이 없다.
② 표지에는 위험물의 유별·품명의 내용 외의 다른 기재사항은 제한하지 않는다.
③ 게시판의 바탕과 문자의 명도대비가 클 경우에는 색상은 제한하지 않는다.

④ 표지나 게시판을 보기 쉬운 곳에 설치하여야 하
는 것 외에 위치에 대해 다른 규정은 두고 있
지 않다.

[12-04, 07-05]

11 제조소의 게시판 사항 중 위험물의 종류에 따른 주의사항이 옳게 연결된 것은?

① 제2류 위험물(인화성고체 제외) – 화기엄금
② 제3류 위험물 중 금수성물질 – 물기엄금
③ 제4류 위험물 – 화기주의
④ 제5류 위험물 – 물기엄금

[10-02]

12 제조소의 게시판 사항 중 위험물의 종류에 따른 주의사항이 옳게 연결된 것은?

① 제2류 위험물(인화성고체 제외) – 화기엄금
② 제3류 위험물 중 금수성물질 – 물기엄금
③ 제4류 위험물 – 화기주의
④ 제5류 위험물 – 물기엄금

[11-04]

13 제3류 위험물 중 금수성물질을 취급하는 제조소에 설치하는 주의사항 게시판의 내용과 색상으로 옳은 것은?

① 물기엄금 : 백색바탕에 청색문자
② 물기엄금 : 청색바탕에 백색문자
③ 물기주의 : 백색바탕에 청색문자
④ 물기주의 : 청색바탕에 백색문자

[13-01]

14 위험물제조소의 게시판에 "화기주의"라고 쓰여 있다. 제 몇 류 위험물 제조소인가?

① 제1류   ② 제2류
③ 제3류   ④ 제4류

[08-04]

15 제1류 위험물 제조소의 게시판에 "물기엄금"이라고 쓰여 있다. 다음 중 어떤 위험물의 제조소인가?

① 염소산나트륨   ② 요오드산나트륨
③ 중크로산나트륨   ④ 과산화나트륨

[13-02]

16 제5류 위험물을 취급하는 위험물제조소에 설치하는 주의사항 게시판에서 표시하는 내용과 바탕색, 문자색으로 옳은 것은?

① "화기주의", 백색바탕에 적색문자
② "화기주의", 적색바탕에 백색문자
③ "화기엄금", 백색바탕에 적색문자
④ "화기엄금", 적색바탕에 백색문자

[07-01]

17 위험물제조소에 "화기주의"라는 게시판을 설치해야 하는 위험물은?

① 과산화나트륨   ② 휘발유
③ 니트로글리세린   ④ 적린

> ① 과산화나트륨 : 제1류 위험물
> ② 휘발유 : 제4류 위험물
> ③ 니트로글리세린 : 제5류 위험물
> ④ 적린 : 제2류 위험물

[12-02]

18 금수성물질 저장시설에 설치하는 주의사항 게시판의 바탕색과 문자색을 옳게 나타낸 것은?

① 적색바탕에 백색문자
② 백색바탕에 적색문자
③ 청색바탕에 백색문자
④ 백색바탕에 청색문자

[13-01]

19 위험물제조소의 위치·구조 및 설비의 기준에 대한 설명 중 틀린 것은?

① 벽·기둥·바닥·보·서까래는 내화재료로 하여야 한다.
② 제조소의 표지판은 한 변이 30cm, 다른 한 변이 60cm 이상의 크기로 한다.
③ "화기엄금"을 표시하는 게시판은 적색바탕에 백색문자로 한다.
④ 지정수량 10배를 초과한 위험물을 취급하는 제조소는 보유공지의 너비가 5m 이상이어야 한다.

> 벽·기둥·바닥·보·서까래 및 계단을 불연재료로 하여야 한다.

chapter **05**

[12-02]

20 위험물제조소의 기준에 있어서 위험물을 취급하는 건축물의 구조로 적당하지 않은 것은?

① 지하층이 없도록 하여야 한다.
② 연소의 우려가 있는 외벽은 내화구조의 벽으로 하여야 한다.
③ 출입구는 연소의 우려가 있는 외벽에 설치하는 경우 을종방화문을 설치하여야 한다.
④ 지붕은 폭발력이 위로 방출될 정도의 가벼운 불연재료로 덮는다.

> 출입구는 연소의 우려가 있는 외벽에 설치하는 경우 수시로 열 수 있는 자동폐쇄식의 갑종방화문을 설치하여야 한다.

[12-04, 09-04]

21 제조소의 건축물 구조기준 중 연소의 우려가 있는 외벽은 출입구 외의 개구부가 없는 내화구조의 벽으로 하여야 한다. 이때 연소의 우려가 있는 외벽은 제조소가 설치된 부지의 경계선에서 몇 m 이내에 있는 외벽을 말하는가?(단, 단층 건물일 경우이다)

① 3   ② 4
③ 5   ④ 6

[11-02]

22 위험물 제조소에서 연소 우려가 있는 외벽은 기산점이 되는 선으로부터 3m(2층 이상의 층에 대해서는 5m) 이내에 있는 외벽을 말하는데 이 기산점이 되는 선에 해당하지 않는 것은?

① 동일 부지 내의 다른 건축물과 제조소 부지 간의 중심선
② 제조소등에 인접한 도로의 중심선
③ 제조소등이 설치된 부지의 경계선
④ 제조소등의 외벽과 동일 부지 내의 다른 건축물의 외벽 간의 중심선

[10-04]

23 위험물제조소의 환기설비의 기준에서 급기구가 설치된 실의 바닥면적 150m²마다 1개 이상 설치하는 급기구의 크기는 몇 cm² 이상이어야 하는가?(단, 바닥면적이 150m² 미만인 경우는 제외한다)

① 200   ② 400
③ 600   ④ 800

[10-01, 07-05]

24 위험물제조소에서 국소방식의 배출설비 배출능력은 1시간당 배출장소 용적의 몇 배 이상인 것으로 하여야 하는가?

① 5   ② 10
③ 15   ④ 20

[12-02]

25 위험물안전관리법령상 제조소의 위치·구조 및 설비의 기준에 따르면 가연성 증기가 체류할 우려가 있는 건축물은 배출장소의 용적이 500m³일 때 시간당 배출능력(국소방식)을 얼마 이상인 것으로 하여야 하는가?

① 5,000m³   ② 10,000m³
③ 20,000m³   ④ 40,000m³

> 배출능력은 1시간당 배출장소 용적의 20배 이상이다.
> $500 \times 20 = 10,000m^3$

[12-01]

26 위험물제조소에 설치하는 안전장치 중 위험물의 성질에 따라 안전밸브의 작동이 곤란한 가압설비에 한하여 설치하는 것은?

① 파괴판
② 안전밸브를 병용하는 경보장치
③ 감압측에 안전밸브를 부착한 감압밸브
④ 연성계

> 위험물을 가압하는 설비 또는 그 취급하는 위험물의 압력이 상승할 우려가 있는 설비에는 압력계 및 다음에 해당하는 안전장치를 설치하여야 한다.
> ① 자동적으로 압력의 상승을 정지시키는 장치
> ② 감압측에 안전밸브를 부착한 감압밸브
> ③ 안전밸브를 병용하는 경보장치
> ④ 파괴판 : 위험물의 성질에 따라 안전밸브의 작동이 곤란한 가압설비에 한해 설치

[09-02]

27 정전기 발생의 예방방법이 아닌 것은?

① 접지에 의한 방법
② 공기를 이온화시키는 방법
③ 전기의 도체를 사용하는 방법
④ 공기 중의 상대습도를 낮추는 방법

정답 ▶ **20** ③ **21** ① **22** ① **23** ④ **24** ④ **25** ② **26** ① **27** ④

[12-05]

28 위험물안전관리법령에 의해 위험물을 취급함에 있어서 발생하는 정전기를 유효하게 제거하는 방법으로 옳지 않은 것은?

① 인화방지망 설치
② 접지 실시
③ 공기 이온화
④ 상대습도를 70% 이상 유지

정전기 제거설비
① 접지에 의한 방법
② 공기 중의 상대습도를 70% 이상으로 하는 방법
③ 공기를 이온화하는 방법

[12-04, 08-04]

29 위험물을 취급함에 있어서 정전기가 발생할 우려가 있는 설비에 정전기를 유효하게 제거할 수 있는 방법에 해당하지 않는 것은?

① 위험물의 유속을 높이는 방법
② 공기를 이온화하는 방법
③ 공기 중의 상대습도를 70% 이상으로 하는 방법
④ 접지에 의한 방법

[09-04, 07-05]

30 정전기의 제거 방법으로 가장 거리가 먼 것은?

① 제전기를 설치한다.　② 공기를 이온화한다.
③ 습도를 낮춘다.　④ 접지를 한다.

[13-01, 10-01]

31 위험물을 취급함에 있어서 정전기를 유효하게 제거하기 위한 설비를 설치하고자 한다. 위험물안전관리법령상 공기 중의 상대 습도를 몇 % 이상 되게 하여야 하는가?

① 50　② 60
③ 70　④ 80

[12-04]

32 지정수량의 10배 이상의 위험물을 취급하는 제조소에는 피뢰침을 설치하여야 하지만 제 몇 류 위험물을 취급하는 경우는 이를 제외할 수 있는가?

① 제2류 위험물　② 제4류 위험물
③ 제5류 위험물　④ 제6류 위험물

[09-05]

33 다음 [보기]에서 올바른 정전기 방지 방법을 모두 나열한 것은?

㉠ 접지할 것
㉡ 공기를 이온화할 것
㉢ 공기 중의 상대습도를 70% 미만으로 할 것

① ㉠, ㉡　② ㉠, ㉢
③ ㉡, ㉢　④ ㉠, ㉡, ㉢

[12-04]

34 제조소의 옥외에 모두 3기의 휘발유 취급탱크를 설치하고 그 주위에 방유제를 설치하고자 한다. 방유제 안에 설치하는 각 취급탱크의 용량이 5만L, 3만L, 2만L일 때 필요한 방유제의 용량은 몇 L 이상인가?

① 66,000　② 60,000
③ 33,000　④ 30,000

(최대용량 탱크의 50%) + (나머지 탱크용량 합계의 10%)
= (50,000×0.5) + (50,000×0.1)
= 30,000

[10-01]

35 제조소의 옥외에 모두 3기의 휘발유 취급탱크를 설치하고 그 주위에 방유제를 설치하고자 한다. 방유제 안에 설치하는 각 취급탱크의 용량이 6만L, 2만L, 1만L일 때 필요한 방유제의 용량은 몇 L 이상인가?

① 66,000　② 60,000
③ 33,000　④ 30,000

(60,000×0.5) + (30,000×0.1) = 33,000

[13-02, 07-01]

36 위험물제조소 내의 위험물을 취급하는 배관에 대한 설명으로 옳지 않은 것은?

① 배관을 지하에 매설하는 경우 접합부분에는 점검구를 설치하여야 한다.
② 배관을 지하에 매설하는 경우 금속성 배관의 외면에는 부식 방지 조치를 하여야 한다.
③ 최대상용압력의 1.5배 이상의 압력으로 수압시험을 실시하여 이상이 없어야 한다.
④ 지상에 설치하는 경우에는 안전한 구조의 지지

정답 ▶ 28 ④ 29 ① 30 ③ 31 ③ 32 ④ 33 ① 34 ④ 35 ③ 36 ④

chapter 05

물로 지면에 밀착하여 설치하여야 한다.

③ $D = \dfrac{55 \times N}{3}$　　　　④ $D = \dfrac{62.1 \times N}{3}$

[12-05]
37 알킬알루미늄등 또는 아세트알데히드등을 취급하는 제조소의 특례기준으로서 옳은 것은?

① 알킬알루미늄등을 취급하는 설비에는 불활성기체 또는 수증기를 봉입하는 장치를 설치한다.
② 알킬알루미늄등을 취급하는 설비에는 은·수은·동·마그네슘을 성분으로 하는 것으로 만들지 않는다.
③ 아세트알데히드등을 취급하는 탱크에는 냉각장치 또는 보냉장치 및 불활성기체 봉입장치를 설치한다.
④ 아세트알데히드등을 취급하는 설비의 주위에는 누설범위를 국한하기 위한 설비와 누설되었을 때 안전한 장소에 설치된 저장실에 유입시킬 수 있는 설비를 갖춘다.

> ① 아세트알데히드등을 취급하는 설비에는 불활성기체 또는 수증기를 봉입하는 장치를 설치한다.
> ② 아세트알데히드등을 취급하는 설비는 은·수은·동·마그네슘 또는 이들을 성분으로 하는 합금으로 만들지 아니할 것
> ④ 알킬알루미늄등을 취급하는 설비의 주위에는 누설범위를 국한하기 위한 설비와 누설된 알킬알루미늄등을 안전한 장소에 설치된 저장실에 유입시킬수 있는 설비를 갖춘다.

[12-04]
38 히드록실아민을 취급하는 제조소에 두어야 하는 최소한의안전거리(D)를 구하는산식으로옳은것은?
(단, N은 당해 제조소에서 취급하는 히드록실아민의 지정수량 배수를 나타낸다)

① $D = \dfrac{40 \times N}{3}$　　　　② $D = \dfrac{51.1 \times N}{3}$

[12-04]
39 「제조소 일반점검표」에 기재되어 있는 위험물취급설비 중 안전장치의 점검내용이 아닌 것은?

① 회전부 등의 급유상태의 적부
② 부식·손상의 유무
③ 고정상황의 적부
④ 기능의 적부

> ①은 구동장치의 점검내용이다.

[16-02]
40 위험물안전관리법령상 위험물제조소의 옥외에 있는 하나의 액체위험물 취급탱크 주위에 설치하는 방유제의 용량은 해당 탱크용량의 몇 % 이상으로 하여야 하는가?

① 50%　　　　② 60%
③ 100%　　　　④ 11%

> 위험물제조소의 옥외에 있는 하나의 액체위험물 취급탱크 주위에 설치하는 방유제의 용량은 해당 탱크용량의 50% 이상으로 하여야 한다.

옥내저장소의 위치·구조·설비기준

Craftsman Hazardous Material

출제
포인트

이 섹션에서는 옥내저장소의 저장기준을 묻는 문제가 자주 출제된다. 보유공지, 저장창고에 대해서도 출제될 가능성이 높으니 높이나 면적에 대해 묻는 문제가 나왔을 때 당황하지 않도록 철저히 준비할 수 있도록 한다.

01 안전거리

1 제조소의 안전거리 적용

2 안전거리를 두지 않아도 되는 경우

① 최대수량이 지정수량의 20배 미만인 제4석유류 또는 동식물유류의 위험물을 저장 또는 취급하는 옥내저장소

② 제6류 위험물을 저장 또는 취급하는 옥내저장소

③ 지정수량의 20배(하나의 저장창고의 바닥면적이 150m² 이하인 경우에는 50배) 이하의 위험물을 저장 또는 취급하는 옥내저장소로서 다음의 기준에 적합한 것

• 저장창고의 벽·기둥·바닥·보 및 지붕이 내화구조인 것

• 저장창고의 출입구에 수시로 열 수 있는 자동폐쇄방식의 갑종방화문이 설치되어 있을 것

• 저장창고에 창을 설치하지 아니할 것

02 보유공지

저장 또는 취급하는 위험물의 최대수량	공지의 너비	
	벽·기둥 및 바닥이 내화구조로 된 건축물	그 밖의 건축물
지정수량의 5배 이하		0.5m 이상
지정수량의 5배 초과 10배 이하	1m 이상	1.5m 이상
지정수량의 10배 초과 20배 이하	2m 이상	3m 이상
지정수량의 20배 초과 50배 이하	3m 이상	5m 이상
지정수량의 50배 초과 200배 이하	5m 이상	10m 이상
지정수량의 200배 초과	10m 이상	15m 이상

※ 동일 부지 내에 지정수량의 20배를 초과하는 다른 옥내저장소가 있는 경우에는 위 표의 3분의 1(3m 미만인 경우에는 3m)의 공지만 보유해도 된다.

03 저장창고

1 기본 개요

① 위험물의 저장을 전용으로 하는 독립된 건축물로 하여야 한다.

② 단층건물로 하고 그 바닥을 지반면보다 높게 할 것

2 처마높이 : 6m 미만

> ▶ 처마높이를 20m 이하로 할 수 있는 경우
> ① 제2류 또는 제4류 위험물 저장창고
> ② 벽·기둥·보 및 바닥이 내화구조인 경우
> ③ 출입구에 갑종방화문이 설치된 경우
> ④ 피뢰침을 설치한 경우

3 바닥면적

(1) 다음의 위험물을 저장하는 창고 : 1,000m²

① 제1류 위험물 중 아염소산염류, 염소산염류, 과염소산염류, 무기과산화물 그 밖에 지정수량이 50kg인 위험물

② 제3류 위험물 중 칼륨, 나트륨, 알킬알루미늄, 알킬리튬 그 밖에 지정수량이 10kg인 위험물 및 황린

③ 제4류 위험물 중 특수인화물, 제1석유류 및 알코올류

④ 제5류 위험물 중 유기과산화물, 질산에스테르류 그 밖에 지정수량이 10kg인 위험물

⑤ 제6류 위험물

(2) 위의 (1) 이외의 위험물을 저장하는 창고 : 2,000m²

(3) 위의 (1)과 (2)의 위험물을 내화구조의 격벽으로 완전히 구획된 실에 각각 저장하는 창고 : 1,500m²

((1)의 위험물을 저장하는 실의 면적은 500m²를 초과할 수 없다)

※ 위 (1)과 (2)의 위험물을 같은 저장창고에 저장하는 때에는 (1)의 위험물을 저장하는 것으로 보아 그에 따른 바닥면적을 적용한다.

4 재료
① 벽·기둥 및 바닥은 내화구조로 하고, 보와 서까래는 불연재료로 한다.
② 지붕은 불연재료로 하고, 천장을 만들지 않는다.

5 출입구
① 갑종방화문 또는 을종방화문 설치
② 연소의 우려가 있는 외벽에 있는 출입구에는 자동폐쇄식의 갑종방화문 설치

6 바닥
다음의 경우 물이 스며 나오거나 스며들지 아니하는 구조로 할 것
① 제1류 위험물 중 알칼리금속의 과산화물 또는 이를 함유하는 것
② 제2류 위험물 중 철분·금속분·마그네슘 또는 이 중 어느 하나 이상을 함유하는 것
③ 제3류 위험물 중 금수성물질
④ 제4류 위험물

7 피뢰침 설치
지정수량의 10배 이상의 저장창고(제6류 위험물 저장창고 제외)

8 다층건물의 옥내저장소의 기준
① 바닥 : 지면보다 높게
② 층고 : 6m 미만
③ 바닥면적 : 1,000m² 이하

9 복합용도 건축물의 옥내저장소의 기준
① 바닥면적 : 75m² 이하
② 층고 : 6m 미만

04 저장기준

1 1m 이상의 간격을 두고 저장하는 경우
① 제1류 위험물(알칼리금속의 과산화물 또는 이를 함유한 것 제외)과 제5류 위험물
② 제1류 위험물과 제6류 위험물
③ 제1류 위험물과 제3류 위험물 중 자연발화성물질
(황린 또는 이를 함유한 것)
④ 제2류 위험물 중 인화성고체와 제4류 위험물
⑤ 제3류 위험물 중 알킬알루미늄등과 제4류 위험물
(알킬알루미늄 또는 알킬리튬을 함유한 것)

⑥ 제4류 위험물 중 유기과산화물 또는 이를 함유하는 것과 제5류 위험물 중 유기과산화물 또는 이를 함유한 것

2 제3류 위험물 중 황린 그 밖에 물속에 저장하는 물품과 금수성물질은 동일한 저장소에 저장할 수 없다.

3 지정수량의 10배 이하마다 0.3m 이상의 간격으로 저장하는 경우 : 자연발화할 우려가 있거나 재해가 현저하게 증대할 우려가 있는 동일 품명의 위험물을 다량 저장

4 용기에 수납하여 저장하는 위험물의 제한온도 : 55℃

5 높이 제한
① 기계로 하역하는 구조로 된 용기만을 겹쳐 쌓는 경우 : 6m
② 제4류 위험물 중 제3석유류, 제4석유류 및 동식물유류를 수납하는 용기만을 겹쳐 쌓는 경우 : 4m
③ 그 밖의 경우 : 3m

05 위험물의 성질에 따른 옥내저장소의 특례

1 지정과산화물
제5류 위험물 중 유기과산화물 또는 이를 함유하는 것으로서 지정수량이 10kg인 것을 저장하는 창고의 기준은 다음과 같다.
(1) 격벽의 설치기준
① 150m² 이내마다 격벽으로 완전하게 구획할 것
② 두께
• 철근콘크리트조 또는 철골철근콘크리트조 : 30cm 이상
• 보강콘크리트블록조 : 40cm 이상
③ 돌출 거리
• 양측의 외벽과의 거리 : 1m 이상
• 상부의 지붕과의 거리 : 50cm 이상
(2) 외벽의 두께
① 철근콘크리트조·철골철근콘크리트조 : 20cm 이상
② 보강콘크리트블록조 : 30cm 이상
(3) 지붕
① 중도리·서까래의 간격 : 30㎝ 이하
② 강제(鋼製)의 격자 설치 : 지붕의 아래쪽 면에 한 변의 길이 45㎝ 이하의 환강(丸鋼)·경량형강(輕量形鋼)
③ 철망 : 지붕의 아래쪽 면에 불연재료의 도리·보 또는 서까래에 단단히 결합

④ 받침대 : 두께 5㎝ 이상, 너비 30㎝ 이상의 목재
(4) 저장창고의 출입구에는 갑종방화문을 설치할 것
(5) 창
　① 바닥면으로부터 2m 이상의 높이에 설치
　② 하나의 벽면에 두는 창의 면적의 합계 : 당해 벽면 면적의 80분의 1 이내
　③ 창 하나의 면적 : 0.4m² 이내

② 알킬알루미늄등

옥내저장소에는 누설범위를 국한하기 위한 설비 및 누설한 알킬알루미늄등을 안전한 장소에 설치된 조(槽)로 끌어들일 수 있는 설비를 설치하여야 한다.

③ 히드록실아민등

히드록실아민등의 온도의 상승에 의한 위험한 반응을 방지하기 위한 조치를 강구하는 것으로 한다.

기출문제 | 기출문제로 출제유형을 파악한다!

[16-1, 13-02]
1 저장하는 위험물의 최대수량이 지정수량의 15배일 경우, 건축물의 벽·기둥 및 바닥이 내화구조로 된 위험물옥내저장소의 보유공지는 몇 m 이상이어야 하는가?

① 0.5 　　② 1
③ 2 　　④ 3

[16-1, 08-01]
2 옥내저장소 저장창고의 바닥은 물이 스며 나오거나 스며들지 아니하는 구조로 하여야 한다. 다음 중 반드시 이 구조로 하지 않아도 되는 위험물은?

① 제1류 위험물 중 알칼리금속의 과산화물
② 제4류 위험물
③ 제5류 위험물
④ 제2류 위험물 중 철분

[14-04, 09-04]
3 지정수량 20배 이상의 제1류 위험물을 저장하는 옥내저장소에서 내화구조로 하지 않아도 되는 것은?(단, 원칙적인 경우에 한함)

① 바닥 　　② 보
③ 기둥 　　④ 벽

> 보와 서까래는 불연재료로 한다.

[08-02]
4 위험물 옥내저장소에서 지정수량의 몇 배 이상의 저장창고에는 피뢰침을 설치해야 하는가?(단, 제6류 위험물의 저장창고는 제외한다)

① 10 　　② 20
③ 50 　　④ 100

[12-02]
5 옥내저장소에 관한 위험물안전관리법령의 내용으로 옳지 않은 것은?

① 지정과산화물을 저장하는 옥내저장소의 경우 바닥면적 150m² 이내마다 격벽으로 구획을 하여야 한다.
② 옥내저장소에는 원칙상 안전거리를 두어야 하나, 제6류 위험물을 저장하는 경우에는 안전거리를 두지 않을 수 있다.
③ 아세톤을 처마높이 6m 미만인 단층건물에 저장하는 경우 저장창고의 바닥면적은 1,000m² 이하로 하여야 한다.
④ 복합용도의 건축물에 설치하는 옥내저장소는 해당 용도로 사용하는 부분의 바닥면적을 100m² 이하로 하여야 한다.

> 복합용도의 건축물에 설치하는 옥내저장소는 해당 용도로 사용하는 부분의 바닥면적을 75m² 이하로 하여야 한다.

[13-04]
6 다음 중 옥내저장소의 동일한 실에 서로 1m 이상의 간격을 두고 저장할 수 없는 것은?

① 제1류 위험물과 제3류 위험물 중 자연발화성물질(황린 또는 이를 함유한 것에 한함)
② 제4류 위험물과 제2류 위험물 중 인화성고체
③ 제1류 위험물과 제4류 위험물
④ 제1류 위험물과 제6류 위험물

chapter 05

7 위험물을 유별로 정리하여 상호 1m 이상의 간격을 유지하는 경우에도 동일한 옥내저장소에 저장할 수 없는 것은?

① 제1류 위험물(알칼리금속의 과산화물 또는 이를 함유한 것을 제외한다)과 제5류 위험물
② 제1류 위험물과 제6류 위험물
③ 제1류 위험물과 제3류 위험물 중 황린
④ 인화성고체를 제외한 제2류 위험물과 제4류 위험물

8 옥내저장소에서 위험물을 유별로 정리하고 서로 1m 이상 간격을 두는 경우 유별을 달리하는 위험물을 동일한 저장소에 저장할 수 있는 것은?

① 과산화나트륨과 벤조일퍼옥사이드
② 과염소산나트륨과 질산
③ 황린과 트리에틸알루미늄
④ 유황과 아세톤

> ① 과염소산나트륨(제1류 위험물)과 질산(제6류 위험물)은 동일한 저장소에 저장할 수 있다.
> ② 과산화나트륨은 알칼리금속의 과산화물로 제5류 위험물과 동일한 저장소에 저장할 수 없다.
> ③ 질산암모늄(제1류 위험물)과 알킬리튬(제3류 위험물)은 동일한 저장소에 저장할 수 없다.
> ④ 유황(제2류 위험물)과 아세톤(제4류 위험물)은 동일한 저장소에 저장할 수 없다.

9 종류(유별)가 다른 위험물을 동일한 옥내저장소의 동일한 실에 같이 저장하는 경우에 대한 설명으로 틀린 것은?(단, 유별로 정리하여 서로 1m 이상의 간격을 두는 경우에 한함)

① 제1류 위험물과 황린은 동일한 옥내저장소에 저장할 수 있다.
② 제1류 위험물과 제6류 위험물은 동일한 옥내저장소에 저장할 수 있다.
③ 제1류 위험물 중 알칼리금속의 과산화물과 제5류 위험물은 동일한 옥내저장소에 저장할 수 있다.
④ 제2류 위험물 중 인화성고체와 제4류 위험물을 동일한 옥내저장소에 저장할 수 있다.

> 알칼리 금속의 과산화물 또는 이를 함유한 것을 제외한 제1류 위험물과 제5류 위험물을 동일한 옥내저장소에 저장할 수 있다.

10 종류(유별)가 다른 위험물을 동일한 옥내저장소의 동일한 실에 같이 저장하는 경우에 대한 설명으로 틀린 것은?

① 제1류 위험물과 황린은 동일한 옥내저장소에 저장할 수 있다.
② 제1류 위험물과 제6류 위험물은 동일한 옥내저장소에 저장할 수 있다.
③ 제1류 위험물 중 알칼리금속의 과산화물과 제5류 위험물은 동일한 옥내저장소에 저장할 수 있다.
④ 유별을 달리하는 위험물을 유별로 모아서 저장하는 한편 상호간에 1미터 이상의 간격을 두어야 한다.

11 지정과산화물 옥내저장소의 저장창고 출입구 및 창의 설치기준으로 틀린 것은?

① 창은 바닥면으로부터 2m 이상의 높이에 설치한다.
② 하나의 창의 면적을 $0.4m^2$ 이내로 한다.
③ 하나의 벽면에 두는 창의 면적의 합계를 해당 벽면의 면적의 80분의 1이 초과되도록 한다.
④ 출입구에는 갑종방화문을 설치한다.

> 하나의 벽면에 두는 창의 면적의 합계를 당해 벽면의 면적의 80분의 1 이내로 한다.

12 지정과산화물을 저장하는 옥내저장소의 저장창고를 일정 면적마다 구획하는 격벽의 설치 기준에 해당하지 않는 것은?

① 저장창고 상부의 지붕으로부터 50cm 이상 돌출하게 하여야 한다.
② 저장창고 양측의 외벽으로부터 1m 이상 돌출하게 하여야 한다.
③ 철근콘크리트조의 경우 두께가 30cm 이상이어야 한다.
④ 바닥면적 $250m^2$ 이내마다 완전하게 구획하여야 한다.

> 지정과산화물 옥내저장소의 저장창고는 $150m^2$ 이내마다 격벽으로 완전하게 구획하여야 한다.

SECTION 03 옥외저장소의 위치·구조·설비기준

출제 포인트

이 섹션에서는 옥외저장소의 보유공지와 덩어리 상태의 유황을 저장하는 옥외저장소에 대한 문제가 몇 차례 출제되었다. 출제 비중이 높지는 않지만 최근의 출제경향이 지금까지 출제되지 않았던 내용에서 출제되고 있기 때문에 기본적인 내용을 소홀히 해서는 안된다. 옥외에 저장할 수 있는 위험물에 대해서는 2013년 4회에 처음으로 출제되었지만 앞으로도 출제될 가능성이 있는 내용이기 때문에 보유공지와 더불어 필히 암기할 수 있도록 한다.

01 안전거리

제조소의 안전거리 적용

02 설치 장소

① 습기가 없고 배수가 잘 되는 장소
② 경계표시로 명확하게 구분한 장소

03 보유공지

저장 또는 취급하는 위험물의 최대수량	공지의 너비		
	일반 위험물	고인 화물	수출입 하역장소
지정수량의 10배 이하	3m 이상		
지정수량의 10배 초과 20배 이하	5m 이상	3m 이상	3m 이상
지정수량의 20배 초과 50배 이하	9m 이상		
지정수량의 50배 초과 200배 이하	12m 이상	6m 이상	4m 이상
지정수량의 200배 초과	15m 이상	10m 이상	5m 이상

※ 제4류 위험물 중 제4석유류와 제6류 위험물을 저장 또는 취급하는 옥외저장소의 보유공지는 위의 공지 너비의 3분의 1 이상의 너비로 할 수 있다.

04 선반의 설치기준

1 기본 개요

① 선반은 불연재료로 만들고 견고한 지반면에 고정할 것
② 선반은 당해 선반 및 그 부속설비의 자중·저장하는 위험물의 중량·풍하중·지진의 영향 등에 의하여 생기는 응력에 대하여 안전할 것
③ 높이는 6m를 초과하지 아니할 것
④ 선반에는 위험물을 수납한 용기가 쉽게 낙하하지 아니하는 조치를 강구할 것

05 덩어리 상태의 유황을 저장·취급하는 옥외저장소

① 내부면적 : 100m² 이하
② 2개 이상의 경계표시를 설치하는 경우 전체 내부면적 : 1,000m² 이하
③ 구조 : 경계는 불연재료로 하고 유황이 새지 아니하는 구조
④ 경계표시
  • 경계표시의 높이 : 1.5m
  • 유황이 넘치거나 비산하는 것을 방지하기 위한 천막 등을 고정하는 장치를 설치할 것
  • 천막 등을 고정하는 장치는 경계표시의 길이 2m마다 한 개 이상 설치할 것
  • 유황을 저장 또는 취급하는 장소의 주위에는 배수구와 분리장치를 설치할 것

chapter 05

06 옥외에 저장할 수 있는 위험물

① 제2류 위험물 중 유황 또는 인화성고체(인화점이 섭씨 0도 이상인 것)

② 제4류 위험물 중 제1석유류(인화점이 0°C 이상인 것)·알코올류·제2석유류·제3석유류·제4석유류 및 동식물유류

③ 제6류 위험물

④ 제2류 위험물 및 제4류 위험물 중 특별시·광역시 또는 도의 조례에서 정하는 위험물(관세법 제154조의 규정에 의한 보세구역 안에 저장하는 경우)

⑤ 국제해사기구에 관한 협약에 의하여 설치된 국제해사기구가 채택한 국제해상위험물규칙(IMDG Code)에 적합한 용기에 수납된 위험물

07 인화성고체, 제1석유류 또는 알코올류의 옥외저장소의 특례

제2류 위험물 중 인화성고체(인화점이 21℃ 미만인 것) 또는 제4류 위험물 중 제1석유류 또는 알코올류를 저장 또는 취급하는 옥외저장소에 있어서는 다음의 기준에 의한다.

① 위험물을 적당한 온도로 유지하기 위한 살수설비 등을 설치하여야 한다.

② 제1석유류 또는 알코올류를 저장 또는 취급하는 장소의 주위에는 배수구 및 집유설비를 설치하여야 한다. 이 경우 제1석유류(20℃의 물 100g에 용해되는 양이 1g 미만인 것에 한함)를 저장 또는 취급하는 장소에 있어서는 집유설비에 유분리장치를 설치하여야 한다.

08 기타 설치기준

① 과산화수소 또는 과염소산을 저장하는 옥외저장소에는 불연성 또는 난연성의 천막 등을 설치하여 햇빛을 가릴 것

② 눈·비 등을 피하거나 차광 등을 위하여 옥외저장소에 캐노피 또는 지붕을 설치하는 경우에는 환기 및 소화활동에 지장을 주지 아니하는 구조로 할 것. 이 경우 기둥은 내화구조로 하고, 캐노피 또는 지붕을 불연재료로 하며, 벽을 설치하지 아니할 것

기출문제 | 기출문제로 출제유형을 파악한다!

[13-02, 10-05]

1 위험물 옥외저장소에서 지정수량 200배 초과의 위험물을 저장할 경우 보유공지의 너비는 몇 m 이상으로 하여야 하는가?(단, 제4류 위험물과 제6류 위험물이 아닌 경우이다)

① 0.5   ② 2.5
③ 10   ④ 15

[12-05, 10-02, 07-01]

2 옥외저장소에 덩어리 상태의 유황만을 지반면에 설치한 경계표시의 안쪽에서 저장할 경우 하나의 경계표시의 내부면적은 몇 m² 이하이어야 하는가?

① 75   ② 100
③ 300   ④ 500

[13-04]

3 위험물안전관리법령상 위험물옥외저장소에 저장할 수 있는 품명은?(단, 국제해상위험물규칙에 적합한 용기에 수납하는 경우를 제외한다)

① 특수인화물
② 무기과산화물
③ 알코올류
④ 칼륨

옥외탱크저장소의 위치·구조·설비기준

출제
포인트

이 섹션에서는 수험생들에게 점수를 주기 위한 문제보다는 난이도가 있는 문제들이 많이 출제되었다. 기본적인 내용은 모두 숙지하고 기존에 출제되었던 계산 문제 위주로 학습하도록 한다. 위험물의 최대수량과 보유공지의 너비도 확실히 암기할 수 있도록 한다.

01 안전거리

제조소의 안전거리 적용

02 보유공지

① 옥외저장탱크의 주위에는 위험물의 최대수량에 따라 탱크의 측면으로부터 다음 표에 의한 너비의 공지를 보유하여야 한다(위험물을 이송하기 위한 배관 그 밖에 이에 준하는 공작물 제외).

저장 또는 취급하는 위험물의 최대수량	공지의 너비
지정수량의 500배 이하	3m 이상
지정수량의 500배 초과 1,000배 이하	5m 이상
지정수량의 1,000배 초과 2,000배 이하	9m 이상
지정수량의 2,000배 초과 3,000배 이하	12m 이상
지정수량의 3,000배 초과 4,000배 이하	15m 이상
지정수량의 4,000배 초과	당해 탱크의 수평단면의 최대지름(횡형인 경우에는 긴 변)과 높이 중 큰 것과 같은 거리 이상. 다만, 30m 초과의 경우에는 30m 이상으로 할 수 있고, 15m 미만의 경우에는 15m 이상으로 하여야 한다.

② 제6류 위험물 외의 위험물을 저장 또는 취급하는 옥외저장탱크(지정수량의 4,000배를 초과하여 저장 또는 취급하는 옥외저장탱크를 제외)를 동일한 방유제 안에 2개 이상 인접하여 설치하는 경우 그 인접하는 방향의 보유

공지는 위 표의 규정에 의한 보유공지의 3분의 1 이상의 너비로 할 수 있다. 이 경우 보유공지의 너비는 3m 이상이 되어야 한다.

③ 제6류 위험물을 저장 또는 취급하는 옥외저장탱크는 위 표의 규정에 의한 보유공지의 3분의 1 이상의 너비로 할 수 있다. 이 경우 보유공지의 너비는 1.5m 이상이 되어야 한다.

④ 제6류 위험물을 저장 또는 취급하는 옥외저장탱크를 동일구 내에 2개 이상 인접하여 설치하는 경우 그 인접하는 방향의 보유공지는 위 ③의 규정에 의하여 산출된 너비의 3분의 1 이상의 너비로 할 수 있다. 이 경우 보유공지의 너비는 1.5m 이상이 되어야 한다.

⑤ 공지단축 옥외저장탱크에 다음 기준에 적합한 물분무설비로 방호조치를 하는 경우에는 그 보유공지를 위 표의 규정에 의한 보유공지의 2분의 1 이상의 너비(최소 3m 이상)로 할 수 있다. 이 경우 공지단축 옥외저장탱크의 화재 시 $1m^2$당 20kW 이상의 복사열에 노출되는 표면을 갖는 인접한 옥외저장탱크가 있으면 당해 표면에도 다음 기준에 적합한 물분무설비로 방호조치를 함께하여야 한다.

ㄱ 탱크의 표면에 방사하는 물의 양은 탱크의 원주길이 1m에 대하여 분당 37ℓ 이상으로 할 것
ㄴ 수원의 양은 ㄱ의 규정에 의한 수량으로 20분 이상 방사할 수 있는 수량으로 할 것
ㄷ 탱크에 보강링이 설치된 경우에는 보강링의 아래에 분무헤드를 설치하되, 분무헤드는 탱크의 높이 및 구조를 고려하여 분무가 적정하게 이루어질 수 있도록 배치할 것
ㄹ 물분무소화설비의 설치기준에 준할 것

03 통기관

① 밸브 없는 통기관

① 지름 : 30mm 이상
② 선단은 수평면보다 45도 이상 구부려 빗물 등의 침투를 막는 구조
③ 가는 눈의 구리망 등으로 인화방지장치를 할 것
(인화점 70℃ 이상의 위험물만을 인화점 미만의 온도로 저장 또는 취급하는 탱크 제외)
④ 가연성 증기 회수를 위한 밸브 설치 시 저장탱크에 위험물을 주입하는 경우를 제외하고 밸브는 항상 개방되어 있는 구조로 할 것

② 대기밸브부착 통기관

① 5kPa 이하의 압력차이로 작동할 수 있을 것
② 인화방지장치를 할 것

04 펌프설비

① 보유공지

① 너비 3m 이상의 공지를 보유할 것

▶ 예외
  • 방화상 유효한 격벽을 설치하는 경우
  • 제6류 위험물 또는 지정수량의 10배 이하의 위험물

② 옥외저장탱크와의 사이에 보유공지 너비의 3분의 1 이상의 거리를 유지할 것

② 펌프실의 벽·기둥·바닥·보·지붕의 재료

불연재료로 할 것

③ 창 및 출입구

갑종방화문 또는 을종방화문을 설치할 것

④ 펌프실 바닥

주위에는 높이 0.2m 이상의 턱을 만들고 바닥은 콘크리트 등 위험물이 스며들지 아니하는 재료로 적당히 경사지게 하여 그 최저부에는 집유설비를 설치할 것

⑤ 펌프실 외의 장소의 펌프설비

① 그 직하의 지반면의 주위에 높이 0.15m 이상의 턱을 만든다.
② 지반면의 최저부에는 집유설비를 만든다.
③ 20℃의 물 100g에 용해되는 양이 1g 미만인 제4류 위험물을 취급하는 경우 위험물이 배수구에 유입되지 않도록 집유설비에 유분리장치를 설치한다.

⑥ 게시판 설치

인화점이 21℃ 미만인 위험물을 취급하는 펌프설비 설치 시 게시판을 설치한다.

05 피뢰침 설치

지정수량의 10배 이상인 옥외탱크저장소(제6류 위험물 제외)에 설치한다.

06 피복설비 설치

제3류 위험물 중 금수성물질(고체에 한함)의 옥외저장 탱크에는 방수성의 불연재료로 만든 피복설비를 설치한다.

07 방유제 설치

① 목적

인화성액체 위험물(이황화탄소 제외)의 옥외저장탱크의 주위에 위험물이 새었을 경우 유출을 방지한다.

② 용량

① 탱크가 하나인 경우 : 탱크 용량의 110% 이상
② 탱크가 2기 이상인 경우 : 용량이 최대인 탱크 용량의 110% 이상

③ 구조

① 높이 : 0.5m 이상 3m 이하(두께 0.2m 이상)
② 면적 : 8만m² 이하
③ 탱크의 개수 : 10개 이하(인화점이 200℃ 이상인 위험물인 경우 제외)

▶ 20개 이하로 하는 경우
  • 방유제 내에 설치하는 모든 옥외저장탱크의 용량이 20만ℓ 이하일 때
  • 인화점이 70℃ 이상 200℃ 미만인 위험물을 취급 또는 저장하는 경우

④ 구조
  • 철근콘크리트로 하고, 방유제와 옥외저장탱크 사이의 지표면은 불연성과 불침윤성이 있는 구조(철근콘크리트 등)로 할 것
  • 누출된 위험물을 수용할 수 있는 전용유조 및 펌프 등의 설비를 갖춘 경우에는 방유제와 옥외저장탱크 사이의 지표면을 흙으로 가능

4 방유제 내 화재 시 소화 방법

① 탱크화재로 번지는 것을 방지하는 데 중점을 둔다.

② 포에 의하여 덮여진 부분은 포의 막이 파괴되지 않도록 한다.

③ 방유제가 큰 경우에는 방유제 내의 화재를 제압한 후 탱크화재의 방어에 임한다.

④ 포를 방사할 때는 탱크측판에 포를 흘려보내듯 이 행하여 화면을 탱크로부터 떼어 놓도록 한다.

5 간막이 둑

① 용량이 1,000만ℓ 이상인 탱크 주위에 설치하는 방유제에 탱크마다 설치

② 높이

- 0.3m(2억ℓ가 넘는 방유제는 1m) 이상
- 방유제의 높이보다 0.2m 이상 낮게 할 것

> ▶ 방유제 또는 간막이 둑에는 방유제를 관통하는 배관을 설치하지 아니할 것(방유제 또는 간막이 둑에 손상을 주지 않도록 하는 조치를 강구하는 경우 제외)

6 탱크와의 거리

탱크의 지름에 따라 탱크의 옆판으로부터 일정한 거리를 유지할 것(인화점이 200℃ 이상인 위험물을 저장 또는 취급하는 것은 제외)

① 지름이 15m 미만인 경우 : 탱크 높이의 3분의 1 이상

② 지름이 15m 이상인 경우 : 탱크 높이의 2분의 1 이상

7 배수구

방유제에는 그 내부에 고인 물을 외부로 배출하기 위한 배수구를 설치하고 이를 개폐하는 밸브 등을 방유제의 외부에 설치할 것

8 개폐확인장치

용량이 100만ℓ 이상인 위험물을 저장하는 옥외저장탱크에 있어서는 밸브 등에 그 개폐상황을 쉽게 확인할 수 있는 장치를 설치할 것

9 계단 · 경사로

높이가 1m를 넘는 방유제 및 간막이 둑의 안팎에는 방유제 내에 출입하기 위한 계단 또는 경사로를 약 50m마다 설치할 것

08 표지(게시판) 설치

① 보기 쉬운 곳에 "위험물 옥외탱크저장소"라는 표시를 한 표지 설치

② 표지·게시판 설치기준은 제조소의 표지·게시판 설치기준과 동일하다.

09 위험물의 성질에 따른 옥외탱크저장소의 특례

1 알킬알루미늄등의 옥외탱크저장소

① 옥외저장탱크의 주위에는 누설범위를 국한하기 위한 설비 및 누설된 알킬알루미늄등을 안전한 장소에 설치된 조에 이끌어 들일 수 있는 설비를 설치할 것

② 옥외저장탱크에는 불활성의 기체를 봉입하는 장치를 설치할 것

2 아세트알데히드등의 옥외탱크저장소

① 옥외저장탱크의 설비는 동·마그네슘·은·수은 또는 이들을 성분으로 하는 합금으로 만들지 아니할 것

② 옥외저장탱크에는 냉각장치 또는 보냉장치, 그리고 연소성 혼합기체의 생성에 의한 폭발을 방지하기 위한 불활성의 기체를 봉입하는 장치를 설치할 것

3 히드록실아민등의 옥외탱크저장소

① 옥외탱크저장소에는 히드록실아민등의 온도의 상승에 의한 위험한 반응을 방지하기 위한 조치를 강구할 것

② 옥외탱크저장소에는 철이온 등의 혼입에 의한 위험한 반응을 방지하기 위한 조치를 강구할 것

> ▶ 용어 정리
> - 특정옥외탱크저장소 : 액체위험물의 최대수량이 100만ℓ 이상의 것
> - 준특정옥외탱크저장소 : 액체위험물의 최대수량이 50만ℓ 이상 100만ℓ 미만의 것
> - 압력탱크 : 최대상용압력이 부압 또는 정압 5kPa을 초과하는 탱크

[16-01, 12-02, 07-02]

1 저장 또는 취급하는 위험물의 최대수량이 지정수량 의 500배 이하일 때 옥외저장탱크의 측면으로부터 몇 m 이상의 보유공지를 유지하여야 하는가? (단, 제 6류 위험물은 제외한다)

① 1   ② 2
③ 3   ④ 4

[11-05]

2 옥외탱크저장소에 보유공지를 두는 목적과 가장 거리가 먼 것은?

① 위험물시설의 화염이 인근의 시설이나 건축물 등으로의 연소확대방지를 위한 완충공간 기능을 하기 위함
② 위험물시설의 주변에 장애물이 없도록 공간을 확보함으로써 소화활동이 쉽도록 하기 위함
③ 위험물시설의 주변에 있는 시설과 50m 이상을 이격하여 폭발 발생 시 피해를 방지하기 위함
④ 위험물시설의 주변에 장애물이 없도록 공간을 확보함으로써 피난자가 피난이 쉽도록 하기 위함

> 보유공지는 연소확대방지를 위한 완충공간, 소방활동 및 피난활동을 용이하게 하기 위한 공간, 유지·관리상 필요한 공간으로서의 기능을 한다.

[09-05]

3 높이 15m, 지름 20m인 옥외저장탱크에 보유공지의 단축을 위해서 물분무설비로 방호조치를 하는 경우 수원의 양은 약 몇 L 이상으로 하여야 하는가?

① 46,496   ② 58,090
③ 70,259   ④ 95,880

> • 탱크의 표면에 방사하는 물의 양은 탱크의 원주길이 1m에 대하여 분당 37ℓ 이상으로 할 것
> • 수원의 양은 20분 이상 방사할 수 있는 수량으로 할 것
> $$V = (20 \times \pi)m \times \frac{37L/min}{1m} \times 20min \fallingdotseq 46,496L$$

[10-04, 10-05]

4 옥외저장탱크 중 압력탱크 외의 탱크에 통기관을 설치하여야 할 때 밸브 없는 통기관인 경우 통기관의 직경은 몇 mm 이상으로 하여야 하는가?

① 10   ② 15
③ 20   ④ 30

[07-01]

5 옥외탱크저장소에서 제4류 위험물의 탱크에 설치하는 통기장치 중 밸브 없는 통기관은 직경이 얼마 이상인 것으로 설치해야 하는가? (단, 압력탱크는 제외한다)

① 10mm   ② 20mm
③ 30mm   ④ 40mm

[10-02]

6 옥외탱크저장소의 제4류 위험물의 저장탱크에 설치하는 통기관에 관한 설명으로 틀린 것은?

① 제4류 위험물을 저장하는 압력탱크 외의 탱크에는 밸브 없는 통기관 또는 대기밸브부착 통기관을 설치하여야 한다.
② 밸브 없는 통기관은 직경을 30mm 미만으로 하고, 선단은 수평면보다 45℃ 이상 구부려 빗물 등의 침투를 막는 구조로 한다.
③ 인화점 70℃ 이상의 위험물만을 해당 위험물의 인화점 미만의 온도로 저장 또는 취급하는 탱크에 설치하는 통기관에는 인화방지장치를 설치하지 않아도 된다.
④ 옥외저장탱크 중 압력탱크란 탱크의 최대상용 압력이 부압 또는 정압 5kPa을 초과하는 탱크를 말한다.

> 밸브 없는 통기관은 직경을 30mm 이상으로 한다.

[12-05]

7 위험물옥외저장탱크의 통기관에 관한 사항으로 옳지 않은 것은?

① 밸브 없는 통기관의 직경은 30mm 이상으로 한다.
② 대기밸브부착 통기관은 항시 열려 있어야 한다.
③ 밸브 없는 통기관의 선단은 수평면보다 45도 이상 구부려 빗물 등의 침투를 막는 구조로 한다.
④ 대기밸브부착 통기관은 5kPa 이하의 압력차이로 작동할 수 있어야 한다.

> 밸브 없는 통기관은 가연성 증기 회수를 위한 밸브 설치 시 저장탱크에 위험물을 주입하는 경우를 제외하고 밸브는 항상 개방되어 있는 구조로 해야 한다.

정답 ▶ 1 ③ 2 ③ 3 ① 4 ④ 5 ③ 6 ② 7 ②

[11-04]

8 지정수량 20배의 알코올류 옥외탱크저장소에 펌프실 외의 장소에 설치하는 펌프설비의 기준으로 틀린 것은?

① 펌프설비 주위에는 3m 이상의 공지를 보유한다.
② 펌프설비 그 직하의 지반면 주위에 높이 0.15m 이상의 턱을 만든다.
③ 펌프설비 그 직하의 지반면의 최저부에는 집유설비를 만든다.
④ 집유설비에는 위험물이 배수구에 유입되지 않도록 유분리장치를 만든다.

> 집유설비에 유분리장치를 설치하는 경우는 20℃의 물 100g에 용해되는 양이 1g 미만인 제4류 위험물에 한한다. 알코올은 물에 잘 녹으므로 유분리장치를 설치할 필요가 없다.

[11-05]

9 경유 옥외탱크저장소에서 10,000리터 탱크 1기가 설치된 곳의 방유제 용량은 얼마 이상이 되어야 하는가?

① 5,000리터
② 10,000리터
③ 11,000리터
④ 20,000리터

> 탱크가 하나일 때 방유제 용량은 탱크 용량의 110% 이상이다.
> 10,000×1.1 =11,000

[13-01, 10-05]

10 인화성액체 위험물을 저장 또는 취급하는 옥외탱크저장소의 방유제 내에 용량 10만L와 5만L인 옥외저장탱크 2기를 설치하는 경우에 확보하여야 하는 방유제의 용량은?

① 50,000L 이상
② 80,000L 이상
③ 110,000L 이상
④ 150,000L 이상

> 탱크가 2기 이상인 때에는 용량이 최대인 탱크 용량의 110% 이상으로 한다. 두 개의 탱크 중 용량이 큰 탱크의 용량은 10만L이다.
> 100,000×1.1=110,000L

[08-05]

11 인화성액체 위험물 옥외탱크저장소의 탱크 주위에 방유제를 설치할 때 방유제 내의 면적은 몇 m² 이하로 하여야 하는가?

① 20,000
② 40,000
③ 60,000
④ 80,000

> 방유제의 구조
> • 높이 : 0.5m 이상 3m 이하 • 면적 : 8만m² 이하

[11-02]

12 옥외탱크저장소의 방유제 내에 화재가 발생한 경우의 소화활동으로 적당하지 않은 것은?

① 탱크화재로 번지는 것을 방지하는 데 중점을 둔다.
② 포에 의하여 덮여진 부분은 포의 막이 파괴되지 않도록 한다.
③ 방유제가 큰 경우에는 방유제 내의 화재를 제압한 후 탱크화재의 방어에 임한다.
④ 포를 방사할 때는 방유제에서부터 가운데 쪽으로 포를 흘려 보내듯이 방사하는 것이 원칙이다.

> 포를 방사할 때는 탱크측판에 포를 흘려보내듯이 행하여 화면을 탱크로부터 떼어 놓도록 한다.

[04-05]

13 제4류 위험물을 저장하는 옥외탱크저장소의 방유제 내부에 화재가 발생한 경우의 조치방법으로 가장 옳은 것은?

① 소화활동은 방유제 내부의 풍하로부터 행하여야 한다.
② 방유제 내의 화재로부터 방유제 외부로 번지는 것을 방지하는 데 최우선적으로 중점을 둔다.
③ 포방사를 할 때에는 탱크측판에 포를 흘려보내듯이 행하여 화면을 탱크로부터 떼어 놓도록 한다.
④ 화재진압이 어려운 경우에도 탱크 속의 기름을 파이프라인을 통해 빈 탱크로 이송시키는 것은 연소확대방지를 위해 하지 않는다.

[13-01]

14 인화점이 섭씨 200℃ 미만인 위험물을 저장하기 위하여 높이가 15m이고 지름이 18m인 옥외저장탱크를 설치하는 경우 옥외저장탱크와 방유제와의 사이에 유지하여야 하는 거리는?

① 5.0m 이상
② 6.0m 이상
③ 7.5m 이상
④ 9.0m 이상

> 인화점이 섭씨 200℃ 미만인 위험물 저장 시 옥외저장탱크와 방유제와의 거리를 구할 때는 옥외지름이 15m 이상인 경우에는 탱크 높이의 2분의 1 이상으로 한다.
> $15m \times \frac{1}{2} = 7.5m$

정답 ▶ 8 ④ 9 ③ 10 ③ 11 ④ 12 ④ 13 ③ 14 ③

chapter 05

[11-04]

15 다음 그림은 옥외저장탱크와 흙방유제를 나타낸 것이다. 탱크의 지름이 10m이고 높이가 15m라고 할 때 방유제는 탱크의 옆판으로부터 몇 m 이상의 거리를 유지하여야 하는가?(단, 인화점 200℃ 미만의 위험물을 저장한다)

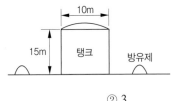

① 2 　　　　　　② 3
③ 4 　　　　　　④ 5

> 인화점이 섭씨 200℃ 미만인 위험물 저장 시 옥외저장탱크와 방유제와의 거리를 구할 때는 옥외지름이 15m 미만인 경우에는 탱크 높이의 3분의 1 이상으로 한다.
> $15m \times \frac{1}{3} = 5m$

[13-02]

16 경유를 저장하는 옥외저장탱크의 반지름이 2m이고 높이가 12m일 때 탱크 옆판으로부터 방유제까지의 거리는 몇 m 이상이어야 하는가?

① 4 　　　　　　② 5
③ 6 　　　　　　④ 7

> 지름이 15m 미만인 경우에는 탱크 높이의 3분의 1 이상으로 한다.
> $12m \times \frac{1}{3} = 4m$

[11-01, 08-01]

17 인화점이 21℃ 미만인 액체위험물의 옥외저장탱크 주입구에 설치하는 "옥외저장탱크 주입구"라고 표시한 게시판의 바탕 및 문자색을 옳게 나타낸 것은?

① 백색바탕 – 적색문자
② 적색바탕 – 백색문자
③ 백색바탕 – 흑색문자
④ 흑색바탕 – 백색문자

[07-05]

18 "특정옥외탱크저장소"라 함은 옥외탱크저장 중 저장 또는 취급하는 액체위험물의 최대수량이 몇 L 이상인 것을 말하는가?

① 50만 　　　　　② 100만
③ 200만 　　　　④ 300만

[13-04]

19 위험물안전관리법령에 명시된 아세트알데히드의 옥외저장탱크에 필요한 설비가 아닌 것은?

① 보냉장치
② 냉각장치
③ 동 합금 배관
④ 불활성 기체를 봉입하는 장치

정답▶ **15** ④ **16** ① **17** ③ **18** ② **19** ③

SECTION 05 | 옥내탱크저장소의 위치·구조·설비기준

출제 포인트

이 섹션에서는 저장탱크 상호간 거리를 묻는 문제가 두 차례 출제되었을 뿐 이 외의 내용은 전혀 출제되지 않았다. 용량, 통기관, 탱크전용실 등에서 충분히 출제 가능성이 있으니 주요 숫자는 암기해 두도록 한다.

01 옥내탱크저장소의 기준

1 단층건축물에 설치된 탱크전용실에 설치할 것

2 옥내저장탱크와 탱크전용실의 벽과의 사이 및 옥내저장탱크의 상호간 거리 : 0.5m 이상

3 용량 : 지정수량의 40배 이하

> ▶ 제4석유류 및 동식물유류 외의 제4류 위험물에 있어서 당해 수량이 20,000ℓ를 초과할 때에는 20,000ℓ

4 구조 : 옥외저장탱크의 구조의 기준을 준용할 것

5 옥내저장탱크의 외면에는 녹을 방지하기 위한 도장을 할 것(탱크의 재질이 부식의 우려가 없는 스테인레스 강판 등인 경우 제외)

6 통기관
① 압력탱크에는 안전장치, 그 외의 제4류 위험물 저장 탱크에는 밸브 없는 통기관 또는 대기밸브 부착 통기관 설치
② 선단의 위치
  • 창·출입구 등의 개구부로부터 1m 이상
  • 지면으로부터 4m 이상
  • 부지경계선으로부터 1.5m 이상(인화점이 40℃ 미만인 위험물의 탱크)
  • 고인화점 위험물만을 100℃ 미만의 온도로 저장 또는 취급하는 경우 탱크전용실 내에 설치 가능
  • 가스 등이 체류할 우려가 있는 굴곡이 없도록 할 것

7 액체위험물의 옥내저장탱크에는 위험물의 양을 자동적으로 표시하는 장치를 설치할 것

8 펌프실
① 탱크전용실이 있는 건축물에 설치하는 경우
  • 펌프설비를 견고한 기초 위에 고정시킨 다음 그 주위에 불연재료로 된 턱을 탱크전용실의 문턱 높이 이상으로 설치할 것(펌프설비의 기초를 탱크전용실의 문턱높이 이상으로 하는 경우 제외)

② 탱크전용실이 있는 건축물 외의 장소에 설치하는 경우
  • 옥외저장탱크의 펌프설비의 기준을 준용할 것
  • 펌프실의 지붕은 내화구조 또는 불연재료로 가능

9 밸브 · 배수관 및 배관
옥외저장탱크의 기준을 준용할 것

10 탱크전용실
① 벽·기둥 및 바닥을 내화구조로 하고, 보를 불연재료로 하며, 연소의 우려가 있는 외벽은 출입구 외에는 개구부가 없도록 할 것
② 인화점이 70℃ 이상인 제4류 위험물만의 옥내저장탱크를 설치하는 탱크전용실은 연소의 우려가 없는 외벽·기둥 및 바닥을 불연재료로 할 수 있다.
③ 지붕을 불연재료로 하고, 천장을 설치하지 아니할 것
④ 창 및 출입구에는 갑종방화문 또는 을종방화문을 설치하는 동시에, 연소의 우려가 있는 외벽에 두는 출입구에는 수시로 열 수 있는 자동폐쇄식의 갑종방화문을 설치할 것
⑤ 창 또는 출입구에 유리를 이용하는 경우에는 망입유리로 할 것
⑥ 액상의 위험물의 옥내저장탱크를 설치하는 탱크전용실의 바닥은 위험물이 침투하지 아니하는 구조로 하고, 적당한 경사를 두는 한편, 집유설비를 설치할 것
⑦ 출입구의 턱의 높이를 탱크전용실 내의 옥내저장탱크(옥내저장탱크가 2 이상인 경우에는 최대용량의 탱크)의 용량을 수용할 수 있는 높이 이상으로 하거나 옥내저장탱크로부터 누설된 위험물이 탱크전용실 외의 부분으로 유출하지 아니하는 구조로 할 것

chapter 05

⑪ 채광·조명·환기 및 배출설비는 옥내저장소의 기준을 준용할 것

02 단층건물 외의 건축물에 탱크전용실을 설치하는 옥내탱크저장소의 기준

1 적용
① 제2류 위험물 중 황화린·적린 및 덩어리 유황을 저장 또는 취급하는 옥내탱크저장소
② 제3류 위험물 중 황린을 저장 또는 취급하는 옥내탱크저장소
③ 제6류 위험물 중 질산을 저장 또는 취급하는 옥내탱크저장소
④ 제4류 위험물 중 인화점이 38℃ 이상인 위험물만을 저장 또는 취급하는 옥내탱크저장소

2 기준
① 옥내저장탱크는 탱크전용실에 설치할 것
② 제2류 위험물 중 황화린·적린 및 덩어리 유황, 제3류 위험물 중 황린, 제6류 위험물 중 질산의 탱크전용실은 건축물의 1층 또는 지하층에 설치할 것
③ 옥내저장탱크의 주입구 부근에는 위험물의 양을 표시하는 장치를 설치할 것(위험물의 양을 쉽게 확인할 수 있는 경우 제외)
④ 탱크전용실이 있는 건축물에 설치하는 옥내저장탱크의 펌프설비
㉠ 탱크전용실 외의 장소에 설치하는 경우
• 펌프실은 벽·기둥·바닥 및 보를 내화구조로 할 것
• 펌프실은 상층이 있는 경우에 있어서는 상층의 바닥을 내화구조로 하고, 상층이 없는 경우에 있어서는 지붕을 불연재료로 하며, 천장을 설치하지 아니할 것
• 펌프실에는 창을 설치하지 아니할 것(제6류 위험물의 탱크전용실에 있어서는 갑종방화문 또는 을종방화문이 있는 창을 설치할 수 있다)
• 펌프실의 출입구에는 갑종방화문을 설치할 것(제6류 위험물의 탱크전용실에 있어서는 을종방화문을 설치할 수 있다)
• 펌프실의 환기 및 배출의 설비에는 방화상 유효한 댐퍼 등을 설치할 것

㉡ 탱크전용실에 펌프설비를 설치하는 경우
• 견고한 기초 위에 고정한 다음 그 주위에는 불연재료로 된 턱을 0.2m 이상의 높이로 설치하는 등 누설된 위험물이 유출되거나 유입되지 아니하도록 하는 조치를 할 것
⑤ 탱크전용실
• 벽·기둥·바닥 및 보를 내화구조로 할 것
• 상층이 있는 경우 상층의 바닥을 내화구조로 하고, 상층이 없는 경우 지붕을 불연재료로 하며, 천장을 설치하지 아니할 것
• 창을 설치하지 아니할 것
• 출입구에는 수시로 열 수 있는 자동폐쇄식의 갑종방화문을 설치할 것
• 환기 및 배출의 설비에는 방화상 유효한 댐퍼 등을 설치할 것
• 출입구의 턱의 높이를 탱크전용실 내의 옥내저장탱크(옥내저장탱크가 2 이상인 경우에는 모든 탱크)의 용량을 수용할 수 있는 높이 이상으로 하거나 옥내저장탱크로부터 누설된 위험물이 탱크전용실 외의 부분으로 유출하지 아니하는 구조로 할 것
⑥ 옥내저장탱크의 용량(동일한 탱크전용실에 옥내저장탱크를 2 이상 설치하는 경우에는 각 탱크의 용량의 합계를 말한다)
• 1층 이하의 층 : 지정수량의 40배 이하(제4석유류 및 동식물유류 외의 제4류 위험물에 있어서 수량이 2만 ℓ 를 초과할 때에는 2만 ℓ 이하)
• 2층 이상의 층 : 지정수량의 10배 이하(제4석유류 및 동식물유류 외의 제4류 위험물에 있어서 수량이 5천 ℓ 를 초과할 때에는 5천 ℓ 이하)

기출문제 | 기출문제로 출제유형을 파악한다!

[08-01, 08-05]
1 옥내탱크저장소의 기준에서 옥내저장탱크 상호간에는 몇 m 이상의 간격을 유지하여야 하는가?

① 0.3　　　　　② 0.5
③ 0.7　　　　　④ 1.0

정답 ▶ 1 ②

지하탱크저장소의 위치·구조·설비기준

Craftsman Hazardous Material

출제포인트

이 섹션에서는 과충전방지장치와 탱크전용실의 출제 비중이 다소 높은 편이지만 이외의 부분에서도 골고루 출제되고 있다. 지하저장탱크 설치 장소나 탱크의 외면에 대해서 틀린 지문을 고르는 형태의 문제로 출제될 가능성이 있으니 체크하도록 한다.

01 설치기준

1 지하저장탱크

① 설치 장소 : 지면하에 설치된 탱크전용실에 설치

▶ 지면하에 설치된 탱크전용실에 설치하지 않아도 되는 기준

　㉠ 탱크를 지하철·지하가 또는 지하터널로부터 수평거리 10m 이내의 장소 또는 지하건축물 내의 장소에 설치하지 아니할 것
　㉡ 탱크를 그 수평투영의 세로 및 가로보다 각각 0.6m 이상 크고 두께가 0.3m 이상인 철근콘크리트조의 뚜껑으로 덮을 것
　㉢ 뚜껑에 걸리는 중량이 직접 탱크에 걸리지 아니하는 구조일 것
　㉣ 탱크를 견고한 기초 위에 고정할 것
　㉤ 탱크를 지하의 가장 가까운 벽·피트·가스관 등의 시설물 및 대지경계선으로부터 0.6m 이상 떨어진 곳에 매설할 것

② 탱크의 윗부분은 지면으로부터 0.6m 이상 아래에 위치

③ 2개 이상 인접해 설치하는 경우 상호간 거리 : 1m 이상

▶ 탱크 용량의 합계가 지정수량의 100배 이하인 경우 : 0.5m 이상

④ 수압시험
　• 압력탱크(최대상용압력이 46.7kPa 이상인 탱크) 외의 탱크 : 70kPa의 압력
　• 압력탱크 : 최대상용압력의 1.5배의 압력으로 각각 10분간

⑤ 탱크의 외면
　• 탱크의 외면에 방청도장을 할 것
　• 탱크의 외면에 방청제 및 아스팔트프라이머의 순으로 도장을 한 후 아스팔트 루핑 및 철망의 순으로 탱크를 피복하고, 그 표면에 두께가 2cm 이상에 이를 때까지 모르타르를 도장할 것
　• 탱크의 외면에 방청도장을 실시하고, 그 표면에 아스팔트 및 아스팔트루핑에 의한 피복을 두께 1cm에 이를 때까지 교대로 실시할 것
　• 탱크의 외면에 프라이머를 도장하고, 그 표면에 복장재를 휘감은 후 에폭시수지 또는 타르에폭시수지에 의한 피복을 탱크의 외면으로부터 두께 2mm 이상에 이를 때까지 실시할 것
　• 탱크의 외면에 프라이머를 도장하고, 그 표면에 유리섬유 등을 강화재로 한 강화플라스틱에 의한 피복을 두께 3mm 이상에 이를 때까지 실시할 것

⑥ 액중펌프설비
　㉠ 전동기의 구조
　　• 고정자는 위험물에 침투되지 아니하는 수지가 충전된 금속제의 용기에 수납되어 있을 것
　　• 운전 중에 고정자가 냉각되는 구조로 할 것
　　• 전동기의 내부에 공기가 체류하지 아니하는 구조로 할 것
　㉡ 설치기준
　　• 액중펌프설비는 지하저장탱크와 플랜지접합으로 할 것
　　• 액중펌프설비 중 지하저장탱크 내에 설치되는 부분은 보호관 내에 설치할 것. 다만, 당해 부분이 충분한 강도가 있는 외장에 의하여 보호되어 있는 경우에 있어서는 그러하지 아니하다.
　　• 액중펌프설비 중 지하저장탱크의 상부에 설치되는 부분은 위험물의 누설을 점검할 수 있는 조치가 강구된 안전상 필요한 강도가 있는 피트

내에 설치할 것

⑦ 액체위험물 누설 검사하기 위한 관의 설치기준
- 이중관으로 할 것. 다만, 소공이 없는 상부는 단관으로 할 수 있다.
- 재료는 금속관 또는 경질합성수지관으로 할 것
- 관은 탱크전용실의 바닥 또는 탱크의 기초까지 닿게 할 것
- 관의 밑부분으로부터 탱크의 중심 높이까지의 부분에는 소공이 뚫려 있을 것. 다만, 지하수위가 높은 장소에 있어서는 지하수위 높이까지의 부분에 소공이 뚫려 있어야 한다.
- 상부는 물이 침투하지 아니하는 구조로 하고, 뚜껑은 검사 시에 쉽게 열 수 있도록 할 것

⑧ 과충전 방지 장치
- 탱크용량을 초과하는 위험물이 주입될 때 자동으로 그 주입구를 폐쇄하거나 위험물의 공급을 자동으로 차단하도록 할 것
- 탱크용량의 90%가 찰 때 경보음을 울리도록 할 것

⑨ 맨홀
- 맨홀은 지면까지 올라오지 아니하도록 하되, 가급적 낮게 할 것
- 보호틀을 탱크에 완전히 용접하는 등 보호틀과 탱크를 기밀하게 접합할 것
- 보호틀의 뚜껑에 걸리는 하중이 직접 보호틀에 미치지 아니하도록 설치하고, 빗물 등이 침투하지 않도록 할 것
- 배관이 보호틀을 관통하는 경우 용접 등 침수 방지 조치를 할 것

2 탱크전용실

① 위치
- 지하의 가장 가까운 벽·피트·가스관 등의 시설물 및 대지경계선으로부터 0.1m 이상 떨어진 곳에 설치
- 지하저장탱크와 탱크전용실의 안쪽과의 사이는 0.1m 이상의 간격 유지
- 탱크 주위에 마른 모래 또는 습기 등에 의하여 응고되지 아니하는 입자지름 5mm 이하의 마른 자갈분을 채울 것

② 구조
- 벽·바닥 및 뚜껑의 두께는 0.3m 이상일 것
- 벽·바닥 및 뚜껑의 내부에는 직경 9mm부터 13mm까지의 철근을 가로 및 세로로 5cm부터 20cm까지의 간격으로 배치할 것
- 벽·바닥 및 뚜껑의 재료에 수밀콘크리트를 혼입하거나 벽·바닥 및 뚜껑의 중간에 아스팔트층을 만드는 방법으로 적정한 방수조치를 할 것

3 강제 이중벽탱크의 구조

① 외벽은 완전용입용접 또는 양면겹침이음용접으로 틈이 없도록 제작할 것
② 탱크의 본체와 외벽의 사이에 3mm 이상의 감지층을 둘 것
③ 탱크본체와 외벽 사이의 감지층 간격을 유지하기 위한 스페이서를 다음의 기준에 의하여 설치할 것
- 스페이서는 탱크의 고정밴드 위치 및 기초대 위치에 설치할 것
- 재질은 원칙적으로 탱크본체와 동일한 재료로 할 것
- 스페이서와 탱크의 본체와의 용접은 전주필렛용접 또는 부분용접으로 하되, 부분용접으로 하는 경우에는 한 변의 용접비드는 25mm 이상으로 할 것

> ▶ 스페이서의 크기
> - 두께 : 3mm
> - 폭 : 50mm
> - 길이 : 380mm 이상

4 누설감지설비

① 누설감지설비의 기준
- 누설감지설비는 탱크본체의 손상 등에 의하여 감지층에 위험물이 누설되거나 강화플라스틱 등의 손상 등에 의하여 지하수가 감지층에 침투하는 현상을 감지하기 위하여 감지층에 접속하는 누유검사관(검지관)에 설치된 센서 및 당해 센서가 작동한 경우에 경보를 발생하는 장치로 구성되도록 할 것
- 경보표시장치는 관계인이 상시 쉽게 감시하고 이상상태를 인지할 수 있는 위치에 설치할 것
- 감지층에 누설된 위험물 등을 감지하기 위한 센

서는 액체플로트센서 또는 액면계 등으로 하고, 검지관 내로 누설된 위험물 등의 수위가 3㎝ 이상인 경우에 감지할 수 있는 성능 또는 누설량이 1ℓ 이상인 경우에 감지할 수 있는 성능이 있을 것

- 누설감지설비는 센서가 누설된 위험물 등을 감지한 경우에 경보신호(경보음 및 경보표시)를 발하는 것으로 하되, 당해 경보신호가 쉽게 정지될 수 없는 구조로 하고 경보음은 80dB 이상으로 할 것

② 누설감지설비는 위 ①의 규정에 의한 성능을 갖도록 이중벽탱크에 부착할 것. 다만, 탱크제작지에서 탱크매설장소로 운반하는 과정 또는 매설 등의 공사작업 시 누설감지설비의 손상이 우려되거나 탱크매설현장에서 부착하는 구조의 누설감지설비는 제외

③ 위 ②의 단서규정에 해당하는 누설감지설비는 다음 기준을 준수할 것

- 감지센서부, 수신부, 경보 및 부속장치 등을 운반도중 손상되지 아니하도록 포장하고 포장외면에 적용되는 이중벽탱크의 형식번호 등을 표시할 것
- 누설감지설비의 설치 및 부착방법·성능확인요령 등의 자세한 설치시방서를 첨부할 것

④ 강제 이중벽탱크의 표시사항(탱크외면에 지워지지 않도록 표시)

- 제조업체명, 제조년월 및 제조번호
- 탱크의 용량·규격 및 최대시험압력
- 형식번호, 탱크안전성능시험 실시자 등 기타 필요한 사항
- 위험물의 종류 및 사용온도범위
- 탱크 운반 시 주의사항·적재방법·보관방법·설치방법 및 주의사항 등을 기재한 지침서를 만들어 쉽게 뜯겨지지 아니하고 빗물 등에 손상되지 아니하도록 탱크외면에 부착

02 위험물의 성질에 따른 지하탱크저장소의 특례

1 아세트알데히드등 및 히드록실아민등을 저장 또는 취급하는 지하탱크저장소의 강화기준

① 지반면하에 설치된 탱크전용실에 설치할 것

② 지하저장탱크의 설비는 아세트알데히드등의 옥외저장탱크의 설비의 기준을 준용할 것. 다만, 지하저장탱크가 아세트알데히드등의 온도를 적당한 온도로 유지할 수 있는 구조인 경우에는 냉각장치 또는 보냉장치를 설치하지 아니할 수 있다.

2 히드록실아민등을 저장 또는 취급하는 지하탱크저장소의 강화기준

히드록실아민등을 저장 또는 취급하는 옥외탱크저장소의 규정을 준용할 것

기출문제 | 기출문제로 출제유형을 파악한다!

[09-02]

1 위험물의 지하저장탱크 중 압력탱크 외의 탱크에 대해 수압시험을 실시할 때 몇 kPa의 압력으로 하여야 하는가?(단, 국민안전처장관이 정하여 고시하는 기밀시험과 비파괴시험을 동시에 실시하는 방법으로 대신하는 경우는 제외한다)

① 40 　　　　　 ② 50
③ 60 　　　　　 ④ 70

- 압력탱크 외의 탱크 : 70kPa의 압력
- 압력탱크 : 최대상용압력의 1.5배의 압력

[13-05]

2 위험물안전관리법령상 지하탱크저장소에 설치하는 강제이중벽탱크에 관한 설명으로 틀린것은?

① 탱크 본체와 외벽 사이에는 3mm 이상의 감지층을 둔다.
② 스페이서는 탱크 본체와 재질을 다르게 하여야 한다.
③ 탱크전용실 없이 지하에 직접 매설할 수도 있다.
④ 탱크 외면에는 최대시험압력을 지워지지 않도록 표시하여야 한다.

스페이서의 재질은 원칙적으로 탱크 본체와 동일한 재료로 해야 한다.

정답 1 ④ 2 ②

3 지하탱크저장소에서 인접한 2개의 지하저장탱크 용량의 합계가 지정수량의 100배일 경우 탱크 상호 간의 최소거리는?

① 0.1m   ② 0.3m

③ 0.5m   ④ 1m

4 지하저장탱크에 경보음을 울리는 방법으로 과충전 방지장치를 설치하고자 한다. 탱크 용량의 최소 몇 %가 찰 때 경보음이 울리도록 하여야 하는가?

① 80   ② 85

③ 90   ④ 95

5 위험물을 저장하는 간이탱크저장소의 구조 및 설비의 기준으로 옳은 것은?

① 탱크의 두께 2.5mm 이상, 용량 600L 이하

② 탱크의 두께 2.5mm 이상, 용량 800L 이하

③ 탱크의 두께 3.2mm 이상, 용량 600L 이하

④ 탱크의 두께 3.2mm 이상, 용량 800L 이하

6 지하탱크저장소 탱크전용실의 안쪽과 지하저장탱크와의 사이는 몇 m 이상의 간격을 유지하여야 하는가?

① 0.1   ② 0.2

③ 0.3   ④ 0.5

7 위험물안전관리법령상 지하탱크저장소의 위치·구조 및 설비의 기준에 따라 다음 (　)에 들어갈 수치로 옳은 것은?

> 탱크전용실은 지하의 가장 가까운 벽 · 피트 · 가스관 등의 시설물 및 대지경계선으로부터 (㉠)m 이상 떨어진 곳에 설치하고, 지하저장탱크와 탱크전용실의 안쪽과의 사이는 (㉡)m 이상의 간격을 유지하도록 하며, 당해 탱크의 주위에 마른 모래 또는 습기 등에 의하여 응고되지 아니하는 입자지름 (㉢)mm 이하의 마른 자갈분을 채워야 한다.

① ㉠ : 0.1 ㉡ : 0.1 ㉢ : 5

② ㉠ : 0.1 ㉡ : 0.3 ㉢ : 5

③ ㉠ : 0.1 ㉡ : 0.1 ㉢ : 10

④ ㉠ : 0.1 ㉡ : 0.3 ㉢ : 10

SECTION 07

Craftsman Hazardous Material

간이탱크저장소의 위치·구조·설비기준

01 설치기준

① 용량 : 600ℓ 이하, 두께 : 3.2mm 이상

② 개수 : 하나의 간이탱크저장소에 3개 이하(동일 품질의 위험물일 경우 2개 이상 설치하지 못함)

③ 유지 간격

  ㉠ 옥외에 설치하는 경우 그 탱크의 주위에 너비 1m 이상의 공지를 둘 것

  ㉡ 전용실 안에 설치하는 경우 탱크와 전용실 벽과의 사이에 0.5m 이상의 간격 유지

④ 통기관

  ㉠ 밸브 없는 통기관

    • 통기관의 지름은 25mm 이상으로 할 것

    • 통기관은 옥외에 설치하되, 그 선단의 높이는 지상 1.5m 이상으로 할 것

    • 통기관의 선단은 수평면에 대하여 아래로 45° 이상 구부려 빗물 등이 침투하지 아니하도록 할 것

    • 가는 눈의 구리망 등으로 인화방지장치를 할 것

    ▶ 인화점 70℃ 이상의 위험물만을 해당 위험물의 인화점 미만의 온도로 저장 또는 취급하는 탱크에 설치하는 경우 제외

  ㉡ 대기밸브 부착 통기관

    • 통기관은 옥외에 설치하되, 그 선단의 높이는 지상 1.5m 이상으로 할 것

    • 가는 눈의 구리망 등으로 인화방지장치를 할 것

이동탱크저장소의 위치·구조·설비기준

출제 포인트

이 섹션에서는 출제 비중이 그다지 높지 않지만 최근 2년 동안 한두 문제씩 출제되고 있다. 이동저장탱크의 구조에서 압력, 칸막이, 안전장치, 방화판 등에 관한 숫자는 암기할 수 있도록 한다.

01 설치기준

1 상치장소

① 옥외에 있는 상치장소 : 화기를 취급하는 장소 또는 인근의 건축물로부터 5m 이상(인근의 건축물이 1층인 경우 3m 이상)의 거리를 확보

② 옥내에 있는 상치장소 : 벽·바닥·보·서까래 및 지붕이 내화구조 또는 불연재료로 된 건축물의 1층에 설치

2 이동저장탱크의 구조

① 재질
두께 3.2mm 이상의 강철판 또는 이와 동등 이상의 강도, 내식성 및 내열성을 갖는 재질로 한다.

② 압력
  - 압력탱크 : 최대상용압력의 1.5배의 압력으로 10분간의 수압시험을 실시하여 새거나 변형되지 않도록 한다.
  - 압력탱크 외의 탱크 : 70kPa의 압력으로 10분간의 수압시험을 실시하여 새거나 변형되지 않도록 한다.

③ 칸막이 설치
탱크 내부에 4,000ℓ 이하마다 3.2mm 이상의 강철판 또는 이와 동등 이상의 강도·내열성 및 내식성이 있는 금속성의 것으로 칸막이를 설치할 것

④ 안전장치
상용압력이 20kPa 이하인 탱크에 있어서는 20kPa 이상 24kPa 이하의 압력에서, 상용압력이 20kPa를 초과하는 탱크에 있어서는 상용압력의 1.1배 이하의 압력에서 작동하는 것으로 한다.

⑤ 방파판
  - 두께 1.6mm 이상의 강철판 또는 이와 동등 이상의 강도·내열성 및 내식성이 있는 금속성의 것으로 한다.
  - 하나의 구획부분에 2개 이상의 방파판을 이동탱크저장소의 진행방향과 평행으로 설치하되, 각 방파판은 그 높이 및 칸막이로부터의 거리를 다르게 한다.
  - 하나의 구획부분에 설치하는 각 방파판의 면적의 합계는 당해 구획부분의 최대 수직단면적의 50% 이상으로 한다.

⑥ 측면틀
  - 측면틀의 최외측과 최외측선 수평면에 대한 내각이 75도 이상이 되도록 한다.
  - 최대수량의 위험물을 저장한 상태에 있을 때의 당해 탱크중량의 중심점과 측면틀의 최외측을 연결하는 직선과 그 중심점을 지나는 직선 중 최외측선과 직각을 이루는 직선과의 내각이 35도 이상이 되도록 한다.
  - 외부로부터 하중에 견딜 수 있는 구조로 한다.
  - 탱크 상부의 네 모퉁이에 탱크의 전단 또는 후단으로부터 각각 1m 이내의 위치에 설치한다.
  - 측면틀에 걸리는 하중에 의하여 탱크가 손상되지 아니하도록 측면틀의 부착부분에 받침판을 설치한다.

⑦ 방호틀
  - 두께 2.3mm 이상의 강철판 또는 이와 동등 이상의 기계적 성질이 있는 재료로써 산 모양의 형상으로 하거나 이와 동등 이상의 강도가 있는 형상으로 한다.

chapter 05

- 정상부분은 부속장치보다 50mm 이상 높게 하거나 이와 동등 이상의 성능이 있는 것으로 한다.
⑧ 주입설비
- 위험물이 샐 우려가 없고 화재예방상 안전한 구조로 한다.
- 주입설비의 길이는 50m 이내로 하고, 그 선단에 축적되는 정전기를 유효하게 제거할 수 있는 장치를 한다.
- 분당 토출량은 200ℓ 이하로 한다.
⑨ 표지 및 게시판
- 표지 : 0.6×0.3m 이상의 흑색바탕에 황색의 반사도료 그 밖의 반사성이 있는 재료로 '위험물'이라고 표시
- 게시판 : 탱크의 뒷면 중 보기 쉬운 곳에 위험물의 유별·품명·최대수량 및 적재중량을 게시
⑩ 펌프설비
- 저장 또는 취급 가능한 위험물은 인화점이 70℃ 이상인 폐유 또는 비인화성의 것에 한한다.
- 감압장치의 배관 및 배관의 이음은 금속제일 것
- 완충용이음은 내압 및 내유성이 있는 고무제품을, 배기통의 최상부는 합성수지제품을 사용 가능하다.
- 호스 선단에는 돌 등의 고형물이 혼입되지 아니하도록 망 등을 설치한다.
- 이동저장탱크로부터 위험물을 다른 저장소로 옮겨 담는 경우에는 당해 저장소의 펌프 또는 자연하류의 방식에 의하는 구조일 것
⑪ 컨테이너식 이동탱크저장소
- 이동저장탱크·맨홀 및 주입구의 뚜껑의 두께 : 6mm 이상(탱크의 직경 또는 장경이 1.8m 이하인 것은 5mm 이상)
- 칸막이 두께 : 3.2mm 이상
- 부속장치는 상자틀의 최외측과 50mm 이상의 간격 유지

02 이동탱크저장소 취급기준 (컨테이너식 이동탱크저장소 제외)

① 이동저장탱크로부터 액체위험물을 용기에 옮겨 담지 아니할 것(인화점 40℃ 이상의 제4류 위험물인 경우 제외)
② 인화점 40℃ 미만인 위험물을 주입할 때에는 이동탱크저장소의 원동기를 정지시킬 것
③ 선박의 연료탱크에 직접 주입하는 경우
  ㉠ 선박이 이동하지 아니하도록 계류(繫留)시킬 것
  ㉡ 이동탱크저장소가 움직이지 않도록 조치를 강구할 것
  ㉢ 이동탱크저장소의 주입호스의 선단을 선박의 연료탱크의 급유구에 긴밀히 결합할 것(주입호스 선단부에 수동개폐장치를 설치한 주유노즐로 주입하는 경우 제외)
  ㉣ 이동탱크저장소의 주입설비를 접지할 것(인화점 40℃ 이상의 위험물을 주입하는 경우 제외)

▶ 정전기 등에 의한 재해 방지 조치
휘발유를 저장하던 이동저장탱크에 등유나 경유를 주입할 때 또는 등유나 경유를 저장하던 이동저장탱크에 휘발유를 주입할 경우
  ㉠ 이동저장탱크의 상부로부터 위험물을 주입할 때에는 위험물의 액표면이 주입관의 선단을 넘는 높이가 될 때까지 그 주입관 내의 유속을 초당 1m 이하로 할 것
  ㉡ 이동저장탱크의 밑부분으로부터 위험물을 주입할 때에는 위험물의 액표면이 주입관의 정상부분을 넘는 높이가 될 때까지 그 주입배관 내의 유속을 초당 1m 이하로 할 것
  ㉢ 그 밖의 방법에 의한 위험물의 주입은 이동저장탱크에 가연성증기가 잔류하지 아니하도록 조치하고 안전한 상태로 있음을 확인한 후에 할 것

▶ 상치장소 외 주차 가능 장소(장거리 운행 시)
  ㉠ 다른 이동탱크저장소의 상치장소
  ㉡ 일반화물자동차운송사업을 위한 차고
  ㉢ 화물터미널의 주차장
  ㉣ 노외의 옥외주차장
  ㉤ 제조소등이 설치된 사업장 내의 안전한 장소
  ㉥ 도로(길어깨 및 노상주차장을 포함) 외의 장소로서 화기취급 장소 또는 건축물로부터 10m 이상 이격된 장소
  ㉦ 벽·기둥·바닥·보·서까래 및 지붕이 내화구조로 된 건축물의 1층으로서 개구부가 없는 내화구조의 격벽 등으로 당해 건축물의 다른 용도의 부분과 구획된 장소
  ㉧ 소방본부장 또는 소방서장으로부터 승인을 받은 장소

▶ 이동저장탱크의 유별 외부도장 색상

유별	도장의 색상	비고
제1류	회색	• 탱크의 앞면과 뒷면을 제외한 면적의 40% 이내의 면적은 다른 유별의 색상 외의 색상으로 도장 가능 • 제4류는 도장의 색상 제한이 없으나 적색을 권장
제2류	적색	
제3류	청색	
제5류	황색	
제6류	청색	

03 암반탱크저장소

1 설치기준

① 암반탱크는 암반투수계수가 1초당 10만분의 1m 이하인 천연암반 내에 설치할 것

② 암반탱크는 저장할 위험물의 증기압을 억제할 수 있는 지하수면 하에 설치할 것

③ 암반탱크의 내벽은 암반균열에 의한 낙반을 방지할 수 있도록 볼트·콘크리크 등으로 보강할 것

2 수리조건

① 암반탱크 내로 유입되는 지하수의 양은 암반 내의 지하수 충전량보다 적을 것

② 암반탱크의 상부로 물을 주입하여 수압을 유지할 필요가 있는 경우에는 수벽공을 설치할 것

③ 암반탱크에 가해지는 지하수압은 저장소의 최대 운영압보다 항상 크게 유지할 것

기출문제 | 기출문제로 출제유형을 파악한다!

[12–04, 07–01]

1 휘발유를 저장하던 이동저장탱크에 등유나 경유를 탱크 상부로부터 주입할 때 액 표면이 일정 높이가 될 때까지 위험물의 주입관 내 유속을 몇 m/s 이하로 하여야 하는가?

① 1　　　　　　② 2
③ 3　　　　　　④ 5

[14–01, 13–04]

2 다음은 위험물안전관리법령에 따른 이동저장탱크의 구조에 관한 기준이다. ( ) 안에 알맞은 수치는?

> "이동저장탱크는 그 내부에 (㉠) L 이하마다 (㉡) mm 이상의 강철판 또는 이와 동등 이상의 강도 · 내열성 및 내식성이 있는 금속성의 것으로 칸막이를 설치하여야 한다. 다만, 고체인 위험물을 저장하거나 고체인 위험물을 가열하여 액체 상태로 저장하는 경우에는 그러하지 아니하다."

① ㉠ : 2,000, ㉡ : 1.6　　② ㉠ : 2,000, ㉡ : 3.2
③ ㉠ : 4,000, ㉡ : 1.6　　④ ㉠ : 4,000, ㉡ : 3.2

[07–01]

3 이동저장탱크는 그 내부에 4,000L 이하마다 몇 mm 이상의 강철판 칸막이를 설치하여야 하는가?

① 0.7　　　　　② 1.2
③ 2.4　　　　　④ 3.2

[09–01]

4 위험물의 이동탱크저장소 차량에 "위험물"이라고 표시한 표지를 설치할 때 표지의 바탕색은?

① 흰색　　　　　② 적색
③ 흑색　　　　　④ 황색

[13–02]

5 위험물안전관리법령에 따른 이동저장탱크의 구조의 기준에 대한 설명으로 틀린 것은?

① 압력탱크는 최대상용압력의 1.5배의 압력으로 10분간 수압시험을 하여 새지 말 것

② 상용압력이 20kPa를 초과하는 탱크의 안전장치는 상용압력의 1.5배 이하의 압력에서 작동할 것

③ 방파판은 두께 1.6mm 이상의 강철판 또는 이와 동등 이상의 강도, 내식성 및 내열성이 있는 금속성의 것으로 할 것

④ 탱크는 두께 3.2mm 이상의 강철판 또는 이와 동등 이상의 강도, 내식성 및 내열성을 갖는 재질로 할 것

> 상용압력이 20kPa를 초과하는 탱크에 있어서는 상용압력의 1.1배 이하의 압력에서 작동하는 것으로 할 것

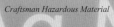
SECTION 09 | 취급소의 위치·구조·설비기준

출제 포인트

이 섹션에서는 주유취급소와 판매취급소의 출제 비중이 높다. 주유취급소에서는 특히 탱크용량에 대해서는 확실히 암기할 수 있도록 한다. 고정주유설비의 펌프기 토출량도 출제 가능성이 있으니 소홀히 하지 않도록 한다. 판매취급소는 1, 2종을 잘 구분해서 암기하도록 한다.

> **▶ 취급소의 구분**
> * 주유취급소 · 판매취급소
> * 이송취급소 · 일반취급소

01 주유취급소

1 설치기준

(1) 주유공지

너비 15m 이상, 길이 6m 이상의 콘크리트 등으로 포장한 공지

(2) 표지 및 게시판

① 표지 : 0.6×0.3m 이상의 흑색바탕에 황색의 반사도료 그 밖의 반사성이 있는 재료로 '위험물 주유취급소'라고 표시

② 게시판 : 황색바탕에 흑색문자로 '주유중엔진정지'라고 표시

(3) 탱크 용량

① 자동차용 고정주유설비, 고정급유설비 : 50,000ℓ 이하

② 보일러 : 10,000ℓ 이하

③ 자동차 점검·정비용 폐유·윤활유 : 2,000ℓ 이하

④ 고속국도의 도로변에 설치된 주유취급소 : 60,000ℓ 이하

(4) 고정주유설비

① 주유관의 길이 : 5m

> **▶ 현수식** : 지면 위 0.5m의 수평면에 수직으로 내려 만나는 점을 중심으로 반경 3m

② 도로경계선까지의 거리 : 4m 이상

③ 부지경계선·담 및 건축물의 벽까지의 거리 : 2m(개구부가 없는 벽까지는 1m) 이상

④ 고정급유설비의 중심선을 기점으로 하여 도로경계선까지의 거리 : 4m 이상

⑤ 부지경계선 및 담까지의 거리 : 1m 이상

⑥ 건축물의 벽까지의 거리 : 2m 이상(개구부가 없는 벽까지는 1m)

⑦ 고정주유설비와 고정급유설비의 사이의 거리 : 4m 이상

⑧ 펌프기 토출량

* 제1석유류 : 분당 50ℓ 이하
* 경유 : 분당 180ℓ 이하
* 등유 : 분당 80ℓ 이하
* 이동저장탱크용 고정급유설비 : 분당 300ℓ 이하

※ 분당 토출량이 200ℓ 이상인 경우 배관의 안지름 : 40㎜ 이상

⑨ 이동저장탱크의 상부를 통하여 주입하는 고정급유설비의 주유관에는 탱크의 밑부분에 달하는 주입관을 설치하고, 그 토출량이 분당 80ℓ를 초과하는 것은 이동저장탱크에 주입하는 용도로만 사용할 것

⑩ 고정주유설비 또는 고정급유설비는 난연성 재료로 만들어진 외장을 설치할 것

(5) 옥내주유취급소

① 건축물 안에 설치하는 주유취급소

② 캐노피·처마·차양·부연·발코니 및 루버의 수평투영면적이 주유취급소의 공지면적의 3분의 1을 초과하는 주유취급소

▶ 주유취급소 일반점검표

공지등

점검항목	점검내용	점검방법
주유 · 급유공지	장애물의 유무	육안
지반면	주위지반과 고저차의 적부	육안
	균열 · 손상의 유무	육안
배수구 · 유분리장치	균열 · 손상의 유무	육안
	체유 · 체수 · 토사 등의 퇴적의 유무	육안

방화담

점검항목	점검내용	점검방법
방화담	균열 · 손상 · 경사 등의 유무	육안

건축물

점검항목	점검내용	점검방법
벽 · 기둥 · 바닥 · 보 · 지붕	균열 · 손상의 유무	육안
방화문	변형 · 손상의 유무 및 폐쇄기능의 적부	육안
간판 등	고정의 적부 및 경사의 유무	육안
다른 용도와의 구획	균열 · 손상의 유무	육안
구멍 · 구덩이	구멍 · 구덩이의 유무	육안
감시대 등 — 감시대	위치의 적부	육안
감시대 등 — 감시설비	기능의 적부	육안 · 작동확인
감시대 등 — 제어장치	기능의 적부	육안 · 작동확인
감시대 등 — 방송기기등	기능의 적부	육안 · 작동확인

전용탱크 · 폐유탱크 · 간이탱크

점검항목	점검내용	점검방법
상부	허가외 구조물 설치여부	육안
맨홀	변형 · 손상 · 토사 등의 퇴적의 유무	육안
통기관	밸브의 작동상황	작동확인
과잉주입방지장치	작동상황	육안 · 작동확인
가연성증기회수밸브	작동상황	육안
액량자동표시장치	작동상황	육안 · 작동확인
온도계 · 계량구	작동상황 · 변형 · 손상의 유무	육안 · 작동확인
탱크본체	누설의 유무	육안
누설검지관	변형 · 손상 · 토사 등의 퇴적의 유무	육안
누설검지장치 (이중벽탱크)	경보장치의 기능의 적부	작동확인
주입구	접지전극손상의 유무	육안
주입구의 비트	체유 · 체수 · 토사 등의 퇴적의 유무	육안

배관 · 밸브 등

점검항목	점검내용	점검방법
배관(플랜지 · 밸브 포함)	도장상황 · 부식의 유무 및 누설의 유무	육안
배관의 비트	체유 · 체수 · 토사 등의 퇴적의 유무	육안
전기방식 설비	단자의 탈락의 유무	육안
점검함	균열 · 손상 · 체유 · 체수 · 토사 등의 퇴적의 유무	육안
밸브	폐쇄기능의 적부	작동확인

고정 주유설비 · 급유설비

점검항목	점검내용	점검방법
접합부	누설 · 변형 · 손상의 유무	육안
고정볼트	부식 · 풀림의 유무	육안
노즐 · 호스	누설의 유무	육안
	균열 · 손상 · 결합부의 풀림의 유무	육안
	유종표시의 손상의 유무	육안
펌프	누설의 유무	육안
	변형 · 손상의 유무	육안
	이상진동 · 소음 · 발열 등의 유무	작동확인
유량계	누설 · 파손의 유무	육안
표시장치	변형 · 손상의 유무	육안
충돌방지장치	변형 · 손상의 유무	육안
정전기제거설비	손상의 유무	육안
	접지저항치의 적부	저항치측정
현수식 — 호스릴	누설 · 변형 · 손상의 유무	육안
현수식 — 호스릴	호스상승기능 · 작동상황의 적부	작동확인
현수식 — 긴급이송정지장치	기능의 적부	작동확인
셀프용 — 기동안전대책노즐	기능의 적부	작동확인
셀프용 — 탈락시정지장치	기능의 적부	작동확인
셀프용 — 가연성증기회수장치	기능의 적부	작동확인
셀프용 — 만량(滿量)정지장치	기능의 적부	작동확인
셀프용 — 긴급이탈커플러	변형 · 손상의 유무	육안
셀프용 — 오(誤)주유정지장치	기능의 적부	작동확인
셀프용 — 정량정시간제어	기능의 적부	작동확인
셀프용 — 노즐	개방상태고정이 불가한 수동폐쇄장치의 적부	작동확인
셀프용 — 누설확산방지장치	변형 · 손상의 유무	육안
셀프용 — "고객용" 표시판	변형 · 손상의 유무	육안
셀프용 — 자동차정지위치 · 용기위치표시	변형 · 손상의 유무	육안
셀프용 — 사용방법 · 위험물의 품명표시	변형 · 손상의 유무	육안
셀프용 — "비고객용"표시판	변형 · 손상의 유무	육안

펌프실 · 유고 · 정비실 등

점검항목	점검내용	점검방법
벽 · 기둥 · 보 · 지붕	손상의 유무	
방화문	변형 · 손상의 유무 및 폐쇄기능의 적부	육안
펌프	누설의 유무	육안
	변형 · 손상의 유무	육안
	이상진동 · 소음 · 발열 등의 유무	작동확인
바닥 · 점검비트 · 집유설비	균열 · 손상 · 체유 · 체수 · 토사 등의 퇴적의 유무	육안
환기 · 배출설비	변형 · 손상의 유무	육안
조명설비	손상의 유무	육안

점검항목	점검내용	점검방법
누설국한설비·수용설비	체유·체수·토사 등의 퇴적의 유무	육안
전기설비	배선·기기의 손상의 유무	육안
	기능의 적부	작동확인
가연성증기검지경보설비	손상의 유무	육안
	기능의 적부	작동확인
부대설비		
(증기)세차기	배기통·연통의 탈락·변형·손상의 유무	육안
	주위의 변형·손상의 유무	육안
그밖의 설비	위치의 적부	육안
표지·게시판	손상의 유무	육안
	기재사항의 적부	육안
소화설비		
소화기	위치·설치수·압력의 적부	육안
그밖의 소화설비	소화설비 점검표에 의할 것	
경보설비		
자동화재탐지설비	자동화재탐지설비 점검표에 의할 것	
그밖의 소화설비	손상의 유무	육안
	기능의 적부	작동확인
피난설비		
유도등본체	점등상황 및 손상의 유무	육안
	시각장애물의 유무	육안
비상전원	정전시의 점등상황	작동확인

02 판매취급소

1 종류

구분	구분 기준
제1종 판매취급소	위험물의 수량이 지정수량의 20배 이하인 판매취급소
제2종 판매취급소	위험물의 수량이 지정수량의 40배 이하인 판매취급소

2 설치기준

(1) 제1종 판매취급소
  ① 건축물의 1층에 설치할 것
  ② 건축물은 내화구조 또는 불연재료로 하고, 판매취급소로 사용되는 부분과 다른 부분과의 격벽은 내화구조로 할 것
  ③ 보와 천장은 불연재료로 할 것

④ 창 및 출입구에는 갑종방화문 또는 을종방화문을 설치할 것
⑤ 위험물을 배합하는 실은 다음에 의할 것
  • 바닥면적은 6m² 이상 15m² 이하로 할 것
  • 내화구조 또는 불연재료로 된 벽으로 구획할 것
  • 바닥은 위험물이 침투하지 아니하는 구조로 하여 적당한 경사를 두고 집유설비를 할 것
  • 출입구에는 수시로 열 수 있는 자동폐쇄식의 갑종방화문을 설치할 것
  • 출입구 문턱의 높이는 바닥면으로부터 0.1m 이상으로 할 것
  • 내부에 체류한 가연성의 증기 또는 가연성의 미분을 지붕 위로 방출하는 설비를 할 것

(2) 제2종 판매취급소
  ① 벽·기둥·바닥 및 보를 내화구조로 하고, 천장이 있는 경우에는 이를 불연재료로 하며, 판매취급소로 사용되는 부분과 다른 부분과의 격벽은 내화구조로 할 것
  ② 상층이 있는 경우 상층의 바닥을 내화구조로 하는 동시에 상층으로의 연소를 방지하기 위한 조치를 강구하고, 상층이 없는 경우에는 지붕을 내화구조로 할 것
  ③ 연소의 우려가 없는 부분에 한하여 창을 두되, 당해 창에는 갑종방화문 또는 을종방화문을 설치할 것
  ④ 출입구에는 갑종방화문 또는 을종방화문을 설치할 것
  ⑤ 연소의 우려가 있는 벽 또는 창의 부분에 설치하는 출입구에는 수시로 열 수 있는 자동폐쇄식의 갑종방화문을 설치할 것

03 이송취급소

1 설치금지 장소

① 철도 및 도로의 터널 안
② 고속국도 및 자동차전용도로의 차도·길어깨 및 중앙분리대
③ 호수·저수지 등으로서 수리의 수원이 되는 곳
④ 급경사지역으로서 붕괴의 위험이 있는 지역

② 배관의 안전거리

① 건축물(지하가 내의 건축물 제외) : 1.5m 이상
② 지하가 및 터널 : 10m 이상
③ 위험물의 유입 우려가 있는 수도시설 : 300m 이상
④ 다른 공작물 : 0.3m 이상
⑤ 배관의 외면과 지표면과의 거리
  • 산이나 들 : 0.9m 이상
  • 그 밖의 지역 : 1.2m 이상
⑥ 도로의 경계(도로밑 매설 시) : 1m 이상
⑦ 시가지 도로의 노면 아래에 매설하는 경우
  • 배관의 외면과 노면과의 거리 : 1.5m 이상
  • 보호판 또는 방호구조물의 외면과 노면과의 거리 : 1.2m 이상
⑧ 시가지 외의 도로의 노면 아래에 매설하는 경우 배관의 외면과 노면과의 거리 : 1.2m 이상
⑨ 포장된 차도에 매설하는 경우 배관의 외면과 노반의 최하부와의 거리 : 0.5m 이상
⑩ 하천 또는 수로의 밑에 배관을 매설하는 경우 외면과 계획하상과의 거리
  • 하천을 횡단하는 경우 : 4.0m
  • 수로를 횡단하는 경우
    - 하수도 또는 운하 : 2.5m
    - 그 외 좁은 수로 : 1.2m

③ 밸브(교체밸브·제어밸브 등) 설치

① 밸브는 원칙적으로 이송기지 또는 전용부지 내에 설치할 것
② 밸브는 그 개폐상태가 당해 밸브의 설치장소에서 쉽게 확인할 수 있도록 할 것
③ 밸브를 지하에 설치하는 경우에는 점검상자 안에 설치할 것
④ 밸브는 당해 밸브의 관리에 관계하는 자가 아니면 수동으로 개폐할 수 없도록 할 것

④ 긴급차단밸브 설치

① 시가지에 설치하는 경우에는 약 4km의 간격
② 하천·호소 등을 횡단하여 설치하는 경우에는 횡단하는 부분의 양 끝
③ 해상 또는 해저를 통과하여 설치하는 경우에는 통과하는 부분의 양 끝
④ 산림지역에 설치하는 경우에는 약 10km의 간격

⑤ 도로 또는 철도를 횡단하여 설치하는 경우에는 횡단하는 부분의 양 끝

⑤ 경보설비 설치

① 이송기지에는 비상벨장치 및 확성장치를 설치할 것
② 가연성증기를 발생하는 위험물을 취급하는 펌프실 등에는 가연성증기 경보설비를 설치할 것

04 일반취급소

일반취급소의 위치·구조 및 설비의 기술기준은 제조소의 위치·구조 및 설비의 기술기준을 준용하며, 다음과 같이 특례 기준을 두고 있다.

① 분무도장작업등의 일반취급소

도장, 인쇄 또는 도포를 위하여 제2류 위험물 또는 제4류 위험물(특수인화물 제외)을 취급하는 일반취급소로서 지정수량의 30배 미만의 것(위험물을 취급하는 설비를 건축물에 설치하는 것에 한함)

② 세정작업의 일반취급소

세정을 위하여 위험물(인화점이 40℃ 이상인 제4류 위험물)을 취급하는 일반취급소로서 지정수량의 30배 미만의 것(위험물을 취급하는 설비를 건축물에 설치하는 것에 한함)

③ 열처리작업 등의 일반취급소

열처리작업 또는 방전가공을 위하여 위험물(인화점이 70℃ 이상인 제4류 위험물)을 취급하는 일반취급소로서 지정수량의 30배 미만의 것(위험물을 취급하는 설비를 건축물에 설치하는 것에 한함)

④ 보일러등으로 위험물을 소비하는 일반취급소

보일러, 버너 그 밖의 이와 유사한 장치로 위험물(인화점이 38℃ 이상인 제4류 위험물)을 소비하는 일반취급소로서 지정수량의 30배 미만의 것(위험물을 취급하는 설비를 건축물에 설치하는 것에 한함)

⑤ 충전하는 일반취급소

이동저장탱크에 액체위험물(알킬알루미늄등, 아세트알데히드등 및 히드록실아민등 제외)을 주입하는 일반취급소(액체위험물을 용기에 옮겨 담는 취급소를 포함한다)

⑥ 옮겨 담는 일반취급소

고정급유설비에 의하여 위험물(인화점이 38℃ 이상인 제 4류 위험물)을 용기에 옮겨 담거나 4,000ℓ 이하의 이동저장탱크(용량이 2,000ℓ를 넘는 탱크에 있어서는 그 내부를 2,000ℓ 이하마다 구획한 것)에 주입하는 일반취급소로서 지정수량의 40배 미만인 것

⑦ 유압장치등을 설치하는 일반취급소

위험물을 이용한 유압장치 또는 윤활유 순환장치를 설치하는 일반취급소(고인화점 위험물만을 100℃ 미만의 온도로 취급하는 것)로서 지정수량의 50배 미만의 것 (위험물을 취급하는 설비를 건축물에 설치하는 것에 한함)

⑧ 절삭장치등을 설치하는 일반취급소

절삭유의 위험물을 이용한 절삭장치, 연삭장치 그 밖의 이와 유사한 장치를 설치하는 일반취급소(고인화점 위험물만을 100℃ 미만의 온도로 취급하는 것)로서 지정수량의 30배 미만의 것(위험물을 취급하는 설비를 건축물에 설치하는 것에 한함)

⑨ 열매체유 순환장치를 설치하는 일반취급소

위험물 외의 물건을 가열하기 위하여 위험물(고인화점 위험물)을 이용한 열매체유 순환장치를 설치하는 일반취급소로서 지정수량의 30배 미만의 것(위험물을 취급하는 설비를 건축물에 설치하는 것에 한함)

> ▶ **주요 용어정리**
> ㉠ 위험물 : 인화성 또는 발화성 등의 성질을 가지는 것으로서 대통령령이 정하는 물품
> ㉡ 지정수량 : 위험물의 종류별로 위험성을 고려하여 대통령령이 정하는 수량으로서 제조소등의 설치허가 등에 있어서 최저의 기준이 되는 수량
> ㉢ 제조소등 : 제조소, 저장소, 취급소
> ㉣ 제조소 : 위험물을 제조할 목적으로 지정수량 이상의 위험물을 취급하기 위하여 허가를 받은 장소
> ㉤ 저장소 : 지정수량 이상의 위험물을 저장하기 위한 대통령령이 정하는 장소로서 규정에 따라 허가를 받은 장소
> ㉥ 취급소 : 지정수량 이상의 위험물을 제조 외의 목적으로 취급하기 위한 대통령령이 정하는 장소로서 규정에 따른 허가를 받은 장소

기출문제 | 기출문제로 출제유형을 파악한다!

[11-01]

1 주유취급소에 설치할 수 있는 위험물 탱크는?

① 고정주유설비에 직접 접속하는 5기 이하의 간이탱크
② 보일러 등에 직접 접속하는 전용탱크로서 10,000리터 이하의 것
③ 고정급유설비에 직접 접속하는 전용탱크로서 70,000리터 이하의 것
④ 폐유, 윤활유 등의 위험물을 저장하는 탱크로서 4,000리터 이하의 것

[08-02]

2 고속도로 주유취급소의 특례기준에 따르면 고속국도 도로변에 설치된 주유취급소에 있어서 고정주유설비에 직접 접속하는 탱크의 용량은 몇 리터까지 할 수 있는가?

① 1만   ② 5만
③ 6만   ④ 8만

[12-05]

3 주유취급소에 설치하는 "주유중엔진정지"라는 표시를 한 게시판의 바탕과 문자의 색상을 차례대로 옳게 나타낸 것은?

① 황색, 흑색   ② 흑색, 황색
③ 백색, 흑색   ④ 흑색, 백색

[13-05]

4 주유취급소 일반점검표의 점검항목에 따른 점검내용 중 점검방법이 육안점검이 아닌 것은?

① 가연성증기검지경보설비 - 손상의 유무
② 피난설비의 비상전원 - 정전 시의 점등상황
③ 간이탱크의 가연성증기회수밸브 - 작동상황
④ 배관의 전기방식 설비 - 단자의 탈락 유무

> 피난설비의 비상전원의 정전 시의 점등상황은 작동이 되는지 확인을 해야 한다.

정답▶ 1 ② 2 ③ 3 ① 4 ②

[12-05]

5 주유취급소에 다음과 같이 전용탱크를 설치하였다. 최대로 저장·취급할 수 있는 용량은 얼마인가? (단, 고속도로 외의 도로변에 설치하는 자동차용 주유취급소인 경우이다)

> • 간이탱크 : 2기
> • 폐유탱크등 : 1기
> • 고정주유설비 및 급유설비 접속하는 전용탱크 : 2기

① 103,200리터   ② 104,600리터
③ 123,200리터   ④ 124,200리터

간이탱크 : 600ℓ 이하
자동차 점검·정비용 폐유·윤활유 : 2,000ℓ 이하
자동차용 고정주유설비, 고정급유설비 : 50,000ℓ 이하
(600×2) + 2,000 + (50,000×2) = 103,200L

[13-02, 07-05]

6 위험물안전관리법령상 고정주유설비는 주유설비의 중심선을 기점으로 하여 도로 경계선까지 몇 m 이상의 거리를 유지해야 하는가?

① 1   ② 3
③ 4   ④ 6

[11-05]

7 위험물 제1종 판매취급소의 위치, 구조 및 설비의 기준으로 틀린 것은?

① 천장을 설치하는 경우에는 천장을 불연재료로 할 것
② 창 및 출입구에는 갑종방화문 또는 을종방화문을 설치할 것
③ 건축물의 지하 또는 1층에 설치할 것
④ 위험물을 배합하는 실의 바닥면적은 $6m^2$ 이상 $15m^2$ 이하로 할 것

건축물의 지하에는 위험물 제1종 판매취급소를 설치할 수 없다.

[13-04]

8 이송취급소의 배관이 하천을 횡단하는 경우 하천 밑에 매설하는 배관의 외면과 계획하상(계획하상이 최심하상보다 높은 경우에는 최심하상)과의 거리는?

① 1.2m 이상   ② 2.5m 이상
③ 3.0m 이상   ④ 4.0m 이상

[08-02]

9 위험물의 취급소를 구분할 때 제조 이외의 목적에 따른 구분으로 볼 수 없는 것은?

① 판매취급소   ② 이송취급소
③ 옥외취급소   ④ 일반취급소

위험물취급소 구분 : 주유취급소, 판매취급소, 이송취급소, 일반취급소

[13-04]

10 위험물 판매취급소에 관한 설명 중 틀린 것은?

① 위험물을 배합하는 실의 바닥면적은 $6m^2$ 이상 $15m^2$ 이하이어야 한다.
② 제1종 판매취급소는 건축물의 1층에 설치하여야 한다.
③ 일반적으로 페인트점, 화공약품점이 이에 해당된다.
④ 취급하는 위험물의 종류에 따라 제1종과 제2종으로 구분된다.

판매취급소는 위험물의 지정수량에 따라 제1종과 제2종으로 구분된다.

[11-04]

11 보일러 등으로 위험물을 소비하는 일반취급소의 특례의 적용에 관한 설명으로 틀린 것은?

① 일반취급소에서 보일러, 버너 등으로 소비하는 위험물은 인화점이 섭씨 38도 이상인 제4류 위험물이어야 한다.
② 일반취급소에서 취급하는 위험물의 양은 지정수량의 30배 미만이고 위험물을 취급하는 설비는 건축물에 있어야 한다.
③ 제조소의 기준을 준용하는 다른 일반취급소와 달리 일정한 요건을 갖추면 제조소의 안전거리, 보유공지 등에 관한 기준을 적용하지 않을 수 있다.
④ 건축물 중 일반취급소로 사용하는 부분은 취급하는 위험물의 양에 관계없이 철근콘크리트조 등의 바닥 또는 벽으로 당해 건축물의 다른 부분과 구획되어야 한다.

④는 지정수량 30배 미만의 위험물을 취급하는 일반취급소에 해당되는 내용이다.

[14-01, 09-05]
12 이송취급소의 교체밸브, 제어밸브 등의 설치기준으로 틀린 것은?

① 밸브는 원칙적으로 이송기지 또는 전용부지 내에 설치할 것
② 밸브는 그 개폐상태가 당해 밸브의 설치장소에서 쉽게 확인할 수 있도록 할 것
③ 밸브를 지하에 설치하는 경우에는 점검상자 안에 설치할 것
④ 밸브는 당해 밸브의 관리에 관계하는 자가 아니면 수동으로만 개폐할 수 있도록 할 것

[12-04]
13 위험물안전관리법에서 사용하는 용어의 정의 중 틀린 것은?

① "지정수량"은 위험물의 종류별로 위험성을 고려하여 대통령이 정하는 수량이다.
② "제조소"라 함은 위험물을 제조할 목적으로 지정수량 이상의 위험물을 취급하기 위하여 규정에 따라 허가를 받은 장소이다.
③ "저장소"라 함은 지정수량 이상의 위험물을 저장하기 위한 대통령령이 정하는 장소로서 규정에 따라 허가를 받은 장소를 말한다.
④ "제조소등"이라 함은 제조소, 저장소 및 이동탱크를 말한다.

[11-05]
14 위험물안전관리법에서 정하는 용어의 정의로 옳지 않은 것은?

① "위험물"이라 함은 인화성 또는 발화성 등의 성질을 가지는 것으로서 대통령령이 정하는 물품을 말한다.
② "제조소"라 함은 위험물을 제조할 목적으로 지정수량 이상의 위험물을 취급하기 위하여 규정에 따른 허가를 받은 장소를 말한다.
③ "저장소"라 함은 지정수량 이상의 위험물을 저장하기 위한 대통령령이 정하는 장소로서 규정에 따른 허가를 받은 장소를 말한다.
④ "취급소"라 함은 지정수량 이상의 위험물을 제조 외의 목적으로 취급하기 위한 관할 지자체장이 정하는 장소로서 허가를 받은 장소를 말한다.

[13-04, 11-02]
15 다음은 위험물안전관리법령에서 정한 정의이다. 무엇의 정의인가?

> "인화성 또는 발화성 등의 성질을 가지는 것으로서 대통령령이 정하는 물품을 말한다."

① 위험물
② 가연물
③ 특수인화물
④ 제4류 위험물

[09-02]
16 위험물안전관리법에서 정의하는 "제조소등"에 해당되지 않는 것은?

① 제조소   ② 저장소
③ 판매소   ④ 취급소

"제조소등"이라 함은 제조소·저장소 및 취급소를 말한다.

탱크의 용량 계산

> 탱크의 용량 = 탱크의 내용적 − 탱크의 공간용적

1 타원형 탱크

(1) 양쪽이 볼록한 탱크

$$내용적 = \frac{\pi ab}{4}\left(\ell + \frac{\ell_1 + \ell_2}{3}\right)$$

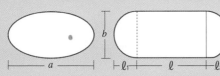

(2) 한쪽은 볼록하고 다른 한쪽은 오목한 탱크

$$내용적 = \frac{\pi ab}{4}\left(\ell + \frac{\ell_1 - \ell_2}{3}\right)$$

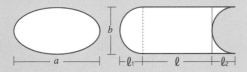

2 원형 탱크

(1) 횡으로 설치한 탱크

$$내용적 = \pi r^2 \left(\ell + \frac{\ell_1 + \ell_2}{3}\right)$$

 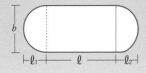

(2) 종으로 설치한 탱크

$$내용적 = \pi r^2 \ell$$

 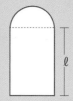

3 탱크의 공간용적

ⓐ 탱크의 내용적의 100분의 5 이상 100분의 10 이하

ⓑ 소화설비 설치 탱크 : 소화설비의 소화약제방출구 아래의 0.3미터 이상 1미터 미만 사이의 면으로부터 윗부분의 용적

ⓒ 암반탱크 : 탱크 내에 용출하는 7일간의 지하수의 양에 상당하는 용적과 탱크의 내용적의 100분의 1의 용적 중에서 큰 용적

chapter 05

[11-04, 09-01]

1 그림과 같은 타원형 위험물 탱크의 내용적을 구하는 식을 옳게 나타낸 것은?

① $\dfrac{\pi ab}{4}(L + \dfrac{L_1 + L_2}{3})$ ② $\dfrac{\pi ab}{4}(L + \dfrac{L_1 - L_2}{3})$

③ $\pi ab(L + \dfrac{L_1 + L_2}{3})$ ④ $\pi ab L^2$

[07-05]

2 다음 중 위험물 저장 탱크의 용량을 구하는 계산식을 옳게 나타낸 것은?

① 탱크의 공간 용적 − 탱크의 내용적
② 탱크의 내용적 × 0.05
③ 탱크의 내용적 − 탱크의 공간용적
④ 탱크의 공간용적 × 0.95

정답▶ **1** ① **2** ③

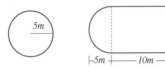

3 그림과 같이 횡으로 설치한 원통형 위험물탱크에 대하여 탱크의 용량을 구하면 약 몇 m³인가?(단, 공간용적은 탱크 내용적의 100분의 5로 한다)

[16-01, 13-01, 10-02]

① 196.3   ② 261.6
③ 785.0   ④ 994.8

> • 탱크의 용량 = 탱크의 내용적 − 탱크의 공간용적
> • 횡으로 설치한 원통형 탱크의 내용적
> $= \pi r^2(\ell + \frac{\ell_1+\ell_2}{3}) = \pi 5^2(10 + \frac{5+5}{3}) \fallingdotseq 1047.2$
> • 탱크의 공간용적
> $(1047.2 \times \frac{5}{100}) = 52.36$
> $\therefore 1047.2 - 52.36 \fallingdotseq 994.8m^3$

[15-02, 12-05, 10-04]

4 그림과 같이 횡으로 설치한 원형탱크의 용량은 약 몇 m³인가? (단, 공간용적은 내용적의 10/100이다)

① 1690.9   ② 1335.1
③ 1268.4   ④ 1201.7

> • 탱크의 용량 = 탱크의 내용적 − 탱크의 공간용적
> • 횡으로 설치한 원통형 탱크의 내용적
> $= \pi r^2(\ell + \frac{\ell_1+\ell_2}{3}) = \pi 5^2(15 + \frac{3+3}{3}) \fallingdotseq 1335.2$
> • 탱크의 공간용적
> $(1335.2 \times 0.1) = 133.5,$
> $\therefore 1335.2 - 133.5 \fallingdotseq 1201.7m^3$

[13-01, 10-04]

5 횡으로 설치한 원통형 위험물 저장탱크의 내용적이 500L일 때 공간용적은 최소 몇 L이어야 하는가? (단, 원칙적인 경우에 한함)

① 15   ② 25
③ 35   ④ 50

> 탱크의 공간용적은 탱크 내용적의 5/100 이상 10/100 이하로 하므로 최소 25L, 최대 50L이다.

[12-04, 09-04]

6 그림과 같은 위험물 저장탱크의 내용적은 약 몇 m³인가?

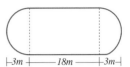

① 4,681   ② 5,482
③ 6,283   ④ 7,080

> 횡으로 설치한 원통형 탱크의 내용적
> $= \pi r^2(\ell + \frac{\ell_1+\ell_2}{3}) = \pi 10^2(18 + \frac{3+3}{3}) \fallingdotseq 6283.18$

[14-05, 11-05]

7 그림의 원통형 종으로 설치된 탱크에서 공간용적을 내용적의 약 10%라고 하면 탱크용량(허가용량)은 약 얼마인가?

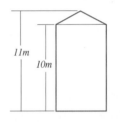

① 113.04   ② 124.34
③ 129.06   ④ 138.16

> • 탱크의 용량 = 탱크의 내용적 − 탱크의 공간용적
> • 종으로 설치한 원통형 탱크의 내용적 :
> $\pi r^2\ell = \pi \times 4 \times 10 = 125.6$
> • 탱크의 공간용적 : $125.6 \times 0.1 = 12.56$
> $\therefore 125.6 - 12.56 \fallingdotseq 113.04$

[13-02, 10-05]

8 내용적이 20,000L인 옥내저장탱크에 대하여 저장 또는 취급의 허가를 받을 수 있는 최대용량은? (단, 원칙적인 경우에 한함)

① 18,000L   ② 19,000L
③ 19,400L   ④ 20,000L

> 탱크의 용량 = 탱크의 내용적 − 탱크의 공간용적
> 탱크의 공간용적 : 탱크의 내용적의 100분의 5 이상 100분의 10 이하
> $20,000L - (20,000L \times \frac{5}{100}) = 19,000L$

정답▶ **3** ④ **4** ④ **5** ② **6** ③ **7** ① **8** ②

268 ┃ 5장 제조소등의 위치·구조·설비기준

[12-04, 07-02]

9 일반적으로 위험물 저장탱크의 공간용적은 탱크 내 용적의 얼마 이상, 얼마 이하로 하는가?

① 2/100 이상, 3/100 이하

② 2/100 이상, 5/100 이하

③ 5/100 이상, 10/100 이하

④ 10/100 이상, 20/100 이하

[14-01, 11-02]

10 고정 지붕 구조를 가진 높이 15m의 원통 종형 옥외저장탱크 안의 탱크 상부로부터 아래로 1m 지점에 포 방출구가 설치되어 있다. 이 조건의 탱크를 신설하는 경우 최대 허가량은 얼마인가?(단, 탱크의 단면적은 100m²이고, 탱크 내부에는 별다른 구조물이 없으며, 공간용적 기준은 만족하는 것으로 가정한다)

① 1,400m³

② 1,370m³

③ 1,350m³

④ 1,300m³

> 탱크 안의 윗부분에 소화약제 방출구가 설치되어 있는 탱크의 공간용적은 소화약제방출구 아래의 0.3미터 이상 1미터 미만 사이의 면으로부터 윗부분의 용적으로 한다.
> 최대용량 : (15m − 1m − 0.3)×100 = 1,370m³
> 최소용량 : (15m − 1m −1)×100 =1,300m³

[12-01]

11 다음은 위험물탱크의 공간용적에 관한 내용이다. ( ) 안의 숫자를 차례대로 올바르게 나열한 것은?(단, 소화설비를 설치하는 경유와 암반탱크는 제외한다)

> 탱크의 공간용적은 탱크용적의 100분의 ( ) 이상 100분의 ( ) 이하의 용적으로 한다.

① 5, 10

② 5, 15

③ 10, 15

④ 10, 20

[10-02]

12 위험물 저장탱크의 내용적이 300L일 때 탱크에 저장하는 위험물의 용량의 범위로 적합한 것은?(단, 원칙적인 경우에 한함)

① 240~270L

② 270~285L

③ 290~295L

④ 295~298L

> 탱크의 용량 = 탱크의 내용적 − 탱크의 공간용적
> 탱크의 공간용적 : 탱크의 내용적의 $\frac{5}{100}$ 이상, $\frac{10}{100}$ 이하
> $300L − (300L × \frac{5}{100}) = 300−15 = 285$
> $300L − (30L × \frac{10}{100}) = 300−30 = 270$

[13-02]

13 다음은 위험물을 저장하는 탱크의 공간용적 산정 기준이다. ( )에 알맞은 수치로 옳은 것은?

> 가. 위험물을 저장 또는 취급하는 탱크의 공간용적은 탱크의 내용적의 (A) 이상 (B) 이하의 용적으로 한다. 다만, 소화설비(소화약제 방출구를 탱크 안의 윗부분에 설치하는 것에 한함)를 설치하는 탱크의 공간용적은 당해 소화설비의 소화약제방출구 아래의 0.3미터 이상 1미터 미만 사이의 면으로부터 윗부분의 용적으로 한다.
> 나. 암반탱크에 있어서는 당해 탱크 내에 용출하는 (C)일간의 지하수의 양에 상당하는 용적과 당해 탱크의 내용적의 (D)의 용적 중에서 보다 큰 용적을 공간용적으로 한다.

① A : 3/100, B : 10/100, C : 10, D : 1/100

② A : 5/100, B : 5/100, C : 10, D : 1/100

③ A : 5/100, B : 10/100, C : 7, D : 1/100

④ A : 5/100, B : 10/100, C : 10, D : 3/100

[11-05, 09-05]

14 다음 ( ) 안에 알맞은 수치를 차례대로 옳게 나열한 것은?

> 위험물 암반 탱크의 공간 용적은 당해 탱크 내에 용출하는 ( )일간의 지하수양에 상당하는 용적과 당해 탱크 내용적의 100분의 ( )의 용적 중에서 보다 큰 용적을 공간 용적으로 한다.

① 1, 7

② 3, 5

③ 5, 3

④ 7, 1

[11-01]

15 위험물탱크의 용량은 탱크의 내용적에서 공간용적을 뺀 용적으로 한다. 이 경우 소화약제 방출구를 탱크 안의 윗부분에 설치하는 탱크의 공간용적은 당해 소화설비의 소화약제방출구 아래의 어느 범위의 면으로부터 윗부분의 용적으로 하는가?

① 0.1미터 이상 0.5미터 미만 사이의 면

② 0.3미터 이상 1미터 미만 사이의 면

③ 0.5미터 이상 1미터 미만 사이의 면

④ 0.5미터 이상 1.5미터 미만 사이의 면

정답 9 ③ **10** ② **11** ① **12** ② **13** ③ **14** ④ **15** ②

chapter 05

[16-02]

16 위험물안전관리법령상 위험물의 탱크 내용적 및 공간용적에 관한 기준으로 틀린 것은?

① 위험물을 저장 또는 취급하는 탱크의 용량은 해당 탱크의 내용적에서 공간용적을 뺀 용적으로 한다.

② 탱크의 공간용적은 탱크의 내용적의 100분의 5 이상 100분의 10 이하의 용적으로 한다.

③ 소화설비(소화약제 방출구를 탱크 안의 윗부분에 설치하는 것에 한한다)를 설치하는 탱크의 공간용적은 해당 소화설비의 소화약제방출구 아래의 0.3m 이상 1m 미만 사이의 면으로부터 윗부분의 용적으로 한다.

④ 암반탱크에 있어서는 해당 탱크 내에 용출하는 30일간의 지하수의 양에 상당하는 용적과 해당 탱크의 내용적의 100분의 1의 용적 중에서 보다 큰 용적을 공간용적으로 한다.

> 암반탱크에 있어서는 해당 탱크 내에 용출하는 7일간의 지하수의 양에 상당하는 용적과 해당 탱크의 내용적의 100분의 1의 용적 중에서 큰 용적을 공간용적으로 한다.

위험물안전관리법상 행정사항

제조소등 설치 및 후속절차 | 행정처분 | 안전관리 사항 | 행정감독

제조소등 설치 및 후속절차

출제 포인트

이 섹션에서는 특히 위험물안전관리자의 선임 및 신고 기간을 잘 구분해서 알아두도록 한다. 그리고 위험물시설의 설치 허가, 한국소방산업기술원 위탁업무, 이동탱크저장소 변경허가, 탱크안전성능검사 등도 중요한 내용이므로 소홀히 하지 않도록 한다.

01 위험물시설의 설치 및 변경 등

1 허가

① 제조소등을 설치 및 변경하고자 하는 자는 특별시장·광역시장 또는 도지사의 허가 필요

② 허가 기준

- 제조소등의 위치·구조 및 설비가 기술기준에 적합할 것
- 제조소등에서의 위험물의 저장 또는 취급이 공공의 안전유지 또는 재해의 발생방지에 지장을 줄 우려가 없다고 인정될 것
- 한국소방산업기술원의 기술검토를 받고 총리령으로 정하는 기준에 적합할 것(보수 등을 위한 부분적인 변경으로서 국민안전처장관이 정하여 고시하는 사항에 대해서는 기술원의 기술검토를 받지 아니할 수 있으나 총리령으로 정하는 기준에는 적합하여야 한다)

▶ **한국소방산업기술원의 기술검토 대상**

㉠ 지정수량의 3천배 이상의 위험물을 취급하는 제조소 또는 일반취급소 : 구조 · 설비에 관한 사항
㉡ 옥외탱크저장소(저장용량이 50만 리터 이상) 또는 암반탱크저장소 : 위험물탱크의 기초 · 지반, 탱크본체 및 소화설비에 관한 사항

▶ **기술검토가 면제되는 경우**

㉠ 옥외저장탱크의 지붕판(노즐 · 맨홀 등 포함)의 교체(동일한 형태의 것으로 교체하는 경우에 한함)
㉡ 옥외저장탱크의 옆판(노즐 · 맨홀 등 포함)의 교체 중 다음에 해당하는 경우
  - 최하단 옆판을 교체하는 경우에는 옆판 표면적의 10% 이내의 교체
  - 최하단 외의 옆판을 교체하는 경우에는 옆판 표면적의 30% 이내의 교체
  - 옥외저장탱크의 밑판(옆판의 중심선으로부터 600㎜ 이내의 밑판에 있어서는 당해 밑판의 원주길이의 10% 미만에 해당하는 밑판에 한함)의 교체
  - 옥외저장탱크의 밑판 또는 옆판(노즐 · 맨홀 등 포함)의 정비(밑판 또는 옆판의 표면적의 50% 미만의 겹침보수공사 또는 육성보수공사 포함)

- 옥외탱크저장소의 기초 · 지반의 정비
- 암반탱크의 내벽의 정비
- 제조소 또는 일반취급소의 구조 · 설비를 변경하는 경우에 변경에 의한 위험물 취급량의 증가가 지정수량의 3천배 미만인 경우

▶ **한국소방산업기술원 위탁업무**

㉠ 탱크안전성능검사
  - 용량이 100만 리터 이상인 액체위험물을 저장하는 탱크
  - 암반탱크
  - 지하탱크저장소의 위험물탱크 중 총리령이 정하는 액체위험물탱크(이중벽탱크)
㉡ 완공검사
  - 지정수량의 3천배 이상의 위험물을 취급하는 제조소 또는 일반취급소의 설치 또는 변경(사용 중인 제조소 또는 일반취급소의 보수 또는 부분적인 증설 제외)에 따른 완공검사
  - 옥외탱크저장소(저장용량 50만 리터 이상) 또는 암반탱크저장소의 설치 또는 변경에 따른 완공검사
㉢ 소방본부장 또는 소방서장의 '특정옥외탱크저장소'에 대한 정기검사
㉣ 국민안전처장관의 '기계에 의하여 하역하는 구조로 된 운반용기'에 대한 검사
㉤ 국민안전처장관의 '탱크시험자의 기술인력으로 종사하는 자'에 대한 안전교육

〈참고〉 안전관리자로 선임된 자와 위험물운송자로 종사하는 자에 대한 안전교육은 한국소방안전원에 위탁한다.

2 허가를 받지 않아도 되는 경우

다음의 경우 허가를 받지 아니하고 당해 제조소등을 설치하거나 그 위치·구조 또는 설비를 변경할 수 있으며, 신고를 하지 아니하고 위험물의 품명·수량 또는 지정수량의 배수를 변경할 수 있다.

① 주택의 난방시설(공동주택의 중앙난방시설 제외)을 위한 저장소 또는 취급소

② 농예용·축산용 또는 수산용으로 필요한 난방시설 또는 건조시설을 위한 지정수량 20배 이하의 저장소

❸ 품명 등의 변경신고

제조소등의 위치·구조 또는 설비의 변경 없이 제조소등에서 저장하거나 취급하는 위험물의 품명·수량 또는 지정수량의 배수를 변경하고자 하는 자는 변경하고자 하는 날의 1일 전까지 시·도지사에게 신고

❹ 이동탱크저장소 변경허가를 받아야 하는 경우

① 상치장소의 위치를 이전하는 경우(같은 사업장 또는 같은 울 안에서 이전하는 경우 제외)

② 이동저장탱크를 보수(탱크본체를 절개하는 경우에 한함)하는 경우

③ 이동저장탱크의 노즐 또는 맨홀을 신설하는 경우 (직경이 250㎜를 초과하는 경우에 한함)

④ 이동저장탱크의 내용적을 변경하기 위하여 구조를 변경하는 경우

⑤ 주입설비를 설치 또는 철거하는 경우

⑥ 펌프설비를 신설하는 경우

❺ 군용위험물시설의 설치 및 변경에 대한 특례

① 군사목적 또는 군부대시설을 위한 제조소등을 설치하거나 그 위치·구조 또는 설비를 변경하고자 하는 군부대의 장은 미리 제조소등의 소재지를 관할하는 시·도지사와 협의하여야 한다.

② 군부대의 장이 제조소등의 소재지를 관할하는 시·도지사와 협의한 경우에는 허가를 받은 것으로 본다.

③ 군부대의 장은 제조소등에 대한 완공검사를 자체적으로 실시할 수 있다. 이 경우 지체 없이 총리령이 정하는 다음 사항을 시·도지사에게 통보하여야 한다.

> ▶ **총리령이 정하는 사항**
> • 제조소등의 완공일 및 사용개시일
> • 탱크안전성능검사의 결과
> • 완공검사의 결과
> • 안전관리자 선임계획
> • 예방규정

02 탱크안전성능검사

❶ 검사의 필요성

위험물탱크가 있는 제조소등의 설치 또는 그 위치·구조 및 설비의 변경에 관하여 허가를 받은 자가 변경공사를 하는 때에는 완공검사를 받기 전에 기술기준에 적합한지의 여부를 확인하기 위하여 시·도지사가 실시하는 탱크안전성능검사를 받아야 한다.

❷ 검사대상 탱크

① 기초·지반검사 : 옥외탱크저장소의 액체위험물탱크 중 그 용량이 100만 리터 이상인 탱크

② 충수(充水)·수압검사 : 액체위험물을 저장 또는 취급하는 탱크

> ▶ **제외대상**
> • 제조소 또는 일반취급소에 설치된 탱크로서 용량이 지정수량 미만인 것
> • 특정설비에 관한 검사에 합격한 탱크
> • 성능검사에 합격한 탱크
>
> ▶ **면제**
> • 충수·수압검사를 면제받고자 하는 자는 위험물탱크안전성능시험자 또는 기술원으로부터 충수·수압검사에 관한 탱크안전성능시험을 받아 완공검사를 받기 전(지하에 매설하는 위험물탱크에 있어서는 지하에 매설하기 전)에 시험에 합격하였음을 증명하는 탱크시험필증을 시·도지사에게 제출하여야 한다.
> • 시·도지사는 탱크시험필증과 해당 위험물탱크를 확인한 결과 기술기준에 적합하다고 인정되는 때에는 충수·수압검사를 면제한다.

③ 용접부검사 : 옥외탱크저장소의 액체위험물탱크 중 그 용량이 100만 리터 이상인 탱크

> ▶ **제외대상**
> • 탱크의 저부에 관계된 변경공사(탱크의 옆판과 관련되는 공사 제외) 시에 행하여진 정기검사에 의하여 용접부에 관한 사항이 총리령으로 정하는 기준에 적합하다고 인정된 탱크
> • 총리령으로 정하는 기준 : 특정옥외저장탱크의 용접부는 국민안전처장관이 정하여 고시하는 바에 따라 실시하는 방사선투과시험, 진공시험 등의 비파괴시험에 있어서 국민안전처장관이 정하여 고시하는 기준에 적합한 것이어야 한다.

④ 암반탱크검사 : 액체위험물을 저장 또는 취급하는 암반 내의 공간을 이용한 탱크

❸ 검사 신청시기

① 기초·지반검사 : 위험물탱크의 기초 및 지반에 관한 공사의 개시 전

② 충수·수압검사 : 위험물을 저장 또는 취급하는 탱크에 배관 그 밖의 부속설비를 부착하기 전

③ 용접부검사 : 탱크본체에 관한 공사의 개시 전

④ 암반탱크검사 : 암반탱크의 본체에 관한 공사의 개시 전

03 완공검사

1 신청 시기
① 지하탱크가 있는 제조소등의 경우 : 지하탱크를 매설하기 전
② 이동탱크저장소의 경우 : 이동저장탱크를 완공하고 상치장소를 확보한 후
③ 이송취급소의 경우 : 이송배관 공사의 전체 또는 일부를 완료한 후(지하·하천 등에 매설하는 이송배관의 공사의 경우에는 이송배관을 매설하기 전)
④ 기타 제조소등의 경우 : 제조소등의 공사를 완료한 후

> ▶ 전체 공사가 완료된 후에는 완공검사를 실시하기 곤란한 경우
> • 위험물설비 또는 배관의 설치가 완료되어 기밀시험 또는 내압시험을 실시하는 시기
> • 배관을 지하에 설치하는 경우에는 시·도지사, 소방서장 또는 기술원이 지정하는 부분을 매몰하기 직전
> • 기술원이 지정하는 부분의 비파괴시험을 실시하는 시기

2 신청서 제출
시·도지사, 소방서장 또는 한국소방산업기술원에 제출

04 제조소등 설치자의 지위승계

1 설치자의 지위를 승계하는 경우
① 제조소등의 설치자가 사망한 때 : 상속인
② 제조소등을 양도·인도한 때 : 양수·인수한 자
③ 법인인 설치자의 합병이 있는 때 : 합병 후 존속하는 법인 또는 합병에 의하여 설립되는 법인
④ 경매, 환가, 압류재산의 매각 등 : 인수자

2 신고
① 지위를 승계한 자는 총리령이 정하는 바에 따라 승계한 날부터 30일 이내에 시·도지사에게 그 사실을 신고하여야 한다.
② 신고하고자 하는 자는 신고서(전자문서로 된 신고서 포함)에 제조소등의 완공검사필증과 지위승계를 증명하는 서류(전자문서 포함)를 첨부하여 시·도지사 또는 소방서장에게 제출하여야 한다.

05 제조소등의 용도폐지

① 제조소등의 관계인(소유자·점유자 또는 관리자)은 제조소등의 용도를 폐지한 때에는 폐지한 날부터 14일 이내에 시·도지사에게 신고하여야 한다.
② 용도폐지신고를 하고자 하는 자는 신고서(전자문서로 된 신고서 포함)에 제조소등의 완공검사필증을 첨부하여 시·도지사 또는 소방서장에게 제출하여야 한다.
③ 신고서를 접수한 시·도지사 또는 소방서장은 제조소등을 확인하여 위험물시설의 철거 등 용도폐지에 필요한 안전조치를 한 것으로 인정하는 경우에는 신고서의 사본에 수리사실을 표시하여 용도폐지신고를 한 자에게 통보하여야 한다.

06 위험물안전관리자

1 선임
허가를 받지 아니하는 제조소등과 이동탱크저장소를 제외한 제조소등의 관계인은 위험물을 저장 또는 취급하기 전에 위험물취급자격자를 위험물안전관리자로 선임하여야 한다.

위험물취급자격자의 구분	취급할 수 있는 위험물
위험물기능장, 위험물산업기사, 위험물기능사의 자격을 취득한 사람	모든 위험물
안전관리자교육이수자	제4류 위험물
소방공무원 경력자(소방공무원으로 근무한 경력이 3년 이상인 자)	제4류 위험물

2 해임 또는 퇴직 시
해임하거나 퇴직한 날부터 30일 이내에 다시 안전관리자 선임

3 신고
안전관리자를 선임 또는 해임하거나 안전관리자가 퇴직한 때에는 14일 이내에 소방본부장 또는 소방서장에게 신고

4 대리자 지정
안전관리자가 여행·질병 그 밖의 사유로 인하여 일시적으로 직무를 수행할 수 없거나 안전관리자의 해임 또는 퇴직과 동시에 다른 안전관리자를 선임하지

못하는 경우 위험물의 취급에 관한 자격취득자 또는 위험물안전에 관한 기본지식과 경험이 있는 자를 대리자로 지정하여 그 직무를 대행하게 하여야 한다. 이 경우 대리자가 안전관리자의 직무를 대행하는 기간은 30일을 초과할 수 없다.

> ▶ 대리자의 자격
> ㉠ 안전교육을 받은 자
> ㉡ 제조소등의 위험물 안전관리업무에 있어서 안전관리자를 지휘·감독하는 직위에 있는 자

5 책무

① 위험물의 취급 작업에 참여하여 저장 또는 취급에 관한 기술기준과 예방규정에 적합하도록 해당 작업자에 대하여 지시 및 감독하는 업무

② 화재 등의 재난이 발생한 경우 응급조치 및 소방관서 등에 대한 연락업무

③ 화재 등의 재해의 방지와 응급조치에 관하여 인접하는 제조소등과 그 밖의 관련되는 시설의 관계자와 협조체제의 유지

④ 위험물의 취급에 관한 일지의 작성·기록

⑤ 그 밖에 위험물을 수납한 용기를 차량에 적재하는 작업, 위험물설비를 보수하는 작업 등 위험물의 취급과 관련된 작업의 안전에 관하여 필요한 감독의 수행

⑥ 기타 업무(위험물시설의 안전을 담당하는 자가 따로 있는 경우 담당자에게 다음의 규정을 지시해야 한다)

• 제조소등의 위치·구조 및 설비를 기술기준에 적합하도록 유지하기 위한 점검과 점검상황의 기록·보존

• 제조소등의 구조 또는 설비의 이상을 발견한 경우 관계자에 대한 연락 및 응급조치

• 화재가 발생하거나 화재발생의 위험성이 현저한 경우 소방관서 등에 대한 연락 및 응급조치

• 제조소등의 계측장치·제어장치 및 안전장치 등의 적정한 유지·관리

• 제조소등의 위치·구조 및 설비에 관한 설계도서 등의 정비·보존 및 제조소등의 구조 및 설비의 안전에 관한 사무의 관리

6 탱크시험자의 등록 등

① 시·도지사 또는 제조소등의 관계인은 안전관리업무를 전문적이고 효율적으로 수행하기 위하여 탱크안전성능시험자로 하여금 이 법에 의한 검사 또는 점검의 일부를 실시하게 할 수 있다.

② 탱크안전성능시험자가 되고자 하는 자는 대통령령이 정하는 기술능력·시설 및 장비를 갖추어 시·도지사에게 등록하여야 한다.

③ 등록사항 가운데 총리령이 정하는 중요사항을 변경한 경우에는 그 날부터 30일 이내에 시·도지사에게 변경신고를 하여야 한다.

④ 등록취소 사유

• 허위 그 밖의 부정한 방법으로 등록을 한 경우

• 결격사유에 해당하게 된 경우

• 등록증을 다른 자에게 빌려준 경우

⑤ 업무정지 사유(6개월 이내)

• 등록기준에 미달하게 된 경우

• 탱크안전성능시험 또는 점검을 허위로 하는 경우

• 기준에 맞지 아니하게 탱크안전성능시험 또는 점검을 실시하는 경우

> ▶ 탱크안전성능시험자로 등록하거나 탱크시험자의 업무에 종사할 수 없는 사람
> ㉠ 금치산자 또는 한정치산자
> ㉡ 금고 이상의 실형의 선고를 받고 그 집행이 종료(집행이 종료된 것으로 보는 경우 포함)되거나 집행이 면제된 날부터 2년이 지나지 아니한 자
> ㉢ 금고 이상의 형의 집행유예 선고를 받고 그 유예기간 중에 있는 자
> ㉣ 탱크안전성능시험자의 등록이 취소된 날부터 2년이 지나지 아니한 자

[12-05]

1 용량 50만L 이상의 옥외탱크저장소에 대하여 변경 허가를 받고자 할 때 한국소방산업기술원으로부터 탱크의 기초·지반 및 탱크본체에 대한 기술검토를 받아야 한다. 다만, 국민안전처장관이 고시하는 부분적인 사항을 변경하는 경우에는 기술검토가 면제되는데 다음 중 기술검토가 면제되는 경우가 아닌 것은?

① 노즐, 맨홀을 포함한 동일한 형태의 지붕판의 교체
② 탱크 밑판에 있어서 밑판 표면적의 50% 미만의 육성보수공사
③ 탱크의 옆판 중 최하단 옆판에 있어서 옆판 표면적의 30% 이내의 교체
④ 옆판 중심선의 600mm 이내의 밑판에 있어서 밑판의 원주길이 10% 미만에 해당하는 밑판의 교체

> 탱크의 옆판 중 최하단 옆판에 있어서 옆판 표면적의 10% 이내의 교체인 경우 기술검토가 면제된다.

[12-02]

2 위험물안전관리법에서 규정하고 있는 내용으로 틀린 것은?

① 민사집행법에 의한 경매, 국세징수법 또는 지방세법에 의한 압류재산의 매각절차에 따라 제조소등의 시설의 전부를 인수한 자는 그 설치자의 지위를 승계한다.
② 금치산자 또는 한정치산자, 탱크시험자의 등록이 취소된 날로부터 2년이 지나지 아니한 자는 탱크시험자로 등록하거나 탱크시험자의 업무에 종사할 수 없다.
③ 농예용·축산용으로 필요한 난방시설 또는 건조시설을 위한 지정수량 20배 이하의 취급소는 신고를 하지 아니하고 위험물의 품명·수량을 변경할 수 있다.
④ 법정의 완공검사를 받지 아니하고 제조소등을 사용한 때 시·도지사는 허가를 취소하거나 6월 이내의 기간을 정하여 사용정지를 명할 수 있다.

> 신고하지 않고 위험물의 품명·수량 또는 지정수량의 배수를 변경할 수 있는 경우
> • 주택의 난방시설(공동주택의 중앙난방시설을 제외한다)을 위한 저장소 또는 취급소
> • 농예용·축산용 또는 수산용으로 필요한 난방시설 또는 건조시설을 위한 지정수량 20배 이하의 저장소

[10-01]

3 한국소방산업기술원이 시·도지사로부터 위탁받아 수행하는 탱크안전성능검사 업무와 관계없는 액체위험물탱크는?

① 암반탱크
② 지하탱크저장소의 이중벽탱크
③ 100만 리터 용량의 지하저장탱크
④ 옥외에 있는 50만 리터 용량의 취급탱크

[12-04, 10-02]

4 위험물안전관리법상 설치 허가 및 완공검사절차에 관한 설명으로 틀린 것은?

① 지정수량의 3천배 이상의 위험물을 취급하는 제조소는 한국소방산업기술원으로부터 당해 제조소의 구조·설비에 관한 기술 검토를 받아야 한다.
② 50만 리터 이상인 옥외탱크저장소는 한국소방산업기술원으로부터 당해 탱크의 기초·지반 및 탱크본체에 관한 기술검토를 받아야 한다.
③ 지정수량의 1천배 이상의 제4류 위험물을 취급하는 일반 취급소의 완공검사는 한국소방산업기술원이 실시한다.
④ 50만 리터 이상인 옥외탱크저장소의 완공검사는 한국소방산업기술원이 실시한다.

> 지정수량의 3천배 이상의 제4류 위험물을 취급하는 일반 취급소의 완공검사는 한국소방산업기술원이 실시한다.

[05-01]

5 위험물의 안전관리와 관련된 업무를 수행하는 자에 대한 안전 실무교육 실시자는 누구인가?

① 소방본부장   ② 소방학교장
③ 시장·군수   ④ 한국소방안전원장

> 안전관리자로 선임된 자와 위험물운송자로 종사하는 자에 대한 안전교육은 한국소방안전원에 위탁한다.

[10-05]

6 탱크안전성능검사 내용의 구분에 해당하지 않는 것은?

① 기초·지반검사　　② 충수·수압검사
③ 용접부검사　　　④ 배관검사

> 탱크안전성능검사 : 기초·지반검사, 충수·수압검사, 용접부검사, 암반탱크검사

[16-01, 11-04]

7 제조소등의 위치·구조 또는 설비의 변경 없이 당해 제조소등에서 취급하는 위험물의 품명을 변경하고자 하는 자는 변경하고자 하는 날의 몇 일(개월) 전까지 신고하여야 하는가?

① 1일　　　　　② 14일
③ 1개월　　　　④ 6개월

> 2016년 1월 27일 개정 법령에 의해 7일에서 1일로 변경되었다.

[10-05]

8 이동탱크저장소에 있어서 구조물 등의 시설을 변경하는 경우 변경허가를 취득하여야 하는 경우는?

① 펌프설비를 보수하는 경우
② 동일 사업장 내에서 상치장소의 위치를 이전하는 경우
③ 직경이 200mm인 이동저장탱크의 맨홀을 신설하는 경우
④ 탱크본체를 절개하여 탱크를 보수하는 경우

[11-04]

9 제조소등의 완공검사신청서는 어디에 제출해야 하는가?

① 국민안전처장관
② 국민안전처장관 또는 시·도지사
③ 국민안전처장관, 소방서장 또는 한국소방산업기술원
④ 시·도지사, 소방서장 또는 한국소방산업기술원

> 제조소등에 대한 완공검사를 받으려면 신청서에 서류를 첨부하여 시·도지사, 소방서장, 한국소방산업기술원에게 제출해야 한다.

[11-01]

10 허가량이 1,000만 리터인 위험물 옥외저장탱크의 바닥판 전면 교체 시 법적절차 순서로 옳은 것은?

① 변경허가 - 기술검토 - 안전성능검사 - 완공검사
② 기술검토 - 변경허가 - 안전성능검사 - 완공검사
③ 변경허가 - 안전성능검사 - 기술검토 - 완공검사
④ 안전성능검사 - 변경허가 - 기술검토 - 완공검사

[10-04]

11 위험물제조소등의 지위승계에 관한 설명으로 옳은 것은?

① 양도는 승계사유이지만 상속이나 법인의 합병은 승계사유에 해당하지 않는다.
② 지위승계의 사유가 있는 날로부터 14일 이내에 승계신고를 하여야 한다.
③ 시·도지사에게 신고하여야 하는 경우와 소방서장에게 신고하여야 하는 경우가 있다.
④ 민사집행법에 의한 경매절차에 따라 제조소등을 인수한 경우에는 지위승계 신고를 한 것으로 간주한다.

> ① 양도, 상속, 법인의 합병 모두 승계사유에 해당한다.
> ② 지위를 승계한 자는 총리령이 정하는 바에 따라 승계한 날부터 30일 이내에 시·도지사에게 그 사실을 신고해야 한다.
> ④ 민사집행법에 의한 경매절차에 따라 제조소등을 인수한 자는 그 설치자의 지위를 승계하며, 승계한 날부터 30일 이내에 시·도지사에게 그 사실을 신고하여야 한다.

[10-02]

12 위험물안전관리자의 선임 등에 대한 설명으로 옳은 것은?

① 안전관리자는 국가기술자격 취득자 중에서만 선임하여야 한다.
② 안전관리자를 해임한 때는 14일 이내에 다시 선임하여야 한다.
③ 제조소등의 관계인은 안전관리자가 일시적으로 직무를 수행할 수 없는 경우에는 14일 이내의 범위에서 안전관리자의 대리자를 지정하여 직무를 대행하게 하여야 한다.
④ 안전관리자를 선임 또는 해임한 때는 14일 이내에 신고하여야 한다.

> ① 안전관리자는 국가기술자격 취득자, 안전관리자교육이수자, 소방공무원 경력자 중에서 선임할 수 있다.
> ② 안전관리자를 해임한 때는 30일 이내에 다시 선임하여야 한다.
> ③ 제조소등의 관계인은 안전관리자가 일시적으로 직무를 수행할 수 없는 경우에는 30일 이내의 범위에서 안전관리자의 대리자를 지정하여 직무를 대행하게 하여야 한다.

정답 7 ① 8 ④ 9 ④ 10 ② 11 ③ 12 ④

[09-04]

13 제조소등의 용도를 폐지한 경우 제조소등의 관계인은 용도를 폐지한 날로부터 며칠 이내에 용도폐지 신고를 하여야 하는가?

① 3일   ② 7일   ③ 14일   ④ 30일

[13-04, 12-02]

14 위험물 관련 신고 및 선임에 관한 사항으로 옳지 않은 것은?

① 제조소의 위치·구조 변경 없이 위험물의 품명 변경 시는 변경하고자 하는 날의 14일 이전까지 신고하여야 한다.
② 제조소 설치자의 지위를 승계한 자는 승계한 날로부터 30일 이내에 신고하여야 한다.
③ 위험물안전관리자가 퇴직한 경우는 퇴직일로부터 14일 이내에 신고하여야 한다.
④ 위험물안전관리자가 퇴직한 경우는 퇴직일로부터 30일 이내에 선임하여야 한다.

> 제조소의 위치·구조 변경 없이 위험물의 품명 변경 시는 변경하고자 하는 날의 1일 전까지 신고하여야 한다.

[13-02]

15 위험물제조소등의 화재예방 등 위험물 안전관리에 관한 직무를 수행하는 위험물안전관리자의 선임 시기는?

① 위험물제조소등의 완공검사를 받은 후 즉시
② 위험물제조소등의 허가 신청 전
③ 위험물제조소등의 설치를 마치고 완공검사를 신청하기 전
④ 위험물제조소등에서 위험물을 저장 또는 취급하기 전

> 제조소등의 설치자는 위험물을 저장 또는 취급하기 전에 안전관리자를 선임하여야 한다.

[12-04, 11-01, 07-02]

16 위험물안전관리자를 선임한 제조소등의 관계인은 그 안전관리자를 해임하거나 안전관리자가 퇴직한 때에는 해임하거나 퇴직한 날부터 며칠 이내에 다시 안전관리자를 선임해야 하는가?

① 10일   ② 20일
③ 30일   ④ 40일

[12-02]

17 위험물안전관리자의 책무에 해당하지 않는 것은?

① 화재 등의 재난이 발생한 경우 소방관서 등에 대한 연락업무
② 화재 등의 재난이 발생한 경우 응급조치
③ 위험물의 취급에 관한 일지의 작성·기록
④ 위험물안전관리자의 선임·신고

> 위험물안전관리자의 선임·신고는 제조소등의 관계인(소유자·점유자 또는 관리자)이 한다.

[12-01]

18 위험물탱크성능시험자가 갖추어야 할 등록기준에 해당되지 않는 것은?

① 기술능력   ② 시설
③ 장비   ④ 경력

> 탱크안전성능시험자가 되고자 하는 자는 대통령령이 정하는 기술능력·시설 및 장비를 갖추어 시·도지사에게 등록하여야 한다.

정답 ▶ 13 ③   14 ①   15 ④   16 ④   17 ④   18 ④

출제
포인트
이 섹션에서는 예방규정, 정기점검, 자체소방대의 출제 비중이 상당히 높은 만큼 절대 소홀히 하지 않도록 한다. 행정처분과 출입·검사에 관한 내용도 눈여겨보도록 한다. 벌칙과 과태료 부분도 충분히 출제 가능성이 있어 모두 실었으니 참고하도록 한다.

01 행정처분

1 제조소등 설치허가의 취소와 사용정지

시·도지사는 다음의 경우 제조소등의 설치허가를 취소하거나 6개월 이내의 기간을 정하여 사용정지를 명할 수 있다.

① 변경허가를 받지 아니하고 제조소등의 위치·구조 또는 설비를 변경한 때
② 완공검사를 받지 아니하고 제조소등을 사용한 때
③ 수리·개조 또는 이전의 명령을 위반한 때
④ 위험물안전관리자를 선임하지 아니한 때
⑤ 대리자를 지정하지 아니한 때
⑥ 정기점검을 하지 아니한 때
⑦ 정기검사를 받지 아니한 때
⑧ 저장·취급기준 준수명령을 위반한 때

2 과징금 처분

다음의 경우 2억원 이하의 과징금을 부과할 수 있다.

① 위 1에 해당하는 경우로서 사용정지가 그 이용자에게 심한 불편을 주는 때
② 그 밖에 공익을 해칠 우려가 있는 때

02 행정감독

1 출입 · 검사 등

① 시·도지사, 소방본부장 또는 소방서장은 위험물의 저장 또는 취급에 따른 화재의 예방 또는 진압대책을 위하여 필요한 때에는 위험물을 저장 또는 취급하고 있다고 인정되는 장소의 관계인에 대하여 필요한 보고 또는 자료제출을 명할 수 있으며, 관계공무원으로 하여금 당해 장소에 출입하여 그 장소의 위치·구조·설비 및 위험물의 저장·취급상황에 대하여 검사하게 하거나 관계인에게 질문하게 하고 시험에 필요한 최소한의 위험물 또는 위험물로 의심되는 물품을 수거하게 할 수 있다.

② 개인의 주거는 관계인의 승낙을 얻은 경우 또는 화재발생의 우려가 커서 긴급한 필요가 있는 경우가 아니면 출입할 수 없다.

③ 소방공무원 또는 국가경찰공무원은 위험물의 운송에 따른 화재의 예방을 위하여 필요하다고 인정하는 경우에는 주행 중의 이동탱크저장소를 정지시켜 당해 이동탱크저장소에 승차하고 있는 자에 대하여 위험물의 취급에 관한 국가기술자격증 또는 교육수료증의 제시를 요구할 수 있다. 이 직무를 수행하는 경우에 있어서 소방공무원과 국가경찰공무원은 긴밀히 협력하여야 한다.

④ 출입·검사 등은 그 장소의 공개시간이나 근무시간 내 또는 해가 뜬 후부터 해가 지기 전까지의 시간 내에 행해야 한다.

▶ 예외 : 건축물 그 밖의 공작물의 관계인의 승낙을 얻거나 화재발생의 우려가 커서 긴급한 필요가 있는 경우

⑤ 출입·검사 등을 행하는 관계공무원은 관계인의 정당한 업무를 방해하거나 출입·검사 등을 수행하면서 알게 된 비밀을 다른 자에게 누설하여서는 아니된다.

⑥ 시·도지사, 소방본부장 또는 소방서장은 탱크시험자에 대하여 필요한 보고 또는 자료제출을 명하거나 관계공무원으로 하여금 당해 사무소에 출입하여 업무의 상황·시험기구·장부·서류와 그 밖의 물건을 검사하게 하거나 관계인에게 질문하게 할 수 있다.

⑦ 출입·검사 등을 하는 관계공무원은 그 권한을 표시하는 증표를 지니고 관계인에게 이를 내보여야 한다.

⑧ 출입·검사 등을 행하는 관계공무원은 법 또는 법에 근거한 명령 또는 조례의 규정에 적합하지 아니한 사항을 발견한 때에는 그 내용을 기재한 위험물제조소등 소방검사서의 사본을 검사현장에서 제조소등의 관계인에게 교부하여야 한다. 다만, 도로상에서 주행 중인 이동탱크저장소를 정지시켜 검사를 한 경우에는 그러하지 아니하다.

2 각종 행정명령

(1) 탱크시험자에 대한 명령
시·도지사, 소방본부장 또는 소방서장은 탱크시험자에 대하여 당해 업무를 적정하게 실시하게 하기 위하여 필요하다고 인정하는 때에는 감독상 필요한 명령을 할 수 있다.

(2) 무허가장소의 위험물에 대한 조치명령
시·도지사, 소방본부장 또는 소방서장은 위험물에 의한 재해를 방지하기 위하여 허가를 받지 아니하고 지정수량 이상의 위험물을 저장 또는 취급하는 자에 대하여 그 위험물 및 시설의 제거 등 필요한 조치를 명할 수 있다.

(3) 제조소등에 대한 긴급 사용정지명령 등
시·도지사, 소방본부장 또는 소방서장은 공공의 안전을 유지하거나 재해의 발생을 방지하기 위하여 긴급한 필요가 있다고 인정하는 때에는 제조소등의 관계인에 대하여 당해 제조소등의 사용을 일시 정지하거나 그 사용을 제한할 것을 명할 수 있다.

(4) 저장·취급기준 준수명령 등
① 시·도지사, 소방본부장 또는 소방서장은 제조소등에서의 위험물의 저장 또는 취급이 규정에 위반된다고 인정하는 때에는 당해 제조소등의 관계인에 대하여 기준에 따라 위험물을 저장 또는 취급하도록 명할 수 있다.

② 시·도지사, 소방본부장 또는 소방서장은 관할하는 구역에 있는 이동탱크저장소에서의 위험물의 저장 또는 취급이 규정에 위반된다고 인정하는 때에는 당해 이동탱크저장소의 관계인에 대하여 동항의 기준에 따라 위험물을 저장 또는 취급하도록 명할 수 있다.

③ 시·도지사, 소방본부장 또는 소방서장은 이동탱크저장소의 관계인에 대하여 명령을 한 경우에는 총리령이 정하는 바에 따라 규정에 따라 당해 이동탱크저장소의 허가를 한 시·도지사, 소방본부장 또는 소방서장에게 신속히 그 취지를 통지하여야 한다.

(5) 응급조치·통보 및 조치명령
① 제조소등의 관계인은 당해 제조소등에서 위험물의 유출 그 밖의 사고가 발생한 때에는 즉시 그리고 지속적으로 위험물의 유출 및 확산의 방지, 유출된 위험물의 제거 그 밖에 재해의 발생 방지를 위한 응급조치를 강구하여야 한다.

② 위 ①의 사태를 발견한 자는 즉시 그 사실을 소방서, 경찰서 또는 그 밖의 관계기관에 통보하여야 한다.

③ 소방본부장 또는 소방서장은 제조소등의 관계인이 위 ①의 응급조치를 강구하지 아니하였다고 인정하는 때에는 ①의 응급조치를 강구하도록 명할 수 있다.

④ 소방본부장 또는 소방서장은 그 관할하는 구역에 있는 이동탱크저장소의 관계인에 대하여 위 ③의 규정의 예에 따라 ①의 응급조치를 강구하도록 명할 수 있다.

03 예방규정

1 예방규정 작성 및 제출
① 제조소등의 관계인은 화재예방과 화재 등 재해 발생 시의 비상조치를 위하여 예방규정을 정하여 제조소등의 사용을 시작하기 전에 시·도지사에게 제출하여야 한다. 예방규정을 변경한 때에도 또한 같다.

② 예방규정은 안전보건관리규정과 통합하여 작성할 수 있다.

2 관계인이 예방규정을 정하여야 하는 제조소등
① 지정수량의 10배 이상의 위험물을 취급하는 제조소

② 지정수량의 100배 이상의 위험물을 저장하는 옥외저장소

③ 지정수량의 150배 이상의 위험물을 저장하는 옥내저장소

④ 지정수량의 200배 이상의 위험물을 저장하는 옥외탱크저장소
⑤ 암반탱크저장소
⑥ 이송취급소
⑦ 지정수량의 10배 이상의 위험물을 취급하는 일반취급소

> ▶ 예외
> 제4류 위험물(특수인화물 제외)만을 지정수량의 50배 이하로 취급하는 일반취급소(제1석유류·알코올류의 취급량이 지정수량의 10배 이하인 경우)로서 다음에 해당하는 것은 제외
> • 보일러·버너 또는 이와 비슷한 것으로서 위험물을 소비하는 장치로 이루어진 일반취급소
> • 위험물을 용기에 옮겨 담거나 차량에 고정된 탱크에 주입하는 일반취급소

3 예방규정에 포함해야 할 내용
① 위험물의 안전관리업무를 담당하는 자의 직무 및 조직에 관한 사항
② 안전관리자가 여행·질병 등으로 인하여 그 직무를 수행할 수 없을 경우 그 직무의 대리자에 관한 사항
③ 자체소방대를 설치하여야 하는 경우에는 자체소방대의 편성과 화학소방자동차의 배치에 관한 사항
④ 위험물의 안전에 관계된 작업에 종사하는 자에 대한 안전교육에 관한 사항
⑤ 위험물시설 및 작업장에 대한 안전순찰에 관한 사항
⑥ 위험물시설·소방시설 그 밖의 관련시설에 대한 점검 및 정비에 관한 사항
⑦ 위험물시설의 운전 또는 조작에 관한 사항
⑧ 위험물 취급작업의 기준에 관한 사항
⑨ 이송취급소에 있어서는 배관공사 현장책임자의 조건 등 배관공사 현장에 대한 감독체제에 관한 사항과 배관주위에 있는 이송취급소 시설 외의 공사를 하는 경우 배관의 안전확보에 관한 사항
⑩ 재난 그 밖의 비상시의 경우에 취하여야 하는 조치에 관한 사항
⑪ 위험물의 안전에 관한 기록에 관한 사항
⑫ 제조소등의 위치·구조 및 설비를 명시한 서류와 도면의 정비에 관한 사항
⑬ 그 밖에 위험물의 안전관리에 관하여 필요한 사항

04 정기점검

1 정기점검 대상
① 예방규정 작성대상 제조소등(03.예방규정의 2 항목 참조)
② 지하탱크저장소
③ 이동탱크저장소
④ 위험물을 취급하는 탱크로서 지하에 매설된 탱크가 있는 제조소·주유취급소 또는 일반취급소
⑤ 특정옥외탱크저장소(저장 또는 취급하는 액체위험물의 최대수량이 100만 리터 이상인 옥외탱크저장소)

> ▶ **구조안전점검**
> 특정옥외탱크저장소는 정기점검 외에 다음의 기간 이내에 1회 이상 구조안전점검을 하여야 한다.
> • 제조소등의 설치허가에 따른 완공검사필증을 교부받은 날부터 12년
> • 최근의 정기검사를 받은 날부터 11년
> • 기술원에 구조안전점검시기 연장신청을 하여 안전조치가 적정한 것으로 인정받은 경우에는 최근의 정기검사를 받은 날부터 13년

2 정기점검의 횟수 : 연 1회 이상
3 정기점검 실시자
① 안전관리자
② 위험물운송자(이동탱크저장소의 경우)
③ 안전관리대행기관 또는 탱크시험자(안전관리자 입회하에 해야 함)

4 정기점검의 기록사항
① 점검을 실시한 제조소등의 명칭
② 점검의 방법 및 결과
③ 점검연월일
④ 점검을 한 안전관리자 또는 점검을 한 탱크시험자와 점검에 입회한 안전관리자의 성명

5 정기점검기록 보존기간
① 정기점검의 기록 : 3년
② 구조안전점검에 관한 기록 : 25년

chapter 06

05 정기검사

1 검사 대상
정기점검 대상 제조소등 중에서 액체위험물을 저장 또는 취급하는 50만 리터 이상의 옥외탱크저장소

2 검사 내용
소방본부장 또는 소방서장으로부터 제조소등이 '제조소등의 위치·구조 및 설비의 기술기준'이 적합하게 유지되고 있는지의 여부에 대한 검사

3 검사 시기
① 특정옥외탱크저장소의 설치허가에 따른 완공검사필증을 발급받은 날부터 12년
② 최근의 정기검사를 받은 날부터 11년
③ 재난 그 밖의 비상사태의 발생, 안전유지상의 필요 또는 사용상황 등의 변경으로 해당 시기에 정기검사를 실시하는 것이 적당하지 아니하다고 인정되는 때에는 소방서장의 직권 또는 관계인의 신청에 따라 소방서장이 따로 지정하는 시기에 정기검사를 받을 수 있다.

06 자체소방대

1 설치 대상
지정수량의 3천배 이상의 제4류 위험물을 저장 또는 취급하는 제조소 또는 일반취급소

2 설치 제외대상 일반취급소
① 보일러, 버너 그 밖에 이와 유사한 장치로 위험물을 소비하는 일반취급소
② 이동저장탱크 그 밖에 이와 유사한 것에 위험물을 주입하는 일반취급소
③ 용기에 위험물을 옮겨 담는 일반취급소
④ 유압장치, 윤활유순환장치 그 밖에 이와 유사한 장치로 위험물을 취급하는 일반취급소
⑤ 광산보안법의 적용을 받는 일반취급소

3 자체소방대에 두는 화학소방자동차 및 인원

사업소의 구분	화학소방자동차	자체소방대원의 수
1. 위험물의 최대수량의 합이 지정수량의 12만배 미만인 사업소	1대	5인
2. 위험물의 최대수량의 합이 지정수량의 12만배 이상 24만배 미만인 사업소	2대	10인
3. 위험물의 최대수량의 합이 지정수량의 24만배 이상 48만배 미만인 사업소	3대	15인
4. 위험물의 최대수량의 합이 지정수량의 48만배 이상인 사업소	4대	20인

※ 화학소방자동차에는 총리령으로 정하는 소화능력 및 설비를 갖추어야 하고, 소화활동에 필요한 소화약제 및 기구(방열복 등 개인장구 포함)를 비치하여야 한다.
※ 포수용액을 방사하는 화학소방자동차의 대수는 규정에 의한 화학소방자동차 대수의 3분의 2 이상으로 하여야 한다.

4 화학소방자동차에 갖추어야 하는 소화능력 및 설비의 기준

화학소방자동차의 구분	소화능력 및 설비의 기준
포수용액 방사차	• 포수용액의 방사능력이 매분 2,000ℓ 이상일 것 • 소화약액탱크 및 소화약액혼합장치를 비치할 것 • 10만ℓ 이상의 포수용액을 방사할 수 있는 양의 소화약제를 비치할 것
분말 방사차	• 분말의 방사능력이 매초 35kg 이상일 것 • 분말탱크 및 가압용가스설비를 비치할 것 • 1,400kg 이상의 분말을 비치할 것
할로겐화합물 방사차	• 할로겐화합물의 방사능력이 매초 40kg 이상일 것 • 할로겐화합물탱크 및 가압용가스설비를 비치할 것 • 1,000kg 이상의 할로겐화합물을 비치할 것
이산화탄소 방사차	• 이산화탄소의 방사능력이 매초 40kg 이상일 것 • 이산화탄소저장용기를 비치할 것 • 3,000kg 이상의 이산화탄소를 비치할 것
제독차	• 가성소오다 및 규조토를 각각 50kg 이상 비치할 것

07 안전교육

1 교육의 의무

    ㉠ 안전관리자·탱크시험자·위험물운송자 등 위험물의 안전관리와 관련된 업무를 수행하는 자로서 대통령령이 정하는 자는 해당 업무에 관한 능력의 습득 또는 향상을 위하여 소방청장이 실시하는 교육을 받아야 한다.

    ㉡ 제조소등의 관계인은 교육대상자에게 필요한 안전교육을 받게 하여야 한다.

> ▶ 안전교육 대상자
> ㉠ 안전관리자로 선임된 자
> ㉡ 탱크시험자의 기술인력으로 종사하는 자
> ㉢ 위험물운송자로 종사하는 자

2 교육의 과정 및 기간과 그 밖에 교육의 실시에 관하여 필요한 사항은 총리령으로 정한다.

3 시·도지사, 소방본부장 또는 소방서장은 교육대상자가 교육을 받지 아니한 때에는 그 교육대상자가 교육을 받을 때까지 그 자격으로 행하는 행위를 제한할 수 있다.

기출문제 | 기출문제로 출제유형을 파악한다!

[11-05]

1 제조소등의 허가청이 제조소등의 관계인에게 제조소등의 사용정지처분 또는 허가취소처분을 할 수 있는 사유가 아닌 것은?

① 소방서장으로부터 변경허가를 받지 아니하고 제조소등의 위치·구조 또는 설비를 변경한 때
② 소방서장의 수리·개조 또는 이전의 명령을 위반한 때
③ 정기점검을 하지 아니한 때
④ 소방서장의 출입검사를 정당한 사유 없이 거부한 때

> 소방서장의 출입검사를 정당한 사유 없이 거부한 경우는 사용정지처분 또는 허가취소처분에 해당하지 않는다.

[13-01]

2 위험물안전관리법상 제조소등의 허가·취소 또는 사용정지의 사유에 해당하지 않는 것은?

① 안전교육 대상자가 교육을 받지 아니한 때
② 완공검사를 받지 않고 제조소등을 사용한 때
③ 위험물안전관리자를 선임하지 아니한 때
④ 제조소등의 정기검사를 받지 아니한 때

> 안전교육대상자가 교육을 받지 아니한 경우는 자격 정지나 취소의 사유에 해당하지 않는다. 교육을 받을 때까지 그 자격으로 행하는 행위를 제한할 수는 있다.

정답 ▶ 1 ④ 2 ①

[10-04]

3 다음 ( )에 알맞은 용어를 모두 옳게 나타낸 것은?

> ( ) 또는 ( )은(는) 위험물의 운송에 따른 화재의 예방을 위하여 필요하다고 인정하는 경우에는 주행 중의 이동탱크저장소를 정지시켜 당해 이동탱크저장소에 승차하고 있는 자에 대하여 위험물의 취급에 관한 국가기술자격증 또는 교육수료증의 제시를 요구할 수 있다.

① 지방소방공무원, 지방행정공무원
② 국가소방공무원, 국가행정공무원
③ 소방공무원, 경찰공무원
④ 국가행정공무원, 경찰공무원

[14-02, 09-04]

4 위험물안전관리법령상 제조소등에 대한 긴급 사용정지 명령 등을 할 수 있는 권한이 없는 자는?

① 시·도지사
② 소방본부장
③ 소방서장
④ 국민안전처장관

[12-05]

5 위험물안전관리법상 제조소등에 대한 긴급사용정지 명령에 관한 설명으로 옳은 것은?

① 시·도지사는 명령을 할 수 없다.
② 제조소등의 관계인뿐 아니라 해당시설을 사용하는 자에게도 명령할 수 있다.
③ 제조소등의 관계자에게 위법사유가 없는 경우에도 명령할 수 있다.
④ 제조소등의 위험물취급설비의 중대한 결함이 발견되거나 사고우려가 인정되는 경우에만 명령할 수 있다.

> 시·도지사, 소방본부장 또는 소방서장은 공공의 안전을 유지하거나 재해의 발생을 방지하기 위하여 긴급한 필요가 있다고 인정하는 때에는 제조소등의 관계인에 대하여 당해 제조소등의 사용을 일시정지하거나 그 사용을 제한할 것을 명할 수 있다.

[10-02]

6 제조소등에서 위험물을 유출·방출 또는 확산시켜 사람을 상해에 이르게 한 경우의 벌칙에 관한 기준에 해당하는 것은?

① 3년 이상 10년 이하의 징역
② 무기 또는 10년 이하의 징역
③ 무기 또는 3년 이상의 징역
④ 무기 또는 5년 이상의 징역

[13-02]

7 위험물안전관리법령상 예방규정을 정하여야 하는 제조소등에 해당하지 않는 것은?

① 지정수량 10배 이상의 위험물을 취급하는 제조소
② 이송취급소
③ 암반탱크저장소
④ 지정수량의 200배 이상의 위험물을 저장하는 옥내탱크저장소

> 지정수량의 200배 이상의 위험물을 저장하는 옥외탱크저장소

[14-05, 11-04]

8 제조소등의 관계인이 예방규정을 정하여야 하는 제조소등이 아닌 것은?

① 지정수량 100배의 위험물을 저장하는 옥외탱크저장소
② 지정수량 150배의 위험물을 저장하는 옥내저장소
③ 지정수량 10배의 위험물을 취급하는 제조소
④ 지정수량 5배의 위험물을 취급하는 이송취급소

[12-01]

9 위험물안전관리법령에 따라 제조소등의 관계인이 예방규정을 정하여야 하는 제조소등에 해당하지 않는 것은?

① 지정수량의 200배 이상의 위험물을 저장하는 옥외탱크저장소
② 지정수량의 10배 이상의 위험물을 취급하는 제조소
③ 암반탱크저장소
④ 지하탱크저장소

---

10 정기점검 대상에 해당하지 않는 것은?

① 지정수량 15배의 제조소
② 지정수량 40배의 옥내탱크저장소
③ 지정수량 50배의 이동탱크저장소
④ 지정수량 20배의 지하탱크저장소

[11-1]
11 위험물안전관리법령에 따라 제조소등의 관계인이 화재예방과 재해발생 시 비상조치를 위하여 작성하는 예방규정에 관한 설명으로 틀린 것은?

① 제조소의 관계인은 해당 제조소에서 지정수량 5배의 위험물을 취급하는 경우 예방규정을 작성하여 제출하여야 한다.
② 지정수량의 200배의 위험물을 저장하는 옥외저장소의 관계인은 예방규정을 작성하여 제출하여야 한다.
③ 위험물시설의 운전 또는 조작에 관한 사항, 위험물 취급작업의 기준에 관한 사항은 예방규정에 포함되어야 한다.
④ 제조소등의 예방규정은 산업안전보건법의 규정에 의한 안전보건관리규정과 통합하여 작성할 수 있다.

> 제조소의 관계인은 해당 제조소에서 지정수량 10배 이상의 위험물을 취급하는 경우 예방규정을 작성하여 시·도지사에게 제출하여야 한다.

[12-02]
12 정기점검 대상 제조소등에 해당하지 않는 것은?

① 이동탱크저장소
② 지정수량 100배 이상의 위험물 옥외저장소
③ 지정수량 100배 이상의 위험물 옥내저장소
④ 이송취급소

[13-04]
13 정기점검 대상 제조소등에 해당하지 않는 것은?

① 이동탱크저장소
② 지정수량 120배의 위험물을 저장하는 옥외저장소
③ 지정수량 120배의 위험물을 저장하는 옥내저장소
④ 이송취급소

[13-01]
14 위험물안전관리법령상 정기점검 대상인 제조소등의 조건이 아닌 것은?

① 예방규정 작성대상인 제조소등
② 지하탱크저장소
③ 이동탱크저장소
④ 지정수량 5배의 위험물을 취급하는 옥외탱크를 둔 제조소

[14-01, 10-04]
15 위험물안전관리법령에서 규정하고 있는 사항으로 틀린 것은?

① 법정의 안전교육을 받아야 하는 사람은 안전관리자로 선임된 자, 탱크시험자의 기술인력으로 종사하는 자, 위험물운송자로 종사하는 자이다.
② 지정수량의 150배 이상의 위험물을 저장하는 옥내저장소는 관계인이 예방규정을 정하여야 하는 제조소등에 해당한다.
③ 정기검사의 대상이 되는 것은 액체위험물을 저장 또는 취급하는 10만 리터 이상의 옥외탱크저장소, 암반탱크저장소, 이송취급소이다.
④ 법정의 안전관리자교육이수자와 소방공무원으로 근무한 경력이 3년 이상인 자는 제4류 위험물에 대한 위험물 취급 자격자가 될 수 있다.

> 정기검사의 대상이 되는 것은 액체위험물을 저장 또는 취급하는 100만 리터 이상의 옥외탱크저장소이다.

[13-02, 10-05]
16 위험물안전관리법령상 예방규정을 정하여야 하는 제조소등의 관계인은 위험물제조소등에 대하여 기술기준에 적합한지의 여부를 정기적으로 점검을 하여야 한다. 법적 최소 점검주기에 해당하는 것은?(단, 100만 리터 이상의 옥외탱크저장소는 제외한다)

① 주 1회 이상
② 월 1회 이상
③ 6개월 1회 이상
④ 연 1회 이상

chapter 06

[13-01, 12-02, 07-02]

17 위험물제조소등에 자체소방대를 두어야 할 대상의 위험물안전관리법령상 기준으로 옳은 것은? (단, 원칙적인 경우에 한한다)

① 지정수량 3,000배 이상의 위험물을 저장하는 저장소 또는 제조소
② 지정수량 3,000배 이상의 위험물을 취급하는 저장소 또는 일반취급소
③ 지정수량 3,000배 이상의 제4류 위험물을 저장하는 저장소 또는 제조소
④ 지정수량 3,000배 이상의 제4류 위험물을 취급하는 제조소 또는 일반취급소

[09-04]

18 제4류 위험물을 취급하는 제조소가 있는 사업소에서 지정수량 몇 배 이상의 위험물을 취급하는 경우 자체소방대를 설치해야 하는가?

① 2,000   ② 2,500
③ 3,000   ④ 3,500

[13-02]

19 위험물안전관리법령에 근거하여 자체소방대에 두어야 하는 제독차의 경우 가성소오다 및 규조토를 각각 몇 kg 이상 비치하여야 하는가?

① 30   ② 50
③ 60   ④ 100

[14-02]

20 취급하는 제4류 위험물의 수량이 지정수량의 30만배인 일반취급소가 있는 사업장에 자체소방대를 설치함에 있어서 전체 화학소방차 중 포수용액을 방사하는 화학소방차는 몇 대 이상 두어야 하는가?

① 필수적인 것은 아니다.
② 1
③ 2
④ 3

• 자체소방대에 두는 화학소방자동차 및 인원		
사업소의 구분	화학소방자동차	자체소방대원의 수
1. 위험물의 최대수량의 합이 지정수량의 12만배 미만인 사업소	1대	5인
2. 위험물의 최대수량의 합이 지정수량의 12만배 이상 24만배 미만인 사업소	2대	10인
3. 위험물의 최대수량의 합이 지정수량의 24만배 이상 48만배 미만인 사업소	3대	15인
4. 위험물의 최대수량의 합이 지정수량의 48만배 이상인 사업소	4대	20인

• 포수용액을 방사하는 화학소방자동차의 대수는 규정에 의한 화학소방자동차의 대수의 3분의 2 이상으로 하여야 하므로 3대의 2/3는 2대이다.

[12-02]

21 위험물안전관리법령에 의한 안전교육에 대한 설명으로 옳은 것은?

① 제조소등의 관계인은 교육대상자에 대하여 안전교육을 받게 할 의무가 있다.
② 안전관리자, 탱크시험자의 기술인력 및 위험물운송자는 안전교육을 받을 의무가 없다.
③ 탱크시험자의 업무에 대한 강습교육을 받으면 탱크시험자의 기술인력이 될 수 있다.
④ 소방서장은 교육대상자가 교육을 받지 아니한 때에는 그 자격을 정지하거나 취소할 수 있다.

② 안전관리자, 탱크시험자의 기술인력 및 위험물운송자는 안전교육을 받을 의무가 있다.
③ 탱크시험자의 기술인력으로 종사하는 자가 안전교육의 대상이다.
④ 교육대상자가 교육을 받지 아니한 경우는 자격 정지나 취소의 사유에 해당하지 않는다. 교육을 받을 때까지 그 자격으로 행하는 행위를 제한할 수는 있다.

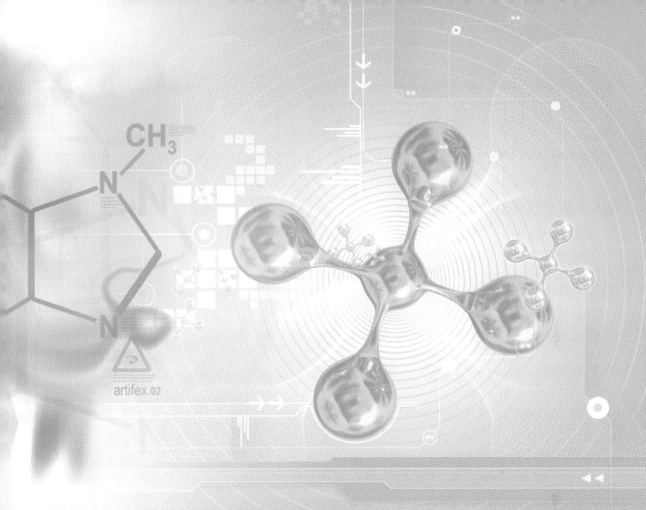

CHAPTER

CBT 실전 모의고사

4회분

1회 CBT 실전 모의고사

▶실력테스트를 위해 문제 옆 해설란을 가리고 문제를 풀어보세요.　　　　　　　　　　　　　▶정답 : 296쪽

해설

01 다음 중 분말소화제로 분류되지 않는 것은?

① 중탄산나트륨　　　　　② 인산암모늄
③ 황산암모늄　　　　　　④ 물 슬러리

01 물 슬러리는 폐수처리 부산물로서 분말소화약제로 분류되지 않는다.

02 다음 중 위험물의 위험등급이 다른 것은?

① 알칼리금속　　　　　　② 아염소산염류
③ 질산에스테르류　　　　④ 제6류 위험물

02 ① 위험등급 Ⅱ
②, ③, ④ 위험등급 Ⅰ

03 수성막포(Aqueous Film Forming Foam)에 대한 설명으로 옳지 않은 것은?

① 주성분은 플루오르계 계면활성제이다.
② 장기간 사용이 가능하다.
③ 주 소화작용은 질식작용이다.
④ 포 안정제로 단백질분해물, 사포닝을 사용한다.

03 ④는 화학포에 대한 설명이다.

04 제4류 위험물의 화재에 가장 널리 쓰이는 소화방법은?

① 주수소화　　　　　　　② 냉각소화
③ 질식소화　　　　　　　④ 촉매소화

04 인화성액체인 제4류 위험물의 화재 시 소화 방법으로는 질식소화가 효과적이다.

05 다음 중 제1류 위험물인 산화성고체는 어느 것인가?

① 유황과 적린　　　　　② 칼륨과 나트륨
③ 니트로화합물　　　　　④ 염소산염류

05 ① 유황과 적린 – 제2류 위험물
② 칼륨과 나트륨 – 제3류 위험물
③ 니트로화합물 – 제5류 위험물

06 위험물 화재 시 연소를 중단시키기 위한 방법으로 옳지 않은 것은?

① 증발잠열을 이용한 주수로 냉각시킨다.
② 열전도율이 좋은 금속분말로 온도를 낮춘다.
③ 불연성 기체를 방사하여 산소공급을 차단한다.
④ 불연성 분말을 뿌려 산소공급을 차단한다.

06 금속분말은 분진폭발의 위험이 있기 때문에 화재 시 사용해서는 안 된다.

07 산소공급원을 차단하여 가연물 연소를 소화하는 작용은?

① 희석작용　　　　　　　② 냉각작용
③ 질식작용　　　　　　　④ 가연물제거 작용

07 공기중의 산소를 차단하는 방법은 질식소화에 해당한다.

08 다음 중 분진폭발의 위험성이 가장 적은 것은?

① 금속분

② 밀가루

③ 플라스틱분

④ 염소산칼륨의 가루

09 다음 중 정전기를 제거하는 방법으로 옳지 않은 것은?

① 접지를 하였다.

② 공기를 이온화하였다.

③ 공기 중의 상대습도를 70% 이상으로 하였다.

④ 공기를 4℃ 이하로 냉각하였다.

10 액화 이산화탄소 1kg이 25℃, 1atm의 대기중으로 방출되었을 때 기체상의 이산화탄소의 부피(ℓ)는?(단, CO_2의 분자량은 44이고 이상기체방정식을 적용)

① 555.36

② 509

③ 1,964

④ 985.6

11 소화기구의 능력단위를 가장 잘 설명한 것은?

① 위험물의 양에 대한 기준단위이다.

② 소화기 1개로 소화할 수 있는 능력이다.

③ 소화능력에 따라 측정한 수치이다.

④ 지정수량을 초과하여 보관할 수 있는 능력이다.

12 자기반응성물질의 화재예방에 대한 설명으로 옳지 않은 것은?

① 가열 충격을 피해야 한다.

② 통풍이 잘 안 되는 곳에 보관한다.

③ 습기에 주의하여 보관한다.

④ 차고 어두운 곳에 저장하여야 한다.

13 제6류 위험물의 일반적인 성질에 대한 설명으로 가장 거리가 먼 것은?

① 강산화제로서 상온에서 액체상태이고 불연성이다. 비중은 1보다 크고 강한 부식성이 있다.

② 내부연소성물질로 가연물과 동시에 자체 내부에 산소를 함유하고 있다.

③ 물과 접촉하여 발열한다.

④ 증기는 유독하고 부식성이 강하다.

---

08 폭발성 분진
- 탄소제품 : 석탄, 목탄, 코크스, 활성탄
- 비료 : 생선가루, 혈분 등
- 식료품 : 전분, 설탕, 밀가루, 분유, 곡분, 건조효모 등
- 금속류 : Al, Mg, Zn, Fe, Ni, Si, Ti, V, Zr(지르코늄)
- 목질류 : 목분, 콜크분, 리그닌분, 종이가루 등
- 합성 약품류 : 염료중간체, 각종 플라스틱, 합성세제, 고무류 등
- 농산가공품류 : 후추가루, 제충분, 담배가루 등

09 온도를 낮추는 것은 정전기 제거에 도움이 되지 않는다.

10 $PV = \dfrac{WRT}{M}$, $V = \dfrac{WRT}{PM}$
- W : 1kg=1,000g
- R(기체상수) : 0.082atm · ℓ/g·mol·k
- T(절대온도) : 25℃+273 = 298 K
- P : 1atm
- M : 44g

$\therefore V = \dfrac{1,000 \times 0.082 \times 298}{1 \times 44} = 555.36\,ℓ$

11 소화기구의 능력단위는 소화기의 적응성과 소화능력에 따라 측정한 수치를 말한다.

12 자기반응성물질은 통풍이 잘 되는 차고 건조한 곳에 보관한다.

13 ②는 제5류 위험물에 대한 설명이다.

14 제6류 위험물 중 수용액의 농도가 36wt% 이상인 경우만 위험물로 취급하며 분해 시 발생기 산소를 내는 것은?

① 과산화수소
② 과염소산
③ 할로겐간화합물
④ 질산

15 소화기의 공통된 유지관리에 관한 사항으로 가장 거리가 먼 것은?

① 동결, 변질의 우려가 없는 곳에 설치할 것
② 화재의 위험성이 높은 장소에는 집중적으로 설치할 것
③ 통행이나 피난에 지장이 없는 곳에 설치할 것
④ 설치된 지점은 잘 보이도록 "소화기" 표시를 할 것

16 위험물제조소에서 가연성의 증기 또는 미분이 체류할 우려가 있는 곳에 설치하는 배출설비의 능력은?

① 1시간당 배출장소 용적의 5배 이상
② 1시간당 배출장소 용적의 10배 이상
③ 1시간당 배출장소 용적의 15배 이상
④ 1시간당 배출장소 용적의 20배 이상

17 자기반응성물질은 제 몇 류 위험물인가?

① 제2류 위험물
② 제3류 위험물
③ 제5류 위험물
④ 제6류 위험물

18 분말소화약제의 분류가 바르게 연결된 것은?

① 제1종 분말약제 : $KHCO_3$
② 제2종 분말약제 : $KHCO_3 + (NH_2)CO$
③ 제3종 분말약제 : $NH_4H_2PO_4$
④ 제4종 분말약제 : $NaHCO_3$

19 할로겐화합물 소화기에서 사용되는 할론의 명칭과 화학식을 옳게 짝지은 것은?

① CBr_2F_2 – 1202
② $C_2Br_2F_2$ – 2422
③ $CBrClF_2$ – 1102
④ $C_2Br_2F_4$ – 1242

20 염소산나트륨이 산과 반응하면 유독한 폭발성 가스가 발생한다. 이 가스는?

① 수소
② 이산화염소
③ 염소
④ 산소

해설

14 ③ 할로겐간화합물 : 총리령으로 정하는 제6류 위험물로서 삼불화브롬, 오불화브롬, 오불화요오드가 이에 속한다.
④ 질산 : 비중이 1.49 이상인 것만 제6류 위험물에 속한다.

15 소화기는 화재의 위험성이 높은 장소에 집중적으로 설치하는 것이 아니라 소화단위에 맞게 능력단위만큼 설치한다.

16 위험물제조소 배출설비의 배출능력
• 국소방식 : 1시간당 배출장소 용적의 20배 이상
• 전역방식 : 바닥면적 $1m^2$당 $18m^3$ 이상

18 • 제1종분말약제 : $NaHCO_3$
• 제2종분말약제 : $KHCO_3$
• 제4종분말약제 : $KHCO_3 + (NH_2)_2CO$

19 Halon 번호의 숫자는 탄소(C), 불소(F), 염소(Cl), 브롬(Br)의 개수를 나타낸다.
② $C_2Br_2F_2$ – 2202
③ $CBrClF_2$ – 1211
④ $C_2Br_2F_4$ – 2402

20 염소산나트륨은 산과 반응하여 폭발성 가스인 이산화염소(ClO_2)가스를 발생한다.

21 다음 중 B급 화재에 해당하는 것은?

① 섬유 및 목재화재
② 반고체 유지화재
③ 금속분화재
④ 전기화재

22 질산염류의 성질에 관한 설명으로 가장 알맞은 것은?

① 대개 무색 또는 흰색 결정이다.
② 화재 초기에는 물을 사용할 수 없다.
③ 질산염류는 대체로 물에 녹지 않는다.
④ 저장 시에는 가연물을 피하고 습기 있는 곳에 저장한다.

23 다음 위험물의 일반적 성질에 관한 설명 중 잘못된 것은?

① 적린은 적갈색으로서 가열하면 약 400℃에서 승화한다.
② 황린은 자연발화성 물질이고, 보호액으로 물을 사용한다.
③ 황린은 황색의 고체로 냄새가 있으며 물과 맹렬히 반응한다.
④ 유황은 사방정계, 단사정계 등 여러 가지 동소체가 있다.

24 오황화인이 공기 중의 습기를 흡수하여 분해하였을 때 생성되는 물질은?

① C_2H_2 ② H_2S
③ H_2 ④ PH_3

25 톨루엔의 성질이 아닌 것은?

① 물에 잘 녹는다.   ② 수지를 잘 녹인다.
③ 고무를 잘 녹인다.   ④ 유기용제에 잘 녹는다.

26 가솔린의 저장 및 취급 시 주의해야 할 사항으로 틀린 것은?

① 화기를 피해야 한다.
② 통풍이 잘되는 냉암소에 저장해야 한다.
③ 마개가 없는 개방용기에 저장해야 한다.
④ 실내에서 취급할 때는 발생된 증기를 배출할 수 있는 설비를 갖추어야 한다.

27 다음은 질산에틸의 성질을 설명한 것이다. 틀린 것은?

① 증기는 공기보다 무겁다.
② 인화점이 35℃이므로 겨울철에는 인화위험이 없다.
③ 물에는 녹지 않으나 알코올에는 녹는다.
④ 무색투명한 액체이다.

21 화재의 분류

급수	종류	소화방법	적용대상물
A급	일반화재	냉각소화	종이, 목재, 섬유
B급	유류 및 가스화재	질식소화	제4류 위험물, 유지
C급	전기화재	질식소화	발전기, 변압기
D급	금속화재	피복에 의한 질식소화	철분, 마그네슘, 금속분

22 질산염류는 물에 잘 녹으며 화재 시 주수소화가 효과적이다. 저장 시 건조하고 환기가 잘 되는 곳에 보관한다.

23 황린(P_4)은 물과 맹렬히 반응하지 않으며, 물속에 저장한다.

24 $P_2S_5 + 8H_2O \rightarrow 5H_2S + 2H_3PO_4$

25 톨루엔은 물에 녹지 않는다.

26 제4류 위험물은 저장용기를 밀전 밀봉하고, 액체나 증기가 누출되지 않도록 한다.

27 질산에틸의 인화점은 10℃이다.

28 경유의 성상을 잘못 설명한 것은?

① 물에 녹기 어렵다.

② 비중은 1 이하이다.

③ 인화점은 중유보다 높다.

④ 보통 시판되는 것은 담갈색의 액체이다.

29 법령상 피뢰설비는 지정수량 얼마 이상의 위험물을 취급하는 제조소등에 설치하는가?(단, 제6류 위험물을 취급하는 위험물제조소 제외)

① 5배 이상   ② 10배 이상

③ 15배 이상   ④ 20배 이상

30 과염소산칼륨과 가연성 고체위험물이 혼합되는 것은 대단히 위험하다. 그 주된 이유는 무엇인가?

① 전기가 발생하고 자연가열 되기 때문이다.

② 중합반응을 하여 열이 발생되기 때문이다.

③ 혼합하면 과염소산칼륨이 연소하기 쉬운 액체로 변하기 때문이다.

④ 가열, 충격 및 마찰에 의하여 발화·폭발되기 때문이다.

31 질산의 위험성에 관한 설명으로 옳은 것은?

① 충격에 의해 착화된다.

② 공기 속에서 자연발화한다.

③ 인화점이 낮고 발화하기 쉽다.

④ 환원성 물질과 혼합 시 발화한다.

32 메탄올(CH_3OH)과 에탄올(C_2H_5OH)의 공통점이 아닌 것은?

① 증기 비중이 같다.

② 무색투명한 액체이다.

③ 비중(물=1)이 1보다 작다.

④ 물에 잘 녹는다.

33 다음 중 수용성이 아닌 위험물은?

① 아세트알데히드   ② 아세톤

③ 메틸알코올   ④ 톨루엔

34 인화성액체 위험물로 특수인화물에 속하지 않는 것은?

① 초산에틸   ② 에틸에테르

③ 아세트알데히드   ④ 산화프로필렌

---

28 중유의 인화점이 경유보다 높다.

29 피뢰설비는 건축물을 낙뢰로부터 보호하기 위하여 설치하는데, 낙뢰가 점화원이 될 수 있기 때문에 지정수량의 10배 이상의 위험물을 취급하는 제조소에는 피뢰침을 설치하여야 한다. (제6류 위험물을 취급하는 제조소 제외)

30 과염소산칼륨의 위험성
- 진한 황산과 접촉하면 폭발할 위험이 있다.
- 목탄분, 유기물, 인, 유황, 마그네슘분 등을 혼합하면 외부의 충격에 의해 폭발할 위험이 있다.
- 가열하면 분해하여 산소가 발생한다.

31 질산의 위험성
- 물과 반응하여 발열한다.
- 가열 또는 빛에 의해 분해되며 이산화질소가 발생하여 황색 또는 갈색을 띤다.
- 분해 시 이산화질소와 산소를 발생한다.
- 톱밥, 종이, 섬유, 솜뭉치 등의 유기물질과 혼합하면 발화의 위험이 있다.
- 환원성 물질(탄화수소, 황화수소, 이황화수소 등)과 반응하여 발화, 폭발한다.

32 메탄올과 에탄올의 비교
㉠ 발화점 : 메탄올 > 에탄올
㉡ 인화점 : 메탄올 < 에탄올
㉢ 증기비중 : 메탄올 < 에탄올
㉣ 비점 : 메탄올 < 에탄올

33 톨루엔은 무색 투명한 액체로서 비수용성의 제1석유류에 속한다.

34 초산에틸은 제1석유류에 속한다.

---

35 니트로셀룰로오스를 저장·운반 시 어느 물질에 습면하는 것이 좋은가?

① 에테르 또는 물
② 물 또는 알코올
③ 파라핀
④ 아세톤

36 다음 위험물 중 제5류 위험물에 속하는 것은?

① 아크릴산
② 과염소산
③ 부틸리튬
④ 히드라진 유도체

37 다음 황린에 대한 설명 중 옳은 것은?

① 공기 중에서 안정한 물질이다.
② 물, 이황화탄소, 벤젠에 잘 녹는다.
③ KOH용액과 반응하여 유독성 포스핀 가스가 발생한다.
④ 담황색 또는 백색의 액상으로 일광에 노출하면 색이 짙어지면서 적린으로 변한다.

38 과산화수소의 특성이 아닌 것은?

① 물보다 무겁다.
② 벤젠에 잘 녹는다.
③ 알코올에 잘 녹는다.
④ 에테르에 잘 녹는다.

39 옥내탱크저장소의 탱크와 탱크 전용실의 벽 및 탱크 상호간의 거리는 몇 m 이상의 간격을 두어야 하는가?(단, 예외 상황은 고려하지 않음)

① 0.1
② 0.2
③ 0.3
④ 0.5

40 아염소산나트륨의 저장 및 취급 시 주의사항과 거리가 먼 것은?

① 건조한 냉암소에 저장한다.
② 강산류와의 접촉을 피한다.
③ 저장, 취급, 운반 시 충격·마찰을 피한다.
④ 무기물 등 산화성 물질과 격리한다.

41 다음은 위험물의 성질을 설명한 것이다. 잘못된 것은?

① 인화석회는 물과 반응하여 독성가스를 발생한다.
② 금속나트륨은 물과 반응하여 수소를 발생시키나 수소는 공기와 혼합하므로 위험은 없다.
③ 칼륨은 물보다 가볍고 물과 작용하여 수소가스를 발생한다.
④ 탄화칼슘은 물과 작용하여 발열하며 수산화칼슘과 아세틸렌가스를 발생한다.

해설

35 자기반응성물질인 니트로셀룰로오스는 저장·운반 시 물 또는 알코올로 습면시켜야 한다.

36 ① 아크릴산 : 제4류 위험물
② 과염소산 : 제6류 위험물
③ 부틸리튬 : 제3류 위험물

37 ① 공기 중에서 자연발화할 수 있다.
② 이황화탄소, 벤젠에는 녹지만, 물에는 녹지 않는다.
④ 담황색 또는 백색의 고체로 공기를 차단한 상태에서 260℃ 정도로 가열하면 적린이 된다.

38 과산화수소는 물, 알코올, 에테르에 잘 녹고, 석유, 벤젠에는 녹지 않는다.

40 아염소산나트륨은 산화성고체이므로 같은 류의 물질과 격리할 필요가 없다.

41 금속나트륨은 물과 반응하여 수소를 발생하여 폭발적으로 연소하므로 위험하다.

42 니트로화합물을 저장할 경우 가장 옳은 것은?

① 담은 용기의 마개를 꼭 막아 밀폐된 장소에 놓아둔다.
② 담은 용기의 마개를 꼭 막아 햇볕이 잘 드는 곳에 놓아둔다.
③ 담은 용기의 마개를 꼭 막아 통풍이 잘 되는 곳에 놓아둔다.
④ 담은 용기의 마개를 조금 헐겁게 막아 통풍이 잘 되는 곳에 놓아둔다.

43 다음 중 제2류 위험물에 속하지 않는 것은?

① 적린   ② 황화린
③ 과산화나트륨   ④ 마그네슘

44 금속나트륨이나 금속칼륨은 석유에 보관한다. 그 이유는 무엇인가?

① 공기 중 수분과 접촉을 금하기 위해서이다.
② 화기를 피하기 위해서이다.
③ 산소의 발생을 방지하기 위해서이다.
④ 표면을 매끄럽게 하기 위해서이다.

45 다음은 피크린산에 관한 설명이다. 잘못된 것은?

① 냉수에는 거의 녹지 않는다.
② 순수한 것은 무색이지만 보통 공업용은 휘황색을 나타낸다.
③ 니트로글리세린과 같이 단맛을 낸다.
④ 일명 트리니트로페놀이라고 부른다.

46 과염소산나트륨의 성질 중 가장 거리가 먼 것은?

① 황백색의 분말로 물과 반응하여 산소를 발생한다.
② 가열하면 분해되어 산소가 방출한다.
③ 융점 480℃로 물에 잘 녹는다.
④ 무색, 무취의 조해하기 쉬운 결정이다.

47 특수인화물이 200ℓ, 제4석유류가 12,000ℓ 저장 시 저장량의 합계는 지정수량의 몇 배인가?

① 3   ② 4
③ 5   ④ 6

48 위험물안전관리법상 위험물제조소등의 설치허가의 취소 또는 사용정지 처분권자는?

① 행정자치부장관   ② 시·도지사
③ 경찰서장   ④ 시장·군수

---

43 과산화나트륨은 제1류 위험물에 속한다.

44 칼륨·나트륨의 저장 및 취급
• 공기 중 수분 또는 산소와의 접촉을 막기 위하여 석유나 경유, 등유 속에 저장한다.
• 물과의 접촉을 피한다.
• 피부에 닿지 않도록 한다.
• 가급적 소량으로 나누어 저장한다.

45 피크린산은 제5류 위험물로 쓴맛을 낸다.

46 과염소산나트륨은 물에 잘 녹는 무색 무취의 결정이다.

47 • 특수인화물의 지정수량 : 50
• 제4석유류의 지정수량 : 6,000

$$지정수량의 배수 = \frac{A품명의\ 저장수량}{A품명의\ 지정수량} + \frac{B품명의\ 저장수량}{B품명의\ 지정수량} + \cdots$$
$$= \frac{200}{50} + \frac{12,000}{6,000} = 6$$

48 시·도지사는 총리령이 정하는 바에 따라 위험물제조소등의 설치허가를 취소하거나 6개월 이내의 기간을 정하여 제조소등의 전부 또는 일부의 사용정지를 명할 수 있다.

49 다음은 유황의 성질을 설명한 것이다. 옳은 것은?

① 전기의 양도체이다.

② 물에 잘 녹는다.

③ 매우 연소하기 어려운 가연성 고체이다.

④ 높은 온도에서 탄소와 반응하며 인화성이 큰 이황화탄소가 생긴다.

50 질산은 대부분의 금속을 부식시킨다. 다음 중 부식시키지 못하는 금속은?

① 철 　　　　　　② 구리

③ 은 　　　　　　④ 백금

51 다음은 벤조일퍼옥사이드에 관한 설명이다. 틀린 것은?

① 상온에서 충격에 의해 폭발하지 않는다.

② 물에는 녹지 않으며 무색의 입상결정 고체이다.

③ 진한 황산, 질산 등에 의하여 분해폭발의 위험이 있다.

④ 용기는 완전히 밀전 밀봉하고 환기가 잘 되는 찬 곳에 저장한다.

52 황린의 저장보호액을 pH 9(약알카리성)로 유지하는 이유로 옳은 것은?

① 착화점을 낮추기 위하여

② PH_3의 생성을 방지하기 위하여

③ P_2O_5의 생성을 방지하기 위하여

④ 적린으로 변이하는 것을 방지하기 위하여

53 휘발유의 연소범위로 올바른 것은?

① 1.4~7.6% 　　　　② 1.5~45.7%

③ 1.8~35.5% 　　　　④ 2~23%

54 아마인유에 대한 기술 중 옳지 않은 것은?

① 건성유이다.

② 공기 중 산소와 결합하기 쉽다.

③ 요오드가가 올리브유보다 작다.

④ 자연발화의 위험이 있다.

55 황린의 성질로서 다음 중 잘못된 것은?

① 물속에 저장하는 경우는 약알칼리성으로 하는 것이 좋다.

② 독성이 있는 물질로 공기 중에서 인광을 낸다.

③ 착화온도는 낮고 공기 중에서 자연발화한다.

④ 담황색의 액체로서 특이한 냄새를 풍긴다.

49 ① 전기의 부도체이다.
② 물에 녹지 않는다.
③ 유황은 푸른색 불꽃을 내면서 아황산가스를 발생하는 증발연소를 한다.

50 질산은 금과 백금은 부식시키지 못한다.

51 벤조일퍼옥사이드는 제5류 위험물로서 상온에서는 안정된 물질이지만 충격에 의해 폭발한다.

52 황린은 인화수소(PH_3)의 생성을 방지하기 위하여 보호액을 pH 9로 유지한다.

53 휘발유의 성상

비중	증기비중	인화점	착화점	연소범위
0.65~0.80	3~4	-43~-20℃	300℃	1.4~7.6%

54 요오드가 비교
• 아마인유 : 175~195
• 올리브유 : 79~95

55 황린은 담황색 또는 백색의 고체이다.

chapter 07

56 제조소의 게시판 사항 중 위험물의 종류에 따른 주의사항이 옳게 연결된 것은?

① 제2류 위험물(인화성고체 제외) – 화기엄금

② 제3류 위험물 중 금수성물질 – 물기엄금

③ 제4류 위험물 – 화기주의

④ 제5류 위험물 – 물기엄금

57 제조소의 옥외에 모두 3기의 휘발유 취급탱크를 설치하고 그 주위에 방유제를 설치하고자 한다. 방유제 안에 설치하는 각 취급탱크의 용량이 6만L, 2만L, 1만L일 때 필요한 방유제의 용량은 몇 L 이상인가?

① 66,000 ② 60,000

③ 33,000 ④ 30,000

58 위험물 옥내저장소에서 지정수량의 몇 배 이상의 저장창고에는 피뢰침을 설치해야 하는가?(단, 제6류 위험물의 저장창고는 제외한다)

① 10 ② 20

③ 50 ④ 100

59 인화성액체 위험물 옥외탱크저장소의 탱크 주위에 방유제를 설치할 때 방유제 내의 면적은 몇 m² 이하로 하여야 하는가?

① 20,000 ② 40,000

③ 60,000 ④ 80,000

60 한국소방산업기술원이 시·도지사로부터 위탁받아 수행하는 탱크안전성능검사 업무와 관계없는 액체위험물탱크는?

① 암반탱크

② 지하탱크저장소의 이중벽탱크

③ 100만 리터 용량의 지하저장탱크

④ 옥외에 있는 50만 리터 용량의 취급탱크

【 1회 CBT 실전 모의고사 】

2회 CBT 실전 모의고사

▶실력테스트를 위해 문제 옆 해설란을 가리고 문제를 풀어보세요   ▶정답 : 305쪽

해설

01 분진폭발의 위험이 없는 것은?

① 마그네슘가루   ② 아연가루
③ 밀가루   ④ 시멘트가루

01 시멘트가루는 불연성물질이므로 분진폭발의 위험이 없다.

02 할로겐화합물 소화약제가 가져야 할 성질로 옳지 않은 것은?

① 끓는점이 낮을 것
② 증기(기화)가 되기 쉬울 것
③ 전기화재에 적응성이 있을 것
④ 공기보다 가볍고 가연성일 것

02 공기보다 무겁고 불연성일 것

03 폭굉유도거리(DID)가 짧아지는 경우는?

① 정상 연소속도가 작은 혼합가스일수록 짧아진다.
② 압력이 높을수록 짧아진다.
③ 관속에 방해물이 있거나 관지름이 넓을수록 짧아진다.
④ 점화원 에너지가 약할수록 짧아진다.

03 폭굉유도거리(DID)가 짧아지는 조건
  ⊙ 정상 연소속도가 큰 혼합가스일수록
  ⓒ 압력이 높을수록
  ⓒ 관속에 이물질이 있을 경우
  ⓔ 관지름이 작을수록
  ⓜ 점화원의 에너지가 클수록

04 연소가 잘 이루어지는 조건 중 옳지 않은 것은?

① 가연물의 발열량이 클 것
② 가연물의 열전도율이 클 것
③ 산소와의 접촉표면적이 클 것
④ 가연성가스가 많이 발생할 것

04 가연물이 되기 쉬운 조건
  • 산소와의 친화력이 클 것
  • 발열량이 클 것
  • 표면적이 넓을 것
  • 열전도율이 적을 것
  • 활성화에너지가 작을 것
  • 연쇄반응을 일으킬 수 있을 것

05 폐쇄형 스프링클러헤드를 사용하는 스프링클러설비의 제어밸브 설치기준은?

① 바닥면으로부터 0.5m 이상 0.8m 이하
② 바닥면으로부터 0.8m 이상 1.5m 이하
③ 바닥면으로부터 1.5m 이상 1.8m 이하
④ 바닥면으로부터 1.8m 이상 2.2m 이하

05 스프링클러설비의 제어밸브 설치기준
  ⊙ 설치 장소
    • 개방형 : 방수구역마다
    • 폐쇄형 : 방화대상물의 층마다
  ⓒ 설치 위치 : 바닥면으로부터 0.8m 이상, 1.5m 이하의 높이

06 옥내소화전설비의 수원은 그 저수량이 옥내소화전의 설치 개수가 가장 많은 층의 설치 개수의 몇 m³를 곱한 양 이상이 되도록 하여야 하는가?

① 2.6m³   ② 4.2m³
③ 5.4m³   ④ 7.8m³

06 옥내소화전의 수원의 수량
  설치개수(5개 이상인 경우 5개)에 7.8m³를 곱한 양 이상

chapter **07**

07 소화약제 방사 시 열량을 흡수하므로 질식·냉각작용이 있는 것은?

① 탄산가스   ② 탄산수소알루미늄

③ 황산알루미늄   ④ 탄화칼슘

08 제3석유류의 공통성 화재에 대한 내용 중 틀린 것은?

① 상온에서 가열하지 않는 한 인화 위험이 없다.

② 분무상태에서는 인화 위험성이 크다.

③ 섬유에 흡수 시에는 인화 위험성이 작다.

④ 연소 시는 화열이 강하므로 소화가 어렵다.

09 다음 소화제의 반응을 완결시키려 할 때 ( ) 안에 옳은 것은?

> $6NaHCO_3 + Al_2(SO_4)_3 \cdot 18H_2O \rightarrow$
> $2Al(OH)_3 + 3Na_2SO_4 + ($ $) + 18H_2O$

① $6CO$ ② $2NaOH$

③ $6CO_3$ ④ $6CO_2$

10 옥외소화전이 6개 있을 경우 수원의 수량으로 올바른 것은?

① $48m^3$ 이상   ② $54m^3$ 이상

③ $60m^3$ 이상   ④ $81m^3$ 이상

11 강화액소화기의 특성으로 잘못된 것은?

① ABC 소화기이다.

② 부동성이 높아 한랭 또는 겨울에 사용 가능하다.

③ 독성, 부식성이 없다.

④ 소화제는 강산성을 나타낸다.

12 다음 ( ) 안에 알맞은 것은?

> "질식소화의 정의는 가연물이 연소할 때 공기 중의 산소의 농도를 ( ) 이하로 떨어뜨려 산소공급을 차단하여 연소를 중단시키는 것이다."

① 10%   ② 15%

③ 18%   ④ 21%

13 소화작용에 대한 설명으로 옳지 않은 것은?

① 냉각소화 : 물을 뿌려서 온도를 저하시키는 방법

② 질식소화 : 불연성 포말로 연소물을 덮어 씌우는 방법

③ 제거소화 : 가연물을 제거하여 소화시키는 방법

④ 희석소화 : 산알칼리를 중화시켜 소화시키는 방법

---

07 이산화탄소 소화약제의 소화효과 :
질식소화, 냉각소화, 일반화재 시 피복소화

08 제3석유류는 인화점 이하의 온도에서도 점화원에 의해 연소한다.

09 화학포소화약제의 반응식
$6NaHCO_3 + Al_2(SO_4)_3 \cdot 18H_2O \rightarrow$
$2Al(OH)_3 + 3Na_2SO_4 + 6CO_2 + 18H_2O$

10 옥외소화전의 수원의 수량
설치개수에 $13.5m^3$를 곱한 양 이상
설치개수가 4개 이상인 경우 4개에 $13.5m^3$를 곱한 양 이상
∴ 4개 × $13.5m^3$ = $54m^3$

11 강화액소화기의 소화제는 pH 12의 강알칼리성이다.

13 ④는 억제소화에 대한 설명이다.

14 어떤 소화기에 "A3, B5, C 적용"이라고 표시되어 있다. 여기에서 알 수 있는 것이 아닌 것은?

① 일반화재인 경우 이 소화기의 능력단위는 5단위이다.
② 유류화재에 적용할 수 있는 소화기이다.
③ 전기화재에 적용할 수 있는 소화기이다.
④ ABC 소화기이다.

15 알킬알루미늄 화재 시 가장 효과적인 소화제는?

① 물   ② CO_2
③ 할로겐화합물   ④ 팽창질석

16 다음 그림에서 C_1와 C_2 사이를 무엇이라고 하는가?

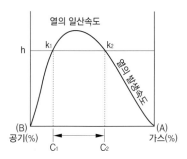

① 안전범위   ② 발열량
③ 흡열량   ④ 폭발범위

17 제6류 위험물 화재 시 소화 및 예방에 관한 설명으로 가장 알맞은 것은?

① 할로겐화합물 소화약제는 효과가 좋다.
② 환원성물질로 소화한다.
③ 실내에는 사염화탄소가 좋다.
④ 유독성 가스의 발생 등에 대비하여 보호장구와 공기호흡기를 착용한다.

18 소화난이도 등급 I 에 해당하는 제조소의 연면적은?

① 1,000m² 이상   ② 800m² 이상
③ 700m² 이상   ④ 500m² 이상

19 염소산나트륨($NaClO_3$)의 특성을 설명한 것 중 틀린 것은?

① 물, 알코올, 에테르에 잘 녹는다.
② 가열, 충격, 마찰을 피한다.
③ 산과 반응하여 이산화염소(ClO_2)를 발생한다.
④ 섬유, 나무조각, 먼지 등에 침투하기 어렵다.

14 • A3 : 일반화재, 능력단위 : 3단위
• B5 : 유류화재, 능력단위 : 5단위
• C : 전기화재

15 알킬알루미늄의 화재 시에는 팽창질석, 팽창진주암에 의한 소화가 가장 효과적이다.

16 C_1~C_2는 폭발범위(연소범위)를, K_1~K_2는 착화온도를 나낸다.

17 제6류 위험물 소화 방법
• 마른 모래, 이산화탄소를 이용한 질식소화가 효과적이며, 옥내소화전설비를 사용하여 소화한다.
• 화재 시 유독가스가 발생할 수 있으므로 보호장구와 공기호흡기를 착용한다.

19 염소산나트륨은 섬유, 나무조각, 먼지 등에 침투하기 쉽다.

chapter 07

20 화학포에 사용되는 기포안정제는?

① 황산알루미늄　　　　② 탄산수소나트륨
③ 사포닌　　　　　　　④ 탄산가스

21 금속칼륨(K)에 대한 초기의 소화제로서 적당한 것은?

① 물　　　　　　　　　② 마른 모래
③ CCl_4　　　　　　　　④ CO_2

22 질산염류에 속하지 않는 것은?

① 질산에틸　　　　　　② 질산암모늄
③ 질산나트륨　　　　　④ 질산칼륨

23 산화프로필렌의 성상 및 위험성에 대하여 틀린 것은?

① 연소범위는 가솔린보다 넓다.
② 물에는 잘 녹지만, 알코올, 벤젠 등 유기용제에는 잘 녹지 않는다.
③ 산·알칼리가 존재하면 발열하면서 중합한다.
④ 증기압이 대단히 높으므로 상온에서 위험한 농도에 도달하기 쉽다.

24 황린의 취급 시 주의사항으로 틀린 것은?

① 피부에 닿지 않도록 주의할 것
② 산화제와의 접촉을 피할 것
③ 물과의 접촉을 피할 것
④ 화기의 접근을 피할 것

25 CaC_2는 어디에 보관하는 것이 가장 좋은가?

① 물　　　　　　　　　② 알코올
③ 밀폐용기　　　　　　④ 석유

26 마그네슘분에 대한 설명 중 옳은 것은?

① 물보다 가벼운 금속이다.
② 분진폭발이 없는 물질이다.
③ 산과 반응하면 수소가스를 발생한다.
④ 소화방법으로 직접적인 주수소화가 가장 좋다.

27 다음 중 인화점이 가장 높은 것은?

① 에테르　　　　　　　② 가솔린
③ 아세톤　　　　　　　④ 톨루엔

해설

20 화학포소화약제의 기포안정제 : 가수분해단백질, 사포닌, 계면활성제, 젤라틴, 카제인

21 금속캄륨의 소화방법 : 마른 모래 또는 금속화재용 분말소화약제 사용

22 질산에틸은 제5류 위험물 질산에스테르류에 속한다.

23 산화프로필렌은 물, 알코올, 벤젠 등 유기용제에 잘 녹는다.

24 황린은 물 속에 저장한다.

25 탄화칼슘은 밀폐용기에 보관하는 것이 가장 좋으며, 장기간 보관할 때는 불연성 가스(질소가스, 아르곤가스 등)를 충전한다.

26 ① 비중이 1.74로 물보다 무겁다.
② 미분상태의 경우 공기 중 습기와 반응하여 자연발화할 수 있다.
④ 화재 시 마른 모래, 금속화재용 분말소화약제가 효과적이다.

27 ① 에테르 : -45℃
② 가솔린 : -43~-20℃
③ 아세톤 : -18℃
④ 톨루엔 : 4℃

28 제1류 위험물 무기과산화물 중 알칼리금속의 과산화물에 대한 설명으로 틀린 것은?

① 피부와 접촉하여 피부를 부식시킨다.
② 양이 많을 경우 주수에 의하여 폭발위험이 있다.
③ 물과 발열반응하며 수소를 방출한다.
④ 가연물과 혼합되어 있을 경우 마찰에 의해 발화한다.

29 다음 제4류 위험물 중 알코올류에 속하는 것은?

① 메틸알코올　　　　② 부틸알코올
③ 아밀알코올　　　　④ 알릴알코올

30 위험물안전관리법령상 동·식물유류의 경우 1기압에서 인화점은 섭씨 몇 도 미만으로 규정하고 있는가?

① 150℃　　　　② 250℃
③ 450℃　　　　④ 600℃

31 다음 설명 중 틀린 것은?

① 황린은 공기 중 방치하는 경우 자연발화한다.
② 미분상의 유황은 물과 작용해서 자연발화할 때가 있다.
③ 적린은 염소산칼륨 등의 산화제와 혼합하면 발화 또는 폭발할 수 있다.
④ 마그네슘은 알칼리토금속으로 할로겐 원소와 접촉하여 자연발화의 위험이 있다.

32 위험물안전관리법상 위험물을 운반 및 수납할 때 운반용기의 재질에 포함되지 않는 것은?

① 금속판　　　　② 유리
③ 도자기　　　　④ 플라스틱

33 제3류 위험물 취급 시 주의해야 할 사항으로 알맞은 것은?

① 산화물의 혼합을 피할 것
② 물의 접촉을 피할 것
③ 마찰 충격을 피할 것
④ 화기의 접근을 피할 것

34 다음 중 적린의 위험성에 대한 설명이 올바른 것은?

① 착화온도가 낮고 공기 중에서 자연발화하기 쉽다.
② 산화할 때 인광을 발하며 연소한다.
③ 물과 반응하면 가연성의 가스를 발생한다.
④ 산화제와 혼합하면 착화한다.

해설

28 과산화물은 물과 발열반응하며 산소를 방출한다.

29 알코올류란 1분자를 구성하는 탄소원자수가 1개부터 3개까지인 포화1가 알코올을 말한다.
　※ 탄소원자의 수
　• 메틸알코올 : 1개
　• 부틸알코올 : 4개
　• 아밀알코올 : 5개
　• 알릴알코올 : 3개(불포화)

31 유황은 물과 반응하지 않는다.

32 운반용기의 재질 : 강판, 알루미늄판, 양철판, 유리, 금속판, 종이, 플라스틱, 섬유판, 고무류, 합성섬유, 삼, 짚, 나무

33 제3류 위험물은 자연발화성 또는 금수성 물질이므로 물 또는 공기와의 접촉을 피해야 한다.

34 ① 착화온도는 260℃이며 공기 중에서 자연발화하지는 않는다.
② 연소 시 오산화인을 발생한다.
③ 강알칼리와 반응하여 유독성의 포스핀가스를 발생한다.

35 다음 위험물 중 연소할 때 아황산가스를 발생시키는 것은?

① 황
② 황린
③ 적린
④ 마그네슘분

36 물과 탄화칼슘이 반응해서 생성되는 것은?

① 소석회 + 수소
② 생석회 + 일산화탄소
③ 생석회 + 인화수소
④ 소석회 + 아세틸렌

37 질산의 성질에 대한 설명 중 틀린 것은?

① 진한 질산을 가열하면 분해하여 수소를 발생한다.
② 햇빛에 의해 일부 분해하여 자극성의 이산화질소를 만든다.
③ 부식성이 강한 강산이지만 금, 백금, 이리튬, 로듐만은 부식시키지 못한다.
④ 물과 반응하여 발열한다.

38 과산화벤조일의 지정수량은 얼마인가?

① 10kg
② 50 ℓ
③ 100kg
④ 1,000 ℓ

39 과산화나트륨은 CO_2가스를 흡수하여 무엇으로 변화하는가?

① 산화나트륨
② 수산화나트륨
③ 나트륨과 탄산
④ 탄산나트륨

40 다음은 위험물안전관리법상 제3류 위험물들이다. 다음 중 지정수량이 다른 것은?

① 칼륨
② 리튬
③ 나트륨
④ 알킬알루미늄

41 다음 물질 중에서 제3석유류에 속하지 않는 것은?

① 크레소오트유
② 산화프로필렌
③ 니트로벤젠
④ 에틸렌글리콜

42 제4류 위험물 중 제2석유류에 속하는 것은?

① 아세톤
② 중유
③ 등유
④ 기계유

43 화재 시 알코올형포를 사용하여 진화하는 것이 가장 적합한 위험물은?

① 아세톤
② 휘발유
③ 경유
④ 등유

해설

35 유황은 연소 시 아황산가스를 발생한다.

36 탄화칼슘은 물과 반응하여 수산화칼슘(소석회)과 아세틸렌가스를 발생한다.

37 질산은 분해하면서 이산화질소와 산소를 발생한다.

38 과산화벤조일은 제5류 위험물 유기과산화물로 지정수량이 10kg이다.

39 과산화나트륨은 이산화탄소와 반응하여 탄산나트륨과 산소를 발생한다.

40 ①, ③, ④ 10kg
② 50kg

41 산화프로필렌은 특수인화물에 속한다.

42 ① 아세톤 – 제1석유류
② 중유 – 제3석유류
④ 기계유 – 제4석유류

43 알코올형포는 수용성 액체, 알코올류 소화에 효과적이다.
① 아세톤 : 제1석유류 수용성 액체
② 휘발유 : 제1석유류 비수용성 액체
③ 경유 : 제2석유류 비수용성 액체
④ 등유 : 제2석유류 비수용성 액체

44 주유소에서 기름을 넣을 때 자동차의 엔진을 끄는 것이 안전하다. 다음 중 주유소에서 게시하는 "주유 중 엔진정지"라는 게시판의 색깔로 알맞은 것은?

① 황색바탕에 흑색문자
② 황색바탕에 적색문자
③ 백색바탕에 흑색문자
④ 백색바탕에 적색문자

45 다음은 위험물을 저장할 때 필요한 보호액을 짝지은 것이다. 올바른 것은?

① 황린 - 질산　　　　② 금속칼륨 - 에탄올
③ 이황화탄소 - 물　　④ 금속나트륨 - 황산

46 공기 속에서 노란색 불꽃을 내면서 연소하는 것은?

① Li　　　　　　　② Na
③ K　　　　　　　④ Cu

47 피크린산(Picric acid)의 성상 및 위험성에 관한 설명 중 옳은 것은?

① 운반 시 에탄올을 첨가하면 안전하다.
② 공업용은 강한 쓴맛이 있고 황색의 침상결정이다.
③ 저장용기는 폭발성 물질이므로 철로 만든 용기에 저장한다.
④ 물, 알코올, 벤젠 등에는 녹지 않고 금속과 반응하여 조연성 가스를 발생시킨다.

48 다음 중 함수 알코올로 습면하여 저장 및 취급하는 것은?

① 니트로글리세린　　② 니트로셀룰로오스
③ 트리니트로톨루엔　④ 질산에틸

49 염소산칼륨의 화학적, 물리적 위험성에 관한 설명 중 옳은 것은?

① 단독으로 연소한다.
② 자신은 강력한 환원제이다.
③ 열에 의해 분해되어 수소를 발생한다.
④ 유기물 등과 접촉 시 충격을 가하면 폭발하는 수가 있다.

50 질산에틸($C_2H_5ONO_2$)의 성질에 관한 설명 중 옳은 것은?

① 물에 잘 용해된다.
② 인화점은 경유와 같다.
③ 지정수량은 10kg이다
④ 방향성을 갖고 있는 고체이다.

51 니트로셀룰로오스에 대한 설명 중 틀린 것은?

① 천연 셀룰로오스를 염기와 반응시켜 만든다.
② 질화도가 클수록 위험성이 크다.
③ 질화도에 따라 크게 강면약과 약면약으로 구분할 수 있다.
④ 약 130℃에서 분해한다.

52 다음 중 특수인화물에 해당하는 위험물은?

① 벤젠   ② 피리딘
③ 디에틸에테르   ④ 아세토니트릴

53 다음 중 니트로화합물에 속하는 것은?

① 니트로벤젠
② 니트로셀룰로오스
③ 질산에틸
④ 피크린산

54 제6류 위험물과 혼재할 수 있는 것은?(단, 지정수량의 5배의 경우임)

① 제1류 위험물
② 제2류 위험물
③ 제3류 위험물
④ 제4류 위험물

55 열과 전기의 도체로 산과 알칼리에 녹아 수소를 발생하며 은백색의 광택을 가지는 연한 금속은?

① Fe   ② Cs
③ Al   ④ Sb

56 이황화탄소에 대한 설명 중 틀린 것은?

① 이황화탄소의 증기는 공기보다 무겁다.
② 수소(물탱크)에 저장한다.
③ 증기는 유독하며 피부를 해치고 신경계통을 마비시킨다.
④ 인화점이 물의 비점과 같다.

57 벤조일퍼옥사이드의 취급상 주의해야 할 사항으로 틀린 것은?

① 가열, 마찰을 피해야 한다
② 단독으로 가열해도 무방하다.
③ 다른 물질과 혼합을 피한다.
④ 바람이 잘 통하는 찬 곳에 저장한다.

---

51 셀룰로오스의 제조
진한 황산과 진한 질산의 혼산으로 반응시켜 제조한다.

52 ① 벤젠 – 제1석유류
② 피리딘 – 제1석유류
④ 아세토니트릴 – 제1석유류

53 ① 니트로벤젠 – 제3석유류
② 니트로셀룰로오스 – 질산에스테르류
③ 질산에틸 – 질산에스테르류

54 제6류 위험물과 혼재 가능한 것은 제1류 위험물이다.

55 지문은 제2류 위험물인 알루미늄에 대한 특성이다.

56 이황화탄소의 인화점은 −30℃이며, 착화점이 100℃로 물의 비점과 같다.

57 가열하면 약 100℃에서 흰 연기를 내면서 분해한다.

58 적린의 연소 시 발생하는 흰 연기의 성분은?

① H_3PO_4 ② SO_2

③ P_2O_5 ④ H_2S

59 다음은 과염소산나트륨에 대한 설명이다. 틀린 것은?

① 조해성이 없는 백색 결정이다.

② 에틸알코올, 아세톤에 녹는다.

③ 과염소산칼륨보다 용해도가 크다.

④ 일수염을 공기 중에서 가열하면 무수물이 생긴다.

60 다음 중 인화칼슘(Ca_3P_2)의 성상으로 옳은 것은?

① 물과 작용하여 인화수소를 발생한다.

② 백색 괴상의 고체이다

③ 물보다 약간 가볍다.

④ 인화성 액체이다.

해설

58 적린은 연소 시 오산화인을 발생한다.

59 과염소산나트륨은 조해성이 있는 무색 무취의 결정이다.

60 ② 암적색의 결정성 분말이다.
③ 비중이 2.51로 물보다 무겁다.
④ 인화칼슘은 고체이다.

【 2회 CBT 실전 모의고사 】

정답	01 ④	02 ④	03 ②	04 ②	05 ②	06 ④	07 ①	08 ①	09 ④	10 ②
	11 ④	12 ②	13 ④	14 ①	15 ④	16 ④	17 ④	18 ①	19 ④	20 ③
	21 ②	22 ①	23 ②	24 ③	25 ③	26 ③	27 ④	28 ③	29 ①	30 ②
	31 ②	32 ③	33 ②	34 ④	35 ①	36 ④	37 ①	38 ①	39 ④	40 ②
	41 ②	42 ③	43 ①	44 ①	45 ③	46 ②	47 ②	48 ②	49 ④	50 ③
	51 ①	52 ③	53 ④	54 ①	55 ③	56 ④	57 ②	58 ③	59 ①	60 ①

3회 CBT 실전 모의고사

▶실력테스트를 위해 문제 옆 해설란을 가리고 문제를 풀어보세요.　　　　　　　▶정답 : 314쪽

01 다음 소화작용 중 연소에 필요한 산소의 공급원을 단절하는 것은?

① 제거작용　　　　　　② 질식작용

③ 희석작용　　　　　　④ 억제작용

02 패쇄형 스프링클러의 경우 스프링클러헤드의 반사판과 당해 헤드의 부착면과의 거리는 몇 m 이하인가?

① 0.2　　　　　　② 0.3

③ 0.4　　　　　　④ 0.5

03 다음 중 제2류 위험물의 일반적인 취급 및 소화방법에 대한 설명으로 옳은 것은?

① 비교적 낮은 온도에서 착화되기 쉬우므로 고온체와 접촉시킨다.

② 인화성액체(4류)와의 혼합을 피하고, 산화성 물질(1류, 6류)과 혼합하여 저장한다.

③ 금속분, 철분, 마그네슘, 황화린은 물에 의한 냉각소화가 적당하다.

④ 저장용기를 밀봉하고 위험물의 누출을 방지하여 통풍이 잘 되는 냉암소에 저장한다.

04 착화온도 600도의 의미는?(단, 공기 중임을 가정한다)

① 600도로 가열하면 점화원이 있으면 연소한다.

② 600도로 가열하면 비로소 인화된다.

③ 600도 이하에서는 점화원이 있어도 인화하지 않는다.

④ 600도로 가열하면 가열된 열만 가지고 스스로 연소가 시작된다.

05 압력수조를 이용한 옥내소화전설비의 가압송수장치에서 압력수조의 최소압력(MPa)은?(단, 소방용 호스의 마찰손실 수두압 : 3MPa, 배관의 마찰손실 수두압 : 1MPa, 낙차의 환산 수두압 : 1.35 MPa)

① 5.35　　　　　　② 5.70

③ 6.00　　　　　　④ 6.35

해설

01 질식소화는 공기 중의 산소 농도를 15% 이하로 낮추어 소화하는 방식이다.

02 스프링클러헤드의 설치기준
- 헤드의 반사판과 부착면과의 거리 : 0.3m 이하
- 반사판으로부터의 거리 : 하방 0.45m, 수평 0.3m (가연성물질을 수납하는 부분에 설치하는 경우 : 하방 0.9m, 수평 0.4m)
- 개구부에 설치하는 경우 : 개구부 상단으로부터 높이 0.15m 이내의 벽면에 설치
- 헤드의 축심이 부착면에 대하여 직각이 되도록 설치

03 ① 고온체와의 접촉을 피해야 한다.
② 강산화성 물질(제1류·제6류 위험물)과의 혼합을 피한다.
③ 금속분, 철분, 마그네슘, 황화린은 마른 모래, 분말, 이산화탄소 등을 이용한 질식소화가 효과적이다.

04 착화온도란 물질을 공기 중에서 가열할 때 불이 붙거나 폭발을 일으키는 최저온도를 말한다.

05 압력수조의 필요압력(MPa)

$P = p_1 + p_2 + p_3 + 0.35$MPa

p_1 : 소방용호스의 마찰손실수두압

p_2 : 배관의 마찰손실수두압

p_3 : 낙차의 환산수두압

∴ $P = 3$MPa $+ 1$MPa $+ 1.35$MPa $+ 0.35$MPa

$= 5.70$MPa

06 다음 위험물 중 물과 반응하여 산소를 내는 것은?

① 과산화칼륨
② 과염소산칼륨
③ 염소산칼륨
④ 아염소산칼륨

07 위험물안전관리법상 전기설비에 대해 소화설비의 적응성이 없는 것은?

① 물분무소화설비
② 불활성가스소화설비
③ 포소화설비
④ 할로겐화합물소화설비

08 옥내주유취급소의 소화난이도 등급은?

① I
② II
③ III
④ IV

09 옥외저장시설에서 지정수량 200배 초과의 위험물을 저장할 경우 보유공지의 너비는 몇 m 이상으로 하는가?(단, 제4류 위험물과 제6류 위험물은 제외한다)

① 0.5m
② 2.5m
③ 10m
④ 15m

10 할로겐 화합물의 소화약제 중 할론 2402의 화학식은?

① $C_2Br_4F_2$
② $C_2Cl_4F_2$
③ $C_2Cl_4Br_2$
④ $C_2F_4Br_2$

11 자연발화의 조건으로 거리가 먼 것은?

① 표면적이 넓을 것
② 열전도율이 클 것
③ 발열량이 클 것
④ 주위의 온도가 높을 것

12 점화원을 가까이 댔을 때 연소형태가 시작되는 최저온도는?

① 연소점
② 발화점
③ 인화점
④ 분해점

13 대형 수동식소화기의 설치기준은 방호대상물의 각 부분으로부터 하나의 대형 수동식소화기까지의 보행거리가 몇 m 이하가 되도록 설치하여야 하는가?

① 30
② 20
③ 10
④ 5

14 다음 위험물 중 화재가 발생하였을 때 소화에 물을 사용할 수 없는 것은?

① 황(S)
② 황린(P_4)
③ 적린(P)
④ 알루미늄 분말(Al)

---

06 제1류 위험물 중 물과 반응하여 산소를 발생하는 것은 무기과산화물이다.

07 옥내소화전설비, 옥외소화전설비, 스프링클러설비 및 포소화설비는 전기설비에 적응성이 없다.

08 주유취급소의 소화난이도 등급
• 옥내주유취급소 : 등급 II
• 기타 주유취급소 : 등급 III

09 옥외저장소의 보유공지

저장 또는 취급하는 위험물의 최대수량	공지의 너비
지정수량의 10배 이하	3m 이상
지정수량의 10배 초과 20배 이하	5m 이상
지정수량의 20배 초과 50배 이하	9m 이상
지정수량의 50배 초과 200배 이하	12m 이상
지정수량의 200배 초과	15m 이상

10 Halon 번호의 숫자는 탄소(C), 불소(F), 염소(Cl), 브롬(Br)의 개수를 나타낸다.
따라서 2402는 탄소가 2개, 불소가 4개, 염소가 0개, 브롬이 2개이다.

11 자연발화의 발생 조건
① 주위의 온도가 높을 것 ② 습도가 높을 것
③ 표면적이 넓을 것 ④ 발열량이 클 것
⑤ 열전도율이 작을 것

12 • 인화점 : 가연성 물질을 공기 중에서 가열할 때 가연성 증기가 연소범위 하한에 도달하는 최저온도
• 발화점 : 물질을 공기 중에서 가열할 때 불이 붙거나 폭발을 일으키는 최저온도

13 • 대형 수동식소화기 : 보행거리 30m 이하
• 소형 수동식소화기 : 보행거리 20m 이하

14 알루미늄 분말은 주수소화 시 분말의 비산으로 인해 분진폭발의 위험이 있다.

chapter 07

15 불에 대한 제거 소화 방법의 적용이 잘못된 것은?

① 유전의 화재 시 다량의 물을 이용하였다.

② 가스화재 시 밸브 및 코크를 잠궜다.

③ 산불화재 시 벌목을 하였다.

④ 촛불을 바람으로 불어 가연성 증기를 날려 보냈다.

16 다음 중 위험물 제조소의 안전거리를 20m 이상으로 하여야 하는 곳은?

① 학교

② 유형문화재

③ 고압가스 시설

④ 병원

17 물이 소화제로 쓰이는 이유 중 거리가 먼 것은?

① 구입이 용이하다.

② 제거소화가 잘 된다.

③ 취급이 간편하다.

④ 기화잠열이 크다.

18 탄화칼슘 60,000kg을 소요단위로 산정하면 몇 단위인가?

① 10단위

② 20단위

③ 30단위

④ 40단위

19 분말소화약제의 주성분이 아닌 것은?

① 탄산수소나트륨

② 인산암모늄

③ 탄산나트륨

④ 탄산수소칼륨

20 요오드값의 정의를 올바르게 설명한 것은?

① 유지 100kg에 흡수되는 요오드의 g 수

② 유지 10kg에 흡수되는 요오드의 g 수

③ 유지 100g에 흡수되는 요오드의 g 수

④ 유지 10g에 흡수되는 요오드의 g 수

21 연소가 일어나려면 가연물, 산소공급원, 점화원이 필요하다. 다음 중 점화원으로 적합하지 않은 것은?

① 마찰에 의한 점화

② 충격에 의한 점화

③ 가열에 의한 점화

④ 흡수에 의한 점화

22 금속칼륨이 물과 반응하였을 때 생성되는 가스는?

① 수소가스

② 탄산가스

③ 일산화탄소

④ 아세틸렌가스

해설

15 유전의 화재 시 폭약을 이용한 제거소화가 효과적이다.

16 ① 학교 – 30m 이상

② 유형문화재 – 50m 이상

④ 병원 – 30m 이상

17 소화제로서의 물은 냉각소화, 질식소화, 유화소화, 희석소화 효과가 있다.

18 위험물의 1소요단위는 지정수량의 10배

탄화칼슘의 지정수량은 300kg

$$소요단위 = \frac{저장수량}{지정수량 \times 10}$$

$$= \frac{60,000kg}{300kg \times 10} = 20단위$$

19

구분	주성분	화학식
제1종 분말	탄산수소나트륨	$NaHCO_3$
제2종 분말	탄산수소칼륨	$KHCO_3$
제3종 분말	제1인산암모늄	$NH_4H_2PO_4$
제4종 분말	탄산수소칼륨과 요소의 반응생성물	$KHCO_3$ $+(NH_2)_2CO$

탄산나트륨은 제1종 분말의 주성분인 탄산수소나트륨이 열분해 시 생성되는 물질이다.

21 점화원의 분류

분류	종류
화학적 에너지	연소열, 자연발열, 분해열, 용해열
전기적 에너지	저항열, 유도열, 유전열, 아크열, 정전기열, 낙뢰에 의한 열
기계적 에너지	마찰열, 압축열, 마찰 스파크
원자력 에너지	핵분열, 핵융합

22 금속칼륨은 물과 반응하여 수산화칼륨과 수소를 발생한다.

23 아세톤, 메탄올, 피리딘 및 아세트알데히드 등의 공통된 성질은?

① 모두 액체로 무취이다.

② 인화점이 0℃ 이하이다.

③ 모두 분자내 산소를 함유하고 있다.

④ 모두 물에 녹는다.

24 알루미늄 분말의 저장 방법 중 옳은 것은?

① 에틸알코올 수용액에 넣어 보관

② 밀폐용기에 넣어 건조한 곳에 저장

③ 폴리에틸렌병에 넣어 수분이 많은 곳에 보관

④ 염산 수용액에 넣어 보관

25 제5류 위험물을 저장할 때 주의하여야 할 사항 중 틀린 것은?

① 통기가 잘 되는 곳에 저장한다.

② 불꽃과의 접촉을 피한다.

③ 건조를 위해 온도가 높은 곳에 저장한다.

④ 심한 충격과 마찰을 피하도록 한다.

26 과산화나트륨에 대한 설명으로 틀린 것은?

① 알코올에 녹아 산소를 발생시킨다.

② 상온에서 물과 격렬하게 반응한다.

③ 흡습성이 강하고 조해성이 있다.

④ 비중이 약 2.8이다.

27 다음 ( ) 안에 들어갈 알맞은 단어는?

> "보냉장치가 있는 이동저장탱크에 저장하는 아세트알데히드등 또는 디에틸에테르등의 온도는 당해 위험물의 ( ) 이하로 유지하여야 한다."

① 비점   ② 인화점
③ 융해점   ④ 발화점

28 다음 중 제4류 위험물 취급 시 주의사항으로 가장 관계가 먼 것은?

① 위험물 저장 시 통풍이 잘되는 냉암소에 저장한다.

② 증기는 낮은 곳에 체류하기 쉬우므로 환기 시 주의한다.

③ 빈 용기라도 가연성 증기가 남아 있을 수 있으므로 취급 시 주의해야 한다.

④ 석유류는 배관이송 시 정전기가 발생할 가능성이 적으므로 정전기 제어설비가 필요없다.

23 ① 모두 특유의 냄새가 있다.
② 메탄올과 피리딘의 인화점이 0℃ 이상이다.
③ 피리딘은 분자 내 산소를 함유하고 있지 않다.

24 알루미늄 분말은 밀폐용기에 보관하여 습기의 침투를 방지해야 한다.

25 제5류 위험물은 통풍이 잘되고 온도가 낮은 곳에 저장한다.

26 과산화나트륨은 알코올에 녹지 않으며, 물과 반응하여 수산화나트륨과 산소를 발생한다.

27 • 보냉장치가 있는 이동저장탱크에 저장하는 아세트알데히드등 또는 디에틸에테르등의 온도는 당해 위험물의 비점 이하로 유지할 것
• 보냉장치가 없는 이동저장탱크에 저장하는 아세트알데히드등 또는 디에틸에테르등의 온도는 40℃ 이하로 유지할 것

28 석유류는 전기의 부도체이므로 정전기가 많이 발생한다.

chapter 07

29 1기압에서 인화점이 70도 이상, 200도 미만인 위험물은 어디에 속하는가? (단, 도료류 그 밖의 물품은 가연성 액체량이 40중량% 이하인 것은 제외한다)

① 제1석유류 ② 제2석유류
③ 제3석유류 ④ 제4석유류

30 다음 위험물 중 제4석유류로 지정되어 있는 품목은?

① 중유 ② 등유
③ 클레오소트유 ④ 실린더유

31 산화프로필렌을 용기에 저장할 때 인화폭발의 위험을 막기 위하여 충전시키는 가스로 다음 중 가장 적합한 것은?

① N_2 ② H_2
③ O_2 ④ CO

32 이황화탄소에 대한 설명으로 적합하지 않은 것은?

① 물에 잘 녹지 않는다.
② 연소 시 유독한 CO가 주로 발생한다.
③ 유지, 수지, 생고무, 황 등을 녹인다.
④ 알칼리금속류와 접촉하면 발화 혹은 폭발 위험이 있다.

33 알루미늄분이 염산과 반응하였을 경우 주로 생성되는 가연성 가스는?

① 산소 ② 질소
③ 염소 ④ 수소

34 적린(P)을 잘 녹이는 물질은?

① H_2O ② CS_2
③ NH_3 ④ PBr_3

35 셀룰로이드류를 다량으로 저장하는 경우 가장 적절한 저장소는?

① 습도가 높고, 온도가 낮은 곳
② 습도가 낮고, 온도가 높은 곳
③ 통풍이 좋고, 온도가 낮은 곳
④ 통풍이 없고, 온도가 높은 곳

36 다음 중 물에 잘 용해되는 위험물은?

① 벤젠석유 ② 이소프로필알코올
③ 휘발유 ④ 에테르

---

29 • 제1석유류 : 1기압에서 인화점이 21℃ 미만인 것
• 제2석유류 : 1기압에서 인화점이 21℃ 이상 70℃ 미만인 것
• 제3석유류 : 1기압에서 인화점이 70℃ 이상 200℃ 미만인 것
• 제4석유류 : 1기압에서 인화점이 200℃ 이상 250℃ 미만의 것

30 ① 중유 – 제3석유류
② 등유 – 제2석유류
③ 클레오소트유 – 제3석유류

31 용기에 저장 시 질소, 이산화탄소 등의 불활성기체를 봉입한다.

32 연소 시 유독한 이산화황과 이산화탄소가 발생한다.

33 알루미늄분과 염산의 반응식
$2Al + 6HCl \rightarrow 2AlCl_3 + 3H_2$

34 적린은 브롬화인에 녹으며, 물, 이황화탄소, 알칼리, 에테르, 암모니아에는 녹지 않는다.

35 셀룰로이드는 제5류 위험물로 장시간 방치할 경우 햇빛, 고온 등에 의해 분해가 촉진되어 자연발화의 위험이 있으며, 통풍이 잘되고 온도가 낮은 곳에 저장한다.

36 벤젠석유와 휘발유는 비수용성이며, 에테르는 물에 약간 녹는다.

37 과망간산칼륨($KMnO_4$)에 대한 설명이다. 옳은 것은?

① 물에 잘 녹는 흑자색의 결정이다.
② 에탄올, 아세톤에 녹지 않는다.
③ 물에 녹았을 때는 진한 노란색을 띤다.
④ 강알칼리와 반응하여 수소를 방출하며 폭발한다.

38 과염소산염류의 공통된 성질에 해당하는 것은?

① 특정 물질과 혼합 시 마찰 혹은 충격에 안전하지 못하다.
② 산화되기 쉽다.
③ 물을 가하면 격렬히 화학적으로 반응된다.
④ 흑색의 침상결정이다.

39 과염소산칼륨을 400℃ 이상으로 가열하면 분해되면서 발생하는 가스는?

① 수소　　　　　② 질소
③ 탄산가스　　　④ 산소

40 질산에틸의 성질 및 취급 시 주의사항이 아닌 것은?

① 인화되기 쉽다.
② 물에 잘 녹지 않는다.
③ 직사광선을 차단하고 통풍 환기가 잘 되는 곳에 저장한다.
④ 증기 비중이 낮아 증기는 높은 곳에 체류한다.

41 다음 위험물 중 특수인화물이 아닌 것은?

① 메틸에틸케톤 퍼옥사이드
② 산화프로필렌
③ 아세트알데히드
④ 이황화탄소

42 다음 위험물 중 혼재가 가능한 것끼리 짝지워진 것은?(단, 지정수량의 1/5임)

① 제2류와 제5류
② 제2류와 제6류
③ 제2류와 제3류
④ 제2류와 제1류

43 아세트알데히드와 아세톤의 성질을 설명한 것이다. 틀린 것은?

① 증기는 공기보다 모두 무겁다.
② 모두 무색 액체로서 인화점이 낮다.
③ 모두 물에 잘 녹는다.
④ 모두 특수인화물로 반응성이 크다.

---

37 ② 에탄올, 아세톤에 녹는다.
③ 물에 녹았을 때는 진한 보라색을 띤다.
④ 강알칼리와 반응하여 산소를 방출하며 폭발의 위험은 없다.

38 ② 환원되기 쉬운 강산화제이다.
③ 물과 반응하지 않는다.
④ 무색의 결정이다.

39 과염소산칼륨을 400℃ 이상 가열하면 염화칼륨과 산소를 발생한다.

40 증기 비중이 높아 증기는 낮은 곳에 체류한다.

41 메틸에틸케톤 퍼옥사이드 - 제5류 위험물 유기과산화물

42 유별을 달리하는 위험물의 혼재기준

위험물의 구분	제1류	제2류	제3류	제4류	제5류	제6류
제1류		×	×	×	×	○
제2류	×		×	○	○	×
제3류	×	×		○	×	×
제4류	×	○	○		○	×
제5류	×	○	×	○		×
제6류	○	×	×	×	×	

43 아세톤은 제1석유류에 속한다.

chapter **07**

44 인화칼슘과 물이 반응할 때의 반응식 중 옳은 것은?

① $Ca_3P_2 + 6H_2O \rightarrow 2PH_3 + 3Ca(OH)_2 + Q$ kcal

② $Ca_3P_2 + 5H_2O \rightarrow 2PH_3 + 3Ca(OH)_2 + Q$ kcal

③ $Ca_3P_2 + 4H_2O \rightarrow 2PH_3 + 3Ca(OH)_2 + Q$ kcal

④ $Ca_3P_2 + 3H_2O \rightarrow 2PH_3 + 3Ca(OH)_2 + Q$ kcal

45 주유취급소에 다음과 같이 전용탱크를 설치하였다. 최대로 저장·취급할 수 있는 용량은 얼마인가? (단, 고속도로 외의 도로변에 설치하는 자동차용 주유취급소인 경우이다)

> • 간이탱크 : 2기
> • 폐유탱크등 : 1기
> • 고정주유설비 및 급유설비 접속하는 전용탱크 : 2기

① 103,200리터   ② 104,600리터

③ 123,200리터   ④ 124,200리터

46 다음 중 제2석유류로만 짝지어진 것은?

① 등유 – 피리딘   ② 경유 – 휘발유

③ 등유 – 중유   ④ 경유 – 아크릴산

47 과산화수소에 대한 설명으로 틀린 것은?

① 불연성 물질이다.

② 농도가 약 3wt%이면 단독으로 분해폭발한다.

③ 산화성 물질이다.

④ 점성이 있는 액체로 물에 용해된다.

48 아염소산염류의 운반용기 중 적응성 있는 내장용기의 종류와 최대 용적 또는 중량에 관한 사항이다. 옳은 것은?(단, 외장용기의 종류는 나무상자 또는 플라스틱상자이고, 최대 중량은 125kg으로 한정한다)

① 금속제 용기: 20 ℓ

② 종이포대 : 55kg

③ 플라스틱 필름 포대 : 300kg

④ 유리용기 : 10 ℓ

49 이산화탄소소화설비 기준에서 전역방출방식의 경우 몇 초 이내에 소화약제의 양을 균일하게 방사하여야 하는가?

① 30초 이내   ② 60초 이내

③ 100초 이내   ④ 120초 이내

---

45 자동차용 고정주유설비, 고정급유설비 : 50,000 ℓ 이하

자동차 점검·정비용 폐유·윤활유 : 2,000 ℓ 이하

간이탱크 : 600 ℓ 이하

$(600 \times 2) + 2,000 + (50,000 \times 2) = 103,200$ ℓ

46 ① 등유(제2석유류) – 피리딘(제1석유류)

② 경유(제2석유류) – 휘발유(제1석유류)

③ 등유(제2석유류) – 중유(제3석유류)

47 과산화수소는 60wt% 이상의 고농도에서 단독으로 분해폭발한다.

48 지문의 조건을 충족하는 내장용기는 '유리용기 또는 플라스틱용기(10L)'와 '금속제용기(30L)'이다.

※ 본문 운반용기의 최대용적 또는 중량 표 참조할 것

49 소화약제 방사시간

• 전역방출방식 : 60초 이내

• 국소방출방식 : 30초 이내

50 다음 위험물 중 상온에서 액체인 것은?

① 질산에틸

② 트리니트로톨루엔

③ 셀룰로이드

④ 피크린산

51 산화프로필렌을 용기에 저장할 때 인화폭발의 위험을 막기 위하여 충전시키는 가스로 다음 중 가장 적합한 것은?

① N_2
② H_2

③ O_2
④ CO

52 다음 중 <보기>와 같은 성상을 갖는 물질은?

【보기】

㉠ 은백색 광택의 무른 경금속으로 포타슘이라고도 부른다.

㉡ 공기 중에서 수분과 반응하여 수소가 발생한다.

㉢ 융점이 약 63.5도 이고, 비중은 약 0.857이다.

① 칼륨
② 나트륨

③ 알킬리튬
④ 알킬알루미늄

53 질산에 대한 설명 중 옳은 것은?

① 적갈색의 고체이다.

② 햇빛에 의해 분해되므로 보관 시 직사광선을 차단한다.

③ 가열하여도 분해되지 않는다.

④ 금속을 부식시키지 않는다.

54 다음은 제6류 위험물의 일반적인 성질에 대한 설명이다. 틀린 것은?

① 물에 잘 녹는다.

② 강한 산화제이다.

③ 물보다 무겁다.

④ 불에 쉽게 연소된다.

55 다음 설명 중 인화석회(인화칼슘)의 성질로 옳은 것은?

① 물보다 약간 가볍다.

② 백색 괴상의 고체이다.

③ 알코올에 잘 녹는다.

④ 물과 반응하여 포스핀을 발생한다.

56 다음 중 지방족 니트로화합물은?

① (NO₂ 벤젠고리 구조)

② $C_2H_4(NO_2)_2$

③ (NO₂, NO₂ 벤젠고리 구조)

④ (O_2N, NO_2, NO_2 벤젠고리 구조)

57 분자량이 약 26.98로서 온수와 반응하여 수소를 발생하며 공기 중에서는 산화피막이 형성되어 내부를 보호하는 성질을 가진 제2류 위험물은?

① Zn
② Al
③ Sb
④ Fe

58 니트로글리세린 4mol이 연소할 때 발생하는 기체의 부피는 약 몇 ℓ인가?(단, 표준상태에서 이상기체로 가정한다)

① 6,496
② 649.6
③ 64.96
④ 6.496

59 다음 중 염소산나트륨의 성질로서 틀린 것은?

① 알코올, 에테르에 녹지 않는다.
② 조해성이 크다.
③ 분해온도는 약 300도이다.
④ 철을 부식시킨다.

60 다음 중 분자량이 약 220.19, 발화점이 약 100도이며, 이황화탄소, 질산에 녹지만 물, 염산, 황산에 용해되지 않은 위험물은?

① 적린
② 오황화린
③ 황린
④ 삼황화린

해설

56 ① 니트로벤젠(방향족)
② 디니트로글리콜(지방족)
③ 디니트로벤젠(방향족)
④ 트리니트로벤젠(방향족)

57 알루미늄분은 은백색의 광택이 있는 금속으로 온수, 산, 알칼리수용액과 반응하여 수소를 발생한다.

58 니로글리세린의 연소반응식
$4C_3H_5(ONO_2)_3 \rightarrow 12CO_2 + 10H_2O + 6N_2 + O_2$
니트로글리세린 4mol이 연소할 때 발생기체의 mol 수는 CO_2 : 12몰, H_2O : 10몰, N_2 : 6몰, O_2 : 1몰이므로, 총 29몰이다.
표준상태에서 기체 1몰의 체적은 22.4 ℓ 이므로
기체의 부피 = 29mol×22.4 ℓ/mol = 649.6 ℓ

59 알코올, 에테르에 잘 녹는다.

60 삼황화린의 성상
• 황색의 결정으로 조해성이 없다.
• 질산, 알칼리, 이황화탄소에 녹지만, 염산, 황산, 염소에는 녹지 않는다.
• 차가운 물에서는 녹지 않고 뜨거운 물에서 분해된다.
• 연소 시 오산화인과 이산화황이 생성된다.
• 과산화물, 과망간산염, 황린, 금속분과 혼합하면 자연발화할 수 있다.

【 3회 CBT 실전 모의고사 】

정답									
01 ②	02 ②	03 ④	04 ④	05 ②	06 ①	07 ③	08 ②	09 ④	10 ④
11 ②	12 ③	13 ①	14 ④	15 ①	16 ③	17 ②	18 ②	19 ③	20 ③
21 ④	22 ①	23 ④	24 ②	25 ③	26 ①	27 ①	28 ④	29 ④	30 ④
31 ①	32 ②	33 ④	34 ④	35 ③	36 ②	37 ①	38 ①	39 ④	40 ④
41 ①	42 ①	43 ④	44 ①	45 ①	46 ④	47 ②	48 ④	49 ②	50 ①
51 ①	52 ①	53 ②	54 ④	55 ④	56 ②	57 ②	58 ②	59 ①	60 ④

4회 CBT 실전 모의고사

▶실력테스트를 위해 문제 옆 해설란을 가리고 문제를 풀어보세요 　　　　　 ▶정답 : 323쪽

해설

01 제1류 위험물 중 알칼리금속의 과산화물과 물이 접촉하였을 때 주로 발생하는 것은?

① 수소가스　　　　　　② 산소가스
③ 탄산가스　　　　　　④ 수성가스

> **01** 알칼리금속의 과산화물은 물과 반응하여 수산화칼륨과 산소를 발생한다.

02 다음 중 화재 시 사용하면 독성의 $COCl_2$ 가스를 발생시킬 위험이 가장 높은 소화약제는?

① 액화이산화탄소　　　② 제1종 분말
③ 사염화탄소　　　　　④ 공기포

> **02** Halon 104 방사 시 포스겐가스를 발생한다.

03 다음 화합물 중 소화약제로 사용되지 않는 것은?

① CF_3Br　　　　　　② $NaHCO_3$
③ Na_2SO_4　　　　　④ $KHCO_3$

> **03** ① CF_3Br : 할로겐화합물 소화약제
> ② $NaHCO_3$: 화학포소화약제
> ③ Na_2SO_4 : 산−알칼리 소화약제인 탄산수소나트륨과 황산 반응 시 생성물질
> ④ $KHCO_3$: 제2종 분말소화약제

04 다음 중 점화원에 대한 설명으로 옳지 않은 것은?

① 점화에너지의 크기는 최소한 가연물의 활성화 에너지의 크기보다 커야 한다.
② 정전기, 고열, 마찰력은 점화원이 될 수 있다.
③ 화학적으로 반응성이 큰 가연물일수록 점화에너지가 작아도 된다.
④ 자기연소를 하는 물질의 점화원으로 가능한 것은 충격력만 있다.

> **04** 자기연소를 하는 물질의 점화원으로 가능한 것은 가열, 충격, 마찰 등 다양하다.

05 알코올류 20,000ℓ의 소화설비 설치 시 소요단위는?

① 5　　　　② 10　　　　③ 15　　　　④ 20

> **05** 위험물의 1소요단위 : 지정수량의 10배
> 알코올의 지정수량 : 400 ℓ
> $$소요단위 = \frac{저장수량}{지정수량 \times 10}$$
> $$= \frac{20,000\,ℓ}{400\,ℓ \times 10} = 5단위$$

06 촛불의 연소 형태는?

① 분해연소　　　　　　② 표면연소
③ 내부연소　　　　　　④ 증발연소

> **06** 물질의 표면에서 증발한 가연성가스와 공기 중의 산소가 화합하여 연소하는 형태를 증발연소라 하며, 석유, 가솔린, 알코올, 파라핀, 나프탈렌, 촛불 등이 여기에 해당한다.

07 위험물의 안전관리와 관련된 업무를 수행하는 자에 대한 안전 실무교육 실시자는 누구인가?

① 소방본부장　　　　　② 소방학교장
③ 시장·군수　　　　　④ 한국소방안전원장

> **07** 안전관리자로 선임된 자와 위험물운송자로 종사하는 자에 대한 안전교육은 한국소방안전원에 위탁한다.

08 금속분 제조공장에서 분진폭발을 예방하기 위한 조치로 가장 거리가 먼 것은?

① 제분기나 컨베이어가 설치된 실내에서 분진이 부유, 발산하지 않도록 한다.

② 저장 시 적당한 습기를 유지하고 전기시설의 안전 및 화기에 대해 철저히 통제한다.

③ 운송덕트는 비철금속으로 하고 상시 불연성가스를 봉입시켜 둔다.

④ 운송덕트는 가급적 짧게 하고 내부에 분진의 집적이나 장애물의 축적을 방지한다.

09 다음 위험물 화재 시 주수에 의한 냉각소화가 좋지만 주수소화에 의해서 오히려 위험성이 있는 것은?

① 황

② 적린

③ 황화린

④ 알루미늄분

10 화재예방상 위험물의 저장 및 취급방법으로 틀린 것은?

① Mg, Zn 등의 금속분은 산화성 물질과의 혼합을 피할 것

② CrO_3는 환원제와 접촉을 피할 것

③ HNO_3는 직사일광을 피하고 찬 곳에 저장할 것

④ $C_3H_5(ONO_2)_3$는 흡습성이므로 햇빛이 잘 들고 건조한 장소에 저장할 것

11 위험물제조소등의 옥내소화전에 관한 설명으로 옳지 않은 것은?

① 비상전원은 45분간 작동할 수 있을 것

② 개폐밸브는 바닥면으로부터 1.5m 이하의 높이에 설치 할 것

③ 소방용호스의 마찰손실 계산은 Hazen & Williams공식에 의할 것

④ 가압송수장치의 시동표시등(燈)은 파란색으로 할 것

12 위험물류별의 일반적 특성에 대한 설명으로 옳은 것은?

① 제1류 위험물은 불연성 물질로 산소를 많이 가지며, 가연물과의 접촉을 피해야 한다.

② 제2류 위험물은 불연성 물질이고 냉각소화가 적합하다.

③ 제3류 위험물은 자기 연소성이 있으며, 물로 소화한다.

④ 제4류 위험물은 대개 불연성물질이고, 주수소화가 적합하다.

13 옥내주유취급소의 소화난이도등급은?

① Ⅰ

② Ⅱ

③ Ⅲ

④ Ⅳ

해설

08 금속분 저장 시 습기와 접촉하지 않도록 해야 한다.

09 알루미늄분 화재 시 주수소화를 하면 분진폭발의 위험이 있다.

10 니트로글리세린은 흡습성이 없으며, 직사광선을 피하고 환기가 잘 되는 냉암소에 보관한다.

11 가압송수장치의 시동표시등은 적색으로 한다.

12 ② 제2류 위험물은 가연성고체이다.
③ 제3류 위험물은 금수성 및 자연발화성물질이다.
④ 제4류 위험물은 인화성액체로서 화재 시 주수소화는 확대면 확대의 위험이 있기 때문에 적당하지 않고 이산화탄소, 할로겐화물, 분말, 포, 무상의 강화액 등의 소화가 효과적이다.

13 주유취급소 중 옥내주유취급소의 소화난이도등급은 Ⅱ이며, 옥내주유취급소 외의 주유취급소는 소화난이도등급이 Ⅲ이다.

14 소화난이도등급 I 인 옥외탱크저장소(지중탱크, 해상탱크 이외의 것)에 있어서 제4류 위험물 중 인화점이 섭씨 70도 이상인 것을 저장, 취급하는 경우 어느 소화설비를 설치해야 하는가?

① 스프링클러소화설비　　② 물분무소화설비
③ 불활성가스소화설비　　④ 분말소화설비

14 물분무소화설비 또는 고정식 포소화설비를 설치해야 한다.

15 다음 중 자연발화의 위험성이 없는 것은?

① 표면적이 넓은 것　　② 열전도율이 큰 것
③ 주위온도가 높은 것　　④ 발열량이 큰 것

15 자연발화의 발생 조건
　• 주위의 온도가 높을 것 • 습도가 높을 것
　• 표면적이 넓을 것　　• 발열량이 클 것
　• 열전도율이 작을 것

16 화재 발생 시 주수소화가 가장 적당한 물질은?

① 마그네슘　　② 철분
③ 칼륨　　④ 적린

16 적린은 주수에 의한 냉각소화가 가장 효과적이다.

17 소화기에 "A-2, B-3" 라고 쓰여진 숫자의 의미는?

① 소화기의 제조번호　　② 소화기의 소요단위
③ 소화기의 능력단위　　④ 소화기의 사용순위

17 알파벳은 화재의 종류를, 숫자는 소화기의 능력단위를 의미한다.

18 정전기를 유효하게 제거하기 위한 설비로 공기 중의 상대습도를 몇 % 이상 되게 하여야 하는가?

① 50%　　② 60%
③ 70%　　④ 80%

18 정전기 제거방법
　• 접지에 의한 방법
　• 공기 중의 상대습도를 70% 이상으로 하는 방법
　• 공기를 이온화하는 방법

19 소화전용물통 8ℓ의 소화능력단위는?

① 0.3단위　　② 0.5단위
③ 1.0단위　　④ 2.5단위

19 기타 소화설비의 용량 및 능력단위

소화설비	용량	능력단위
소화전용(轉用)물통	8ℓ	0.3
수조(소화전용물통 3개 포함)	80ℓ	1.5
수조(소화전용물통 6개 포함)	190ℓ	2.5
마른 모래(삽 1개 포함)	50ℓ	0.5
팽창질석 또는 팽창진주암(삽 1개 포함)	160ℓ	1.0

20 소화설비 중 스프링클러의 특징과 가장 거리가 먼 것은?

① 초기 진압에 효과가 크다.
② 소화 후 복구가 용이하다.
③ 초기 시설비용이 적게 든다.
④ 사용이 다른 시설보다 복잡하다.

20 스프링클러는 초기 시설비용이 많이 든다.

21 다음 물질 중 인화점이 상온 이상인 것은?

① 중유　　② 벤젠
③ 아세톤　　④ 이황화탄소

21 ① 중유 : 60~150℃
　② 벤젠 : −11℃
　③ 아세톤 : −18℃
　④ 이황화탄소 : −30℃

22 니트로글리세린의 화학식으로 올바르게 표현한 것은?

① $C_6H_7O_2(ONO_2)_3$　　② $C_3H_5(ONO_2)_3$
③ $C_6H_2(NO_2)_3 \cdot OH$　　④ $C_6H_2(NO_2)_3 \cdot CH_3$

22 ① 니트로셀룰로오스
　③ 피크린산
　④ 트리니트로톨루엔

chapter 07

23 염소산칼륨의 성질에 대한 설명 중 틀린 것은?

① 찬물 및 에테르에 잘 녹는다.

② 무색, 무취의 결정 또는 분말로서 불연성물질이다.

③ 촉매 없이 400℃에서 분해되어 산소를 발생시킨다.

④ MnO_2의 촉매가 존재할 때 분해반응이 빠르게 진행된다.

> **23** 온수와 글리세린에는 잘 녹지만 냉수와 알코올에는 잘 녹지 않는다.

24 다음 중 제3류 위험물의 품명이 아닌 것은?

① 금속의 수소화물　　② 유기금속화합물

③ 황린　　④ 금속분

> **24** 금속분은 제2류 위험물에 속한다.

25 다음은 알루미늄의 성질에 대한 설명이다. 잘못된 것은?

① 진한 질산에 녹는다.

② 열전도율, 전기전도도가 크다.

③ 질소나 할로겐과 반응하여 질화물과 할로겐화물을 형성한다.

④ 공기 중에서 표면에 치밀한 산화피막이 형성되어 내부를 보호하므로 부식성이 적다.

> **25** 염산, 황산, 묽은 질산에 침식당하기 쉬우며, 진한 질산에는 잘 견딘다.

26 벤젠의 성질에 대한 설명으로 맞지 않는 사항은?

① 불포화결합을 이루고 있으나 첨가반응보다는 치환반응이 많다.

② 무색 투명한 독특한 냄새를 가진 액체이다.

③ 물에 잘 녹으며 유기용매와 혼합된다.

④ 끓는점은 약 80℃이다.

> **26** 물에 녹지 않고 알코올, 아세톤, 에테르에 녹는다.

27 다음 중 과산화수소의 성질을 잘못 설명한 것은?

① 상온에서도 서서히 분해한다.

② 분해하면 산소를 방출한다.

③ 36% 이상은 위험물에 속한다.

④ 밀봉된 용기에 넣어 보관한다.

> **27** 밀봉하지 않고 뚜껑에 작은 구멍을 뚫은 갈색 용기에 보관한다.

28 다음 중 특수인화물의 분류에 속하지 않는 물질은 무엇인가?

① $C_2H_5OC_2H_5$

② CS_2

③ 1기압에서 발화점이 100℃ 이하인 물질

④ 니트로글리세린

> **28** 니트로글리세린은 제5류 위험물 질산에스테르류에 속한다.
> ※특수인화물
> • 이황화탄소
> • 디에틸에테르
> • 1기압에서 발화점이 100℃ 이하인 것
> • 1기압에서 인화점 -20℃ 이하, 비점 40℃ 이하인 것

29 다음 중 황린의 자연발화가 쉽게 일어나는 이유로 옳은 것은?

① 조해성이 커서 공기 중 수분을 흡수하여 분해하기 때문이다.

② 환원력이 강하여 분해하여 폭발성가스를 생성하기 때문이다.

③ 발화점이 매우 낮고 화학적 활성이 크기 때문이다.

④ 상온에서 산화성고체이기 때문이다.

> **29** 황린의 위험성
> • 발화점이 50℃로 매우 낮고 화학적 활성이 커서 자연발화의 위험이 있다.
> • 연소 시 오산화인이라는 백색의 연기를 낸다.
> • 수산화칼륨 수용액과 반응하여 유독한 포스핀 가스를 발생시킨다.

30 제4류 위험물의 일반적인 성질에 대한 설명 중 틀린 것은?

① 대부분 유기화합물이다.

② 액체 상태이다.

③ 대부분 물보다 가볍다.

④ 대부분 물에 녹기 쉽다.

31 삼황화린은 다음 중 어느 물질에 녹는가?

① 물   ② 염산

③ 질산   ④ 황산

32 다음 중 탄화칼슘(카바이트)의 성질에 대한 설명으로 틀린 것은?

① 건조한 공기 중에서는 안정하나 350℃ 이상으로 열을 가하면 산화된다.

② 분자량은 64.1이며 보통은 통상 회흑색의 괴상고체이다.

③ 물과 반응해서 수산화칼슘과 아세틸렌이 생성된다.

④ 질소와 고온에서 작용하여 흡열반응한다.

33 진한 질산에 대한 설명 중 틀린 것은?

① 산화력이 매우 강한 산성 물질이다.

② 구리와 반응하면 질산염과 산화질소를 발생시킨다.

③ 알루미늄과 반응하면 가연성기체인 수소를 발생시킨다.

④ 무색 투명한 액체이나 장기간 저장하면 담황색으로 변한다.

34 1기압에서 인화점이 70℃ 이상 200℃ 미만인 위험물은 어디에 속하는가?(단, 도료류 그 밖의 물품은 가연성 액체량이 40중량퍼센트 이하인 것은 제외)

① 제1석유류   ② 제2석유류

③ 제3석유류   ④ 제4석유류

35 다음 중 열분해에 의해 자연발화하는 물질은?

① 아크릴산

② 클로로벤젠

③ 트리니트로톨루엔

④ 니트로셀룰로오스

36 제6류 위험물 취급방법으로 옳지 않은 것은?

① 습기가 많은 곳에서 취급한다.

② 소화 후 많은 물로 씻어 내린다.

③ 피복이나 피부에 묻지 않게 주의한다.

④ 소량 누출 시는 마른 모래나 흙으로 흡수시킨다.

---

30 제4류 위험물은 대부분 물보다 가볍고 물에 녹기 어렵다.

31 삼황화린은 질산, 알칼리, 이황화탄소에 녹지만 물, 염산, 황산, 염소에는 녹지 않는다.

32 질소와 고온에서 작용하여 발열반응한다.

33 알루미늄은 진한 질산에는 잘 침식되지 않고 알칼리에 녹아 수소를 발생한다.

34 • 제1석유류 : 1기압에서 인화점이 21℃ 미만인 것
   • 제2석유류 : 1기압에서 인화점이 21℃ 이상 70℃ 미만인 것
   • 제3석유류 : 1기압에서 인화점이 70℃ 이상 200℃ 미만인 것
   • 제4석유류 : 1기압에서 인화점이 200℃ 이상 250℃ 미만의 것

35 니트로셀룰로오스의 위험성
   • 질화도가 클수록 폭발성, 위험성이 증가한다.
   • 열분해하여 자연발화한다.

36 제6류 위험물은 습기가 많은 곳에서 발열할 수 있다.

37 질산염류에 대한 설명 중 옳은 것은?

① 물에 잘 녹는다.

② 대개 환원제이다.

③ 화재 시 주수소화는 효과가 없다.

④ 저장 시 가연성 물질을 피하고 습한 장소에 저장한다.

37 ② 대개 산화제이다.
③ 화재 시 주수소화가 효과적이다.
④ 가연물이나 유기물과의 접촉을 피하고, 건조하고 환기가 잘되는 곳에 보관한다.

38 $KClO_4$(과염소산칼륨)의 지정수량은 얼마인가?

① 10kg

② 50kg

③ 500kg

④ 1,000kg

38 제1류 위험물 중 과염소산염류의 지정수량은 50kg이다.

39 산화성고체 위험물의 취급 방법이 잘못된 것은?

① 습윤시켜서 저장한다.

② 용기는 밀폐하여 보관한다.

③ 가연물과의 접촉을 피한다.

④ 환기가 잘 되는 곳에 저장한다.

39 산화성고체는 습기를 피해서 저장해야 한다.

40 법령상 위험물을 수납한 운반용기의 포장 외부에 표시하지 않아도 되는 사항은?

① 위험물의 품명

② 위험물 제조회사

③ 위험물의 수량

④ 수납위험물의 주의사항

40 운반용기의 외부에 표시해야 하는 사항
• 위험물의 품명·위험등급·화학명 및 수용성
• 위험물의 수량
• 수납하는 위험물의 주의사항

41 과산화나트륨의 위험성에 대한 설명이다. 옳은 것은?

① 인화되기 쉬운 물질이다.

② 물과는 반응성이 약하다.

③ 상온에서 불안정하여 산소를 방출한다.

④ 공기 중에서 서서히 CO_2를 흡수하여 탄산염을 만들고 산소를 방출한다.

41 과산화나트륨의 위험성
• 물과 반응하여 수산화나트륨과 산소를 발생한다.
• 가연성 물질과 접촉하면 발화하기 쉽다.
• 가열하면 분해되어 산소가 생긴다.
• 산과 반응하여 과산화수소를 발생한다.
• 수분이 있는 피부에 닿으면 화상의 위험이 있다.

42 과산화바륨의 성질에 대한 설명 중 틀린 것은?

① 고온에서 열분해하여 산소를 발생한다.

② 황산과 반응하여 과산화수소를 만든다.

③ 비중은 약 4.96이다.

④ 온수와 접촉하면 수소가스를 발생한다.

42 온수와 반응하여 산소를 발생한다.

43 다음 물질 중 제1석유류~제4석유류에 속하지 않는 것은?

① 아세톤

② 실린더유

③ 과산화벤조일

④ 클레오소트유

43 과산화벤조일은 제5류 위험물에 속한다.

44 제6류 위험물의 지정수량은 얼마인가?

① 20kg

② 50kg

③ 100kg

④ 300kg

44 제6류 위험물의 지정수량은 모두 300kg이다.

45 과염소산에 대한 설명 중 틀린 것은?

① 비중은 물보다 크다.

② 부식성이 있어서 피부에 닿으면 위험하다.

③ 가열하면 분해될 위험이 있다.

④ 비휘발성 액체이고 에탄올에 저장하면 안전하다.

46 제5류 위험물에 관한 내용으로 틀린 것은?

① $C_2H_5ONO_2$: 상온에서 액체이다.

② $C_6H_2OH(NO_2)_3$: 공기 중 자연분해가 매우 잘 된다.

③ $C_6H_3(NO_2)_2CH_3$: 담황색의 결정이다.

④ $C_2H_5(ONO)_3$: 혼산 중에 글리세린을 반응시켜 제조한다.

47 다음 알코올류 중 분자량이 약 32이고, 취급 시 소량이라도 마시면 시신경을 마비시키는 물질은?

① 메틸알코올   ② 에틸알코올

③ 아밀알코올   ④ n-부틸알코올

48 위험물안전관리법에서 규정하고 있는 내용으로 틀린 것은?

① 민사집행법에 의한 경매, 국세징수법 또는 지방세법에 의한 압류재산의 매각절차에 따라 제조소등의 시설의 전부를 인수한 자는 그 설치자의 지위를 승계한다.

② 금치산자 또는 한정치산자, 탱크시험자의 등록이 취소된 날로부터 2년이 지나지 아니한 자는 탱크시험자로 등록하거나 탱크시험자의 업무에 종사할 수 없다.

③ 농예용·축산용으로 필요한 난방시설 또는 건조시설을 위한 지정수량 20배 이하의 취급소는 신고를 하지 아니하고 위험물의 품명·수량을 변경할 수 있다.

④ 법정의 완공검사를 받지 아니하고 제조소등을 사용한 때 시·도지사는 허가를 취소하거나 6월 이내의 기간을 정하여 사용정지를 명할 수 있다.

49 위험물 저장탱크의 내용적이 300L일 때 탱크에 저장하는 위험물의 용량의 범위로 적합한 것은?(단, 원칙적인 경우에 한한다)

① 240~270L   ② 270~285L

③ 290~295L   ④ 295~298L

50 황린과 적린의 성질에 대한 설명 중 잘못된 것은?

① 황린이나 적린은 이황화탄소에 녹는다.

② 황린이나 적린은 물과 반응하지 않는다.

③ 적린은 황린에 비하여 화학적으로 활성이 작다.

④ 황린과 적린을 각각 연소시키면 P_2O_5이 생성된다.

45 과염소산은 휘발성 액체이고 환기가 잘되는 곳에 저장한다. 알코올과 접촉 시 폭발의 위험이 있다.

46 피크린산은 단독으로는 비교적 안정하여 자연분해를 하지 않는 물질이다.

48 신고를 하지 아니하고 위험물의 품명·수량 또는 지정수량의 배수를 변경할 수 있는 경우
- 주택의 난방시설(공동주택의 중앙난방시설을 제외한다)을 위한 저장소 또는 취급소
- 농예용·축산용 또는 수산용으로 필요한 난방시설 또는 건조시설을 위한 지정수량 20배 이하의 저장소

49 탱크의 용량 = 탱크의 내용적 − 탱크의 공간용적
탱크의 공간용적 : 탱크의 내용적의 100분의 5 이상 100분의 10 이하
300L−(300L×5/100) = 300 − 15 = 285
300L−(300L×10/100) = 300 − 30 = 270

50 적린은 브롬화인에 녹으며, 물, 이황화탄소, 알칼리, 에테르, 암모니아에 녹지 않는다.

chapter 07

51 다음 중 위험물의 저장방법에 대한 설명으로 옳은 것은?

① 황화린은 가열을 금지하고, 알코올 또는 과산화물 속에 저장하여 보관한다.

② 마그네슘은 건조하면 분진폭발의 위험성이 있으므로 물에 습윤하여 저장한다.

③ 적린은 화재예방을 위해 할로겐 원소와 혼합하여 저장한다.

④ 수소화리튬은 대용량의 저장 용기에는 아르곤과 같은 불활성 기체를 봉입한다.

52 아세트알데히드와 아세톤의 공통 성질에 대한 설명 중 틀린 것은?

① 증기는 공기보다 무겁다.

② 무색 액체로서 인화점이 낮다.

③ 물에 잘 녹는다.

④ 특수인화물로 반응성이 크다.

53 제1류 위험물의 공통성질이 아닌 것은?

① 상온에서 고체 상태로 존재한다.

② 비중이 1보다 작으며 지용성인 것이 많다.

③ 일반적으로 자체는 불연성이며 강산화제이다.

④ 분해 시 산소를 방출하며 다른 가연물의 연소를 돕는다.

54 고형알코올 2,000kg과 철분 1,000kg의 각각 지정수량 배수의 총합은 얼마인가?

① 3   ② 4   ③ 5   ④ 6

55 위험물제조소의 위치·구조 및 설비의 기준에 대한 설명 중 틀린 것은?

① 벽·기둥·바닥·보·서까래는 내화재료로 하여야 한다.

② 제조소의 표지판은 한 변이 30cm, 다른 한 변이 60cm 이상의 크기로 한다.

③ "화기엄금"을 표시하는 게시판은 적색바탕에 백색문자로 한다.

④ 지정수량 10배를 초과한 위험물을 취급하는 제조소는 보유 공지의 너비가 5m 이상이어야 한다.

56 위험물의 운반기준에 있어서 차량 등에 적재하는 위험물의 성질에 따라 강구하여야 하는 조치로 적합하지 않은 것은?

① 제5류 위험물 또는 제6류 위험물은 방수성이 있는 피복으로 덮는다.

② 제2류 위험물 중 철분·금속분·마그네슘은 방수성이 있는 피복으로 덮는다.

---

51 ① 황화린은 알코올 및 과산화물과의 접촉을 피해야 한다.
② 마그네슘은 공기 중 습기와 반응하여 자연발화할 수 있다.
③ 적린은 할로겐 원소와의 접촉을 피해야 한다.

52 아세톤은 제1석유류에 속한다.

53 비중이 1보다 크며 수용성인 것이 많다.

54 • 고형알코올의 지정수량 : 1,000kg
• 철분의 지정수량 : 500kg

$$\text{지정수량의 배수} = \frac{\text{A품명의 저장수량}}{\text{A품명의 지정수량}} + \frac{\text{B품명의 저장수량}}{\text{B품명의 지정수량}} + \cdots$$

$$= \frac{2,000}{1,000} + \frac{1,000}{500} = 4\text{배}$$

55 벽·기둥·바닥·보·서까래 및 계단을 불연재료로 하여야 한다.

56 제5류 위험물 또는 제6류 위험물은 차광성이 있는 피복으로 덮는다.

---

③ 제1류 위험물 중 알칼리금속의 과산화물 또는 이를 함유한 것은 차광성과 방수성이 모두 있는 피복으로 덮는다.

④ 제5류 위험물 중 55℃ 이하의 온도에서 분해될 우려가 있는 것은 보냉 컨테이너에 수납하는 등의 방법으로 적정한 온도 관리를 한다.

57 다음은 금속칼륨이 물과 반응했을 때 일어난 것을 나타낸 것이다. 옳은 것은?

① 수산화칼륨 + 수소 + 발열 ② 수산화칼륨 + 수소 + 흡열
③ 수산화나트륨 + 산소 + 흡열 ④ 산화칼륨 + 산소 + 발열

58 이동탱크저장소의 탱크 내부의 칸막이는 용량 얼마마다 설치하여야 하는가?

① 1,000L ② 2,000L ③ 3,000L ④ 4,000L

59 마그네슘(Mg)에 대한 설명 중 틀린 것은?

① 알칼리토금속에 속하는 물질이다.
② 화재 시 CO_2 소화제는 효과가 없다.
③ 물과 반응하여 O_2를 발생시킨다.
④ 산화제와의 혼합은 위험하다.

60 위험물안전관리법령에 의한 위험물 운송에 관한 규정으로 틀린 것은?

① 이동탱크저장소에 의하여 위험물을 운송하는 자는 당해 위험물을 취급할 수 있는 국가기술자격자 또는 안전교육을 받은 자이어야 한다.
② 안전관리자·탱크시험자·위험물운송자 등 위험물의 안전관리와 관련된 업무를 수행하는 자는 시·도지사가 실시하는 안전교육을 받아야 한다.
③ 운송책임자의 범위, 감독 또는 지원의 방법 등에 관한 구체적인 기준은 총리령으로 정한다.
④ 위험물운송자는 총리령이 정하는 기준을 준수하는 등 당해 위험물의 안전확보를 위해 세심한 주의를 기울여야 한다.

해설

57 금속칼륨의 물과의 반응식
$K + H_2O \rightarrow KOH + H_2 + Q$

58 탱크 내부에 4,000L 이하마다 3.2mm 이상의 강철판 또는 이와 동등 이상의 강도·내열성 및 내식성이 있는 금속성의 것으로 칸막이를 설치할 것

59 마그네슘은 물과 반응하여 수소를 발생한다.

60 안전관리자·탱크시험자·위험물운송자 등 위험물의 안전관리와 관련된 업무를 수행하는 자로서 대통령령이 정하는 자는 해당 업무에 관한 능력의 습득 또는 향상을 위하여 국민안전처장관이 실시하는 교육을 받아야 한다. (위험물안전관리법 제28조 제1항)

chapter 07

【 4회 CBT 실전 모의고사 】

정답									
01 ②	02 ③	03 ③	04 ④	05 ①	06 ④	07 ④	08 ②	09 ④	10 ④
11 ④	12 ①	13 ②	14 ②	15 ②	16 ④	17 ③	18 ③	19 ①	20 ③
21 ①	22 ②	23 ①	24 ④	25 ①	26 ③	27 ④	28 ④	29 ③	30 ④
31 ③	32 ④	33 ③	34 ④	35 ④	36 ①	37 ①	38 ④	39 ①	40 ②
41 ④	42 ④	43 ③	44 ④	45 ④	46 ②	47 ①	48 ④	49 ②	50 ①
51 ④	52 ④	53 ②	54 ②	55 ①	56 ①	57 ①	58 ④	59 ③	60 ②

Craftsman Hazardous material

3년간 공개기출문제

2014년~2016년

2017년 시험부터 CBT 시험으로 전환되면서 시험문제가 공개되지 않은 관계로 2016년 시험문제까지만 수록되어 있습니다.

최근기출문제 - 2014년 2회

▶정답은 332쪽에 있습니다.

01 화재 원인에 대한 설명으로 틀린 것은?

① 연소 대상물의 열전도율이 좋을수록 연소가 잘 된다.

② 온도가 높을수록 연소 위험이 높아진다.

③ 화학적 친화력이 클수록 연소가 잘 된다.

④ 산소와 접촉이 잘 될수록 연소가 잘 된다.

> 열전도율이 높으면 열이 분산되므로 열전도율이 낮을수록 연소가 잘 된다.

02 다음 고온체의 색깔을 낮은 온도부터 옳게 나열한 것은?

① 암적색 〈 황적색 〈 백적색 〈 휘적색

② 휘적색 〈 백적색 〈 황적색 〈 암적색

③ 휘적색 〈 암적색 〈 황적색 〈 백적색

④ 암적색 〈 휘적색 〈 황적색 〈 백적색

> 암적색 : 700℃, 휘적색 : 950℃, 황적색 : 1,100℃, 백적색 : 1,300℃

03 화재 시 이산화탄소를 사용하여 공기 중 산소의 농도를 21vol%에서 13vol%로 낮추려면 공기 중 이산화탄소의 농도는 약 몇 vol%가 되어야 하는가?

① 34.3

② 38.1

③ 42.5

④ 45.8

> • 공기의 조성 : 질소 79%, 산소 21%
> • 공기 중 산소의 농도가 21%에서 13%로 감소했으므로 21/13=1.615 배 감소
> • 질소의 농도도 같은 비율로 감소하므로 79/1.615 = 48.9%
> • 이산화탄소의 농도 = 100 − (질소 농도 + 산소 농도)
>   = 100 − (48.9 + 13) = 38.1%

04 [보기]에서 소화기의 사용방법을 옳게 설명한 것을 모두 나열한 것은?

┤[보기]├

㉠ 적응화재에만 사용할 것

㉡ 불과 최대한 멀리 떨어져서 사용할 것

㉢ 바람을 마주보고 풍하에서 풍상 방향으로 사용할 것

㉣ 양옆으로 비로 쓸듯이 골고루 사용할 것

① ㉠, ㉡

② ㉠, ㉢

③ ㉠, ㉣

④ ㉠, ㉢, ㉣

> ㉡ 성능에 따라 방출거리 내에서 사용할 것
> ㉢ 바람을 등지고 풍상에서 풍하로 소화할 것

05 위험물제조소의 안전거리 기준으로 틀린 것은?

① 초 · 중등교육법 및 고등교육법에 의한 학교 - 20m 이상

② 의료법에 의한 병원급 의료기관 - 30m 이상

③ 문화재보호법 규정에 의한 지정문화재 - 50m 이상

④ 사용전압이 35,000V를 초과하는 특고압가공전선 - 5m 이상

> 초 · 중등교육법 및 고등교육법에 의한 학교 - 30m 이상

06 위험물안전관리법령상 위험물제조소등에서 전기설비가 있는 곳에 적응하는 소화설비는?

① 옥내소화전설비

② 스프링클러설비

③ 포소화설비

④ 할로겐화합물소화설비

> **전기설비가 있는 곳에 적응하는 소화설비**
> 물분무소화설비, 불활성가스소화설비, 할로겐화합물소화설비, 인산염류 및 탄산수소염류 분말소화설비

07 제5류 위험물의 화재 시 소화방법에 대한 설명으로 옳은 것은?

① 가연성 물질로서 연소속도가 빠르므로 질식소화가 효과적이다.

② 할로겐화합물 소화기가 적응성이 있다.

③ CO_2 및 분말소화기가 적응성이 있다.

④ 다량의 주수에 의한 냉각소화가 효과적이다.

> ① 제5류 위험물은 다량의 냉각주수소화가 효과적이다.
> ②, ③ 할로겐화합물 소화기, CO_2 및 분말소화기는 적응성이 없고, 봉상수 · 무상수 · 포소화기가 적응성이 있다.

08 폭발 시 연소파의 전파속도 범위에 가장 가까운 것은?

① 0.1∼10m/s
② 100∼1,000m/s
③ 2,000∼3,500m/s
④ 5,000∼10,000m/s

• 연소파 : 0.1∼10m/s
• 폭굉파 : 1,000∼3,500m/s

09 Halon 1301 소화약제에 대한 설명으로 틀린 것은?

① 저장 용기에 액체상으로 충전한다.
② 화학식은 CF_3Br이다.
③ 비점이 낮아서 기화가 용이하다.
④ 공기보다 가볍다.

Halon 1301은 비중 1.5로 공기보다 무겁다.

10 스프링클러설비의 장점이 아닌 것은?

① 화재의 초기 진압에 효율적이다.
② 사용 약제를 쉽게 구할 수 있다.
③ 자동으로 화재를 감지하고 소화할 수 있다.
④ 다른 소화설비보다 구조가 간단하고 시설비가 적다.

스프링클러설비는 시공이 복잡하고 초기 시설비가 많이 드는 단점이 있다.

11 다음의 위험물 중에서 이동탱크저장소에 의하여 위험물을 운송할 때 운송책임자의 감독·지원을 받아야 하는 위험물은?

① 알킬리튬
② 아세트알데히드
③ 금속의 수소화물
④ 마그네슘

운송책임자의 감독·지원을 받아 운송하여야 하는 위험물
• 알킬알루미늄
• 알킬리튬
• 알킬알루미늄 또는 알킬리튬 물질을 함유하는 위험물

12 위험물안전관리법령의 소화설비 설치기준에 의하면 옥외소화전설비의 수원의 수량은 옥외소화전 설치개수(설치개수가 4 이상인 경우에는 4)에 몇 m³을 곱한 양 이상이 되도록 하여야 하는가?

① 7.5m³
② 13.5m³
③ 20.5m³
④ 25.5m³

수원의 수량
• 옥내소화전 : 7.8m³를 곱한 양 이상
• 옥외소화전 : 13.5m³를 곱한 양 이상

13 산화제와 환원제를 연소의 4요소와 연관지어 연결한 것으로 옳은 것은?

① 산화제 - 산소공급원, 환원제 - 가연물
② 산화제 - 가연물, 환원제 - 산소공급원
③ 산화제 - 연쇄반응, 환원제 - 점화원
④ 산화제 - 점화원, 환원제 - 가연물

14 포소화약제에 의한 소화방법으로 다음 중 가장 주된 소화효과는?

① 희석소화
② 질식소화
③ 제거소화
④ 자기소화

포소화약제는 거품을 발생시켜 질식소화를 이용하는 소화방법이다.

15 다음 중 증발연소를 하는 물질이 아닌 것은?

① 황
② 석탄
③ 파라핀
④ 나프탈렌

석탄은 분해연소를 한다.

16 위험물안전관리법령상 옥내주유취급소의 소화난이도 등급은?

① Ⅰ
② Ⅱ
③ Ⅲ
④ Ⅳ

17 1몰의 이황화탄소와 고온의 물이 반응하여 생성되는 독성 기체물질의 부피는 표준상태에서 얼마인가?

① 22.4L
② 44.8L
③ 67.2L
④ 134.4L

$$CS_2 + 2H_2O \rightarrow CO_2\uparrow + 2H_2S\uparrow$$
이황화탄소 물   이산화탄소 황화수소

위의 화학식에서 보듯이 1몰의 이황화탄소와 물이 반응하여 2몰의 황화수소가 생성된다. 표준 상태에서 기체 1몰의 부피는 22.4L이므로 2몰의 부피는 44.8L이다.

18 알킬리튬에 대한 설명으로 틀린 것은?

① 제3류 위험물이고 지정수량은 10kg이다.
② 가연성의 액체이다
③ 이산화탄소와는 격렬하게 반응한다.
④ 소화방법으로는 물로 주수는 불가하며 할로겐화합물 소화약제를 사용하여야 한다.

알킬리튬의 소화는 건조사, 팽창질석, 팽창진주암을 이용한 피복소화가 효과적이다.

19 국소방출방식의 이산화탄소 소화설비의 분사헤드에서 방출되는 소화약제의 방사 기준은?

① 10초 이내에 균일하게 방사할 수 있을 것
② 15초 이내에 균일하게 방사할 수 있을 것
③ 30초 이내에 균일하게 방사할 수 있을 것
④ 60초 이내에 균일하게 방사할 수 있을 것

20 다음 위험물의 화재 시 주수소화가 가능한 것은?

① 철분
② 마그네슘
③ 나트륨
④ 황

> 황은 제2류 위험물로 다량의 주수소화가 효과적이다.

21 황화린에 대한 설명 중 옳지 않은 것은?

① 삼황화린은 황색 결정으로 공기 중 약 100℃에서 발화할 수 있다.
② 오황화린은 담황색 결정으로 조해성이 있다
③ 오황화린은 물과 접촉하여 유독성 가스를 발생할 위험이 있다
④ 삼황화린은 연소하여 황화수소 가스를 발생할 위험이 있다.

> 삼황화린은 연소하여 오산화인과 이산화황을 발생한다.

22 위험물안전관리법령상 제조소등의 정기점검 대상에 해당하지 않는 것은?

① 지정수량 15배의 제조소
② 지정수량 40배의 옥내탱크저장소
③ 지정수량 50배의 이동탱크저장소
④ 지정수량 20배의 지하탱크저장소

> 정기점검 대상
> • 지정수량의 10배 이상의 위험물을 취급하는 제조소
> • 지정수량의 100배 이상의 위험물을 저장하는 옥외저장소
> • 지정수량의 150배 이상의 위험물을 저장하는 옥내저장소
> • 지정수량의 200배 이상의 위험물을 저장하는 옥외탱크저장소
> • 암반탱크저장소
> • 이송취급소
> • 지정수량의 10배 이상의 위험물을 취급하는 일반취급소
> • 지하탱크저장소
> • 이동탱크저장소
> • 위험물을 취급하는 탱크로서 지하에 매설된 탱크가 있는 제조소 · 주유취급소 또는 일반취급소
> • 특정옥외탱크저장소(저장 또는 취급하는 액체위험물의 최대수량이 100만 리터 이상인 옥외탱크저장소)

23 제조소등의 소화설비 설치 시 소요단위 산정에 관한 내용으로 다음 ( ) 안에 알맞은 수치를 차례대로 나열한 것은?

┌─【보기】─────────────┐
│ 제조소 또는 취급소의 건축물은 외벽이 내화구조 │
│ 인 것은 연면적 ( )m²를 1소요단위로 하며, 외벽 │
│ 이 내화구조가 아닌 것은 연면적 ( )m²를 1소요 │
│ 단위로 한다. │
└────────────────────┘

① 200, 100
② 150, 100
③ 150, 50
④ 100, 50

24 탄화칼슘의 취급방법에 대한 설명으로 옳지 않은 것은?

① 물, 습기와의 접촉을 피한다.
② 건조한 장소에 밀봉 · 밀전하여 보관한다.
③ 습기와 작용하여 다량의 메탄이 발생하므로 저장 중에 메탄가스의 발생 유무를 조사한다.
④ 저장용기에 질소가스 등 불활성 가스를 충전하여 저장한다.

> 탄화칼슘은 물과 반응하여 수산화칼슘과 아세틸렌가스를 발생한다.

25 등유의 지정수량에 해당하는 것은?

① 100L
② 200L
③ 1,000L
④ 2,000L

26 위험물저장소에 해당하지 않는 것은?

① 옥외저장소
② 지하탱크저장소
③ 이동탱크저장소
④ 판매저장소

> 위험물저장소의 종류
> 옥내저장소, 옥외저장소, 옥외탱크저장소, 옥내탱크저장소, 지하탱크저장소, 간이탱크저장소, 이동탱크저장소, 암반탱크저장소

27 벤젠 1몰을 충분한 산소가 공급되는 표준상태에서 완전연소 시켰을 때 발생하는 이산화탄소의 양은 몇 L인가?

① 22.4
② 134.4
③ 168.8
④ 224.0

> 벤젠의 연소식
> $C_6H_6 + 7.5O_2 = 6CO_2 + 3H_2O$
> 1몰의 벤젠이 완전연소하여 6몰의 이산화탄소가 발생하므로
> $22.4L \times 6 = 134.4L$

28 지정과산화물을 저장 또는 취급하는 위험물 옥내 저장소의 저장창고 기준에 대한 설명으로 틀린 것은?

① 서까래의 간격은 30cm 이하로 할 것
② 저장창고의 출입구에는 갑종방화문을 설치할 것
③ 저장창고의 외벽을 철근콘크리트조로 할 경우 두께를 10cm 이상으로 할 것
④ 저장창고의 창은 바닥면으로부터 2m 이상의 높이에 둘 것

> 외벽의 두께
> • 철근콘크리트조 또는 철골철근콘크리트조 : 20cm 이상
> • 보강콘크리트블록조 : 30cm 이상

29 물과 접촉 시 발열하면서 폭발 위험성이 증가하는 것은?

① 과산화칼륨   ② 과망간산나트륨
③ 요오드산칼륨   ④ 과염소산칼륨

30 다음 중 벤젠 증기의 비중에 가장 가까운 값은?

① 0.7   ② 0.9
③ 2.7   ④ 3.9

> 벤젠의 비중 : 0.879(증기 : 2.77)

31 다음 중 니트로글리세린을 다공질의 규조토에 흡수시켜 제조한 물질은?

① 흑색화약   ② 니트로셀룰로오스
③ 다이너마이트   ④ 면화약

32 아염소산염류의 운반용기 중 적응성 있는 내장용기의 종류와 최대 용적이나 중량을 옳게 나타낸 것은?
(단, 외장용기의 종류는 나무상자 또는 플라스틱상자이고, 외장용기의 최대 중량은 125kg으로 한다)

① 금속제 용기 : 20L
② 종이 포대 : 55kg
③ 플라스틱 필름 포대 : 60kg
④ 유리 용기 : 10L

> 아염소산염류는 제1류 위험물(산화성고체)로서 위험등급이 I이므로 내장용기의 종류 및 최대 용적이나 중량은 다음과 같다(3장의 Section 2 위험물의 운반기준 및 운송기준 참조).
>
> | 내장용기의 종류 | 최대 용적 또는 중량 |
> | --- | --- |
> | 유리용기 또는 플라스틱 용기 | 10L |
> | 금속제 용기 | 30L |
> | 플라스틱 필름 포대 또는 종이 포대 | 125kg |

33 아세트알데히드의 저장 · 취급 시 주의사항으로 틀린 것은?

① 강산화제와의 접촉을 피한다.
② 취급설비에는 구리합금의 사용을 피한다.
③ 수용성이기 때문에 화재 시 물로 희석 소화가 가능하다.
④ 옥외저장탱크에 저장 시 조연성 가스를 주입한다.

> 아세트알데히드 저장 지 폭발 방지를 위해 질소, 이산화탄소 등의 불활성 기체를 봉입하는 장치를 설치한다.

34 위험물 분류에서 제1석유류에 대한 설명으로 옳은 것은?

① 아세톤, 휘발유 그밖에 1기압에서 인화점이 섭씨 21도 미만인 것
② 등유, 경유 그 밖의 액체로서 인화점이 섭씨 21도 이상 70도 미만인 것
③ 중유, 도료류로서 인화점이 섭씨 70도 이상 200도 미만인 것
④ 기계유, 실린더유 그 밖의 액체로서 인화점이 섭씨 200도 이상 250도 미만인 것

> ② : 제2석유류, ③ : 제3석유류, ④ : 제4석유류

35 제2류 위험물의 일반적 성질에 대한 설명으로 가장 거리가 먼 것은?

① 가연성 고체 물질이다.
② 연소 시 연소열이 크고 연소속도가 빠르다.
③ 산소를 포함하여 조연성 가스의 공급이 없이 연소가 가능하다.
④ 비중이 1보다 크고 물에 녹지 않는다.

> 제2류 위험물은 산소를 함유하고 있지 않은 강력한 환원성 물질이다.

36 제5류 위험물의 일반적 성질에 관한 설명으로 옳지 않은 것은?

① 화재 발생 시 소화가 곤란하므로 적은 양으로 나누어 저장한다.
② 운반용기 외부에 충격주의, 화기엄금의 주의사항을 표시한다.
③ 자기연소를 일으키며 연소속도가 대단히 빠르다.
④ 가연성 물질이므로 질식소화하는 것이 가장 좋다.

> 제5류 위험물은 다량의 냉각주수소화가 효과적이다.

37 위험물안전관리법령상 동식물유류의 경우 1기압에서 인화점은 섭씨 몇 도 미만으로 규정하고 있는가?

① 150℃　　　　② 250℃
③ 450℃　　　　④ 600℃

38 과염소산칼륨과 아염소산나트륨의 공통 성질이 아닌 것은?

① 지정수량이 50kg이다.
② 열분해 시 산소를 방출한다.
③ 강산화성 물질이며 가연성이다.
④ 상온에서 고체의 형태이다.

제1류 위험물(산화성고체)은 불연성 물질로서 환원성 물질 또는 가연성 물질에 대해 강한 산화성을 가지고 있다.

39 다음 중 자연발화의 위험성이 가장 큰 물질은?

① 아마인유　　　② 야자유
③ 올리브유　　　④ 피마자유

요오드값이 클수록 자연발화의 위험이 크다.
※ 요오드값

아마인유	야자유	올리브유	피마자유
175~195	50~60	79~95	82~90

40 운반을 위하여 위험물을 적재하는 경우에 차광성이 있는 피복으로 가려주어야 하는 것은?

① 특수인화물　　② 제1석유류
③ 알코올류　　　④ 동식물유류

차광성이 있는 피복으로 가려야 하는 것
• 제1류 위험물, 제5류 위험물 또는 제6류 위험물
• 제3류 위험물 중 자연발화성물질
• 제4류 위험물 중 특수인화물

41 위험물제조소등에 옥내소화전설비를 설치할 때 옥내소화전이 가장 많이 설치된 층의 소화전의 개수가 4개일 때 확보하여야 할 수원의 수량은?

① 10.4m³　　　　② 20.8m³
③ 31.2m³　　　　④ 41.6m³

옥내소화전의 수원의 수량은 설치개수(5개 이상인 경우 5개)에 7.8m³를 곱한 양 이상이므로 4×7.8 = 31.2

42 황린의 저장 방법으로 옳은 것은?

① 물속에 저장한다.
② 공기 중에 보관한다.

③ 벤젠 속에 저장한다.
④ 이황화탄소 속에 보관한다.

황린은 제3류 위험물이지만 예외적으로 물속에 저장한다.

43 위험물안전관리법령상 지정수량이 다른 하나는?

① 인화칼슘　　　② 루비듐
③ 칼슘　　　　　④ 차아염소산칼륨

① : 300kg　　　　②, ③, ④ : 50kg

44 과염소산나트륨에 대한 설명으로 옳지 않은 것은?

① 가열하면 분해하여 산소를 방출한다.
② 환원제이며 수용액은 강한 환원성이 있다.
③ 수용성이며 조해성이 있다.
④ 제1류 위험물이다.

과염소산나트륨은 강한 산화제이다.

45 질산메틸의 성질에 대한 설명으로 틀린 것은?

① 비점은 약 66℃이다.
② 증기는 공기보다 가볍다.
③ 무색 투명한 액체이다.
④ 자기반응성 물질이다.

질산메틸의 증기비중은 2.65로 공기보다 무겁다.

46 옥외탱크저장소의 소화설비를 검토 및 적용할 때에 소화난이도 등급 Ⅰ에 해당되는지를 검토하는 탱크 높이의 측정기준으로서 적합한 것은?

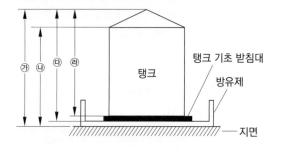

① ㉮　　　　　　② ㉯
③ ㉰　　　　　　④ ㉱

지반면으로부터 탱크 옆판의 상단까지의 높이가 6m 이상일 경우 소화난이도 등급 Ⅰ에 해당한다.

47 다음에서 설명하는 위험물에 해당하는 것은?

┌─────【보기】─────┐
- 지정수량은 300kg이다.
- 산화성액체 위험물이다.
- 가열하면 분해하여 유독성 가스를 발생한다.
- 증기비중은 약 3.5이다.
└────────────────┘

① 브롬산칼륨　　　② 클로로벤젠
③ 질산　　　　　　④ 과염소산

48 금속나트륨에 대한 설명으로 옳지 않은 것은?

① 물과 격렬히 반응하여 발열하고 수소가스를 발생한다.
② 에틸알코올과 반응하여 나트륨에틸라이트와 수소가스를 발생한다.
③ 할로겐화합물 소화약제는 사용할 수 없다.
④ 은백색의 광택이 있는 중금속이다.

> 금속나트륨은 은백색 광택의 무른 경금속이다.

49 옥내저장소의 저장창고에 150m² 이내마다 일정 규격의 격벽을 설치하여 저장하여야 하는 위험물은?

① 제5류 위험물 중 지정과산화물
② 알킬알루미늄등
③ 아세트알데히드등
④ 히드록실아민등

50 염소산나트륨의 저장 및 취급 방법으로 옳지 않은 것은?

① 철제 용기에 저장한다.
② 습기가 없는 찬 장소에 저장한다.
③ 조해성이 크므로 용기는 밀전한다.
④ 가열, 충격, 마찰을 피하고 점화원의 접근을 금한다.

> 염소산나트륨은 철제 용기를 피하고 환기가 잘 되는 냉암소에 보관한다.

51 위험물제조소등의 허가에 관계된 설명으로 옳은 것은?

① 제조소등을 변경하고자 하는 경우에는 언제나 허가를 받아야 한다.
② 위험물의 품명을 변경하고자 하는 경우에는 언제나 허가를 받아야 한다.
③ 농예용으로 필요한 난방시설을 지정수량 20배

이하의 저장소는 허가대상이 아니다.
④ 저장하는 위험물의 변경으로 지정수량의 배수가 달라지는 경우는 언제나 허가대상이 아니다.

> 제조소등의 위치·구조 또는 설비의 변경 없이 제조소등에서 저장하거나 취급하는 위험물의 품명·수량 또는 지정수량의 배수를 변경하고자 하는 자는 변경하고자 하는 날의 7일 전까지 시·도지사에게 신고한다.

52 황의 성질에 대한 설명 중 틀린 것은?

① 물에 녹지 않으나 이황화탄소에 녹는다.
② 공기 중에서 연소하여 아황산가스를 발생한다.
③ 전도성 물질이므로 정전기 발생에 유의하여야 한다.
④ 분진폭발의 위험성에 주의하여야 한다.

> 황은 전기의 부도체로 마찰에 의한 정전기가 발생할 수 있으므로 주의한다.

53 다음 중 증기의 밀도가 가장 큰 것은?

① 디에틸에테르　　　② 벤젠
③ 가솔린(옥탄 100%)　④ 에틸알코올

디에틸에테르	벤젠	가솔린	에틸알코올
2.55	2.77	3~4	1.59

54 과산화수소의 위험성으로 옳지 않은 것은?

① 산화제로서 불연성 물질이지만 산소를 함유하고 있다.
② 이산화망간 촉매하에서 분해가 촉진된다.
③ 분해를 막기 위해 히드라진을 안정제로 사용할 수 있다.
④ 고농도의 것은 피부에 닿으면 화상의 위험이 있다.

> 과산화수소는 분해방지 안정제로 인산이나 요산이 사용된다.

55 위험물안전관리법령상 제조소등에 대한 긴급 사용정지 명령 등을 할 수 있는 권한이 없는 자는?

① 시·도지사　　　② 소방본부장
③ 소방서장　　　　④ 국민안전처장관

> **제조소등에 대한 긴급 사용정지명령 등**
> 시·도지사, 소방본부장 또는 소방서장은 공공의 안전을 유지하거나 재해의 발생을 방지하기 위하여 긴급한 필요가 있다고 인정하는 때에는 제조소등의 관계인에 대하여 당해 제조소등의 사용을 일시정지하거나 그 사용을 제한할 것을 명할 수 있다.

56 위험물제조소등에서 위험물안전관리법상 안전거리 규제대상이 아닌 것은?

① 제6류 위험물을 취급하는 제조소를 제외한 모든 제조소
② 주유취급소
③ 옥외저장소
④ 옥외탱크저장소

위험물안전관리법상 안전거리 규제대상은 제조소, 옥내저장소, 옥외저장소, 옥외탱크저장소이다.

57 위험물안전관리법에서 규정하고 있는 사항으로 옳지 않은 것은?

① 위험물저장소를 경매에 의해 시설의 전부를 인수한 경우에는 30일 이내에, 저장소의 용도를 폐지한 경우에는 14일 이내에 시·도지사에게 그 사실을 신고하여야 한다.
② 제조소등의 위치·구조 및 설비기준을 위반하여 사용한 때에는 시·도지사는 허가취소, 전부 또는 일부의 사용 정지를 명할 수 있다.
③ 경유 20,000L를 수산용 건조시설에 사용하는 경우에는 위험물법의 허가는 받지 아니하고 저장소를 설치할 수 있다.
④ 위치·구조 또는 설비의 변경 없이 저장소에서 저장하는 위험물 지정수량의 배수를 변경하고자 하는 경우에는 변경하고자 하는 날의 1일 전까지 시·도지사에게 신고하여야 한다.

변경허가를 받지 아니하고 제조소등의 위치·구조 또는 설비를 변경한 때 시·도지사는 허가취소, 전부 또는 일부의 사용 정지를 명할 수 있다.

58 과산화나트륨 78g과 충분한 양의 물이 반응하여 생성되는 기체의 종류와 생성량을 옳게 나타낸 것은?

① 수소, 1g   ② 산소, 16g
③ 수소, 2g   ④ 산소, 32g

과산화나트륨의 물과의 반응식
$$2Na_2O_2 + 2H_2O \rightarrow 4NaOH + O_2\uparrow$$
과산화나트륨 물 수산화나트륨 산소
• Na_2O_2의 분자량 : $(23\times2)+(16\times2)=78$
• O_2의 분자량 : 32
$(2\times78):32=78:x$, $x=16$

59 제5류 위험물의 니트로화합물에 속하지 않는 것은?

① 니트로벤젠
② 테트릴
③ 트리니트로톨로엔
④ 피크린산

니트로벤젠은 제4류 위험물의 제3석유류에 속한다.

60 옥내탱크저장소 중 탱크전용실을 단층건물 외의 건축물에 설치하는 경우 탱크전용실을 건축물의 1층 또는 지하층에만 설치하여야 하는 위험물이 아닌 것은?

① 제2류 위험물 중 덩어리 유황
② 제3류 위험물 중 황린
③ 제4류 위험물 중 인화점이 38℃ 이상인 위험물
④ 제6류 위험물 중 질산

탱크전용실을 건축물의 1층 또는 지하층에만 설치하여야 하는 위험물
• 제2류 위험물 중 황화린·적린 및 덩어리 유황
• 제3류 위험물 중 황린
• 제6류 위험물 중 질산

정답				
01 ①	02 ④	03 ②	04 ③	05 ①
06 ④	07 ④	08 ①	09 ④	10 ④
11 ①	12 ②	13 ①	14 ②	15 ②
16 ②	17 ②	18 ④	19 ③	20 ④
21 ④	22 ②	23 ④	24 ③	25 ③
26 ④	27 ②	28 ③	29 ①	30 ④
31 ③	32 ④	33 ④	34 ①	35 ③
36 ④	37 ②	38 ④	39 ①	40 ①
41 ③	42 ①	43 ④	44 ②	45 ②
46 ②	47 ④	48 ④	49 ①	50 ①
51 ①	52 ③	53 ③	54 ③	55 ④
56 ②	57 ②	58 ②	59 ①	60 ③

최근기출문제 – 2014년 4회

▶정답은 339쪽에 있습니다.

01 다음 중 화재 발생 시 물을 이용한 소화가 효과적인 물질은?

① 트리에탈알루미늄　　② 황린
③ 나트륨　　　　　　　④ 인화칼슘

> 황린은 화재 발생 시 마른모래나 물을 이용한 주수소화가 효과적이다.

02 위험물안전관리법령에 따른 대형수동식소화기의 설치기준에서 방호대상물의 각 부분으로부터 하나의 대형수동식소화기까지의 보행거리는 몇 m 이하가 되도록 설치하여야 하는가?(단, 옥내소화전설비, 옥외소화전설비, 스프링클러설비 또는 물분무등소화설비와 함께 설치하는 경우는 제외한다)

① 10　　　　　　　　　② 15
③ 20　　　　　　　　　④ 30

> • 방호대상물의 각 부분으로부터 대형수동식소화기까지의 보행거리
> : 30m 이하
> • 방호대상물의 각 부분으로부터 소형수동식소화기까지의 보행거리
> : 20m 이하

03 위험물안전관리법령상 스프링클러설비가 제4류 위험물에 대하여 적응성을 갖는 경우는?

① 연기가 충만할 우려가 없는 경우
② 방사밀도(살수밀도)가 일정 수치 이상인 경우
③ 지하층의 경우
④ 수용성위험물인 경우

> 제4류 위험물을 저장 또는 취급하는 장소의 살수기준면적에 따라 스프링클러설비의 살수밀도가 일정 수치 이상인 경우에는 스프링클러설비가 제4류 위험물에 대하여 적응성을 갖는다.

04 위험물안전관리법령상 위험물의 품명이 다른 하나는?

① CH_3COOH　　　　② C_6H_5Cl
③ $C_6H_5CH_3$　　　　④ C_6H_5Br

CH_3COOH 아세트산	C_6H_5Cl 클로로벤젠	$C_6H_5CH_3$ 톨루엔	C_6H_5Br 브로모벤젠
제2석유류	제2석유류	제1석유류	제2석유류

05 어떤 소화기에 "ABC"라고 표시되어 있다. 다음 중 사용할 수 없는 화재는?

① 금속화재　　　　　　② 유류화재
③ 전기화재　　　　　　④ 일반화재

> A급화재 : 일반화재, B급화재 : 유류화재, C급화재 : 전기화재

06 위험물안전관리법령에서 정한 소화설비의 소요단위 산정방법에 대한 설명 중 옳은 것은?

① 위험물은 지정수량의 100배를 1소요단위로 함
② 저장소용 건축물로 외벽이 내화구조인 것은 연면적 100㎡를 1소요단위로 함
③ 제조소용 건축물로 외벽이 내화구조가 아닌 것은 연면적 50㎡를 1소요단위로 함
④ 저장소용 건축물로 외벽이 내화구조가 아닌 것은 연면적 25㎡를 1소요단위로 함

> **소요단위의 계산방법**
> ㉠ 제조소 또는 취급소의 건축물
> • 외벽이 내화구조인 것 : 연면적 100㎡를 1소요단위
> • 외벽이 내화구조가 아닌 것 : 연면적 50㎡를 1소요단위
> ㉡ 저장소의 건축물
> • 외벽이 내화구조인 것 : 연면적 150㎡를 1소요단위
> • 외벽이 내화구조가 아닌 것 : 연면적 75㎡를 1소요단위
> ㉢ 위험물 : 지정수량의 10배를 1소요단위

07 위험물안전관리법령에서 정한 위험물의 유별 성질을 잘못 나타낸 것은?

① 제1류 : 산화성　　　② 제4류 : 인화성
③ 제5류 : 자기반응성　④ 제6류 : 가연성

> 제6류 : 산화성

08 주된 연소의 형태가 나머지 셋과 다른 하나는?

① 아연분　　　　　　　② 양초
③ 코크스　　　　　　　④ 목탄

> • 아연분, 코크스, 목탄 : 표면연소
> • 양초 : 증발연소

09 다음 중 기체연료가 완전 연소하기에 유리한 이유로 가장 거리가 먼 것은?

① 활성화 에너지가 크다.
② 공기 중에서 확산되기 쉽다.
③ 산소를 충분히 공급받을 수 있다.
④ 분자의 운동이 활발하다.

활성화 에너지는 화학반응이 일어나기 위해 필요한 최소한의 에너지를 말하는데, 완전 연소하기 위해서는 활성화 에너지가 작아야 한다.

10 위험물의 소화방법으로 적합하지 않은 것은?

① 적린은 다량의 물로 소화한다.
② 황화인의 소규모 화재 시에는 모래로 질식 소화한다.
③ 알루미늄분은 다량의 물로 소화한다.
④ 황의 소규모 화재 시에는 모래로 질식 소화한다.

알루미늄은 물과 반응하면 수소가스를 발생하므로 주수소화보다는 마른모래에 의한 피복소화가 효과적이다.

11 금속은 덩어리 상태보다 분말상태일 때 연소위험성이 증가하기 때문에 금속분을 제2류 위험물로 분류하고 있다. 연소위험성이 증가하는 이유로 잘못된 것은?

① 비표면적이 증가하여 반응면적이 증대되기 때문에
② 비열이 증가하여 열의 축적이 용이하기 때문에
③ 복사열의 흡수율이 증가하여 열의 축적이 용이하기 때문에
④ 대전성이 증가하여 정전기가 발생되기 쉽기 때문에

비열이 감소하여 적은 열로 고온 형성이 가능하기 때문에 분말상태일 때 연소위험성이 증가한다.

12 영하 20℃ 이하의 겨울철이나 한랭지에서 사용하기에 적합한 소화기는?

① 분무주수소화기   ② 봉상주수소화기
③ 물주수소화기   ④ 강화액소화기

강화액 소화기는 물소화기의 동결현상을 극복하기 위해 사용하는 것으로 겨울철이나 한랭지에서도 사용 가능하며, 물보다 표면장력이 작아 신속한 침투작용을 통해 심부화재에 효과적이다.

13 다음 중 알칼리금속의 과산화물 저장 창고에 화재가 발생하였을 때 가장 적합한 소화약제는?

① 마른모래   ② 물
③ 이산화탄소   ④ 할론1211

알칼리금속의 과산화물은 물과 반응하여 산소를 발생하면서 발열하므로 주수소화는 위험하며, 마른모래, 팽창질석, 팽창진주암 등에 의한 질식소화가 효과적이다.

14 위험물안전관리법령상 제5류 위험물에 적응성이 있는 소화설비는?

① 포소화설비
② 불활성가스소화설비
③ 할로겐화합물 소화설비
④ 탄산수소염류 소화설비

제5류 위험물에 적응성이 있는 소화설비 : 옥내소화전설비 또는 옥외소화전설비, 스프링클러설비, 물분무소화설비, 포소화설비

15 화재 시 이산화탄소를 방출하여 산소의 농도를 13vol%로 낮추어 소화를 하려면 공기 중의 이산화탄소는 몇 vol%가 되어야 하는가?

① 28.1   ② 38.1
③ 42.86   ④ 48.36

$$\%CO_2 = \frac{21-\%O_2}{21} \times 100 = \frac{21-13}{21} \times 100 = 38.1$$

16 소화전용물통 3개를 포함한 수조 80L의 능력단위는?

① 0.3   ② 0.5
③ 1.0   ④ 1.5

기타 소화설비의 용량 및 능력단위

소화설비	용량	능력단위
소화전용(轉用)물통	8ℓ	0.3
수조(소화전용물통 3개 포함)	80ℓ	1.5
수조(소화전용물통 6개 포함)	190ℓ	2.5
마른 모래(삽 1개 포함)	50ℓ	0.5
팽창질석 또는 팽창진주암(삽 1개 포함)	160ℓ	1.0

17 탄화칼슘과 물이 반응하였을 때 발생하는 가연성 가스의 연소범위에 가장 가까운 것은?

① 2.1~9.5vol%   ② 2.5~81vol%
③ 4.1~74.2vol%   ④ 15.0~28vol%

탄화칼슘이 물과 반응하여 발생하는 가연성 가스는 아세틸렌인데, 아세틸렌의 연소범위는 2.5~81vol%이다.

18 위험물제조소등에 옥외소화전을 6개 설치할 경우 수원의 수량은 몇 m^3 이상이어야 하는가?

① $48m^3$ 이상 　　　② $54m^3$ 이상

③ $60m^3$ 이상 　　　④ $81m^3$ 이상

> 옥외소화전의 수원의 수량 = N(소화전의 수, 최대 4개)×$13.5m^3$
> = 4×13.5 = $54m^3$

19 위험물안전관리법령상 제조소등의 관계인은 제조소등의 화재예방과 재해 발생 시의 비상조치에 필요한 사항을 서면으로 작성하여 허가청에 제출하여야 한다. 이는 무엇에 관한 설명인가?

① 예방규정 　　　② 소방계획서

③ 비상계획서 　　　④ 화재영향평가서

> 제조소등의 관계인은 화재예방과 화재 등 재해 발생 시의 비상조치를 위하여 예방규정을 정하여 제조소등의 사용을 시작하기 전에 시·도지사에게 제출하여야 한다.

20 위험물안전관리법령상 압력수조를 이용한 옥내소화전설비의 가압송수장치에서 압력수조의 최소압력(MPa)은?(단, 소방용 호스의 마찰손실 수두압은 3MPa, 배관의 마찰손실 수두압은 1MPa, 낙차의 환산수두압은 1.35MPa이다)

① 5.35 　　　② 5.70

③ 6.00 　　　④ 6.35

> 필요압력 P = p1 + p2 + p3 + 0.35MPa
> = 3+1+1.35+0.35 = 5.7MPa

21 등유의 성질에 대한 설명 중 틀린 것은?

① 증기는 공기보다 가볍다.

② 인화점이 상온보다 높다.

③ 전기에 대해 불량도체이다.

④ 물보다 가볍다.

> 등유의 증기비중은 4.5로 공기보다 무겁다.

22 다음 위험물 중 지정수량이 가장 작은 것은?

① 니트로글리세린 　　　② 과산화수소

③ 트리니트로톨루엔 　　　④ 피크르산

> 지정수량
> • 니트로글리세린 : 10kg
> • 과산화수소 : 300kg
> • 트리니트로톨루엔 : 200kg
> • 피크르산 : 200kg

23 적린의 일반적인 성질에 대한 설명으로 틀린 것은?

① 비금속 원소이다.

② 암적색의 분말이다.

③ 승화온도가 약 260℃이다.

④ 이황화탄소에 녹지 않는다.

> 적린의 발화점이 260℃이다.

24 이황화탄소 기체는 수소 기체보다 20℃ 1기압에서 몇 배 더 무거운가?

① 11 　　　② 22

③ 32 　　　④ 38

> 이황화탄소(CS_2)의 분자량 : 76, 수소(H_2)의 분자량 : 2
> $\frac{76}{2}$ = 38

25 다음 중 물과 반응하여 가연성 가스를 발생하지 않는 것은?

① 리튬 　　　② 나트륨

③ 유황 　　　④ 칼슘

> 유황은 물에 녹지 않으며, 산소와 반응하여 아황산가스를 발생한다.

26 벤젠에 대한 설명으로 옳은 것은?

① 휘발성이 강한 액체이다.

② 물에 매우 잘 녹는다.

③ 증기의 비중은 1.5이다.

④ 순수한 것의 융점은 30℃이다.

> ② 벤젠은 물에 녹지 않는다.
> ③ 벤젠의 증기비중은 2.70이다.
> ④ 순수한 것의 융점은 5.5℃이다.

27 위험물안전관리법에서 정의하는 다음 용어는 무엇인가?

┤【보기】├
> 인화성 또는 발화성 등의 성질을 가지는 것으로서 대통령령이 정하는 물품을 말한다.

① 위험물 　　　② 인화성물질

③ 자연발화성물질 　　　④ 가연물

> 위험물안전관리법에서는 인화성 또는 발화성 등의 성질을 가지는 것으로서 대통령령이 정하는 물품을 위험물로 정의하고 있는데, 제1류~제6류로 구분하고 있다.

28 다음 물질 중에서 위험물안전관리법상 위험물의 범위에 포함되는 것은?

① 농도가 40중량퍼센트인 과산화수소 350kg

② 비중이 1.40인 질산 350kg

③ 직경 2.5mm인 막대 모양인 마그네슘 500kg

④ 순도가 55중량퍼센트인 유황 50kg

> ② 비중이 1.49 이상인 질산
> ③ 직경 2mm 미만의 막대 모양인 마그네슘
> ④ 순도가 60중량퍼센트인 유황

29 질화면을 강면약과 약면약으로 구분하는 기준은?

① 물질의 경화도　　② 수산기의 수

③ 질산기의 수　　　④ 탄소 함유량

> 니트로셀룰로오스는 질화도(질산기의 수)에 따라 강면약과 약면약으로 나눌 수 있다.

30 위험물 운반에 관한 사항 중 위험물안전관리법령에서 정한 내용과 틀린 것은?

① 운반용기에 수납하는 위험물이 디에틸에테르이라면 운반용기 중 최대용적이 1L 이하라 하더라도 규정에 따른 품명, 주의사항 등 표시사항을 부착하여야 한다.

② 운반용기에 담아 적재하는 물품이 황린이라면 파라핀, 경유 등 보호액으로 채워 밀봉한다.

③ 운반용기에 담아 적재하는 물품이 알킬알루미늄이라면 운반용기의 내용적의 90% 이하의 수납률을 유지하여야 한다.

④ 기계에 의하여 하역하는 구조로 된 경질플라스틱제 운반용기는 제조된 때로부터 5년 이내의 것이어야 한다.

> **제3류 위험물의 운반용기에 수납 시 기준**
> • 자연발화성물질 : 불활성 기체를 봉입하여 밀봉하는 등 공기와 접하지 않도록 할 것
> • 자연발화성물질 외의 물품 : 파라핀·경유·등유 등의 보호액으로 채워 밀봉하거나 불활성 기체를 봉입하여 밀봉하는 등 수분과 접하지 않도록 할 것
> • 자연발화성물질 중 알킬알루미늄등 : 운반용기의 내용적의 90% 이하의 수납률로 수납하되, 50℃의 온도에서 5% 이상의 공간용적을 유지하도록 할 것
> ※ 황린은 자연발화성 물질이므로 불활성 기체를 봉입하여 밀봉하는 등 공기와 접하지 않도록 해야 한다.

31 비스코스레이온 원료로서, 비중이 약 1.3, 인화점이 약 −30℃이고, 연소 시 유독한 아황산가스를 발생시키는 위험물은?

① 황린　　　　　　② 이황화탄소

③ 테레핀유　　　　④ 장뇌유

> 이황화탄소는 제4류 위험물로서 비중이 1.26, 인화점이 −30℃이며, 연소 시 유독성 가스인 아황산가스와 이산화탄소를 발생한다.

32 위험물안전관리법령상 위험물 운송 시 제1류 위험물과 혼재 가능한 위험물은?(단, 지정수량의 10배를 초과하는 경우이다)

① 제2류 위험물　　② 제3류 위험물

③ 제5류 위험물　　④ 제6류 위험물

> **유별을 달리하는 위험물의 혼재기준**
>
> | 위험물의 구분 | 제1류 | 제2류 | 제3류 | 제4류 | 제5류 | 제6류 |
> |---|---|---|---|---|---|---|
> | 제1류 | | × | × | × | × | ○ |
> | 제2류 | × | | × | ○ | ○ | × |
> | 제3류 | × | × | | ○ | × | × |
> | 제4류 | × | ○ | ○ | | ○ | × |
> | 제5류 | × | ○ | × | ○ | | × |
> | 제6류 | ○ | × | × | × | × | |

33 위험물 옥외저장탱크 중 압력탱크에 저장하는 디에틸에테르등의 저장온도는 몇 ℃ 이하 이어야 하는가?

① 60　　　　　　　② 40

③ 30　　　　　　　④ 15

> 옥외저장탱크·옥내저장탱크 또는 지하저장탱크 중 압력탱크에 저장하는 아세트알데히드등 또는 디에틸에테르등의 온도는 40℃ 이하로 유지할 것

34 주유취급소의 고정주유설비에서 펌프기기의 주유관 선단에서 최대토출량으로 틀린 것은?

① 휘발유는 분당 50리터 이하

② 경유는 분당 180리터 이하

③ 등유는 분당 80리터 이하

④ 제1석유류(휘발유 제외)는 분당 100리터 이하

> 제1석유류 : 분당 50리터 이하

35 에틸렌글리콜의 성질로 옳지 않은 것은?

① 갈색의 액체로 방향성이 있고 쓴맛이 난다.

② 물, 알코올 등에 잘 녹는다.

③ 분자량은 약 62이고, 비중은 약 1.1이다.

④ 부동액의 원료로 사용된다.

> 에틸렌글리콜은 단맛이 나는 무색의 액체로 2가 알코올이다.

36 제2류 위험물의 종류에 해당되지 않는 것은?

① 마그네슘 ② 고형알코올
③ 칼슘 ④ 안티몬분

칼슘은 제3류 위험물에 속한다.

37 위험물저장소에서 다음과 같이 제3류 위험물을 저장하고 있는 경우 지정수량의 몇 배가 보관되어 있는가?

【보기】
• 칼륨 : 20kg • 황린 : 40kg
• 칼슘의 탄화물 : 300kg

① 4 ② 5
③ 6 ④ 7

지정수량
칼륨 : 10kg, 황린 : 20kg, 칼슘의 탄화물 : 300kg
$$\frac{20}{10} + \frac{40}{20} + \frac{300}{300} = 5배$$

38 다음 중 제5류 위험물이 아닌 것은?

① 니트로글리세린 ② 니트로톨루엔
③ 니트로글리콜 ④ 트리니트로톨루엔

니트로톨루엔은 제4류 위험물의 제3석유류에 속한다.

39 위험물을 저장할 때 필요한 보호물질을 옳게 연결한 것은?

① 황린 – 석유 ② 금속칼륨 – 에탄올
③ 이황화탄소 – 물 ④ 금속나트륨 – 산소

① 황린 – 물 ② 금속칼륨 – 등유
④ 금속나트륨 – 등유

40 다음 중 "인화점 50℃"의 의미를 가장 옳게 설명한 것은?

① 주변의 온도가 50℃ 이상이 되면 자발적으로 점화원 없이 발화한다.
② 액체의 온도가 50℃ 이상이 되면 가연성 증기를 발생하여 점화원에 의해 인화한다.
③ 액체를 50℃ 이상으로 가열하면 발화한다.
④ 주변의 온도가 50℃일 경우 액체가 발화한다.

41 제1류 위험물 중의 과산화칼륨을 다음과 같이 반응시켰을 때 공통적으로 발생되는 기체는?

【보기】
• 물과 반응을 시켰다.
• 가열하였다.
• 탄산가스와 반응시켰다.

① 수소 ② 이산화탄소
③ 산소 ④ 이산화황

과산화칼륨은 가열 시, 물 또는 탄산가스와 반응 시 공통적으로 산소를 발생한다.

42 과망간산칼륨의 위험성에 대한 설명 중 틀린 것은?

① 진한 황산과 접촉하면 폭발적으로 반응한다.
② 알코올, 에테르, 글리세린 등 유기물과 접촉을 금한다.
③ 가열하면 약 60℃에서 분해하여 수소를 방출한다.
④ 목탄, 황과 접촉 시 충격에 의해 폭발할 위험성이 있다.

과망간산칼륨은 가열하면 분해하여 산소를 발생한다.

43 위험물 이동저장탱크의 외부도장 색상으로 적합하지 않은 것은?

① 제2류 – 적색 ② 제3류 – 청색
③ 제5류 – 황색 ④ 제6류 – 회색

이동저장탱크의 유별 외부도장 색상		
유별	도장의 색상	비고
제1류	회색	• 탱크의 앞면과 뒷면을 제외한 면적의 40% 이내의 면적은 다른 유별의 색상 외의 색상으로 도장 가능 • 제4류는 도장의 색상 제한이 없으나 적색을 권장
제2류	적색	
제3류	청색	
제5류	황색	
제6류	청색	

44 다음 중 제1류 위험물에 속하지 않는 것은?

① 질산구아니딘
② 과요오드산
③ 납 또는 요오드의 산화물
④ 염소화이소시아눌산

질산구아니딘은 제5류 위험물에 속한다.

45 질산의 비중이 1.5일 때, 1소요단위는 몇 L인가?

① 150

② 200

③ 1,500

④ 2,000

위험물의 1 소요단위는 지정수량의 10배이다.
질산의 지정수량은 300kg이므로 300kg의 10배인 3,000kg이 질산의 1 소요단위이다.
이것을 리터로 환산하기 위해 비중 1.5를 나누어 준다.
3,000÷1.5 = 2,000L이다.

46 질산메틸에 대한 설명 중 틀린 것은?

① 액체 형태이다.

② 물보다 무겁다.

③ 알코올에 녹는다.

④ 증기는 공기보다 가볍다.

질산메틸의 증기비중은 2.65로 공기보다 무겁다.

47 삼황화린의 연소 시 발생하는 가스에 해당하는 것은?

① 이산화황   ② 황화수소

③ 산소   ④ 인산

삼황화린은 연소 시 이산화황과 오산화인을 발생한다.

48 다음 위험물 중 발화점이 가장 낮은 것은?

① 피크린산

② TNT

③ 과산화벤조일

④ 니트로셀룰로오스

피크린산	TNT	과산화벤조일	니트로셀룰로오스
300℃	300℃	125℃	180℃

49 건축물 외벽이 내화구조이며 연면적 300m²인 위험물 옥내저장소의 건축물에 대하여 소화설비의 소화능력단위는 최소한 몇 단위 이상이 되어야 하는가?

① 1단위   ② 2단위

③ 3단위   ④ 4단위

저장소의 소요단위
• 외벽이 내화구조인 것 : 연면적 150m²를 1소요단위로 함
• 외벽이 내화구조가 아닌 것 : 연면적 75m²를 1소요단위로 함

50 HNO₃에 대한 설명으로 틀린 것은?

① Al, Fe은 진한 질산에서 부동태를 생성해 녹지 않는다.

② 질산과 염산을 3:1 비율로 제조한 것을 왕수라고 한다.

③ 부식성이 강하고 흡습성이 있다.

④ 직사광선에서 분해하여 NO₂를 발생한다.

염산과 질산을 3:1 비율로 제조한 것을 왕수라고 한다.

51 위험물안전관리법령상 위험물의 운반에 관한 기준에 따르면 알코올류의 위험등급은 얼마인가?

① 위험등급 I   ② 위험등급 II

③ 위험등급 III   ④ 위험등급 IV

제4류 위험물 중 알코올류의 위험등급은 II이며, 지정수량은 400리터이다.

52 다음 ( ) 안에 알맞은 수치를 차례대로 옳게 나열한 것은?

【보기】

위험물 암반 탱크의 공간 용적은 당해 탱크 내에 용출하는 ( )일간의 지하수 양에 상당하는 용적과 당해 탱크 내용적의 100분의 ( )의 용적 중에서 보다 큰 용적을 공간용적으로 한다.

① 1, 1   ② 7, 1

③ 1, 5   ④ 7, 5

53 지정수량 20배 이상의 제1류 위험물을 저장하는 옥내저장소에서 내화구조로 하지 않아도 되는 것은?(단, 원칙적인 경우에 한한다)

① 바닥   ② 보

③ 기둥   ④ 벽

보와 서까래는 불연재료로 한다.

54 칼륨의 화재 시 사용 가능한 소화제는?

① 물   ② 마른 모래

③ 이산화탄소   ④ 사염화탄소

칼륨의 화재 시 마른 모래 또는 금속화재용 분말소화약제를 이용하여 소화한다.

55 위험물안전관리법령상 다음 ( ) 안에 알맞은 수치는?

┌──【보기】──┐
옥내저장소에서 위험물을 저장하는 경우 기계에 의하여 하역하는 구조로 된 용기만을 겹쳐 쌓는 경우에 있어서는 ( )미터 높이를 초과하여 용기를 겹쳐 쌓지 아니하여야 한다.
└─────────┘

① 2
② 4
③ 6
④ 8

56 위험물안전관리법령에 따른 제3류 위험물에 대한 화재예방 또는 소화의 대책으로 틀린 것은?

① 이산화탄소, 할로겐화합물, 분말소화약제를 사용하여 소화한다.
② 칼륨은 석유, 등유 등의 보호액 속에 저장한다.
③ 알킬알루미늄은 헥산, 톨루엔 등 탄화수소용제를 희석제로 사용한다.
④ 알킬알루미늄, 알칼리튬을 저장하는 탱크에는 불활성가스의 봉입장치를 설치한다.

제3류 위험물 화재 시 이산화탄소, 할로겐화합물은 적응성이 없다.

57 위험물안전관리법령에 따라 위험물 운반을 위해 적재하는 경우 제4류 위험물과 혼재가 가능한 액화석유가스 또는 압축천연가스의 용기 내용적은 몇 L 미만인가?

① 120
② 150
③ 180
④ 200

위험물과 혼재 가능한 고압가스
• 내용적이 120ℓ 미만의 용기에 충전한 불활성가스
• 내용적이 120ℓ 미만의 용기에 충전한 액화석유가스 또는 압축천연가스(제4류 위험물과 혼재하는 경우에 한함)

58 위험물의 지정수량이 틀린 것은?

① 과산화칼륨 : 50kg
② 질산나트륨 : 50kg
③ 과망간산나트륨 : 1,000kg
④ 중크롬산암모늄 : 1,000kg

질산나트륨 : 300kg

59 위험물을 유별로 정리하여 상호 1m 이상의 간격을 유지하는 경우에도 동일한 옥내저장소에 저장할 수 없는 것은?

① 제1류 위험물(알칼리금속의 과산화물 또는 이를 함유한 것을 제외한다)과 제5류 위험물
② 제1류 위험물과 제6류 위험물
③ 제1류 위험물과 제3류 위험물 중 황린
④ 인화성 고체를 제외한 제2류 위험물과 제4류 위험물

제2류 위험물 중 인화성 고체와 제4류 위험물은 1m 이상의 간격을 두고 동일한 옥내저장소 또는 옥외저장소에 저장할 수 있다.

60 공기 중에서 산소와 반응하여 과산화물을 생성하는 물질은?

① 디에틸에테르
② 이황화탄소
③ 에틸알코올
④ 과산화나트륨

디에틸에테르는 공기와 장시간 접촉하면 폭발성의 과산화물을 생성한다.

정답				
01 ②	02 ④	03 ②	04 ③	05 ①
06 ③	07 ④	08 ②	09 ①	10 ③
11 ②	12 ④	13 ①	14 ①	15 ②
16 ④	17 ②	18 ②	19 ①	20 ②
21 ①	22 ①	23 ②	24 ④	25 ③
26 ①	27 ①	28 ②	29 ③	30 ②
31 ②	32 ④	33 ②	34 ④	35 ①
36 ③	37 ②	38 ②	39 ③	40 ②
41 ③	42 ③	43 ④	44 ①	45 ④
46 ④	47 ①	48 ②	49 ②	50 ②
51 ②	52 ②	53 ②	54 ②	55 ③
56 ①	57 ①	58 ②	59 ④	60 ①

최근기출문제 – 2014년 5회

▶정답은 346쪽에 있습니다.

01 다음 중 분말소화약제를 방출시키기 위해 주로 사용되는 가압용 가스는?

① 산소
② 질소
③ 헬륨
④ 아르곤

분말소화약제에 사용되는 가압용 또는 축압용 가스는 질소 또는 이산화탄소로 해야 한다.

02 제2류 위험물인 마그네슘에 대한 설명으로 옳지 않은 것은?

① 2mm 체를 통과한 것만 위험물에 해당된다.
② 화재 시 이산화탄소 소화약제로 소화가 가능하다.
③ 가연성 고체로 산소와 반응하여 산화반응을 한다.
④ 주수소화를 하면 가연성의 수소가스가 발생한다.

마그네슘은 이산화탄소 소화약제는 위험하며, 마른 모래, 금속화재용 분말소화약제가 효과적이다.

03 다음 중 알킬알루미늄의 소화방법으로 가장 적합한 것은?

① 팽창질석에 의한 소화
② 알코올포에 의한 소화
③ 주수에 의한 소화
④ 산·알칼리 소화약제에 의한 소화

알킬알루미늄의 소화방법으로는 마른 모래, 팽창질석, 팽창진주암에 의한 소화가 가장 효과적이다.

04 다음은 어떤 화합물의 구조식인가?

$$H-\underset{\underset{Br}{|}}{\overset{\overset{Cl}{|}}{C}}-H$$

① 할론 1301
② 할론 1201
③ 할론 1011
④ 할론 2402

할론 1011의 분자식을 알면 풀 수 있는 문제이다. 분자식은 CH_2ClBr 이다.

05 양초, 고급알코올 등과 같은 연료의 가장 일반적인 연소형태는?

① 분무연소
② 증발연소
③ 표면연소
④ 분해연소

양초, 파라핀, 석유, 알코올 등은 증발연소를 한다.

06 제조소등의 소요단위 산정 시 위험물은 지정수량의 몇 배를 1소요단위로 하는가?

① 5배
② 10배
③ 20배
④ 50배

위험물은 지정수량의 10배를 1소요단위로 한다.

07 다음은 위험물안전관리법령에 따른 판매취급소에 대한 정의이다. ( )에 알맞은 말은?

【보기】

판매취급소라 함은 점포에서 위험물을 용기에 담아 판매하기 위하여 지정수량의 (㉮) 배 이하의 위험물을 (㉯)하는 장소

① ㉮ 20, ㉯ 취급
② ㉮ 40, ㉯ 취급
③ ㉮ 20, ㉯ 저장
④ ㉮ 40, ㉯ 저장

위험물안전관리법 시행령 별표3 참조

08 위험물안전관리법령상 위험등급 I의 위험물로 옳은 것은?

① 무기과산화물
② 황화린, 적린, 유황
③ 제1석유류
④ 알코올류

②, ③, ④ 모두 위험등급 II에 속한다.

09 BCF(Bromochlorodifluoromethane) 소화약제의 화학식으로 옳은 것은?

① CCl_4
② CH_2ClBr
③ CF_3Br
④ CF_2ClBr

BCF는 Halon 1211을 의미하며, 분자식은 CF_2ClBr이다.

10 위험물안전관리법령상 자동화재탐지설비를 설치하지 않고 비상경보설비로 대신할 수 있는 것은?

① 일반취급소로서 연면적 600m²인 것
② 지정수량 20배를 저장하는 옥내저장소로서 처마 높이가 8m인 단층건물
③ 단층건물 외의 건축물에 설치된 지정수량 15배의 옥내탱크저장소로서 소화난이도등급 II에 속하는 것
④ 지정수량 20배를 저장 · 취급하는 옥내주유취급소

단층건물 외의 건축물에 설치된 옥내탱크저장소로서 소화난이도등급 II에 속하는 것에는 자동화재탐지설비를 설치하지 않고 비상경보설비로 대신할 수 있다.

11 위험물안전관리법령상 제5류 위험물의 화재 발생 시 적응성이 있는 소화설비는?

① 분말소화설비
② 물분무소화설비
③ 불활성가스소화설비
④ 할로겐화합물소화설비

제5류 위험물은 옥내소화전 또는 옥외소화전설비, 스크링클러설비, 물분무소화설비, 포소화설비 등에 적응성이 있다.

12 다음 중 제4류 위험물의 화재에 적응성이 없는 소화기는?

① 포소화기
② 봉상수소화기
③ 인산염류소화기
④ 이산화탄소소화기

제4류 위험물에는 봉상수소화기, 무상수소화기, 봉상강화액소화기는 화재에 적응성이 없다.

13 위험물안전관리법령상 자동화재탐지설비의 경계구역 하나의 면적은 몇 m² 이하이어야 하는가?(단, 원칙적인 경우에 한한다)

① 250
② 300
③ 400
④ 600

자동화재탐지설비의 경계구역 면적은 원칙적으로 600m² 이하로 하며, 주요한 출입구에서 그 내부의 전체를 볼 수 있는 경우에는 1,000m²까지 가능하다.

14 플래시오버(Flash Over)에 대한 설명으로 옳은 것은?

① 대부분 화재 초기(발화기)에 발생한다.
② 대부분 화재 종기(쇠퇴기)에 발생한다.
③ 내장재의 종류와 개구부의 크기에 영향을 받는다.
④ 산소의 공급이 주요 요인이 되어 발생한다.

플래시오버는 성장기에서 최성기로 진행될 때 실내온도가 급격히 상승하기 시작하면서 화염이 실내 전체로 급격히 확대되는 연소현상을 말하는데, 내장재의 종류와 개구부의 크기에 영향을 받는다.

15 연소의 연쇄반응을 차단 및 억제하여 소화하는 방법은?

① 냉각소화
② 부촉매소화
③ 질식소화
④ 제거소화

연소의 연쇄반응을 차단하는 소화 방법을 억제소화라 하며, 화학적 소화, 부촉매소화라고도 한다.

16 취급하는 제4류 위험물의 수량이 지정수량의 30만배인 일반취급소가 있는 사업장에 자체소방대를 설치함에 있어서 전체 화학소방차 중 포수용액을 방사하는 화학소방차는 몇 대 이상 두어야 하는가?

① 필수적인 것은 아니다.
② 1
③ 2
④ 3

- 자체소방대에 두는 화학소방자동차 및 인원

사업소의 구분	화학소방자동차	자체소방대원의 수
1. 위험물의 최대수량의 합이 지정수량의 12만배 미만인 사업소	1대	5인
2. 위험물의 최대수량의 합이 지정수량의 12만배 이상 24만배 미만인 사업소	2대	10인
3. 위험물의 최대수량의 합이 지정수량의 24만배 이상 48만배 미만인 사업소	3대	15인
4. 위험물의 최대수량의 합이 지정수량의 48만배 이상인 사업소	4대	20인

- 포수용액을 방사하는 화학소방자동차의 대수는 규정에 의한 화학소방자동차의 대수의 3분의 2 이상으로 하여야 하므로 3대의 2/3는 2대이다.

17 충격이나 마찰에 민감하고 가수분해 반응을 일으키는 단점을 가지고 있어 이를 개선하여 다이너마이트를 발명하는 데 주원료로 사용하는 위험물은?

① 셀룰로이드
② 니트로글리세린
③ 트리니트로톨루엔
④ 트리니트로페놀

니트로글리세린은 충격, 마찰에 매우 예민하고 폭발을 일으키기 쉬운 단점이 있으며, 규조토에 흡수시킨 것을 다이너마이트라고 한다.

18 위험물안전관리법령상 제4류 위험물을 지정수량의 3천배 초과 4천배 이하로 저장하는 옥외탱크저장소의 보유공지는 얼마인가?

① 6m 이상
② 9m 이상
③ 12m 이상
④ 15m 이상

저장 또는 취급하는 위험물의 최대수량에 따른 공지의 너비
- 지정수량의 500배 이하 : 3m 이상
- 지정수량의 500배~1,000배 : 5m 이상
- 지정수량의 1,000배~2,000배 : 9m 이상
- 지정수량의 2,000배~3,000배 : 12m 이상
- 지정수량의 3,000배~4,000배 : 15m 이상
- 지정수량의 4,000배 초과 : 당해 탱크의 수평단면의 최대지름(횡형인 경우에는 긴 변)과 높이 중 큰 것과 같은 거리 이상

19 다음 물질 중 분진폭발의 위험이 가장 낮은 것은?

① 마그네슘가루
② 아연가루
③ 밀가루
④ 시멘트가루

시멘트는 불연성인 산화칼슘, 산화규소, 산화알루미늄, 황산칼슘 등으로 구성되어 있으며, 분진폭발의 위험이 낮다.

20 소화기 속에 압축되어 있는 이산화탄소 1.1kg을 표준상태에서 분사하였다. 이산화탄소의 부피는 몇 m³가 되는가?

① 0.56
② 5.6
③ 11.2
④ 24.6

$PV = \dfrac{W}{M} RT,\ V = \dfrac{WRT}{PM}$

P : 1atm, W : 1.1kg, M : 44Kg/Kmol
R : 기체상수(0.082m³ · atm/Kg-mol · K)
T : 273 + 0℃ = 273k
$\therefore V = \dfrac{1.1 \times 0.082 \times 273}{1 \times 44} = 0.56m^3$

21 질산암모늄의 일반적 성질에 대한 설명 중 옳은 것은?

① 불안정한 물질이고 물에 녹을 때는 흡열반응을 나타낸다.
② 물에 대한 용해도 값이 매우 작아 물에 거의 불용이다.
③ 가열 시 분해하여 수소를 발생한다.
④ 과일향의 냄새가 나는 적갈색 비결정체이다.

② 질산암모늄은 물에 대한 용해도 값이 크다.
③ 가열 시 산화이질소와 물을 발생한다.
④ 질산암모늄은 무색, 무취의 결정이다.

22 위험물의 품명이 질산염류에 속하지 않는 것은?

① 질산메틸
② 질산칼륨
③ 질산나트륨
④ 질산암모늄

질산칼륨, 질산나트륨, 질산암모늄은 제1류 위험물인 질산염류에 속하며, 질산메틸은 제5류 위험물인 질산에스테르류에 속한다.

23 다음 중 황 분말과 혼합했을 때 가열 또는 충격에 의해서 폭발할 위험이 가장 높은 것은?

① 질산암모늄
② 물
③ 이산화탄소
④ 마른 모래

질산암모늄은 황 분말과 혼합하면 가열 또는 충격에 의해 폭발할 위험이 높다.

24 제2석유류에 해당하는 물질로만 짝지어진 것은?

① 등유, 경유
② 등유, 중유
③ 글리세린, 기계유
④ 글리세린, 장뇌유

- 중유, 글리세린 – 제3석유류
- 기계유 – 제4석유류

25 삼황화린의 연소 생성물을 옳게 나열한 것은?

① P_2O_5, SO_2
② P_2O_5, H_2S
③ H_3PO_4, SO_2
④ H_3PO_4, H_2S

삼황화린은 연소 시 오산화인(P_2O_5)과 이산화황(SO_2)이 생성된다.

26 아염소산염류 500kg과 질산염류 3,000kg을 함께 저장하는 경우 위험물의 소요단위는 얼마인가?

① 2
② 4
③ 6
④ 8

아염소산염류의 지정수량 : 50kg
질산염류의 지정수량 : 300kg
소요단위 $= \dfrac{500kg}{50kg \times 10} + \dfrac{3,000kg}{300kg \times 10} = 2단위$

27 경유에 대한 설명으로 틀린 것은?

① 물에 녹지 않는다.
② 비중은 1 이하이다.
③ 발화점이 인화점보다 높다.
④ 인화점은 상온 이하이다.

경유의 인화점은 50~70℃로 상온보다 높다.

28 위험물의 저장 및 취급방법에 대한 설명으로 틀린 것은?

① 적린은 화기와 멀리하고 가열, 충격이 가해지지 않도록 한다.
② 이황화탄소는 발화점이 낮으므로 물속에 저장한다.
③ 마그네슘은 산화제와 혼합되지 않도록 취급한다.
④ 알루미늄분은 분진폭발의 위험이 있으므로 분무주수하여 저장한다.

> 알루미늄 화재 시 주수소화는 수소가스를 발생하므로 위험하며, 마른 모래, 분말, 이산화탄소 등을 이용한 질식소화가 효과적이다.

29 다음 ( ) 안에 적합한 숫자를 차례대로 나열한 것은?

【보기】
자연발화성물질 중 알킬알루미늄등은 운반용기의 내용적의 ( )% 이하의 수납률로 수납하되, 50℃의 온도에서 ( )% 이상의 공간용적을 유지하도록 할 것

① 90, 5
② 90, 10
③ 95, 5
④ 95, 10

30 위험물안전관리법령에서 정한 제5류 위험물 이동저장탱크의 외부 도장 색상은?

① 황색
② 회색
③ 적색
④ 청색

이동저장탱크의 유별 외부도장 색상		
유별	도장의 색상	비고
제1류	회색	• 탱크의 앞면과 뒷면을 제외한 면적의 40% 이내의 면적은 다른 유별의 색상 외의 색상으로 도장 가능 • 제4류는 도장의 색상 제한이 없으나 적색을 권장
제2류	적색	
제3류	청색	
제5류	황색	
제6류	청색	

31 자기반응성물질인 제5류 위험물에 해당하는 것은?

① $CH_3(C_6H_4)NO_2$
② CH_3COCH_3
③ $C_6H_2(NO_2)_3OH$
④ $C_6H_5NO_2$

> ① 니트로톨루엔 – 제4류 위험물
> ② 아세톤 – 제4류 위험물
> ③ 트리니트로페놀 – 제5류 위험물
> ④ 니트로벤젠 – 제4류 위험물

32 다음 중 위험물안전관리법령에서 정한 제3류 위험물 금수성물질의 소화설비로 적응성이 있는 것은?

① 불활성가스소화설비
② 할로겐화합물소화설비
③ 인산염류등 분말소화설비
④ 탄산수소염류등 분말소화설비

> 제3류 위험물 중 금수성물질은 탄산수소염류등 및 그 밖의 분말소화설비에 적응성이 있다.

33 니트로셀룰로오스 5kg과 트리니트로페놀을 함께 저장하려고 한다. 이때 지정수량 1배로 저장하려면 트리니트로페놀을 몇 kg 저장하여야 하는가?

① 5
② 10
③ 50
④ 100

> 니트로셀룰로오스의 지정수량 : 10kg
> 트리니트로페놀의 지정수량 : 100kg
> 지정수량의 배수 = $\dfrac{저장수량}{지정수량}$ = $\dfrac{5}{10}$ + $\dfrac{x}{200}$ = 1, x = 100

34 위험물안전관리법령상 염소화이소시아눌산은 제 몇 류 위험물인가?

① 제1류
② 제2류
③ 제5류
④ 제6류

> 염소화이소시아눌산은 총리령으로 정하는 제1류 위험물에 속한다.

35 니트로셀룰로오스의 저장방법으로 올바른 것은?

① 물이나 알코올로 습윤시킨다.
② 에탄올과 에테르 혼액에 침윤시킨다.
③ 수은염을 만들어 저장한다.
④ 산에 용해시켜 저장한다.

> 니트로셀룰로오스 운반 시 또는 저장 시 물 또는 알코올을 첨가하여 습윤시켜야 한다.

36 과산화벤조일(벤조일퍼옥사이드)에 대한 설명 중 틀린 것은?

① 환원성 물질과 격리하여 저장한다.
② 물에 녹지 않으나 유기용매에 녹는다.
③ 희석제로 묽은 질산을 사용한다.
④ 결정성의 분말 형태이다.

> 과산화벤조일은 희석제로 프탈산디메틸, 프탈산디부틸 등을 사용하여 폭발의 위험성을 낮출 수 있다.

37 과망간산칼륨의 위험성에 대한 설명으로 틀린 것은?

① 황산과 격렬하게 반응한다.
② 유기물과 혼합 시 위험성이 증가한다.
③ 고온으로 가열하면 분해하여 산소와 수소를 방출한다.
④ 목탄, 황 등 환원성 물질과 격리하여 저장해야 한다.

과망간산칼륨을 고온으로 가열하면 분해하여 산소를 발생한다.

38 유별을 달리하는 위험물을 운반할 때 혼재할 수 있는 것은?(단, 지정수량의 1/10을 넘는 양을 운반하는 경우이다)

① 제1류와 제3류
② 제2류와 제4류
③ 제3류와 제5류
④ 제4류와 제6류

유별을 달리하는 위험물의 혼재기준

위험물의 구분	제1류	제2류	제3류	제4류	제5류	제6류
제1류		×	×	×	×	○
제2류	×		×	○	○	×
제3류	×	×		○	×	×
제4류	×	○	○		○	×
제5류	×	○	×	○		×
제6류	○	×	×	×	×	

39 유황에 대한 설명으로 옳지 않은 것은?

① 연소 시 황색 불꽃을 보이며 유독한 이황화탄소를 발생한다.
② 미세한 분말상태에서 부유하면 분진폭발의 위험이 있다.
③ 마찰에 의해 정전기가 발생할 우려가 있다.
④ 고온에서 용융된 유황은 수소와 반응한다.

유황은 증발연소를 하는데, 푸른색 불꽃을 내면서 아황산가스를 발생한다.

40 정전기로 인한 재배방지대책 중 틀린 것은?

① 접지를 한다.
② 실내를 건조하게 유지한다.
③ 공기 중의 상대습도를 70% 이상으로 유지한다.
④ 공기를 이온화한다.

정전기를 방지하기 위해서는 상대습도를 70% 이상으로 유지하여 건조하지 않게 한다.

41 제4류 위험물에 속하지 않는 것은?

① 아세톤
② 실린더유
③ 트리니트로톨루엔
④ 니트로벤젠

트리니트로톨루엔은 니트로화합물로서 제5류 위험물에 속한다.

42 제5류 위험물 중 니트로화합물의 지정수량을 옳게 나타낸 것은?

① 10kg
② 100kg
③ 150kg
④ 200kg

제5류 위험물 중 니트로화합물, 니트로소화합물, 아조화합물, 히드라진유도체, 금속의 아지화합물, 질산구아니딘의 지정수량은 200kg이다.

43 다음 중 지정수량이 나머지 셋과 다른 물질은?

① 황화린
② 적린
③ 칼슘
④ 유황

황화린, 적린, 유황의 지정수량은 100kg이며, 칼슘의 지정수량은 50kg이다.

44 과염소산칼륨의 성질에 대한 설명 중 틀린 것은?

① 무색, 무취의 결정으로 물에 잘 녹는다.
② 화학식은 $KClO_4$이다.
③ 에탄올, 에테르에는 녹지 않는다.
④ 화약, 폭약, 섬광제 등에 쓰인다.

과염소산칼륨은 무색, 무취의 백색 결정으로 물에는 약간 녹으며, 알코올과 에테르에는 녹지 않는다.

45 위험물안전관리법령상 옥내소화전설비의 설치기준에서 옥내소화전은 제조소등의 건축물의 층마다 해당 층의 각 부분에서 하나의 호스접속구까지의 수평거리가 몇 m 이하가 되도록 설치하여야 하는가?

① 5
② 10
③ 15
④ 25

46 다음은 위험물안전관리법령에서 정한 내용이다. ( ) 안에 알맞은 용어는?

【보기】
( )라 함은 고형알코올 그 밖에 1기압에서 인화점이 섭씨 40도 미만인 고체를 말한다.

① 가연성고체
② 산화성고체
③ 인화성고체
④ 자기반응성고체

47 경유 2,000L, 글리세린 2,000L를 같은 장소에 저장하려 한다. 지정수량의 배수의 합은 얼마인가?

① 2.5 　　　　　　② 3.0
③ 3.5 　　　　　　④ 4.0

경유의 지정수량 : 1,000kg
글리세린의 지정수량 : 4,000kg

지정수량의 배수 $= \dfrac{2,000}{1,000} + \dfrac{2,000}{4,000} = 2.5$배

48 0.99atm, 55℃에서 이산화탄소의 밀도는 약 몇 g/L인가?

① 0.62 　　　　　② 1.62
③ 9.65 　　　　　④ 12.65

$d = \dfrac{MP}{RT}$　· M : 44
　　　　· P : 0.99atm
　　　　· R : 0.082atm · m³ · kmol · K
　　　　· T : (273 + 55℃)K

$= \dfrac{44 \times 0.99}{0.082 \times (273+55)} ≒ 1.62$g/L

49 다음 중 인화점이 0℃보다 작은 것은 모두 몇 개인가?

【보기】
$C_2H_5OC_2H_5$, CS_2, CH_3CHO

① 0개 　　　　　② 1개
③ 2개 　　　　　④ 3개

· 에틸에테르 : −45℃
· 이황화탄소 : −30℃
· 아세트알데히드 : −38℃

50 다음은 위험물안전관리법령상 이동탱크저장소에 설치하는 게시판의 설치기준에 관한 내용이다. ( ) 안에 해당하지 않는 것은?

【보기】
이동저장탱크의 뒷면 중 보기 쉬운 곳에는 해당 탱크에 저장 또는 취급하는 위험물의 ( ) · ( ) · ( ) 및 적재중량을 게시한 게시판을 설치하여야 한다.

① 최대수량 　　　② 품명
③ 유별 　　　　　④ 관리자명

탱크의 뒷면 중 보기 쉬운 곳에 위험물의 유별, 품명, 최대수량 및 적재중량을 게시한 게시판을 설치해야 한다.

51 위험물과 그 보호액 또는 안정제의 연결이 틀린 것은?

① 황린 – 물
② 인화석회 – 물
③ 금속칼륨 – 등유
④ 알킬알루미늄 – 헥산

인화석회에 물을 가하면 포스핀 가스를 발생한다.

52 다음 설명 중 제2석유류에 해당하는 것은?(단, 1기압 상태이다)

① 착화점이 21℃ 미만인 것
② 착화점이 30℃ 이상 50℃ 미만인 것
③ 인화점이 21℃ 이상 70℃ 미만인 것
④ 인화점이 21℃ 이상 90℃ 미만인 것

· 제1석유류 : 1기압에서 인화점이 21℃ 미만인 것
· 제2석유류 : 1기압에서 인화점이 21℃ 이상 70℃ 미만인 것
· 제3석유류 : 1기압에서 인화점이 70℃ 이상 200℃ 미만인 것
· 제4석유류 : 1기압에서 인화점이 200℃ 이상 250℃ 미만의 것

53 위험물안전관리법령상 제5류 위험물의 공통된 취급방법으로 옳지 않은 것은?

① 용기의 파손 및 균열에 주의한다.
② 저장 시 과열, 충격, 마찰을 피한다.
③ 운반용기 외부에 주의사항으로 "화기주의" 및 "물기엄금"을 표기한다.
④ 불티, 불꽃, 고온체와의 접근을 피한다.

제5류 위험물의 운반용기 외부에는 "화기엄금" 및 "충격주의" 주의사항 표시를 해야 한다.

54 유기과산화물의 저장 또는 운반 시 주의사항으로서 옳은 것은?

① 일광이 드는 건조한 곳에 저장한다.
② 가능한 한 대용량으로 저장한다.
③ 알코올류 등 제4류 위험물과 혼재하여 운반할 수 있다.
④ 산화제이므로 다른 강산화제와 같이 저장해도 좋다.

① 유기과산화물은 직사광선을 피하고 냉암소에 저장한다.
② 제5류 위험물은 화재 시 소화의 어려움이 있으므로 대용량으로 저장하지 말고 가급적 작게 나누어서 저장한다.
④ 유기과산화물은 산화제 및 환원제와 접촉하지 않도록 주의한다.

55 위험물안전관리법령에 따른 위험물의 운송에 관한 설명 중 틀린 것은?

① 알킬리튬과 알킬알루미늄 또는 이 중 어느 하나 이상을 함유한 것은 운송책임자의 감독·지원을 받아야 한다.

② 이동탱크저장소에 의하여 위험물을 운송할 때의 운송책임자에는 법정의 교육을 이수하고 관련 업무에 2년 이상 경력이 있는 자도 포함된다.

③ 서울에서 부산까지 금속의 인화물 300kg을 1명의 운전자가 휴식 없이 운송해도 규정위반이 아니다.

④ 운송책임자의 감독 또는 지원 방법에는 동승하는 방법과 별도의 사무실에서 대기하면서 규정된 사항을 이행하는 방법이 있다.

장거리에 걸치는 운송을 하는 때에는 2명 이상의 운전자로 하거나 운송 도중에 2시간 이내마다 20분 이상 휴식을 가져야 한다.

56 제3류 위험물에 해당하는 것은?

① 유황
② 적린
③ 황린
④ 삼황화린

유황, 적린, 황화린 모두 제2류 위험물에 속한다.

57 제조소등의 관계인이 예방규정을 정하여야 하는 제조소등이 아닌 것은?

① 지정수량 100배의 위험물을 저장하는 옥외탱크저장소

② 지정수량 150배의 위험물을 저장하는 옥내저장소

③ 지정수량 10배의 위험물을 취급하는 제조소

④ 지정수량 5배의 위험물을 취급하는 이송취급소

옥외탱크저장소의 경우 지정수량 200배 이상의 위험물을 저장하는 옥외탱크저장소에 예방규정을 정해야 한다.

58 황린의 위험성에 대한 설명으로 틀린 것은?

① 공기 중에서 자연발화의 위험성이 있다.

② 연소 시 발생되는 증기는 유독하다.

③ 화학적 활성이 커서 CO_2, H_2O와 격렬히 반응한다.

④ 강알칼리 용액과 반응하여 독성 가스를 발생한다.

황린은 담황색 또는 백색의 고체로 물에 녹지 않으며, 저장 시에는 물 속에 저장한다.

59 그림의 원통형 종으로 설치된 탱크에서 공간용적을 내용적의 10%라고 하면 탱크용량(허가용량)은 약 얼마인가?

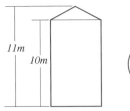

① 113.04
② 124.34
③ 129.06
④ 138.16

· 탱크의 용량 = 탱크의 내용적 − 탱크의 공간용적
· 종으로 설치한 원통형 탱크의 내용적 :
$\pi r^2 \ell = \pi \times 4 \times 10 = 125.6$
· 탱크의 공간용적 : $125.6 \times 0.1 = 12.56$
∴ $125.6 - 12.56 \fallingdotseq 113.04$

60 지하탱크저장소에 대한 설명으로 옳지 않은 것은?

① 탱크전용실 벽의 두께는 0.3m 이상이어야 한다.

② 지하저장탱크의 윗부분은 지면으로부터 0.6m 이상 아래에 있어야 한다.

③ 지하저장탱크와 탱크전용실 안쪽과의 간격은 0.1m 이상의 간격을 유지한다.

④ 지하저장탱크에는 두께 0.1m 이상의 철근콘크리트조로 된 뚜껑을 설치한다.

지하저장탱크에는 두께 0.3m 이상의 철근콘크리트조로 된 뚜껑을 설치한다.

01 제3종 분말 소화약제의 열분해 반응식을 옳게 나타낸 것은?

① $NH_4H_2PO_4 \rightarrow HPO_3 + NH_3 + H_2O$

② $2KNO_3 \rightarrow 2KNO_2 + O_2$

③ $KClO_4 \rightarrow KCl + 2O_2$

④ $2CaHCO_3 \rightarrow 2CaO + H_2CO_3$

분말 소화약제의 열분해 반응식	
제1종 분말	$2NaHCO_3 \rightarrow Na_2CO_3 + CO_2 + H_2O$
제2종 분말	$2KHCO_3 \rightarrow K_2CO_3 + CO_2 + H_2O$
제3종 분말	$NH_4H_2PO_4 \rightarrow HPO_3 + NH_3 + H_2O$
제4종 분말	$2KHCO_3 + (NH_2)_2CO \rightarrow K_2CO_3 + 2NH_3 + 2CO_2$

02 위험물안전관리법령상 제2류 위험물 중 지정수량이 500kg인 물질에 의한 화재는?

① A급 화재

② B급 화재

③ C급 화재

④ D급 화재

제2류 위험물 중 지정수량이 500kg인 물질은 금속분, 마그네슘이므로 금속화재인 D급 화재가 정답이다.

03 위험물제조소등의 용도폐지신고에 대한 설명으로 옳지 않은 것은?

① 용도폐지 후 30일 이내에 신고하여야 한다.

② 완공검사필증을 첨부한 용도폐지신고서를 제출하는 방법으로 신고한다.

③ 전자문서로 된 용도폐지신고서를 제출하는 경우에도 완공검사필증을 제출하여야 한다.

④ 신고의무의 주체는 해당 제조소등의 관계인이다.

제조소등의 용도를 폐지한 때에는 폐지한 날부터 14일 이내에 시·도지사에게 신고하여야 한다.

04 할로겐 화합물의 소화약제 중 할론 2402의 화학식은?

① $C_2Br_4F_2$

② $C_2Cl_4F_2$

③ $C_2Cl_4Br_2$

④ $C_2F_4Br_2$

할로겐화합물 소화약제 중 할론 2402는 이취화사불화에탄으로 화학식은 $C_2F_4Br_2$이다.

05 위험물제조소등에 설치하여야 하는 자동화재탐지설비의 설치기준에 대한 설명 중 틀린 것은?

① 자동화재탐지설비의 경계구역은 건축물 그 밖의 공작물의 2 이상의 층에 걸치도록 할 것

② 하나의 경계구역에서 그 한 변의 길이는 50m(광전식분리형 감지기를 설치할 경우에는 100m) 이하로 할 것

③ 자동화재탐지설비의 감지기는 지붕 또는 벽의 옥내에 면한 부분에 유효하게 화재의 발생을 감지할 수 있도록 설치할 것

④ 자동화재탐지설비에는 비상전원을 설치할 것

자동화재탐지설비의 경계구역은 건축물 그 밖의 공작물의 2 이상의 층에 걸치지 않아야 한다.

06 다음 중 수소, 아세틸렌과 같은 가연성 가스가 공기 중 누출되어 연소하는 형식에 가장 가까운 것은?

① 확산 연소

② 증발 연소

③ 분해 연소

④ 표면 연소

기체연료인 수소, 아세틸렌, 프로판 가스, LPG 등이 공기의 확산에 의하여 반응하는 연소를 확산 연소라 한다.

07 알코올류 20,000L에 대한 소화설비 설치 시 소요단위는?

① 5

② 10

③ 15

④ 20

알코올의 지정수량 : 400L

$$소요단위 = \frac{저장수량}{지정수량 \times 10} = \frac{20,000}{400 \times 10} = 5$$

08 위험물안전관리법령상 분말소화설비의 기준에서 규정한 전역방출방식 또는 국소방출방식 분말소화설비의 가압용 또는 축압용가스에 해당하는 것은?

① 네온가스

② 아르곤가스

③ 수소가스

④ 이산화탄소가스

전역방출방식 또는 국소방출방식 분말소화설비의 가압용 또는 축압용 가스는 질소와 이산화탄소를 말한다.

09 과산화칼륨의 저장창고에서 화재가 발생하였다. 다음 중 가장 적합한 소화약제는?

① 물
② 이산화탄소
③ 마른모래
④ 염산

과산화칼륨 화재 시에는 마른모래, 팽창질석, 팽창진주암 등에 의한 질식소화가 효과적이다.

10 위험물안전관리법령에 의해 옥외저장소에 저장을 허가받을 수 없는 위험물은?

① 제2류 위험물 중 유황(금속제드럼에 수납)
② 제4류 위험물 중 가솔린(금속제드럼에 수납)
③ 제6류 위험물
④ 국제해상위험물규칙(IMDG Code)에 적합한 용기에 수납된 위험물

옥외저장소에는 제4류 위험물 중 제1석유류(인화점이 섭씨 0도 이상인 것), 알코올류, 제2석유류, 제3석유류, 제4석유류 및 동식물유류를 저장할 수 있다.

11 플래시오버에 대한 설명으로 틀린 것은?

① 국소화재에서 실내의 가연물들이 연소하는 대화재로의 전이
② 환기지배형 화재에서 연료지배형 화재로의 전이
③ 실내의 천정 쪽에 축적된 미연소 가연성 증기나 가스를 통한 화염의 급격한 전파
④ 내화건축물의 실내화재 온도 상황으로 보아 성장기에서 최성기로의 진입

플래시오버(Flash Over)
• 국소화재에서 실내의 가연물들이 연소하는 대화재로의 전이
• 연료지배형 화재(화재가 가연물에 의해 좌우되는 단계)에서 환기재배형 화재(화재가 실내환기에 의해 지배되는 단계)로의 전이
• 실내의 천정 쪽에 축적된 미연소 가연성 증기나 가스를 통한 화염의 급격한 전파
• 내화건축물의 실내화재 온도 상황으로 보아 성장기에서 최성기로의 진입

12 위험물안전관리법령상 제3류 위험물 중 금수성물질의 화재에 적응성이 있는 소화설비는?

① 탄산수소염류의 분말소화설비
② 불활성가스소화설비
③ 할로겐화합물소화설비
④ 인산염류의 분말소화설비

제3류 위험물 중 금수성물질은 분말소화설비 중 탄산수소염류 등이 적응성이 있다.

13 제1종, 제2종, 제3종 분말소화약제의 주성분에 해당하지 않는 것은?

① 탄산수소나트륨
② 황산마그네슘
③ 탄산수소칼륨
④ 인산암모늄

분말소화약제의 주성분

구분	주성분
제1종 분말	탄산수소나트륨
제2종 분말	탄산수소칼륨
제3종 분말	제1인산암모늄

14 가연성액화가스의 탱크 주위에서 화재가 발생한 경우에 탱크의 가열로 인하여 그 부분의 강도가 약해져 탱크가 파열됨으로써 내부의 가열된 액화가스가 급속히 팽창하면서 폭발하는 현상은?

① 블레비(Bleve) 현상
② 보일오버(Boil Over) 현상
③ 플래시백(Flash Back) 현상
④ 백드래프트(Back Draft) 현상

블레비 현상은 비등상태의 액화가스가 기화하여 팽창하고 폭발하는 현상을 말하는데, 영향을 주는 인자로는 저장물질의 종류와 형태, 저장용기의 재질, 내용물의 인화성 및 독성 여부, 주위온도와 압력상태 등이 있다.

15 소화효과에 대한 설명으로 틀린 것은?

① 기화잠열이 큰 소화약제를 사용할 경우 냉각소화 효과를 기대할 수 있다.
② 이산화탄소에 의한 소화는 주로 질식소화로 화재를 진압한다.
③ 할로겐화합물 소화약제는 주로 냉각소화를 한다.
④ 분말소화약제는 질식효과와 부촉매효과 등으로 화재를 진압한다.

할로겐화합물 소화약제의 주된 소화효과는 억제효과이다.

16 다음 중 위험성이 더욱 증가하는 경우는?

① 황린을 수산화칼슘 수용액에 넣었다.
② 나트륨을 등유 속에 넣었다.
③ 트리에틸알루미늄 보관용기 내에 가스를 봉입시켰다.
④ 니트로셀룰로오스를 알코올 수용액에 넣었다.

황린은 수산화칼슘과 반응하면 위험성이 증가한다.

17 건조사와 같은 불연성 고체로 가연물을 덮는 것은 어떤 소화에 해당하는가?

① 제거소화   ② 질식소화

③ 냉각소화   ④ 억제소화

> 마른모래 등의 불연성 고체로 가연물을 덮는 것은 산소의 공급을 차단하는 질식소화에 해당한다.

18 금속칼륨과 금속나트륨의 보관방법은 무엇인가?

① 공기 중에 노출하여 보관
② 물속에 넣어서 밀봉하여 보관
③ 석유 속에 넣어서 밀봉하여 보관
④ 그늘지고 통풍이 잘되는 곳에 산소 분위기에서 보관

> 금속칼륨, 금속나트륨 등은 석유 속에 넣어 밀봉하여 보관한다.

19 위험물제조소등에 설치하는 고정식의 포소화설비의 기준에서 포헤드방식의 포헤드는 방호대상물의 표면적 몇 m^2 당 1개 이상의 헤드를 설치하여야 하는가?

① 3   ② 9

③ 15   ④ 30

> 고정식 포소화설비의 포헤드는 방호대상물의 표면적 $9m^2$당 1개 이상의 헤드를 설치해야 한다.

20 Mg, Na의 화재에 이산화탄소 소화기를 사용하였다. 화재현장에서 발생되는 현상은?

① 이산화탄소가 부착면을 만들어 질식소화 된다.
② 이산화탄소가 방출되어 냉각소화 된다.
③ 이산화탄소가 Mg, Na과 반응하여 화재가 확대된다.
④ 부촉매효과에 의해 소화된다.

> 마그네슘과 나트륨 화재 시 이산화탄소 소화기를 사용하면 확재가 더 확대되어 위험하다.

21 위험물안전관리법령의 제3류 위험물 중 금수성물질에 해당하는 것은?

① 황린   ② 적린

③ 마그네슘   ④ 칼륨

> 적린과 마그네슘은 제2류 위험물이며, 황린은 제3류 위험물 중 자연발화성 물질에 해당한다.

22 위험물안전관리법령에 따른 스프링클러헤드의 설치방법에 대한 설명으로 옳지 않은 것은?

① 개방형헤드는 반사판으로부터 하방으로 0.45m, 수평방향으로 0.3m 공간을 보유할 것
② 폐쇄형헤드는 가연성물질 수납부분에 설치 시 반사판으로부터 하방으로 0.9m, 수평방향으로 0.4m의 공간을 확보할 것
③ 폐쇄형헤드 중 개구부에 설치하는 것은 당해 개구부의 상단으로부터 높이 0.15m 이내의 벽면에 설치할 것
④ 폐쇄형헤드설치 시 급배기용 덕트의 긴 변의 길이가 1.2m를 초과하는 것이 있는 경우에는 당해 덕트의 윗부분에도 헤드를 설치할 것

> 폐쇄형헤드 설치 시 급배기용 덕트 등의 긴변의 길이가 1.2m를 초과하는 것이 있는 경우에는 당해 덕트 등의 아래면에도 스프링클러헤드를 설치해야 한다.

23 적린의 성질에 대한 설명 중 옳지 않은 것은?

① 황린과 성분원소가 같다.
② 발화온도는 황린보다 낮다.
③ 물, 이황화탄소에 녹지 않는다.
④ 브롬화인에 녹는다.

> 황린의 발화온도는 50℃이며, 적린의 발화온도는 260℃이다.

24 과산화칼륨과 과산화마그네슘이 염산과 각각 반응했을 때 공통으로 나오는 물질의 지정수량은?

① 50L   ② 100kg

③ 300kg   ④ 1,000L

> 과산화칼륨과 과산화마그네슘이 염산과 반응하였을 때 공통적으로 나오는 물질은 과산화수소이다. 과산화수소는 제6류 위험물로서 지정수량은 300kg이다.

25 이동탱크저장소에 의한 위험물의 운송 시 준수하여야 하는 기준에서 다음 중 어떤 위험물을 운송할 때 위험물운송자는 위험물안전카드를 휴대하여야 하는가?

① 특수인화물 및 제1석유류
② 알코올류 및 제2석유류
③ 제3석유류 및 동식물류
④ 제4석유류

> 제4류 위험물 중 특수인화물 및 제1석유류를 운송하게 하는 자는 위험물안전카드를 위험물운송자로 하여금 휴대하게 하여야 한다.

26 트리메틸알루미늄이 물과 반응 시 생성되는 물질은?

① 산화알루미늄 ② 메탄
③ 메틸알코올 ④ 에탄

27 소화설비의 기준에서 용량 160L 팽창질석의 능력단위는?

① 0.5 ② 1.0 ③ 1.5 ④ 2.5

소화설비의 능력단위

급수	용량	능력단위
소화전용(專用)물통	8L	0.3
수조(소화전용물통 3개 포함)	80L	1.5
수조(소화전용물통 6개 포함)	190L	2.5
마른 모래(삽 1개 포함)	50L	0.5
팽창질석 또는 팽창진주암(삽 1개 포함)	160L	1.0

28 위험물안전관리법령상 위험물 운반 시 차광성이 있는 피복으로 덮지 않아도 되는 것은?

① 제1류 위험물
② 제2류 위험물
③ 제3류 위험물 중 자연발화성물질
④ 제4류 위험물

29 디에틸에테르에 대한 설명으로 옳은 것은?

① 연소하면 아황산가스를 발생하고, 마취제로 사용한다.
② 증기는 공기보다 무거우므로 물속에 보관한다.
③ 에탄올을 진한 황산을 이용해 축합반응 시켜 제조할 수 있다.
④ 제4류 위험물 중 연소범위가 좁은 편에 속한다.

30 위험물안전관리법령상 총리령으로 정하는 제1류 위험물에 해당하지 않는 것은?

① 과요오드산 ② 질산구아니딘
③ 차아염소산염류 ④ 염소화이소시아눌산

31 흑색화약의 원료로 사용되는 위험물의 유별을 옳게 나타낸 것은?

① 제1류, 제2류 ② 제1류, 제4류
③ 제2류, 제4류 ④ 제4류, 제5류

32 다음 물질 중 제1류 위험물이 아닌 것은?

① Na_2O_2 ② $NaClO_3$
③ NH_4ClO_4 ④ $HClO_4$

33 소화난이도등급 I의 옥내저장소에 설치하여야 하는 소화설비에 해당하지 않는 것은?

① 옥외소화전설비 ② 연결살수설비
③ 스프링클러설비 ④ 물분무소화설비

34 적린의 위험성에 관한 설명 중 옳은 것은?

① 공기 중에 방치하면 폭발한다.
② 산소와 반응하여 포스핀가스를 발생한다.
③ 연소 시 적색의 오산화인이 발생한다.
④ 강산화제와 혼합하면 충격 · 마찰에 의해 발화할 수 있다.

35 과산화나트륨이 물과 반응하면 어떤 물질과 산소를 발생하는가?

① 수산화나트륨 ② 수산화칼륨
③ 질산나트륨 ④ 아염소산나트륨

36 위험물제조소에 설치하는 안전장치 중 위험물의 성질에 따라 안전밸브의 작동이 곤란한 가압설비에 한하여 설치하는 것은?

① 파괴판
② 안전밸브를 병용하는 경보장치
③ 감압측에 안전밸브를 부착한 감압밸브
④ 연성계

위험물의 성질에 따라 안전밸브의 작동이 곤란한 가압설비에 한해 파괴판을 설치한다.

37 트리니트로톨루엔의 성질에 대한 설명 중 옳지 않은 것은?

① 담황색의 결정이다.
② 폭약으로 사용된다.
③ 자연분해의 위험성이 적어 장기간 저장이 가능하다.
④ 조해성과 흡습성이 매우 크다.

트리니트로톨루엔은 조해성과 흡습성이 없다.

38 다음 중 물에 녹고 물보다 가벼운 물질로 인화점이 가장 낮은 것은?

① 아세톤
② 이황화탄소
③ 벤젠
④ 산화프로필렌

제4류 위험물인 산화프로필렌은 무색 투명의 휘발성 액체로 물 또는 알코올 등에 잘 녹으며 연소범위가 넓고 인화점이 −37℃로 위험성이 크다.

39 제5류 위험물의 위험성에 대한 설명으로 옳지 않은 것은?

① 가연성 물질이다.
② 대부분 외부의 산소 없이도 연소하며 연소속도가 빠르다.
③ 물에 잘 녹지 않으며 물과의 반응 위험성이 크다.
④ 가열, 충격, 타격 등에 민감하며 강산화제 또는 강산류와 접촉 시 위험하다.

제5류 위험물은 물에 녹지 않으며 물과 혼합하였을 경우 위험성이 감소한다.

40 과염소산칼륨과 가연성고체 위험물이 혼합되는 것은 위험하다. 그 주된 이유는 무엇인가?

① 전기가 발생하고 자연 가열되기 때문이다.
② 중합반응을 하여 열이 발생되기 때문이다.

③ 혼합하면 과염소산칼륨이 연소하기 쉬운 액체로 변하기 때문이다.
④ 가열, 충격 및 마찰에 의하여 발화·폭발 위험이 높아지기 때문이다.

과염소산칼륨은 가연성고체와 혼합될 경우 가열, 충격 및 마찰에 의해 발화·폭발의 위험이 매우 높다.

41 유황의 성질을 설명한 것으로 옳은 것은?

① 전기의 양도체이다.
② 물에 잘 녹는다.
③ 연소하기 어려워 분진 폭발의 위험성은 없다.
④ 높은 온도에서 탄소와 반응하여 이황화탄소가 생긴다.

① 전기의 부도체이다.
② 물에 녹지 않는다.
③ 미분이 공기 중에 떠 있을 때 산소와 결합하여 분진폭발의 위험이 있다.

42 위험물의 품명 분류가 잘못된 것은?

① 제1석유류 : 휘발유
② 제2석유류 : 경유
③ 제3석유류 : 포름산
④ 제4석유류 : 기어유

포름산은 제2석유류에 해당한다.

43 다음 중 발화점이 가장 낮은 것은?

① 이황화탄소
② 산화프로필렌
③ 휘발유
④ 메탄올

• 이황화탄소 : 100℃
• 산화프로필렌: 465℃
• 휘발유 : 300℃
• 메탄올 : 464℃

44 질산칼륨에 대한 설명 중 옳은 것은?

① 유기물 및 강산에 보관할 때 매우 안정하다.
② 열에 안정하여 1,000℃를 넘는 고온에서도 분해되지 않는다.
③ 알코올에는 잘 녹으나 물, 글리세린에는 잘 녹지 않는다.
④ 무색, 무취의 결정 또는 분말로서 화약 원료로 사용된다.

① 유기물 및 강산의 접촉을 피하고, 건조하고 환기가 잘되는 곳에 보관한다.
② 질산칼륨은 고온에서 열분해 반응을 일으킨다.
③ 물과 글리세린에는 잘 녹지만 알코올과 에테르에는 녹지 않는다.

45 [보기]에서 설명하는 물질은 무엇인가?

┌─────【보기】─────┐
• 살균제 및 소독제로도 사용된다.
• 분해할 때 발생하는 발생기산소 [O]는 난분해성
  유기물질을 산화시킬 수 있다.
└─────────────────┘

① $HClO_4$ ② CH_3OH
③ H_2O_2 ④ H_2SO_4

> 과산화수소 3% 용액을 옥시돌이라고 하며, 살균제 또는 소독제로도
> 사용된다.

46 [보기]의 위험물 중 비중이 물보다 큰 것은 모두 몇
개인가?

┌─────【보기】─────┐
과염소산, 과산화수소, 질산
└─────────────────┘

① 0   ② 1   ③ 2   ④ 3

> 과염소산, 과산화수소, 질산 모두 비중이 물보다 크다.

47 다음 중 위험물안전관리법령상 위험물제조소와의
안전거리가 가장 먼 것은?

① 「고등교육법」에서 정하는 학교
② 「의료법」에 따른 병원급 의료기관
③ 「고압가스 안전관리법」에 의하여 허가를 받은 고
   압가스제조시설
④ 「문화재보호법」에 의한 유형문화재와 기념물 중
   지정문화재

> • 학교, 병원 : 30m   • 고압가스제조시설 : 20m
> • 지정문화재 : 50m

48 칼륨을 물에 반응시키면 격렬한 반응이 일어난다.
이때 발생하는 기체는 무엇인가?

① 산소   ② 수소
③ 질소   ④ 이산화탄소

> 칼륨은 물과 반응하여 수산화물과 수소를 발생한다.

49 위험물안전관리법령상의 위험물 운반에 관한 기준
에서 액체 위험물은 운반용기 내용적의 몇 % 이하의
수납률로 수납하여야 하는가?

① 80   ② 85
③ 90   ④ 98

> 액체 위험물은 운반용기 내용적의 98%, 고체 위험물은 95% 이하의
> 수납률로 수납한다.

50 메틸알코올의 위험성으로 옳지 않은 것은?

① 나트륨과 반응하여 수소기체를 발생한다.
② 휘발성이 강하다.
③ 연소범위가 알코올류 중 가장 좁다.
④ 인화점이 상온(25℃)보다 낮다.

> 메틸알코올의 연소범위는 7.3~36%로 에틸알코올보다 넓다.

51 위험물제조소의 건축물 구조기준 중 연소의 우려가
있는 외벽은 출입구 외의 개구부가 없는 내화구조의
벽으로 하여야 한다. 이때 연소의 우려가 있는 외벽은
제조소가 설치된 부지의 경계선에서 몇 m 이내에 있
는 외벽을 말하는가? (단, 단층 건물일 경우이다)

① 3   ② 4   ③ 5   ④ 6

> 연소의 우려가 있는 외벽은 제조소가 설치된 부지의 경계선에서 3m 이
> 내에 있는 외벽을 말한다.

52 다음 중 위험물안전관리법령상 제6류 위험물에 해
당하는 것은?

① 황산   ② 염산
③ 질산염류   ④ 할로겐간화합물

> 제6류 위험물 : 과염소산, 과산화수소, 질산, 할로겐간화합물

53 질산이 직사일광에 노출될 때 어떻게 되는가?

① 분해되지는 않으나 붉은 색으로 변한다.
② 분해되지는 않으나 녹색으로 변한다.
③ 분해되어 질소를 발생한다.
④ 분해되어 이산화질소를 발생한다.

> 질산은 가열 또는 빛에 의해 분해되며 이산화질소를 발생하여 황색 또
> 는 갈색을 띤다.

54 위험물안전관리법령상 제2류 위험물의 위험등급에
대한 설명으로 옳은 것은?

① 제2류 위험물은 위험등급 I에 해당되는 품명이
   없다.
② 제2류 위험물 중 위험등급 III에 해당되는 품명은
   지정 수량이 500kg인 품명만 해당된다.

③ 제2류 위험물 중 황화린, 적린, 유황 등 지정수량이 100kg인 품명은 위험등급 I에 해당한다.

④ 제2류 위험물 중 지정수량이 1,000kg인 인화성고체는 위험등급 II에 해당한다.

> ② 제2류 위험물 중 위험등급 III에 해당되는 품명은 지정수량이 500kg과 1,000kg의 품명이 있다.
> ③ 제2류 위험물 중 황화린, 적린, 유황 등 지정수량이 100kg인 품명은 위험등급 II에 해당한다.
> ④ 제2류 위험물 중 지정수량이 1,000kg인 인화성고체는 위험등급 III에 해당한다.

55 위험물 저장탱크의 공간용적은 탱크 내용적의 얼마 이상, 얼마 이하로 하는가?

① 2/100 이상, 3/100 이하
② 2/100 이상, 5/100 이하
③ 5/100 이상, 10/100 이하
④ 10/100 이상, 20/100 이하

> 위험물 저장탱크의 공간용적은 탱크 내용적의 5/100 이상, 10/100 이하로 한다.

56 칼륨이 에틸알코올과 반응할 때 나타나는 현상은?

① 산소가스를 생성한다.
② 칼륨에틸레이트를 생성한다.
③ 칼륨과 물이 반응할 때와 동일한 생성물이 나온다.
④ 에틸알코올이 산화되어 아세트알데히드를 생성한다.

> 칼륨은 에틸알코올과 반응하여 칼륨에틸레이트를 생성한다.

57 지정수량 20배의 알코올류를 저장하는 옥외탱크저장소의 경우 펌프실 외의 장소에 설치하는 펌프설비의 기준으로 옳지 않은 것은?

① 펌프설비 주위에는 3m 이상의 공지를 보유한다.
② 펌프설비 그 직하의 지반면 주위에 높이 0.15m 이상의 턱을 만든다.
③ 펌프설비 그 직하의 지반면의 최저부에는 집유설비를 만든다.
④ 집유설비에는 위험물이 배수구에 유입되지 않도록 유분리장치를 만든다.

> 집유설비에 유분리장치를 설치하는 경우는 20℃의 물 100g에 용해되는 양이 1g 미만인 제4류 위험물에 한한다. 알코올은 물에 잘 녹으므로 유분리장치를 설치할 필요가 없다.

58 제5류 위험물 중 유기과산화물 30kg과 히드록실아민 500kg을 함께 보관하는 경우 지정수량의 몇 배인가?

① 3배
② 8배
③ 10배
④ 18배

> 유기과산화물의 지정수량 : 10kg
> 히드록실아민의 지정수량 : 100kg
> 지정수량의 배수 = 30/10 + 500/100 = 3+5 = 8배

59 위험물안전관리법령상 품명이 금속분에 해당하는 것은? (단, 150㎛의 체를 통과하는 것이 50wt% 이상인 경우이다)

① 니켈분
② 마그네슘분
③ 알루미늄분
④ 구리분

> 제2류 위험물 중 금속분에는 알루미늄분, 크롬분, 몰리브덴분, 티탄분, 지르코늄분, 망간분, 코발트분, 은분, 아연분이 있다.

60 아세톤의 성질에 대한 설명으로 옳은 것은?

① 자연발화성 때문에 유기용제로서 사용할 수 없다.
② 무색, 무취이고 겨울철에 쉽게 응고한다.
③ 증기비중은 약 0.79이고 요오드프롬 반응을 한다.
④ 물에 잘 녹으며 끓는점이 60℃보다 낮다.

> ① 아세톤은 유기용제로 사용할 수 있다.
> ② 아세톤은 쉽게 응고되지 않는다.
> ③ 아세톤의 액체비중은 0.79, 증기비중은 2이다.

정답				
01 ①	02 ④	03 ①	04 ④	05 ①
06 ①	07 ①	08 ④	09 ③	10 ②
11 ②	12 ①	13 ①	14 ①	15 ③
16 ①	17 ②	18 ③	19 ②	20 ③
21 ④	22 ④	23 ②	24 ③	25 ①
26 ②	27 ④	28 ②	29 ③	30 ②
31 ①	32 ④	33 ②	34 ④	35 ①
36 ①	37 ④	38 ④	39 ③	40 ④
41 ④	42 ③	43 ①	44 ④	45 ③
46 ④	47 ④	48 ②	49 ③	50 ④
51 ①	52 ④	53 ④	54 ①	55 ③
56 ②	57 ④	58 ②	59 ③	60 ④

최근기출문제 – 2015년 2회

▶정답은 360쪽에 있습니다.

01 위험물안전관리법에서 정한 정전기를 유효하게 제거할 수 있는 방법에 해당하지 않는 것은?

① 위험물 이송 시 배관 내 유속을 빠르게 하는 방법
② 공기를 이온화하는 방법
③ 접지에 의한 방법
④ 공기 중의 상대습도를 70% 이상으로 하는 방법

> 정전기 제거 방법
> • 공기를 이온화하는 방법
> • 접지에 의한 방법
> • 공기 중의 상대습도를 70% 이상으로 하는 방법

02 다음 중 물이 소화약제로 쓰이는 이유로 가장 거리가 먼 것은?

① 쉽게 구할 수 있다.　② 제거소화가 잘 된다.
③ 취급이 간편하다.　④ 기화잠열이 크다.

> 소화약제로서의 물은 질식소화, 냉각소화, 희석소화, 유화소화의 효과가 있다.

03 위험물안전관리법령상 전기설비에 적응성이 없는 소화설비는?

① 포소화설비　② 불활성가스소화설비
③ 할로겐화합물소화설비　④ 물분무소화설비

> 물분무소화설비물 중 불활성가스소화설비, 할로겐화합물소화설비, 물분무소화설비, 분말소화설비(인산염류, 탄산수소염류)가 전기설비에 적응성이 있다.

04 다음 중 가연물이 고체 덩어리보다 분말 가루일 때 화재 위험성이 큰 이유로 가장 옳은 것은?

① 공기와의 접촉 면적이 크기 때문이다.
② 열전도율이 크기 때문이다.
③ 흡열반응을 하기 때문이다.
④ 활성에너지가 크기 때문이다.

> 가연물이 분말 가루일 때는 공기와의 접촉 면적이 크기 때문에 화재의 위험성이 크다.

05 B, C급 화재뿐만 아니라 A급 화재까지도 사용이 가능한 분말소화약제는?

① 제1종 분말소화약제
② 제2종 분말소화약제
③ 제3종 분말소화약제
④ 제4종 분말소화약제

> 제1종, 제2종, 제4종 분말소화약제는 B, C급 화재에 사용 가능하며, 제3종 분말소화약제는 B, C급 화재뿐만 아니라 A급 화재까지도 사용 가능하다.

06 위험물안전관리법령에서 정한 자동화재탐지설비에 대한 기준으로 틀린 것은?(단, 원칙적인 경우에 한한다)

① 경계구역은 건축물 그 밖의 공작물의 2 이상의 층에 걸치지 아니하도록 할 것
② 하나의 경계구역의 면적은 $600m^2$ 이하로 할 것
③ 하나의 경계구역의 한 변 길이는 30m 이하로 할 것
④ 자동화재탐지설비에는 비상전원을 설치할 것

> 하나의 경계구역의 한 변 길이는 원칙적으로 50m 이하로 해야 하며, 광전식분리형 감지기를 설치할 경우에는 100m 이하로 한다.

07 할론 1301의 증기 비중은? (단, 불소의 원자량은 19, 브롬의 원자량은 80, 염소의 원자량은 35.5이고 공기의 분자량은 29이다)

① 2.14　② 4.15
③ 5.14　④ 6.15

> CF_3Br의 증기비중을 묻는 문제이다.
> $$증기비중 = \frac{증기분자량}{공기분자량(29)} = \frac{12+(19\times3)+80}{29} ≒ 5.14$$

08 위험물안전관리법령상 제3류 위험물의 금수성물질 화재 시 적응성이 있는 소화약제는?

① 탄산수소염류분말　② 물
③ 이산화탄소　④ 할로겐화합물

> 제3류 위험물 중 금수성물질은 탄산수소염류 등의 분말소화설비가 적응성이 있다.

09 니트로셀룰로오스의 저장·취급 방법으로 틀린 것은?

① 직사광선을 피해 저장한다.
② 되도록 장기간 보관하여 안정화된 후에 사용한다.
③ 유기과산화물류, 강산화제와의 접촉을 피한다.
④ 건조상태에 이르면 위험하므로 습한 상태를 유지한다.

제5류 위험물은 장기간 저장 시 분해되어 분해열이 축적되면서 자연발화의 위험이 있다.

10 위험물안전관리법령에 따라 다음 ( ) 안에 알맞은 용어는?

【보기】

주유취급소 중 건축물의 2층 이상의 부분을 점포·휴게음식점 또는 전시장의 용도로 사용하는 것에 있어서는 당해 건축물의 2층 이상으로부터 주유취급소의 부지 밖으로 통하는 출입구와 당해 출입구로 통하는 통로·계단 및 출입구에 ( )을(를) 설치하여야 한다.

① 피난사다리　　　　② 경보기
③ 유도등　　　　　　④ CCTV

건축물의 2층 이상의 부분을 점포·휴게음식점 또는 전시장의 용도로 사용하는 주유취급소에는 유도등을 설치하여야 한다.

11 제5류 위험물의 화재 시 적응성이 있는 소화설비는?

① 분말 소화설비
② 할로겐화합물 소화설비
③ 물분무 소화설비
④ 불활성가스소화설비

제5류 위험물의 화재시, 물분무 소화설비, 포소화설비가 적응성이 있다.

12 가연성 물질과 주된 연소형태의 연결이 틀린 것은?

① 종이, 섬유 - 분해연소
② 셀룰로이드, TNT - 자기연소
③ 목재, 석탄 - 표면연소
④ 유황, 알코올 - 증발연소

목재, 석탄은 분해연소를 한다.

13 20℃의 물 100kg이 100℃ 수증기로 증발하면 최대 몇 kcal의 열량을 흡수할 수 있는가? (단, 물의 증발잠열은 540cal/g이다.)

① 540　　　　　　　② 7,800
③ 62,000　　　　　　④ 108,000

$Q = mC\Delta t + rm$ (m : 질량, C : 비열, Δt : 온도차 r : 잠열)
물의 기화잠열 : 540kcal/kg
물의 비열 : 1kcal/kg℃
∴Q = 100×1×80 + 540×100 = 62,000kcal

14 물과 접촉하면 열과 산소가 발생하는 것은?

① $NaClO_2$　　　　　② $NaClO_3$
③ $KMnO_4$　　　　　④ Na_2O_2

과산화나트륨은 물과 접촉하면 열과 산소를 발생한다.

15 유류화재 시 발생하는 이상현상인 보일오버(Boil over)의 방지대책으로 가장 거리가 먼 것은?

① 탱크 하부에 배수관을 설치하여 탱크 저면의 수층을 방지한다.
② 적당한 시기에 모래나 팽창질석, 비등석을 넣어 물의 과열을 방지한다.
③ 냉각수를 대량 첨가하여 유류와 물의 과열을 방지한다.
④ 탱크 내용물의 기계적 교반을 통하여 에멀션 상태로 하여 수층 형성을 방지한다.

보일오버 방지대책
• 탱크 하부에 수층을 방지하거나 물이 과열되지 않도록 한다.
• 탱크 내용물의 기계적 교반을 통해 수분을 유류와 에멀전 상태로 머무르게 한다.
• 탱크 저면에 배수관을 설치하여 탱크 하부의 수분을 배출한다.

16 식용유 화재 시 제1종 분말소화약제를 이용하여 화재의 제어가 가능하다. 이 때의 소화원리에 가장 가까운 것은?

① 촉매효과에 의한 질식효과
② 비누화 반응에 의한 질식효과
③ 요오드화에 의한 냉각소화
④ 가수분해 반응에 의한 냉각소화

식용유, 지방질 등의 화재 시 제1종 분말약제가 반응하면서 금속비누를 만들고, 이 비누가 거품을 만들어 질식소화 효과를 갖는 것을 비누화현상이라고 한다.

17 위험물제조소에서 국소방식의 배출설비 배출능력은 1시간당 배출장소 용적의 몇 배 이상인 것으로 하여야 하는가?

① 5 ② 10
③ 15 ④ 20

> **배출능력**
> • 국소방식 : 1시간당 배출장소 용적의 20배 이상
> • 전역방식 : 바닥면적 1m²당 18m³ 이상

18 다음 중 산화성 물질이 아닌 것은?

① 무기과산화물 ② 과염소산
③ 질산염류 ④ 마그네슘

> • 무기과산화물, 질산염류 : 산화성 고체
> • 과염소산 : 산화성 액체

19 소화약제로 사용할 수 없는 물질은?

① 이산화탄소 ② 제1인산암모늄
③ 탄산수소나트륨 ④ 브롬산암모늄

> 브롬산암모늄은 가열 시 폭발하는 성질이 있어 소화약제로 사용되지 않는다.

20 위험물안전관리법령상 간이탱크저장소에 대한 설명 중 틀린 것은?

① 간이저장탱크의 용량은 600리터 이하여야 한다.
② 하나의 간이탱크저장소에 설치하는 간이저장탱크는 5개 이하여야 한다.
③ 간이저장탱크는 두께 3.2mm 이상의 강판으로 흠이 없도록 제작하여야 한다.
④ 간이저장탱크는 70kPa의 압력으로 10분간의 수압시험을 실시하여 새거나 변형되지 않아야 한다.

> 하나의 간이탱크저장소에 설치하는 간이저장탱크는 그 수를 3 이하로 하고, 동일한 품질의 위험물의 간이저장탱크를 2 이상 설치하지 않는다.

21 다음 위험물의 지정수량 배수의 총합은 얼마인가?

> ┤【보기】├
> 질산 150kg, 과산화수소 420kg, 과염소산 300kg

① 2.5 ② 2.9
③ 3.4 ④ 3.9

> • 질산의 지정수량 : 300kg
> • 과산화수소의 지정수량 : 300kg
> • 과염소산의 지정수량 : 300kg
> $$\therefore \text{지정수량의 배수} = \frac{150}{300} + \frac{420}{300} + \frac{300}{300} = 2.9$$

22 위험물안전관리법령상 해당하는 품명이 나머지 셋과 다른 하나는?

① 트리니트로페놀
② 트리니트로톨루엔
③ 니트로셀룰로오스
④ 테트릴

> 트리니트로페놀, 트리니트로톨루엔, 테트릴은 모두 니트로화합물이며, 니트로셀룰로오스는 질산에스테르류에 속한다.

23 위험물에 대한 설명으로 틀린 것은?

① 적린은 연소하면 유독성 물질이 발생한다.
② 마그네슘은 연소하면 가연성의 수소가스가 발생한다.
③ 유황은 분진폭발의 위험이 있다.
④ 황화린에는 P_4S_3, P_2S_5, P_4S_7 등이 있다.

> 마그네슘은 연소하면 산화마그네슘을 발생하며, 온수와 반응하여 수소가스를 발생한다.

24 위험물안전관리법령상 혼재할 수 없는 위험물은? (단, 위험물은 지정수량의 1/10을 초과하는 경우이다)

① 적린과 황린
② 질산염류와 질산
③ 칼륨과 특수인화물
④ 유기과산화물과 유황

> 제2류 위험물인 적린은 제3류 위험물인 황린과 혼재할 수 없다.

25 질산과 과염소산의 공통성질에 해당하지 않는 것은?

① 산소를 함유하고 있다.
② 불연성 물질이다.
③ 강산이다.
④ 비점이 상온보다 낮다.

> • 질산의 비점 : 86℃
> • 과염소산의 비점 : 39℃

26 위험물안전관리법령에서 정한 메틸알코올의 지정수량을 kg 단위로 환산하면 얼마인가? (단, 메틸알코올의 비중은 0.8이다)

① 200
② 320
③ 400
④ 460

> 메틸알코올의 지정수량에 비중을 곱해주면 kg으로 환산할 수 있다.
> 400L×0.8 = 320kg

27 다음 반응식과 같이 벤젠 1kg이 연소할 때 발생되는 CO_2의 양은 약 몇 m^3인가? (단, 27℃, 750mmHg 기준이다)

$$C_6H_6 + 7.5O_2 \rightarrow 6CO_2 + 3H_2O$$

① 0.72
② 1.22
③ 1.92
④ 2.42

> C_6H_6의 분자량 : (12×6) + (1×6) = 78
> $PV = \dfrac{WRT}{M}$, $V = \dfrac{WRT}{PM}$
> 주어진 CO_2가 6몰이므로 $V = \dfrac{WRT}{PM} \times 6$
> W : 1kg
> R : 0.082atm · m^3 · kmol · K
> T: (273+27℃)K
> P : 750mmHg
> M : 78
> ∴ $V = \dfrac{1 \times 0.082 \times 300}{(750/760) \times 78} \times 6 ≒ 1.92$

28 디에틸에테르의 성질에 대한 설명으로 옳은 것은?

① 발화온도는 400℃이다.
② 증기는 공기보다 가볍고, 액상은 물보다 무겁다.
③ 알코올에 용해되지 않지만 물에 잘 녹는다.
④ 연소범위는 1.9~48% 정도이다.

> ① 디에틸에테르의 발화온도는 180℃이다.
> ② 증기의 비중은 2.55로 공기보다 무겁다.
> ③ 디에틸에테르는 물에는 약간 녹고, 알코올에는 잘 녹는다.

29 위험물의 품명과 지정수량이 잘못 짝지어진 것은?

① 황화린 - 50kg
② 마그네슘 - 500kg
③ 알킬알루미늄 - 10kg
④ 황린 - 20kg

> 황화린의 지정수량은 100kg이다.

30 과염소산암모늄에 대한 설명으로 옳은 것은?

① 물에 용해되지 않는다.
② 청녹색의 침상결정이다.
③ 130℃에서 분해되기 시작하여 CO_2 가스를 방출한다.
④ 아세톤, 알코올에 용해된다.

> ① 물, 아세톤, 알코올에 녹으며, 에테르에는 녹지 않는다.
> ② 과염소산암모늄은 무색, 무취의 결정이다.
> ③ 300℃에서 분해되기 시작하여 산소 가스를 발생한다.

31 위험물안전관리법령상 특수인화물의 정의에 관한 내용이다. ( )에 알맞은 수치를 차례대로 나타낸 것은?

> "특수인화물"이라 함은 이황화탄소, 디에틸에테르 그 밖에 1기압에서 발화점이 섭씨 100도 이하인 것 또는 인화점이 섭씨 영하 ( )도 이하이고 비점이 섭씨 ( )도 이하인 것을 말한다.

① 40, 20
② 20, 40
③ 20, 100
④ 40, 100

> 특수인화물은 인화점이 영하 20℃ 이하이고 비점이 40℃ 이하인 것을 말한다.

32 '자동화재탐지설비 일반점검표'의 점검내용이 "변형·손상의 유무, 표시의 적부, 경계구역 일람도의 적부, 기능의 적부"인 점검항목은?

① 감지기
② 중계기
③ 수신기
④ 발신기

감지기	• 변형·손상의 유무 • 감지장해의 유무 • 기능의 적부
중계기	• 변형·손상의 유무 • 표시의 적부 • 기능의 적부
수신기 (통합조작반)	• 변형·손상의 유무 • 표시의 적부 • 경계구역일람도의 적부 • 기능의 적부
발신기	• 변형·손상의 유무 • 기능의 적부

33 제4류 위험물을 저장 및 취급하는 위험물제조소에 설치한 "화기엄금" 게시판의 색상으로 올바른 것은?

① 적색바탕에 흑색문자

② 흑색바탕에 적색문자

③ 백색바탕에 적색문자

④ 적색바탕에 백색문자

> 화기엄금 게시판은 적색바탕에 백색문자를 사용한다.

34 위험물안전관리법령에서 정한 아세트알데히드등을 취급하는 제조소의 특례에 관한 내용이다. ( ) 안에 해당하는 물질이 아닌 것은?

─────【보기】─────
아세트알데히드등을 취급하는 설비는 ( ) · ( ) · ( ) · ( ) 또는 이들을 성분으로 하는 합금으로 만들지 아니할 것

① 동   ② 은

③ 금   ④ 마그네슘

> 아세트알데히드등을 취급하는 설비는 동, 은, 마그네슘 또는 이들을 성분으로 하는 합금으로 만들지 않아야 한다.

35 1분자 내에 포함된 탄소의 수가 가장 많은 것은?

① 아세톤   ② 톨루엔

③ 아세트산   ④ 이황화탄소

아세톤	CH_3COCH_3	톨루엔	$C_7H_8(C_6H_5CH_3)$
아세트산	CH_3COOH	이황화탄소	CS_2

36 휘발유의 일반적인 성질에 관한 설명으로 틀린 것은?

① 인화점이 0℃보다 낮다.

② 위험물안전관리법령상 제1석유류에 해당한다.

③ 전기에 대해 비전도성 물질이다.

④ 순수한 것은 청색이나 안전을 위해 검은색으로 착색해서 사용해야 한다.

> 순수한 휘발유는 무색 투명하다.

37 페놀을 황산과 질산의 혼산으로 니트로화하여 제조하는 제5류 위험물은?

① 아세트산   ② 피크르산

③ 니트로글리콜   ④ 질산에틸

> 피크르산은 트리니트로페놀이라고도 하며, 제5류 위험물로서 페놀의 수소원자를 니트로기로 치환한 것이다.

38 과산화수소의 성질에 대한 설명으로 옳지 않은 것은?

① 산화성이 강한 무색투명한 액체이다.

② 위험물안전관리법령상 일정 비중 이상일 때 위험물로 취급한다.

③ 가열에 의해 분해하면 산소가 발생한다.

④ 소독약으로 사용할 수 있다.

> 과산화수소는 위험물안전관리법령상 그 농도가 36중량퍼센트 이상일 때 위험물로 취급한다.

39 금속염을 불꽃반응 실험을 한 결과 노란색의 불꽃이 나타났다. 이 금속염에 포함된 금속은 무엇인가?

① Cu   ② K

③ Na   ④ Li

불꽃 반응색

구리	청록색	칼륨	보라색
나트륨	노란색	리튬	빨간색

40 니트로셀룰로오스의 안전한 저장을 위해 사용하는 물질은?

① 페놀   ② 황산

③ 에탄올   ④ 아닐린

> 니트로셀룰로오스 저장 또는 운반 시 물 또는 에탄올 등을 첨가하여 습윤시켜야 한다.

41 등유에 관한 설명으로 틀린 것은?

① 물보다 가볍다.

② 녹는점은 상온보다 높다.

③ 발화점은 상온보다 높다.

④ 증기는 공기보다 무겁다.

> 등유의 녹는점은 상온보다 낮다.

42 벤조일퍼옥사이드에 대한 설명으로 틀린 것은?

① 무색, 무취의 투명한 액체이다.

② 가급적 소분하여 저장한다.

③ 제5류 위험물에 해당한다.

④ 품명은 유기과산화물이다.

> 벤조일퍼옥사이드는 무색, 무취의 결정 또는 백색 분말이다.

43 위험물안전관리법령상 그림과 같이 횡으로 설치한 원형탱크의 용량은 약 몇 m³인가? (단, 공간용적은 내용적의 10/100이다)

① 1690.9
② 1335.1
③ 1268.4
④ 1201.7

> • 탱크의 용량 = 탱크의 내용적 − 탱크의 공간용적
> • 횡으로 설치한 원통형 탱크의 내용적
> $= \pi r^2 \left(\ell + \dfrac{\ell_1 + \ell_2}{3} \right) = \pi 5^2 \left(15 + \dfrac{3+3}{3} \right) \fallingdotseq 1335.2$
> • 탱크의 공간용적
> $(1335.2 \times 0.1) = 133.5$,
> ∴ $1335.2 - 133.5 \fallingdotseq 1201.7 m^3$

44 다음 물질 중 위험물 유별에 따른 구분이 나머지 셋과 다른 하나는?

① 질산은
② 질산메틸
③ 무수크롬산
④ 질산암모늄

> 질산은, 무수크롬산, 질산암모늄은 제1류 위험물이며, 질산메틸은 제5류 위험물 질산에스테르류에 속한다.

45 [보기]에서 나열한 위험물의 공통 성질을 옳게 설명한 것은?

─────【보기】─────
나트륨, 황린, 트리에틸알루미늄

① 상온, 상압에서 고체의 형태를 나타낸다.
② 상온, 상압에서 액체의 형태를 나타낸다.
③ 금수성 물질이다.
④ 자연발화의 위험이 있다.

> 나트륨, 황린, 트리에틸알루미늄은 제3류 위험물로서 자연발화성 물질이다. 나트륨과 황린은 고체의 형태이며, 트리에틸알루미늄은 액체의 형태를 나타낸다. 황린은 물속에 보관하므로 금수성 물질이 아니다.

46 2가지 물질을 섞었을 때 수소가 발생하는 것은?

① 칼륨과 에탄올
② 과산화마그네슘과 염화수소
③ 과산화칼륨과 탄산가스
④ 오황화린과 물

> 칼륨은 에탄올과 반응하여 칼륨에틸라이드와 수소를 발생한다.

47 다음 물질 중 인화점이 가장 낮은 것은?

① CH_3COCH_3
② $C_2H_5OC_2H_5$
③ $CH_3(CH_2)_3OH$
④ CH_3OH

> ① 아세톤 : −18℃
> ② 에틸에테르 : −45℃
> ③ 부탄올 : 37℃
> ④ 메탄올 : 11℃

48 위험물안전관리법령에 의한 위험물에 속하지 않는 것은?

① CaC_2
② S
③ P_2O_5
④ K

> ① CaC_2 : 제3류 위험물
> ② S : 제2류 위험물
> ④ K : 제3류 위험물

49 톨루엔에 대한 설명으로 틀린 것은?

① 휘발성이 있고 가연성 액체이다.
② 증기는 마취성이 있다.
③ 알코올, 에테르, 벤젠 등과 잘 섞인다.
④ 노란색 액체로 냄새가 없다.

> 톨루엔은 무색 투명한 가연성 액체이다.

50 위험물안전관리법령상 지정수량 10배 이상의 위험물을 저장하는 제조소에 설치하여야 하는 경보설비의 종류가 아닌 것은?

① 자동화재탐지설비
② 자동화재속보설비
③ 휴대용 확성기
④ 비상방송설비

> 지정수량 10배 이상의 위험물을 저장하는 제조소에 설치하여야 하는 경보설비
> 자동화재탐지설비, 비상경보설비(비상벨장치 또는 경종 포함), 확성장치(휴대용확성기 포함), 비상방송설비

51 위험물안전관리법령상 위험등급 I의 위험물에 해당하는 것은?

① 무기과산화물
② 황화린, 적린, 유황
③ 제1석유류
④ 알코올류

> ② 황화린, 적린, 유황 : 위험등급 II
> ③ 제1석유류 : 위험등급 II
> ④ 알코올류 : 위험등급 II

52 위험물안전관리법령상 제3류 위험물에 해당하지 않는 것은?

① 적린   ② 나트륨
③ 칼륨   ④ 황린

> 적린은 제2류 위험물에 속한다.

53 위험물안전관리법령상 옥내저장탱크와 탱크전용실의 벽과의 사이 및 옥내저장탱크 상호간에는 몇 m 이상의 간격을 유지하여야 하는가 (단, 탱크의 점검 및 보수 지장이 없는 경우는 제외한다)

① 0.5   ② 1
③ 1.5   ④ 2

> 옥내저장탱크와 탱크전용실의 벽과의 사이 및 옥내저장탱크 상호간의 거리는 0.5m 이상을 유지하여야 한다.

54 위험물안전관리법령상 제4류 위험물 운반용기의 외부에 표시해야 하는 사항이 아닌 것은?

① 규정에 의한 주의사항
② 위험물의 품명 및 위험등급
③ 위험물의 관리자 및 지정수량
④ 위험물의 화학명

> 위험물 운반용기의 외부에 표시해야 하는 사항
> 위험물의 품명, 위험등급, 화학명, 수용성 및 수량 및 규정에 의한 주의사항

55 산화성액체인 질산의 분자식으로 옳은 것은?

① HNO_2 ② HNO_3
③ NO_2 ④ NO_3

> 질산은 흡습성이 강한 무색의 액체로 분자식은 HNO_3이다.

56 제4류 위험물의 옥외저장탱크에 설치하는 밸브 없는 통기관은 직경이 얼마 이상인 것으로 설치해야 되는가? (단, 압력탱크는 제외한다)

① 10mm   ② 20mm
③ 30mm   ④ 40mm

> 밸브 없는 통기관의 지름은 30mm 이상으로 한다.

57 다음 중 위험물안전관리법령에 따라 정한 지정수량이 나머지 셋과 다른 것은?

① 황화린   ② 적린
③ 유황   ④ 철분

> ① 황화린 : 100kg   ② 적린 : 100kg
> ③ 유황 : 100kg   ④ 철분 : 500kg

58 벤젠(C_6H_6)의 일반 성질로서 틀린 것은?

① 휘발성이 강한 액체이다.
② 인화점은 가솔린보다 낮다.
③ 물에 녹지 않는다.
④ 화학적으로 공명구조를 이루고 있다.

> 벤젠의 인화점은 −11℃로 가솔린(−43~−20℃)보다 높다.

59 위험물안전관리법령상 제1류 위험물의 질산염류가 아닌 것은?

① 질산은   ② 질산암모늄
③ 질산섬유소   ④ 질산나트륨

> 질산섬유소(니트로셀룰로오스)는 제5류 위험물 질산에스테르류에 속한다.

60 위험물안전관리법령상 운송책임자의 감독·지원을 받아 운송하여야 하는 위험물은?

① 알킬리튬   ② 과산화수소
③ 가솔린   ④ 경유

> 운송책임자의 감독·지원을 받아 운송하여야 하는 위험물
> • 알킬알루미늄 • 알킬리튬
> • 알킬알루미늄 또는 알킬리튬 물질을 함유하는 위험물

정답

01 ①	02 ②	03 ①	04 ①	05 ③
06 ③	07 ③	08 ①	09 ②	10 ③
11 ③	12 ③	13 ③	14 ④	15 ③
16 ②	17 ④	18 ④	19 ④	20 ②
21 ②	22 ③	23 ②	24 ①	25 ④
26 ②	27 ③	28 ④	29 ①	30 ④
31 ②	32 ③	33 ④	34 ③	35 ②
36 ④	37 ②	38 ②	39 ③	40 ③
41 ②	42 ①	43 ④	44 ②	45 ④
46 ①	47 ②	48 ③	49 ④	50 ②
51 ①	52 ①	53 ①	54 ③	55 ②
56 ③	57 ④	58 ②	59 ③	60 ①

최근기출문제 - 2015년 4회

▶ 정답은 368쪽에 있습니다.

01 과산화나트륨의 화재 시 물을 사용한 소화가 위험한 이유는?

① 수소와 열을 발생하므로
② 산소와 열을 발생하므로
③ 수소를 발생하고 이 가스가 폭발적으로 연소하므로
④ 산소를 발생하고 이 가스가 폭발적으로 연소하므로

과산화나트륨은 물과 반응하여 산소와 열을 발생하므로 주수소화는 위험하며, 마른모래, 분말소화약제, 소다회, 석회 등을 이용하여 소화를 한다.

02 위험물안전관리법령상 경보설비로 자동화재탐지설비를 설치해야 할 위험물 제조소의 규모의 기준에 대한 설명으로 옳은 것은?

① 연면적 500m² 이상인 것
② 연면적 1,000m² 이상인 것
③ 연면적 1,500m² 이상인 것
④ 연면적 2,000m² 이상인 것

연면적 500m² 이상인 제조소 및 일반취급소에는 자동화재탐지설비를 설치한다.

03 $NH_4H_2PO_4$이 열분해하여 생성되는 물질 중 암모니아와 수증기의 부피 비율은?

① 1 : 1
② 1 : 2
③ 2 : 1
④ 3 : 2

제3종 분말소화약제인 $NH_4H_2PO_4$의 열분해반응식
$NH_4H_2PO_4 \rightarrow HPO_3 + NH_3 + H_2O$
제1인산암모늄 메타인산 암모니아 수증기

04 위험물안전관리법령에서 정한 탱크안전성능검사의 구분에 해당하지 않는 것은?

① 기초 · 지반검사
② 충수 · 수압검사
③ 용접부검사
④ 배관검사

탱크안전성능검사 : 기초 · 지반검사, 충수 · 수압검사, 용접부검사, 암반탱크검사

05 제3류 위험물 중 금수성물질에 적응성이 있는 소화설비는?

① 할로겐화합물소화설비
② 포소화설비
③ 불활성가스소화설비
④ 탄산수소염류등 분말소화설비

제3류 위험물 중 금수성물질은 탄산수소염류등 분말소화설비, 건조사, 팽창질석 또는 팽창진주암 등에 적응성이 있다.

06 제5류 위험물을 저장 또는 취급하는 장소에 적응성이 있는 소화설비는?

① 포소화설비
② 분말소화설비
③ 불활성가스소화설비
④ 할로겐화합물소화설비

제5류 위험물에 적응성이 있는 소화설비 : 옥내소화전 또는 옥외소화전설비, 스프링클러설비, 물분무소화설비, 포소화설비

07 화재의 종류와 가연물이 옳게 연결된 것은?

① A급 - 플라스틱
② B급 - 섬유
③ A급 - 페인트
④ B급 - 나무

화재의 분류		
급수	종류	적용대상물
A급	일반화재	종이, 목재, 섬유, 플라스틱
B급	유류 및 가스화재	제4류 위험물, 유지
C급	전기화재	발전기, 변압기
D급	금속화재	철분, 마그네슘, 금속분

08 팽창진주암(삽 1개 포함)의 능력단위 1은 용량이 몇 L인가?

① 70
② 100
③ 130
④ 160

팽창질석 또는 팽창진주암(삽 1개 포함) 160L의 능력단위는 1.0이다.

chapter **08**

09 위험물안전관리법령상 위험물을 유별로 정리하여 저장하면서 서로 1m 이상의 간격을 두면 동일한 옥내저장소에 저장할 수 있는 경우는?

① 제1류 위험물과 제3류 위험물 중 금수성 물질을 저장하는 경우
② 제1류 위험물과 제4류 위험물을 저장하는 경우
③ 제1류 위험물과 제6류 위험물을 저장하는 경우
④ 제2류 위험물 중 금속분과 제4류 위험물 중 동식물유류를 저장하는 경우

동일한 옥내저장소에 1m 이상의 간격으로 저장할 수 있는 경우
• 제1류 위험물(알칼리금속의 과산화물 또는 이를 함유한 것 제외)과 제5류 위험물
• 제1류 위험물과 제6류 위험물
• 제1류 위험물과 제3류 위험물 중 자연발화성물질
• 제2류 위험물중 인화성고체와 제4류 위험물
• 제3류 위험물 중 알킬알루미늄등과 제4류 위험물(알킬알루미늄 또는 알킬리튬을 함유한 것)
• 제4류 위험물 중 유기과산화물 또는 이를 함유하는 것과 제5류 위험물 중 유기과산화물 또는 이를 함유한 것

10 제6류 위험물을 저장하는 장소에 적응성이 있는 소화설비가 아닌 것은?

① 물분무소화설비
② 포소화설비
③ 불활성가스소화설비
④ 옥내소화전설비

불활성가스소화설비, 할로겐화합물소화설비, 탄산수소염류등 분말소화설비 등은 제6류 위험물에 적응성이 없다.

11 피난설비를 설치하여야 하는 위험물 제조소등에 해당하는 것은?

① 건축물의 2층 부분을 자동차 정비소로 사용하는 주유취급소
② 건축물의 2층 부분을 전시장으로 사용하는 주유취급소
③ 건축물의 1층 부분을 주유사무소로 사용하는 주유취급소
④ 건축물의 1층 부분을 관계자의 주거시설로 사용하는 주유취급소

피난설비의 설치 대상
• 건축물의 2층 이상의 부분을 점포·휴게음식점 또는 전시장의 용도로 사용하는 주유취급소
• 옥내주유취급소

12 제1종 분말소화약제의 적응 화재 종류는?

① A급
② BC급
③ AB급
④ ABC급

• 제1종, 제2종, 제4종 분말소화약제의 적응화재 : BC급
• 제3종 분말소화약제 : ABC급

13 연소의 3요소를 모두 포함하는 것은?

① 과염소산, 산소, 불꽃
② 마그네슘분말, 연소열, 수소
③ 아세톤, 수소, 산소
④ 불꽃, 아세톤, 질산암모늄

연소의 3요소는 가연물(아세톤), 산소공급원(질산암모늄), 점화원(불꽃)이다.
※과염소산은 불연성 물질이다.

14 액화 이산화탄소 1kg이 25℃, 2atm에서 방출되어 모두 기체가 되었다. 방출된 기체상의 이산화탄소 부피는 약 몇 L인가?

① 238
② 278
③ 308
④ 340

$PV = \dfrac{W}{M} RT$, $V = \dfrac{WRT}{PM}$

• P : 2atm, • W : 1000g, • M : 44
• R : 기체상수(0.082m³ · atm/kg-mol · K)
• T : 25℃+273 = 298k
∴ $V = \dfrac{1000 \times 0.082 \times 298k}{2 \times 44} = 278L$

15 소화약제에 따른 주된 소화효과로 틀린 것은?

① 수성막포소화약제 : 질식효과
② 제2종 분말소화약제 : 탈수탄화효과
③ 이산화탄소소화약제 : 질식효과
④ 할로겐화합물소화약제 : 화학억제효과

제2종 분말소화약제 : 질식, 냉각, 부촉매효과

16 위험물안전관리법령에서 정한 "물분무등소화설비"의 종류에 속하지 않는 것은?

① 스프링클러설비
② 포소화설비
③ 분말소화설비
④ 이산화탄소소화설비

> 물분무등소화설비 : 물분무소화설비, 미분무소화설비, 포소화설비, 불활성가스소화설비(이산화탄소소화설비, 질소소화설비), 할로겐화합물소화설비, 청정소화약제소화설비, 분말소화설비, 강화액소화설비

17 혼합물인 위험물이 복수의 성상을 가지는 경우에 적용하는 품명에 관한 설명으로 틀린 것은?

① 산화성고체의 성상 및 가연성고체의 성상을 가지는 경우 : 산화성고체의 품명
② 산화성고체의 성상 및 자기반응성물질의 성상을 가지는 경우 : 자기반응성물질의 품명
③ 가연성고체의 성상과 자연발화성물질의 성상 및 금수성물질의 성상을 가지는 경우 : 자연발화성물질 및 금수성물질의 품명
④ 인화성액체의 성상 및 자기반응성물질의 성상을 가지는 경우 : 자기반응성물질의 품명

> 산화성고체의 성상 및 가연성고체의 성상을 가지는 경우 : 가연성고체의 품명

18 위험물시설에 설비하는 자동화재탐지설비의 하나의 경계구역 면적과 그 한 변의 길이의 기준으로 옳은 것은? (단, 광전식분리형 감지기를 설치하지 않은 경우임)

① 300m² 이하, 50m 이하
② 300m² 이하, 100m 이하
③ 600m² 이하, 50m 이하
④ 600m² 이하, 100m 이하

> 경계구역의 면적은 원칙적으로 600m² 이하이며, 한 변의 길이는 원칙적으로 50m 이하이다. 광전식분리형 감지기를 설치하는 경우 한 변의 길이는 100m이다.

19 다음 위험물의 저장 창고에 화재가 발생하였을 때 주수에 의한 소화가 오히려 더 위험한 것은?

① 염소산칼륨
② 과염소산나트륨
③ 질산암모늄
④ 탄화칼슘

> 탄화칼슘은 물과 반응하여 수산화칼슘과 아세틸렌가스를 발생하므로 주수소화를 금지하며, 마른모래, 분말소화약제, 불활성가스소화약제를 이용한 소화 방법을 사용한다.

20 옥외저장소에 덩어리 상태의 유황만을 지반면에 설치한 경계표시의 안쪽에서 저장할 경우 하나의 경계표시의 내부면적은 몇 m² 이하이어야 하는가?

① 75   ② 100
③ 150   ④ 300

> 덩어리 상태의 유황만을 저장, 취급하는 옥외저장소의 내부면적은 100m² 이하이다.

21 황의 성상에 관한 설명으로 틀린 것은?

① 연소할 때 발생하는 가스는 냄새를 가지고 있으나 인체에 무해하다.
② 미분이 공기 중에 떠 있을 때 분진폭발의 우려가 있다.
③ 용융된 황을 물에서 급랭하면 고무상황을 얻을 수 있다.
④ 연소할 때 아황산가스를 발생한다.

> 황은 연소 시 아황산가스를 발생하는데, 아황산가스는 자극적인 냄새가 나는 무색의 유독성 기체이다.

22 과산화수소의 성질에 대한 설명 중 틀린 것은?

① 알칼리성 용액에 의해 분해될 수 있다.
② 산화제로 사용할 수 있다.
③ 농도가 높을수록 안정하다.
④ 열, 햇빛에 의해 분해될 수 있다.

> 과산화수소는 제6류 위험물로서 농도가 높을수록 위험성이 높아진다.

23 위험물안전관리법령상 위험물의 운송에 있어서 운송책임자의 감독 또는 지원을 받아 운송하여야 하는 위험물에 속하지 않는 것은?

① $Al(CH_3)_3$
② CH_3Li
③ $Cd(CH_3)_2$
④ $Al(C_4H_9)_3$

> 운송책임자의 감독 또는 지원을 받아 운송하여야 하는 위험물은 알킬알루미늄, 알칼리튬, 알칼알루미늄 또는 알칼리튬 물질을 함유하는 위험물이다.

24 무색의 액체로 융점이 –112℃이고 물과 접촉하면 심하게 발열하는 제6류 위험물은?

① 과산화수소
② 과염소산
③ 질산
④ 오불화요오드

> 과염소산은 비중 1.76, 융점 –112℃, 비점 39℃인 무색, 무취의 휘발성 액체로 물과 반응하여 발열하며 고체수화물을 만든다.

25 위험물안전관리법령에서 정한 특수인화물의 발화점 기준으로 옳은 것은?

① 1기압에서 100℃ 이하
② 0기압에서 100℃ 이하
③ 1기압에서 25℃ 이하
④ 0기압에서 25℃ 이하

> 특수인화물은 이황화탄소, 디에틸에테르 그 밖에 1기압에서 발화점이 섭씨 100도 이하인 것 또는 인화점이 –20℃ 이하이고, 비점이 40℃ 이하인 것을 말한다.

26 알킬알루미늄등 또는 아세트알데히드등을 취급하는 제조소의 특례기준으로서 옳은 것은?

① 알킬알루미늄등을 취급하는 설비에는 불활성기체 또는 수증기를 봉입하는 장치를 설치한다.
② 알킬알루미늄등을 취급하는 설비는 은·수은·동·마그네슘을 성분으로 하는 것으로 만들지 않는다.
③ 아세트알데히드등을 취급하는 탱크에는 냉각장치 또는 보냉장치 및 불활성기체 봉입장치를 설치한다.
④ 아세트알데히드등을 취급하는 설비의 주위에는 누설범위를 국한하기 위한 설비와 누설되었을

때 안전한 장소에 설치된 저장실에 유입시킬 수 있는 설비를 갖춘다.

> ① 아세트알데히드등을 취급하는 설비에는 불활성기체 또는 수증기를 봉입하는 장치를 설치한다.
> ② 아세트알데히드등을 취급하는 설비는 은·수은·동·마그네슘을 성분으로 하는 것으로 만들지 않는다.
> ④ 알칼알루미늄등을 취급하는 설비의 주위에는 누설범위를 국한하기 위한 설비와 누설되었을 때 안전한 장소에 설치된 저장실에 유입시킬 수 있는 설비를 갖춘다.

27 디에틸에테르의 보관·취급에 관한 설명으로 틀린 것은?

① 용기는 밀봉하여 보관한다.
② 환기가 잘 되는 곳에 보관한다.
③ 정전기가 발생하지 않도록 취급한다.
④ 저장용기에 빈 공간이 없게 가득 채워 보관한다.

> 디에틸에테르의 저장용기는 2% 이상의 공간용적을 확보한다.

28 과산화나트륨에 대한 설명 중 틀린 것은?

① 순수한 것은 백색이다.
② 상온에서 물과 반응하여 수소 가스를 발생한다.
③ 화재 발생 시 주수소화는 위험할 수 있다.
④ CO 및 CO_2 제거제를 제조할 때 사용된다.

> 과산화나트륨은 물과 반응하여 수산화나트륨과 산소를 발생한다.

29 위험물안전관리법령상 품명이 "유기과산화물"인 것으로만 나열된 것은?

① 과산화벤조일, 과산화메틸에틸케톤
② 과산화벤조일, 과산화마그네슘
③ 과산화마그네슘, 과산화메틸에틸케톤
④ 과산화초산, 과산화수소

> 유기과산화물은 제5류 위험물에 해당하며, 과산화벤조일, 과산화메틸에틸케톤, 아세틸퍼옥사이드 등이 있다.

30 그림의 시험장치는 제 몇 류 위험물의 위험성 판정을 위한 것인가?(단, 고체물질의 위험성 판정이다)

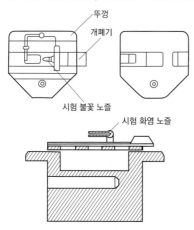

① 제1류 ② 제2류
③ 제3류 ④ 제5류

그림은 제2류 위험물인 가연성고체의 인화 위험성 시험방법에 해당한다.

31 염소산염류 250kg, 요오드산염류 600kg, 질산염류 900kg을 저장하고 있는 경우 지정수량의 몇 배가 보관되어 있는가?

① 5배 ② 7배
③ 10배 ④ 12배

염소산염류의 지정수량 : 50kg
요오드산염류의 지정수량 : 300kg
질산염류의 지정수량 : 300kg
지정수량의 배수 = $\frac{250kg}{50kg}$ + $\frac{600kg}{300kg}$ + $\frac{900kg}{300kg}$ = 10배

32 옥외저장소에서 저장 또는 취급할 수 있는 위험물이 아닌 것은? (단, 국제해상위험물규칙에 적합한 용기에 수납된 위험물의 경우는 제외한다)

① 제2류 위험물 중 유황
② 제1류 위험물 중 과염소산염류
③ 제6류 위험물
④ 제2류 위험물 중 인화점이 10℃인 인화성 고체

제1류 위험물은 옥외저장소에서 저장 또는 취급할 수 없다.

33 히드라진에 대한 설명으로 틀린 것은?

① 외관은 물과 같이 무색 투명하다.
② 가열하면 분해하여 가스를 발생한다.
③ 위험물안전관리법령상 제4류 위험물에 해당한다.
④ 알코올, 물 등의 비극성 용매에 잘 녹는다.

히드라진은 알코올, 물 등의 극성 용매에 잘 녹는다.

34 다음 중 제2석유류만으로 짝지어진 것은?

① 시클로헥산 – 피리딘
② 염화아세틸 – 휘발유
③ 시클로헥산 – 중유
④ 아크릴산 – 포름산

• 시클로헥산, 피리딘, 염화아세틸, 휘발유 – 제1석유류
• 중유 – 제3석유류

35 시약(고체)의 명칭이 불분명한 시약병의 내용물을 확인하려고 뚜껑을 열어 시계접시에 소량을 담아놓고 공기 중에서 햇빛을 받는 곳에 방치하던 중 시계접시에서 갑자기 연소현상이 일어났다. 다음 물질 중 이 시약의 명칭으로 예상할 수 있는 것은?

① 황 ② 황린
③ 적린 ④ 질산암모늄

황린은 제3류 위험물로서 발화점이 낮고 화학적 활성이 커서 공기 중에서 자연발화할 수 있으므로 직사광선을 피하고 온도 상승을 방지하며 물속에 보관해야 한다.

36 위험물제조소 및 일반취급소에 설치하는 자동화재탐지설비의 설치기준으로 틀린 것은?

① 하나의 경계구역은 600m² 이하로 하고, 한 변의 길이는 50m 이하로 한다.
② 주요한 출입구에서 내부 전체를 볼 수 있는 경우 경계구역은 1,000m² 이하로 할 수 있다.
③ 광전식 분리형 감지기를 설치할 경우에는 하나의 경계구역을 1,000m² 이하로 할 수 있다.
④ 비상전원을 설치하여야 한다.

광전식 분리형 감지기를 설치할 경우에는 경계구역의 한 변의 길이를 100m로 할 수 있다.

37 무기과산화물의 일반적인 성질에 대한 설명으로 틀린 것은?

① 과산화수소의 수소가 금속으로 치환된 화합물이다.
② 산화력이 강해 스스로 쉽게 산화한다.
③ 가열하면 분해되어 산소를 발생한다.
④ 물과의 반응성이 크다.

> 제1류 위험물인 무기과산화물은 자신은 불연성 물질로서 환원성 물질 또는 가연성 물질에 대해 강한 산화성을 가지고 있다.

38 다음 중 물과의 반응성이 가장 낮은 것은?

① 인화알루미늄
② 트리에틸알루미늄
③ 오황화린
④ 황린

> 황린은 공기중에서 자연발화하며, 물속에 저장한다.

39 다음 위험물 중 비중이 물보다 큰 것은?

① 디에틸에테르
② 아세트알데히드
③ 산화프로필렌
④ 이황화탄소

> 이황화탄소는 제4류 위험물 중 특수인화물로 비중이 1.26으로 물보다 크다.

40 위험물안전관리자를 해임할 때에는 해임한 날로부터 며칠 이내에 위험물안전관리자를 다시 선임하여야 하는가?

① 7   ② 14   ③ 30   ④ 60

> 위험물안전관리자를 해임할 때에는 해임한 날로부터 30일 이내에 위험물안전관리자를 다시 선임하여야 한다.

41 황린에 관한 설명 중 틀린 것은?

① 물에 잘 녹는다.
② 화재 시 물로 냉각소화할 수 있다.
③ 적린에 비해 불안정하다.
④ 적린과 동소체이다.

> 황린은 이황화탄소, 벤젠에는 녹지만, 물에는 녹지 않는다.

42 위험물 옥내저장소에 과염소산 300kg, 과산화수소 300kg을 저장하고 있다. 저장창고에는 지정수량 몇 배의 위험물을 저장하고 있는가?

① 4   ② 3
③ 2   ④ 1

> 과염소산의 지정수량 : 300kg
> 과산화수소의 지정수량 : 300kg
> 지정수량의 배수 = $\frac{300kg}{300kg} + \frac{300kg}{300kg} = 2$배

43 금속나트륨, 금속칼륨 등을 보호액 속에 저장하는 이유를 가장 옳게 설명한 것은?

① 온도를 낮추기 위하여
② 승화하는 것을 막기 위하여
③ 공기와의 접촉을 막기 위하여
④ 운반 시 충격을 적게 하기 위하여

> 공기 중 수분 또는 산소와의 접촉을 막기 위하여 석유나 경유, 등유 속에 저장한다.

44 위험물안전관리법령에서 정한 품명이 서로 다른 물질을 나열한 것은?

① 이황화탄소, 디에틸에테르
② 에틸알코올, 고형알코올
③ 등유, 경유
④ 중유, 클레오소트유

> ① 이황화탄소, 디에틸에테르 – 특수인화물
> ③ 등유, 경유 – 제2석유류
> ④ 중유, 클레오소트유 – 제3석유류
> ※ 고형알코올은 메타알데히드, 제삼부틸알코올과 더불어 인화성고체로서 제2류 위험물에 속한다.

45 위험물안전관리법령에 의한 위험물 운송에 관한 규정으로 틀린 것은?

① 이동탱크저장소에 의하여 위험물을 운송하는 자는 당해 위험물을 취급할 수 있는 국가기술자격자 또는 안전교육을 받은 자이어야 한다.
② 안전관리자 · 탱크시험자 · 위험물운송자 등 위험물의 안전관리와 관련된 업무를 수행하는 자는 시 · 도지사가 실시하는 안전교육을 받아야 한다.
③ 운송책임자의 범위, 감독 또는 지원의 방법 등에 관한 구체적인 기준은 총리령으로 정한다.

④ 위험물운송자는 이동탱크저장소에 의하여 위험물을 운송하는 때에는 총리령으로 정하는 기준을 준수하는 등 당해 위험물의 안전 확보를 위하여 세심한 주의를 기울여야 한다.

> 안전관리자 · 탱크시험자 · 위험물운송자 등 위험물의 안전관리와 관련된 업무를 수행하는 자로서 대통령령이 정하는 자는 해당 업무에 관한 능력의 습득 또는 향상을 위하여 국민안전처장관이 실시하는 교육을 받아야 한다.

46 다음 아세톤의 완전 연소 반응식에서 ( )에 알맞은 계수를 차례대로 옳게 나타낸 것은?

━【보기】━
$CH_3COCH_3 + (\quad)O_2 \rightarrow (\quad)CO_2 + 3H_2O$

① 3, 4
② 4, 3
③ 6, 3
④ 3, 6

> 아세톤의 완전 연소 반응식
> $CH_3COCH_3 + 4O_2 \rightarrow 3CO_2 + 3H_2O$

47 위험물탱크의 용량은 탱크의 내용적에서 공간용적을 뺀 용적으로 한다. 이 경우 소화약제 방출구를 탱크 안의 윗부분에 설치하는 탱크의 공간용적은 당해 소화설비의 소화약제방출구 아래의 어느 범위의 면으로부터 윗부분의 용적으로 하는가?

① 0.1미터 이상 0.5미터 미만 사이의 면
② 0.3미터 이상 1미터 미만 사이의 면
③ 0.5미터 이상 1미터 미만 사이의 면
④ 0.5미터 이상 1.5미터 미만 사이의 면

> 탱크의 공간용적
> • 탱크의 내용적의 100분의 5 이상 100분의 10 이하
> • 소화설비 설치 탱크 : 소화설비의 소화약제방출구 아래의 0.3미터 이상 1미터 미만 사이의 면으로부터 윗부분의 용적
> • 암반탱크 : 탱크 내에 용출하는 7일간의 지하수의 양에 상당하는 용적과 탱크의 내용적의 100분의 1의 용적 중에서 큰 용적

48 위험물의 지정수량이 잘못된 것은?

① $(C_2H_5)_3Al$: 10kg
② Ca : 50kg
③ LiH : 300kg
④ Al_4C_3 : 500kg

> 탄화알루미늄은 제3류 위험물로서 지정수량은 300kg이다.

49 위험물안전관리법령상 에틸렌글리콜과 혼재하여 운반할 수 없는 위험물은? (단, 지정수량의 10배일 경우이다)

① 유황
② 과망간산나트륨
③ 알루미늄분
④ 트리니트로톨루엔

> 에틸렌글리콜은 제4류 위험물이므로 제1류 위험물인 과망간산나트륨과 혼재하여 운반할 수 없다.

50 다음 중 위험등급 I의 위험물이 아닌 것은?

① 무기과산화물
② 적린
③ 나트륨
④ 과산화수소

> 적린은 제2류 위험물로서 위험등급 II에 해당한다.

51 탄소 80%, 수소 14%, 황 6%인 물질 1kg이 완전연소하기 위해 필요한 이론 공기량은 약 몇 kg인가? (단, 공기 중 산소는 23wt%이다)

① 3.31
② 7.05
③ 11.62
④ 14.41

> 중량 단위의 이론 공기량
> $A^\circ = \dfrac{O^\circ}{0.23} = \dfrac{1}{0.23}(2.67C + 8H - O + S)(kg/kg)$
> $= \dfrac{1}{0.23}(2.67 \times 0.8 + 8 \times 0.14 + 0.06) \fallingdotseq 14.41$

52 다음 중 요오드 값이 가장 낮은 것은?

① 해바라기유
② 오동유
③ 아마인유
④ 낙화생유

해바라기유	오동유	아마인유	낙화생유
125~136	160~170	175~196	84~102

53 시클로헥산에 관한 설명으로 가장 거리가 먼 것은?

① 고리형 분자구조를 가진 방향족 탄화수소화합물이다.
② 화학식은 C_6H_{12}이다.
③ 비수용성 위험물이다.
④ 제4류 제1석유류에 속한다.

> 시클로헥산은 제4류 제1석유류로서 고리형 분자구조를 가진 지방족 탄화수소화합물이다.

54 제6류 위험물을 저장하는 옥내탱크저장소로서 단층건물에 설치된 것의 소화 난이도 등급은?

① I등급　　　　　② II등급
③ III등급　　　　④ 해당 없음

> 제6류 위험물을 저장하는 옥내탱크저장소로서 단층건물에 설치된 것은 소화난이도 등급 I, II, III 중 어디에도 해당되지 않는다.

55 이황화탄소를 화재예방상 물속에 저장하는 이유는?

① 불순물을 물에 용해시키기 위해
② 가연성 증기의 발생을 억제하기 위해
③ 상온에서 수소가스를 발생시키기 때문에
④ 공기와 접촉하면 즉시 폭발하기 때문에

> 이황화탄소는 제4류 특수인화물로 가연성 증기의 발생을 억제하기 위해 물속에 저장하는데, 물에 녹지 않고 물보다 무겁다.

56 위험물안전관리법령상 판매취급소에 관한 설명으로 옳지 않은 것은?

① 건축물의 1층에 설치하여야 한다.
② 위험물을 저장하는 탱크시설을 갖추어야 한다.
③ 건축물의 다른 부분과는 내화구조의 격벽으로 구획하여야 한다.
④ 제조소와 달리 안전거리 또는 보유공지에 관한 규제를 받지 않는다.

> 판매취급소란 점포에서 위험물을 용기에 담아 판매하기 위하여 지정수량의 40배 이하의 위험물을 취급하는 장소로서 탱크시설을 갖출 필요는 없다.

57 $C_6H_2CH_3(NO_2)_3$을 녹이는 용제가 아닌 것은?

① 물　　　　　　② 벤젠
③ 에테르　　　　④ 아세톤

> 제5류 니트로화합물인 트리니트로톨루엔은 아세톤, 벤젠, 에테르에 잘 녹지만 물에는 녹지 않는다.

58 질산의 저장 및 취급법이 아닌 것은?

① 직사광선을 차단한다.
② 분해방지를 위해 요산, 인산 등을 가한다.
③ 유기물과 접촉을 피한다.
④ 갈색병에 넣어 보관한다.

> 요산과 인산은 과산화수소의 분해방지 안정제로 사용된다. 질산 저장 시 유기물과의 접촉을 피하고 직사광선이 없는 곳에서 갈색병에 넣어 보관한다.

59 다음 중 위험물 운반용기의 외부에 "제4류"와 "위험등급 II"의 표시만 보이고 품명이 잘 보이지 않을 때 예상할 수 있는 수납 위험물의 품명은?

① 제1석유류　　　② 제2석유류
③ 제3석유류　　　④ 제4석유류

> 제4류 위험물 중 위험등급 II에 해당하는 것은 제1석유류이다. 제2석유류, 제3석유류는 위험등급 III에 해당한다.

60 과염소산의 성질로 옳지 않은 것은?

① 산화성 액체이다.
② 무기화합물이며 물보다 무겁다.
③ 불연성 물질이다.
④ 증기는 공기보다 가볍다.

> 과염소산은 증기비중이 약 3.5인 제6류 위험물로 공기보다 무겁다.

정답

01 ②	02 ①	03 ①	04 ④	05 ④
06 ①	07 ①	08 ④	09 ③	10 ③
11 ②	12 ②	13 ④	14 ②	15 ②
16 ①	17 ②	18 ③	19 ④	20 ②
21 ①	22 ③	23 ③	24 ②	25 ①
26 ③	27 ④	28 ②	29 ①	30 ②
31 ③	32 ②	33 ④	34 ④	35 ②
36 ③	37 ②	38 ④	39 ④	40 ③
41 ①	42 ②	43 ③	44 ①	45 ②
46 ②	47 ②	48 ④	49 ②	50 ④
51 ④	52 ④	53 ①	54 ④	55 ②
56 ②	57 ①	58 ②	59 ①	60 ④

최근기출문제 – 2015년 5회

▶ 정답은 376쪽에 있습니다.

01 제조소의 옥외에 모두 3기의 휘발유 취급탱크를 설치하고 그 주위에 방유제를 설치하고자 한다. 방유제 안에 설치하는 각 취급탱크의 용량이 5만L, 3만L, 2만L 일 때 필요한 방유제의 용량은 몇 L 이상인가?

① 66,000 　　　　　　② 60,000

③ 33,000 　　　　　　④ 30,000

(최대용량 탱크의 50%) + (나머지 탱크용량 합계의 10%)
= (50,000×0.5) + (50,000×0.1) = 30,000

02 위험물안전관리법령에 따라 위험물을 유별로 정리하여 서로 1m 이상의 간격을 두었을 때 옥내저장소에서 함께 저장하는 것이 가능한 경우가 아닌 것은?

① 제1류 위험물(알칼리금속의 과산화물 또는 이를 함유한 것을 제외한다)과 제5류 위험물을 저장하는 경우

② 제3류 위험물 중 알킬알루미늄과 제4류 위험물(알킬알루미늄 또는 알킬리튬을 함유한 것에 한한다)을 저장하는 경우

③ 제1류 위험물과 제3류 위험물 중 금수성물질을 저장하는 경우

④ 제2류 위험물 중 인화성고체와 제4류 위험물을 저장하는 경우

제1류 위험물과 제3류 위험물 중 자연발화성물질(황린 또는 이를 함유한 것)을 저장하는 경우 함께 저장이 가능하다.

03 다음 중 스프링클러설비의 소화작용으로 가장 거리가 먼 것은?

① 질식작용 　　　　　　② 희석작용

③ 냉각작용 　　　　　　④ 억제작용

억제작용은 물분무소화설비의 소화작용에 해당되며, 스프링클러설비의 소화작용에는 질식, 희석, 냉각작용으로 소화한다.

04 금속화재를 옳게 설명한 것은?

① C급 화재이고, 표시색상은 청색이다.

② C급 화재이고, 별도의 표시색상은 없다.

③ D급 화재이고, 표시색상은 청색이다.

④ D급 화재이고, 별도의 표시색상은 없다.

금속화재는 D급 화재로서 색상은 무색이며, 피복에 의한 질식소화를 한다.

05 위험물안전관리법령상 개방형 스프링클러헤드를 이용하는 스프링클러설비에서 수동식 개방밸브를 개방 조작하는 데 필요한 힘은 얼마 이하가 되도록 설치하여야 하는가?

① 5kg 　　　　　　② 10kg

③ 15kg 　　　　　　④ 20kg

개방형 스프링클러헤드를 이용하는 스프링클러설비에서 수동식개방밸브를 개방조작하는 데 필요한 힘이 15kg 이하가 되도록 설치해야 한다(위험물안전관리에 관한 세부기준 131조).

06 과산화바륨과 물이 반응하였을 때 발생하는 것은?

① 수소 　　　　　　② 산소

③ 탄산가스 　　　　　　④ 수성가스

제1류 위험물인 과산화바륨은 온수와 반응하여 산소를 발생하며, 황산과 반응하여 과산화수소를 만든다.

07 트리에틸알루미늄의 화재 시 사용할 수 있는 소화약제(설비)가 아닌 것은?

① 마른모래 　　　　　　② 팽창질석

③ 팽창진주암 　　　　　　④ 이산화탄소

트리에틸알루미늄은 제3류 위험물로서 마른모래, 팽창질석, 팽창진주암에 의한 소화가 가장 효과적이다.

08 다음 중 할로겐화합물 소화약제의 주된 소화효과는?

① 부촉매효과 　　　　　　② 희석효과

③ 파괴효과 　　　　　　④ 냉각효과

할로겐화합물 소화약제의 주된 소화효과는 화학억제효과인 부촉매효과이다.

09 가연물이 되기 쉬운 조건이 아닌 것은?

① 산소와 친화력이 클 것
② 열전도율이 클 것
③ 발열량이 클 것
④ 활성화에너지가 작을 것

가연물이 되기 위해서는 열전도율이 낮아야 한다.

10 위험물안전관리법령상 옥내주유취급소에 있어서 해당 사무소 등의 출입구 및 피난구와 당해 피난구로 통하는 통로, 계단 및 출입구에 무엇을 설치해야 하는가?

① 화재감지기
② 스프링클러설비
③ 자동화재탐지설비
④ 유도등

옥내주유취급소에 있어서 해당 사무소 등의 출입구 및 피난구와 당해 피난구로 통하는 통로, 계단 및 출입구에 유도등을 설치해야 한다.

11 철분, 금속분, 마그네슘의 화재에 적응성이 있는 소화약제는?

① 탄산수소염류 분말
② 할로겐화합물
③ 물
④ 이산화탄소

제2류 위험물 중 철분, 금속분, 마그네슘은 탄산수소염류 분말, 마른모래, 팽창질석, 팽창진주암이 적응성이 있다.

12 제1종 분말소화약제의 주성분으로 사용되는 것은?

① $KHCO_3$
② H_2SO_4
③ $NaHCO_3$
④ $NH_4H_2PO_4$

제1종 분말소화약제의 주성분은 탄산수소나트륨으로 $NaHCO_3$의 화학식을 사용한다.

13 소화설비의 설치기준에서 유기과산화물 1,000kg은 몇 소요단위에 해당하는가?

① 10
② 20
③ 100
④ 200

위험물은 지정수량의 10배를 1소요단위로 한다.
유기과산화물의 지정수량 : 10kg

$$소요단위 = \frac{저장수량}{지정수량 \times 10} = \frac{1,000kg}{10 \times 10} = 10단위$$

14 위험물안전관리법령상 주유취급소에서의 위험물 취급기준으로 옳지 않은 것은?

① 자동차에 주유할 때에는 고정주유설비를 이용하여 직접 주유할 것
② 자동차에 경유 위험물을 주유할 때에는 자동차의 원동기를 반드시 정지시킬 것
③ 고정주유설비에는 당해 주유설비에 접속한 전용탱크 또는 간이탱크의 배관 외의 것을 통하여서는 위험물을 공급하지 아니할 것
④ 고정주유설비에 접속하는 탱크에 위험물을 주입할 때에는 당해 탱크에 접속된 고정주유설비의 사용을 중지할 것

자동차 등에 인화점 40℃ 미만의 위험물을 주유할 때에는 자동차 등의 원동기를 정지시킬 것

15 위험물안전관리자에 대한 설명 중 옳지 않은 것은?

① 이동탱크저장소는 위험물안전관리자 선임대상에 해당하지 않는다.
② 위험물안전관리자가 퇴직한 경우 퇴직한 날부터 30일 이내에 다시 안전관리자를 선임하여야 한다.
③ 위험물안전관리자를 선임한 경우에는 선임한 날로부터 14일 이내에 소방본부장 또는 소방서장에게 신고하여야 한다.
④ 위험물안전관리자가 일시적으로 직무를 수행할 수 없는 경우에는 안전교육을 받고 6개월 이상 실무경력이 있는 사람을 대리자로 지정할 수 있다.

위험물안전관리자가 일시적으로 직무를 수행할 수 없는 경우에는 안전교육을 받고 1년 이상 실무경력이 있는 사람을 대리자로 지정할 수 있다.

16 Halon 1211에 해당하는 물질의 분자식은?

① CBr_2FCl
② CF_2ClBr
③ CCl_2FBr
④ FC_2BrCl

Halon 1211의 숫자는 탄소 1개, 불소 2개, 염소 1개, 브롬 1개를 의미한다.

17 주유취급소의 벽(담)에 유리를 부착할 수 있는 기준에 대한 설명으로 옳은 것은?

① 유리 부착 위치는 주입구, 고정주유설비로부터 2m 이상 이격되어야 한다.

② 지반면으로부터 50센티미터를 초과하는 부분에 한하여 설치하여야 한다.

③ 하나의 유리판 가로의 길이는 2m 이내로 한다.

④ 유리의 구조는 기준에 맞는 강화유리로 하여야 한다.

① 유리를 부착하는 위치는 주입구, 고정주유설비 및 고정급유설비로부터 4m 이상 이격될 것
② 주유취급소 내의 지반면으로부터 70㎝를 초과하는 부분에 한하여 유리를 부착할 것
④ 유리의 구조는 접합유리(두 장의 유리를 두께 0.76㎜ 이상의 폴리비닐부티랄 필름으로 접합한 구조를 말한다)로 하되, 「유리구획 부분의 내화시험방법(KS F 2845)」에 따라 시험하여 비차열 30분 이상의 방화성능이 인정될 것

18 다음 중 위험물안전관리법령에서 정한 지정수량이 나머지 셋과 다른 물질은?

① 아세트산   ② 히드라진
③ 클로로벤젠   ④ 니트로벤젠

① 아세트산 – 2,000L   ② 히드라진 – 2,000L
③ 클로로벤젠 – 1,000L   ④ 니트로벤젠 – 2,000L

19 제3류 위험물을 취급하는 제조소는 300명 이상을 수용할 수 있는 극장으로부터 몇 m 이상의 안전거리를 유지하여야 하는가?

① 5   ② 10
③ 30   ④ 70

제3류 위험물을 취급하는 제조소는 300명 이상을 수용할 수 있는 극장으로부터 30m 이상의 안전거리를 유지하여야 한다.

20 표준상태에서 탄소 1몰이 완전히 연소하면 몇 L의 이산화탄소가 생성되는가?

① 11.2   ② 22.4
③ 44.8   ④ 56.8

$C + O_2 \rightarrow CO_2$
몰은 22.4L이고 1몰의 탄소가 완전연소하면 1몰의 이산화탄소가 생성하므로 표준상태에서 22.4L의 이산화탄소가 생성된다.

21 위험물안전관리법령에서 정한 알킬알루미늄등을 저장 또는 취급하는 이동탱크저장소에 비치해야 하는 물품이 아닌 것은?

① 방호복
② 고무장갑
③ 비상조명등
④ 휴대용 확성기

알킬알루미늄등을 저장 또는 취급하는 이동탱크저장소에는 긴급시의 연락처, 응급조치에 관하여 필요한 사항을 기재한 서류, 방호복, 고무장갑, 밸브 등을 죄는 결합공구 및 휴대용 확성기를 비치하여야 한다.

22 제4류 위험물에 대한 일반적인 설명으로 옳지 않은 것은?

① 대부분 연소 하한값이 낮다.
② 발생증기는 가연성이며 대부분 공기보다 무겁다.
③ 대부분 무기화합물이므로 정전기 발생에 주의한다.
④ 인화점이 낮을수록 화재 위험성이 높다.

제4류 위험물은 대부분 유기화합물이며, 전기의 부도체로서 정전기 축적이 용이하다.

23 위험물안전관리법령에서 정한 아세트알데히드등을 취급하는 제조소의 특례에 따라 다음 (   )에 해당하지 않는 것은?

【보기】
아세트알데히드등을 취급하는 설비는 (   ), (   ), 동, (   ) 또는 이들을 성분으로 하는 합금으로 만들지 아니할 것

① 금   ② 은
③ 수은   ④ 마그네슘

아세트알데히드등을 취급하는 설비는 은, 수은, 동, 마그네슘 또는 이들을 성분으로 하는 합금으로 만들지 아니할 것

최근기출문제 – 2015년 5회 **371**

24 다음은 위험물을 저장하는 탱크의 공간용적 산정기준이다. ( )에 알맞은 수치로 옳은 것은?

[보기]

암반탱크에 있어서는 탱크 내에 용출하는 ( )일간의 지하수의 양에 상당하는 용적과 당해 탱크의 내용적의 ( )의 용적 중에서보다 큰 용적을 공간용적으로 한다.

① 7, 1/100
② 7, 5/100
③ 10, 1/100
④ 10, 5/100

> 탱크의 공간용적은 암반탱크의 경우 탱크 내에 용출하는 7일간의 지하수의 양에 상당하는 용적과 당해 탱크의 내용적의 1/00의 용적 중에서보다 큰 용적을 공간용적으로 한다.

25 위험물안전관리법령상 이동탱크저장소에 의한 위험물의 운송 시 장거리에 걸친 운송을 하는 때에는 2명 이상의 운전자로 하는 것이 원칙이다. 다음 중 예외적으로 1명의 운전자가 운송하여도 되는 경우의 기준으로 옳은 것은?

① 운송도중에 2시간 이내마다 10분 이상씩 휴식하는 경우
② 운송도중에 2시간 이내마다 20분 이상씩 휴식하는 경우
③ 운송도중에 4시간 이내마다 10분 이상씩 휴식하는 경우
④ 운송도중에 4시간 이내마다 20분 이상씩 휴식하는 경우

> 예외로 할 수 있는 경우
> • 운송책임자를 동승시킨 경우
> • 운송하는 위험물이 제2류 · 제3류 위험물(칼슘 또는 알루미늄의 탄화물과 이것만을 함유한 것) 또는 제4류 위험물(특수인화물 제외)인 경우
> • 운송 도중에 2시간 이내마다 20분 이상씩 휴식하는 경우

26 나트륨에 관한 설명으로 옳은 것은?

① 물보다 무겁다.
② 융점이 100℃보다 높다.
③ 물과 격렬히 반응하여 산소를 발생시키고 발열한다.
④ 등유는 반응이 일어나지 않아 저장에 사용된다.

> ① 나트륨은 물보다 가볍다.
> ② 나트륨의 융점은 97.8℃이다.
> ③ 물과 반응하여 수산화물과 수소를 만든다.

27 위험물안전관리법령상 예방규정을 정하여야 하는 제조소등의 관계인은 위험물제조소등에 대하여 기술기준에 적합한지의 여부를 정기적으로 점검을 하여야 한다. 법적 최소 점검주기에 해당하는 것은? (단, 100만 리터 이상의 옥외탱크저장소는 제외한다)

① 월 1회 이상
② 6개월 1회 이상
③ 연 1회 이상
④ 2년 1회 이상

> 정기점검의 대상에 해당하는 경우 연 1회 이상 정기점검을 받아야 한다.

28 $CH_3COC_2H_5$의 명칭 및 지정수량을 옳게 나타낸 것은?

① 메틸에틸케톤, 50L
② 메틸에틸케톤, 200L
③ 메틸에틸에테르, 50L
④ 메틸에틸에테르, 200L

> 제4류 위험물 제1석유류인 메틸에틸케톤의 지정수량은 200L이다.

29 위험물안전관리법령상 제4석유류를 저장하는 옥내저장탱크의 용량은 지정수량의 몇 배 이하이어야 하는가?

① 20
② 40
③ 100
④ 150

> 제4석유류를 저장하는 옥내저장탱크의 용량은 지정수량의 40배 이하이어야 한다.

30 위험물제조소의 환기설비 중 급기구는 급기구가 설치된 실의 바닥면적 몇 m²마다 1개 이상으로 설치하여야 하는가?

① 100
② 150
③ 200
④ 800

> 급기구는 당해 급기구가 설치된 실의 바닥면적 150m²마다 1개 이상으로 하되, 급기구의 크기는 800cm² 이상으로 해야 한다.

31 위험물제조소등의 종류가 아닌 것은?

① 간이탱크저장소
② 일반취급소
③ 이송취급소
④ 이동판매취급소

위험물제조소등 : 제조소, 옥내저장소, 옥외저장소, 옥외탱크저장소, 옥내탱크저장소, 지하탱크저장소, 간이탱크저장소, 이동탱크저장소, 암반탱크저장소, 주유취급소, 판매취급소, 이송취급소, 일반취급소

32 공기를 차단하고 황린을 약 몇 ℃로 가열하면 적린이 생성되는가?

① 60 　　　　② 100
③ 150 　　　④ 260

황린을 공기를 차단한 상태에서 260℃ 정도로 가열하면 적린이 된다.

33 위험물안전관리법령상 정기점검 대상인 제조소등의 조건이 아닌 것은?

① 예방규정 작성대상인 제조소등
② 지하탱크저장소
③ 이동탱크저장소
④ 지정수량 5배의 위험물을 취급하는 옥외탱크를 둔 제조소

정기점검 대상
• 예방규정 작성대상인 제조소등
• 지하탱크저장소
• 이동탱크저장소
• 위험물을 취급하는 탱크로서 지하에 매설된 탱크가 있는 제조소 · 주유취급소 또는 일반취급소
• 특정옥외탱크저장소(저장 또는 취급하는 액체위험물의 최대수량이 100만 리터 이상인 옥외탱크저장소)

34 다음 중 지정수량이 가장 큰 것은?

① 과염소산칼륨
② 트리니트로톨루엔
③ 황린
④ 유황

| ① 과염소산칼륨 – 50kg | ② 트리니트로톨루엔 – 200kg |
| ③ 황린 – 20kg | ④ 유황 – 100kg |

35 제2류 위험물에 대한 설명으로 옳지 않은 것은?

① 대부분 물보다 가벼우므로 주수소화는 어려움이 있다.
② 점화원으로부터 멀리하고 가열을 피한다.
③ 금속분은 물과의 접촉을 피한다.
④ 용기 파손으로 인한 위험물의 누설에 주의한다.

제2류 위험물은 대부분 비중이 1보다 크고 물에 녹지 않으며, 마른모래, 분말, 이산화탄소 등을 이용한 질식소화가 효과적이다.

36 다음 물질 중 물에 대한 용해도가 가장 낮은 것은?

① 아크릴산
② 아세트알데히드
③ 벤젠
④ 글리세린

아크릴산, 아세트알데히드, 글리세린은 수용성이며, 벤젠은 비수용성 액체로 물에 녹지 않는다.

37 분자량이 약 110인 무기과산화물로 물과 접촉하여 발열하는 것은?

① 과산화마그네슘
② 과산화벤젠
③ 과산화칼슘
④ 과산화칼륨

과산화칼륨은 무색 또는 오렌지색의 분말로 제1류 위험물 중 무기과산화물에 속한다. 비중 2.9, 융점 490℃, 분자량 110이다.

38 1차 알코올에 대한 설명으로 가장 적절한 것은?

① OH 기의 수가 하나이다.
② OH 기가 결합된 탄소 원자에 붙은 알킬기의 수가 하나이다.
③ 가장 간단한 알코올이다.
④ 탄소의 수가 하나인 알코올이다.

1차 알코올이란 하이드록시(OH)기가 결합한 탄소에 결합되어 있는 알킬기의 수가 1개인 알코올을 말한다.

39 위험물안전관리법령상 산화성 액체에 대한 설명으로 옳은 것은?

① 과산화수소는 농도와 밀도가 비례한다.
② 과산화수소는 농도가 높을수록 끓는점이 낮아진다.
③ 질산은 상온에서 불연성이지만 고온으로 가열하면 스스로 발화한다.
④ 질산을 황산과 일정 비율로 혼합하여 왕수를 제조할 수 있다.

> ② 과산화수소는 끓는점이 70%일 때 125℃, 90%일 때 141℃, 100%일 때 150.2℃로 농도가 높을수록 끓는점이 높아진다.
> ③ 질산은 스스로 발화하지 않는다.
> ④ 왕수는 염산과 질산을 3:1의 비율로 제조한다.

40 위험물안전관리법령상 제4류 위험물 운반용기의 외부에 표시하여야 하는 주의사항을 모두 옳게 나타낸 것은?

① 화기엄금 및 충격주의
② 가연물접촉주의
③ 화기엄금
④ 화기주의 및 충격주의

> 제4류 위험물 운반용기의 외부에는 '화기엄금'만 표시하면 된다.

41 알루미늄분이 염산과 반응하였을 경우 생성되는 가연성 가스는?

① 산소   ② 질소
③ 메탄   ④ 수소

> 제2류 위험물인 알루미늄분은 끓는 물, 산, 알칼리수용액과 반응하여 수소를 발생한다.

42 휘발유의 성질 및 취급 시의 주의사항에 관한 설명 중 틀린 것은?

① 증기가 모여 있지 않도록 통풍을 잘 시킨다.
② 인화점이 상온이므로 상온 이상에서는 취급 시 각별한 주의가 필요하다.
③ 정전기 발생에 주의해야 한다.
④ 강산화제 등과 혼촉 시 발화할 위험이 있다.

> 휘발유의 인화점 : −43~−20℃

43 위험물안전관리법령에서 정한 주유취급소의 고정주유설비 주위에 보유하여야 하는 주유공지의 기준은?

① 너비 10m 이상, 길이 6m 이상
② 너비 15m 이상, 길이 6m 이상
③ 너비 10m 이상, 길이 10m 이상
④ 너비 15m 이상, 길이 10m 이상

> 주유취급소의 주유공지의 기준 : 너비 15m 이상, 길이 6m 이상의 콘크리트 등으로 포장한 공지

44 위험물안전관리법령상 벌칙의 기준이 나머지 셋과 다른 하나는?

① 제조소등에 대한 긴급 사용정지 제한 명령을 위반한 자
② 탱크시험자로 등록하지 아니하고 탱크시험자의 업무를 한 자
③ 관계공무원의 출입·검사 또는 수거를 거부·방해 또는 기피한 자
④ 제조소등의 완공검사를 받지 아니하고 위험물을 저장·취급한 자

> ①, ②, ③ : 1년 이하의 징역 또는 1천만원 이하의 벌금
> ④ 1500만원 이하의 벌금

45 위험물안전관리법령에서 정하는 위험등급 II에 해당하지 않는 것은?

① 제1류 위험물 중 질산염류
② 제2류 위험물 중 적린
③ 제3류 위험물 중 유기금속화합물
④ 제4류 위험물 중 제2석유류

> 제4류 위험물 중 제2석유류는 위험등급 III에 해당한다.

46 니트로셀룰로오스의 위험성에 대하여 옳게 설명한 것은?

① 물과 혼합하면 위험성이 감소한다.
② 공기 중에서 산화되지만 자연발화의 위험은 없다.
③ 건조할수록 발화의 위험성이 낮다.
④ 알코올과 반응하여 발화한다.

> ② 장시간 방치하면 자연발화의 위험이 있다.
> ③ 건조할수록 발화의 위험성이 높다.
> ④ 저장 시 물 또는 알코올 등을 첨가하여 습윤시킨다.

47 $C_6H_2(NO_2)_3OH$와 CH_3NO_3의 공통성질에 해당하는 것은?

① 니트로화합물이다.
② 인화성과 폭발성이 있는 액체이다.
③ 무색의 방향성 액체이다.
④ 에탄올에 녹는다.

트리니트로페놀, 질산메틸은 제5류 위험물로서 에탄올에 잘 녹는다.

48 위험물안전관리법령에서 정한 소화설비의 설치기준에 따라 다음 ( )에 알맞은 숫자를 차례대로 나타낸 것은?

【보기】

제조소등에 전기설비(전기배선, 조명기구 등은 제외한다)가 설치된 경우에는 당해 장소의 면적 ( ) m^2마다 소형수동식소화기를 ( )개 이상 설치할 것

① 50, 1   ② 50, 2
③ 100, 1   ④ 100, 2

제조소등에 전기설비(전기배선, 조명기구 등은 제외한다)가 설치된 경우에는 당해 장소의 면적 100m^2마다 소형수동식소화기를 1개 이상 설치할 것

49 알루미늄 분말의 저장 방법 중 옳은 것은?

① 에틸알코올 수용액에 넣어 보관한다.
② 밀폐 용기에 넣어 건조한 곳에 보관한다.
③ 폴리에틸렌병에 넣어 수분이 많은 곳에 보관한다.
④ 염산 수용액에 넣어 보관한다.

제2류 위험물인 알루미늄 분말은 밀폐 용기에 넣어 건조한 곳에 보관한다.

50 다음 중 산을 가하면 이산화염소를 발생시키는 물질로 분자량이 약 90.5인 것은?

① 아염소산나트륨
② 브롬산나트륨
③ 옥소산칼륨(요오드산칼륨)
④ 중크롬산나트륨

제1류 위험물인 아염소산나트륨은 무색의 결정성 분말로 산을 가하면 이산화염소를 발생하며 유황, 인, 금속물 등과 혼합하면 충격에 의해 폭발한다.

51 니트로글리세린에 관한 설명으로 틀린 것은?

① 상온에서 액체 상태이다.
② 물에는 잘 녹지만 유기 용매에는 녹지 않는다.
③ 충격 및 마찰에 민감하므로 주의해야 한다.
④ 다이너마이트의 원료로 쓰인다.

제5류 위험물 질산에스테르류인 니트로글리세린은 물에는 녹지 않고 알코올, 벤젠 등에 녹는다.

52 아세트산에틸의 일반 성질 중 틀린 것은?

① 과일냄새를 가진 휘발성 액체이다.
② 증기는 공기보다 무거워 낮은 곳에 체류한다.
③ 강산화제와의 혼촉은 위험하다.
④ 인화점은 -20℃ 이하이다.

제4류 위험물 제1석유류인 아세트산에틸(초산에틸)의 인화점은 -4.4℃이다.

53 위험물안전관리법령상 운송책임자의 감독, 지원을 받아 운송하여야 하는 위험물에 해당하는 것은?

① 알킬알루미늄, 산화프로필렌, 알킬리튬
② 알킬알루미늄, 산화프로필렌
③ 알킬알루미늄, 알킬리튬
④ 산화프로필렌, 알킬리튬

알킬알루미늄, 알킬리튬은 운송책임자의 감독, 지원을 받아 운송하여야 한다.

54 위험물안전관리법령상 다음 ( )에 알맞은 수치를 모두 합한 값은?

【보기】

• 과염소산의 지정수량은 ( )kg이다.
• 과산화수소는 농도가 ( )wt% 미만인 것은 위험물에 해당하지 않는다.
• 질산은 비중이 ( ) 이상인 것만 위험물로 규정한다.

① 349.36
② 549.36
③ 337.49
④ 537.49

• 과염소산의 지정수량은 300kg이다.
• 과산화수소는 농도가 36wt% 미만인 것은 위험물에 해당하지 않는다.
• 질산은 비중이 1.49 이상인 것만 위험물로 규정한다.

55 살충제 원료로 사용되기도 하는 암회색 물질로 물과 반응하여 포스핀 가스를 발생할 위험이 있는 것은?

① 인화아연
② 수소화나트륨
③ 칼륨
④ 나트륨

제3류 위험물인 인화아연은 암회색의 결정석 분말로 물과 반응하여 포스핀 가스를 발생하며, 산과 반응하여 포스겐가스를 발생한다.

56 유황의 특성 및 위험성에 대한 설명 중 틀린 것은?

① 산화성 물질이므로 환원성 물질과 접촉을 피해야 한다.
② 전기의 부도체이므로 전기 절연제로 쓰인다.
③ 공기 중 연소 시 유해가스를 발생한다.
④ 분말상태인 경우 분진폭발의 위험성이 있다.

제2류 위험물인 유황은 산소를 함유하고 있지 않은 강력한 환원성 물질이다.

57 과산화벤조일 취급 시 주의사항에 대한 설명 중 틀린 것은?

① 수분을 포함하고 있으면 폭발하기 쉽다.
② 가열, 충격, 마찰을 피해야 한다.
③ 저장용기는 차고 어두운 곳에 보관한다.
④ 희석제를 첨가하여 폭발성을 낮출 수 있다.

제5류 위험물 중 유기과산화물인 과산화벤조일은 건조상태에서 마찰, 충격으로 폭발의 위험이 있다.

58 과염소산칼륨의 성질에 관할 설명 중 틀린 것은?

① 무색, 무취의 결정이다.
② 알코올, 에테르에 잘 녹는다.
③ 진한 황산과 접촉하면 폭발할 위험이 있다.
④ 400℃ 이상으로 가열하면 분해하여 산소가 발생할 수 있다.

제1류 위험물인 과염소산칼륨은 알코올과 에테르에는 녹지 않고 물에 약간 녹는다.

59 분말의 형태로서 150마이크로미터의 체를 통과하는 것이 50중량퍼센트 이상인 것만 위험물로 취급되는 것은?

① Zn   ② Fe
③ Ni   ④ Cu

알루미늄분, 크롬분, 몰리브덴분, 티탄분, 지르코늄분, 망간분, 코발트분, 은분, 아연분은 150마이크로미터의 체를 통과하는 것이 50중량퍼센트 이상인 것만 위험물로 취급된다.

60 다음 물질 중 인화점이 가장 높은 것은?

① 아세톤
② 디에틸에테르
③ 에탄올
④ 벤젠

아세톤	디에틸에테르	에탄올	벤젠
−18℃	−45℃	13℃	−11℃

최근기출문제 - 2016년 1회

▶ 정답은 384쪽에 있습니다.

01 위험물제조소의 경우 연면적이 최소 몇 m²이면 자동화재탐지설비를 설치해야 하는가? (단, 원칙적인 경우에 한한다)

① 100
② 300
③ 500
④ 1,000

> 위험물제조소의 경우 연면적이 최소 500m²이면 자동화재탐지설비를 설치해야 한다.

02 메틸알코올 8,000리터에 대한 소화능력으로 삽을 포함한 마른모래를 몇 리터 설치하여야 하는가?

① 100
② 200
③ 300
④ 400

> 메틸알코올의 소요단위 : $\frac{8,000L}{400 \times 10}$ = 2단위
> 삽을 포함한 마른 모래의 능력단위 : 0.5, 용량 : 50L
> ∴ $\frac{2}{0.5} \times 50 = 200L$

03 지정수량의 몇 배 이상의 위험물을 취급하는 제조소에는 화재 발생 시 이를 알릴 수 있는 경보설비를 설치하여야 하는가?

① 5
② 10
③ 20
④ 100

> 지정수량의 10배 이상의 위험물을 저장 또는 취급하는 제조소등에는 화재 발생 시 이를 알릴 수 있는 경보설비를 설치하여야 한다.

04 피크르산의 위험성과 소화방법에 대한 설명으로 틀린 것은?

① 금속과 화합하여 예민한 금속염이 만들어질 수 있다.
② 운반 시 건조한 것보다는 물에 젖게 하는 것이 안전하다.
③ 알코올과 혼합된 것은 충격에 의한 폭발 위험이 있다.
④ 화재 시에는 질식소화가 효과적이다.

> 피크르산의 화재 시에는 주수소화가 효과적이다.

05 단층건물에 설치하는 옥내탱크저장소의 탱크전용실에 비수용성의 제2석유류 위험물을 저장하는 탱크 1개를 설치할 경우, 설치할 수 있는 탱크의 최대용량은?

① 10,000L
② 20,000L
③ 40,000L
④ 80,000L

> **옥내저장탱크의 용량**
> • 1층 이하의 층 : 지정수량의 40배 이하(제4석유류 및 동식물유류 외의 제4류 위험물에 있어서 수량이 2만리터를 초과할 때에는 2만리터 이하)
> • 2층 이상의 층 : 지정수량의 10배 이하(제4석유류 및 동식물유류 외의 제4류 위험물에 있어서 수량이 5천리터를 초과할 때에는 5천리터 이하)

06 위험물안전관리법령상 제6류 위험물에 적응성이 없는 것은?

① 스프링클러설비
② 포소화설비
③ 불활성가스소화설비
④ 물분무소화설비

> 물분무등소화설비물 중 불활성가스소화설비, 할로겐화합물소화설비, 탄산수소염류 분말소화설비는 제6류 위험물에 적응성이 없다.

07 위험물안전관리법령상 위험물옥외탱크저장소에 방화에 관하여 필요한 사항을 게시한 게시판에 기재하여야 하는 내용이 아닌 것은?

① 위험물의 지정수량의 배수
② 위험물의 저장최대수량
③ 위험물의 품명
④ 위험물의 성질

> **게시판에 기재해야 하는 내용**
> 위험물의 유별·품명, 저장최대수량 또는 취급최대수량, 지정수량의 배수, 안전관리자의 성명 또는 직명

08 주된 연소형태가 증발연소인 것은?

① 나트륨
② 코크스
③ 양초
④ 니트로셀룰로오스

물질의 표면에서 증발하는 가연성가스와 공기 중의 산소가 화합하여 연소하는 형태를 증발연소라 하며, 파라핀(양초), 나프탈렌, 유황 등 이 이에 속한다.

09 금속화재에 마른모래를 피복하여 소화하는 방법은?

① 제거소화
② 질식소화
③ 냉각소화
④ 억제소화

질식소화는 공기 중 산소의 농도를 15% 이하로 낮추어 소화하는 방법으로 금속화재의 경우 마른모래를 이용한 질식소화가 효과적이다.

10 위험물안전관리법령상 위험등급 I의 위험물에 해당하는 것은?

① 무기과산화물
② 황화린
③ 제1석유류
④ 유황

황화린, 제1석유류, 유황 모두 위험등급 II에 속한다.

11 위험물안전관리법령상 옥내저장소에서 기계에 의하여 하역하는 구조로 된 용기만을 겹쳐 쌓아 위험물을 저장하는 경우 그 높이는 몇 미터를 초과하지 않아야 하는가?

① 2
② 4
③ 6
④ 8

• 기계에 의하여 하역하는 구조로 된 용기만을 겹쳐 쌓는 경우 : 6m
• 제4류 위험물 중 제3석유류, 제4석유류 및 동식물유류를 수납하는 용기만을 겹쳐 쌓는 경우 : 4m
• 그 밖의 경우 : 3m

12 연소가 잘 이루어지는 조건으로 거리가 먼 것은?

① 가연물의 발열량이 클 것
② 가연물의 열전도율이 클 것
③ 가연물과 산소와의 접촉표면적이 클 것
④ 가연물의 활성화에너지가 작을 것

가연물의 열전도율이 작을수록 연소가 잘 이루어진다.

13 위험물안전관리법령상 위험물의 운반에 관한 기준에서 적재 시 혼재가 가능한 위험물을 옳게 나타낸 것은? (단, 각각 지정수량의 10배 이상인 경우이다)

① 제1류와 제4류
② 제3류와 제6류
③ 제1류와 제5류
④ 제2류와 제4류

유별을 달리하는 위험물의 혼재기준

위험물의 구분	제1류	제2류	제3류	제4류	제5류	제6류
제1류		×	×	×	×	○
제2류	×		×	○	○	×
제3류	×	×		○	×	×
제4류	×	○	○		○	×
제5류	×	○	×	○		×
제6류	○	×	×	×	×	

14 위험물제조소 표지 및 게시판에 대한 설명이다. 위험물안전관리법령상 옳지 않은 것은?

① 표지는 한 변의 길이가 0.3m, 다른 한 변의 길이가 0.6m 이상으로 하여야 한다.
② 표지의 바탕은 백색, 문자는 흑색으로 하여야 한다.
③ 취급하는 위험물에 따라 규정에 의한 주의사항을 표시한 게시판을 설치하여야 한다.
④ 제2류 위험물(인화성고체 제외)은 "화기엄금" 주의사항 게시판을 설치하여야 한다.

제2류 위험물(인화성고체 제외)은 "화기주의" 주의사항 게시판을 설치하여야 한다.

15 석유류가 연소할 때 발생하는 가스로 강한 자극적인 냄새가 나며 취급하는 장치를 부식시키는 것은?

① H_2
② CH_4
③ NH_3
④ SO_2

석유가 연소할 때 발생하는 아황산가스는 강한 자극적인 냄새가 난다.

16 위험물을 취급함에 있어서 정전기를 유효하게 제거하기 위한 설비를 설치하고자 한다. 위험물안전관리법령상 공기 중의 상대습도를 몇 % 이상 되게 하여야 하는가?

① 50
② 60
③ 70
④ 80

정전기를 제거하기 위해서는 상대습도를 70% 이상 되게 해야 한다.

17 그림과 같이 횡으로 설치한 원통형 위험물탱크에 대하여 탱크의 용량을 구하면 약 몇 m³인가? (단, 공간 용적은 탱크 내용적의 100분의 5로 한다)

 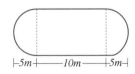

① 52.4   ② 261.6
③ 994.8   ④ 1047.2

- 탱크의 용량 = 탱크의 내용적 − 탱크의 공간용적
- 횡으로 설치한 원통형 탱크의 내용적

$$= \pi r^2 \left(\ell + \frac{\ell_1 + \ell_2}{3}\right) = \pi 5^2 \left(10 + \frac{5+5}{3}\right) ≒ 1047.2$$

- 탱크의 공간용적

$$\left(1047.2 \times \frac{5}{100}\right) = 52.36$$

∴ 1047.2 − 52.36 ≒ 994.8m³

18 제3종 분말소화약제의 열분해 시 생성되는 메타인 산의 화학식은?

① H_3PO_4 ② HPO_3
③ $H_4P_2O_7$ ④ $CO(NH_2)_2$

제3종 분말의 열분해 반응식
$NH_4H_2PO_4 \rightarrow HPO_3 + NH_3 + H_2O$

19 위험물안전관리법령상 제조소등의 관계인은 예방 규정을 정하여 누구에게 제출하여야 하는가?

① 국민안전처장관 또는 행정자치부장관
② 국민안전처장관 또는 소방서장
③ 시·도지사 또는 소방서장
④ 한국소방안전협회장 또는 국민안전처장관

대통령령이 정하는 제조소등의 관계인은 당해 제조소등의 화재예방과 화재 등 재해 발생 시의 비상조치를 위하여 총리령이 정하는 바에 따라 예방규정을 정하여 제조소등의 사용을 시작하기 전에 시·도지사 에게 제출하여야 한다.

20 다음 중 연소의 3요소를 모두 갖춘 것은?

① 휘발유 + 공기 + 수소
② 적린 + 수소 + 성냥불
③ 성냥불 + 황 + 염소산암모늄
④ 알코올 + 수소 + 염소산암모늄

연소의 3요소 : 가연물(황), 산소공급원(염소산암모늄), 점화원(성냥불)

21 위험물의 저장방법에 대한 설명으로 옳은 것은?

① 황화린은 알코올 또는 과산화물 속에 저장하여 보관한다.
② 마그네슘은 건조하면 분진폭발의 위험성이 있으 므로 물에 습윤하여 저장한다.
③ 적린은 화재예방을 위해 할로겐 원소와 혼합하 여 저장한다.
④ 수소화리튬은 저장용기에 아르곤과 같은 불활성 기체를 봉입한다.

제2류 위험물인 황화린, 마그네슘, 적린은 통풍이 잘되는 냉암소에 보관한다.

22 다음은 P_2S_5와 물의 화학반응이다. ( )에 알맞은 숫 자를 차례대로 나열한 것은?

【보기】
$P_2S_5 + (\quad)H_2O \rightarrow (\quad)H_2S + (\quad)H_3PO_4$

① 2, 8, 5   ② 2, 5, 8
③ 8, 5, 2   ④ 8, 2, 5

오황화린의 물과의 화학 반응식
$P_2S_5 + 8H_2O \rightarrow 5H_2S + 2H_3PO_4$
오황화린 물   황화수소 인산

23 위험물안전관리법령상 제조소에서 취급하는 제4류 위험물의 최대수량의 합이 지정수량의 12만배 미만인 사업소에 두어야 하는 화학소방자동차 및 자체소방대 원의 수의 기준으로 옳은 것은?

① 1대 - 5인   ② 2대 - 10인
③ 3대 - 15인   ④ 4대 - 20인

제4류 위험물의 최대수량의 합이 지정수량의 12만배 미만인 사업소 에 두어야 하는 화학소방자동차의 수는 1대, 자체소방대원의 수는 5 인이다.

24 염소산칼륨의 성질에 대한 설명으로 옳은 것은?

① 가연성 고체이다.
② 강력한 산화제이다.
③ 물보다 가볍다.
④ 열분해하면 수소를 발생한다.

염소산칼륨은 비중 2.34의 산화성 고체로 열분해 시 산소를 발생한다.

25 위험물안전관리법령상 위험물 운반용기의 외부에 표시하여야 하는 사항에 해당하지 않는 것은?

① 위험물에 따라 규정된 주의사항
② 위험물의 지정수량
③ 위험물의 수량
④ 위험물의 품명

> 운반용기의 외부에 표시해야 하는 사항
> • 위험물의 품명 · 위험등급 · 화학명 및 수용성
> • 위험물의 수량
> • 위험물에 따라 규정된 주의사항

26 저장하는 위험물의 최대수량이 지정수량의 15배일 경우, 건축물의 벽 · 기둥 및 바닥이 내화구조로 된 위험물옥내저장소의 보유공지는 몇 m 이상이어야 하는가?

① 0.5   ② 1
③ 2   ④ 3

> 위험물의 최대수량이 지정수량의 10~20배일 경우, 건축물의 벽 · 기둥 및 바닥이 내화구조로 된 위험물옥내저장소의 보유공지는 2m 이상이며, 그 밖의 건축물의 보유공지는 3m 이상이다.

27 위험물안전관리법령상 운반차량에 혼재해서 적재할 수 없는 것은? (단, 각각의 지정수량은 10배인 경우이다)

① 염소화규소화합물 – 특수인화물
② 고형알코올 – 니트로화합물
③ 염소산염류 – 질산
④ 질산구아니딘 – 황린

> 질산구아니딘은 제5류 위험물이며, 황린은 제3류 위험물이므로 혼재해서 적재할 수 없다.

28 가솔린의 연소범위(vol%)에 가장 가까운 것은?

① 1.4~7.6
② 8.3~11.4
③ 12.5~19.7
④ 22.3~32.8

> 제1석유류인 가솔린의 연소범위는 1.4~7.6%이다.

29 위험물의 저장 방법에 대한 설명 중 틀린 것은?

① 황린은 공기와의 접촉을 피해 물속에 저장한다.
② 황은 정전기의 축적을 방지하여 저장한다.
③ 알루미늄 분말은 건조한 공기 중에서 분진폭발의 위험이 있으므로 정기적으로 분무상의 물을 뿌려야 한다.
④ 황화린은 산화제와의 혼합을 피해 격리해야 한다.

> 알루미늄 분말은 물과 반응하여 수소를 발생하여 위험하므로 습기가 없고 환기가 잘되는 장소에 보관해야 한다.

30 제4류 위험물의 화재예방 및 취급방법으로 옳지 않은 것은?

① 이황화탄소는 물속에 저장한다.
② 아세톤은 일광에 의해 분해될 수 있으므로 갈색병에 보관한다.
③ 초산은 내산성 용기에 저장하여야 한다.
④ 건성유는 다공성 가연물과 함께 보관한다.

> 다공성이란 내부에 작은 구멍을 많이 가지고 있는 성질을 말하는데, 건성유를 다공성 가연물과 함께 보관하게 되면 산소와 결합하여 자연발화할 위험이 있다.

31 위험물안전관리법령상 품명이 나머지 셋과 다른 하나는?

① 트리니트로톨루엔
② 니트로글리세린
③ 니트로글리콜
④ 셀룰로이드

> 트리니트로톨루엔은 제5류 위험물로서 니트로화합물에 속하며, 니트로글리세린, 니트로글리콜, 셀룰로이드는 같은 제5류 위험물이지만 질산에스테르류에 속한다.

32 니트로글리세린은 여름철(30℃)과 겨울철(0℃)에 어떤 상태인가?

① 여름-기체, 겨울-액체
② 여름-액체, 겨울-액체
③ 여름-액체, 겨울-고체
④ 여름-고체, 겨울-고체

> 제5류 위험물인 니트로글리세린은 무색 또는 담황색의 액체로서 겨울에는 동결되어 고체 모양이다.

33 정기점검 대상 제조소등에 해당하지 않는 것은?

① 이동탱크저장소
② 지정수량 120배의 위험물을 저장하는 옥외저장소
③ 지정수량 120배의 위험물을 저장하는 옥내저장소
④ 이송취급소

옥내저장소의 경우 지정수량의 150배 이상의 위험물을 저장하는 경우 정기점검 대상에 해당한다.

34 부틸리튬(n-Butyl lithium)에 대한 설명으로 옳은 것은?

① 무색의 가연성고체이며 자극성이 있다.
② 증기는 공기보다 가볍고 점화원에 의해 산화의 위험이 있다.
③ 화재 발생 시 이산화탄소소화설비는 적응성이 없다.
④ 탄화수소나 다른 극성의 액체에 용해가 잘되며 휘발성은 없다.

부틸리튬
• 제3류 위험물로서 가연성 액체
• 지정수량 10kg, 위험등급 I
• 이산화탄소와 격렬하게 반응한다.

35 위험물안전관리법령상 자동화재탐지설비의 설치기준으로 옳지 않은 것은?

① 경계구역은 건축물의 최소 2개 이상의 층에 걸치도록 할 것
② 하나의 경계구역의 면적은 $600m^2$ 이하로 할 것
③ 감지기는 지붕 또는 벽의 옥내에 면한 부분에 유효하게 화재의 발생을 감지할 수 있도록 설치할 것
④ 비상전원을 설치할 것

경계구역은 건축물의 최소 2개 이상의 층에 걸치지 않도록 해야 한다.

36 위험물에 대한 설명으로 틀린 것은?

① 과산화나트륨은 산화성이 있다.
② 과산화나트륨은 인화점이 매우 낮다.
③ 과산화바륨과 염산을 반응시키면 과산화수소가 생긴다.
④ 과산화바륨의 비중은 물보다 크다.

과산화나트륨은 제1류 위험물로서 비중이 1보다 큰 불연성 물질이다. 강산화제이며 분해 시 산소를 발생한다.

37 위험물안전관리법령상 지정수량이 50kg인 것은?

① KMnO₄   ② KClO₂
③ NaIO₃   ④ NH₄NO₃

지정수량		
과망간산칼륨	요오드산나트륨	질산암모늄
1,000kg	300kg	300kg

38 적린이 연소하였을 때 발생하는 물질은?

① 인화수소   ② 포스겐
③ 오산화인   ④ 이산화황

제2류 위험물인 적린은 연소 시 오산화인을 발생한다.

39 상온에서 액체인 물질로만 조합된 것은?

① 질산메틸, 니트로글리세린
② 피크린산, 질산메틸
③ 트리니트로톨루엔, 디니트로벤젠
④ 니트로글리콜, 테트릴

② 피크린산 : 고체
③ 트리니트로톨루엔, 디니트로벤젠 – 고체
④ 테트릴 – 고체

40 제3류 위험물 중 금수성 물질을 제외한 위험물에 적응성이 있는 소화설비가 아닌 것은?

① 분말소화설비
② 스프링클러설비
③ 옥내소화전설비
④ 포소화설비

제3류 위험물 중 금수성 물질을 제외한 위험물에 적응성이 없는 소화설비 : 이산화탄소소화설비, 할로겐화합물소화설비, 분말소화설비

41 위험물안전관리법령상 운송책임자의 감독 · 지원을 받아 운송하여야 하는 위험물에 해당하는 것은?

① 특수인화물
② 알킬리튬
③ 질산구아니딘
④ 히드라진 유도체

해설운송책임자의 감독 · 지원을 받아 운송하여야 하는 위험물
• 알킬알루미늄
• 알킬리튬
• 알킬알루미늄 또는 알킬리튬의 물질을 함유하는 위험물

42 질산암모늄에 대한 설명으로 옳은 것은?

① 물에 녹을 때 발열반응을 한다.
② 가열하면 폭발적으로 분해하여 산소와 암모니아를 생성한다.
③ 소화방법으로 질식소화가 좋다.
④ 단독으로도 급격한 가열, 충격으로 분해·폭발할 수 있다.

43 니트로화합물, 니트로소화합물, 질산에스테르류, 히드록실아민을 각각 50킬로그램씩 저장하고 있을 때 지정수량의 배수가 가장 큰 것은?

① 니트로화합물
② 니트로소화합물
③ 질산에스테르류
④ 히드록실아민

44 다음 중 위험물안전관리법에서 정의한 "제조소"의 의미로 가장 옳은 것은?

① "제조소"라 함은 위험물을 제조할 목적으로 지정수량 이상의 위험물을 취급하기 위하여 허가를 받은 장소임
② "제조소"라 함은 지정수량 이상의 위험물을 제조할 목적으로 위험물을 취급하기 위하여 허가를 받은 장소임
③ "제조소"라 함은 지정수량 이상의 위험물을 제조할 목적으로 지정수량 이상의 위험물을 취급하기 위하여 허가를 받은 장소임
④ "제조소"라 함은 위험물을 제조할 목적으로 위험물을 취급하기 위하여 허가를 받은 장소임

45 위험물안전관리법령상 "연소의 우려가 있는 외벽"은 기산점이 되는 선으로부터 3m(2층 이상의 층에 대해서는 5m) 이내에 있는 제조소등의 외벽을 말하는데 이 기산점이 되는 선에 해당하지 않는 것은?

① 동일 부지 내의 다른 건축물과 제조소 부지 간의 중심선
② 제조소등에 인접한 도로의 중심선
③ 제조소등이 설치된 부지의 경계선
④ 제조소등의 외벽과 동일 부지 내의 다른 건축물의 외벽 간의 중심선

46 탄화칼슘의 성질에 대하여 옳게 설명한 것은?

① 공기 중에서 아르곤과 반응하여 불연성 기체를 발생한다.
② 공기 중에서 질소와 반응하여 유독한 기체를 낸다.
③ 물과 반응하면 탄소가 생성된다.
④ 물과 반응하여 아세틸렌 가스가 생성된다.

47 위험물안전관리법령에 명기된 위험물의 운반용기 재질에 포함되지 않는 것은?

① 고무류 ② 유리
③ 도자기 ④ 종이

48 특수인화물 200L와 제4석유류 12,000L를 저장할 때 각각의 지정수량 배수의 합은 얼마인가?

① 3 ② 4
③ 5 ④ 6

49 다음 위험물 중 착화온도가 가장 높은 것은?

① 이황화탄소
② 디에틸에테르
③ 아세트알데히드
④ 산화프로필렌

이황화탄소	디에틸에테르	아세트알데히드	산화프로필렌
100℃	180℃	185℃	449℃

50 동 · 식물유류에 대한 설명 중 틀린 것은?

① 연소하면 열에 의해 액온이 상승하여 화재가 커질 위험이 있다.
② 요오드값이 낮을수록 자연발화의 위험이 높다.
③ 동유는 건성유이므로 자연발화의 위험이 있다.
④ 요오드값이 100~130인 것을 반건성유라고 한다.

> 요오드값이 높을수록 자연발화의 위험이 높다.

51 위험물안전관리법령상 위험물 운반 시 방수성 덮개를 하지 않아도 되는 위험물은?

① 나트륨   ② 적린
③ 철분   ④ 과산화칼륨

> 제2류 위험물 중 철분 · 금속분 · 마그네슘 또는 이들 중 어느 하나 이상을 함유한 물질은 방수성이 있는 피복으로 덮어야 한다. 적린은 제2류 위험물로서 방수성이 있는 피복으로 덮어야 하는 대상에 해당되지 않는다.

52 연소할 때 연기가 거의 나지 않아 밝은 곳에서 연소 상태를 잘 느끼지 못하는 물질로 독성이 매우 강해, 먹으면 실명 또는 사망에 이를 수 있는 것은?

① 메틸알코올
② 에틸알코올
③ 등유
④ 경유

> 제4류 위험물 중 알코올류에 해당하는 메틸알코올은 독성이 있으며, 산화성 물질과 혼합 시 폭발의 우려가 있고 소량만 마셔도 시신경을 마비시켜 사망에 이르게 할 수 있다.

53 질산과 과산화수소의 공통적인 성질을 옳게 설명한 것은?

① 물보다 가볍다.
② 물에 녹는다.
③ 점성이 큰 액체로서 환원제이다.
④ 연소가 매우 잘 된다.

> ① 물보다 무겁다.
> ③ 질산은 산화제이다.
> ④ 불연성이며, 다른 물질의 연소를 돕는 조연성 물질이다.

54 제조소등의 위치 · 구조 또는 설비의 변경 없이 해당 제조소등에서 저장하거나 취급하는 위험물의 품명 · 수량 또는 지정수량의 배수를 변경하고자 하는 자는 변경하고자 하는 날의 며칠 전까지 총리령이 정하는 바에 따라 시 · 도지사에게 신고하여야 하는가?

① 1일   ② 14일
③ 21일   ④ 30일

> 제조소등의 위치 · 구조 또는 설비의 변경 없이 해당 제조소등에서 저장하거나 취급하는 위험물의 품명 · 수량 또는 지정수량의 배수를 변경하고자 하는 자는 변경하고자 하는 날의 1일 전까지 총리령이 정하는 바에 따라 시 · 도지사에게 신고하여야 한다.
> ※ 원래 7일이었으나 2016년 1월 27일 개정 법령에 의해 1일로 변경되었다.

55 과산화벤조일과 과염소산의 지정수량의 합은 몇 kg 인가?

① 310   ② 350
③ 400   ④ 500

> • 과산화벤조일의 지정수량 : 10kg
> • 과염소산의 지정수량 : 300kg

56 황가루가 공기 중에 떠 있을 때의 주된 위험성에 해당하는 것은?

① 수증기 발생
② 전기감전
③ 분진폭발
④ 인화성 가스 발생

> 제2류 위험물인 황은 미분이 공기중에 떠 있을 때 산소와 결합하여 분진폭발의 위험이 있다.

57 위험물의 인화점에 대한 설명으로 옳은 것은?

① 톨루엔이 벤젠보다 낮다.
② 피리딘이 톨루엔보다 낮다.
③ 벤젠이 아세톤보다 낮다.
④ 아세톤이 피리딘보다 낮다.

아세톤	벤젠	톨루엔	피리딘
-18℃	-11℃	4.5℃	20℃

58 저장 또는 취급하는 위험물의 최대수량이 지정수량의 500배 이하일 때 옥외저장탱크의 측면으로부터 몇 m 이상의 보유공지를 유지하여야 하는가? (단, 제6류 위험물은 제외한다)

① 1   ② 2
③ 3   ④ 4

저장 또는 취급하는 위험물의 최대수량에 따른 공지의 너비
• 지정수량의 500배 이하 : 3m 이상
• 지정수량의 500배~1,000배 : 5m 이상
• 지정수량의 1,000배~2,000배 : 9m 이상
• 지정수량의 2,000배~3,000배 : 12m 이상
• 지정수량의 3,000배~4,000배 : 15m 이상
• 지정수량의 4,000배 초과 : 당해 탱크의 수평단면의 최대지름(횡형인 경우에는 긴 변)과 높이 중 큰 것과 같은 거리 이상

59 위험물안전관리법령상 옥내저장소 저장창고의 바닥은 물이 스며 나오거나 스며들지 아니하는 구조로 하여야 한다. 다음 중 반드시 이 구조로 하지 않아도 되는 위험물은?

① 제1류 위험물 중 알칼리금속의 과산화물
② 제4류 위험물
③ 제5류 위험물
④ 제2류 위험물 중 철분

바닥을 물이 스며 나오거나 스며들지 않는 구조로 해야 하는 위험물
• 제1류 위험물 중 알칼리금속의 과산화물 또는 이를 함유하는 것
• 제2류 위험물 중 철분·금속분·마그네슘 또는 이 중 어느 하나 이상을 함유하는 것
• 제3류 위험물 중 금수성물질
• 제4류 위험물

60 다음 중 산화성고체 위험물에 속하지 않는 것은?

① Na_2O_2 ② $HClO_4$
③ NH_4ClO_4 ④ $KClO_3$

산화성고체는 제1류 위험물을 말하며, 과염소산은 제6류 위험물로 산화성액체에 속한다.

정답				
01 ③	02 ②	03 ②	04 ④	05 ②
06 ③	07 ④	08 ③	09 ②	10 ①
11 ③	12 ②	13 ④	14 ④	15 ④
16 ③	17 ③	18 ②	19 ③	20 ③
21 ④	22 ③	23 ①	24 ④	25 ②
26 ③	27 ④	28 ①	29 ③	30 ④
31 ①	32 ③	33 ③	34 ④	35 ①
36 ②	37 ③	38 ③	39 ①	40 ①
41 ②	42 ④	43 ③	44 ①	45 ①
46 ④	47 ③	48 ④	49 ④	50 ②
51 ②	52 ①	53 ②	54 ①	55 ①
56 ③	57 ④	58 ③	59 ③	60 ②

최근기출문제 – 2016년 2회

▶ 정답은 392쪽에 있습니다.

01 다음 중 제4류 위험물의 화재 시 물을 이용한 소화를 시도하기 전에 고려해야 하는 위험물의 성질로 가장 옳은 것은?

① 수용성, 비중
② 증기비중, 끓는점
③ 색상, 발화점
④ 분해온도, 녹는점

> 제4류 위험물은 비중이 물보다 작기 때문에 주수소화를 하게 되면 화재 면을 확대시킬 수 있으므로 적당하지 않다.
> 수용성 위험물에는 알코올 포를 사용하거나 다량의 물로 희석시켜 가연성 증기의 발생을 억제하여 소화해야 한다.

02 다음 점화에너지 중 물리적 변화에서 얻어지는 것은?

① 압축열
② 산화열
③ 중합열
④ 분해열

> 압축열은 공기에 압력을 가해 부피를 줄일 때 발생하는 열을 말하는 것으로 기계적 에너지에 해당하는데, 물리적 변화를 통해 얻어진다.

03 금속분의 연소 시 주수소화하면 위험한 원인으로 옳은 것은?

① 물에 녹아 산이 된다.
② 물과 작용하여 유독가스를 발생한다.
③ 물과 작용하여 수소가스를 발생한다.
④ 물과 작용하여 산소가스를 발생한다.

> 제2류 위험물인 금속분은 주수소화를 하게 되면 수소가스를 발생해 위험하므로 마른모래, 분말, 이산화탄소 등을 이용한 질식소화가 효과적이다.

04 다음 중 정전기 방지대책으로 가장 거리가 먼 것은?

① 접지를 한다.
② 공기를 이온화한다.
③ 21% 이상의 산소농도를 유지하도록 한다.
④ 공기의 상대습도를 70% 이상으로 한다.

> **정전기 축적 방지**
> • 접지
> • 실내공기 이온화
> • 실내 습도를 상대습도 70% 이상으로 유지

05 다음 중 유류저장 탱크화재에서 일어나는 현상으로 거리가 먼 것은?

① 보일 오버
② 플래시 오버
③ 슬롭 오버
④ BELVE

> 플래시 오버는 건축물 화재 시 성장기에서 최성기로 진행될 때 실내온도가 급격히 상승하기 시작하면서 화염이 실내 전체로 급격히 확대되는 연소현상으로 유류저장 탱크화재와는 거리가 멀다.

06 폭발의 종류에 따른 물질이 잘못 짝지어진 것은?

① 분해폭발 – 아세틸렌, 산화에틸렌
② 분진폭발 – 금속분, 밀가루
③ 중합폭발 – 시안화수소, 염화비닐
④ 산화폭발 – 히드라진, 과산화수소

> 산화폭발은 가연성 가스가 공기 중에 누설되거나 인화성 액체가 저장탱크에 공기가 혼합되어 폭발성 혼합가스를 형성함으로써 점화원에 의해 착화되어 폭발하는 현상으로 LPG–공기, LNG–공기 등이 이에 속한다.

07 착화온도가 낮아지는 원인과 가장 관계가 있는 것은?

① 발열량이 적을 때
② 압력이 높을 때
③ 습도가 높을 때
④ 산소와의 결합력이 나쁠 때

> **착화온도가 낮아지는 원인**
> • 발열량이 클 때
> • 압력이 높을 때
> • 습도가 낮을 때
> • 산소와의 친화력이 클 때

08 제5류 위험물의 화재 예방상 유의사항 및 화재 시 소화방법에 관한 설명으로 옳지 않은 것은?

① 대량의 주수에 의한 소화가 좋다.
② 화재 초기에는 질식소화가 효과적이다.
③ 일부 물질의 경우 운반 또는 저장 시 안정제를 사용해야 한다.
④ 가연물과 산소공급원이 같이 있는 상태이므로 점화원의 방지에 유의하여야 한다.

09 과염소산의 화재 예방에 요구되는 주의사항에 대한 설명으로 옳은 것은?

① 유기물과 접촉 시 발화의 위험이 있기 때문에 가연물과 접촉시키지 않는다.
② 자연발화의 위험이 높으므로 냉각시켜 보관한다.
③ 공기 중 발화하므로 공기와의 접촉을 피해야 한다.
④ 액체상태는 위험하므로 고체상태로 보관한다.

제6류 위험물인 과염소산은 유기물과 접촉 시 발화의 위험이 있으며, 직사광선을 피하고 통풍이 잘되는 장소에 보관해야 한다.

10 15℃의 기름 100g에 8,000J의 열량을 주면 기름의 온도는 몇 ℃가 되는가? (단, 기름의 비열은 2J/g·℃이다)

① 25
② 45
③ 50
④ 55

비열이란 1g의 물질의 온도를 1℃ 올리는 데 필요한 열의 양을 말하는데, 기름의 비열은 2J이므로 100g의 기름을 1℃ 올리기 위해서는 200J이 필요하다.
따라서 8,000J의 열량을 주면 기름의 온도를 40℃ 올릴 수 있게 된다.
15 + 40 = 55

11 제6류 위험물의 화재에 적응성이 없는 소화설비는?

① 옥내소화전설비
② 스프링클러설비
③ 포소화설비
④ 불활성가스소화설비

제6류 위험물에는 불활성가스소화설비, 할로겐화합물소화설비, 탄산수소염류 분말소화설비는 적응성이 없다.

12 소화약제로서 물의 단점인 동결현상을 방지하기 위하여 주로 사용되는 물질은?

① 에틸알코올
② 글리세린
③ 에틸렌글리콜
④ 탄산칼슘

동결방지제로 에틸렌글리콜, 프로필렌글리콜, 디에틸렌글리콜, 글리세린, 염화나트륨, 염화칼슘 등이 사용되는데, 에틸렌글리콜이 가장 많이 사용되고 있다.

13 다음 중 D급 화재에 해당하는 것은?

① 플라스틱 화재
② 나트륨 화재
③ 휘발유 화재
④ 전기 화재

D급 화재는 철분, 칼륨, 나트륨 등의 금속화재를 말한다.

14 위험물안전관리법령상 철분, 금속분, 마그네슘에 적응성이 있는 소화설비는?

① 불활성가스소화설비
② 할로겐화합물소화설비
③ 포소화설비
④ 탄산수소염류소화설비

제2류 위험물 중 철분, 금속분, 마그네슘 화재에 적응성이 있는 소화설비는 탄산수소염류소화설비이다.

15 위험물안전관리법령상 제4류 위험물에 적응성이 없는 소화설비는?

① 옥내소화전설비
② 포소화설비
③ 불활성가스소화설비
④ 할로겐화합물소화설비

옥내소화전설비와 옥외소화전설비는 제4류 위험물에 적응성이 없다.

16 물은 냉각소화가 주된 대표적인 소화약제이다. 물의 소화효과를 높이기 위하여 무상주수를 함으로써 부가적으로 작용하는 소화효과로 이루어진 것은?

① 질식소화작용, 제거소화작용
② 질식소화작용, 유화소화작용
③ 타격소화작용, 유화소화작용
④ 타격소화작용, 피복소화작용

물의 소화효과에는 냉각소화, 질식소화, 유화소화, 희석소화가 있다.

17 다음 중 소화약제 강화액의 주성분에 해당하는 것은?

① K_2CO_3
② K_2O_2
③ CaO_2
④ $KBrO_3$

강화액 소화약제는 동절기 또는 한랭지에서도 사용 가능하며, 주성분은 탄산칼륨이다.

18 분말소화약제 중 제1종과 제2종 분말이 각각 열분해될 때 공통적으로 생성되는 물질은?

① N_2, CO_2
② N_2, O_2
③ H_2O, CO_2
④ H_2O, N_2

• 제1종 분말 : $2NaHCO_3 \rightarrow Na_2CO_3 + CO_2 + H_2O$
• 제2종 분말 : $2KHCO_3 \rightarrow K_2CO_3 + CO_2 + H_2O$

19 위험물안전관리법령상 소화설비의 적응성에 관한 내용이다. 옳은 것은?

① 마른모래는 대상물 중 제1류~제6류 위험물에 적응성이 있다.
② 팽창질석은 전기설비를 포함한 모든 대상물에 적응성이 있다.
③ 분말소화약제는 셀룰로이드류의 화재에 가장 적당하다.
④ 물분무소화설비는 전기설비에 사용할 수 없다.

팽창질석은 전기설비에 적응성이 없으며, 물분무소화설비는 적응성이 있다.

20 다음 중 공기포 소화약제가 아닌 것은?

① 단백포 소화약제
② 합성계면활성제포 소화약제
③ 화학포 소화약제
④ 수성막포 소화약제

공기포 소화약제의 종류
단백포 소화약제, 합성계면활성제포 소화약제, 수성막포 소화약제, 불화단백포 소화약제, 내알코올포 소화약제

21 포름산에 대한 설명으로 옳지 않은 것은?

① 물, 알코올, 에테르에 잘 녹는다.
② 개미산이라고도 한다.
③ 강한 산화제이다.
④ 녹는점이 상온보다 낮다.

포름산은 제4류 위험물 중 제2석유류에 해당하는데, 개미산이라고도 한다. 독성이 있고 물, 알코올, 에테르에 잘 녹는 인화성 액체로 환원성이 있다.

22 제3류 위험물에 해당하는 것은?

① NaH
② Al
③ Mg
④ P_4S_3

알루미늄, 마그네슘, 삼황화린 모두 제2류 위험물에 속한다. 수소화나트륨은 제3류 위험물 중 금속의 수소화물에 속한다.

23 지방족 탄화수소가 아닌 것은?

① 톨루엔
② 아세트알데히드
③ 아세톤
④ 디에틸에테르

톨루엔은 벤젠의 수소 원자 1개가 메틸기로 치환된 화합물로 방향족 탄화수소에 해당한다.

24 위험물안전관리법령상 위험물의 지정수량으로 옳지 않은 것은?

① 니트로셀룰로오스 : 10kg
② 히드록실아민 : 100kg
③ 아조벤젠 : 50kg
④ 트리니트로페놀 : 200kg

아조벤젠은 지정수량이 200kg인 제5류 위험물이다.

25 셀룰로이드에 대한 설명으로 옳은 것은?

① 질소가 함유된 무기물이다.
② 질소가 함유된 유기물이다.
③ 유기의 염화물이다.
④ 무기의 염화물이다.

무색 투명한 고체인 셀룰로이드는 제5류 위험물로서 질소가 함유된 유기물이다.

26 에틸알코올의 증기비중은 약 얼마인가?

① 0.72
② 0.91
③ 1.13
④ 1.59

에틸알코올의 비중은 0.790이며, 증기비중은 1.59이다.

27 과염소산나트륨의 성질이 아닌 것은?

① 물과 급격히 반응하여 산소를 발생한다.
② 가열하면 분해되어 조연성 가스를 방출한다.
③ 융점은 40℃보다 높다.
④ 비중은 물보다 무겁다.

28 화학적으로 알코올을 분류할 때 3가 알코올에 해당하는 것은?

① 에탄올
② 메탄올
③ 에틸렌글리콜
④ 글리세린

• 1가 알코올 : 메탄올, 에탄올
• 2가 알코올 : 글리콜, 프로필알코올
• 3가 알코올 : 글리세린

chapter 08

29 위험물안전관리법령상 품명이 다른 하나는?

① 니트로글리콜 ② 니트로글리세린
③ 셀룰로이드 ④ 테트릴

니트로글리콜, 니트로글리세린, 셀룰로이드는 제5류 위험물 중 질산에스테르류에 속하며, 테트릴은 니트로화합물에 속한다.

30 인화칼슘이 물과 반응할 경우에 대한 설명 중 틀린 것은?

① 발생 가스는 가연성이다.
② 포스겐 가스가 발생한다.
③ 발생 가스는 독성이 강하다.
④ $Ca(OH)_2$가 생성된다.

제3류 위험물인 인화칼슘은 물과 반응하여 유독 가연성 가스인 포스핀과 수산화칼슘을 발생한다.

31 주수소화를 할 수 없는 위험물은?

① 금속분 ② 적린
③ 유황 ④ 과망간산칼륨

제2류 위험물인 금속분은 주수소화를 하게 되면 수소가스를 발생해 위험하며, 마른모래, 분말, 이산화탄소 등을 이용한 질식소화가 효과적이다.

32 제1류 위험물 중 흑색화약의 원료로 사용되는 것은?

① KNO_3 ② $NaNO_3$
③ BaO_2 ④ NH_4NO_3

질산칼륨은 무색 또는 흰색 결정으로 황, 목탄과 혼합하여 흑색화약의 원료로 사용된다.

33 다음 중 제6류 위험물에 해당하는 것은?

① IF_5 ② $HClO_3$
③ NO_3 ④ H_2O

오불화요오드(IF_5)는 할로겐화합물로서 제6류 위험물에 속한다.

34 다음 중 제4류 위험물에 해당하는 것은?

① $Pb(N_3)_2$ ② CH_3ONO_2
③ N_2H_4 ④ NH_2OH

$Pb(N_3)_2$(아지화납), CH_3ONO_2(질산메틸), NH_2OH(히드록실아민) 모두 제5류 위험물에 속한다.

35 다음의 분말은 모두 150마이크로미터의 체를 통과하는 것이 50중량퍼센트 이상이 된다. 이들 분말 중 위험물안전관리법령상 품명이 "금속분"으로 분류되는 것은?

① 철분 ② 구리분
③ 알루미늄분 ④ 니켈분

36 다음 중 분자량이 가장 큰 위험물은?

① 과염소산 ② 과산화수소
③ 질산 ④ 히드라진

과염소산 ($HClO_4$)	과산화수소 (H_2O_2)	질산 (HNO_3)	히드라진 (N_2H_4)
100.47	34	63	32.05

37 인화칼슘, 탄화알루미늄, 나트륨이 물과 반응하였을 때 발생하는 가스에 해당하지 않는 것은?

① 포스핀가스 ② 수소
③ 이황화탄소 ④ 메탄

• 인화칼슘 – 포스핀가스
• 탄화알루미늄 – 메탄
• 나트륨 – 수소

38 연소 시 발생하는 가스를 옳게 나타낸 것은?

① 황린 - 황산가스
② 황 - 무수인산가스
③ 적린 – 아황산가스
④ 삼황화사인(삼황화린) – 아황산가스

① 황린 – 오산화인
② 황 – 아황산가스
③ 적린 – 오산화인

39 염소산나트륨에 대한 설명으로 틀린 것은?

① 조해성이 크므로 보관용기는 밀봉하는 것이 좋다.
② 무색, 무취의 고체이다.
③ 산과 반응하여 유독성의 이산화나트륨 가스가 발생한다.
④ 물, 알코올, 글리세린에 녹는다.

염소산나트륨은 산과 반응하여 유독성의 이산화염소를 발생한다.

40 질산칼륨을 약 400℃에서 가열하여 열분해시킬 때 주로 생성되는 물질은?

① 질산과 산소
② 질산과 칼륨
③ 아질산칼륨과 산소
④ 아질산칼륨과 질소

질산칼륨은 열분해 시 아질산칼륨과 산소를 발생한다.

41 위험물안전관리법령에서 정한 피난설비에 관한 내용이다. ( )에 알맞은 것은?

【보기】

주유취급소 중 건축물의 2층 이상의 부분을 점포ㆍ휴게음식점 또는 전시장의 용도로 사용하는 것에 있어서는 해당 건축물의 2층 이상으로부터 주유취급소의 부지 밖으로 통하는 출입구와 해당 출입구로 통하는 통로ㆍ계단 및 출입구에 ( )을(를) 설치하여야 한다.

① 피난사다리
② 유도등
③ 공기호흡기
④ 시각경보기

해당 건축물의 2층 이상으로부터 주유취급소의 부지 밖으로 통하는 출입구와 해당 출입구로 통하는 통로ㆍ계단 및 출입구에 유도등을 설치하여야 한다.

42 옥내저장소에 제3류 위험물인 황린을 저장하면서 위험물안전관리법령에 의한 최소한의 보유공지로 3m를 옥내저장소 주위에 확보하였다. 이 옥내저장소에 저장하고 있는 황린의 수량은? (단, 옥내저장소의 구조는 벽ㆍ기둥 및 바닥이 내화구조로 되어 있고 그 외의 다른 사항은 고려하지 않는다)

① 100kg 초과 500kg 이하
② 400kg 초과 1,000kg 이하
③ 500kg 초과 5,000kg 이하
④ 1,000kg 초과 4,000kg 이하

벽ㆍ기둥 및 바닥이 내화구조로 된 건축물 공지의 너비가 3m 이상일 경우 위험물의 최대수량은 지정수량의 20배 초과 50배 이하이다. 황린의 지정수량이 20kg이므로 400kg 초과 1,000kg 이하이다.

43 각각 지정수량의 10배인 위험물을 운반할 경우 제5류 위험물과 혼재 가능한 위험물에 해당하는 것은?

① 제1류 위험물
② 제2류 위험물
③ 제3류 위험물
④ 제6류 위험물

제5류 위험물과 혼재 가능한 위험물은 제2류 위험물과 제4류 위험물이다.

44 위험물안전관리법령상 이동탱크저장소에 의한 위험물 운송 시 위험물운송자는 장거리에 걸치는 운송을 하는 때에는 2명 이상의 운전자로 하여야 한다. 다음 중 그렇게 하지 않아도 되는 경우가 아닌 것은?

① 적린을 운송하는 경우
② 알루미늄의 탄화물을 운송하는 경우
③ 이황화탄소를 운송하는 경우
④ 운송 도중에 2시간 이내마다 20분 이상씩 휴식하는 경우

2명 이상의 운전자로 하지 않아도 되는 경우
• 운송책임자를 동승시킨 경우
• 운송 도중에 2시간 이내마다 20분 이상씩 휴식하는 경우
• 운송하는 위험물이 제2류 위험물, 제3류 위험물(칼슘 또는 알루미늄의 탄화물과 이것만을 함유한 것) 또는 제4류 위험물(특수인화물 제외)인 경우
※ 이황화탄소는 제4류 위험물 중 특수인화물에 속한다.

45 위험물안전관리법령상 옥외탱크저장소의 기준에 따라 다음의 인화성 액체 위험물을 저장하는 옥외저장탱크 1~4호를 동일의 방유제 내에 설치하는 경우 방유제에 필요한 최소용량으로 옳은 것은? (단, 암반탱크 또는 특수액체위험물탱크의 경우는 제외한다)

【보기】
• 1호 탱크 – 등유 1,500kL
• 2호 탱크 – 가솔린 1,000kL
• 3호 탱크 – 경유 500kL
• 4호 탱크 – 중유 250kL

① 1,650kL
② 1,500kL
③ 500kL
④ 250kL

탱크가 2기 이상인 경우의 최소용량은 용량이 최대인 탱크 용량의 110% 이상이므로 1,500kL의 110%인 1,650kL이다.

46 위험물안전관리법령상 사업소의 관계인이 자체소방대를 설치하여야 할 제조소등의 기준으로 옳은 것은?

① 제4류 위험물을 지정수량의 3천배 이상 취급하는 제조소 또는 일반취급소

② 제4류 위험물을 지정수량의 5천배 이상 취급하는 제조소 또는 일반취급소

③ 제4류 위험물 중 특수인화물을 지정수량의 3천배 이상 취급하는 제조소 또는 일반취급소

④ 제4류 위험물 중 특수인화물을 지정수량의 5천배 이상 취급하는 제조소 또는 일반취급소

> 지정수량의 3천배 이상의 제4류 위험물을 저장 또는 취급하는 제조소 또는 일반취급소에 자체소방대를 설치하여야 한다.

47 소화난이도 등급 II의 제조소에 소화설비를 설치할 때 대형수동식 소화기와 함께 설치하여야 하는 소형수동식 소화기등의 능력단위에 관한 설명으로 옳은 것은?

① 위험물의 소요단위에 해당하는 능력단위의 소형수동식소화기등을 설치할 것

② 위험물의 소요단위의 1/2 이상에 해당하는 능력단위의 소형수동식소화기등을 설치할 것

③ 위험물의 소요단위의 1/5 이상에 해당하는 능력단위의 소형수동식소화기등을 설치할 것

④ 위험물의 소요단위의 10배 이상에 해당하는 능력단위의 소형수동식소화기등을 설치할 것

> 소화난이도등급II의 제조소, 옥내저장소, 옥외저장소, 주유취급소, 판매취급소, 일반취급소에 소화설비를 설치할 때에는 대형수동식소화기를 설치하고, 위험물의 소요단위의 1/5 이상에 해당하는 능력단위의 소형수동식 소화기 등을 설치하여야 한다.

48 다음 중 위험물안전관리법이 적용되는 영역은?

① 항공기에 의한 대한민국 영공에서의 위험물의 저장, 취급 및 운반

② 궤도에 의한 위험물의 저장, 취급 및 운반

③ 철도에 의한 위험물의 저장, 취급 및 운반

④ 자가용 승용차에 의한 지정수량 이하의 위험물의 저장, 취급 및 운반

> **위험물안전관리법의 적용 제외**
> 위험물안전관리법은 항공기 · 선박 · 철도 및 궤도에 의한 위험물의 저장 · 취급 및 운반에 있어서는 이를 적용하지 않는다.

49 위험물안전관리법령상 위험물의 운반 시 운반용기는 다음의 기준에 따라 수납 적재하여야 한다. 다음 중 틀린 것은?

① 수납하는 위험물과 위험한 반응을 일으키지 않아야 한다.

② 고체위험물은 운반용기 내용적의 95% 이하로 수납하여야 한다.

③ 액체위험물은 운반용기 내용적의 95% 이하로 수납하여야 한다.

④ 하나의 외장용기에는 다른 종류의 위험물을 수납하지 않는다.

> 액체위험물은 운반용기 내용적의 98% 이하로 수납하여야 한다.

50 위험물안전관리법령상 위험물을 운반하기 위해 적재할 때 예를 들어 제6류 위험물은 1가지 유별(제1류 위험물)하고만 혼재할 수 있다. 다음 중 가장 많은 유별과 혼재가 가능한 것은? (단, 지정수량의 1/10을 초과하는 위험물이다)

① 제1류   ② 제2류
③ 제3류   ④ 제4류

> ① 제1류 : 제6류
> ② 제2류 : 제4류, 제5류
> ③ 제3류 : 제4류
> ④ 제4류 : 제2류, 제3류, 제5류

51 다음 위험물 중에서 옥외저장소에서 저장 · 취급할 수 없는 것은? (단, 특별시 · 광역시 또는 도의 조례에서 정하는 위험물과 IMDG Code에 적합한 용기에 수납된 위험물의 경우는 제외한다)

① 아세트산

② 에틸렌글리콜

③ 크레오소트유

④ 아세톤

> 제4류 위험물 중 옥외에 저장할 수 있는 위험물은 제1석유류(인화점이 섭씨 0도 이상인 것) · 알코올류 · 제2석유류 · 제3석유류 · 제4석유류 및 동식물유류이다.
> • 아세트산 : 제2석유류
> • 에틸렌글리콜 : 제3석유류
> • 크레오소트유 : 제3석유류
> • 아세톤 : 제1석유류(인화점 : −18℃)

52 디에틸에테르에 대한 설명으로 틀린 것은?

① 일반식은 R-CO-R′이다.
② 연소범위는 약 1.9~48%이다.
③ 증기비중 값이 비중 값보다 크다.
④ 휘발성이 높고 마취성을 가진다.

디에틸에테르의 일반식은 R-O-R′이다.

53 위험물안전관리법령상 지하탱크저장소 탱크전용실의 안쪽과 지하저장탱크와의 사이는 몇 m 이상의 간격을 유지하여야 하는가?

① 0.1   ② 0.2
③ 0.3   ④ 0.5

지하탱크저장소 탱크전용실의 안쪽과 지하저장탱크와의 사이는 0.1m 이상의 간격을 유지하여야 한다.

54 다음 ( ) 안에 들어갈 수치를 순서대로 올바르게 나열한 것은? (단, 제4류 위험물에 적응성을 갖기 위한 살수밀도 기준을 적용하는 경우를 제외한다)

┤【보기】├

위험물제조소등에 설치하는 폐쇄형 헤드의 스프링클러설비는 30개의 헤드를 동시에 사용할 경우 각 선단의 방사 압력이 ( )kPa 이상이고 방수량이 1분당 ( )L 이상이어야 한다.

① 100, 80   ② 120, 80
③ 100, 100   ④ 120, 100

위험물제조소등에 설치하는 폐쇄형 헤드의 스프링클러설비는 30개의 헤드를 동시에 사용할 경우 각 선단의 방사 압력이 100kPa 이상이고 방수량이 1분당 80L 이상이어야 한다.

55 위험물안전관리법령상 제조소등의 위치 · 구조 또는 설비 가운데 총리령이 정하는 사항을 변경허가를 받지 아니하고 제조소등의 위치 · 구조 또는 설비를 변경한 때 1차 행정처분기준으로 옳은 것은?

① 사용정지 15일
② 경고 또는 사용정지 15일
③ 사용정지 30일
④ 경고 또는 업무정지 30일

• 1차 : 경고 또는 사용정지 15일
• 2차 : 사용정지 60일

56 위험물안전관리법령상 제조소등의 관계인이 정기적으로 점검하여야 할 대상이 아닌 것은?

① 지정수량의 10배 이상의 위험물을 취급하는 제조소
② 지하탱크저장소
③ 이동탱크저장소
④ 지정수량의 100배 이상의 위험물을 저장하는 옥외탱크저장소

지정수량의 200배 이상의 위험물을 저장하는 옥외탱크저장소가 정기점검 대상에 해당한다.

57 위험물안전관리법령상 위험물제조소의 옥외에 있는 하나의 액체위험물 취급탱크 주위에 설치하는 방유제의 용량은 해당 탱크용량의 몇 % 이상으로 하여야 하는가?

① 50%   ② 60%
③ 100%   ④ 110%

위험물제조소의 옥외에 있는 하나의 액체위험물 취급탱크 주위에 설치하는 방유제의 용량은 해당 탱크용량의 50% 이상으로 하여야 한다.

58 위험물안전관리법령상 이송취급소에 설치하는 경보설비의 기준에 따라 이송기지에 설치하여야 하는 경보설비로만 이루어진 것은?

① 확성장치, 비상벨장치
② 비상방송설비, 비상경보설비
③ 확성장치, 비상방송설비
④ 비상방송설비, 자동화재탐지설비

이송기지에는 확성장치와 비상벨장치를 설치한다.

59 위험물안전관리법령상 위험물의 탱크 내용적 및 공간용적에 관한 기준으로 틀린 것은?

① 위험물을 저장 또는 취급하는 탱크의 용량은 해당 탱크의 내용적에서 공간용적을 뺀 용적으로 한다.
② 탱크의 공간용적은 탱크의 내용적의 100분의 5 이상 100분의 10 이하의 용적으로 한다.
③ 소화설비(소화약제 방출구를 탱크 안의 윗부분에 설치하는 것에 한한다)를 설치하는 탱크의 공간용적은 해당 소화설비의 소화약제방출구 아래의 0.3m 이상 1m 미만 사이의 면으로부터 윗부분의 용적으로 한다.

④ 암반탱크에 있어서는 해당 탱크 내에 용출하는 30일간의 지하수의 양에 상당하는 용적과 해당 탱크의 내용적의 100분의 1의 용적 중에서 보다 큰 용적을 공간용적으로 한다.

암반탱크에 있어서는 해당 탱크 내에 용출하는 7일간의 지하수의 양에 상당하는 용적과 해당 탱크의 내용적의 100분의 1의 용적 중에서 큰 용적을 공간용적으로 한다.

60 위험물안전관리법령상 위험등급의 종류가 나머지 셋과 다른 하나는?

① 제1류 위험물 중 중크롬산염류
② 제2류 위험물 중 인화성고체
③ 제3류 위험물 중 금속의 인화물
④ 제4류 위험물 중 알코올류

① 제1류 위험물 중 중크롬산염류 : 위험등급 III
② 제2류 위험물 중 인화성고체 : 위험등급 III
③ 제3류 위험물 중 금속의 인화물 : 위험등급 III
④ 제4류 위험물 중 알코올류 : 위험등급 II

정답
01 ①	02 ①	03 ③	04 ③	05 ②
06 ④	07 ②	08 ②	09 ①	10 ④
11 ④	12 ③	13 ②	14 ④	15 ①
16 ②	17 ①	18 ③	19 ①	20 ③
21 ③	22 ①	23 ①	24 ③	25 ②
26 ④	27 ①	28 ④	29 ④	30 ②
31 ①	32 ①	33 ①	34 ③	35 ③
36 ①	37 ③	38 ④	39 ③	40 ③
41 ②	42 ②	43 ②	44 ③	45 ①
46 ①	47 ③	48 ④	49 ③	50 ①
51 ④	52 ①	53 ①	54 ①	55 ②
56 ④	57 ①	58 ①	59 ④	60 ④

최근기출문제 – 2016년 4회

▶정답은 399쪽에 있습니다.

01 다음과 같은 반응에서 $5m^3$의 탄산가스를 만들기 위해 필요한 탄산수소나트륨의 양은 약 몇 kg인가?(단, 표준상태이고 나트륨의 원자량은 23이다)

$$2NaHCO_3 \rightarrow Na_2CO_3 + CO_2 + H_2O$$

① 18.75
② 37.5
③ 56.25
④ 75

$NaHCO_3$의 분자량 : $23+1+12+16\times3 = 84$

$PV = \dfrac{WRT}{M}$, $W = \dfrac{PVM}{RT}$

주어진 $NaHCO_3$가 2몰이므로 $W = \dfrac{PVM}{RT} \times 2$

P : 1atm
V : $5m^3$
M : 84Kg/Kmol
R : 0.082atm · m^3/Kmol · K
T : 273K

$\therefore W = \dfrac{1\times5\times84}{0.082\times273} \times 2 = 37.5$

02 연소에 대한 설명으로 옳지 않은 것은?

① 산화되기 쉬운 것일수록 타기 쉽다.
② 산소와의 접촉면이 큰 것일수록 타기 쉽다.
③ 충분한 산소가 있어야 타기 쉽다.
④ 열전도율이 큰 것일수록 타기 쉽다.

열전도율이 적을수록 타기 쉽다.

03 위험물의 자연발화를 방지하는 방법으로 가장 거리가 먼 것은?

① 통풍을 잘 시킬 것
② 저장실의 온도를 낮출 것
③ 습도가 높은 곳에 저장할 것
④ 정촉매 작용을 하는 물질과의 접촉을 피할 것

자연발화를 방지하기 위해서는 습도가 낮은 곳에 저장해야 한다.

04 탄화칼슘은 물과 반응 시 위험성이 증가하는 물질이다. 주수 소화 시 물과 반응하면 어떤 가스가 발생하는가?

① 수소
② 메탄
③ 에탄
④ 아세틸렌

탄화칼슘은 물과 반응 시 아세틸렌 가스를 발생한다.

05 위험물안전관리법령상 제3류 위험물 중 금수성 물질의 제조소에 설치하는 주의사항 게시판의 바탕색과 문자색을 옳게 나타낸 것은?

① 청색바탕에 황색문자
② 황색바탕에 청색문자
③ 청색바탕에 백색문자
④ 백색바탕에 청색문자

제3류 위험물 중 금수성 물질의 제조소에 설치하는 주의사항 게시판은 청색바탕에 백색문자를 사용한다.

06 다음 중 제5류 위험물의 화재 시에 가장 적당한 소화방법은?

① 물에 의한 냉각소화
② 질소에 의한 질식소화
③ 사염화탄소에 의한 부촉매 소화
④ 이산화탄소에 의한 질식소화

자기반응성 물질인 제5류 위험물은 위험물 자체에 산소를 함유하고 있으므로 물에 의한 냉각소화가 가장 효과적이다.

07 공기 중의 산소농도를 한계산소량 이하로 낮추어 연소를 중지시키는 소화방법은?

① 냉각소화
② 제거소화
③ 억제소화
④ 질식소화

공기 중의 산소농도를 15% 이하로 낮추어 소화하는 방법을 질식소화라 한다.

08 폭굉유도거리(DID)가 짧아지는 경우는?

① 정상 연소속도가 작은 혼합가스일수록 짧아진다.
② 압력이 높을수록 짧아진다.
③ 관지름이 넓을수록 짧아진다.
④ 점화원 에너지가 약할수록 짧아진다.

> 폭굉유도거리가 짧아지는 조건
> • 정상 연소속도가 큰 혼합가스일수록
> • 압력이 높을수록
> • 관속에 이물질이 있을 경우
> • 관지름이 작을수록
> • 점화원의 에너지가 클수록

09 연소의 3요소인 산소의 공급원이 될 수 없는 것은?

① H_2O_2
② KNO_3
③ HNO_3
④ CO_2

> 산소공급원이 될 수 있는 것은 공기, 산화제인 제1류 위험물, 제6류 위험물, 그리고 자기연소성물질인 제5류 위험물이다.
> H_2O_2(과산화수소 : 제6류), KNO_3(질산칼륨 : 제1류), HNO_3(질산 : 제6류)

10 인화칼슘이 물과 반응하였을 때 발생하는 가스는?

① 수소
② 포스겐
③ 포스핀
④ 아세틸렌

> 인화칼슘은 물과 반응하여 포스핀 가스를 발생한다.

11 수성막포소화약제에 사용되는 계면활성제는?

① 염화단백포 계면활성제
② 산소계 계면활성제
③ 황산계 계면활성제
④ 불소계 계면활성제

> 수성막포소화약제에는 불소계 계면활성제가 주로 사용된다.

12 질소와 아르곤과 이산화탄소의 용량비가 52대40대 8인 혼합물 소화약제에 해당하는 것은?

① IG-541
② HCFC BLEND A
③ HFC-125
④ HFC-23

> • 질소와 아르곤의 용량비가 50대50인 혼합물 : IG-55
> • 질소와 아르곤과 이산화탄소의 용량비가 52대40대8인 혼합물 : IG-541

13 위험물안전관리법령상 알칼리금속 과산화물에 적응성이 있는 소화설비는?

① 할로겐화합물소화설비
② 탄산수소염류분말소화설비
③ 물분무소화설비
④ 스프링클러설비

> 제1류 위험물 중 알칼리금속 과산화물에 적응성이 있는 소화설비는 탄산수소염류분말소화설비, 물통 또는 수조, 건조사, 팽창질석 또는 팽창진주암 등이다.

14 이산화탄소 소화약제에 관한 설명 중 틀린 것은?

① 소화약제에 의한 오손이 없다.
② 소화약제 중 증발잠열이 가장 크다.
③ 전기 절연성이 있다.
④ 장기간 저장이 가능하다.

> 이산화탄소 소화약제보다 물 소화약제의 증발잠열이 더 크다.

15 Halon 1001의 화학식에서 수소 원자의 수는?

① 0
② 1
③ 2
④ 3

> Halon 1001의 화학식은 CH_3Br이며, 수소 원자의 수는 3이다.

16 다음 중 강화액 소화약제의 주된 소화원리에 해당하는 것은?

① 냉각소화
② 절연소화
③ 제거소화
④ 발포소화

> 강화액 소화약제의 주된 소화원리는 냉각소화이다.

17 다음 중 탄산칼륨을 물에 용해시킨 강화액 소화약제의 pH에 가장 가까운 값은?

① 1
② 4
③ 7
④ 12

> 강화액 소화약제는 pH 12 이상, 응고점 약 −30~−26℃이다.

18 불활성가스 청정소화약제의 기본 성분이 아닌 것은?

① 헬륨
② 질소
③ 불소
④ 아르곤

불활성가스 청정소화약제란 헬륨, 네온, 아르곤 또는 질소 가스 중 하나 이상의 원소를 기본성분으로 하는 소화약제를 말한다.

19 위험물안전관리법령상 제4류 위험물에 적응성이 있는 소화기가 아닌 것은?

① 이산화탄소소화기 ② 봉상강화액소화기

③ 포소화기 ④ 인산염류분말소화기

제4류 위험물에는 봉상수소화기, 무상수소화기, 봉상강화액소화기는 적응성이 없다.

20 물과 친화력이 있는 수용성 용매의 화재에 보통의 포소화약제를 사용하면 포가 파괴되기 때문에 소화 효과를 잃게 된다. 이와 같은 단점을 보완한 소화약제로 가연성인 수용성 용매의 화재에 유효한 효과를 가지고 있는 것은?

① 알코올형포소화약제

② 단백포소화약제

③ 합성계면활성제포소화약제

④ 수성막포소화약제

수용성 액체, 알코올류 소화제에 효과적인 소화약제는 알코올형포소화약제이다.

21 알루미늄분의 성질에 대한 설명으로 옳은 것은?

① 금속 중에서 연소열량이 가장 작다.

② 끓는 물과 반응해서 수소를 발생한다.

③ 수산화나트륨 수용액과 반응해서 산소를 발생한다.

④ 안전한 저장을 위해 할로겐 원소와 혼합한다.

① 알루미늄분의 연소열량은 높은 편이다.
③ 수산화나트륨 수용액 등의 알칼리수용액과 반응하여 수소를 발생한다.
④ 할로겐 원소와 접촉하면 발화할 수 있다.

22 위험물안전관리법령에서는 특수인화물을 1기압에서 발화점이 100℃ 이하인 것 또는 인화점은 얼마 이하이고 비점이 40℃ 이하인 것으로 정의하는가?

① -10℃ ② -20℃

③ -30℃ ④ -40℃

특수인화물은 1기압에서 발화점이 100℃ 이하인 것 또는 인화점은 -20℃ 이하이고 비점이 40℃ 이하인 것을 말한다.

23 트리니트로톨루엔의 작용기에 해당하는 것은?

① -NO ② -NO₂

③ -NO₃ ④ -NO₄

트리니트로톨루엔의 작용기는 니트로기(-NO₂)이다.

24 위험물의 성질에 대한 설명 중 틀린 것은?

① 황린은 공기 중에서 산화할 수 있다.

② 적린은 KClO₃와 혼합하면 위험하다.

③ 황은 물에 매우 잘 녹는다.

④ 황화인은 가연성이 고체이다.

제2류 위험물인 황은 물에 녹지 않는다.

25 피리딘의 일반적인 성질에 대한 설명 중 틀린 것은?

① 순수한 것은 무색 액체이다.

② 약알칼리성을 나타낸다.

③ 물보다 가볍고, 증기는 공기보다 무겁다.

④ 흡습성이 없고, 비수용성이다.

제4류 위험물 제1석유류인 피리딘은 물, 알코올, 에테르에 잘 녹는다.

26 니트로글리세린에 대한 설명으로 옳은 것은?

① 물에 매우 잘 녹는다.

② 공기 중에서 점화하면 연소하나 폭발의 위험은 없다.

③ 충격에 대하여 민감하여 폭발을 일으키기 쉽다.

④ 제5류 위험물의 니트로화합물에 속한다.

제5류 위험물 질산에스테르류인 니트로글리세린은 물에는 녹지 않고 알코올, 벤젠 등에 녹는다. 충격, 마찰에 매우 예민하고 폭발을 일으키기 쉬워 직사광선을 피하고 환기가 잘 되는 냉암소에 보관해야 한다.

27 다음 물질 중 과염소산칼륨과 혼합했을 때 발화폭발의 위험이 가장 높은 것은?

① 석면 ② 금

③ 유리 ④ 목탄

제1류 위험물인 과염소산칼륨은 목탄분, 유기물, 인, 유황, 마그네슘분 등을 혼합하면 외부의충격에 의해 폭발할 위험이 있다.

28 메틸리튬과 물의 반응 생성물로 옳은 것은?

① 메탄, 수소화리튬 ② 메탄, 수산화리튬

③ 에탄, 수소화리튬 ④ 에탄, 수산화리튬

$$(CH_3)Li + H_2O \rightarrow LiOH + CH_4$$
메틸리튬   물   수산화리튬 메탄

29 다음 위험물 중 물보다 가벼운 것은?

① 메틸에틸케톤   ② 니트로벤젠
③ 에틸렌글리콜   ④ 글리세린

제4류 위험물 제1석유류인 메틸에틸케톤은 비중 0.8로 물보다 가볍다.

30 제4류 위험물의 일반적인 성질에 대한 설명 중 틀린 것은?

① 대부분 유기화합물이다.
② 액체 상태이다.
③ 대부분 물보다 가볍다.
④ 대부분 물에 녹기 쉽다.

제4류 위험물은 대부분 물보다 가볍고 물에 녹기 어렵다.

31 질산과 과염소산의 공통성질이 아닌 것은?

① 가연성이며 강산화제이다.
② 비중이 1보다 크다
③ 가연물과 혼합으로 발화의 위험이 있다.
④ 물과 접촉하면 발열한다.

제6류 위험물은 불연성 물질이며, 강산화제이다.

32 과산화나트륨에 대한 설명으로 틀린 것은?

① 알코올에 잘 녹아서 산소와 수소를 발생시킨다.
② 상온에서 물과 격렬하게 반응한다.
③ 비중이 약 2.8이다.
④ 조해성 물질이다.

제1류 위험물인 과산화나트륨은 알코올에 녹지 않으며, 물과 반응하여 수산화나트륨과 산소를 발생한다.

33 다음 중 제5류 위험물로만 나열되지 않은 것은?

① 과산화벤조일, 질산메틸
② 과산화초산, 디니트로벤젠
③ 과산화요소, 니트로글리콜
④ 아세토니트릴, 트리니트로톨루엔

아세토니트릴은 제4류 위험물 제1석유류 중 수용성 액체에 속한다.

34 아조화합물 800kg, 히드록실아민 300kg, 유기과산화물 40kg의 총 양은 지정수량의 몇 배에 해당하는가?

① 7배   ② 9배
③ 10배   ④ 11배

• 아조화합물의 지정수량 : 200kg
• 히드록실아민의 지정수량 : 100kg
• 유기과산화물의 지정수량 : 10kg
※지정수량의 배수 = 800/200 + 300/100 + 40/10 = 11배

35 물과 반응하여 가연성 가스를 발생하지 않는 것은?

① 칼륨   ② 과산화칼륨
③ 탄화알루미늄   ④ 트리에틸알루미늄

제1류 위험물인 과산화칼륨은 물과 반응하여 수산화칼륨과 산소를 발생한다.

36 다음 중 인화점이 가장 높은 것은?

① 등유   ② 벤젠
③ 아세톤   ④ 아세트알데히드

• 등유 : 30~60℃   • 벤젠 : −11℃
• 아세톤 : −18℃   • 아세트알데히드 : −38℃

37 다음 중 제6류 위험물이 아닌 것은?

① 할로겐간화합물   ② 과염소산
③ 아염소산   ④ 과산화수소

제6류 위험물 : 과염소산, 과산화수소, 질산, 할로겐간화합물

38 제4류 위험물인 클로로벤젠의 지정수량으로 옳은 것은?

① 200L   ② 400L
③ 1,000L   ④ 2,000L

제4류 위험물 제2석유류인 클로로벤젠은 비수용성 액체로서 지정수량은 1,000L이다.

39 다음 중 제1류 위험물에 해당되지 않는 것은?

① 염소산칼륨   ② 과염소산암모늄
③ 과산화바륨   ④ 질산구아니딘

질산구아니딘은 총리령으로 정하는 제5류 위험물에 해당한다.

40 다음 위험물 중 지정수량이 나머지 셋과 다른 하나는?

① 마그네슘 ② 금속분
③ 철분 ④ 유황

> • 마그네슘, 금속분, 철분 : 500kg
> • 유황 : 100kg

41 아염소산나트륨의 저장 및 취급 시 주의사항으로 가장 거리가 먼 것은?

① 물속에 넣어 냉암소에 저장한다.
② 강산류와의 접촉을 피한다.
③ 취급 시 충격, 마찰을 피한다.
④ 가연성 물질과 접촉을 피한다.

> 제1류 위험물인 아염소산나트륨은 직사광선을 피하고 환기가 잘되는 냉암소에 보관한다.

42 위험물안전관리법령상 연면적이 450m²인 저장소의 건축물 외벽이 내화구조가 아닌 경우 이 저장소의 소화기 소요단위는?

① 3 ② 4.5
③ 6 ④ 9

> 건축물 외벽이 내화구조가 아닌 저장소의 경우 연면적 75m²를 1소요 단위로 한다. 따라서 연면적이 450m²인 저장소의 경우 소화기의 소요단위는 6이다.

43 위험물안전관리법령상 주유취급소에 설치·운영할 수 없는 건축물 또는 시설은?

① 주유취급소를 출입하는 사람을 대상으로 하는 그림 전시장
② 주유취급소를 출입하는 사람을 대상으로 하는 일반음식점
③ 주유원 주거시설
④ 주유취급소를 출입하는 사람을 대상으로 하는 휴게음식점

> **주유취급소에 설치·운영할 수 있는 건축물 또는 시설**
> • 주유 또는 등유·경유를 옮겨 담기 위한 작업장
> • 주유취급소의 업무를 행하기 위한 사무소
> • 자동차 등의 점검 및 간이정비를 위한 작업장
> • 자동차 등의 세정을 위한 작업장
> • 주유취급소에 출입하는 사람을 대상으로 한 점포·휴게음식점 또는 전시장
> • 주유취급소의 관계자가 거주하는 주거시설
> • 전기자동차용 충전설비

44 위험물안전관리법령상 옥외저장소 중 덩어리 상태의 유황만을 지반면에 설치한 경계표시의 안쪽에서 저장 또는 취급할 때 경계표시의 높이는 몇 m 이하로 하여야 하는가?

① 1 ② 1.5
③ 2 ④ 2.5

> 옥외저장소 중 덩어리 상태의 유황만을 지반면에 설치한 경계표시의 안쪽에서 저장 또는 취급할 때 경계표시의 높이는 1.5m 이하로 하여야 한다.

45 위험물옥외저장탱크의 통기관에 관한 사항으로 옳지 않은 것은?

① 밸브 없는 통기관의 직경은 30mm 이상으로 한다.
② 대기밸브부착 통기관은 항시 열려 있어야 한다.
③ 밸브 없는 통기관의 선단은 수평면보다 45도 이상 구부려 빗물 침투를 막는 구조로 한다.
④ 대기밸브부착 통기관은 5kPa 이하의 압력차이로 작동할 수 있어야 한다.

> **대기밸브부착 통기관에 관한 사항**
> • 5kPa 이하의 압력차이로 작동할 수 있을 것
> • 가는 눈의 구리망 등으로 인화방지장치를 할 것

46 위험물안전관리법령상 주유취급소 중 건축물의 2층을 휴게음식점의 용도로 사용하는 것에 있어 해당 건축물의 2층으로부터 직접 주유취급소의 부지 밖으로 통하는 출입구와 해당 출입구로 통하는 통로·계단에 설치하여야 하는 것은?

① 비상경보설비 ② 유도등
③ 비상조명등 ④ 확성장치

> 주유취급소 중 건축물의 2층을 휴게음식점의 용도로 사용하는 것에 있어 해당 건축물의 2층으로부터 직접 주유취급소의 부지 밖으로 통하는 출입구와 해당 출입구로 통하는 통로·계단에는 유도등을 설치해야 한다.

47 위험물안전관리법령상 소화전용물통 8L의 능력단위는?

① 0.3 ② 0.5
③ 1.0 ④ 1.5

> 소화전용물통 8L의 능력단위는 0.3이다.

48 위험물안전관리법령상 위험물제조소에 설치하는 배출설비에 대한 내용으로 틀린 것은?

① 배출설비는 예외적인 경우를 제외하고 국소방식으로 하여야 한다.
② 배출설비는 강제배출 방식으로 한다.
③ 급기구는 낮은 장소에 설치하고 인화방지망을 설치한다.
④ 배출구는 지상 2m 이상 높이에 연소의 우려가 없는 곳에 설치한다.

급기구는 높은 장소에 설치하고 가는 눈의 구리망 등으로 인화방지망을 설치한다.

49 위험물안전관리법령상 옥내소화전설비의 기준에 따르면 펌프를 이용한 가압송수 장치에서 펌프의 토출량은 옥내소화전의 설치개수가 가장 많은 층에 대해 해당 설치개수(5개 이상인 경우에는 5개)에 얼마를 곱한 양 이상이 되도록 하여야 하는가?

① 260L/min
② 360L/min
③ 460L/min
④ 560L/min

펌프를 이용한 가압송수장치의 기준
펌프의 토출량은 옥내소화전의 설치개수가 가장 많은 층에 대해 당해 설치개수(설치개수가 5개 이상인 경우 5개)에 260L/min를 곱한 양 이상이 되도록 할 것

50 위험물의 운반에 관한 기준에서 다음 ( )에 알맞은 온도는 몇 ℃인가?

【보기】
적재하는 제5류 위험물 중 ( )℃ 이하의 온도에서 분해될 우려가 있는 것은 보냉 컨테이너에 수납하는 등 적정한 온도관리를 유지하여야 한다.

① 40
② 50
③ 55
④ 60

적재하는 제5류 위험물 중 55℃ 이하의 온도에서 분해될 우려가 있는 것은 보냉 컨테이너에 수납하는 등 적정한 온도관리를 유지하여야 한다.

51 위험물안전관리법령상 제4류 위험물의 품명에 따른 위험등급과 옥내저장소 하나의 저장창고 바닥면적 기준을 옳게 나열한 것은?(단, 전용의 독립된 단층건물에 설치하며, 구획된 실이 없는 하나의 저장창고인 경우에 한한다)

① 제1석유류 : 위험등급 I , 최대 바닥면적 1,000m²
② 제2석유류 : 위험등급 I , 최대 바닥면적 2,000m²
③ 제3석유류 : 위험등급 II , 최대 바닥변적 2,000m²
④ 알코올류 : 위험등급 II , 최대 바닥면적 1,000m²

① 제1석유류 : 위험등급 II , 최대 바닥면적 1,000m²
② 제2석유류 : 위험등급 III , 최대 바닥면적 2,000m²
③ 제3석유류 : 위험등급 III , 최대 바닥변적 2,000m²

52 인화점이 21 ℃ 미만인 액체위험물의 옥외저장탱크 주입구에 설치하는 "옥외저장탱크주입구"라고 표시한 게시판의 바탕 및 문자색을 옳게 나타낸 것은?

① 백색바탕 – 적색문자
② 적색바탕 – 백색문자
③ 백색바탕 – 흑색문자
④ 흑색바탕 – 백색문자

인화점이 21℃ 미만인 위험물의 옥외저장탱크의 주입구에는 보기 쉬운 곳에 게시판을 설치해야 하는데, 백색바탕에 흑색문자로 한다.

53 위험물안전관리법령상 위험물안전관리자의 책무에 해당하지 않는 것은?

① 화재 등의 재난이 발생한 경우 소방관서 등에 대한 연락업무
② 화재 등의 재난이 발생한 경우 응급조치
③ 위험물의 취급에 관한 일지의 작성·기록
④ 위험물안전관리자의 선임·신고

위험물안전관리자의 책무(시행규칙)
㉠ 위험물의 취급작업에 참여하여 당해 작업이 저장 또는 취급에 관한 기술기준과 예방규정에 적합하도록 해당 작업자에 대하여 지시 및 감독하는 업무
㉡ 화재 등의 재난이 발생한 경우 응급조치 및 소방관서 등에 대한 연락업무
㉢ 위험물시설의 안전을 담당하는 자를 따로 두는 제조소등의 경우에는 그 담당자에게 다음 규정에 의한 업무의 지시, 그 밖의 제조소등의 경우에는 다음 규정에 의한 업무
 • 제조소등의 위치·구조 및 설비를 법 제5조제4항의 기술기준에 적합하도록 유지하기 위한 점검과 점검상황의 기록·보존
 • 제조소등의 구조 또는 설비의 이상을 발견한 경우 관계자에 대한 연락 및 응급조치
 • 화재가 발생하거나 화재발생의 위험성이 현저한 경우 소방관서 등에 대한 연락 및 응급조치
 • 제조소등의 계측장치·제어장치 및 안전장치 등의 적정한 유지·관리
 • 제조소등의 위치·구조 및 설비에 관한 설계도서 등의 정비·보존 및 제조소등의 구조 및 설비의 안전에 관한 사무의 관리
㉣ 화재 등의 재해의 방지와 응급조치에 관하여 인접하는 제조소등과 그 밖의 관련되는 시설의 관계자와 협조체제의 유지
㉤ 위험물의 취급에 관한 일지의 작성·기록
㉥ 그 밖에 위험물을 수납한 용기를 차량에 적재하는 작업, 위험물설비를 보수하는 작업 등 위험물의 취급과 관련된 작업의 안전에 관하여 필요한 감독의 수행

54 위험물안전관리법령상 옥내탱크저장소의 기준에서 옥내저장탱크 상호간에는 몇 m 이상의 간격을 유지하여야 하는가?

① 0.3
② 0.5
③ 0.7
④ 1.0

옥내저장탱크와 탱크전용실의 벽과의 사이 및 옥내저장탱크의 상호간에는 0.5m 이상의 간격을 유지해야 한다.

55 제2류 위험물 중 인화성 고체의 제조소에 설치하는 주의사항 게시판에 표시할 내용을 옳게 나타낸 것은?

① 적색바탕에 백색문자로 "화기엄금" 표시
② 적색바탕에 백색문자로 "화기주의" 표시
③ 백색바탕에 적색문자로 "화기엄금" 표시
④ 백색바탕에 적색문자로 "화기주의" 표시

• 제2류 위험물 중 인화성 고체 : 적색바탕에 백색문자로 "화기엄금" 표시
• 인화성 고체를 제외한 제2류 위험물 : 적색바탕에 백색문자로 "화기주의" 표시

56 위험물안전관리법령상 배출설비를 설치하여야 하는 옥내저장소의 기준에 해당하는 것은?

① 가연성 증기가 액화할 우려가 있는 장소
② 모든 장소의 옥내저장소
③ 가연성 미분이 체류할 우려가 있는 장소
④ 인화점이 70℃ 미만인 위험물의 옥내저장소

인화점이 70℃ 미만인 위험물의 저장창고에 있어서는 내부에 체류한 가연성의 증기를 지붕 위로 배출하는 설비를 갖추어야 한다.

57 이동저장탱크에 알킬알루미늄을 저장하는 경우에 불활성 기체를 봉입하는데 이때의 압력은 몇 kPa 이하이어야 하는가?

① 10
② 20
③ 30
④ 40

이동저장탱크에 알킬알루미늄을 저장하는 경우에 불활성 기체를 봉입하는데 이때의 압력은 20kPa 이하이어야 한다.

58 다음 중 위험물안전관리법령상 지정수량의 1/10을 초과하는 위험물을 운반할 때 혼재할 수 없는 경우는?

① 제1류 위험물과 제6류 위험물
② 제2류 위험물과 제4류 위험물
③ 제4류 위험물과 제5류 위험물
④ 제5류 위험물과 제3류 위험물

59 그림과 같은 위험물 저장탱크에 내용적은 약 몇 ㎥인가? 268페이지 6번 그림 해설 가져오고 문제에 연도 표시할 것

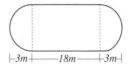

① 4,681
② 5,482
③ 6,283
④ 7,080

횡으로 설치한 원통형 탱크의 내용적

$$= \pi r^2 \left(\ell + \frac{\ell_1 + \ell_2}{3} \right) = \pi 10^2 \left(18 + \frac{3+3}{3} \right) \fallingdotseq 6283.18$$

60 위험물 옥외저장소에서 지정수량 200배 초과의 위험물을 저장할 경우 경계표시 주위의 보유공지 너비는 몇 m 이상으로 하여야 하는가?(단, 제4류 위험물과 제6류 위험물이 아닌 경우이다)

① 0.5
② 2.5
③ 10
④ 15

지정수량 200배 초과의 위험물을 저장할 경우 경계표시 주위의 보유공지 너비는 15m 이상으로 하여야 한다.

정답

01 ②	02 ④	03 ③	04 ④	05 ③
06 ①	07 ④	08 ②	09 ④	10 ③
11 ④	12 ①	13 ②	14 ②	15 ④
16 ①	17 ④	18 ②	19 ②	20 ①
21 ②	22 ②	23 ②	24 ③	25 ④
26 ③	27 ④	28 ②	29 ①	30 ④
31 ①	32 ①	33 ④	34 ④	35 ②
36 ①	37 ③	38 ②	39 ④	40 ④
41 ①	42 ③	43 ②	44 ②	45 ②
46 ②	47 ①	48 ④	49 ①	50 ③
51 ④	52 ③	53 ④	54 ②	55 ①
56 ④	57 ②	58 ④	59 ③	60 ④

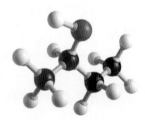

Craftsman Hazardous material

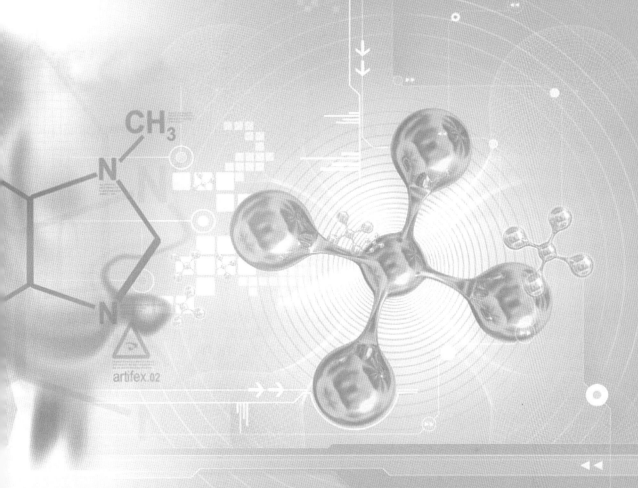

CHAPTER

09

최신경향
핵심 120제

- 시험 전 반드시 체크해야 할 최신빈출 120제 -

01 물이 분자량이 더 큰 다른 유기화합물에 비하여 비점이 크고 증발잠열이 큰 이유는?

① 수소결합을 하고 있기 때문이다.
② 이온결합을 하고 있기 때문이다.
③ 비극성공유결합을 하고 있기 때문이다.
④ 배위결합을 하고 있기 때문이다.

02 소화약제로 물이 사용될 수 있는 물리적·화학적 특성에 대한 설명으로 틀린 것은?

① 비극성 공유결합을 하고 있기 때문에 증발잠열이 크다.
② 연소가 발생하지 않는 불연성이다.
③ 비열이 크다.
④ 액체 상태의 물이 기화되면 체적이 크게 증가하여 질식소화효과도 있다.

03 소화효과 중 부촉매 효과를 기대할 수 있는 소화약제는?

① 포소화약제
② 물소화약제
③ 이산화탄소소화약제
④ 분말소화약제

04 연쇄반응을 억제하여 소화하는 소화약제는?

① 포
② 물
③ 이산화탄소
④ 할론 1301

05 BCF 소화기의 약제를 화학식으로 옳게 나타낸 것은?

① CCl_4
② CH_2ClBr
③ CF_3Br
④ CF_2ClBr

06 유류화재 소화 시 분말소화약제를 사용할 경우 소화 후에 재발화 현상이 가끔씩 발생할 수 있다. 다음 중 이러한 현상을 예방하기 위하여 병용하여 사용하면 가장 효과적인 포소화약제는?

① 단백포 소화약제
② 수성막포 소화약제
③ 알코올형포 소화약제
④ 합성계면활성제포 소화약제

07 분말소화약제와 함께 트윈 에이전트 시스템(twin agent system)으로 사용할 수 있는 포소화약제는?

① 불화단백포 소화약제
② 합성계면활성제포 소화약제
③ 수성막포 소화약제
④ 단백포 소화약제

08 수성막포소화약제에 사용되는 계면활성제는?

① 염화단백포 계면활성제
② 산소계 계면활성제
③ 황산계 계면활성제
④ 불소계 계면활성제

09 표면하 포주입방식에 사용 가능한 포소화약제는?

① 단백포 소화약제

② 합성계면활성제포 소화약제

③ 수성막포 소화약제

④ 알코올형포 소화약제

10 물과 친화력이 있는 수용성 용매의 화재에 보통의 포소화약제를 사용하면 포가 파괴되기 때문에 소화 효과를 잃게 된다. 이와 같은 단점을 보완한 소화약제로 가연성인 수용성 용매의 화재에 유효한 효과를 가지고 있는 것은?

① 단백포소화약제

② 수성막포소화약제

③ 알코올형포소화약제

④ 합성계면활성제포소화약제

11 다음 중 탄산칼륨을 물에 용해시킨 강화액 소화약제의 pH에 가장 가까운 값은?

① 12

② 1

③ 7

④ 4

12 물의 용융잠열은 약 몇 cal/g 인가?

① 539

② 80

③ 32

④ 180

13 다음 중 연소속도와 의미가 가장 가까운 것은?

① 산화반응 속도

② 탄화속도

③ 환원반응 속도

④ 기화열의 발생속도

14 목조건축물의 일반적인 화재현상에 가장 가까운 것은?

① 고온단시간형

② 저온단시간형

③ 고온장시간형

④ 저온장시간형

15 인화점에 대한 설명으로 가장 옳은 것은?

① 가연성 물질을 산소 중에서 가열할 때 점화원 없이 연소하기 위한 최저온도

② 가연성 물질이 산소 없이 연소하기 위한 최저 온도

③ 가연성 물질을 공기 중에서 가열할 때 가연성 증기가 연소범위 하한에 도달하는 최저온도

④ 가연성 물질이 공기 중 가압하에서 연소하기 위한 최저온도

16 물체의 표면온도가 200℃에서 500℃로 상승하면 열복사량은 약 몇 배 증가하는가?

① 3

② 5

③ 9

④ 7

17 제5류 위험물인 피크린산의 지정수량은 몇 kg인가?

① 200

② 10

③ 100

④ 50

18 다음 중 위험물안전관리법령에서 정한 지정수량이 500kg인 것은?

① 인화성고체

② 황화린

③ 유황

④ 금속분

19 위험물안전관리법령상 셀룰로이드의 품명과 지정수량을 옳게 연결한 것은?

① 니트로화합물 – 200kg

② 질산에스테르류 – 10kg

③ 니트로화합물 – 10kg

④ 질산에스테르류 – 200kg

20 위험물안전관리법령상 염소화규소화합물은 제 몇 류 위험물에 해당하는가?

① 제1류

② 제5류

③ 제3류

④ 제2류

21 다음 중 알킬알루미늄의 소화방법으로 가장 적합한 것은?

① 주수에 의한 소화

② 산·알칼리 소화약제에 의한 소화

③ 알코올포에 의한 소화

④ 팽창질석에 의한 소화

22 마그네슘 화재 시 이산화탄소 소화약제를 사용할 수 없는 이유는?

① 황화수소 발생

② 수소 발생

③ 탄소 발생

④ 수산화마그네슘 발생

23 과산화수소의 저장 방법에 대한 설명으로 옳은 것은?

① 분해 방지를 위해 되도록이면 고농도로 보관한다.

② 투명유리병에 넣어 햇빛이 잘 드는 곳에 보관한다.

③ 인산, 요산 등의 분해 안정제를 사용한다.

④ 금속 보관 용기를 사용하여 밀전한다.

24 황린이 공기 중에서 연소 시 발생하는 가스의 색깔은?

① 자색

② 황색

③ 흑색

④ 흰색

25 위험물안전관리법령상 가장 많은 종류의 소화설비에 대하여 적응성을 갖고 있는 위험물은?

① 알칼리금속과산화물
② 금속분
③ 금수성물질
④ 인화성고체

26 메탄올에 관한 설명으로 옳지 않은 것은?

① 인화점은 약 11℃이다.
② 술의 원료로 사용된다.
③ 휘발성이 강하다.
④ 최종산화물은 의산(포름산)이다.

27 위험물안전관리법의 규정상 운반차량에 혼재해서 적재할 수 없는 것은?(단, 지정수량의 10배인 경우이다)

① 염소화규소화합물 – 특수인화물
② 고형알코올 – 니트로화합물
③ 염소산염류 – 질산
④ 질산구아니딘 – 황린

28 제5류 위험물의 화재의 예방과 진압대책으로 옳지 않은 것은?

① 서로 1m 이상의 간격을 두고 유별로 정리한 경우라도 제3류 위험물과는 동일한 옥내저장소에 저장할 수 없다.
② 위험물제조소의 주의사항 게시판에는 주의사항으로 "화기엄금"만 표기하면 된다.
③ 이산화탄소소화기와 할로겐화합물소화기는 모두 적응성이 없다.
④ 운반용기의 외부에는 주의사항으로 "화기엄금"만 표시하면 된다.

29 무색, 무취의 백색결정이며 분자량이 약 122, 녹는점이 약 482℃인 강산화성물질로 폭약, 로켓추진체 등의 용도로 사용되는 위험물은?

① 염소산바륨
② 과염소산나트륨
③ 아염소산나트륨
④ 과산화바륨

30 크레오소트유에 대한 설명으로 틀린 것은?

① 제3석유류에 속한다.
② 무취이고 증기는 독성이 없다.
③ 상온에서 액체이다.
④ 물보다 무겁고 물에 녹지 않는다.

31 위험물안전관리법령상 알코올류에 해당하는 것은?

① 에틸렌글리콜($C_2H_4(OH)_2$)
② 알릴알코올($CH_2=CHCH_2OH$)
③ 부틸알코올(C_4H_9OH)
④ 에틸알코올(CH_3CH_2OH)

32 다음의 분말은 모두 150마이크로미터의 체를 통과하는 것이 50중량퍼센트 이상이 된다. 이들 분말 중 위험물안전관리법령상 품명이 "금속분"으로 분류되는 것은?

① 철분
② 구리분
③ 알루미늄분
④ 니켈분

33 아세톤에 관한 설명 중 틀린 것은?

① 무색 휘발성이 강한 액체이다.
② 조해성이 있으며 물과 반응 시 발열한다.
③ 겨울철에도 인화의 위험성이 있다.
④ 증기는 공기보다 무거우며 액체는 물보다 가볍다.

34 KMnO₄와 혼합할 때 위험한 물질이 아닌 것은?

① H_2SO_4
② CH_3OH
③ H_2O
④ $C_2H_5OC_2H_5$

35 다음 중 제6류 위험물로서 분자량이 약 63인 것은?

① 과염소산
② 삼불화브롬
③ 질산
④ 과산화수소

36 피크르산의 성질에 대한 설명 중 틀린 것은?

① 황색의 액체이다.
② 쓴맛이 있으며 독성이 있다.
③ 납과 반응하여 예민하고 폭발 위험이 있는 물질을 형성한다.
④ 에테르, 알코올에 녹는다.

37 벤조일퍼옥사이드에 대한 설명으로 틀린 것은?

① 품명은 유기과산화물이다.
② 제5류 위험물에 해당한다.
③ 가급적 소분하여 저장한다.
④ 무색, 무취의 투명한 액체이다.

38 알루미늄에 대한 설명으로 옳지 않은 것은?

① 알칼리수용액에서 수소를 발생한다.
② 할로겐 원소와는 반응하지 않는다.
③ 비중이 물보다 크다.
④ 산과 반응하여 수소를 발생한다.

39 니트로셀룰로오스의 저장·취급 방법으로 틀린 것은?

① 직사광선을 피해 저장한다.
② 되도록 장기간 보관하여 안정화된 후에 사용한다.
③ 유기과산화물류, 강산화제와의 접촉을 피한다.
④ 건조상태에 이르면 위험하므로 습한 상태를 유지한다.

40 휘발유의 연소범위에 가장 가까운 것은?

① 2.0~23.0 vol%
② 1.4~7.6 vol%
③ 1.0~50.0 vol%
④ 1.8~36.5 vol%

41 제5류 위험물의 화재 예방상 유의사항 및 화재 시 소화방법에 관한 설명으로 옳지 않은 것은?

① 대량의 주수에 의한 소화가 좋다.
② 화재 초기에는 질식소화가 효과적이다.
③ 일부 물질의 경우 운반 또는 저장 시 안정제를 사용해야 한다.
④ 가연물과 산소공급원이 같이 있는 상태이므로 점화원의 방지에 유의하여야 한다.

42 요오드값에 관한 설명 중 틀린 것은?

① 기름 100g에 흡수되는 요오드의 g수를 말한다.
② 요오드값은 유지에 함유된 지방산의 불포화 정도를 나타낸다.
③ 불포화결합이 많이 포함되어 있는 것이 건성유이다.
④ 불포화 정도가 클수록 반응성이 작다.

43 충격이나 마찰에 민감하고 다이너마이트의 원료로 사용한 위험물은?

① 셀룰로이드
② 니트로글리세린
③ 트리니트로톨루엔
④ 트리니트로페놀

44 에틸렌글리콜의 성질로 옳지 않은 것은?

① 물, 알코올 등에 잘 녹는다.
② 분자량은 약 62이고, 비중은 약 1.1이다.
③ 부동액의 원료로 사용된다.
④ 갈색의 액체로 방향성이 있고 쓴맛이 난다.

45 니트로셀룰로오스의 위험성에 대하여 옳게 설명한 것은?

① 물과 혼합하면 위험성이 감소된다.
② 공기 중에서 산화되지만 자연발화의 위험은 없다.
③ 건조할수록 발화의 위험성이 낮다.
④ 알코올과 반응하여 발화한다.

46 위험물과 그 위험물이 물과 반응하여 발생하는 가스를 잘못 연결한 것은?

① 탄화칼슘 – 아세틸렌
② 인화칼슘 – 에탄
③ 탄화알루미늄 – 메탄
④ 수소화칼슘 – 수소

47 과산화바륨의 취급에 대한 설명 중 틀린 것은?

① 가연물과 함께 있을 때에 주수소화가 가장 효과적이다.
② 유기물, 산 등의 접촉을 피한다.
③ 직사광선을 피하고, 냉암소에 둔다.
④ 피부와 직접적인 접촉을 피한다.

48 위험물안전관리법령상 산화성 액체에 대한 설명으로 옳은 것은?

① 과산화수소는 농도와 밀도가 비례한다.
② 과산화수소는 농도가 높을수록 끓는점이 낮아진다.
③ 질산은 상온에서 불연성이지만 고온으로 가열하면 스스로 발화한다.
④ 질산을 황산과 일정 비율로 혼합하여 왕수를 제조할 수 있다.

49 과염소산에 대한 설명으로 틀린 것은?

① 산화제이므로 쉽게 산화될 수 있다.
② 불연성이지만 유독성이 있다.
③ 물과 접촉하면 발열한다.
④ 증기비중이 약 3.5이다.

50 제6류 위험물의 성질로 알맞은 것은?

① 산화성고체
② 산화성액체
③ 금수성물질
④ 자연발화성물질

51 다음 중 물에 잘 녹지 않고 비중이 약 0.72이며 인화점이 0℃ 이하인 것은?

① 디에틸에테르
② 아세톤
③ 니트로벤젠
④ 아세트알데히드

52 위험성 예방을 위해 물속에 저장하는 것은?

① 칠황화린
② 이황화탄소
③ 톨루엔
④ 오황화린

53 부틸리튬(n-Butyl lithium)에 대한 설명으로 옳은 것은?

① 무색의 가연성고체이며 자극성이 있다.
② 증기는 공기보다 가볍고 점화원에 의해 산화의 위험이 있다.
③ 화재 발생 시 이산화탄소소화설비는 적응성이 없다.
④ 탄화수소나 다른 극성의 액체에 용해가 잘되며 휘발성은 작다.

54 페놀을 황산과 질산의 혼산으로 니트로화하여 제조하는 제5류 위험물은?

① 아세트산
② 질산에틸
③ 니트로글리콜
④ 피크르산

55 과산화칼륨의 저장창고에서 화재가 발생하였다. 다음 중 가장 적합한 소화약제는?

① 이산화탄소
② 염산
③ 포
④ 팽창질석

56 금속분의 연소 시 주수소화 하면 위험한 이유로 옳은 것은?

① 물과 작용하여 산소가스를 발생한다.
② 물과 작용하여 유독가스를 발생한다.
③ 물과 작용하여 수소가스를 발생한다.
④ 물에 녹아 산이 된다.

57 위험물을 운반용기에 수납하여 적재할 때 일광의 직사를 피하기 위하여 차광성 있는 피복으로 가려야 하는 위험물은?

① 이황화탄소
② 아세톤
③ 아세트산
④ 에틸알코올

58 메틸알코올의 위험성에 대한 설명으로 틀린 것은?

① 연소범위는 에틸알코올보다 넓다.
② 겨울에는 인화의 위험이 여름보다 작다.
③ 증기밀도는 휘발유보다 크다.
④ 독성이 있다.

59 다음 중 증기밀도가 가장 큰 것은?

① 디에틸에테르

② 벤젠

③ 가솔린(옥탄 100%)

④ 에틸알코올

60 탄화칼슘은 물과 반응 시 위험성이 증가하는 물질이다. 주수소화 시 물과 반응하면 어떤 가스가 발생하는가?

① 수소

② 메탄

③ 에탄

④ 아세틸렌

61 식용유 화재 시 제1종 분말소화약제를 이용하여 화재의 제어가 가능하다. 이때의 소화원리에 가장 가까운 것은?

① 촉매효과에 의한 질식효과

② 비누화 반응에 의한 질식효과

③ 요오드화에 의한 냉각소화

④ 가수분해 반응에 의한 냉각소화

62 아세톤의 성질에 관한 설명으로 옳은 것은?

① 비중은 1.02이다.

② 물에 불용이고, 에테르에 잘 녹는다.

③ 증기 자체는 무해하나, 피부에 닿으면 탈지작용이 있다.

④ 인화점이 0℃보다 낮다.

63 질산의 비중이 1.5일 때, 1 소요단위는 몇 L인가?

① 200

② 150

③ 1,500

④ 2,000

64 벤젠에 대한 설명으로 옳은 것은?

① 휘발성이 강한 액체이다.

② 물에 매우 잘 녹는다.

③ 증기의 비중은 1.5이다.

④ 순수한 것의 융점은 30℃이다.

65 제2류 위험물에 대한 설명 중 틀린 것은?

① 칠황화린은 뜨거운 물에 분해되어 이산화황을 발생한다.

② 삼황화린은 가연성 물질이다.

③ 유황은 물에 녹지 않는다.

④ 오황화린은 CS_2에 녹는다.

66 등유의 성질로 틀린 것은?

① 물에 녹지 않는다.

② 산화제로 주로 사용된다.

③ 물보다 가볍다.

④ 증기 비중은 1보다 크다.

67 위험물안전관리법령상 위험물옥외저장소에 저장할 수 없는 위험물은?(단, 국제해상위험물규칙에 적합한 용기에 수납하는 경우를 제외한다)

① 유황

② 동식물유류

③ 칼륨

④ 알코올류

chapter **09**

68 과산화수소에 대한 설명으로 옳은 것은?

① 강산화제이지만 환원제로도 사용한다.
② 알코올, 에테르에는 용해되지 않는다.
③ 60wt% 이상의 농도를 위험물로 규제한다.
④ 알칼리성 용액에서는 분해가 되지 않는다.

69 다음 중 원자량이 가장 무거운 원소는?

① Na
② O
③ Li
④ K

70 제조소등의 소화설비의 기준에 대한 설명으로 옳은 것은?

① 소화설비의 소화능력의 기준단위를 소요단위라 한다.
② 제조소등에 전기설비가 설치된 경우 면적 $50m^2$ 마다 소형수동소화기를 1개 이상 설치한다.
③ 저장소의 경우 외벽이 내화구조의 것은 연면적 $200m^2$를 1소요단위로 한다.
④ 제조소의 경우 외벽이 내화구조인 것은 연면적 $100m^2$를 1소요단위로 한다.

71 경유 10,000리터를 저장하는 옥외탱크저장소 1기가 설치된 곳의 방유제 용량은 얼마 이상이 되어야 하는가?

① 11,000리터
② 10,000리터
③ 5,000리터
④ 20,000리터

72 인화점 70℃ 이상의 제4류 위험물을 저장하는 암반탱크저장소에 설치하여야 하는 소화설비들로만 이루어진 것은?(단, 소화난이도등급 I에 해당한다)

① 고정식 포소화설비 또는 할로겐화합물소화설비
② 할로겐화합물소화설비 또는 불활성가스소화설비
③ 물분무소화설비 또는 고정식 포소화설비
④ 불활성가스소화설비 또는 물분무소화설비

73 다음 중 화재 시 발생하는 열, 연기, 불꽃 또는 연소생성물을 자동적으로 감지하여 수신기에 발신하는 장치는?

① 중계기
② 감지기
③ 송신기
④ 발신기

74 위험물제조소에 설치하는 안전장치 중 위험물의 성질에 따라 안전밸브의 작동이 곤란한 가압설비에 한하여 설치하는 것은?

① 파괴판
② 안전밸브를 병용하는 경보장치
③ 감압측에 안전밸브를 부착한 감압밸브
④ 연성계

75 위험물시설에 설치하는 소화설비와 관련한 소요단위의 산출방법에 관한 설명 중 옳은 것은?

① 제조소등의 옥외에 설치된 공작물은 외벽이 내화구조인 것으로 간주한다.
② 위험물은 지정수량의 20배를 1소요단위로 한다.
③ 취급소의 건축물은 외벽이 내화구조인 것은 연면적 $75m^2$를 1소요단위로 한다.
④ 제조소의 건축물은 외벽이 내화구조인 것은 연면적 $150m^2$를 1소요단위로 한다.

76 위험물안전관리법령상 위험물안전관리자의 책무에 해당하지 않는 것은?

① 위험물안전관리자의 선임 · 신고
② 화재 등의 재난이 발생한 경우 응급조치
③ 화재 등의 재난이 발생한 경우 소방관서 등에 대한 연락업무
④ 위험물의 취급에 관한 일지의 작성 · 기록

77 지정과산화물 옥내저장소의 저장창고 출입구 및 창의 설치기준으로 틀린 것은?

① 창은 바닥면으로부터 2m 이상의 높이에 설치한다.
② 하나의 창의 면적을 $0.4m^2$ 이내로 한다.
③ 하나의 벽면에 두는 창의 면적의 합계를 해당 벽면의 면적의 80분의 1이 초과되도록 한다.
④ 출입구에는 갑종방화문을 설치한다.

78 지정수량 10배의 벤조일퍼옥사이드 운반시 혼재할 수 있는 위험물류로 옳은 것은?

① 제6류
② 제3류
③ 제2류
④ 제1류

79 연소 위험성이 큰 휘발유 등은 배관을 통하여 이송할 경우 안전을 위하여 유속을 느리게 해주는 것이 바람직하다. 이는 배관 내에서 발생할 수 있는 어떤 에너지를 억제하기 위함인가?

① 유도에너지
② 분해에너지
③ 정전기에너지
④ 아크에너지

80 옥내에서 지정수량 100배 이상을 취급하는 일반취급소에 설치하여야 하는 경보설비는?(단, 고인화점 위험물만을 취급하는 경우는 제외한다)

① 비상경보설비
② 자동화재탐지설비
③ 비상방송설비
④ 비상벨설비 및 확성장치

81 위험물안전관리법령상 위험물을 유별로 정리하고 서로 1m 이상의 간격을 두는 경우 유별을 달리하는 위험물을 동일한 저장소에 저장할 수 있는 것은?

① 과염소산나트륨과 질산
② 과산화나트륨과 벤조일퍼옥사이드
③ 질산암모늄과 알킬리튬
④ 유황과 아세톤

82 다음의 위험물 중에서 이동탱크저장소에 의하여 위험물을 운송할 때 운송책임자의 감독 · 지원을 받아야 하는 위험물은?

① 알킬리튬
② 마그네슘
③ 아세트알데히드
④ 금속의 수소화물

83 위험물안전관리법령상 제4류 위험물을 지정수량의 3천배 초과 4천배 이하로 저장하는 옥외탱크저장소의 보유공지는 얼마인가?(단, 제6류 위험물은 제외한다)

① 12m 이상
② 15m 이상
③ 6m 이상
④ 9m 이상

84 건축물 외벽이 내화구조로서 연면적 300m²의 옥내저장소에 필요한 소화기 소요단위수는?

① 1단위
② 2단위
③ 3단위
④ 4단위

85 아염소산염류의 운반용기 중 적응성 있는 내장용기의 종류와 최대 용적이나 중량을 옳게 나타낸 것은?(단, 외장용기의 종류는 나무상자 또는 플라스틱상자이고, 외장용기의 최대 중량은 125kg으로 한다)

① 금속제 용기 : 20L
② 종이 포대 : 55kg
③ 플라스틱 필름 포대 : 60kg
④ 유리 용기 : 10L

86 질소와 아르곤과 이산화탄소의 용량비가 52대40대8인 혼합물 소화약제에 해당하는 것은?

① IG-541
② HCFC BLEND A
③ HFC-125
④ HFC-23

87 위험물저장소에 해당하지 않는 것은?

① 판매저장소
② 이동탱크저장소
③ 지하탱크저장소
④ 옥외저장소

88 위험물안전관리법령상 소화난이도 등급 I 에 해당하는 제조소의 연면적 기준은?

① 1,000m² 이상
② 800m² 이상
③ 700m² 이상
④ 500m² 이상

89 위험물안전관리법령상 위험물제조소등에서 안전거리 규제 대상이 아닌 것은?

① 제6류 위험물을 취급하는 제조소를 제외한 모든 제조소
② 주유취급소
③ 옥외저장소
④ 옥외탱크저장소

90 위험물안전관리법령상 옥내저장소에서 기계에 의하여 하역하는 구조로 된 용기만을 겹쳐 쌓아 위험물을 저장하는 경우 그 높이는 몇 미터를 초과하지 않아야 하는가?

① 2
② 6
③ 4
④ 8

91 다음 중 가연물이 고체 덩어리보다 분말 가루일 때 화재 위험성이 큰 이유로 가장 옳은 것은?

① 공기와의 접촉 면적이 크기 때문이다.
② 열전도율이 크기 때문이다.
③ 흡열반응을 하기 때문이다.
④ 활성에너지가 크기 때문이다.

92 위험물제조소에 옥외소화전이 5개가 설치되어 있다. 이 경우 확보하여야 하는 수원의 법정 최소량은 몇 m³인가?

① 28
② 54
③ 35
④ 67.5

93 분말소화설비의 약제방출 후 클리닝 장치로 배관 내를 청소하지 않을 때 발생하는 주된 문제점은?

① 배관 내에서 약제가 굳어져 차후에 사용 시 약제 방출에 장애를 초래한다.
② 배관 내 남아있는 약제를 재사용할 수 없다.
③ 가압용 가스가 외부로 누출된다.
④ 선택밸브의 작동이 불능이 된다.

94 위험물안전관리법령상 제조소등에 설치하여야 하는 옥내소화전의 개폐밸브 및 호스접속구는 바닥면으로부터 몇 미터 이하의 높이에 설치하여야 하는가?

① 0.5
② 1.8
③ 1.5
④ 1

95 위험물안전관리법령에서 정한 제5류 위험물 이동 저장탱크의 외부 도장 색상은?

① 청색
② 회색
③ 황색
④ 적색

96 위험물제조소등의 소화설비의 기준에 관한 설명으로 옳은 것은?

① 제조소등 중에서 소화난이도등급 I, II 또는 III의 어느 것에도 해당하지 않는 것도 있다.
② 옥외탱크저장소의 소화난이도등급을 판단하는 기준 중 탱크의 높이는 기초를 제외한 탱크 측판의 높이를 말한다.
③ 제조소의 소화난이도등급을 판단하는 기준 중 면적에 관한 기준은 건축물 외에 설치된 것에 대해서는 수평투영면적을 기준으로 한다.
④ 제4류 위험물을 저장·취급하는 제조소등에도 스프링클러소화설비가 적응성이 인정되는 경우가 있으며 이는 수원의 수량을 기준으로 판단한다.

97 위험물안전관리법령상 제조소등에 대한 긴급사용정지 명령 등을 할 수 있는 권한이 없는 자는?

① 시·도지사
② 소방본부장
③ 소방청장
④ 소방서장

98 위험물 운반에 관한 사항 중 위험물안전관리법령에서 정한 내용과 틀린 것은?

① 운반용기에 수납하는 위험물이 디에틸에테르라면 운반용기 중 최대용적이 1L 이하라 하더라도 규정에 따른 품명, 주의사항 등 표시사항을 부착하여야 한다.
② 운반용기에 담아 적재하는 물품이 황린이라면 파라핀, 경유 등 보호액으로 채워 밀봉한다.
③ 운반용기에 담아 적재하는 물품이 알킬알루미늄이라면 운반용기의 내용적의 90% 이하의 수납률을 유지하여야 한다.
④ 기계에 의하여 하역하는 구조로 된 경질플라스틱제 운반용기는 제조된 때로부터 5년 이내의 것이어야 한다.

chapter **09**

99 위험물안전관리법령상 제5류 위험물의 공통된 취급방법으로 옳지 않은 것은?

① 용기의 파손 및 균열에 주의한다.
② 저장 시 과열, 충격, 마찰을 피한다.
③ 운반용기 외부에 주의사항으로 "화기주의" 및 "물기엄금"을 표기한다.
④ 불티, 불꽃, 고온체와의 접근을 피한다.

100 위험물안전관리법령상 제3류 위험물 중 금수성물질을 제외한 위험물에 적응성이 있는 소화설비가 아닌 것은?

① 분말소화설비
② 스프링클러설비
③ 옥내소화전설비
④ 포소화설비

101 제1류 위험물 제조소의 게시판에 "물기엄금"이라고 쓰여 있다. 다음 중 어떤 위험물의 제조소인가?

① 염소산나트륨
② 요오드산나트륨
③ 중크로산나트륨
④ 과산화나트륨

102 위험물제조소 내의 위험물을 취급하는 배관에 대한 설명으로 옳지 않은 것은?

① 배관을 지하에 매설하는 경우 접합부분에는 점검구를 설치하여야 한다.
② 배관을 지하에 매설하는 경우 금속성 배관의 외면에는 부식 방지 조치를 하여야 한다.
③ 최대상용압력의 1.5배 이상의 압력으로 수압시험을 실시하여 이상이 없어야 한다.
④ 지상에 설치하는 경우에는 안전한 구조의 지지물로 지면에 밀착하여 설치하여야 한다.

103 안전거리에 관한 규제를 적용받지 않는 위험물 시설은?

① 옥외저장소
② 일반취급소
③ 옥내저장소
④ 판매취급소

104 제조소등의 허가청이 제조소등의 관계인에게 제조소등의 사용정지처분 또는 허가취소처분을 할 수 있는 사유가 아닌 것은?

① 소방서장의 출입검사를 정당한 사유 없이 거부한 때
② 소방서장의 수리ㆍ개조 또는 이전의 명령을 위반한 때
③ 소방서장으로부터 변경허가를 받지 아니하고 제조소등의 위치ㆍ구조 또는 설비를 변경한 때
④ 정기점검을 하지 아니한 때

105 위험물안전관리법령상 제2류 위험물의 위험등급에 대한 설명으로 옳은 것은?

① 제2류 위험물은 위험등급 I에 해당되는 품명이 없다.
② 제2류 위험물 중 위험등급 III에 해당되는 품명은 지정 수량이 500kg인 품명만 해당된다.
③ 제2류 위험물 중 황화린, 적린, 유황 등 지정수량이 100kg인 품명은 위험등급 I에 해당한다.
④ 제2류 위험물 중 지정수량이 1,000kg인 인화성고체는 위험등급 II에 해당한다.

106 위험물안전관리법령상 전기설비에 대하여 적응성이 없는 소화설비는?

① 포소화설비
② 불활성가스소화설비
③ 할로겐화합물소화설비
④ 물분무소화설비

107 위험물안전관리법령상 제5류 위험물에 적응성이 있는 소화설비는?

① 스프링클러설비

② 분말소화설비

③ 할로겐화합물소화설비

④ 불활성가스소화설비

108 저장하는 위험물의 최대수량이 지정수량의 15배일 경우, 건축물의 벽·기둥 및 바닥이 내화구조로 된 위험물옥내저장소의 보유공지는 몇 m 이상이어야 하는가?

① 0.5

② 1

③ 2

④ 3

109 위험물안전관리법령상 자동화재탐지설비를 설치하지 않고 비상경보설비로 대신할 수 있는 것은?

① 일반취급소로서 연면적 600m²인 것

② 지정수량 20배를 저장하는 옥내저장소로서 처마 높이가 8m인 단층건물

③ 단층건물 외의 건축물에 설치된 지정수량 15배의 옥내탱크저장소로서 소화난이도등급 II에 속하는 것

④ 지정수량 20배를 저장·취급하는 옥내주유취급소

110 위험물안전관리법령에 의해 옥외저장소에 저장을 허가받을 수 없는 위험물은?

① 제2류 위험물 중 유황(금속제드럼에 수납)

② 제4류 위험물 중 가솔린(금속제드럼에 수납)

③ 제6류 위험물

④ 국제해상위험물규칙(IMDG Code)에 적합한 용기에 수납된 위험물

111 위험물안전관리자의 선임 등에 대한 설명으로 옳은 것은?

① 안전관리자는 국가기술자격 취득자 중에서만 선임하여야 한다.

② 안전관리자를 해임한 때는 14일 이내에 다시 선임하여야 한다.

③ 제조소등의 관계인은 안전관리자가 일시적으로 직무를 수행할 수 없는 경우에는 14일 이내의 범위에서 안전관리자의 대리자를 지정하여 직무를 대행하게 하여야 한다.

④ 안전관리자를 선임 또는 해임한 때는 14일 이내에 신고하여야 한다.

112 위험물안전관리법령상 위험물 운반 시 방수성 덮개를 하지 않아도 되는 위험물은?

① 나트륨

② 적린

③ 철분

④ 과산화칼륨

113 유별이 다른 위험물을 동일한 옥내저장소의 동일한 실에 같이 저장하는 경우에 대한 설명으로 틀린 것은?(단, 유별로 정리하여 서로 1m 이상의 간격을 두는 경우에 한한다)

① 제1류 위험물과 황린은 동일한 옥내저장소에 저장할 수 있다.

② 제1류 위험물과 과산화수소는 동일한 옥내저장소에 저장할 수 있다.

③ 제1류 위험물 중 알칼리금속의 과산화물과 제5류 위험물은 동일한 옥내저장소에 저장할 수 있다.

④ 제2류 위험물 중 인화성고체와 제4류 위험물을 동일한 옥내저장소에 저장할 수 있다.

114 위험물안전관리법령상 제조소에서 취급하는 제 4류 위험물의 최대수량의 합이 지정수량의 12만배 미만인 사업소에 두어야 하는 화학소방자동차 및 자체소방대원의 수의 기준으로 옳은 것은?

① 1대 – 5인
② 2대 – 10인
③ 3대 – 15인
④ 4대 – 20인

115 위험물안전관리법령상 옥외저장탱크 중 압력탱크 외의 탱크에 통기관을 설치하여야 할 때 밸브 없는 통기관인 경우 통기관의 직경은 몇 mm 이상으로 하여야 하는가?

① 10
② 15
③ 20
④ 30

116 위험물안전관리법령상 불활성가스소화설비의 기준에서 전역방출방식의 이산화탄소 분사헤드의 방사압력은 저압식의 것에 있어서는 1.05MPa 이상이어야 한다고 규정하고 있다. 이때 저압식의 것은 소화약제가 몇 ℃ 이하의 온도로 용기에 저장되어 있는 것을 말하는가?

① -18℃
② 0℃
③ 10℃
④ 25℃

117 위험물안전관리법령상 위험물의 운반에 관한 기준에 따르면 지정수량 얼마 이하의 위험물에 대하여는 "유별을 달리하는 위험물의 혼재기준"을 적용하지 아니하여도 되는가?

① 1/2
② 1/3
③ 1/5
④ 1/10

118 위험물안전관리법령상 "연소 우려가 있는 외벽"은 기산점이 되는 선으로부터 3m(2층 이상의 층에 대해서는 5m) 이내에 있는 제조소등의 외벽을 말하는데 이 기산점이 되는 선에 해당하지 않는 것은?

① 동일 부지 내의 다른 건축물과 제조소 부지 간의 중심선
② 제조소등에 인접한 도로의 중심선
③ 제조소등이 설치된 부지의 경계선
④ 제조소등의 외벽과 동일 부지 내의 다른 건축물의 외벽 간의 중심선

119 위험물안전관리법령에 명시된 아세트알데히드의 옥외저장탱크에 필요한 설비가 아닌 것은?

① 보냉장치
② 냉각장치
③ 동 합금 배관
④ 불활성 기체를 봉입하는 장치

120 탄소 24g을 완전 연소시키는데 필요한 이론산소량은 표준상태를 기준으로 몇 L 인가?

① 22.4
② 5.6
③ 11.2
④ 44.8

1 정답 ①

물은 수소결합에 의해 다른 유기화합물에 비해 비점과 증발잠열이 크다.

2 정답 ①

물은 극성 공유결합을 하고 있다.

3 정답 ④

부촉매 효과를 기대할 수 있는 소화약제는 분말소화약제이다.

4 정답 ④

할로겐화합물 소화약제는 연소의 연쇄반응을 억제하여 소화하는 방법으로 할론 1301 등이 이에 속한다.

5 정답 ④

BCF 소화기의 화학식은 CF_2ClBr이다.

6 정답 ②

유류화재 소화 시 분말소화약제를 사용할 경우 발생할 수 있는 재발화 현상 예방을 위해 수성막포 소화약제를 사용하면 효과적이다.

7 정답 ③

분말소화약제의 단점인 소포성을 보완하기 위해 트윈 에이전트 시스템 방식으로 사용되는 것은 수성막포 소화약제이다.

8 정답 ④

수성막포소화약제에는 불소계 계면활성제가 주로 사용된다.

9 정답 ③

표면하 포주입방식에 사용 가능한 포소화약제는 수성막포 소화약제이다.

10 정답 ③

수용성 용매의 화재에 효과적인 소화약제는 알코올형포소화약제이다.

11 정답 ①

강화액 소화약제는 pH 12 이상, 응고점 약 −30∼−26℃이다.

12 정답 ②

용융잠열 : 80cal/g, 증발잠열 : 539cal/g

13 정답 ①

연소는 산소와 화합하는 산화반응 현상이라고 할 수 있다.

14 정답 ①

목조건축물은 고온단시간형 화재에 해당한다.

15 정답 ③

인화점이란 가연성 물질을 공기 중에서 가열할 때 가연성 증기가 연소범위 하한에 도달하는 최저온도를 말한다.

16 정답 ④

스테판–볼츠만의 법칙 : 복사열은 절대온도의 4제곱에 비례한다.

$$\frac{(273+500)^4}{(273+200)^4} = 7.1$$

17 정답 ①

피크린산의 지정수량은 200kg이다.

18 정답 ④

지정수량이 500kg인 물질은 철분, 금속분, 마그네슘이다.

19 정답 ②

제5류 위험물인 셀룰로이드는 질산에스테르류에 속하며, 지정수량은 10kg이다.

20 정답 ③

염소화규소화합물은 제3류 위험물에 해당한다.

21 정답 ④

알킬알루미늄의 소화방법으로는 마른 모래, 팽창질석, 팽창진주암에 의한 소화가 가장 효과적이다.

22 정답 ③

마그네슘은 이산화탄소와 반응하여 가연성의 탄소가 발생하므로 마그네슘 화재 시 이산화탄소 소화약제를 사용할 수 없다.

23 정답 ③

과산화수소는 뚜껑에 작은 구멍을 뚫은 갈색 용기에 보관하는데, 농도가 클수록 위험성이 높아지므로 인산, 요산 등의 분해방지 안정제를 넣어 분해를 억제시킨다.

24 정답 ④

황린은 공기 중에서 연소 시 오산화인이라는 흰색 연기를 낸다.

25 정답 ④

인화성고체가 가장 많은 종류의 소화설비에 대하여 적응성을 갖고 있다.

26 정답 ②

술의 원료로 사용되는 것은 에탄올이다.

27 정답 ④

① 염소화규소화합물(제3류 위험물) – 특수인화물(제4류 위험물)
② 고형알코올(제2류 위험물) – 니트로화합물(제5류 위험물)
③ 염소산염류(제1류 위험물) – 질산(제6류 위험물)
④ 질산구아니딘(제5류 위험물) – 황린(제3류 위험물)

28 정답 ②

운반용기의 외부에는 주의사항으로 화기엄금 외에 충격주의 표시도 해야 한다.

29 정답 ②

무색, 무취의 백색결정이며 분자량이 약 122, 녹는점이 약 482℃인 강산화성물질로 폭약, 로켓추진체 등의 용도로 사용되는 위험물은 과염소산나트륨이다.

30 정답 ②

크레오소트유는 황색 또는 암록색의 액체로 특유의 냄새를 지니고 있다.

31 정답 ④

알코올류에는 메틸알코올, 에틸알코올, 프로필알코올, 이소프로필 알코올이 있다.

32 정답 ③

품명이 "금속분"으로 분류되는 것은 알루미늄분이다.

33 정답 ②

아세톤은 무색 투명한 휘발성 액체로서 물에 잘 녹으며, 조해성은 없다.

34 정답 ③

과망간산칼륨은 진한 황산과 접촉하면 폭발적으로 반응하며, 알코올 및 에테르와의 접촉을 피해야 한다.

35 정답 ③

제6류 위험물로서 분자량이 약 63인 것은 질산이다.

36 정답 ①

순수한 것은 무색이며 공업용은 휘황색의 침상 결정이다.

37 정답 ④

벤조일퍼옥사이드는 무색, 무취의 결정 또는 백색 분말이다.

38 정답 ②

알루미늄은 할로겐 원소와 접촉하면 발화할 수 있다.

39 정답 ②

제5류 위험물은 장기간 저장 시 분해되어 분해열이 축적되면서 자연발화의 위험이 있다.

40 정답 ②

휘발유의 연소범위는 1.4∼7.6vol%이다.

41 정답 ②

제5류 위험물은 다량의 물을 이용한 냉각주수소화가 효과적이다.

42 정답 ④

불포화 정도가 클수록 반응성이 크다.

43 정답 ②

니트로글리세린은 충격, 마찰에 매우 예민하고 폭발을 일으키기 쉬운 단점이 있으며, 규조토에 흡수시킨 것을 다이너마이트라고 한다.

44 정답 ④

에틸렌글리콜은 무색의 액체로 단맛이 있다.

45 정답 ①

② 자연발화의 위험이 있다.
③ 건조할수록 발화의 위험성이 높다.
④ 저장 시 알코올을 첨가한다.

46 정답 ②

인화칼슘은 물과 반응하여 수산화칼슘과 포스핀을 발생한다.

47 정답 ①

무기과산화물 화재 시 주수소화는 위험하다.

48 정답 ①

② 과산화수소는 끓는점이 70%일 때 125℃, 90%일 때 141℃, 100%일 때 150.2℃로 농도가 높을수록 끓는점이 높아진다.
③ 질산은 스스로 발화하지 않는다.
④ 왕수는 염산과 질산을 3:1의 비율로 제조한다.

49 정답 ①

산화제로서 다른 물질을 산화시킨다.

50 정답 ②

제6류 위험물은 산화성액체이다.

51 정답 ①

비중이 0.72인 것은 디에틸에테르이다.

52 정답 ②

이황화탄소는 물에 녹지 않고 물보다 무거워 물속에 저장한다.

53 정답 ③

부틸리튬
• 제3류 위험물로서 가연성 액체
• 지정수량 10kg, 위험등급 Ⅰ
• 이산화탄소와 격렬하게 반응한다.

54 정답 ④

피크르산은 트리니트로페놀이라고도 하며, 제5류 위험물로서 페놀의 수소원자를 니트로기로 치환한 것이다.

55 정답 ④

과산화칼륨 화재 시에는 마른모래, 팽창질석, 팽창진주암 등에 의한 질식소화가 효과적이다.

56 정답 ③

금속분은 물과 작용하여 수소가스를 발생하므로 주수소화를 하게 되면 위험하다.

57 정답 ①

제1류 위험물, 제3류 위험물 중 자연발화성물질, 제4류 위험물 중 특수인화물, 제5류 위험물 또는 제6류 위험물은 차광성이 있는 피복으로 가려야 한다. 이황화탄소는 제4류 위험물 중 특수인화물에 속한다.

58 정답 ③

증기밀도는 휘발유보다 작다.

59 정답 ③

① 디에틸에테르 – 3.3 g/ℓ
② 벤 젠 – 3.48g/ℓ
③ 가솔린 – 5.09g/ℓ
④ 에틸알코올 – 2.54g/ℓ

60 정답 ④

탄화칼슘은 물과 반응하여 수산화칼슘과 아세틸렌 가스를 발생한다.

61 정답 ②

식용유, 지방질 등의 화재 시 제1종 분말약제가 반응하면서 금속비누를 만들고, 이 비누가 거품을 만들어 질식소화 효과를 갖는 것을 비누화현상이라고 한다.

62 정답 ④

① 비중은 0.79이다.
② 물, 알코올, 에테르에 잘 녹는다.
③ 증기는 물보다 무거우며, 유해하다.

63 정답 ④

위험물의 1 소요단위는 지정수량의 10배이다.
질산의 지정수량은 300kg이므로 300kg의 10배인 3,000kg이 질산의 1 소요단위이다.
이것을 리터로 환산하기 위해 비중 1.5를 나누어준다.
3,000 ÷ 1.5 = 2,000L이다.

64 정답 ①

② 벤젠은 물에 녹지 않는다.
③ 벤젠의 증기비중은 2.70이다.
④ 순수한 것의 융점은 5.5℃이다.

65 정답 ①

칠황화린은 뜨거운 물에서 급격히 분해하여 황화수소와 인산을 발생한다.

66 정답 ②

제4류 위험물인 등유는 산화제로 사용되지 않는다.

67 정답 ③

제3류 위험물은 옥외저장소에 저장할 수 없다.

68 정답 ①

② 물, 알코올, 에테르에 잘 녹고 벤젠, 석유에는 녹지 않는다.
③ 36wt% 이상의 농도를 위험물로 규제한다.
④ 알칼리성 용액에 의하여 분해된다.

69 정답 ④

① Na – 23
② O – 16
③ Li – 7
④ K – 39

70 정답 ④

① 소화설비의 소화능력의 기준단위를 능력단위라 한다.
② 제조소등에 전기설비가 설치된 경우 면적 100m² 마다 소형수동소화기를 1개 이상 설치한다.
③ 저장소의 경우 외벽이 내화구조의 것은 연면적 150m²를 1소요단위로 한다.

71 정답 ①

탱크가 하나일 때 방유제 용량은 탱크 용량의 110% 이상이다.
10,000×1.1 = 11,000

72 정답 ③

인화점 70℃ 이상의 제4류 위험물을 저장하는 암반탱크저장소에 설치하여야 하는 소화설비는 물분무소화설비 또는 고정식 포소화설비이다.

73 정답 ②

화재 시 발생하는 열, 연기, 불꽃 또는 연소생성물을 자동적으로 감지하여 수신기에 발신하는 장치는 감지기이다.

74 정답 ①

위험물을 가압하는 설비 또는 그 취급하는 위험물의 압력이 상승할 우려가 있는 설비에는 압력계 및 다음에 해당하는 안전장치를 설치하여야 한다.
• 자동적으로 압력의 상승을 정지시키는 장치
• 감압측에 안전밸브를 부착한 감압밸브
• 안전밸브를 병용하는 경보장치
• 파괴판 : 위험물의 성질에 따라 안전밸브의 작동이 곤란한 가압설비에 한해 설치

75 정답 ①

② 위험물은 지정수량의 10배를 1소요단위로 한다.
③ 취급소의 건축물은 외벽이 내화구조인 것은 연면적 100m²를 1소요단위로 한다.
④ 제조소의 건축물은 외벽이 내화구조인 것은 연면적 100m²를 1소요단위로 한다.

76 정답 ①

위험물안전관리자의 선임 · 신고는 제조소등의 관계인(소유자 · 점유자 또는 관리자)이 한다.

77 정답 ③

하나의 벽면에 두는 창의 면적의 합계를 당해 벽면의 면적의 80분의 1 이내로 한다.

78 정답 ③

벤조일퍼옥사이드는 제5류 위험물로 제2류 및 제4류 위험물과 혼재할 수 있다.

79 정답 ③

유속을 느리게 하는 이유는 배관 내 정전기에너지를 억제하기 위함이다.

80 정답 ②

옥내에서 지정수량 100배 이상을 취급하는 일반취급소에 설치하여야 하는 경보설비는 자동화재탐지설비이다.

81 정답 ①

① 과염소산나트륨(제1류 위험물)과 질산(제6류 위험물)은 동일한 저장소에 저장할 수 있다.
② 과산화나트륨은 알칼리금속의 과산화물로 제5류 위험물과 동일한 저장소에 저장할 수 없다.
③ 질산암모늄(제1류 위험물)과 알킬리튬(제3류 위험물)은 동일한 저장소에 저장할 수 없다.
④ 유황(제2류 위험물)과 아세톤(제4류 위험물)은 동일한 저장소에 저장할 수 없다.

82 정답 ①

알킬알루미늄, 알킬리튬, 알킬알루미늄 또는 알킬리튬 물질을 함유하는 위험물은 운송책임자의 감독 · 지원을 받아 운송해야 하는 위험물에 해당한다.

83 정답 ②

지정수량의 3천배 초과 4천배 이하로 저장하는 옥외탱크저장소의 보유공지는 15m 이상이다.

84 정답 ②

저장소의 건축물
• 외벽이 내화구조인 것 : 연면적 150m²를 1소요단위
• 외벽이 내화구조가 아닌 것 : 연면적 75m²를 1소요단위

85 정답 ④

지문의 조건을 충족하는 내장용기는 '유리용기 또는 플라스틱용기(10L)'와 '금속제용기(30L)'이다.

86 정답 ①

• 질소와 아르곤의 용량비가 50대50인 혼합물 : IG-55
• 질소와 아르곤과 이산화탄소의 용량비가 52대 40대 8인 혼합물 : IG-541

87 정답 ①

위험물저장소의 종류
옥내저장소, 옥외저장소, 옥외탱크저장소, 옥내탱크저장소, 지하탱크저장소, 간이탱크저장소, 이동탱크저장소, 암반탱크저장소

88 정답 ①

• 소화난이도등급 Ⅰ : 1,000m² 이상
• 소화난이도등급 Ⅱ : 600m² 이상

89 정답 ②

위험물안전관리법상 안전거리 규제대상은 제조소, 옥내저장소, 옥외저장소, 옥외탱크저장소이다.

90 정답 ②

옥내저장소에서 기계에 의하여 하역하는 구조로 된 용기만을 겹쳐 쌓아 위험물을 저장하는 경우 그 높이는 6m를 초과하지 않아야 한다.

91 정답 ①

가연물이 분말 가루일 때는 공기와의 접촉 면적이 크기 때문에 화재의 위험성이 크다.

92 정답 ②

수원의 수량 = 소화전의 수(최대 4개)×13.5
= 4×13.5m³
= 54m³

93 정답 ①

배관에는 잔류소화약제를 처리하기 위한 클리닝장치를 설치해야 한다.

94 정답 ③

옥내소화전의 개폐밸브 및 호스접속구는 바닥면으로부터 1.5미터 이하의 높이에 설치하여야 한다.

95 정답 ③

제5류 위험물 이동저장탱크의 외부 도장 색상은 황색이다.

96 정답 ①

② 옥외탱크저장소의 소화난이도등급을 판단하는 기준 중 탱크의 높이는 지반면으로부터 탱크 옆판의 상단까지의 높이를 말한다.
③ 제조소등의 옥외에 설치된 공작물은 외벽이 내화구조인 것으로 간주하고 공작물의 최대수평투영면적을 연면적으로 간주한다.
④ 제4류 위험물을 저장 또는 취급하는 장소의 살수기준면적에 따라 스프링클러설비의 살수밀도가 기준 이상인 경우 적응성이 인정된다.

97 정답 ③

시·도지사, 소방본부장 또는 소방서장은 공공의 안전을 유지하거나 재해의 발생을 방지하기 위하여 긴급한 필요가 있다고 인정하는 때에는 제조소등의 관계인에 대하여 당해 제조소등의 사용을 일시정지하거나 그 사용을 제한할 것을 명할 수 있다.

98 정답 ②

제3류 위험물의 운반용기에 수납 시 기준
• 자연발화성물질 : 불활성 기체를 봉입하여 밀봉하는 등 공기와 접하지 않도록 할 것
• 자연발화성물질 외의 물품 : 파라핀·경유·등유 등의 보호액으로 채워 밀봉하거나 불활성 기체를 봉입하여 밀봉하는 등 수분과 접하지 않도록 할 것
• 자연발화성물질 중 알킬알루미늄등 : 운반용기의 내용적의 90% 이하의 수납률로 수납하되, 50℃의 온도에서 5% 이상의 공간용적을 유지하도록 할 것
※ 황린은 자연발화성 물질이므로 불활성 기체를 봉입하여 밀봉하는 등 공기와 접하지 않도록 해야 한다.

99 정답 ③

제5류 위험물의 운반용기 외부에는 "화기엄금" 및 "충격주의" 주의사항 표시를 해야 한다.

100 정답 ①

제3류 위험물 중 금수성 물질을 제외한 위험물에 적응성이 없는 소화설비 : 이산화탄소소화설비, 할로겐화합물소화설비, 분말소화설비

101 정답 ④

제1류 위험물 중 알칼리금속의 과산화물, 제3류 위험물 중 금수성물질의 제조소의 게시판에 "물기엄금"이라고 표시한다. 알칼리금속의 과산화물에는 과산화나트륨과 과산화칼륨이 있다.

102 정답 ④

지상에 설치하는 경우에는 지면에 닿지 않도록 설치하여야 한다.

103 정답 ④

제조소, 옥내저장소, 옥외저장소, 옥외탱크저장소, 일반취급소는 안전거리에 관한 규제를 적용받는다.

104 정답 ①

소방서장의 출입검사를 정당한 사유 없이 거부한 경우는 제조소등의 사용정지처분 또는 허가취소처분을 할 수 있는 사유가 되지 않는다.

105 정답 ①

② 제2류 위험물 중 위험등급 Ⅲ에 해당되는 품명은 지정수량이 500kg과 1,000kg의 품명이 있다.
③ 제2류 위험물 중 황화린, 적린, 유황 등 지정수량이 100kg인 품명은 위험등급 Ⅱ에 해당한다.
④ 제2류 위험물 중 지정수량이 1,000kg인 인화성고체는 위험등급 Ⅲ에 해당한다.

106 정답 ①

물분무소화설비물 중 불활성가스소화설비, 할로겐화합물소화설비, 물분무소화설비, 분말소화설비(인산염류, 탄산수소염류)가 전기설비에 적응성이 있다.

107 정답 ①

제5류 위험물에 적응성이 있는 소화설비는 스프링클러설비이다.

108 정답 ③

저장하는 위험물의 최대수량이 지정수량의 15배일 경우, 건축물의 벽ㆍ기둥 및 바닥이 내화구조로 된 위험물옥내저장소의 보유공지는 2m 이상이어야 한다.

109 정답 ③

단층건물 외의 건축물에 설치된 옥내탱크저장소로서 소화난이도등급 Ⅱ에 속하는 것에는 자동화재탐지설비를 설치하지 않고 비상경보설비로 대신할 수 있다.

110 정답 ②

옥외저장소에는 제4류 위험물 중 제1석유류(인화점이 섭씨 0도 이상인 것), 알코올류, 제2석유류, 제3석유류, 제4석유류 및 동식물유류를 저장할 수 있다.

111 정답 ④

① 안전관리자는 국가기술자격 취득자, 안전관리자교육이수자, 소방공무원 경력자 중에서 선임할 수 있다.
② 안전관리자를 해임한 때는 30일 이내에 다시 선임하여야 한다.
③ 제조소등의 관계인은 안전관리자가 일시적으로 직무를 수행할 수 없는 경우에는 30일 이내의 범위에서 안전관리자의 대리자를 지정하여 직무를 대행하게 하여야 한다.

112 정답 ②

제2류 위험물 중 철분ㆍ금속분ㆍ마그네슘 또는 이들 중 어느 하나 이상을 함유한 물질은 방수성이 있는 피복으로 덮어야 한다. 적린은 제2류 위험물로서 방수성이 있는 피복으로 덮어야 하는 대상에 해당되지 않는다.

113 정답 ③

알칼리 금속의 과산화물 또는 이를 함유한 것을 제외한 제1류 위험물과 제5류 위험물을 동일한 옥내저장소에 저장할 수 있다.

114 정답 ①

제4류 위험물의 최대수량의 합이 지정수량의 12만배 미만인 사업소에 두어야 하는 화학소방자동차의 수는 1대, 자체소방대원의 수는 5인이다.

115 정답 ④

밸브 없는 통기관인 경우 통기관의 직경은 30mm 이상으로 하여야 한다.

116 정답 ①

저압식의 것은 소화약제가 영하 18℃ 이하의 온도로 용기에 저장되어 있는 것을 말한다.

117 정답 ④

지정수량 1/10 이하의 위험물에 대하여는 유별을 달리하는 위험물의 혼재기준을 적용하지 않는다.

118 정답 ①

동일 부지 내의 다른 건축물과 제조소 부지 간의 중심선은 기산점이 되는 선에 해당되지 않는다.

119 정답 ③

아세트알데히드등을 취급하는 탱크에는 냉각장치 또는 보냉장치 및 연소성 혼합기체의 생성에 의한 폭발을 방지하기 위한 불활성기체를 봉입하는 장치를 갖추어야 한다.

120 정답 ④

탄소의 완전 연소 반응식은 $C + O_2 \rightarrow CO_2$이다.
탄소 24g은 2몰이므로 탄소 2몰이 완전 연소하는데 필요한 산소의 양은 2몰이다. 표준상태(0℃, 1기압)에서 기체 1몰의 부피는 22.4L이므로 산소 2몰의 부피는 44.8L이다.

수험교육의 최정상의 길 - 에듀웨이 EDUWAY

(주)에듀웨이는 자격시험 전문출판사입니다.
에듀웨이는 독자 여러분의 자격시험 취득을 위한 교재 발간을 위해 노력하고 있습니다.

기분파
위험물기능사 필기

2025년 02월 20일 12판 1쇄 인쇄
2025년 02월 28일 12판 1쇄 발행

지은이 | 에듀웨이 R&D 연구소(위험물부문)
펴낸이 | 송우혁

펴낸곳 | (주)에듀웨이
주 소 | 경기도 부천시 소향로13번길 28-14, 8층 808호(상동, 맘모스타워)
대표전화 | 032) 329-8703
팩 스 | 032) 329-8704
등 록 | 제387-2013-000026호
홈페이지 | www.eduway.net

기획,진행 | 에듀웨이 R&D 연구소
북디자인 | 디자인동감
교정교열 | 정상일
인 쇄 | 미래피앤피

Copyright©에듀웨이 R&D 연구소, 2025. Printed in Seoul, Korea

ISBN 979-11-86179-96-3

이 도서의 국립중앙도서관 출판시도서목록(CIP)은 서지정보유통지원시스템 홈페이지
(http://seoji.nl.go.kr)와 국가자료공동목록시스템(http://www.nl.go.kr/kolisnet)에서 이
용하실 수 있습니다.